U0462409

世图心理

博客：http://blog.sina.com.cn/bjwpcpsy
微博：http://weibo.com/wpcpsy

Elizabeth L. Auchincloss
Eslee Samberg

Psychoanalytic
Terms and Concepts

精神分析术语和概念

[美] 伊丽莎白·L.奥金克洛斯
编著
[美] 埃斯莉·萨姆伯格

张巍 王礼军 译

世界图书出版公司
北京·广州·上海·西安

图书在版编目（CIP）数据

精神分析术语和概念 / (美) 伊丽莎白·L.奥金克洛斯,(美) 埃斯莉·萨姆伯格编著；张巍, 王礼军译. -- 北京：世界图书出版有限公司北京分公司, 2025.6. -- ISBN 978-7 -5232-2139-6

Ⅰ. B841-61

中国国家版本馆CIP数据核字第20250UZ745号

书　　名	精神分析术语和概念 JINGSHEN FENXI SHUYU HE GAINIAN	
编　　著	［美］伊丽莎白·L.奥金克洛斯　　［美］埃斯莉·萨姆伯格	
译　　者	张　巍　王礼军	
责任编辑	詹燕徽	
装帧设计	黑白熊	
出版发行	世界图书出版有限公司北京分公司	
地　　址	北京市东城区朝内大街137号	
邮　　编	100010	
电　　话	010-64038355（发行）　64033507（总编室）	
网　　址	http://www.wpcbj.com.cn	
邮　　箱	wpcbjst@vip.163.com	
销　　售	新华书店	
印　　刷	中煤（北京）印务有限公司	
开　　本	787mm×1092mm　1/16	
印　　张	46.5	
字　　数	620千字	
版　　次	2025年6月第1版	
印　　次	2025年6月第1次印刷	
版权登记	01-2023-4593	
国际书号	ISBN 978-7-5232-2139-6	
定　　价	138.00元	

序一
中国精神分析学界的福音

《精神分析术语和概念》是一本极其出色的精神分析工具书。通过对400多个词条的阐述，本书对北美精神分析领域的整体概况进行了描述。概括起来，这些内容可以分为以下几个方面：

第一，精神分析的重要概念及其演变史。这部分主要包括精神分析术语的词源学含义、弗洛伊德对其最初使用、该术语之后的演变过程及其当前含义。例如，词条"**自我**"指出，精神分析领域使用的"自我"这个术语是由斯特雷奇在翻译弗洛伊德的"我"（Das Ich或I）时创造的。弗洛伊德在不同理论时期使用的自我含义不尽相同。此外，哈特曼在区分自我和自体的定义方面做了巨大贡献。在词条"**反移情**"中，作者总结出当前对反移情的八种不同用法，并追溯了弗洛伊德对反移情的拒斥、20世纪50年代对反移情价值的肯定，以及之后关于反移情的两种基本观点。词条"**移情**"总结出弗洛伊德本人对移情观点的变化、克莱茵学派等分支对移情的不同看法，以及移情在当代存在的三个基本争议。词条"**客体**"概括出客体的四种含义、弗洛伊德与客体概念有关的十四种重叠且充满争议的见解、克莱茵关于内部客体的九个观点，以及与客体相关的精神分析概念的五项重要发展等。在词条"**自体**"中，作者总结出这一概念的五种用法、关于自体的五种争议，以及几位理论家关于自体的不同观点。

第二，精神分析的流派或取向。这部分词条主要有"客体关系理论""自体心理学""人际精神分析""关系精神分析""分析心理学""主体间性"等。例如，词条"**客体关系理论**"描述了该分支的三种定义，涵盖从最宽泛到最狭窄的界定；还总结出客体关系理论的四个共同特征、客体关系理论在四个方面的重要差异、客体关系理论与自我心理学的区别，以及客体关系理论的简要发展史。词条"**自体心理学**"概括出这一重要分支的四个显著特征，描述了其创始人科胡特发展自体心理学过程的节点及里程碑式文献。该词条指出，当前自体心理学的发展存在三个方向，即传统自体心理学、主体间自体心理学和关系自体心理学。该词条还总结出自体心理学面临的主要争议和批评。在词条"**关系精神分析**"中，作者总结了该分支的基本内涵、六个首要原则和发展历程。该词条对几个代表人物（如阿隆、霍夫曼、本杰明和奥格登）的主要观点进行了概括，并且指出，从20世纪80年代开始，关系视角逐渐渗透到各种取向的分析师的临床工作和思维中，在当代精神分析话语中有广泛的代表性。该词条概括出关系精神分析遭遇的批评。词条"**主体间性**"总结了斯托罗洛和阿特伍德关于主体间性的三个假设、主体间性对理解精神分析临床情境的五条启示，以及几位关系主体间主义者（本杰明、奥格登和雷尼克）的观点。

　　第三，精神分析领域的关键人物。这部分词条主要包括"梅兰妮·克莱茵""威尔弗雷德·比昂""罗纳德·费尔贝恩""唐纳德·温尼科特""雅克·拉康"等。例如，词条"**梅兰妮·克莱茵**"总结了克莱茵对精神分析领域的主要贡献，还对第二代克莱茵学派的代表人物（西格尔、罗森菲尔德和约瑟夫）及其主要观点进行了介绍。词条"**威尔弗雷德·比昂**"概括出比昂理论观点的产生背景、主要贡献和关键文献，将比昂的思想发展划分为三个阶段。词条"**罗纳德·费尔贝恩**"指出，费尔贝恩的工作影响了克莱茵、克恩伯格、自体心理学和当代关系精神分析的发展。该词条还概括出费尔贝恩理论的九个显著特征、主要观点，以及其与弗洛伊德理论的区别。词条"**唐纳德·温尼科特**"指出，温尼科特对精神分析的主要贡献在于提出了"过渡空间""过渡客体""真实自体""虚假自体"等概念。他的工作给自体心理学、关系精神分析和主体间理论带来了重要启发，也在美学和创造力研究领域产生了影响。

第四，**精神分析的治疗技术**。这部分词条主要包括"澄清""面质""解释""修通"等。例如，在词条"**澄清**"中，作者将澄清定义为一种非解释性的治疗干预，使患者有意识地觉察到的东西变得更容易理解。此外，作者将澄清与面质、解释等干预技术进行对比：澄清不同于面质，后者将患者的注意引导到外部现实或意识自体体验的各个方面；澄清也不同于解释，后者将患者的有意识体验与被回避的潜意识防御、动机或情感联系起来。词条"**解释**"认为，这一干预技术在精神分析历史上具有重要意义，它将精神分析与基于分析师建议的治疗区分开来。该词条区分出三种广泛使用的解释类型，即移情解释、发生学解释和动力学解释。最后，该词条论述了解释涉及的许多问题，如解释的作用机制、解释的客观性，以及解释的技术使用。词条"**修通**"指出，所有精神分析理论取向都认识到这一过程的必要性，此概念的演化与治疗作用的演化轨迹相同。该词条还包含弗洛伊德、自我心理学和自体心理学对修通持有的不同看法，以及伯兰归纳的修通的六个要素。

第五，**精神分析的新进展**。例如，在词条"**精神分析心理治疗**"中，作者描述了当前发展出的四种精神分析心理治疗，分别是支持-表达性心理治疗、移情焦点心理治疗、短程心理动力学治疗和基于心智化的心理治疗。在词条"**关系精神分析**"中，作者指出，关系视角已经逐渐渗透到分析师的工作和思维中，在当代精神分析话语中具有广泛的代表性。词条"**焦虑**"提到，一些理论家指出了精神分析中的"信号焦虑"概念与学习理论中的"习得期望"概念之间的相似性。一些认知神经科学家对情感（包括焦虑）在认知功能中的作用越来越感兴趣。例如，达马西奥的

"躯体标记假说"与弗洛伊德的第二焦虑理论非常相似。此外，在许多方面，研究者们努力整合焦虑的神经生物学和精神分析模型。词条**"防御"**提到，在认知心理学和社会心理学领域，防御性操作是许多实证研究的对象，其与"应对机制"的概念有重叠；研究者围绕防御开发出测量工具，研究防御在不同文化中的适用性，对防御进行评估和分类，并且关注防御的生物学基础；等等。词条**"创伤的代际转移"**指出，该主题的当代研究侧重于暴力创伤代际转移的中介过程。**"俄狄浦斯情结""阉割情结""原始女性气质""女性生殖器焦虑""心理性欲发展""阴茎嫉羡"**等词条指出，弗洛伊德理论中的阳具中心主义受到诸多质疑和批判，与之相关的一些观点已经过时并被修正。

第六，精神分析的跨学科对话。精神分析的跨学科对话包含在许多词条的表述中，涉及精神分析与认知神经科学、发展心理学、社会心理学和哲学等领域的交流。例如，在词条**"共情"**中，作者结合认知神经科学（尤其是镜像神经元、情绪识别和儿童心理理论的发展）和哲学研究，指出关于共情和心理理论的争论经常发生在"模仿论"和"理论论"的立场之间。词条**"客体关系理论"**提到，韦斯滕等人试图将客体关系理论与依恋理论、社会心理学和认知神经科学结合起来，使用投射测验和其他类型的心理测量对客体关系的相关概念进行实证研究。在词条**"发展"**中，作者指出，传统精神分析理论持一种线性发展观，这在当前婴儿研究（与系统理论和非线性动力学相关）的证据中受到了批判。词条**"诠释学"**指出，诠释学哲学为精神分析师提供了七项"有益的建议"。词条**"原发过程"**指出，在认知心理学和发展心理学领域中，霍尔特、贝拉克尔等人用实证的方式对原发过程和继发过程的概念进行了验证。布奇提出了"多重编码理论"，其对思维加工过程的设想超越了原发过程和继发过程的概念。

　　弗洛伊德曾将精神分析视为继"日心说"和"进化论"之后对人类自尊的第三次打击，认为它是一场人类认识自己的革命。在心理学的历史中，许多流派已随着时间的推移而逐渐消亡，但精神分析仍然保持着鲜活的生命力，延续着这一场宝贵的革命。这离不开众多精神分析实践者和研究者的共同努力——本书正是这些努力的重要结晶。毫无疑问的是，本书的出版将给广大的中国读者带来福音。对于精神分析研究者、精神分析师和精神分析爱好者来说，本书提供了进入这一领域的基本导引和进阶指南；对于其他想要与精神分析对话的研究者而言，本书也提供了一个很好的交流入口。

郭本禹

南京师范大学教授、博士生导师

2024年8月于海德卫城

序二
一张辩证的网

本书的"导论"部分已经对与这本精神分析词典编纂有关的主题做了系统的阐述，在为本书编纂序言时，考虑到我们已经来到AI（人工智能）时代，我认为可以求助一下手机里的AI软件，看看能否有些创新性。

我最先问的是："如何使用精神分析词典？"

AI的回答是：

使用精神分析词典时，可以遵循以下步骤和原则来确保有效性和准确性。

一、明确目的

明确你使用精神分析词典的目的——是为了理解某个特定的精神分析概念、术语，还是为了深入研究精神分析理论？明确的目的将帮助你更有针对性地查找和使用词典中的信息。

二、选择合适的词典

精神分析词典有许多种，包括但不限于弗洛伊德、拉康、克莱茵等理论家或不同学派的词典。选择能够满足你研究或学习需要的词典至关重要。例如，如果你对拉康的理论感兴趣，那么选择一本拉康学派的精神分析词典将是明智之举。

三、理解术语的定义

1. 逐项查阅。根据你需要了解的术语，在词典中逐项查阅。注意每个术语的准确定义、来源及其在精神分析理论中的具体含义和应用。

2. 注意语境。精神分析术语往往具有多重含义，且在不同的理论或学派中可能会有所不同。因此，你在查阅时要注意术语的语境和上下文，以确保准确理解。

四、理解术语之间的关系

精神分析词典中的术语往往是相互关联的，理解这些术语之间的关系，有助于你更全面地把握精神分析理论。例如，你可以尝试将不同的术语联系起来，形成一个概念网络或理论框架。

五、结合实际案例

在理解术语和理论的同时，应结合实际案例进行分析和应用。这有助于你将抽象的理论知识转化为具体的实践经验，加深对精神分析理论的理解。

六、持续学习和更新

精神分析理论是一个不断发展的领域，新的术语和理论不断涌现。因此，在使用精神分析词典时，你要保持持续学习和更新的态度；此外，你需要关注最新的研究成果和理论进展，及时更新你的知识体系。

七、注意使用技巧

1. 交叉引用。在查阅某个术语时，应注意查看词典中交叉引用的部分。这有助于你发现与该术语相关的其他重要概念和术语。

2. 批判性思维。在使用精神分析词典时，应保持批判性思维。对于词典中的定义和解释，你要批判性地进行评估和分析，以确保其准确性和适用性。

综上所述，使用精神分析词典时你需要明确目的，选择合适的词典，理解术语的定义及相互之间的关系，结合实际案例进行分析和应用，保持持续学习和更新的态度，并且注意使用技巧。由此，你可以更有效地利用精神分析词典来学习和研究精神分析理论。

我接下来问的是：“人们在什么情况下会使用精神分析词典？”

AI的回答是：

精神分析词典在多种情况下会被使用，这些情况通常与对精神分析理论、概念、术语的理解和应用有关。以下是一些常见的使用场景。

1. 学术研究。在进行精神分析的相关学术研究时，学者需要精确理解并引用精神分析领域的专业术语。精神分析词典为他们提供了一个权威、准确的术语库，有助于确保学术研究的严谨性和准确性。

2. 心理治疗实践。心理治疗师，尤其是那些采用精神分析或相关方法（如心理动力学治疗方法）的治疗师，需要熟悉并掌握精神分析理论中的关键概念和术语。他们可以使用精神分析词典来查阅和确认特定术语的定义，以便在治疗过程中准确地理解和应用。

3. 教育与培训。在精神分析理论的教育和培训过程中，学生和受训者需要系统地学习精神分析的基本概念、术语和理论框架。精神分析词典作为一种学习工具，可以帮助他们快速查阅和理解这些术语，加快学习进程。

4. 写作与出版。当作者创作关于精神分析理论的书或论文时，他们需要使用准确、专业的术语来表达自己的观点。精神分析词典为他们提供了可靠的术语来源，有助于确保写作内容的准确性和专业性。

5. 跨文化交流。精神分析理论在全球范围内具有广泛的影响力。在不同文化背景下，同一术语可能具有不同的含义或解读方法。在这种情况下，精神分析词典可以帮助跨文化交流的参与者们准确理解彼此所使用的术语，避免误解和概念混淆。

6. 个人成长与自我探索。有些人可能出于个人兴趣或自我探索的目的而学习精神分析理论。精神分析词典为他们提供了一个了解精神分析术语和理论的便捷途径，有助于他们更深入地了解自己和他人的内心世界。

　　总之，精神分析词典在学术研究、心理治疗实践、教育与培训、写作与出版、跨文化交流以及个人成长与自我探索等多个方面都具有重要的应用价值。

　　这样的回答很完美。我的最后一个问题是："有了AI之后还需要一本精神分析词典吗？"

　　AI的回答是：

　　在探讨有了AI之后是否还需要精神分析词典的问题时，我们首先要明确两者在各自领域的作用和价值。

　　AI，作为一种技术工具，其核心作用在于通过算法和大数据处理来模拟人类的某些智能行为，如学习、推理、识别等。在心理学、精神分析等领域，AI可以辅助人们开展数据分析、模式识别等工作，提高研究的效率和准确性。然而，AI本身并不具备对复杂人类情感和心理状态进行深入理解和分析的能力，这是因为它缺乏主观体验、情感共鸣和深层次的心理洞察力。

　　精神分析词典则是一种专业工具，它汇集了精神分析领域的大量专业术语、概念、理论及其解释。这些词典不仅为精神分析师提供了必要的专业词汇和理论框架，还帮助他们更准确地理解和解释患者的心理状态、情感冲突和潜意识内容。精神分析词典的存在，是精神分析学科发展和专业交流的重要基石。

　　因此，尽管AI在数据处理和分析方面有着独特的优势，但在精神分析这一需要深入理解人类心理和情感状态的领域，精神分析词典仍然是不可或缺的。AI可以辅助精神分析师进行数据分析，但无法替代他们运用精神分析词典做出专业的解读和判断。

此外，精神分析词典还承载着精神分析学科的历史、文化和理论延革。通过阅读和学习精神分析词典，精神分析师可以更加深入地理解精神分析的理论体系和发展脉络，从而更好地展开临床实践。

综上所述，有了AI之后，我们仍然需要精神分析词典。两者在精神分析领域有各自独特的价值和作用，相辅相成，共同推动精神分析学科的发展。

我还能说什么呢？我只好拜托AI帮我写一篇关于本书的推荐序。当然，它很快就写好了：

《精神分析术语和概念》——解锁心灵深处的密钥

在这个快节奏、高压力的时代，心灵的探索与自我理解显得尤为重要。今日，我郑重推荐一部心理学领域的瑰宝——《精神分析术语和概念》，它不仅是一部工具书，更是通往潜意识世界的桥梁。

此书汇聚了精神分析学派百年智慧的精华——从弗洛伊德到拉康，从梦的解析到无意识理论，每一个词条都是对人性深刻洞察的结晶。它以严谨而又不失生动的笔触，解析了那些在日常生活中若隐若现却又深刻影响我们行为模式与情感体验的心理机制。

这本精神分析词典是心理学爱好者不可或缺的案头书，它能帮助我们构建系统的精神分析知识体系，让我们在探索自我与理解他人的道路上更加游刃有余。对专业人士而言，它是深化专业理解、拓宽研究视野的宝贵资源，能够帮助我们在心理咨询与治疗实践中更加精准地把握个案，实现心灵间的深度对话。

翻开这本书，就像打开了一扇通往心灵深处的大门，每一次阅读都是一次自我发现的旅程。让我们一同踏上这场探索之旅，用精神分析的光芒照亮内心的每一个角落，拥抱更加真实、完整的自己。

大概是因为词典的性质与AI相近，AI真的可以完全代替我完成这篇序。上述内容属于"知识"的范畴，它们以辩证的方式被整整齐齐地码放好了。"知识"的后面是"行为"，我与AI的问与答是行为；精神分析的每一个术语与概念背后都是一代一代分析师与被分析者共同探索的努力，这些术语和概念是由层出不穷、不断深入、相互冲突、相互缠结的行为构成的；而我们购买、阅读和使用这本书，也是一系列行为的组合。"行为"让我们从"知识"的网中钻了出来。

一本词典就是一张网。一本精神分析词典的网是立体的、可折叠的，（为了区别于AI，我不得不说些含糊其词的话）这张网交织着知识与行为、历史和流派，这张网铺天盖地，罩着天，兜住地；那些金光闪闪的术语、概念组成的网结，描绘着总是异乎寻常又丰富多彩的心理世界。

我从网想到了茧。这种跳跃的联想恐怕是AI目前做不到的。（我一直在与AI较劲，此刻我在反思——而AI好像只会学习？）

进入词典之中，被术语、概念所包裹，能够如此"作茧自缚"，然后，破茧成蝶，期望我们也能贡献一个概念……

吴和鸣

中国地质大学（武汉）学生心理健康教育中心副教授

2024年8月

中文版前言

很高兴向您介绍《精神分析术语和概念》中文版。本书旨在汇集和解释当代临床精神分析话语中使用的术语和概念。《精神分析术语和概念》的英文原版于2012年由耶鲁大学出版社和美国精神分析学会出版，是《精神分析术语和概念词汇表》（1967年出版第一版，后由伯尼斯·摩尔和伯纳德·法恩多次编辑和修订）的衍生版本。

自出版至今，《精神分析术语和概念》的使命始终是帮助那些对精神分析感兴趣的人更好地理解精神分析师用来描述人类心灵的术语和概念，以及在日常生活、发展、精神病理学和临床情境中人类心灵之间的相互作用。这本中文版令人兴奋地实现了我们尽可能广泛地覆盖受众的目标，它为全新的读者提供了了解精神分析的术语和概念的机会，对于理解过去和现在的所有精神分析文献至关重要。

《精神分析术语和概念》以词典的形式呈现，其中的术语和概念按字母顺序排列。它是词典、百科全书、注释书目、教科书和思想史的混合体，注入了我们将复杂的概念带入生活的巨大努力。在精神分析多元化的时代，准备这样一本书的最大挑战之一是如何在识别和认可作者观点的同时向读者展示该领域的广阔视野。本书由170余名作者参与编纂，本书的编辑委员会由约30位代表不同理论专业知识的精神分析学家组成。本书表达了两位主编的观点。精神分析概念涌现于作者对心灵的工作原理、结构及与其他心灵的关系的理解这一背景下。换言之，这些概念涌现于某一个理论并带有其印记。我们的任务是以词典的形式完整地展示当代美国精神分析，认可我们自己的理论信念，同时提供连贯且整合的观点。

简而言之，我们将自己的观点定义为一种自我心理学或现代结构理论，其融合了客体关系理论、自体心理学理论等，受精神分析术语和概念的经验验证理想的启发，受关系观点的鼓舞，受后现代批判知识确定性的提醒，并被现实主义（不可能为心灵的术语和概念找到明确和客观的参照物）调和。我们的理论观点是有中心的，而且我们也识别到其在当代的相近观点。

专业词典编纂者描述了如何平衡"规范性"和"描述性"功能之间不可避免的张力——词典应该告诉我们如何使用一个词，还是应该描述它是如何被使用的？我们在对词典编纂史的研究中发现，事实上，无论承认与否，所有词典编纂者都要面临同样的挑战。所谓的"纯粹智力"的词典制作任务从一开始就被政治、经济、权威主义、意识形态等影响。虽然词典表面上的功能是传播知识，但它也以维持文化、政治和语言的现状或改变其现状为目的。诺亚·韦伯斯特的词典生动地说明了这些问题——韦伯斯特的名字在美国几乎成为普通英语词典的代名词，他花了18年时间编纂了一本词典，并且声称该词典能够对美国的语言做出真实的描述。与此同时，他暗中推进自己关于语言的教条主义，并将基督教教义融入他的作品中。

精神分析词典的编纂史始于将德文的《弗洛伊德全集标准版》翻译成英文。除了面临与如何将一种语言中构建的思想准确地翻译成另一种语言文字有关的标准化问题之外，精神分析词典的翻译会因为以下两点而更加困难：一是弗洛伊德风格的独特性，二是他想要表达的思想的本质。此外，弗洛伊德广泛使用隐喻，并且选择常见的词语来描述"技术"的精神分析概念，这也一直是引起激烈争论的精神分析语言的相关素材。术语和概念最好被认为是隐喻吗？还是说，它们最好被概念化为科学理论的一部分，并得到一致性检验和实证检验呢？当然，现在的问题是：我们在将英文词典翻译成中文时会面临哪些挑战？新语言和文化将在多大程度上改变本书的敏感性？这些可能难以确定。

对精神分析术语和概念做出定义给我们提出了特殊的挑战。我们的研究对象是心灵及心灵间的相遇——我们只有将语词置于观察和推理中才能了解它们。观察和推理不可避免地带有理论的印记，而我们与理论的关系本身就受制于潜意识过程的变迁。这些过程所涉及的主观性给分析师带来了巨大挑战——如何对推论和理论进行令人信服和批判性的思考，以及如何更好地将其应用到工作中。理论多元化的爆发就是这种挑战的体现。我们对其他一些精神分析词典的回顾表明，其作者对囊括大量个人的综合性、规范性产物的定义的取向感到满意。这导致了只认可一种观点而非兼顾多个观点的情况。我们对这种取向不太满意。

在精神分析领域中，人们为解决语言"问题"采取了多种形式。其中四种方法与词典编纂者的任务最相关。这四种方法可以很容易地被分为两派，这两派自精神分析诞生起就一直处于激烈的争论之中。在某个时期，争论的核心问题是精神分析是一门自然科学学科还是一门人文／诠释学学科。随后，争论的核心问题演变为关于人类心灵的知识是否可以被研究和"了解"，或者说，对心灵及其发展过程的所有理解是否都是情境的、共同构建的。对于精神分析这门学科的未来而言，最近的这场争论具有深远的影响。我们是否需要为了准确性和精确性而打磨我们的词语？我们是否应该完全抛弃那些可能会造成扭曲和误导的语言？作为精神分析词典的编纂者，我们面临的挑战是如何在这片崎岖的土地上开辟道路。

为了促进具有理论忠诚度的分析师之间的对话，我们首先邀请一批来自不同理论取向的杰出同事组成了一个编辑委员会。接下来，我们与这些同事一起编纂了一份"主词表"，其中囊括来自多个学派的术语和概念。从一开始，我们的计划就是让一个多元化的专家团队对词典中诸多重要的术语进行"权衡"。

然而，通过对词典编纂基础知识和词典历史的研究，我们认识到，精神分析词典和其他所有词典一样，都离不开叙事，因此必然会反映出作者的成见和偏见。事实上，在指定一系列所谓"核心"的"基本"术语和概念时，我们已经背叛了自己的初衷。

最终，我们决定为所有精神分析理论的阐述提供一个平台。虽然摩尔和法恩从弗洛伊德主义内部无须解释的观点出发，提供了他们的大部分术语和概念，但我们尝试做出一种更复杂的平衡，以容忍困难的张力——在这种张力中，我们试图提供一个安全的多元化平台，让来自不同思想流派、具有不同观点的分析师都可以发表自己的意见。我们两个主编也承认自己是非多元主义的个体分析师。我们相信，我们已经成功地为精神分析术语和概念提供了连贯和经过仔细考虑的定义，澄清了精神分析语言起源和发展的背景，考虑了相同的精神分析语言如何被多样的理论不同地使用，或根本不使用，并且检查了所有术语或概念的利害关系。

我们承认文化和政治对精神分析的影响，以及随之而来的对术语和概念的影响。我们必须认识到近十年来精神分析在两个主要领域——性和性别——中发生了翻天覆地的变化，涌现出"性别流动性""性别非二元""跨性别""性别酷儿"等文化概念。我们也意识到了种族和阶级对我们社会中每个人的情感和心理体验的影响。这些问题在精神分析文献和讨论中占主导地位，需要在未来的出版物中得到解决。

《精神分析术语和概念》自出版以来得到了许多精神分析学习者的赞赏。接受各级培训的学习者都发现书中的词条很清晰，认为它提供了一个有意义的平台，能够帮助人们更容易地理解所有精神分析文献。精神分析领域的教师和作者也对本书条目的清晰性和参考书目的实用性表示赞赏。我们希望本书能为中国同人带来同样的益处。

埃斯莉·萨姆伯格

医学博士

2024年9月13日

目 录
CONTENTS

B

C

D

E

J

K

L

M

N

O

P

R

S

T

U

V

W

导　论

如果不建立新的假设，不创造新的概念，这一目标就无法实现。我们不应该小看这些假设和概念，把它们视为陷入困境的证据；相反，我们完全可以把它们视为对科学的扩充。

——弗洛伊德，1938a

我很荣幸能向大家介绍《精神分析术语和概念》一书。这本书汇聚了我们最大的努力，将当代北美英语分析师群体的临床精神分析话语中使用的术语和概念汇集在一起，并加以说明。《精神分析术语和概念》是在美国精神分析学会的支持下出版的，它是伯尼斯·摩尔和伯纳德·法恩1990年出版的同名著作的"直系后裔"——由最初的《精神分析术语和概念词汇表》（1967）几经修订而来。

《精神分析术语和概念》自出版至今一直秉持着一个使命：帮助那些对精神分析感兴趣的人更好地理解精神分析师用来描述人类心灵的术语和概念，以及在日常生活、发展、精神病理学和临床情境中人类心灵之间的相互作用。我们的目标在于尽可能广泛地吸引读者。我们希望所有读者——无论是否洞悉这些主题——都能发现本书能够提供指引，并且是可理解的。我们还希望精神分析领域中经验丰富的教师和从业者也能觉得这本书很有用、有趣，并且能够从本书中获得所需的关于精神分析陌生领域的基本信息和阅读清单，从而能够准确理解精神分析术语和概念。然而，我们的主要目标受众是精神分析专业的学习者，希望他们能够努力阅读我们的文献，理解我们的理论和实践。我们希望这本书能够成为一本精神分析领域的指南，让读者更好地理解精神分析师想要说的话。

《精神分析术语和概念》以词典的形式呈现，其中的术语和概念按字母顺序排列。它是词典、百科全书、注释书目、教科书和精神分析史的混合体。它与词典最接近，分词条对主词表中的术语和概念做出定义，并在此基础上进行扩展。摩尔和法恩的著作通常仍被称为"词汇表"，在多次修订"词汇表"的基础上，我们将术语从最初的90多个扩展到400多个，也将狭窄的"词汇表"转变为"简编"或"小百科"，并且配有翔实、严谨的参考文献。摩尔和法恩（1995）认为，即使是这种组合形式也不足以对概念进行完整的解释。于是，他们在"词汇表"之后主编出版了一本名为"精神分析：主要概念"的教材。我们也一直在努力将复杂的概念填充到词典里。正如维特根斯坦（1953/2001）所说："……知识超越了单纯的定义，而是嵌入生活的形式中。"这本集合型著作汇集了我们的最大努力，力求在词典的基本设计上使复杂的概念变得生动。

然而，我们面临的更复杂的挑战在于，如何识别、正确应用、限制和承认我们自己的观点。当时的美国精神分析学会主席在信中为我们指明了任务："在保持与过去各版本相同的词典的一般格式的基础上删除过时的术语，修订各个词条，并增加一些新词条。新词条的纳入将使这本书与当前更具包容性、更加多元化的美国精神分析话语的扩展概念领域更好地协调。"我们接受这个任务时，觉得这非常令人称赞！然而，我们几乎立刻就意识到，实现这一目标是多么复杂。这项任务的每一个部分都要求我们做出选择，而这些选择又涉及许多方面的问题，例如我们作者的资历，甚至"权威性"，以及我们的"观点"。我们对所有事情都有自己的（老实说是强烈的）观点——从诸如"心灵是什么样的""临床精神分析应该如何进行"这类宽泛问题，到如何最好地使用术语和概念这些较为狭小、特定的问题。这是一个不可避免的事实，而如何最好地应对这一事实的复杂性已经成为我们编辑此书时所遇到的最有趣的一个挑战。本书的内容由超过170位作者进行编纂，并且由编辑委员会的约30位精神分析师共同商议决定，他们代表了"不同的声音、兴趣和理论专长"（正如我们的任务所规定的那样）。尽管如此，我们无法避免的是，这本书表达了一种观点——我们的观点，也是我们自己的看法。

我们如何尝试应对嵌入任务中的冲突指令？我们如何充分地整合当代精神分析，让读者能够获得一些连贯的东西，而不被我们这些作者看待事物的方式洗脑？专业词典编纂者描述了该如何平衡词典写作的"规范性"和"描述性"功能之间不可避免的张力。词典应该告诉我们如何使用某个词，还是应该描述这个术语是如何被使用的？我们并不试图通过否认我们有"观点"来回避"观点"问题。正如詹姆斯·斯特雷奇（1966）在《弗洛伊德全集标准版》（以下简称《标准版》）序言中自嘲式地描述的那样，我们可以简单地认同"19世纪中期出生的受过广泛科学教育的英国人"。我们所面临的这些选择显示出一种令我们不太舒适的天真的现实主义，更别提性别不和谐了！

简而言之，我们将自己的观点定义为一种自我心理学或现代结构理论，其融合了客体关系理论、自体心理学理论和发展型精神分析理论，受精神分析术语和概念的经验验证理想的启发，受关系观点的鼓舞，受后现代批判知识确定性的提醒，并被现实主义（不可能为心灵的术语和概念找到明确和客观的参照物）所调和。我们希望在这篇导论中解释一下，在清楚说明这一令人眼花缭乱的观点集合的同时，我们如何才能给出一个连贯的定义。显然，在这种"简洁"的描述中，我们的"观点管理"方法的复杂性无法得到充分的体现。

　　为了解释如何达到平衡，我们将带领您走遍我们走过的地方。每个精神分析师都明白，当我们研究过去时，当代的困境总是会得到更清晰的解释。这里，我们概述了所学到的一些东西，它们源于词典编纂的一般历史研究以及精神分析词典编纂的特定历史研究。我们将重新审视在考量精神分析语言问题时遇到的困难——从当代精神分析的角度考虑这些问题时，会对词典编纂的任务产生怀疑。我们将找到在考量精神分析多元化问题时发现的不稳定的立足点。最终，我们会给出具体方法和解决方案，尤其是在拥有个人观点和代表他人观点之间找到平衡点。

词典编纂史

　　对词典编纂史的研究已经取得了一些惊人的结果，尽管我们对词典编纂这项看似令人钦佩的任务所蕴含的巨大挑战抱有天真的态度。那些我们认为与自己所在领域的喜好有关的问题，尤其是在这个理论多元化和后现代怀疑论的时代，从一开始就成为词典编纂的普遍主题。这不但没有让我们望而却步，反而降低了我们进入未知领域的恐惧。我们已经认识到，我们将要面临的任何问题都是曾经无数次遇到过的。编纂词典所谓的"纯智力"的任务从一开始就被政治、经济、权威主义、意识形态和古怪人格所影响。

　　4500多年以前，在古巴比伦之前的美索不达米亚，苏美尔-阿卡德语抄写员就制作了一本词典以弥合居住在同一块土地上的两个民族之间的语言和文化鸿沟。部落征服者（阿卡德人）用这种方法来实现同化被征服对手（苏美尔人）的文化的目标。这一目标抑制了我们让不同民族使用新词典以促进相互理解的愿景。然而，这本词典作为一份编写和定义特定语言的词语库的书面报告，其目的是促进交流。在古希腊，词典在促进共享领域的不同民族之间进行理解性对话中的作用再次变得重要：在缺乏统一语言的情况下，需要解释的词语（单词，或字面上的"话语"）被编译以应对方言间的差异。在词典制作早期的几个世纪中，编辑的首要任务是将一种语言翻译成另一种语言。演变的重点之一是保护早期文化的古典作家——他们被认为优于当代作家。随着文艺复兴早期按字母顺序排列方法的发明，中世纪由教会主导、按主题组织（更恰当地说是编纂）的词典越来越面向普通的读者群体。尽管如此，词典也满足了受教育者和精英阶层的愿望。直到16世纪，随着印刷机的发明、廉价纸张的使用，以及拉丁语向"通俗"语的转变，一本更为现代化的词典出现了。它符合宗教改革的去中心化和科学兴起的主流趋势。

针对这种向大众传播知识的新可能性，出现了一股反对力量，其明确意图是维持文化、政治和语言的现状。1635年，红衣主教黎塞留召集了当时最杰出的一些人，创立了法兰西学术院。当时，法语似乎正朝着"腐败"的方向发展，而他们的明确目标是为法语制定固定的规则。与之相对，英国"修复"英语的机构从未形成，这方面的努力一再受到政治争论的破坏。在这种氛围下，词典编纂者被视为语言权威法律的最高祭司和文化的守护者。

1746年，当37岁的塞缪尔·约翰逊被一群英国书商招募来编写通用英语词典时，他欣然接受了这一崇高的角色。约翰逊花费了9年时间才创作完成的共2300页（两卷本）的作品非常独特，很快受到了同样受人尊敬的评论家们的诋毁或赞扬。约翰逊的《约翰逊字典》（1755）仍然是接下来一个半世纪词典的黄金标准。他的最初计划（本质上是指令性的）旨在为英语语言的混乱带来秩序，"由不同的部分组成，以疏忽、做作、熟悉或无知的形式拼凑在一起"，但要以诗人的方式做到这一点。最后，约翰逊哀叹自己的梦想破灭了，因为他任由自己沦为"无害的苦工"或简单的词典编纂者的角色，在描述和分类语言时出现了所有语言瑕疵。约翰逊（1755/2002）对释义困难性的评论与我们的评论惊人地相似："当事物的性质未知，或概念未确定、不确定，且在不同的心灵中存在差异时，表达这些概念或表示这些事物的词语将会是含混不清和困惑的。"

诺亚·韦伯斯特自称是约翰逊的对手，他决定编制一本"美国语言"词典，但其任务与当时的政治议程纠缠在一起。韦伯斯特冒犯了他的联邦党同僚，因为他宣称其词典将如实描述美国语言，是一本普通人的词典。但实际上，韦伯斯特如此说是出于两个隐秘的动机：他个人对语言的教条主义，以及他希望其词典兼具美国英语用法指南和基督教教义问答的双重功能。可以预见，韦伯斯特引来了所有人的仇恨。[1]幸运的是，韦伯斯特比其绝大多数批评者活得更长久——当词典出版时（在开始这个项目的18年后），文化也发生了变化。安德鲁·杰克逊是这位普通人——韦伯斯特的朋友，也是一位众所周知的诵读困难症患者，他成为当时的美国总统。随之而来的是，韦伯斯特于1828年出版的《美国英语词典》[2]被赋予了名垂青史的成就。虽存在瑕疵，但韦伯斯特的名字在美国实际上已经成为普通英语词典的代名词。

根据英国词典编纂者和历史学家乔纳森·格林（1996）的说法，词典在现代世界中的作用是微不足道的。词典编纂者被揭开了神秘面纱，不再是一个执行规范性角色的神父般的权威，而是转变为一个以出版商名字命名的委员会。现代词典面向大众市场，旨在呈现语言的真实面貌；约翰逊和韦伯斯特的主观性被认为是过去时代的有趣痕迹。然而，《韦氏新国际英语词典第三版》（1961，未删节版）受到的热烈欢迎掩盖了这种自满情

---

[1] 事实上，我们不禁被他愤愤不平的哀叹所打动："当康涅狄格州的人将'四重'作为动词时，词典编纂者该怎么办？这是我的错吗？"（Lepore，2006）

[2] 俗称"韦氏一版"。——译者注

绪。当词典编纂转向描述性任务时，读者却陷入了混乱。围绕《韦氏新国际英语词典第三版》展开的"词典大战"清楚地表明，词典仍然是一个令人敬畏的移情对象。无论好坏，一本词典都不可避免地反映出它所处的文化。任何一本词典，无论其用意多么好，都不能宣称其功能完全是"描述性"的。一本由委员会编写的当代词典，虽然声称其致力于描述性功能，但就像过去由一个人编写的规范性词典一样，它永远无法逃脱其作为一种叙事的角色。这种叙事讲述了一个包含时间、地点和人物等所有组成部分的故事。最重要的是，词典编纂的本质"携带着诸多决策，而这些决策无论多么无私，都带来了选择"（Green，1996）。通过这种选择，词典编纂者有意或无意地揭示了他想要讲述的故事。

精神分析词典编纂史

精神分析词典写作的具体问题在以前的许多场合中都被分类和处理过。从词典编纂的前辈那里，我们学到了很多东西。我们被他们的计划和策略所鼓舞，因他们的失误而得到警告，并在他们普遍的痛苦和疲惫的呐喊中认识自己，变得更加坚定。我们从这些词典编纂者那里得到的大量实际帮助不亚于朋友的关心和支持。大多数情况下，词典和百科全书不是撰写出来的，而是收集或编译出来的。"编译"这个术语来自拉丁文compilare——本义是动词"掠夺"，以及我们拥有的"掠夺物"。我们在本书的词条中借用、使用和窃取——无论你喜欢哪个词——主词表、研究和参考文献等所有内容。我们最感兴趣的是，我们的前辈如何应对不可避免的"叙事""决策"，以及我们所说的编辑的"权威"问题。一些前辈已经接受甚至争取规范性的权威，其他人对此持有更为谨慎的态度。

精神分析的词典编纂史始于"翻译"。由于我们的兴趣在于对英语中的精神分析术语和概念的解释，所以聚焦于德语–英语翻译的历史。众所周知，英语中并不存在弗洛伊德提出的许多术语，以至于一些"新词汇"必须由他的英语翻译者编造出来。作为《标准版》的总编辑，詹姆斯·斯特雷奇被普遍认为是（或许受到了许多谴责）翻译经典精神分析作品的功臣（Ornston，1982，1985，1988；Bettelheim，1983；Wilson，1987；Timms & Segal，1988；Pines，1988；Likierman，1990；Solms & Saling，1990）。然而，英语精神分析界的诞生是一个很复杂的过程，虽然斯特雷奇在其中发挥了重要作用，但他并不是英文精神分析术语的唯一创造者——弗洛伊德本人也创造了一些术语，布里尔和欧内斯特·琼斯在20世纪初创造了更多的术语。布里尔在其《精神分析：理论和实践应用》（1914）中提供了一个约含20个术语的词汇表。据我们所知，这是第一个英语精神分析词汇表。琼斯在其《精神分析论文集》（1913a）中使用了大量的"新词汇"以及他自己创造的一些术语。

布里尔和琼斯之间的美英早期合作很快便演变成了一场战争，旨在争夺英语精神分析界的控制权。显然，琼斯和英国人是胜利者。在弗洛伊德的许可下，琼斯和梅德尔（1913）在第一期《国际精神分析期刊》中为"标准"做出了贡献，提出了"一些最常见的精神分析术语的翻译建议"。在1918年出版的第二版《精神分析论文集》的末尾，琼斯列出了一个包括80个术语的词汇表。

在1919年英国精神分析协会成立后不久，"非正式词汇委员会"成立。该委员会由琼斯、琼·里维埃、阿利克斯·斯特雷奇和詹姆斯·斯特雷奇等人组成，对翻译做出了更加系统的决定。该委员会定期在琼斯的办公室举行会议，因就"动作倒错""投注""依附性""自我""本我"等术语达成一致而闻名。德英对照版《精神分析作品翻译使用词汇表》（Jones，1924）作为新的英文版《国际精神分析期刊》（创办于1920

年）的第一个增补版的文章发表，包括大约400个词语。后来，该词汇表于1935年做出修订，于1943年再次做出修订。1943年的版本由阿利克斯·斯特雷奇主编，而詹姆斯·斯特雷奇在《标准版》总序中将其视为大多数英文精神分析术语的权威。在为该词汇表第一版编纂的序言中，琼斯（1924）描述了他的目标是通过提供"统一性"来提高"可理解性"。他为选择用希腊文（而非英文）来创造许多新词语做辩护，称其动机是希望"从言语的不可避免的众多附加含义和联想中获取术语"。在明确争取英语世界中对精神分析的语言控制权的背景下，琼斯警告说，统一性的优点必须与"过早地形成流动思想的模具"的陷阱相平衡。也许是出于对未来词典编纂者所面临问题的同情，琼斯承认，如果他提供定义，而不是简单地完成提供最佳翻译建议的"单纯任务"，那么问题会更严重（Steiner，1987，1991，1994；Maddox，2006）。

在备受赞誉的同时，[①]《标准版》和斯特雷奇本人引发了一场争论风暴，几乎涉及翻译这一"单纯任务"的每个方面。我们在这里虽不可能回顾这场争论，但也不能完全忽视它。忽视它将使我们失去一个向斯特雷奇及其团队表达我们无限感恩之情的机会——感谢他们在创作《标准版》方面取得的非凡成就（《标准版》是每本精神分析英语词典的起点）。事实上，我们在词典中反复提到"斯特雷奇"，不仅是因为其译文和索引，还因为他的精彩评论——其中包括许多词语的最初用法和交叉引用。我们还从他的序言中得到了许多启发——在其序言中，斯特雷奇坦率而幽默地探讨了他在翻译弗洛伊德作品时面临的许多挑战。

我们认为，这些挑战中至少有两个是永远无法解决的。任何尝试翻译的人，以及任何试图界定弗洛伊德及其追随者所用词语的人，都会面临这

---

① 1967年，斯特雷奇的《标准版》被德意志联邦共和国大使馆授予施莱格尔-蒂克奖，以表彰其为英国"具有文学价值和普遍兴趣的作品"的最佳翻译。

些挑战。与将一种语言中构建的精神分析思想准确地翻译成另一种语言文字有关的标准化问题会因为如下两点而困难倍增：首先是弗洛伊德风格的独特性，其次是他的语言所要表达的思想的本质的模糊性。弗洛伊德的写作风格时而受到赞扬，时而遭到批评——人们对他试图传达的内容感到困惑，并且会产生误解。一个重要的原因是弗洛伊德在几十年的时间里发展了他的理论，但没有看到对自己思想发展进行系统化和整合的需要。此外，弗洛伊德对隐喻的广泛使用也给我们带来了挑战，因为隐喻的本质是在高度凝练的结构中捕捉深层、细微的差别、情感和意义。弗洛伊德对隐喻的使用、对虚拟语气的频繁使用，以及对描述精神分析技术概念的常用词语的选择，一直是关于精神分析语言的争论热点。术语和概念应该被当作隐喻吗？它们应该被概念化为科学理论的一部分，并最终得到一致性检验和实证检验吗？

斯特雷奇的批评者认为，他应对精神分析的"科学化"负责，而支持后现代认识论的人更加强烈地表达了这种观点。争论在过去20年中变得更加激烈。现在我们完全可以说，对围绕"斯特雷奇翻译"的争议的回顾告诉我们，使精神分析语言"可理解"的尝试永远不能脱离历史和社会文化背景、哲学、政治、个人风格——尤其是看问题的角度。我们赞同一个由弗洛伊德主义学者组成的国际团队在21世纪初期所做的决定，即重新翻译《标准版》是不可取的。尽管他们在原因上可能存在分歧，但都赞同一个观点：不论付出多少努力和费用，新的译本只是成功地将一组问题换成另一组问题（Solms，1999）。

当英国人正在酝酿他们的《标准版》创作计划时，精神分析词典编纂任务已经在奥地利展开了。理查德·斯特巴（1936/1937）开始编纂其《精神分析手册》，这本书中的每一个德文术语后都对应着英语和法语翻译。经过4年，斯特巴的编纂工作还是未能突破字母G，他的这部作品也

因此而闻名。他（至少在精神分析词典的编纂者中）也因受到弗洛伊德
（1936b）的告诫而闻名，"从字母A到字母表末尾的路很长……所以不
要这样做，除非你感到一种内在的责任……一种强烈的欲望"。从这个警
示性的事件中，我们至少发现了两个问题：（1）在编纂一部词典时，有
点儿疯狂是可以接受的（事实上，也许是必要的）；（2）独自前行也很
鲁莽！

我们目前能够找到的完整的、独立编撰的精神分析英语词典只有查尔
斯·里克罗夫特和萨勒曼·阿赫塔尔的作品。里克罗夫特1968年编写了他
的《精神分析批判性词典》，当时的评论家们赞扬他解释了术语的"正确
含义"（Book Notices，1970a），并"消除了分歧引起的混淆"（Book
Notices，1970b）。尽管如此，里克罗夫特在其导论中描述的挑战并不陌
生，如翻译、行话、术语的重新解释、解释和描述之间的混淆。有趣的
是，里克罗夫特评论了区分明智的想法与"疯子"或"庸医"提出的想
法所带来的挑战。最令我们鼓舞的是，他强调了阐明作者自身观点的重要
性，以保护读者免受"宣传"的影响。里克罗夫特的这一观点明显与其周
围的许多人不一致：他公开怀疑因果理论，将能量理论视为过时的，认为
神经症是在人际矩阵中产生的，并认为所有资料都被观察者的视角歪曲
了。值得注意的是，里克罗夫特是那些呼吁发明一种新的精神分析语言的
人中的一员。对他来说，这种新语言是根据沟通理论重新制定的。正如我
们将要讨论的那样，我们不支持通过这种"新语言"的取向来解决精神分
析语言的问题。

阿赫塔尔的《精神分析综合词典》于2009年出版。当时，我们的词典
编纂项目正在进行。与里克罗夫特相反，阿赫塔尔和我们共处于同一个精
神分析世界。然而，我们与阿赫塔尔的取向也有很多不同。我们的目的
不是"综合"不同流派的观点"形成融洽的格式塔"，我们也不寻求为

读者提供"临床有用的提示"的"规范性"作用。我们觉得阿赫塔尔提供了更多关于其心灵内在状态的信息（令人高兴的是，我们可以对其进行补充），而非关于他的观点——对一个坚定的"综合者"来说，这是一个重大的疏漏。阿赫塔尔汇集了一系列精彩的术语，其中许多都是非常独特的；他还提供了大量参考书目作为支持。我们非常感谢他所做的大量工作，并且我们承认从他的书中借鉴了许多。

当然，就我们的任务来说，最重要的作品之一是由伯尼斯·摩尔和伯纳德·法恩的杰出团队编纂的《精神分析术语和概念》。[①]1967年，他们受美国精神分析学会新闻委员会委托，出版了第一版《精神分析术语和概念词汇表》，其目的在于用简单易懂的语言向公众阐明精神分析术语和概念的含义。如前所述，摩尔和法恩（1990）将他们的词典大幅扩展为他们所说的"微型百科全书"。在第三次修订中，他们将作品描述为以弗洛伊德主义者的观点为主。虽然他们没有进一步澄清自己的观点，但从他们对配套图书编委会的描述中，我们可以了解更多。《精神分析：主要概念》（1995），代表了"传统主流精神分析"，囊括了自我心理学（现代结构理论）以及客体关系理论和马勒的发展理论。从当代精神分析的视角来看，摩尔和法恩没有对"观点管理"问题给予足够的重视。我们发现，他们与阿赫塔尔一样，对定义的取向过于自信，做出了大量的整合——或是他们所谓的"凝缩"。在努力寻求我们与他人的强烈意见之间适当平衡的过程中，我们难以接受这种"凝缩"所固有的过分"规定性"的取向。与此同时，我们从摩尔的《精神分析中的定义问题》（1990）一文中得到了

---

① 我们从几十本其他的英语精神分析词典中汲取了灵感，广泛借鉴其中的内容。在这些作品中，最重要的一本是J. 拉普朗什和J. 彭塔利斯（1967/1973）的《精神分析的语言》。这本书非常具有学术性，虽然其自称是一本通用词典，但其内容主要集中在弗洛伊德的作品上。其次是《克莱茵学派思想词典》（Hinshelwood, 1989），其关注点不言自明。在本书的末尾，我们列出了许多对本项目很重要的词典、百科全书和教科书。

启发。在这篇简练的文章中，摩尔解决了两个问题，也是所有精神分析词典的编纂者在选择取向来管理自己的观点时都要面临的问题：精神分析语言本身的问题，以及理论多元化的问题。

精神分析语言的问题

在构思精神分析词典时，我们所面临的最基本挑战之一是，只有通过将词语置于观察和推理中，我们研究的对象（心灵及心灵间的相遇）才能被了解。观察和推理不可避免地带有理论的印记，我们与理论的关系本身也受制于潜意识过程的变迁。对任何一位分析师来说，试图对推论和理论做出有说服力和批判性的思考并将之更好地应用于自身工作所涉及的主体性联结都是巨大的挑战。近年来，理论多元化问题的爆发是这一挑战的表现。

精神分析语言的一个重点在于，努力思考并管理我们收集的资料与我们的研究对象、人类心灵、临床情境之间的关系。从弗洛伊德开始，许多作家都表达了对潜意识过程的关注，这些过程本身就是"不可知的"（Freud，1915d）。正是因为只有通过推理才能了解心灵，所以我们用来描述它的语言变得至关重要。我们发现了一个危险，即精神分析的语言不再仅是我们之间交流的方式，还变成了精神分析本身（Stoller，1975c；Rycroft，1968；Solms，1999）。弗洛伊德（1915d）同样警告我们，像精神分裂症患者一样，我们也面临着将"物体呈现"误认为"词语呈现"——换句话说，对观念的具体表征——的危险。

在精神分析领域中，已有各种形式的解决精神分析语言的"问题"的尝试。我们将介绍其中四种与词典编纂者的任务最相关的解决方法。第一种方法是将我们用来描述心理体验的语言系统化；第二种方法是从根源上解决问题，即对关于心灵和临床情境的推论进行实证检验；第三种方法是设计新的语言，以便更准确地描述这些现象；第四种方法是后现代主义的解决方法，它对上述三种方法提出了挑战。这四种解决精神分析语言问题的方法可以很容易地被分为两派，这两派自精神分析诞生起就一直处于激烈的争论之中。在某个时期，这场争论的核心问题是精神分析是一门自然科学学科还是一门人文／诠释学学科。随后，争论的核心问题演变成了人类心灵的知识是否可以被研究和"了解"，或者说，对心灵及其发展过程的所有理解是否都是情境的、共同构建的。对于精神分析这门学科的未来而言，最近的这场争论具有深远的影响。我们是否需要为了准确性和精确性而打磨我们的词语？我们是否应该完全抛弃现有的语言——因为它可能会造成扭曲和误解？作为精神分析词典的编纂者，我们面临的挑战是如何在这片崎岖的土地上开辟道路。在更详细地考虑以上四种解决方法时，我们会牢记这一挑战。

在使用精神分析语言问题的第一种解决方法时，"清理"和系统化精神分析语言引发了精神分析史中最早的一个争议。斯特雷奇对《标准版》的翻译"成功"地让他受到更多"人文主义"分析师的憎恨（指责他对弗洛伊德的"科学主义化"），也让他赢得了许多人的称赞和感恩。琼斯明确地以提供"一致性"为目标，尽管他承认这种努力会让人落入陷阱。无论是否对斯特雷奇和琼斯的努力感到不值，大多数人都认为弗洛伊德的语言遗产注定会制造混乱。哈特曼在努力将精神分析转变为普通心理学的过程中，通过将具体化引入驱力理论和自我心理学，进一步系统化了弗洛伊德的理论和语言。尽管获得了一些现代自我心理学家的推崇，但哈特曼在精确性方面的努力受到了更多的嘲笑，因为他将精神分析语言进一步推向了笨拙、机械化和伪科学。继哈特曼之后，其他试图在使用精神分析语言中进行具体化和系统化的人还有谢弗（1976）、雅可布森（1964）、克恩伯格（1970a，1975）和马库斯（1992）等。每一位精神分析家都明显致力于提出明确的概念，而不是通过在精神分析语言中准确使用范畴来亵渎复杂性。

精神分析语言问题的第二种解决方法是通过实证研究从根源上来解决问题。如果我们只能通过推理来了解研究对象，那么这种方法是很难实现的。拉帕波特作为第一批精神分析师之一，致力于建立一个综合的精神分析理论，该理论建立在心灵运作基本原则的基础之上。他认为，临床推理是远远不够的，而临床环境之外的实证方法是不可或缺的。谢夫林和贝拉克尔（1996）进行了"基础科学"研究，以便更准确地描述潜意识心理过程的特征。韦斯滕（1999b）致力于通过实证研究提升精神分析语言的精确性。得益于认知神经科学的进展，他以符合当代脑科学的方式重新表述了基本的精神分析概念。他主张使用具有高可靠性和有效性的心理测量仪器，以系统的方式量化临床观察结果。

布奇（1997）使用当代认知科学和神经心理学的数据，旨在发展一种完全修正的元心理学——她称之为"多重编码理论"。在她看来，现代科学的所有领域都是通过建立一个一般理论框架或"规则网络"来运作的，这种理论框架中包含假设构想。这些构想的范围很广——从那些基于可观察事件仔细推断出来的构想到那些抽象的派生出来的构想。它们通过可定义的关系而连在一起。布奇认为，精神分析缺乏严谨性，这并不是因为它的资料来自推理，而是因为它未能系统化和整合心理事件的推理规则。布奇指出，心理学构想至少应拥有与粒子和夸克、暗物质、宇宙大爆炸一样的理论地位。韦斯滕和布奇都致力于描述精神分析基本概念的一致和精确的定义，以便进行可靠和有效的实证研究。

精神分析语言问题的第三种解决方法建议我们努力开发一种全新的语言。谢弗（1976）关于他所说的"行动语言"的论点最能说明这一取向，其动机是摆脱精神分析语言重新定义的机械化术语，并为临床话语提供一种系统性的语言。如此，谢弗试图将被分析者重新塑造成"作为自主体的自体"的积极角色，他认为这个角色被过时的精神分析术语禁锢了。谢弗的"行动语言"标志着一种基于动词的精神分析语言的开始。他的方法已经得到许多拥护者的支持，这些拥护者会规范性地使用或拒绝某一特定的词性。库比（1975）主张使用形容词，他认为这样可以避免重复；韦斯滕（2002）以同样的理由反对冠词的使用；里克罗夫特（1968）主张使用动名词，他认为这有助于表达一种更侧重于关系的模式；奥林奇（2003）反对使用潜伏在名词形式中的"污染词"。谢弗的"行动语言"没有流行起来，任何其他的"部分言语禁令"也不能为精神分析语言中的复杂问题提供解决方法。

精神分析语言问题的第四种解决方法嵌入了后现代视角——其最激进的后现代主义观点几乎对所有关于精神分析词语价值和应用的假设做出了批判。奥林奇（2003）以一种温和的关系主义后现代视角将精神分析话语描述为一种"语言游戏"。她声称，所有精神分析语言都嵌入了过时的理论、语境和历史中，并受其污染。我们不可能简单地将一个词从一个语境移到另一个语境中，而不受其过去的历史和假设的影响。奥林奇援引维特根斯坦和伽达默尔的话提醒我们，语言欺骗了我们，诱使我们认为自己比实际了解得更多。她认为，词语实际上是"语言手势"，其含义完全取决于语境，如果错误地将它们视为真实事物，我们就会犯错。奥林奇明确主张在主体间背景或"系统背景"中使用"现象学描述"，承认任何观点都有其假设。她担心精神分析语言会对临床工作产生不利影响，认为理论术语会对分析师公开和创造性地思考问题的能力造成"心灵锁定"。这引发了"指责和羞辱"患者的"权威"构想。尽管奥林奇坚持认为，她并不主张让我们抛弃所有的精神分析术语，而只是提醒我们要挑战我们的假设，但她的立场是不可转变的。

让我们回到关于精神分析语言功能和价值的争论中，思考精神分析词典编纂应该将自己置于何处的问题。我们在回顾摩尔和法恩（1990）精神分析词典的导论时注意到，他们也讨论了精神分析语言的问题，以及词典和词汇表在知识传递中的作用。他们集中讨论了正确解读弗洛伊德时关于翻译和隐喻的问题。摩尔和法恩还考虑了语言和定义与科学和事实之间有何关系，以及在科学理论的早期阶段隐喻应处于何种地位等重大问题。他们承认，言语化必然会给我们带来知觉的扭曲，但还原论并不是解决方法。他们主张"语义感知"——在对科学进行解释时尤其如此；他们认为，"我们可以区分符号和指称、推理和观察、有效结论和事实陈述"。最重要的是，他们不愿意放弃隐喻的丰富性和深意，认为隐喻特别适合传达原发过程现象。他们指出，如果没有隐喻，"分析语言确实会很沉闷"。

尽管与摩尔和法恩一样，我们对精神分析术语和概念与隐喻之间的关系感兴趣，但我们已经进入了更加危险的境地。后现代主义对精神分析话语及知识本质的挑战使精神分析词汇表和词典编纂行为的存在被质疑。戈夫林（2006）检验了一个基本悖论：只有在确信人类现象的真实性或真理的可解释性的情况下，新的精神分析理论才能出现；但后现代视角拒绝了这种可能性。新理论带来了新术语和新概念，而在戈夫林看来，自科胡特之后就没有新的精神分析理论了。戈夫林幽默地说："'精神分析的后现代思维词典'的确是一本薄薄的书。"

我们尚未达成语言上的共识，也远远没有到达规范权威占据主导地位的时代，没有实现精神分析语言提供经验所派生出的精确性、可靠性和一致性的乌托邦愿景。然而，我们因布奇和韦斯滕等科学家的远见卓识受到鼓舞，他们支持复杂和多层语言的功能，以便于描述潜意识和意识心理体验的微妙之处。他们向我们保证，不需要为使用假设构想和隐喻道歉，因为一切科学事业都需要它们。尽管经验主义者努力将我们的概念置于科学的审视之下，但我们与他们不尽相同。我们认识到，基于经验的精神分析语言理想虽然并非不可能实现，但至少是很难实现的。除了可操作的概念之外，内在生活和人类互动的不可言喻的本质还需要诗歌。虽然经验主义者希望消除语言的不精确性，但我们担心，他们可能会使我们的语言失去诗意和激情。温尼科特是一个创新者的典型例子，他对现实和想象的观察永远不会成为经验主义者的切入点，因为他们没有在理论系统化方面付出任何努力。在接受编纂精神分析词典的任务后，我们仍然不愿意放弃一百多年来复杂的精神分析语言和话语的丰富性。事实上，我们非常努力地在确保它被保存下来。我们也不认为发明一种新语言是可能的，或者说是必要的。①正如摩尔和法恩（1990）得出的结论：“我们必须利用现有的资源。”面对精神分析语言带来的挑战（这是一个可预测的结果），我们无法回避理论多元化的问题。

理论多元化的问题

在一个对知识的可能性持怀疑态度的时代，精神分析理论比比皆是。也许在谈论我们难以轻易阐明、评估甚至理解的事情带来的挑战时，我们会不可避免地产生许多观点，而每个观点中又包含各自的术语和概念。在这个理论多样性不断提高的时代，我们对编纂一本精神分析词典带来的挑战很感兴趣。为了促进具有理论忠诚度的分析师之间的对话，我们首先邀请一批来自不同理论取向的杰出同事组成了一个编辑委员会。接下来，我

---

① 尽管阿赫塔尔（2009）具有讽刺意味地指出，词典编纂偏爱创造新术语和新概念的理论家。

们与这些同事一起编纂了一份"主词表"，其中囊括来自多个学派的术语和概念。从一开始，我们的计划就是让一个多元化的专家团队对词典中诸多重要的术语进行"权衡"。例如，"俄狄浦斯情结"这样的术语需要发展型精神分析学家、自我心理学家、自体心理学家和客体关系心理学家的解释，而他们的解释可能会被关系精神分析学家否认。我们自认为正在为理论多元化阐述提供一个平台。

　　然而，通过对词典编纂基础知识和词典历史的研究，我们认识到，精神分析词典和其他所有词典一样，都离不开叙事，因此必然会反映出作者的成见和偏见。事实上，在指定一系列所谓"核心"的"基本"术语和概念时，我们已经背叛了自己的初衷。这些核心术语包括"潜意识""冲突""幻想""愿望""性格""防御""妥协形成""原发过程""结构""元心理学""自体""客体""自恋""移情""反移情"等。尽管这些术语和概念对于我们思考精神分析的方式而言至关重要，但我们不得不承认，肯定有很多同行不会对这些"核心"术语做出同样的指定。

　　摩尔和法恩（1990）通过囊括"来自严格意义上并非弗洛伊德主义学派的术语"，以及"由完全熟悉这一学派文献的人审查"，解决了精神分析多元化的问题。我们觉得这种方式已经不合时宜。我们既希望编纂一部连贯一致且有用的词典，又希望呈现出（实际上是发扬）多样性，但我们还没有找到解决二者之间冲突的方法。我们渴望接受构建叙事和讲述故事这一首要角色。然而，就像之前约翰逊和韦伯斯特那样，我们正在与一系列相互冲突的意图和期望进行斗争，并努力解决词典编纂中不可避免的冲突——如何平衡"规范性"和"描述性"功能。我们拒绝了古代词典编纂者的祭司和立法者角色，既不想指导学生正确阅读神圣文本，也不想为正确使用"精神分析圣经"提供指导。然而必须承认，我们时不时地怀念过去的日子——那时，琼斯（1924）可以孜孜不倦地追求"一致性"，弗洛伊德（1936b）称赞斯特巴在词典编纂方面所做的努力"精确且正确"。尽管从未真正希望"规定"我们的观点，但我们必须承认，我们的确有自己的观点。至少我们知道，把它说清楚是很重要的，否则我们的词典最终会成为一个令人眼花缭乱的大杂烩，混杂着不同的、不一致的思想。那么，怎样才能在发扬多样性的同时避免认知上的不诚实和混乱呢？

派因（2006）毕生致力于应对理论多元化的挑战，他提出了"词典"的隐喻，并尝试构想当代分析师如何利用自身观点的多样性及他——像沃勒斯坦（1992）一样——所认为的共同性。派因误认为精神分析词典应是一本理论汇编，其中包括中立的观察、阐述、观点、概念或"理论片段"，能够为分析师提供基础，将他们的工作与患者联系起来。派因坚持认为，我们应从不同的理论中明智地选择核心概念，以提供一个概念基础或"语法"，让所有临床医生都能够在此基础上开展工作。

然而，派因所说的"词典"这个术语本身只是一个隐喻。在努力完成编撰一本真正的词典的任务时，我们发现他的愿景难以实现。每一种精神分析理论都包含一系列复杂的、相互关联的命题和概念，涉及心灵的组织和结构、心灵在与其他心灵的关系中的发展、心灵的精神病理学功能故障的基本观点。每一个精神分析理论都包含关于如何最好地理解和操控治疗的观点。每一个精神分析术语和概念都是理论或心灵模型的组成部分，并且都具有相关的假设和含义。在不失去连续性和一致性的前提下，术语和概念无法与理论分离，甚至无法彼此分离。事实上，正如戈夫林（2006）所言，各个精神分析学派都对人的内心生活提供了值得称道的"厚实的描述"，这些描述基于这样一个事实，即每一个被提及的元素都被嵌入了一个宏大而复杂的理论嵌合体（Ryle，1971）。如前所述，派因虽然提出了核心概念的设想，但我们发现找出一个让所有人都能接受的核心概念几乎是不可能的。我们认为，派因通过先将精神分析语言彻底解构为"词语"，再寻求普遍的"语法"，从而实现多元化的方法是行不通的。

戈夫林为我们提供了一种思考理论多元化的挑战的新方法，这与我们自己的方式不谋而合。戈夫林所构想的精神分析世界中有很多实证主义理论的创造者，他们帮助我们思考"真正"的心灵是什么样的；其中不乏后现代元理论家，他们要求我们质疑关于知识的主张。然而，实现这个（精神分析）世界要求我们的机构和组织发生根本性变革。戈夫林在简述精神分析机构发展史（借用Freudental，1996）时指出，我们经历了自信的实证主义理论的早期阶段——在最好的情况下，实证主义理论对该领域至关重要；而在最坏的情况下，实证主义理论引发了过度自信和"制度教条主义"。目前，我们正处于后现代怀疑论时期，在最好的情况下，这要求我们反思认识论的重要性；在最坏的情况下，这要求我们不相信存在任何特殊立场，而是屈服于"内在多元化"的胁迫。在戈夫林看来，我们还有第三种选择。在一个"机构多元化"的新时代中，多元化将不再是对个人的要求，而是对机构本身的要求，其任务在于保护不相容的概念图式和观点，以便让每个人都能根据自己的标准来发展。这种机构的理想领导者应该在某一层面上代表多元相对主义，并且应当确保每一位非相对主义、非多元主义的理论家都能够茁壮成长，能够从不同的角度接近心灵，而且其阵营都位于从坚定的实证主义到极端的认识论与怀疑论的连续统一体中。

作为这本《精神分析术语和概念》的联合主编，我们试图效仿现代多元化机构的理想领导者的愿景。虽然摩尔和法恩从弗洛伊德主义内部无须解释的观点出发，放弃了他们大部分的术语和概念，但我们试图从一种更复杂的平衡视角开展工作。我们认为自己的词典是努力容忍困难张力的产物——在这种张力中，我们试图为词典提供一个安全的、多元化的机构，让来自不同思想流派、具有不同观点的分析师都可以发表意见。我们承认，自己也是非多元主义的个体分析师。我们是否实现了自己的愿景？只有我们未来的读者才能给出答案。下面，我们将对尝试在小范围内实现这一愿景时所设计的方法论做出介绍。

方法论

我们介绍方法论是为了强调在编撰词典时必须做出的许多决定，以及这些决定对词典最终呈现的影响。我们的第一步是确定读者群，这决定了写作所需的复杂性和清晰度。我们决定争取尽可能广泛的读者群——从聪明但缺乏精神分析阅历的大学生，到经验丰富的精神分析教师或从业者。简言之，我们保守的目标是让这本词典能够出现在每一位有思想的学生的书架上——无论他们学的是什么专业。

接下来，我们着手招募编委会成员。考虑到理论方向、学术领域和地理位置的多样性，我们面向全国各地的分析师寻求建议。我们先邀请了十几名在当代精神分析的某些领域具有专业知识的分析师，他们中有人掌握着特殊领域（如语言学、哲学、人类学）的知识。当觉察到需要更多专业领域的专家或工作者后，我们又陆续增加了一些编委会成员。在整个项目中，我们的编委会成员提供了非凡的智慧和难以想象的热情。

编委会的成员根据各自的兴趣和专业知识承担词典编纂工作中的某些特定任务，如整理主词表、招募编纂人等。在第一阶段的编辑审查工作完成后，除了核心主题之外，我们还对自我心理学、客体关系、自体心理学、治疗、发展、性与性别、关系精神分析和精神病理学等部分进行了指定。被列为"核心"的术语和概念代表了我们对理论承诺的早期认识——尽管我们当时还没有完全认识到这一点。我们有些异想天开地认为，来自心理学、哲学和语言学等领域的专家可以作为一个"横向"编辑委员会发挥作用；在收录完所有的条目后，我们能够立即着手增加一个跨学科聚焦的内容。然而，时间不允许我们这样做。

在组建编委会时，我们还完成了构建主词表和定义模板两项关键任务。我们从能够找到的一切素材中寻找精神分析术语，包括摩尔和法恩的词典，以及其他精神分析词典、期刊和教科书。构建主词表能够起到一种把关作用，并且能够帮助我们定义边界。我们的词典应该囊括精神病学或普通心理学词典中的词语吗？还是说，我们会限定于那些明显属于精神分析领域中的词语？我们最后决定选择后者。"抑郁""精神病""边缘"等都是精神分析文献中频繁出现的术语，所以它们必须被囊括在内；而"进食障碍"和"皮亚杰学派"的相关术语没有入选。至于那些古老的术语或"特定"理论中的术语应该被单独定义，还是应该被包含在更大的理论框架中，这通常取决于该术语是否能被我们的理论所囊括。因此，"互补序列"是一个单独的词条，而"不完善的反应扭曲"则不是。在我们做出的每一个决定中，理论叙事的张力都会不可避免地出现。

构建定义模板是一项至关重要的任务，因为它为所有词条提供了范例。我们将每一个术语的定义都概念化为一篇文本，以一个简明的当代定义作为开头，将术语置于其理论背景下。这是"项目符号定义"。之后是对与该术语密切相关的术语做出极其简短的定义，以进行明确区分。例如，"性格"的定义将其与"自我""自体""同一性""气质"区分开来。给出一个简洁的当代定义是一个艰巨的挑战，而且很容易让我们陷入困境。我们认为，词典的读者需要并应该得到明确的定义。我们的理论叙事确实在扩展，因为我们致力于提出简明的当代定义——属于我们自己的定义。根据我们的定义模板，之后便是该术语的最初用法。我们会详细阐述这个术语是如何随着时间的推移而发生变化的——既包括在它自己的

"学派"中的进一步发展，也包括它在其他学派中的演化；此外我们会阐述关于该术语的争议、人们对该术语的误解和误用、该术语是否已用于研究及其使用方法，以及该术语与其他学科的重要关系。

对大量术语和概念做出界定后，我们进入了词典的编辑工作。我们知道遵守定义模板有多么困难，因为我们自己也在努力编纂示例的定义。编委会每年开两次会议，为我们审查定义以及考虑意见、基调和视角等问题提供了重要的机会。[①]

我们经过讨论获得了最为深刻的理解，进而对模板词语做出修订，为找到正确"基调"的问题提供了最佳解决方案。我们意识到，每个定义都需要有一个部分来向读者传达其在精神分析中的重要性，并在某些情况下将其与其他领域联系起来。以"防御"的定义为例，重要的是传达出一个信息，即精神分析诞生于弗洛伊德对防御在癔症病因中的动力学功能的革命性观点，而非普遍认为的它与大脑的器质性疾病的联系。在对"性取向"定义的描述中，我们有必要表明，精神分析引入了一个关于人类性欲的革命性观点，但后来，这个观点因僵化和教条主义而受到了合理的抨击。术语和概念的语境化是体现我们这本著作的词典和百科全书功能的一种方式。我们发现，编委会会议为不同观点的分析师之间的对话提供了规范的方法，我们希望词典的词条能够体现这种方法。

---

　　①　2007年1月18日的编委会会议记录很好地说明了这些观点。我们将"原始幻想"的修订定义与摩尔和法恩（1990）的定义进行比较："编委会一致认为，新的（修订后的）取向总体优于摩尔和法恩的取向，因为它避免了后者的过于自信的权威性语气。摩尔和法恩在与读者交谈时，就好像他们作为作者能够准确地知道每个术语和概念的含义及其使用方法一样。他们在词典中还与读者交谈，就好像他们知道原始幻想或经验的实际影响一样。换句话说，他们把自己当作心灵专家，而不是语言专家。他们还陈述了其他文化中的人是如何生活的（例如住在木屋里），因此远远超出了精神分析知识的范畴。相比之下，我们的（修订）定义更具学术性，试图以历史取向告诉读者一系列精神分析的思想。它并没有讲述幻想'实际上'是如何运作的，而只是陈述了不同作者'说它是如何运作的'。它也没有超越精神分析知识的界限，向读者讲述那些可以说是来自另一门学科的事实……例如，草棚……人类学。"

当迷失在任务固有的工作负荷中时，我们才逐渐准确地认识到，在一个后现代、多元化的精神分析世界中，我们是如何将自己定位为词典编纂者的。我们已经明白，我们编订的定义模板体现了我们为建立一个非教条的暂留地——以便于观察当代精神分析的各个领域——而付出的努力；更重要的是，它反映了我们在尽可能地应用后现代怀疑论的有益之处，同时避免语言虚无主义。在定义的模板中，我们嵌入了对每个术语不断询问的态度，我们感到有义务询问：这个术语是什么意思？这个术语为什么会被发明？它是如何使用的？为什么它的用法被一些人接受，而不被其他人接受？这些问题的答案都包含在错综复杂的精神分析理论中。我们需要深入研究理论以充分解释术语，并充分理解每个术语之间的关系。有时，这些问题的答案也存在于精神分析的政治和历史之中。对我们来说，这本《精神分析术语和概念》的确是一本厚厚的书——从本书所囊括的术语和概念的数量上来说，它是厚实的；更重要的是，从对精神分析本身的描述上来看，它是厚重的。

作为本书的编纂者，我们的职责是为这项事业提供"黏合剂"。数十位敬业的作者经过仔细研究为我们提供了周密的定义，为我们之后的所有工作奠定了基础。我们优秀的版面编辑进行了第一轮校订；接下来，我们主编负责统一编辑体例。如此一来，这本词典就可以作为一本前后统一的书。这一过程有时需要大量的重写、精简和重新整理。为了避免不必要的重复，我们有时会将几个定义合并为一个，或者将某个定义的描述归入另一个定义中。每个定义都是多位工作者合作的产物。我们对难以界定的概念进行了多次讨论和反复修改。我们发现经常需要对定义做出"调和"，以便在对同一组观点进行引用时能保持一致性。在这个过程中，我们经常会回顾几个月甚至几年前已经完成的定义，并发现它们需要修正。历时六年零两个月，我们完成了整个项目。

我们可以自信地宣称，我们已经实现了目标——使该书与当前更具包容性的、多元化的精神分析话语扩展概念领域更好地协调。为了实现这一目标，我们走过的道路可能比想象的更具挑战性。对于参与整合理论构建的进程，我们没有抱任何幻想，这不是我们的目标。然而，我们希望努力提供连贯、一致且经过仔细考量的精神分析术语和概念的定义，澄清精神分析语言产生和发展的背景，考虑不同理论怎样才能在不同层面使用同一种语言，或根本不使用同一种语言，检查所有标准术语和概念之间的利害关系。这将促进精神分析领域内以及精神分析与相邻学科之间有意义的讨论。

读者须知

我们希望以下信息能够帮助我们的读者更好地利用这本书。

这本书在体例上遵循了词典的编辑原则。我们尽可能将相关术语整合到同一条目中，以减少重复并促进更为全面的理解。因此，有许多术语和概念的定义没有被单独列出。这些术语和概念按照字母顺序在书中呈现，同时与之相关的术语会被列出。这一方式不用于同源词——我们通过加粗标出了一些同源词，但没有将之单独列出。我们希望这样更便于读者的浏览。

本书中的每个条目都遵循统一的格式：第一部分是一个简洁的定义，代表了我们对该术语意义的最佳判断；第二部分旨在对该术语在整个精神分析领域中的意义做出解释；第三部分明确描述了这个术语的首要用法；剩余部分描述了该术语的历史演变、它与各个精神分析思想学派的相关性，以及与它相关的研究。

各个精神分析理论流派中的代表人物都被列入了我们的术语表，例如比昂、费尔贝恩、荣格、克莱茵、拉康和温尼科特等。关于精神分析学派的讨论基本都包含在与之相关性最强的一些条目中。例如，"自我"条目中包括了"自我心理学"，"冲突"条目中包括了"冲突理论"。本书中单独列出了"人际精神分析""客体关系理论""关系精神分析""自体心理学"等条目。此外，书中还补充了许多条目，主要包括与各个精神分析学派相关的术语，尤其是那些进入一般精神分析词典的术语。

总体而言，我们已经确定了我们的边界——我们的定义涵盖精神分析专有术语和概念，以及起源于普通精神病学的广泛存在于相关精神分析文献中的术语和概念。我们并没有在每一个条目中都写出"在精神分析中的定义"几个字，但这是基本前提。本书还囊括了一些弗洛伊德主义的术语——尽管它们现在很少被使用，但具有重要的历史意义。

为了避免不必要的重复，我们将参考资料放在书的末尾。所有的引文都包括作者和出版年份；紧跟在作者名字后面的引文只注明出版年份。如果一个作者在同一年内发表了多篇作品，那么我们会通过在出版年份后添加小写字母加以区分。

书中的每位精神分析学家都只以姓氏出现，除非两个或更多人有相同的姓氏。在这种情况下，我们会通过名字的首字母加姓氏来对其进行指代。西格蒙德·弗洛伊德和梅兰妮·克莱茵通常只以姓氏出现。

在本书中，我们为了保持一致性，统一使用"他"作为人称代词，以避免不必要地反复使用"他 / 她"。例外的情况是，当被提及的人显然是女性时，或者当被提及的人是主要照顾者时，我们通常会使用"她"来指代。统一使用"他"绝不代表我们抱有"男性至上"的态度。事实上，我们深知精神分析关于这方面的争论史。

我们收录的每个词条都是多位工作者共同努力的产物，作为联合主编，我们对本书承担一切责任。

Abreaction 发泄

发泄和**宣泄**都是布洛伊尔创造的术语。弗洛伊德和布洛伊尔使用它们来描述对癔症患者的预分析治疗，即通过言语释放与创伤记忆相关的情感。虽然这些术语的重要性在很大程度上是历史性的，但恢复满怀情感的记忆和对过去真实情感的反思仍然是精神分析过程中有价值的方面。

这两个术语首次出现于《癔症研究》（Breuer & Freud，1893/1895）。在精神分析发展的早期阶段，弗洛伊德（继布洛伊尔之后）假设，癔症或转换性癔症是由对创伤性的、满怀情感的记忆的压抑引起的。这种压抑阻止了情感的释放，导致情感转换为躯体症状。布洛伊尔和弗洛伊德观察到，通过催眠或治疗师的驱策来揭示这些记忆，可以消除癔症症状。随后，相关的情感可以通过言语（发泄）得到释放。成功发泄创伤记忆的结果是宣泄（来自希腊语，意为"净化"或"清除"）；因此，布洛伊尔和弗洛伊德将这种预分析治疗称为**宣泄法**。

弗洛伊德后来承认了这种治疗方法的局限性。当他的病因学理论从创伤转移至冲突的愿望、治疗从催眠转向自由联想以及对移情和阻抗的分析时，发泄和宣泄不再处于精神分析治疗作用中的核心地位。在20世纪30～60年代的文献中，发泄通常是在对费伦齐的主动疗法（Fenichel，

1939b）或对F. 亚历山大和弗伦奇的动力学心理治疗（E. Bibring，1954）进行批判的背景下出现的。

Abstinence 节制（禁欲）

节制（禁欲）、中立性和**匿名**是弗洛伊德最初推荐用于分析的三个技术准则。节制是指分析师认识到患者的移情愿望但不满足其愿望，以便理解他们由多种因素决定的多层次的性格，促进更深层次被压抑愿望的涌现，并进一步理解他们当下的情绪及他们所作所为的时间背景。中立性或技术中立性（Kernberg，1976b）首先是指分析师在分析患者的冲突时，采取与患者的自我、本我和超我"等距"（A. Freud，1936）的位置；其次，中立性是指分析师对患者精神生活的新理解的开放态度（Schafer，1983）；最后，中立性是指分析师的自我约束及其对患者自主性的尊重，即通过避免强加分析师个人的价值观、人格或对现实的主观观点来保护患者的自主性（Hoffer，1985）。匿名指的是分析师相对少地自我暴露，其目的是让患者体验到广泛的移情幻想，并保持足够的模糊性。

节制、中立性和匿名在精神分析的整个历史中都很重要。尽管弗洛伊德只写过一次，但它们构成了分析师技术立场的基石，并作为指导方针为精神分析治疗建立了框架。治疗作用基于分析师从相对客观的角度所做的解释为心灵模型建立了框架。该心灵模型支持精神分析原则，包括移情、阻抗、动力性潜意识以及自由联想的作用。这些指导方针还涉及精神分析的核心概念，如精神分析的治疗作用、分析师的认识论立场、分析师与患者的互动以及这种互动对精神分析治疗的影响。关于节制、中立性和匿名一直存在激烈的，往往是两极化的辩论，因为对精神分析情境和精神分析治疗作用的对立观点已经出现。尽管存在争议，但节制、中立性和匿名在精神分析技术的理论中仍然发挥着核心作用。

弗洛伊德（1915a）只提到过一次中立性，但并没有真正定义它，而是将其与分析师需要抑制自己的情感以回应患者的移情爱联系起来。然而，中立性包含在弗洛伊德的箴言中，即精神分析师以外科医生为榜样，将"……他的所有感受，甚至他的人类同情心放在一边……"（Freud，1912b）。弗洛伊德并没有指示分析师应当做到漠不关心，而是要约束他们的"治疗雄心"，以免他们在患者治疗进展中的情感利益影响到对阻抗的处理。弗洛伊德从未使用过"匿名"这个术语，它最早出现于吉特尔森（1952）的描述中。然而，弗洛伊德确实建议"医生对患者应该是不透明的，就像一面镜子一样，只向患者展示医生自己所看到的"（Freud，1912b）。弗洛伊德的镜子隐喻并不是要让分析师充当移情投射的空白屏幕（J. Glover在1926年首次使用这个术语），而是要禁止分析师分享自己生活的私密细节。作为一种技术，这可以用于克服患者对自我暴露的反感。弗洛伊德的立场出于他的欲望，即将精神分析与其他当代疗法分开。后者往往以暗示为手段，或者依赖于治疗师的权威或人格所产生的治疗影响（Makari，1997）。弗洛伊德关于节制的建议根植于他的力比多理论。他假设，如果患者发现被压抑的愿望的"替代满足"，即他的症状部分地得到满足，那么分析工作所需的心理能量将不可用。因此，弗洛伊德积极禁止他认为直接或象征性地满足这些愿望的行为，无论是在分析设置中，还是在患者的日常生活中。他还认为，分析情境内外的匮乏保留了患者最初寻求救济的痛苦，从而保留了治疗动机（Freud，1919a）。

值得注意的是，虽然弗洛伊德禁止分析师做出某些行为，但他实际上并没有提到分析师应该做什么。此外，他自己的技术显然与其禁令不一致（Lipton，1977）。弗洛伊德对两种回应进行了区分，即对患者的具体移情的回应和对患者的普通人性和自发性的回应。总之，弗洛伊德对节制、中立性和匿名的定义与这些术语的当代含义截然不同。

令人惊讶的是，虽然节制、中立性和匿名等技术准则非常重要，但在解释这些准则之后，研究者对它们的讨论或辩论减少了。一个重要的例外是费伦齐的作品。费伦齐（1919，1920）的第一次技术创新，即主动技术，建立在弗洛伊德力比多理论的基础之上。然而，与弗洛伊德推荐的技术所描述的低指导性分析师不同的是，费伦齐更为积极地向他的患者发出禁令和指令。他的禁令试图通过阻止潜意识的伪装愿望的满足来提高治疗中的力比多可用性；他的指令试图通过鼓励扮演有意识的满足行为来促进早期愿望的重构。在饱受争议的第二次创新中，费伦齐（1930，1931）建立了一个分析设置的框架，这基本上与弗洛伊德提出的建议相悖。费伦齐把"纵容"而非挫折或剥夺作为其技术的核心。他认为，当分析师对分析设置的框架公开表示热情和"放松"时（例如，允许患者继续进行会谈，直到他们觉得可以停下来休息一天），患者能够表达更广泛的感受。他还认为，如果分析师通常的立场与原初禁令式父母的立场过于相似，那么患者更有可能重蹈覆辙，而不是记住自己的过去。费伦齐放弃了分析师作为患者镜像的作用，揭示、承认了自己技术中的错误，并且开展了患者和分析师相互分析的实验。尽管费伦齐的方法对弗洛伊德提出了巨大的挑战，但在接下来的50年里，他的技术并没有在文献中得到积极的论述。相反，一些分析师——尤其是在20世纪30～60年代——错误地将弗洛伊德的指导方针作为僵化的规则，从而创造了一种威权主义和冷酷的精神分析疗法。

对节制、中立性和匿名的另一个挑战是F. 亚历山大（1950a）对"矫正性情绪体验"的治疗性使用——分析师不解释患者的移情，而是有目的地采取一种态度，以对抗患者原始客体的假定致病态度。在回应中，K. 艾斯勒（1953）认为，解释是精神分析的典型技术，对这种技术的修改可能包括更令人满意的互动。这些互动作为"参数"应该被有限地、暂时地使用，而且其效果应该被分析。在对艾斯勒的回应中，斯通（1961）强调，除了移情愿望之外，患者还有一个合理的人性期望，即分析师的态度应该是友善和有益的。

20世纪中叶，人们越来越注重对以下几个方面的不断觉察：分析情境的情感氛围、共情在精神分析治疗中的作用，以及寻求帮助的患者与希望提供帮助的分析师之间的非移情性情感关系所固有的内隐满足感（Fox，1984）。格里纳克（1954）的"矩阵移情"、吉特尔森（1962）的"转换态度"、莫德尔（1976）的"抱持环境"和洛伊沃尔德（1960）的"新客体"，都用母亲／儿童的术语描述了这种关系。格林森（1965a）指出，非移情性患者与分析师的关系的特点是两个成年人共享相互尊重，即"真实关系"。对精神分析治疗的非解释性方面的兴趣也受到治疗边缘型患者和自恋型患者的刺激。虽然人们普遍认为，节制、中立性和匿名被前几代分析师所误用，而且基于解释性技术的精神分析治疗可以由一位情感投入的精神分析师进行，但直到20世纪80年代，人们才尝试重新审视这些指导方针。

在当代精神分析中，节制原则已经被修改。这反映了一种理解，即患者需要这样一位分析师，他有足够的能力来维持患者对本真经验的移情幻觉的体验。例如，L. 弗里德曼（1982）写道，分析情境的特点是"诱惑和逃避的特殊混合"；福克斯（1984）假设，分析情境需要满足和挫折之间的"最佳张力"，以便表达和分析患者的移情。

随着人们重视程度的提升，分析师的主体性在分析中通过多种方式，如角色响应（J. Sandler，1976a）、角色扮演（Chused，1991），潜意识地表现出来。匿名原则在对这种变化的回应中得到了修正。大多数分析师专注于移情分析，对蓄意的自我暴露持谨慎态度，但一些分析师对这种限制持批评态度。雷尼克（1995）指出，分析师的临床选择不可避免地会有所揭示，并且会成为患者观察的对象。他认为，如果分析师传达了一种匿名的理念，那么患者可能会感受到被限制分享其观察结果。他还指出，匿名的目标鼓励我们将分析师视为客观的观察者，从而导致医源性理想化。因此，雷尼克敦促分析师向患者发出合作的邀请，其中包括分享他们对自己所用分析方法的看法。从社会建构主义的观点来看，I. 霍夫曼（1983）否认了分析师匿名的可能性。他强调，无论分析师对自我暴露持何种观点，患者都会认为自己影响了分析师，并且感到分析师的行为是一种持续存在的、模棱两可地验证这种影响的指标。因此，患者的移情体验并不是完全投射到分析师身上的内心体验，而是患者对分析师实际反应的选择性注意和解释的结果。

中立性原则一直被模糊性所困扰。在过去，人们将它与节制和匿名混为一谈，因此中立性被等同于分析师的对分析结果不感兴趣、无反应、无情绪、脱离（disengaged）。几位从自我心理学传统中进行理论推导的当代精神分析师在中立性上达成了共识，并且做出了澄清。谢弗（1983）、波伦（1984）、霍弗（1985）、S. 利维和因特比岑（1992）以及伯斯基（1997）都曾写道，中立性描述的是一种态度，而不是一种行为。中立的态度表现在分析师对患者精神生活的各个方面的兴趣，以及避免对患者和分析师的理解产生任何阻碍的努力中。这种中立性包括避免盲目接受患者对自己和他人的观点。中立性也表现在分析师试图限制自己的价值观、判断上或自己情感生活的扭曲影响中。波伦和霍弗都指出，分析师不是一个客观的观察者；他的主观体验会不可避免地被纳入分析，因此保持中立性需要不断地自我分析。波伦也承认，分析师对理论的忠诚损害了他的中立性。伯斯基描述了分析师对患者阻抗的不可避免的潜意识贡献。中立性代表了分析师试图通过自我反思而回归的"虚构的"点；即使不可能保持中立，这一概念也会使分析师意识到自己在不断远离它。最后，波伦、S.利维和因特比岑明确表示，分析师对分析结果的态度并不中立；分析师希望帮助患者，而且总是以治疗为目的。

对当代自我心理学的中立性观点的批判主要在于，它低估了分析师在移情与反移情互动矩阵中的持续参与，以及患者对这种参与的潜在觉察。霍夫曼（1996）指出，分析关系的不对称性和仪式感赋予他一种"道德权威"，这种权威即使在检查时也无法消除；因此分析师的意识和潜意识价值会不可避免地参与患者的选择。阿隆（1991）指出，虽然分析师可能会反思他在移情与反移情中的参与，但如果不询问患者对分析师的观察，分析师就无法完全意识到自己主观的、非中立性的参与。一些基于后现代哲学的精神分析范式挑战了客观知识、真理和符合现实的前提。

Acting Out 行动化

行动化是潜意识移情幻想或对它们的防御在外部现实中，尤其是在分析二元体的人际环境中，被戏剧化或象征性地实现的倾向。行动化就像移情本身一样，通常起着一种阻抗的作用，因为在行动化中实现的潜意识愿望和恐惧反对或阻碍自我反思、自由联想或交流，或侵犯了基本的分析框架。行动化的"行动"可能指字面上的动作；该术语最常用于描述离散的、可观察的行为，这些行为（例如失联、遗忘或迟到）会影响分析框架，以及患者日常生活中表现出移置的移情感受或对其进行防御（引发、结束或改变一种具体关系的特征）的行动。行动化也被用来描述分析师对反移情的潜意识表达。行动化不同于扮演，后者被定义为分析师和患者相互创造的互动或联合行动化。

精神分析师在使用行动化这个术语时具有很大的可变性，并会将该术语不准确地纳入行话，用来表示冲动或不良行为。这种可变性是由于行动化的阻抗功能与其潜在的交流功能难以在概念上被区分开来，或者是由于移情寻求实现的内在倾向（Boesky，1982）。由于这些原因，行动化这个术语现在不太常用了。此外，各个学派的当代精神分析师都认识到，患者在精神分析情境中传递的信息是复杂的，且在多个层面同时发挥作用，包括行为层面和内心层面。

行动化的模糊性部分源于弗洛伊德（1914c）在《记忆、重复与修通》中第一次对这一术语的描述。弗洛伊德认为，分析中的患者有重复的动机，即象征性地通过戏剧化或表演来表达过去，以避免记住它。患者会根据行动中愿望的释放将移情和行动化概念化，从而转移记忆中的思想和感受，这需要延迟释放。弗洛伊德定义的"行动"范围很广——从患者在会谈期间的态度、感受或说话方式，到他在日常生活中做出的冲动行为和潜在的不适应性决定。继弗洛伊德之后，这一概念从多个方面产生了模棱两可的解释（Boesky，1982）。例如，一些分析师使用术语行动化来表示在分析设置之外发生的现实化，而使用术语表演（acting in）来表示会谈中发生的行动化。这也改变了表演的最初意义，即用于描述患者的姿势所表达的潜意识冲突（Zeligs，1957）。行动化和患者的一般行动倾向之间的区别也被模糊化了，以至于一些分析师将行动化概念化为无法承受紧张和阻止行动的表现（Greenacre，1950b；Kanzer，1957），因而行动化与犯罪和倒错有关。一些分析师认为，分析中的重复并不是一种阻抗，而是对早期事件或创伤事件的内隐记忆或具身记忆，这些事件没有潜在的有意识记忆（Kogan，1992）。

Active/Passive 主动／被动

主动／被动描述了与身体或心理活动的程度有关的一组对立或相反的

倾向。虽然在精神分析话语中，这种两极性最初用于描述本能驱力活动的特征，但其当代意义涵盖了关于自我防御和性格组织的更广泛观点。例如，个人对自己的冲突采取积极或消极态度（解决方案）的程度可能反映了其性格和体验的基本特点和方面。这种两极性在创伤情境中具有特殊的临床意义——在这种情况下，主动掌控的能力与被动重复的能力往往决定了心理结果。主动掌控包括"将被动变为主动"等防御性操作。

弗洛伊德的心灵观建立在几个基本二元性及对立倾向或对立力量的概念之上。这反复出现在他对临床现象的描述和元心理学中。弗洛伊德理论中明显的二元论反映了他那个时代的哲学和政治理论领域中的思想。然而，这也成了人们批评弗洛伊德理论的基础——他常常将复杂的事物简化为一组对立物。

弗洛伊德（1915b）认为，主动与被动的两极性是支配精神生活的三个基本两极性中的一个（另外两个是主体与客体、快乐与不快乐）。他第一次提到主动与被动的两极性是在《性学三论》（Fredu，1905b）中——他描述了主动和被动目标成对出现的组元本能，如窥淫癖与暴露癖、施虐狂与受虐狂。虽然本能总是主动的，但它的目标可能是主动的——通过对他人做出行动来获得满足，也可能是被动的——通过对自身做出行动来获得满足。弗洛伊德指出，被动目标的满足可能需要相当积极的努力。弗洛伊德注意到，这些积极和消极的运作贯穿于性生活的所有方面，他偶尔也会描述从主动与被动，到阳具与阉割，再到男性与女性的发展过程，而且有时将前两种两极性视为等同于男性与女性。然而，弗洛伊德也指出，现实中的男性和女性总是表现出主动和被动（男性和女性）特质的混合。从理论的角度来看，主动性与男性气质的联系和被动性与女性气质的联系目前被认为是不准确的、存在误导的。然而，这种联系在潜意识幻想中并不罕见。

后来，弗洛伊德（1915b）在《本能及其变迁》中描述了从主动到被动的转变，这是驱力目标可以经历的主要转变之一；他将"转向自身"（用主体自己的自体取代驱力的原始外部客体）描述为一种单独的转变，并指出这两种转变往往是一致的。

对儿童逐渐获得更大行动能力而言，主动与被动的两极性具有重要的发展意义。在正常发展的过程中，儿童越来越主动地发挥先前由成年人代为执行的功能，在运动、进食、语言的发展和控制冲动方面，逐渐从被动变为主动。这一过程在一生中不断重复，因为自我通过梦、记忆、幻想、思想、情感和行动中的主动重复实现了对先前被动经历的积极控制。

尽管如此，被动性和主动性都处于从正常到异常的连续状态中。将被动变为主动可能发生在适应和掌控中——尤其是在创伤情境中，也可能是涉及对攻击者认同和投射性认同形式的更为病态的画面的一部分。类似地，被动行为的范围可以是从存在健康互惠的组成部分到被他人施虐的病态欲望。有意识的被动性，通常被误认为是冲动控制的记号，可能源于对施虐或受虐冲动的防御心理。主动与被动的两极性通常很模糊，尤其是在描述行为时。想要理解任何一个行动或明显的不作为，都需要分析潜在的幻想、愿望和防御。

Active Technique 主动技术

主动技术是桑多尔·费伦齐（1919，1920）发展出来的一种治疗策略，用于分析陷入僵局时的情境。费伦齐认为，分析师可以通过强制性禁止患者从事所有相当于潜意识自慰活动的肌肉活动来促进自由联想并恢复被压抑的记忆和愿望。他的技术反映了早期力比多理论的原则，尤其体现了性欲投注是灵活多变的这个观点。费伦齐否认了力比多在行为中的部分释放相当于手淫，他认为更多的力比多可以用来净化潜意识观念，使这些思想更容易被意识所接受。另外，费伦齐声称，通过命令患者进行与手淫不同的、伪装扮演潜意识冲突愿望的行动，患者可以获得更多的机会来实现潜意识愿望并避免羞耻感或罪疚感。费伦齐主张，一名患者在意识到自己性快乐的来源时应禁止这些行动——出于与流动性投注的重新定向相同的目的。费伦齐与兰克（1925）还尝试通过设定分析的时间限制来加快治疗进程。

费伦齐摆脱了"被动"角色（分析师的活动仅限于做出解释），这引发了激烈的争议。为了使自己的技术与弗洛伊德保持一致，他将主动技术与建议区分开来，明确指出除非分析师发出指令和禁令，否则"主动"的是患者，而不是分析师。费伦齐辩称，主动技术是一种辅助技术，旨在为解释（分析工作的核心）提供补充，而非要取代它。只有在特殊情况下，分析师才能在有限的时间内使用主动措施。最终，费伦齐看到了主动技术的局限性，而彻底放弃了这种方法。他指出，这种方法自身必然会引发令人痛苦的挫折感，这可能会刺激患者的阻抗，并干扰移情。此外，费伦齐观察到，通过阐述指令和禁令，分析师很容易取代父母或其他权威性超我。

费伦齐是精神分析历史上的重要人物，因为他影响了那些将分析关系视为发挥治疗作用的主要因素的精神分析学派。关系精神分析师和人际精神分析师直接地认可了他的理论遗产，认为他首先描述了其临床理论和技术的重要元素。这些元素包括：（1）分析师对与患者共同创造体验的不可避免的参与；（2）反移情作为移情的互补的重要地位；（3）分析师的实际人格及独特的存在和关联方式的影响；（4）对分析性相遇可能引起的再创伤化的关注（Harris & Aron，1997）。

Actual Neurosis 真性神经症（现实神经症）

见"Anxiety 焦虑""Neurosis 神经症"。

Adaptation 适应

适应是指一个人为了更好地适合自身所处的环境而做出的改变或妥协。适应有助于确保个体和人类物种的生存。适应是连接精神分析和生物学的核心概念；它强调了一个重要观点，即人类发展不仅是通过冲突来驱动的，而且是通过与环境的相互作用来驱动的。适应包括存在于个体和外部现实之间的**适配**或**适应性**，以及通过改变、控制或顺应现实来促进和强化这种状态的心理过程。当个体改变环境以满足内在需求和愿望时，适应过程被称为异体成形；当个体为了回应外部世界的要求而改变自己时，适应过程被称为自体成形（Freud，1924c）。哈特曼补充了第三种形式的适应，即个体寻求更合适的环境（Hartmann，1939a）。适应能力的发展是性格形成过程的核心，这需要内化稳定的保护环境和认同重要的客体。成功的适应被公认为健康自我功能的标准之一（Hartmann，1939b）。适应既有主动成分也有被动成分，因此与调整有区别，后者本质上是一种被动的自体成形。

受到达尔文自然选择理论的强烈影响，弗洛伊德意识到个体和物种生存需求的重要性；他还意识到外部现实的影响和适应的重要性。例如，弗洛伊德早期的防御癔症概念假设了不可接受的愿望和融入社会的需要之间的冲突（Breuer & Freud，1893/1895）；他对自我和超我概念的阐述考虑了在发展中适应现实的需要以及这些基本心理结构的功能（Freud，1923a）；他的第二焦虑理论在适应想象中的危险情境时发挥了核心作用

（Freud，1926a）。此外，弗洛伊德意识到，心理的许多方面都是预先适应环境的（例如对客体的驱力），在正常的成熟过程中出现了先天适应能力（例如，继发过程和现实原则的逐渐涌现）（Freud，1911b）。适应是自我的主要功能这一观点是由A. 弗洛伊德（1936）提出的，她将自我描述为本我、超我与外部现实之间的中介。

然而，哈特曼（1939a）将适应提升为精神分析的核心主题，认为有机体有一个遗传的、适应的目标，即寻求与环境的"适合"。他将这种适应目标描述为他所说的"自主的自我功能"之一。哈特曼（1939a）将自我心理学从狭义的自我（作为防御的能动体）概念扩展到广义的自我（具有先天的准备能力，是适应"正常期待的环境"的能动体）概念。哈特曼（1952）还阐述了"功能改变"的概念，认为所有行为提供的功能都可能在其发展过程中发生改变，因为它们是为了提高适应能力而组建的。继哈特曼的工作之后，拉帕波特和吉尔（1959）在其关于元心理学的颇具影响力的论文中将适应性观点（以及发生学观点和构成观点）加入弗洛伊德的地形学、动力学和经济学观点。拉多（1956a，1956b）围绕适应的概念构建了独特的心理理论，他称之为**适应心理动力学**。

适应的概念在所有发展型精神分析中都很重要，因为这一概念认识到个体与环境的相互作用在整个生命周期中的重要性。埃里克森（他对拉帕波特和吉尔有很大影响）尤其强调，每一个发展步骤都会解决并引起与环境有关的问题（Erikon，1950）。鲍尔比（1958，1969/1982，1973）的依恋理论提出了照顾的积极作用，其根源在于确保人类婴儿生存的适应倾向。温尼科特（1965）在他的"足够好的母亲"概念中呼应了这个观点。瓦利恩特（1977）著名的对发展的纵向研究强调了生命周期中对生命的适应。埃姆德（1988）描述了一个预先适应于婴儿-照顾者矩阵的婴儿，其基本的内在动机被称为社会适配性。交互沟通型关联性这一发展性概念要求母亲和婴儿之间进行连续的适应性适配（Sameroff & Fiese，2000）。在临床精神分析中，适应的概念至关重要——分析师与被分析者的适配是治疗效果的决定因素（Kantrowitz，1986）。

Adolescence 青春期

青春期是继潜伏期之后的人生阶段，在此期间，个体进行心理重组以适应青春期的成熟变化，并且应对在向成年早期过渡的过程中面临的发展挑战。青春期的发展变化在整个生命周期中是最广泛、最显著、最剧烈的。生殖器官的发育和青春期荷尔蒙分泌的大量增加使青少年关注性和性别问题，刺激性幻想的形成，并为主要客体联结的重塑提供动力。青春期最关键的挑战是巩固同一性（Erikson，1946，1956）——包括性同一性和性取向，以及转变对主要客体的依恋，以便与新客体建立亲密关系（Ritvo，2003）。青春期分为三个亚阶段：**青春早期**（11～13岁）、**青春中期**（14～16岁）和**青春晚期**（17～19岁）（Levy-Warren，2000）。这一发育期的动荡性质可能会导致短暂的青春期心理障碍。还有一些恶性心理病理过程可能会发展并持续到成年期，不过这并不常见。

青春早期主要围绕对青春期的开始和初期的回应展开，涉及身体和性发展的迸发。由于这种波动，身体绝不会远离青少年早期的心灵。早期的性发展带来了挑战和冲突，特别是关于手淫的问题。手淫是青少年的一种"实践"形式，而手淫幻想可能因违背乱伦的愿望而引发焦虑（Laufer，1976）。与权威（尤其是父母）的斗争，可以用来抵抗乱伦的愿望和退行的依赖需求，以及表达更强烈的自主和独立的愿望。展示身体最新发展的愿望可能会被在他人面前隐藏起来的冲动所抵消。这种冲动与罪疚、尴尬和羞耻的感受有关。随着性同一性开始巩固，手淫幻想更明确地描述了性取向和性偏好。

青春中期以青少年更有力、更持久地进入更广泛的他人世界为中心。传统上，这被认为是"客体移除"的亚阶段。在这个亚阶段中，松解与最初喜爱和渴望的客体之间的联结占主导地位（Blos，1962）。当前的观点认为，原始联结的重组或转换——而非分离或移除——是一个更准确的观念（K. Novick & J. Novick，2005）。虽然身体的变化使早期的趋势成形，但青少年心灵的变化将从此时开始推动这一阶段的动态趋势。处于青春中期的个体拥有新的心理结构和能力。这对他来说真是革命性的——包括向认知的形式运算的转变（从具体的、字面意义上的理解到抽象思维的涌现）和符号表征能力的发展。处于这个阶段的个体很容易受到激情、理想主义和存在主义哲学沉思的影响，也容易因这些而兴奋。思想是宝贵的，尤其是那些能够服务于更广泛的利益或能解决世界上一些弊病的思想。一些人的创造力可能在这几年达到顶峰。青春中期的个体放弃了之前锚定的依赖关系和价值观，开始更现实地看待父母，把同龄人群体视为一个新的替代家庭，并把其他成年人视为另类的自我理想模型。随着青少年对新的满足形式更加了解和开放，他们会逐渐形成新的价值观和信念，也会越来越放松对超我的要求。青春中期可能是性关系迈出第一步的阶段——激情通常会迅速升温，然后突然冷却。这些变化可能会让青春中期的个体变得更加孤立、孤独，更容易受到不安全和被同侪认可的行动的影响，例如滥交和药物滥用。有时，哀悼的感觉可能在青少年和其父母中占主导地位。在这一阶段，退行趋势也可能使青少年脱轨。与青春期有关的传统防御，包括理智化、否认、情感倒转、禁欲主义和自恋（随之而来的夸大性和疑病症），可能在这个时期达到顶峰（A. Freud，1958）。

如果早期阶段和中期阶段进展得足够好，那么青春晚期就不那么容易受到不可避免的退行的影响，因而可以完成结束阶段的任务。在青春晚期，必须完成的任务包括整合过去的创伤、建立自我连续性、巩固人格组织（Blos，1979a）。超我经历了它的最后一次"重生"，理想地用自己的道德标准和理想来武装年青人（Blum，1985）。这些过程形成了一种独特的个人同一性感觉，为个人进入有能力、有效的成年生活的第一步做好了准备。总之，这些成就构成了"二次个体化"。虽然年青人将继续面临围绕许多青春期问题的冲突，但这一时期的青少年具有更明确的、更个性化的自我意识，具备一个稳定和完整的核心。青春晚期，个体的性同一性、工作兴趣和目标更加牢固，情感得到了更好的调节，与家人和朋友的关系也相对成熟了。健康的青春晚期青少年能够恋爱、工作以及有意义且愉快地游戏，就像现实世界承认这个新的自主个体一样。那些未能巩固早期行动或顺应于退行生活方式的青春晚期的青少年容易退缩，有时甚至会无限期延长青春期（Blos，1979b）。青春晚期的人际观同样强调了整合性欲和亲密关系以及建立独立价值观的重要性。坚强的自尊感是心理健康的重要组成部分，是最佳的青春晚期阶段的特殊成就（Pantone，1995）。

埃里克森（1946，1956）将同一性危机描述为青春期的一种常规经历，为发展进步和在更成熟的水平上的同一性重组提供了机会。青春期和同一性危机之间的联系得到了A. 弗洛伊德对青少年的研究的支持，以及混乱是青少年发展的必要组成部分这一信念的支持。然而，后来的一些研究者质疑是否应该将同一性危机视为正常青少年发展的一部分（D. Offer, J. Offer, & Ostrov，1975；Emde，1985）。

Affect 情感

情感是精神分析从普通心理学中借用的一个术语，是一种复杂的心理生理状态，包括：（1）感受等主观体验；（2）相关的观念和幻想；

（3）可观察的、由生物本能决定的生理回应模式；（4）行为回应或情绪表达；（5）心灵状态的交流。感受这个术语通常用来指情感的第一个方面，有时也包括第二个方面，即主观体验的状态。情绪有时被用作情感的同义词，有时仅指情感的第三和第四个方面，即生理伴随物或客观可观察的行为。心境是一种特殊的情感体验，即一种主要情感（如焦虑、抑郁或欣快）覆盖整个自我状态并持续一段时间。

情感在所有精神分析心理学中都发挥着核心作用。从精神分析的角度来看，情感是复杂的心理事件，它将身体与内心和人际体验联系在一起，传递意义和动力。情感起源于先天的倾向；随着时间的推移，这种倾向变得更加复杂，对个人来说也更加具体，因为在对体验（尤其是对重要他人的体验）的回应中，它们会依附于思想和幻想。分析师普遍认为，情感在以下几个方面发挥作用：（1）对自我和他人的体验；（2）评估自我状态与内外环境之间的关系；（3）提醒、引导、准备和激发个人做出适当的反应，包括防御和行为表现；（4）人与人之间的交流。然而，情感的这些方面是如何形成的，这个问题长期以来具有相当大的争议。关于具体情感在精神生活中的作用的讨论由来已久，涉及对焦虑、抑郁、罪疚、爱、恨、嫉羡、感恩、得意、暴怒、厌恶、骄傲、喜悦、安全感和羞耻等的探索——这里只提几个备受关注的例子。尽管在理论层面上存在争议，但所有分析师都同意的一点是，情感是精神分析治疗的核心，情感维度总是与患者和分析师时时刻刻的互动最为相关，这既是最有意义的标记之一，（在一些理论中）也是治疗作用的一个方面。学习识别和容忍日益复杂的情感状态是每项分析都不可或缺的部分。情感不仅能够生成精神病理症状，而且可以代表精神病理症状，如焦虑、**情感障碍**。

早在1896年研究癔症和其他神经症的发病机制和治疗方法时，弗洛伊德（1896a）就首次使用了情感这个术语。虽然他关于情感的演化理论包含了许多不同的观点，甚至是相互矛盾的观点（在不同的抽象层次上阐述的），但他对这一主题的观点的发展大致可以分为三个阶段。在最早的阶段，在布洛伊尔和法国精神病理学家的影响下，弗洛伊德将情感视为由创伤事件引起的大脑过度兴奋的结果。在精神病理学和治疗的早期创伤模型中，情感基本上被视为消极和致病性的，它们能够分裂心灵，使其"被勒死"或像"异物"一样被隔绝，并"转化"为症状。成功的治疗需要通过发泄或宣泄，释放致病性情感来实现。

在发展出心理地形学模型和驱力理论（1900—1926）之后，弗洛伊德将情感概念化为以快乐或不快乐的形式对驱力能量或力比多潜在数量变化的有意识的感知。弗洛伊德坚持主张充满活力的"恒常性原则"，他认为，不确定或焦虑是由未满足或"阻塞"力比多的积累引起的（这一理论又被称为"第一焦虑理论"），快乐是由力比多的释放引起的。虽然在这个模型中存在一些不一致的地方，即情感（主要是快乐与不快乐）能起到激发行为的作用，或仅仅作为驱力的表面表现形式。在此期间，情感定义在理论上的重要性排在驱力之后。此外，尽管有证据表明弗洛伊德觉察到情感的主观方面（包括爱、恨、愤怒、罪疚、厌恶、嫉羡和忧郁，以及焦虑本身）在他的临床工作中的重要性，但他在理论建构中最感兴趣的方面是情感的数量或能量。在他的一些作品中，能量和情感似乎是无法区分的。

在取消驱力能量水平与快乐、不快乐之间的对等关系（Freud，1920a）并引入心灵的结构模型（Freud，1923a）之后，弗洛伊德（1926a）阐述了情感的新作用。他认为自我产生潜意识和减弱的焦虑信号可作为对危险的回应。这种信号焦虑或**信号情感**有能力调动防御或适应性行为来避免这种危险。在这一革命性的新理论（有时被称为"第二焦虑理论"）中，情感不再被简单地概念化为驱力释放的产物，而是指自我对具体情境的反应所产生的评估性回应。此后，虽然情感作为一种释放现象的概念在精神分析理论中一直存在，但随着时间的推移，理论兴趣逐渐转移到情感的主观体验上。对经历过这种情况的人来说，这种体验并不是兴奋的副产品，而是情绪的重要性或意义的标记或信号。

在自我心理学中，人们一直密切关注情感和自我之间的关系，并将情感视为受自体调节的刺激物和自我功能。早期自我心理学关注的是自我如何将情感结构化或"驯服"并为自己所用，如何防御情感，以及如何发展**情感耐受性**（Zetzel，1949）或**情感不耐受性**（Krystal，1975）。1926年，与弗洛伊德的倾向相一致，人们的关注点逐渐转移到作为信息提供者的情感的主观体验上，这通常与心灵和外部世界的三分模型结构之间的冲突或和谐状态有关。最终，除焦虑之外的其他情感都被认为能够作为信号发挥作用以调动防御和行动。情感本身也被认为具有防御功能（A. Freud，1936；Hartmann，1939a；Fenichel，1945；Rapaport，1953；C. Brenner，1974）。

随着客体关系理论的发展，情感在精神分析理论中发挥了越来越重要的作用。由于情感总是发生在童年时期重要关系的矩阵中，且与之不可分割，精神分析的关注点不可避免地转向了情感体验与内化的自我和客体表征的发展之间的密切关系。在自我心理学家中，雅可布森（1964）和马勒（Mahler，Pine，& Bergman，1975）都对情感与自我、客体表征及基本心境状态的发展之间的关系感兴趣。在克莱茵学派的观点中，情感对内化客体关系的形成来说是不可或缺的；发展的中心是提升对于对客体的恨与爱，以及后来的嫉羡与感恩等冲突情感的耐受能力——这反映在从偏执位置到抑郁位置的运动中（Klein，1948b）。J. 桑德勒（1987a）也认为情感在表征世界的发展中起着核心作用。他指出，所有的经验都是通过或围绕情感而产生的。对桑德勒来说，情感起着双重作用：一方面，它们提

供关于所有事件的重要性或"价值"的信息；另一方面，它能够产生一种
激活状态——其中最基本的动机是追求安全感和幸福感。与弗洛伊德早期
将情感视为驱力的表现的观点相反，J. 桑德勒认为情感的发展先于驱力。
他还强调了拉多（1956a）所说的"幸福情绪"，尤其强调了安全感在精
神生活中的作用。综合了自我心理学和客体关系理论，克恩伯格（1982）
认为情感是心理经验基本单元的一部分，并始终与自体和客体表征联系在
一起。在他看来，情感是在发展客体关系的背景下早期身体经验激活的主
要心理生理倾向；在早期发展阶段，个体的内部表征世界是由多组原始二
元体构成的。每一组二元体都以自体和他人的不同一维表征为特征，这些
表征由不同的情感联系在一起。这些二元体，或者说内部表征，被生活事
件激活，进而影响个体对事件的体验方式。在发展过程中，自体和他人的
不同一维表征被整合成更复杂、多面和被调节的表征，从而与自体、他人
和世界的复杂性更为一致。克恩伯格同意桑德勒的观点，认为情感是人类
精神生活中的主要动力，是"驱力的基石"——这些驱力被概念化为更高
层次的结构，或是有组织的、强制性的、持续的对客体的良好体验（力比
多）或不良体验（攻击）的追求。

　　随着时间的推移，精神分析的关注点发生了转移——不仅关注发展中
儿童的情感体验，还关注儿童与照顾者之间情感互动的性质。在沙利文
（1953a）的观点中，焦虑是"情绪传染"的结果；儿童对母亲的焦虑或
不赞同的体验是一种人际事件。在这个观点中，焦虑的范围是从恐惧、厌
恶和恐怖的"怪怖情绪"，到焦虑或欣快的缺失。比昂（1962b）认为，
原始情感体验的处理是发展所有思维和知识能力的基础，这个过程始终
是在童年与"涵容"客体互动的背景下进行的。科胡特（1971，1972，
1977）和其他自体心理学家一直致力于研究情感如何反映自体的状态——
这总被放到自体-自体客体矩阵的背景下加以理解。科胡特探讨了诸如自

恋性暴怒和羞耻等感受（这些感受是由受到伤害的自体产生的），还探讨了健康的自体所产生的骄傲和愉悦。关系精神分析师关注互动背景下的情感——无论是在精神分析情境中，还是在发展过程中。

众多精神分析发展理论和研究都关注婴儿和照顾者之间的情感互动对婴儿自体调节、适应、客体关系、道德发展、心理理论和许多其他重要心理功能的发展的至关重要的作用。斯皮茨（1959，1965）描述了婴儿和母亲之间早期的躯体和情感"对话"，并指出了标志着婴儿对照顾者及其关系的心理结构中的重要发展节点的关键因素，如社会性微笑、陌生人焦虑和"不"手势等。温尼科特（1956a，1975/1992）和斯皮茨都强调了母亲对婴儿的出色的共情调谐，也强调了婴儿适应母亲情绪的能力。马勒、派因和伯格曼（1975）指出，婴儿能够与主要照顾者进行情绪交流，"实践中"婴儿的"核查"行为就证明了这一点。D. N. 斯特恩（1985，2003）研究了他所说的**情感调谐**对"自体核心意识"和主体间性能力的发展的影响。"社会参照"是当代婴儿研究中所使用的术语，用来描述婴儿在不确定的情况下感知照顾者给出的情感信号的能力的发展，正如"视觉悬崖"实验（Klinnert et al.，1982；Emde，1992）所证明的那样。埃姆德（1983，1991）研究了情感互动对**自体情感核心**发展的影响，并强调了兴趣、好奇、快乐和自豪等积极情绪在心理发展和心理功能中的作用。埃姆德（1991）和斯特恩（2003）都对"道德情绪"的发展感兴趣。福纳吉等人（2002）研究了**情感镜映**对反思功能发展的影响，这项工作中有很大一部分是来自发展心理学、依恋理论和神经生物学等邻近领域的情感研究。奥尔兹（2003）试图将精神分析情感理论与符号学结合起来。

Agency 机构

正如弗洛伊德的地形学模型和结构模型所阐述的那样，**机构**是心灵的一个组成部分，其在第一心灵模型中与系统同义，在第二心灵模型中与结构同义。因此，机构代表一组相关功能。在更广泛的、现代的用法中，机构还指个人根据需要、欲望或其他动机而影响因果行动的能力，以及对这种能力的承认和经验。机构有时也被称为**能动性感觉**。所有的精神分析治疗都试图增强患者的能动性，从而增强其选择的能力。

机构的使用范围的扩大反映了当代精神分析从强调结构理论和自我心理学转向更加注重自体的概念化——通常将自体定义为个人机构的所在地。尽管弗洛伊德使用了机构这个术语的第一种意义，但从一开始，与机构第二种意义相关的问题就一直是精神分析事业的核心。弗洛伊德很清楚，他的理论主张精神生活的大部分是由潜意识力量控制的，这对我们所珍视的自由意志或能动性感觉构成了威胁。

弗洛伊德（1900）首先在他的心理地形学模型中使用机构这个术语作为系统的同义词，并在《梦的解析》中对其定义进行了描述。机构或系统通过隐喻被描述为心灵中的"地方"，兴奋或能量通过这些地方按具体的时间顺序传递。地形学模型的空间基础使弗洛伊德更喜欢用术语系统来描述心灵的意识、前意识和潜意识方面，尽管他倾向于用机构来描述更积极的稽查作用的观念。随着结构模型的引入，弗洛伊德（1923a）将机构用作结构的同义词，即心灵中一种持久和有组织的配型或功能组（在结构理论中即本我、自我和超我）。在这个模型中，机构这个术语强调，心灵中结构的动力学方面是精神生活的积极参与者或心理过程的起因元素，能够产生可以识别或可推断的效果。

在精神分析中，机构这个术语的第二种意义近年来才受到重视——尽管这种意义在哲学中有着悠久的传统，并且是弗洛伊德心灵观的核心。虽然治疗任务的性质随着弗洛伊德心理理论的不断发展而改变，但其基本原则始终是促进个体增加能动性。换言之，治疗的目的是让个体自主生活，而非在目标的驱使下生活。这一观点在自我心理学关于执行性自我和适应性自我的观点中得到了进一步发展（Hartmann，1939a）。这对温尼科特（1960a）关注的真实自体和虚假自体概念以及科胡特（1977，1984）的两极自体概念都至关重要。这些概念在谢弗（1976）倡导"行动语言"和"行动自体"以及G. 克莱茵（1976）关注动机中的人时变得越来越重要。谁或什么将机构作为身体和心理行动的来源？换句话说，机构是否存在于主体、人、心理结构、自我或自体之中？精神分析对此问题的概念化方式及水平仍然是文献积极探索的主题（Warme，1982；W. Meissner，1993；Cahn，1995）。

Aggression 攻击

攻击是指征服、战胜、伤害或摧毁他人的愿望，以及这些愿望在行动、语言或幻想中的表达。攻击可能会在口头和身体对抗中毫不掩饰地出现，也可能伪装成笑话、行动，或不作为，而这些看似无意的行为会造成伤害。攻击也可能转向自身，表现为罪疚感和自我憎恨，引发自我破坏性行为，进而引发自我毁灭。攻击存在于一个情感连续统一体中——从轻微的恼怒和怨恨，到强烈的嫉羡，再到凶残的暴怒。该术语虽主要指敌对的思想、感受和行动，但一些精神分析师将其定义扩大到包括自信的、建设性的、指向掌控的行为，这些行为似乎源于主动性、雄心或对正义的要求。该术语在精神分析上的具体意义涉及**攻击驱力**的概念。作为弗洛伊德主义驱力理论的基本组成部分，攻击和力比多被视为两种主要的本能驱力，是人类行为的主要动机。

攻击的临床意义在所有对严重精神障碍（如边缘性疾病、施虐狂、变态、自我毁灭和暴力狂）的精神分析考虑中都非常突出。攻击作为一种病理学现象，被认为是多种因素（包括构成、经验和动力学变量）共同作用的最后结果。导致攻击强度明显增加的发展因素包括早期经历的过度痛苦、剥夺、丧失、虐待、强迫被动性、过度刺激和诱惑（Furst，1998）。虽然精神分析师对攻击的临床表现的看法相当一致，但在理论层面，关于这一概念存在相当大的争议。事实上，一些精神分析理论的显著特点在于将攻击视为主要力量／次要力量（只在对环境中的挫折和失败做出反应时才产生）。虽然驱力的概念被一些理论取向所保留，但它在关系理论或自体心理学理论中没有任何作用。作为一个生物、内心和社会性的交界处的话题，对攻击的全面理解需要我们在精神分析、神经科学、进化生物学、社会科学和政治科学之间进行广泛的跨学科对话。

弗洛伊德直到1920年才将攻击视为驱力的状态，但他早就意识到了它的临床重要性，并在有关阻抗、性欲、幽默、强迫症、偏执和俄狄浦斯情结冲突的早期著作中提到过攻击。最初，弗洛伊德（1905b）将攻击行为解释为性驱力的一个组成部分，其目的是克服客体表现出的阻抗——这一客体以夸张的形式变成施虐狂。后来，弗洛伊德（1915b）又将攻击解释为反对性欲的自我保护的自我本能的一个方面。阿德勒早在1908年就提出了攻击性本能的存在，但弗洛伊德（1909c，1909d）当时反对将攻击与性驱力分开的观点。

弗洛伊德（1920a）提出了对驱力理论的修正，认为攻击是精神生活中的一种动力，与性欲具有同等地位。在他的最后一个也是最具推测性的驱力分类中，生命驱力（爱欲）这一中心概念与死亡驱力相对立，前者的目的是建立有机体的复杂性并合成和保存生命，后者的目的是通过分解有机体复杂性并将其还原为无机状态来毁灭生命。值得注意的是，正是弗洛伊德对指向自身的攻击和自我惩罚倾向在忧郁症、受虐狂、消极治疗反应以及强迫性重复等临床现象中的作用的观察，使其死亡驱力得以形成。在这个模型中，攻击驱力只是死亡驱力的一部分，它在个人试图保护自己的过程中被转向外部世界。死亡驱力的危险是通过与生命驱力的融合来处理的，所以性能量和攻击性能量结合在了一起。在弗洛伊德（1923a）阐述他的结构理论后，攻击成为心理结构之间关系的一个核心方面，它不仅源于本我，也源于超我与自我间的禁止和惩罚关系。

克莱茵及其众多追随者信奉弗洛伊德的死亡驱力理论，认为死亡驱力从出生开始就活跃于精神生活中，并在早期焦虑、防御和客体关系中发挥着核心作用。其他大多数理论家忽视或拒绝了弗洛伊德关于死亡驱力的假设，认为这一假设过于主观臆断，超越了临床资料，与基本进化原理难以相容。那些将性和攻击视为两种基本驱力的理论家往往更关注这些驱力的临床近概念化，而不是生命驱力和死亡驱力。在自我心理学中，攻击的概念被进一步阐述为在口唇阶段、肛门阶段和阳具阶段的影响下具有特征性发展形式的独特驱力。通过与性驱力的融合，攻击性能量可以被中和并被用于掌控和控制现实、防御，以及建设心理结构，而不仅仅是带来毁灭（Hartmann，1939a；Hartmann，Kris，& Loewenstein，1949）。C. 布伦纳（1971）提出，攻击驱力是根据快乐原则而不是超越快乐的原则运作的，它在心理冲突中的作用可以与力比多媲美。当代自我心理学家和现代克莱茵学派（甚至是那些接受死亡驱力的人）都认为，攻击行为具有满足、惩罚、防御和适应的多重功能。更具体地说，攻击可能有助于防止性兴奋，防御消极愿望，防御对自尊的自恋威胁，或在面对焦虑时促进权力感和安全感。攻击还可能代表着以下请求：来自环境的外部控制（尤其是儿童和青少年）、与攻击性父母认同、表达罪疚、需要惩罚。

其他理论家（尤其是英国独立学派理论家和自体心理学理论家），拒绝将攻击视为先天驱力的产物，而将其视为对环境挫折和剥夺（尤其是早期照顾者的挫折和剥夺）的反应性回应（Fairbairn，1954；Guntrip，1969；Kohut，1977）。在《关于自恋和自恋性暴怒的思考》一文中，科胡特（1972）提出了他对攻击的看法，并将其界定为感知到自体遭受威胁的结果，而非对驱力的表达。自恋性暴怒以复仇和公正需求为特征，是破坏性攻击的原型，其包括从轻微的恼怒到强烈的狂怒，由羞耻、羞辱和失望触发并与之相伴。坚持夸大自体的全能和理想化的自体客体的完美是破坏性攻击的基础。科胡特认为，自恋性暴怒与其他形式的攻击（如竞争和自我肯定）并不是连续的。竞争和自我肯定是首要的，属于自体正常的志向追求和对承认的需要。

其他人则认为，攻击并没有表现出真正的驱力该有的节律性和再次释放的需要。相关的争议涉及：攻击在多大程度上应被视为敌意和破坏性的主要形式？非敌意的肯定在何种程度上是发展修正的结果？攻击是否应被视为服务于掌控和适应目标的最初是非敌意的力量（几乎与主动性和主动同义）——只有在回应环境破坏时才会表现出敌意和破坏性？温尼科特（1950）强调了攻击在培养早期的自体-客体分化、现实检验以及随后的个体化过程中的作用。

根据对婴儿和儿童的精神分析观察，帕伦斯（1973，1979）描述了攻击驱力行为的三大趋势：（1）非破坏性攻击（如以探索、掌控和控制自体及环境为目的的肌肉运动）；（2）非情感性的破坏性攻击（如自我保护的咬和咀嚼等进食行为，可能在进化上与动物的猎物攻击有关）；（3）敌意破坏性攻击（先见于新生儿对不愉快情况的暴怒反应，随后直接指向受挫的客体或转移到对其他客体的咬、打和其他破坏性行为，以及从生命第二年开始的施虐形式——以做出嘲弄和折磨行为为乐）。

克恩伯格（1982）只把有敌意的破坏性视为攻击驱力的表现，将非破坏性攻击和非情感性的破坏性归入自主性自我功能的方面。综合英国客体关系学派和自我心理学的观点，他认为，攻击驱力是由早期先天的不愉快情感状态逐渐整合而来的。这些情感状态与内化的客体关系图式联系在一起，最终成为一个统摄性的动机系统。利希滕贝格（1989）描述了一个动机系统模型，在这个模型中，坚持和攻击分别被视为探索-坚持动机系统和厌恶动机系统的一个方面。

Alexithymia 述情障碍

见"Isolation 隔离""Psychosomatic Disorders 心身障碍"。

Alloplastic/Autoplastic 异体成形（他塑）/自体成形（自塑）

见"Adaptation 适应"。

Alpha Elements 阿尔法元素

见"Wilfred Bion 威尔弗雷德·比昂"。

Alpha Function 阿尔法功能

见"Wilfred Bion 威尔弗雷德·比昂"。

Altruism 利他主义

利他主义包含通过满足他人的愿望或需求而获得快乐体验的所有行为。利他主义是一种复杂的人类行为，具有内心、人际和社会生物学意义。我们可以在许多情况下、在各种人身上看到利他主义。在谱系的一端，利他主义是一种最健康、最成熟的适应策略；在谱系的另一端，它可能与严重的受虐狂甚至精神病有关。宗教和文化教养可能会促使个体将他人的需求置于自己的需求之上，并形成一种特别高尚的价值观，这种价值观可能会内化为个体的自我理想。

在弗洛伊德的几部作品中，他将利他主义描述为自我中心主义的反面，认为它可以通过性满足渴望的缺失来与力比多客体投注区分开。然而，当一个人完全沉浸在爱中时，其利他主义会与力比多客体投注相结合。在这种情况下，弗洛伊德（1916/1917）描述了自我中心主义对性客体的"利他主义换位"——这会使客体显得极其强大。A. 弗洛伊德（1936）详细阐述了弗洛伊德对利他主义的观点，创造了**利他主义顺应**的概念，即只能通过替代物来实现本能愿望的满足。她认为，利他主义顺应是所有利他主义的基础。这一观点已被许多精神分析师接受——这些精神分析师经常将利他主义与反向形成和受虐狂联系起来。虽然瓦利恩特（1977）将利他主义描述为最成熟的防御之一，但他仍然认为利他主义建立在反向形成的基础之上，而且很难从满足自己的欲望中体验到快乐。相比之下，埃里克森（1950）的繁殖这个术语描述了通过为后代的幸福做出贡献而获得的满足感。与A. 弗洛伊德和瓦利恩特不同，埃里克森的概念没有个人抑制的隐含意义；他认为，生育能力对健康的成年期至关重要。娇宠（Doi，1973）、珍爱（Young-Bruehl & Bethelard，2000）和原初母爱贯注（Winnicott，1956a）中也包括利他主义的某些方面，这些方面并没有被界定为防御性或病态性的概念。西利格和罗斯夫（2001）描述了五种类型的利他主义：（1）**原利他主义**，具有生物根源，可以在动物中观察到，在人类中主要体现为母亲和父亲的养育和保护；（2）**生成性利他主义**，是使他人获得成功或幸福的非冲突性快乐；（3）**冲突性利他主义**，是一种卷入冲突中的生成性利他主义，但实际上是另一个人（替代者）获得快乐和满足；（4）**伪利他主义**，起源于冲突，并且是潜在施虐狂的防御外衣；（5）**精神病性利他主义**，是一种匪夷所思的照料行为和自我否定的形式，有时见于精神病患者，通常以妄想为基础。西利格和罗斯夫提出的分类考虑到非病理性利他主义，这种利他主义承认并尊重他者的自主意愿，并且乐于促进他者的快乐或成功，例如成年亲代利他主义——要求父母区分自己的愿望、儿童的愿望和儿童实际需要什么。他们认为，这种正常的成年利他主义是对婴儿期原利他主义的继承。

Ambivalence 矛盾

矛盾是指对另一个人、事物或情况同时抱有两种相反的感受、态度或倾向。在精神分析中，矛盾更常用于描述对同一客体既爱又恨的感受。矛盾也可以用来指代包含以下特征的心灵状态：同时存在且相互矛盾的对依赖与独立、支配与服从的愿望，嫉羡与感恩或理想化与贬低的态度，主动与被动的本能目标或愿望。

矛盾，尤其是爱与恨的共存，是人类关系中的一种普遍趋势。矛盾冲突的强度或类型一旦无法被容忍，就可能会导致病理症状，例如极端的压抑（有时伴随着反向形成）、将冲突的一方面移置到另一客体上、否认和分裂（矛盾冲突的双方必须在意识中被分开维持，从而引发自我的分裂和客体表征的分裂）。

弗洛伊德（1912a）最初使用矛盾这个术语来解释对分析师的消极和积极的移情态度的共存。不过，他在之前描述小汉斯（Freud，1909c）和"鼠人"（Freud，1909d）的行为时就已明确提到了这种现象。矛盾这一术语首先是由布洛伊勒（1910）提出的，之后被弗洛伊德借鉴。布洛伊勒在1910年的一次演讲中用矛盾这个术语来描述人类的一般倾向，并指出这是精神分裂症患者的一个独特特征，表现为同时以相反方式行事的冲动（意志的矛盾）、相信矛盾的命题（智力的矛盾）、对同一个人保持既爱又恨的感受（情感的矛盾）。弗洛伊德（1913e）最常用矛盾这个术语来描述情感矛盾，他认为这种状态是强迫性神经症和忧郁症（Freud，1917c）症状的核心，也是俄狄浦斯情结（Freud，1913e）矛盾态度的核心。然而，弗洛伊德（1905b，1915b，1918a）在谈及本能的固有两极性时也使用了矛盾这个术语，认为它表现在同时存在的主动与被动的本能目标中，如施虐狂与受虐狂、暴露癖与窥淫癖，以及支配与服从的愿望。

亚伯拉罕（1924b）概述了矛盾的发展图式，将力比多驱力发展的思想与客体关系结合起来。他将早期的口唇吮吸阶段描述为**前矛盾阶段**，将后期的口唇啃咬阶段和随后的肛门施虐阶段描述为**矛盾阶段**，并将生殖阶段描述为**后矛盾阶段**（婴儿学会从心理上拯救客体，使其免受摧毁）。这些概念对克莱茵学派理论产生了重大影响。在该理论中，"好"客体和"坏"客体分裂的基础是无法容忍矛盾，而对同一客体的爱和恨的觉察和容忍能力促进了从偏执-分裂位置到抑郁位置的转变。克恩伯格（1975）利用这种不同的容忍矛盾的能力，将高水平/神经症型人格组织（以容忍矛盾为特征，在矛盾心理非常强烈时对其进行压抑）与低水平/边缘型人格组织（通过否认和分裂来容忍矛盾）区分开来。

有时，矛盾被广泛使用，甚至被滥用——像是冲突的同义词，被用来描述愿望和防御不相容或相互竞争的动机。作为回应，布罗迪（1956）建议限制矛盾的使用，仅用其来描述对同一客体的既爱又恨的态度。霍尔德（1975）也强调了准确使用这个术语的重要性，并指出矛盾可能是严重冲突和病理症状的起因，但并非所有冲突都是由矛盾引起的。他认为，除了爱与恨之外，还可能存在重要的自我矛盾态度，如嫉羡与感恩、理想化与贬低。A. 克里斯（1984）指出，在临床工作中，区分矛盾的发散冲突（包括本我、自我或超我内部直接对立的愿望、态度或价值观之间的系统内冲突）和聚合冲突（如愿望和防御之间的冲突）是有用的。矛盾冲突是幼儿发展中的分离和个体化过程以及之后的青春期中冲突的核心。

Anaclitic Depression 依附性抑郁

依附性抑郁是6个月以上的婴儿因为与主要照顾者分离至少3个月而患上的一种综合征。L. 斯皮茨和沃尔夫（1946a）首次将这种综合征描述为"情绪缺陷症"，他们从弗洛伊德那里借用了"依附性"（经由斯特雷奇的翻译）这个术语，后者用之描述所谓的"依附性客体选择"——形成于婴儿与母亲（喂养者、哺育者）的早期关系中。弗洛伊德在使用"依附"时，意指"依赖"。在这种情况下，他断言，力比多"依赖于"自我保存的本能（Freud，1914e）。斯皮茨和沃尔夫用依附性来指代婴儿对母亲的依赖。他们认为，只有在分离前就建立了良好亲子关系的婴儿才会出现这种综合征。依附性抑郁的特征是出现哭泣、冷漠、不活泼、退缩、睡眠问题、体重减轻、发展性退行，以及感到孤独、无助和害怕被遗弃等症状。如果在合适的时间段内恢复充分的喂养，婴儿就有望康复；如果分离持续时间更长，那么症状可能会变得更严重，并可能发展为失眠、体重严重减轻、发展性抑制、冷漠、昏迷，甚至死亡。斯皮茨在婴儿生命第一年的后半年观察到了对正常攻击行为的抑制，他假设攻击驱力会转向自身，引发自我伤害行为的发展，比如撞头和撕头发。这种综合征的发展意义与母亲的发展成就有关，因为母亲已成为婴儿的一贯和公认的客体（Wagonfeld & Emde，1982）。依附性抑郁与住院致病症不同，后者是婴儿期的一种阉割状态，由出生时的严重情绪剥夺引起（Spitz，1945）。

斯皮茨对这种综合征的鉴别是对依恋行为研究的最早的精神分析贡献之一。事实上，斯皮茨给许多精神分析理论家和婴儿研究者，包括依恋理论的创始人鲍尔比，带来了启发。鲍尔比强调了婴儿和照顾者之间早期关系的首要地位，并断言依恋在动机上与喂食和性同等重要。鲍尔比（1960a）还描述了母亲的缺失对发展中的婴儿的影响，并观察到长期分离后的抗拒、绝望和疏离行为。埃里克森（1950）将母爱的缺失描述为依附性抑郁的一个原因，认为这是一种"慢性哀悼状态"。他进一步推测，在生命第一年的后半年，从失去力比多客体中解脱出来的婴幼儿可能会终生经历抑郁的暗流。马勒（1968）从分离-个体化的角度来理解依附性抑郁，并指出，在出生6个月后，婴儿一旦与母亲建立了共生关系，就不能再更换母亲——母亲的缺失会导致婴儿的依附性抑郁。弗莱伯格（1982）描述了婴儿期的病理性防御、保护行为，以及在反复遭受严重虐待、暴力、忽视和剥夺的婴幼儿中观察到的状态。近年来，依恋研究假设，安全型依恋与抑郁呈负相关，而不安全型依恋和混乱型依恋是童年和成人精神疾病的非特定且不确定的风险因素。

Anality 肛欲

肛欲是一个描述心理性欲发展的肛门期的综合性术语，涵盖了这一发展阶段的所有心理兴趣、活动、幻想、冲突和心理机制。**肛门期**发生在18个月到3岁。在弗洛伊德的心理性欲发展图式中，肛门期紧随口唇期之后，先于阳具欲期。肛门期的心理关注点源于儿童对自主的压力越来越大，攻击性（**肛门施虐**）的高涨，以及对掌控和控制的争斗。肛门期的儿童通常会引起反击的回应，且可能会初次体验到强加的限制和约束。由于括约肌控制的成熟，儿童现在可以进行如厕训练了——这可能为此阶段的冲突提供了一个舞台。儿童在排便（**肛门性欲**）时的快乐确保了这种体验与其产物（粪便）一起受到高度重视。这种经历的符号表征围绕着涉及主动性与被动性、保留与驱逐、支配与服从的矛盾冲突而融合在一起，因此肛门期产生的幻想通常涉及对自我和他人的控制或掌控。这种冲突的变迁对内心成熟、客体关系发展和性格形成有着深远的影响。**肛门性格**的命名用于指代那些明显有秩序、固执和克制的人。强迫症性格的各个方面同样能表明肛门期冲突的影响。虽然肛欲的概念有时被认为是早期驱力理论的遗留物，但它在精神分析中的重要性仍然使其成为潜意识幻想的组织性主题。此外，弗洛伊德对肛门性欲的发现，也就是对婴儿性欲的开创性发现，为他对力比多的前生殖器组织的承认奠定了基础。虽然所有心理体验现在都被理解为一种妥协形成，但肛欲对心理体验的贡献是对身体在早期发展中作用的重要提示。

弗洛伊德（1897c）第一次提及肛欲是在他与弗利斯的通信中，他提到了中世纪恶魔神话中关于黄金和粪便之间的联系。然而，弗洛伊德（1908b）后来观察到三种性格特征（井然有序、节俭和固执）与揭示强烈肛门性欲的童年史之间的联系。他将这些特征理解为升华、反向形成和先天肛门性欲的产物。弗洛伊德（1905b）阐述了他对力比多的前生殖器组织产生的观点，其中肛门施虐阶段代表了发展的第二个阶段。他强调，发展是在体质因素和意外因素的共同影响下发生的，这些因素共同决定了性格、神经症和可能出现的其他类型的精神病理学结果。例如，弗洛伊德（1905b，1913d）强调了肛门性欲在男同性恋、偏执和强迫性神经症的发展中的作用。

亚伯拉罕（1921，1924b）基于弗洛伊德的观点，将肛门期分为两个亚阶段，并将其与发展中的客体关系联系起来。儿童对肛门括约肌的幻想表征，将从早期的部分客体被疏散和破坏的亚阶段到晚期客体被容纳和控制的亚阶段的整个过程组织起来。亚伯拉罕（1921）还描述了肛门性格，即对粪便的高估象征性地存在于与所有财产（尤其是钱）的关系中。

阶段特异性归属于性格特质和症状的起源这种观点已经被一种新观点所取代，这种观点主张从所有发展水平中衍生出一种折中物。埃里克森（1959）在其生命阶段的发展图式中将肛欲与自主阶段和自我怀疑联系起来。申格尔德（1985）在努力重新确立身体自我在心理发展中作为一种组织力量时，强调了掌控肛门期冲突在健康功能中——尤其是在管理攻击方面——的重要性。在一个不太健康的解决方案中，肛欲防御表现为对情绪深度和复杂性的括约肌式限制。沙塞盖-斯米格尔（1978）强调了肛门施虐对倒错结构的贡献——性别和年龄之间的所有差异都被消除了，还原性退化使一切都变成了粪便。

Analytic Process 分析过程

分析过程或**精神分析过程**是指精神分析治疗随着时间的推移而逐步展开的过程。在此过程中，患者心灵的意识和潜意识方面都会被揭示、阐述和解释，从而促使探索不断深化。患者和分析师在动态二元体中的交会对这一过程至关重要，并且有助于系统性疾病的治疗进展。分析过程的第二种非正式用法将其定义为，患者"在分析中"，即有意义地参与治疗。第二种用法意味着对分析师、患者或双方的能力的评估。

分析过程的性质是精神分析的基础，它描述了治疗本身如何展开。

不同的分析理论流派在这一过程由什么组成的问题上存在很大差异。此外，由于分析过程的概念与分析技术、治疗作用和治疗变化指标有重叠，所以其用法一直模棱两可。例如，分析过程是指分析师的干预（Arlow & Brenner，1990）、分析师和患者之间的互动（Dewald，1978；Weinshel，1984），还是分析师对患者内部过程的促进（Abrams，1987）？关于这个问题存在分歧。

弗洛伊德（1913a）曾写道，分析师通过解释阻抗来启动"过程"，但分析过程这个术语是卡普曼（1950）首先提出的。尽管后来的许多论文都提到了这个术语，但温谢尔（1984）首次尝试明确它的意义，并将其与邻近的术语进行比较。

自我心理学或冲突理论取向的精神分析师通常将分析过程等同于治疗的展开，认为其中包括患者的自由联想、分析师对移情和阻抗的解释，以及患者随后的回应（Loewald，1970；Boesky，1990；Samberg & Marcus，2005）。在自我心理学和冲突理论的总体视角下，分析过程被认为包括三个阶段：（1）开始阶段——建立分析情境；（2）中间阶段——识别、解释和处理核心主题；（3）结束阶段——通过分析情境提供了一个稳定的参考框架，在这个框架中，患者和分析师之间的互动在每个参与者的心理过程中都会被调动起来。这有助于患者朝着领悟和改变的方向努力，因为分析师会监控和解释患者内心产生的紧张。患者和分析师之间的这种互动、分析师的理解模式（包括共情和反移情），以及患者对其潜意识心理过程不断增长的觉察（分析性领悟），都是这一过程中的重要因素。

分析过程的相关概念也将其等同于治疗的展开，但其假设并不相同。从关系的观点来看，患者的潜意识精神生活在分析师与患者的主体间意识的安全范围内寻求表达；分析师解释的是内容而不是阻抗，其目的是为患者提供思想的容纳功能，使患者能容忍回避的情感（Spezzano，1995）。

史密斯（2002a）在一个专题讨论小组中报告了不同理论取向的分析师对分析过程的看法，他评论了五个方面的分歧：（1）分析倾听的性质；（2）患者和分析师之间互动的性质；（3）对分析师将自身的经验强加给患者的关注；（4）推理过程的差异及其测试方法；（5）分析师对分析方法的怀疑的影响。

精神分析过程研究指的是将经验方法应用于治疗情境，以确定如何发生变化。这类研究因以下几个方面的争议而变得复杂：（1）精神分析过程；（2）与精神分析过程相关的变量的主观性质；（3）目前被归类为精神分析的方法谱系；（4）具有不同经验和专业知识水平的分析师的异质群体对过程的使用。过程研究中的"限速"是对治疗过程具体方面的客观测量（用以证明研究的信度和效度）的发展。在测量鉴别的发展中，获得成功的方面包括：（1）基本关系模式；（2）治疗的相互作用；（3）干预的效果。这些测量被用来"分析"音频记录的分析会谈过程，然后由训练有素的研究者对其进行评级。测量工具正在进行更新，研究者通过开展更大规模的合作研究，试图确定跨研究得出的数据的一致性（关于结果和过程研究的综述见Bucci，2005；Wallerstein，2005）。

Analytic Third 分析第三方

见"Intersubjectivity 主体间性""Psychoanalysis 精神分析"。

Analytical Psychology 分析心理学

见"Jungian Psychology 荣格心理学"。

Analyzability 可分析性

可分析性是对患者参与精神分析的能力以及受益情况的评估。它包括患者的坦诚能力，建立、容忍和反思强烈移情体验的能力，以及有效利用分析师解释作用的能力。这种普遍共享的可分析性标准是基于：（1）对患者自我功能（包括现实检验、情感耐受性和自我反思）的评估；（2）患者客体关系的性质；（3）患者的生活环境；（4）患者改变的动机。由于特异性，这些因素很难界定，且分析师对这些标准和其他标准的使用也各不相同。

可分析性是精神分析中的一个重要概念，它追溯了分析思维的进化历程，探讨了精神分析作为对所有特殊患者的有效治疗的广度和局限性。与此同时，可分析性的概念突显了精神分析思维中的一些历史错误。例如一些分析师预测可分析性时所使用的预先确定性，还有一些分析师假设精神分裂症是因为其心理学病因而具有可分析性。可分析性的概念之所以值得注意，是因为它一直受到实证研究的影响。

弗洛伊德（1904，1912b，1917a，1937a）有几次随意间提及可分析性的问题，但没有详细描述。在他看来，一个可分析的患者应满足的条件有：受过教育、性格良好、患有"移情神经症"（恐怖症、转换性癔症或强迫性神经症）、没有患上"自恋性神经症"（精神病）或器质性退化疾病。得益于弗洛伊德后来对性格的兴趣，特别是W. 赖希（1933/1945）对性格阻抗的描述，分析的范围有所扩大，并包含了各种性格问题。虽然可分析性这个术语在1948年美国精神分析学会的一次会议上首次被使用，但此前就出现了许多关于可分析性的讨论。这些讨论先后将分析的适应症扩展到精神病患者（Simmel，1929；Cohn，1940）和边缘型人格患者（A. Stern，1938）。20世纪60年代和70年代，范围的概念（Stone，1961）促进了对"前俄狄浦斯病理学"患者改进分析治疗的发展，将纳入标准扩大到严格意义上的俄狄浦斯病理学患者之外。大多数当代分析师并不分析精神病患者。

从20世纪中叶开始，关于可分析性预测的讨论已经从对诊断的预估转向对心理能力的评估。然而，事实证明，患者特征和可分析性之间的强相关性是很难建立的。E.格洛弗（1958）指出，精神分析分类系统作为对心理功能的临床诊断和元心理评估的混合体，是不精确的、缺乏标准化的，因此在预测方面用处不大。巴克拉克和利夫（1978）回顾了24项关于可分析性的研究，指出预估和结果测量要么没有被具体说明，要么被用抽象术语进行了具体说明，因此降低了效用。巴克拉克和利夫的总结性观察表明，分析前患者的功能越高，患者获得积极结果的可能性就越大。1983年，巴克拉克补充道，由于精神分析师之间技术的巨大差异，精神分析治疗很难进行比较。因此，治疗结果无法提供可靠的数据来衡量可分析性的预测因素。

当代分析师的兴趣在于分析二元体（分析师–患者）对分析过程的影响，这修改了可分析性的概念，将患者和分析师的考虑因素都包括在内。坎罗威茨（1986）描述了先前被忽视的分析师与患者相匹配的变量，也就是说，分析师对某些患者特有的关联和反应模式如何促进或阻碍精神分析过程。分析师与患者的匹配（不匹配）涉及患者和分析师的"冲突或干扰"、分析师的反移情与其他盲点之间的重叠。当分析师及其与患者的互动的特点得到理解之后，分析就可以继续了；如果这部分是潜意识的，就会引发僵局或分析的局限性。在一篇有争议的文章中，罗斯坦（2006）指出，可分析性的"评估性"取向是无效的。他建议对所有患者（除了病情最严重的患者）进行试验分析——试验即使失败了，在其他时间或与其他同事合作时它也可能会成功。

Analyzing Instrument 分析工具

见"Countertransference 反移情"。

Annihilation 湮灭

见"Melanie Klein 梅兰妮·克莱茵"。

Anonymity 匿名

见"Abstinence 节制（禁欲）"。

Anxiety 焦虑

焦虑是一种普遍的人类情绪，其特征是对危险的忧虑和预期的不愉快体验，通常伴有心率和呼吸频率增加、出汗、颤抖、头晕、肌肉紧张、肠胃不适等症状。焦虑通常会通过睡眠得到缓解。强烈的焦虑状态被称为恐慌症发作，其特征是极度无助、恐怖和厄运感，以及多种严重的焦虑生理表现。在一般的精神病学文献中，精神分析对焦虑和恐惧进行了区分，焦虑与内在的、潜意识的危险有关，而恐惧与可被意识辨别的、现实的外部威胁有关。

焦虑在精神分析心理学（尤其是在冲突理论中）中起着核心作用，它是一种在正常和病理功能中触发防御的潜意识和不愉快的情感（也称**信号焦虑**）。焦虑在精神分析情感理论史上有着特殊地位，因为自弗洛伊德开始，对情感的理论讨论多年来几乎都集中在焦虑上。焦虑在精神分析治疗中起着重要作用，因为许多患者都有一些有意识的焦虑体验。此外，患者如何应对童年期普遍焦虑的具体故事，是分析的重要组成部分。在精神分析治疗的此时此地，分析师密切关注焦虑作为潜在冲突的标记。

早在1894年，弗洛伊德就主张对**焦虑性神经症**综合征进行描述，并将其归类为一种由错误的性行为引起的"真性神经症"（Freud，1894d）。1909年，弗洛伊德在斯泰克尔之后提出假设，即在精神神经症患者中，被压抑的力比多可以转化为焦虑（Freud，1909c）。在小汉斯案例中，他还描述了进一步的症状（如恐怖症）如何有助于约束未释放的力比多引起的焦虑（焦虑癔症）。这一症状形成理论通常被称为弗洛伊德的**第一焦虑理论**，该理论基于心理地形学模型和力比多理论。在第一焦虑理论中，焦虑（不快乐）是由未满足或被"堵塞"的力比多的积累引起的。

弗洛伊德的心灵结构模型的发展带来了许多理论上的变化，包括其**第二焦虑理论**——焦虑不再被视为未释放的力比多的副产品，而被认为是由积极的自我在预感到危险时产生的回应。在这一理论中，弗洛伊德（1926a）概述了两种类型的焦虑。在**自发性焦虑**中，"驱力兴奋"的大量涌入打破了"刺激屏障"，造成了创伤情境；出生则是**创伤性焦虑**情境的原型（Rank，1924）。随着时间的推移，自我发展出预料性和攻击愿望（驱力）带来的危险的能力，并产生焦虑的信号，或一种过去记忆中创伤性焦虑减弱的潜意识信号。信号焦虑触发了旨在避开危险的防御，从而反过来减少或成功消除焦虑。愿望和防御之间的妥协形成的结果可能是（也可能不是）症状。这一理论指出，无论是在清醒的生活中，还是在**焦虑梦**的现象中，显性焦虑都表明防御（症状）未能完全抵御焦虑。

弗洛伊德的第二焦虑理论标志着精神分析情感理论的巨大变化，因为焦虑不再仅仅被概念化为未满足驱力的副产品，而被认为是自我在对具体情境的情绪意义的回应中产生的评估性回应。此外，焦虑不再仅被视为精神病理学现象，还被认为是一种普遍的人类经验，反映了对于危险的渴望和恐惧之间不可避免的冲突。第二焦虑理论为如下观点奠定了基础，即焦虑（以及一般的冲突）不仅在症状形成中，也在所有精神生活中发挥着核心作用。事实上，精神分析认识到，个体容易产生的具体焦虑以及应对这些焦虑的策略是其症状和性格的重要决定因素。

弗洛伊德对理解焦虑和冲突做出的另一个贡献是描述了童年早期典型或普遍的"危险情境"的发展序列（Freud，1926a），这些"危险情境"会引发焦虑并启动防御。这些情境包括：丧失爱的客体、失去爱和爱的客体的赞同、对**阉割焦虑**式的身体伤害或损害的恐惧、父母的不赞同被内化和结构化、对超我和罪疚的恐惧（**道德焦虑**）。除了弗洛伊德描述的焦虑之外，后来的精神分析师还描述了其他典型的焦虑，包括**分离焦虑**（Bowlby，1960b）、**陌生人焦虑**或**八个月焦虑**（Spitz，1950）、**湮灭焦虑**、**迫害焦虑**和**抑郁性焦虑**（Klein，1935）、**解体焦虑**或**破碎焦虑**（Kohut，1966），以及与依恋、客体安全、分离-个体化和维持自我有关的许多其他焦虑（可能没有具体的名字）。虽然这些危险都是不同发展阶段所特有的，但它们可能同时存在于成年人的心灵中。事实上，在整个生命周期中，所有引起早期童年危险的事件都可能触发焦虑并导致防御和症状的形成。与此同时，几乎每个类型的焦虑都可以在近乎所有心理表征中找到象征性的表达，这一事实掩盖了焦虑（所有症状）的所有表现形式的潜在意义。有时，看似没有内容的焦虑被称为**自由流动的焦虑**。

除了扩充弗洛伊德列出的典型恐惧之外，后弗洛伊德主义分析师还关注儿童是如何发展**焦虑耐受性**（Zetzel，1949）或**焦虑不耐受性**（Krystal，1975）的。焦虑耐受性作为一种自我力量，涉及对焦虑的宽容度，以及应对焦虑时使用的防御策略。其决定因素包括儿童的气质、自我的成熟程度，以及与重要照顾者的抚慰性互动的内化。每个人如何应对焦虑以及焦虑是否会使人衰弱，反映出天赋、人际经历、愿望、恐惧和防御之间的复杂互动。在沙利文（1953a）看来，焦虑总是"情绪传染"的结果；作为一种人际事件，儿童会经历母亲的焦虑或不赞同。在他看来，焦虑的范围是从恐惧、厌恶和恐怖的"怪怖情绪"，到焦虑或欣快的缺失。焦虑的威胁调动了沙利文所说的"安全操作"（类似于防御）。

焦虑在精神病理学的精神分析取向中发挥着核心作用，因为每一个神经症症状都代表着避免焦虑的尝试。当防御失败时，焦虑会变得意识化，且焦虑如若持续存在或程度强烈，可能就会变成病理性的，如**焦虑障碍**。在认识到焦虑障碍的生物学基础的同时，精神分析强调焦虑状态的心理动力学基础，以及有助于焦虑管理的心理因素。精神分析文献包括对与焦虑（包含广泛性焦虑）相关的各种具体综合征背后的心理动力学的讨论，例如恐怖症（A. Freud，1977）——包括广场恐怖症（Freud，1926a；H. Deutsch，1929；B. Lewin，1952；B. Milrod，2007）、对抗恐怖症（Fenichel，1939a）、惊恐障碍（B. Milrod et al.，1997）。《精神分析诊断手册》（PDM Task Force，2006）中包括焦虑型人格障碍、对抗恐怖型人格（以冒险、征服危险行为为特征）和恐怖 / 回避型人格障碍（以恐惧和退缩为特征）的词条。B. 米尔罗德等人（1997）描述了一种治疗惊恐障碍的具体心理动力学取向，还证明了精神分析治疗对惊恐障碍和广场恐怖症的疗效。

在一般心理理论的层面上，一些理论家指出了精神分析中的"信号焦虑"概念与学习理论中的"习得期望"概念之间的相似性。近年来，认知神经科学家对情感（包括焦虑）在认知功能中的作用越来越感兴趣。例如，达马西奥（1994）的"躯体标记假说"指出，身体产生的减弱的情感体验在精神生活的调节中起着核心作用。这与弗洛伊德的第二焦虑理论惊人地相似。目前，人们仍在尝试从多个方面整合焦虑的神经生物学和精神分析模型（Alexander, Feigelson, & Gorman, 2005；Shear, 2005）。

Après Coup 后遗性

见"Deferred Action 延迟作用"。

Archetypal Potentialities 原型潜能

见"Jungian Psychology 荣格心理学"。

Archetype 原型

见"Jungian Psychology 荣格心理学"。

"As If" Personality "仿佛"人格

见"Borderline 边缘""Narcissism 自恋"。

Attachment Theory 依恋理论

依恋理论是一种关于早期发展的理论，其强调婴儿和照顾者之间早期关系的首要地位。它的核心前提是婴儿与照顾者发展持续依恋的动机是人类存在的内在动力，是由环境因素决定的，是物种生存的关键。依恋理论认为，存在一种先天的**依恋行为系统**，其状态相当于喂食和性的状态（Bowlby, 1969/1982）。依恋的普遍模式在1岁时就已明显表现出来，它有助于区分一个人的自我感、认知能力、客体关系和情感调节能力。对于儿童和成人来说，不安全型（尤其是混乱型）依恋似乎是一个非特定但不确定的风险因素（Deklyen & Greenberg，2008；Lyons-Ruth & Jacobvitz，2008）。此外，照顾者反思自己依恋史的能力可以预测婴儿的依恋模式。这些模式与依恋的内部工作模型有关（Bowlby，1969/1982，1973），因此与心理表征有关。自我反思功能或心智化是一种源于安全型依恋或解决依恋紊乱的关键心理能力（Mayes & Cohen，1992，1996；Fonagy & Target，1996b，1998）。依恋史和心智化能力似乎在心理健康和精神病理学的某些方面起着重要作用。

依恋理论在精神分析领域有着悠久而曲折的历史。当依恋理论被引入时，其创始人约翰·鲍尔比被驱逐出了英国精神分析协会。因为鲍尔比坚持认为，对口唇和其他形式的力比多满足的需要是次要的，其地位次于一种使人产生依恋的独立驱力。鲍尔比关注婴儿行为和真实关系的重要性，这不符合当时精神分析的主流倾向：关注内在精神生活、力比多和攻击驱力的变迁。虽然哈特曼（1939a）、埃里克森（1950）、斯皮茨（1965）和温尼科特（1965）等精神分析师认识到了环境对儿童发展的影响，以及对发展过程中自我和他人同时结构化的影响，但鲍尔比的工作在很大程度上遭到了拒绝（Holmes，1993）。依恋理论本来并没有加入主流精神分析——直到安斯沃思和梅因提出的研究范式弥合了依恋行为与其心理表征之间的鸿沟。这项工作促使依恋理论被精神分析机构重新引入，并成为古典精神分析（尤其是在儿童分析领域）的一个越来越重要的理论修正。在将依恋理论及其研究的观点直接延伸到精神分析文献中的方面，福纳吉及其同事（Fonagy et al.，1993；Fonagy et al.，1996；Fonagy & Target，1996a，1996b）发挥了重要作用。对一些理论家——尤其是那些对创伤、边缘型人格和解离性障碍感兴趣的理论家——而言，依恋史已经掩盖了性驱力和攻击驱力在人格发展中的重要性。

鲍尔比深受其具有生物学、进化论和动物行为学等各种学科背景的同事的影响。他关于依恋的理论遵循达尔文的传统，认为婴儿的依恋行为仍然存在于人类的技能中，因为与母亲亲近使其更有可能存活下来。鲍尔比的灵感来自劳伦兹的印刻研究、哈洛关于灵长类母性剥夺的研究，以及斯皮茨（1946）的工作。斯皮茨对婴儿的观察研究表明，依附性抑郁和住院致病症这两种严重的、可能致命的依恋障碍，都是由母亲在婴儿出生后第一年的被剥夺引起的。在鲍尔比的早期工作中，他在对少年犯的研究中观察到了儿童与母亲的联结的至关重要的意义（Bowlby，1944；Cassidy，2008）。鲍尔比（1969/1982）随后在阐述其理论时指出，婴儿在出生时就容易与照顾者形成依恋，并通过生物程序适应其照顾关系的具体需求。

鲍尔比发现了五种本能反应，即吮吸、微笑、依附、哭泣和跟从，它们调节着与照顾者的距离，是依恋行为系统的关键组成部分。当婴儿受到惊吓（无论是因为内部刺激，如饥饿；还是因为外部刺激，如环境变化）时，依恋系统会被激活，婴儿会通过与照顾者的身体接触寻求安慰。当婴儿感到平静和安全时，系统会被停用，婴儿的依恋行为也会停止。一个感到安全的儿童可以在远离依恋对象的地方自由地进行探索性行为，把依恋对象作为安全基地。对鲍尔比来说，照顾的质量和儿童最早的情感纽带的性质确立了儿童自身及其在人际关系中的基本方向和安全感。这些方向在依恋的内部工作模型中得到表征（Bowlby，1969/1982，1973），该模型是在儿童和照顾者之间持续的互惠交流中发展出来的。一般来说，内部工作模型由依恋对象、自我以及两者之间的关系的心理表征组成，这些表征指导随后对依恋对象交互作用的评估，并促进婴儿预测如何能让照顾者提供最好的照顾。如果依恋对象始终承认儿童对保护和舒适的需要，同时尊重儿童自主探索环境的需要，那么儿童很可能会发展出一种内部工作模型，认为自我是自立和有价值的。相反，如果儿童对保护、舒适和自主性的需求被拒绝或得不到承认，那么他很可能会构建一个认为自我无价值或无能的内部工作模型（Bretherton，1992）。

虽然鲍尔比被当时的主流精神分析排除在外，但他很容易被发展心理学家所接受。他与临床医生及研究者安斯沃思的合作使依恋理论的可信度在学院派心理学中得以建立；然而，这种合作也使它进一步偏离了传统精神分析学界。安斯沃思开发了一种研究程序（陌生情境）来评估依恋组织中的个体差异（Ainsworth et al.，1978）。她描述了不同的依恋模式，并发现每一种依恋都以合法的方式与早期亲子关系中的差异存在联系。依恋组织模式包括安全型、回避型、对抗／矛盾型，以及混乱／迷失型。M. 梅因后来通过**成人依恋访谈**记录了成年人对早期童年经历的回忆中的类似模式（M. Main，Kaplan，& Cassidy，1985），包括安全自主型、冷漠型、迷恋型，以及未解决／混乱型。重要的是，母亲依恋组织的差异与婴儿的依恋类别有关，这证明了依恋的代际传递。由于梅因的研究重点是成人对依恋的心理表征，而不是安斯沃思的研究更关注的行为焦点，因此梅因的工作有助于激发人们对精神分析中的依恋和相关过程的兴趣（Slade，2000，2008）。例如，她的工作启发福纳吉及其同事（Fonagy et al.，2002）描述自我反思功能，并且发展心智化理论，将依恋的基本要素和当代精神分析理论结合在一起。然而，在精神分析领域，婴儿依恋问题的研究从未完全缺席。如前所述，斯皮茨的研究影响了鲍尔比，也影响了精神分析师弗莱伯格的研究。弗莱伯格（1982）在对反复遭受严重虐待、暴力、忽视或剥夺的婴儿进行观察时，描述了病理性依恋状态，她称之为婴儿期的病理性防御。其他分支的研究者也支持关于母亲和婴儿纽带在正常发展中的关键作用的观点。例如，儿科医生克劳斯和肯内尔（1976/1982）提出了纽带理论。

依恋理论对以母婴二元体为研究对象的精神分析型婴儿观察研究起
到了关键的推动作用。此类研究记录了早期的相互影响的结构，详细说
明了每个人如何受到自己的反应、自体调节、伙伴的行为、互动调节
的影响（Tronick，1989；Beebe，Jaffe，& Lachmann，1992；Beebe &
Lachmann，2003）。在每一种被检验的结构中，相互调节，如发声、凝视
（Beebe & Stern，1977）和一般情感参与（Tronick，1989）都能够被观察
到。婴儿与照顾者在情感和时间匹配方面的相互影响，为双方提供了了解
和进入彼此的知觉、时间世界和感受状态的行为基础。婴儿内心所代表的
是一个微妙的回应性互动过程——自体的行动关联着他人的行动。这种互
动过程所表征的模型表明，自体和他人在社会领域的经验是同时构建的，
并且不可分割地联系在一起。二元体脱落对婴儿体验的影响可能很严重。
通常情况下，二元体会修复错误的沟通，并且在互动的相互影响方面保持
不变。但这一配对可能会"失谐"，或是处于令人厌恶的互动中。母亲的
精神病理学传递和母亲抑郁的影响会引发婴儿的不安全型依恋，这已被证
明（Beebe et al.，2008）。父母-婴儿观察准确界定了个体和二元体的社会
行为模式或早期关联，对早期干预有直接的启示。

专注于母婴二元体和依恋其他领域的研究也促进了对临床情境的更精
细的理解。其中，主体间性和分析二元体对治疗效果的贡献尤为突出。此
外，在反驳对依恋理论的批评时，斯莱德（2000）认为，临床分析师对依
恋模式的理解并不局限于范畴论或还原论思维。它能够促进对依恋困难在
分析关系中的表现方式的细致理解，并提供一个基本表征过程可能会发生
变化的情境。

Attacks on Linking 对联结的攻击

见"Wilfred Bion 威尔弗雷德·比昂"。

Attention 注意

见"Consciousness 意识""Unconscious 潜意识"。

Attunement 调谐

见"Affect 情感""Empathy 共情"。

Autism 自闭

见"Separation-Individuation 分离–个体化"。

Autoerotic 自体性欲的

见"Narcissism 自恋""Psychosexual Development 心理性欲发展"。

Average Expectable Environment 正常期待的环境

正常期待的环境是海因茨·哈特曼（1939a）创造的一个用于描述外部现实情境的术语。在这种情境中，个人的先天能力被期望以一种可预测和渐进的方式发展。围绕这一核心概念，哈特曼发展了自己的观点，即适应在理解人类心理学中具有重要地位。正常期待的环境应包括养育、爱、情绪安全和避免危险的身体保护。新生的婴儿具备或预适应了自主的自我功能，使其能够使用正常期待的环境。由于与婴儿发展最相关的环境是由照顾者提供的，所以正常期待的环境通常被比作温尼科特（1951）所说的"足够好的母亲"。

哈特曼希望将"正常"和"可预期"理解为一组相对的术语。"正常可预期"意味着婴儿与环境之间"匹配"得很好。同样的环境，对一些婴儿而言是充分的，但对其他婴儿来说可能是不够充分的，甚至是有害的（Escalona，1963）。现代理论家探索了促使发展进步的潜在因素——即使是在不完美或非典型的环境背景下。例如，迈耶斯（1994）观察了创伤儿童和成人的发展，目的是更好地界定正常期待的环境，以及更好地理解典型和非典型环境、天赋和经验之间相互作用的多变性影响。

Basic Assumptions 基本假设

见"Wilfred Bion 威尔弗雷德·比昂"。

Basic Fault 基本错误

见"Narcissism 自恋"。

Beating Fantasy 被打幻想

被打幻想是一种有意识或潜意识的幻想，其通常起源于早期潜伏期，伴随着手淫，且以虐待的场景为特征。幻想者通常表现为受害者，但他可能认同打人者的角色。像所有幻想一样，被打幻想经历了一个发展演化的过程，具有多重防御功能。它可能被完全压抑，并以高度伪装的衍生形式表现出来。对成年人来说，被打幻想或其明显的扮演可能是自慰性行为或与伙伴发生性行为时的兴奋状态。被打幻想通常与病理性受虐有关。在移情中，以衍生形式呈现的被打幻想的扮演可能是一种强大的阻抗（K. Novick & J. Novick，1998）。

被打幻想在精神分析思想史上很重要，因为它促成了弗洛伊德关于受虐狂和倒错的构想。它还展示了重构的过程——并非真实的童年事件，而是在发展过程中经历转变的童年幻想。因此，它代表了一个精神分析解释的基本过程，即收集和整合资料片段，从中推断出潜意识内容，然后以继发过程的叙述形式进行阐述。

弗洛伊德（1913d）在第一次提及被打幻想时指出它们出现在强迫性神经症患者的童年期。对于这些患者来说，肛门施虐的前生殖器欲发展阶段尤为重要。弗洛伊德（1919b）在其关于被打幻想的经典研究"一个被打的小孩"中，确定幻想是受虐功能的核心（对于男孩和女孩皆是如此），其源于对父亲的有罪的乱伦愿望。根据成人分析材料，弗洛伊德重构了女孩被打幻想的三个阶段：（1）憎恨的同胞对手被父亲殴打；（2）女孩正在被她父亲殴打；（3）一群儿童（通常是男孩）正在被一名父亲替代者殴打。根据弗洛伊德的观点，第二阶段是最重要的，因为它暴露了被打幻想的受虐性格；它的意义现在已经很清楚了，因为殴打是对女孩对父亲乱伦欲望的惩罚，也是一种退行的替代。第三个阶段以其无性虐待的形式被保留为有意识的幻想。

弗洛伊德并没有在男孩的被打幻想中找到一个平行的序列。对男孩来说，对父亲的俄狄浦斯式的爱有着不同的含义。男孩最后的有意识的幻想是他妈妈在殴打他。他的同性恋冲动受到了压抑，但他的"被动女性认同"并没有被压抑。弗洛伊德认为，男孩和女孩的被打幻想都是幼稚的倒错；他断言，对于有着被打幻想的男孩来说，成年后的结局几乎总是一种受虐式的倒错。弗洛伊德（1924a）后来将被打幻想置于受虐幻想的发展序列中——在口唇期，表现为对被吃掉的恐惧；在肛门施虐期，表现为对被父亲殴打的愿望；在阳具欲期，表现为对被阉割的恐惧。在最终的生殖器组织中，最初的受虐被转化为交配和生育的愿望。弗洛伊德（1925b）

将女孩的被打幻想描述为手淫的自白，其中被殴打的儿童代表阴蒂。

弗洛伊德之后的作者强调了被打幻想的前俄狄浦斯决定因素（Bergler，1938，1948b；Schmideberg，1948）。E. 约瑟夫（1965）强调了被打幻想的普遍性、它的多重决定因素和功能、它的各种表现形式与潜在意义，以及它可能发生的诊断分组的范围。其他研究者关注的是被打幻想在病理性施虐中的核心作用。斯托勒（1991）强调了被打幻想和其他倒错行为的功能，以防止与母亲合并时的焦虑。沙塞盖-斯米格尔（1991）强调了被打幻想的依恋功能。J. 魏斯（1998）详细介绍了被打幻想在性和分离中对攻击的保护和安慰防御功能。J. 诺维克和K. 诺维克（1972）以及维尔姆泽（2007）描述了被打幻想的古老超我功能，该功能与关于分离问题的罪疚和焦虑有关。

诺维克夫妇利用安娜·弗洛伊德中心（当时的汉普斯特德诊所）的儿童病例记录和对幼儿园正常儿童的观察，研究了被打幻想在正常发展和病理性发展中的作用。他们描述了一个类似于弗洛伊德重建阶段的序列，证明了殴打愿望和殴打游戏在幼儿中的普遍存在。他们还确认了俄狄浦斯期幻想的性欲化，并根据弗洛伊德（1919）的描述，发现男孩和女孩之间存在着巨大的差异。他们在女孩身上发现了一种短暂的被打幻想（它很快演变成了拯救幻想和家庭罗曼史幻想），并且在男孩和女孩身上都发现了一种固定的幻想。这种幻想一直是严重施虐受虐病理症状的重要常见因素，它总是将主体视为受迫害的对象，进而成为儿童精神生活的永久焦点，并且往往不受多年治疗中解释工作的影响。

Beta Elements 贝塔元素

见"Wilfred Bion 威尔弗雷德·比昂"。

Beyond the Pleasure Principle 超越快乐原则

见"Death Drive 死亡驱力""Masochism 受虐狂""Negative Therapeutic Reaction 消极治疗反应""Working Through 修通"。

Wilfred Bion 威尔弗雷德·比昂

威尔弗雷德·比昂是克莱茵的追随者，也是分析精神病患者和理解心灵的高度原始状态的先驱。他与西格尔和罗森菲尔德一样，是第二代克莱茵学派精神分析师的领导者之一。在比昂的工作中，有三个方面对世界各地的分析师产生了巨大的影响——无论是在克莱茵学派的内部还是外部。

比昂的工作始于临床情境，一直致力于深入了解破坏分析师的中立性、分析师的思考能力，以及患者的学习和改变能力的力量，并因此得到发展。比昂广泛使用了反移情的概念，其论文中有大量描述相关现象的临床案例。比昂的工作标志着克莱茵的许多概念用法的变化。值得注意的是，他从根本上扩展了投射性认同的概念——无论是在临床上，还是在理论上。比昂的贡献包括前概念与概念的思想、容器和被容纳者的概念，以及一种思维能力发展的新模型。他的著作可以分为三个阶段：早期，他探索了团体的功能；中期（20世纪50年代中期至70年代中期），他提出了自己最著名的一个观点；末期，他以文学形式表达自己的观点。在比昂专注于思想与知识的发展以及促进或破坏这些发展过程的因素的工作中，存在着一种连续性。

在战争办公室选拔委员会工作的背景让比昂对团体现象产生了兴趣。他认为，领导者的最佳选择过程包括观察男性在团体情境中的行为。比昂（1961）描述了所有团体运作中都存在的两个相互作用的方面："工作团体"和"基本假设团体"。工作团体定义团体的任务，承认团体的目的，并促进团体成员的合作；它面向外部现实。相对地，基本假设团体的特点体现在三种基本态度中，即依赖、战斗或逃跑，以及配对；它们向内指向幻想。这些基本假设通常会干扰工作任务，但它们的能量也可以服务于任务。基本假设代表了团体中的个体被剥夺的部分。因为它们是匿名的，所以可以非常冷酷地运作。比昂关于团体过程的理论对所谓的塔维斯托克团体和A. K. 赖斯研讨会产生了影响（Rice，1963）。在同一时期，比昂与T. 梅因（1946，1989）及其他人合作，开发了与他们所说的"治疗共同体"相关的概念。

1959年，比昂发表了《对联结的攻击》，这是比昂一系列论文的开端。这些论文以研究患有严重精神疾病的患者为基础，涉及思维能力。他的工作由克莱茵（1946）在《对某些分裂机制的论述》一文中提出的观点发展而来。比昂的论文描述道，在早期关系中经历过"灾难"的患者会在联结思想的能力上表现出严重的缺陷，这使得他们很难感受到与任何客体有联结，也很难投入任何具有情感意义的东西。比昂描述了这些患者如何使用大规模的投射性认同。通过这种方式，患者暴力地分裂并从心灵中驱逐出自己的自我部分。比昂认为，将不同思想联结在一起的能力是描述性思维的基本过程之一。他还辩称，令一些人非常恐惧的是，将不同思想结合在一起并联系起来会带来新的灾难。

在1962年出版的《从经验中学习》和《对思维的精神分析研究》中，比昂提出了思想发展的理论。这一理论在许多重叠的语域中得到阐述，包括前概念的理论及其与缺席的关系、容器和被容纳者的概念，以及阿尔法功能理论。像弗洛伊德和克莱茵一样，比昂也认为，存在一种通向知识的基本驱力（求知驱力）。在他看来，婴儿生来就具有先天结构，以使其心灵能够识别客体。这些先天结构所产生的预期被称为前概念。当前概念

（例如，对被抱持和被爱的乳房的预期）在外部世界（例如，实际的乳房）中实现时，内部预期和外部客体之间的匹配就产生了比昂所说的"概念"。这一匹配过程将自体与客体、内部与外部联系起来，从而形成思想的基石。换言之，思想被视为以越来越复杂的方式将物体联系在一起的能力。比昂指出，前概念没有被母亲的在场满足时的情境是一种"消极的实现"（例如，当对母亲/乳房的预期遭遇缺席时）。他承袭了弗洛伊德（1900）的观点，即思想（继发过程）是在能够满足欲望的客体缺席的情况下发展起来的。比昂认为，如果个体有足够的能力容忍挫折（由于体质因素或外部因素），那么客体的不在场可以在心理上被记录下来，从而促进创造客体的观点。如果个体没有足够的承受挫折的能力，那么与痛苦和不幸有关的缺席客体，可能被体验为一个具体存在或"坏客体"，只适合被疏散。在这些情况下，思维能力严重受损，取而代之的是暴力的投射性认同。自我功能因暴力和破坏性分裂而支离破碎。

比昂提出的容器和被容纳者的概念有助于对思维发展问题的另一层理解。容器和被容纳者的概念代表了投射性认同概念在人际领域的扩展。它反映了比昂对投射性认同的正常机制和原始机制的区分——正常机制被视为发展共情能力的必要条件。比昂认为，思考能力的核心是婴儿需要内化一个客体，这个客体被婴儿感受为能够理解婴儿并为婴儿的经验赋予意义。在这个理论中，婴儿将自己的心理内容投射到母亲身上。如果母亲能够涵容这些投射，思考它们，并赋予它们意义，婴儿就会拥有被理解的经历。比昂把这个过程称为"遐思"。遐思不是有意识地发生的，而是潜意识地发生的。通过成功遐思的反复互动，婴儿培养出了一种自信和信念，即他将被理解。他还将遐思功能内化，从而培养反思和理解自己的能力。然而，在遐思失败（由于内部或外部因素）的情况下，结果可能是灾难性的，甚至会造成严重的精神疾病，其特征是无法思考。比昂还描述了这样的情况：母亲被自己的焦虑所压倒，将不想要的经验重新投射到婴儿身上。这创造了一种关系的原型，在其中，一个人怀着畏惧接近外部客体，怀着恐惧而非理解的预期，担心一些可怕的东西会强行进入自己的身体。

比昂通过他称之为"阿尔法功能"的模型来处理思维问题。他将原始心灵视为一个"原始心理"系统，在这个系统中，身体和心灵并不是泾渭分明的。从这个系统中发展出了一种能够思考思想的合适的心理装置。比昂描述了一个辩证的过程，而这个能够将原初思想转化为思想的心理装置就是通过这个辩证过程而产生的。当比昂开发了一种符号来描述这一过程时，他决定使用没有关联的术语，这样我们就不会被误导，自以为了解它们是什么。他创造了阿尔法功能这个术语来描述原始思想转化为思想的过程。这些原始思想被称为贝塔元素。通过一个发展中的功能（阿尔法功能）的作用，贝塔元素被转化为原初思想（阿尔法元素）。阿尔法元素的一个基本特征在于，它们可以相互联系。虽然贝塔元素无法直接被了解，但它们可在行动化、心身症状和暴力投射性认同中表现出来。比昂在其著作《从经验中学习》（Bion，1962a），以及之后的《精神分析的元素》（Bion，1963）、《转变》（Bion，1965）和《注意与解释》（Bion，1970）中发展了这些观点。在其对临床工作的描述中，他警告分析师，在倾听患者时不要带有太多先入为主的想法或理论，否则会产生不良后果。他还提出，分析师应当在"无忆无求"的情况下倾听（Bion，1967）。他因这些工作而闻名。

在他生命的最后阶段，比昂转而以一种更具文学性的形式来表达自己。1991年出版的《未来回忆录》由三部"小说"组成，分别是《梦》《过去的呈现》《遗忘的黎明》。在这些作品中，他的许多早期观点都以一种更具想象力的形式被改写。比昂以一种松散的、难以理解的暗示风格来写作。他将"逐渐了解"的过程描述为"K",将这一过程的失败称为"负K"。比昂的"O"概念很难被定义——一些人认为,这是一种神秘的观点;其他人则认为,这与他早期的作品有关。

Bisexuality 双性恋

双性恋是一个缺乏概念清晰性的术语,被用于描述行为、意识体验、潜意识幻想、心理结构,以及自体体验的一个方面。更具体地说,双性恋是:(1)一种性取向——有意识地对两性成员产生爱欲吸引,并追求与两性成员的性行为。(2)一种普遍的人类心理倾向,被称为心理双性恋。它包括潜意识的男性和女性认同,以及对两性体验性欲望的潜在能力。到了成年期,其中一个成分往往在很大程度上是潜意识的,因此它通常会演变成一种相对排他的异性恋或同性恋倾向。(3)双性恋客体选择——意味着选择一个同时代表男性和女性爱情的客体。(4)双性恋性别同一性——在其中,男性和女性特征能被主体有意识地体验到,并且对观察者来说显而易见。双性恋这一术语的各种用法与精神病理学之间存在何种关系是一个相当有争议的问题。围绕这一问题,当代性别理论家提出了修正的性别概念。

双性恋的概念在精神分析思想中很重要。正如弗洛伊德最初提出的那样,它代表了对人类心理性欲复杂性的激进观点。当代研究表明,关于性取向的传统精神分析思想,尤其是许多关于同性恋的思想是绝对的、教条式的。双性恋这个术语的有意识和潜意识的复杂分层含义表明了弗洛伊德自己对这一主题的思考的复杂性。

19世纪初,随着性科学学科的出现,双性恋这个术语在欧洲被使用。双性恋者取代了雌雄同体,后者意味着既有男性生殖器又有女性生殖器

（有时还有第二性征）的人，也意味着见于某些无脊椎动物或低等脊椎动物的同时具有雌性与雄性生殖能力的情况。性学家有时也用这个术语来形容所谓的雌雄同体——这样的个体对吸引两性都有兴趣；然而，它通常被用来指代具有同性恋客体偏好的个人。社会学家和人类学家描述了贯穿历史和跨文化的双性恋现象，包括"希腊爱"（涉及结婚的男性，也包括年轻的男性恋人）、"美拉尼西亚双性恋"（涉及在青春期的仪式上被年长的男性接近的男性），以及美洲印第安部落中的"伯达奇"（既有同性配偶，也有异性恋人）。

弗洛伊德（1905b，1920b）的理论从一开始就对双性恋的概念进行了探索，他对此的兴趣源于弗利斯的影响。在与弗利斯的早期通信中，弗洛伊德（1896b）极好地将每一次性行为描述为四个人之间的事件。弗洛伊德的双性恋概念包括一种普遍的先天倾向，即两性中残留的生物双性恋和心理双性恋；或者说，两性的性欲能力及男性和女性"心理性征"的同时存在。因此，弗洛伊德描绘了双性恋的三个领域或类型：身体、性（爱欲）和心理。通过描述积极和消极的俄狄浦斯情结的普遍存在，弗洛伊德说明了儿童心理双性恋的表现。他提出了一种复杂的性欲和性别观点，并援引了所有个体性别偏好中的先天和后天的多因果因素。

几年后，性学家金赛（1941）从经验上证明，男性和女性的身体性特征各不相同，性别类型各异，在性偏好上很少完全是异性恋或同性恋。换言之，大多数人处于异性恋和同性恋的连续统一体之间，会表现出对双性的欲望、幻想和经验。

金赛的数据仅限于有意识思维和行为领域。然而，从20世纪60年代开始，性别的精神分析研究逐渐兴起，并以性别发展和性客体选择的复杂性作为关注重点。随着时间的推移，精神分析学对双性恋的兴趣再次涌现（G. Grossman，2001；Smith，2002b）。乔多罗（1994b）强调了弗洛伊德关于性是复杂过程的结果的观点，强调了性别和欲望的多样性，并将双性恋视为一种妥协形成。其他当代分析师强调了双性恋认同的重要性，并且反对性别内在主观体验中僵化的两极分化（Bassin，1996；J. Benjamin，1997；Harris，2005a）。杨-布鲁尔（2003）证明，临床情境中出现的个人客体选择和认同具有复杂、多层次和多性别的本质。在这种情况下，伊莉斯（1997）阐明了一种拥有两种性别的愿望，这意味着在客体选择和客体表征方面的双性恋。

Borderline 边缘

边缘这个术语最初被用来描述那些在非结构化情境（包括精神分析治疗）下表现出退行但通常并非患有精神病的患者。它最初是指位于神经症和精神病连续统一体上的精神病理学现象。随着其在精神分析和精神病学文献中的发展，边缘这个术语的意义变得更加精确，也更加多样化。作为精神病术语之间的一个缺口，它在《精神障碍诊断与统计手册》（DSM）以及更具理论驱动性的精神分析概念中被描述性地使用。目前，该术语的使用方式包括：（1）**边缘状态**。这个术语被用来指精神病的失代偿过程中的心灵状态（Knight，1953），但如今不常用了。在所有边缘型综合征中，我们都可以看到边缘状态或短暂的微精神病发作。（2）**边缘型人格障碍**（BPD）。这是一种精神病诊断类别，适用于人际关系不稳定、同一性混乱、有被遗弃恐惧、有慢性愤怒、经常感到空虚和无聊、易冲动和有自我伤害行动的患者。（3）**边缘型人格组织**（BPO）。这是克恩伯格（1967，1975）定义的一种精神分析诊断类型，其特征包括同一性的扩散、非特定的自我虚弱（如冲动性、情感不耐受、在压力下回归原发过程思维）、未能整合客体关系的积极和消极方面、基于分裂的防御占主导地位、普遍存在完整但脆弱的现实检验。BPO功能处于性格病理边缘水平的患者在四层分类系统（正常／灵活、神经症型、边缘型、精神病型四个层级的人格组织）中，以对临床表现背后的心理结构的评估为基础（Kernberg 1970a，1984）。虽然BPD和BPO之间有相当大的重叠，但BPO是一个更广泛、更真实的精神分析概念，描述了许多综合征和人格类型的共同、潜在的结构和心理动力学特征。除了所有BPD的潜在病例外，BPO是精神分裂、偏执、反社会和许多自恋型人格障碍，以及某些药物滥用和性倒错病例的潜在结构。（4）除了明确定义的BPD和BPO之外，边缘这个术语经常在精神分析文献中被应用于患有严重性格障碍的患者。尽管大多数描述中包括一些BPD的描述性因素或BPO的结构性因素，但分析师对综合征的概念化存在很大差异。（5）一般来说，**边缘特质**或**边缘特征**指的是上述所有方面。例如，在高功能个体中观察到的结构不良的同一性，或对分裂或投射性认同的偶尔使用。

边缘这个术语的所有用法都是由精神分析师创造的，因为他们努力要描述那些比普通神经症患者受损更严重、在传统分析中表现不佳的患者。同时，对边缘型人格障碍和边缘特质患者的研究为精神分析理论带来了重大发展：（1）对性格结构的理解更加精确和丰富，尤其是在自我功能和客体关系方面；（2）重新评价了基于分裂的防御机制，如投射性认同、全能控制；（3）对如何将克莱茵学派客体关系理论应用于性格病理学有了新的理解；（4）防御、客体关系以及与他人的互动得到了欣赏。在精神分析实践中，与边缘型患者一起工作为精神分析的"范围扩展"做出了重大贡献，因为它建立了一个性格障碍的分类系统，其中囊括不同水平的精神病理学，有助于人们更好地了解谁将从分析中受益，以及治疗更多精神失常的患者所必需的精神分析技术的改进。与边缘型患者一起工作也加深了对反移情的理解，尤其是分析师的反移情如何提供有关患者内心活动的信息。边缘型精神病理学是精神病学和精神分析领域的主要重叠部分。边缘型精神病理学和对边缘型患者的治疗一直是备受关注的研究主题。

边缘这个术语由A. 斯特恩（1938）提出，并被用于描述一组似乎处于神经症和精神病边界的患者——他们在分析中退行为"边缘型精神分裂症"。与此类患者一起工作的研究者包括：H. 多伊奇（1942），她描述了"仿佛"人格；霍克和巴拉汀（1949），他们描述了"假性神经精神分裂症"；奈特（1953），他描述了"边缘状态"；弗罗什（1959a，1964），他描述了"精神病性格"。20世纪60年代，格林克、沃布尔和德利（1968）通过对边缘型谱系患者的自然观察来鉴别其共同特征，进而对该综合征进行了严格的诊断；他们还提出证据证明边缘型患者并没有恶化为精神分裂症，而是表现出一种独特的综合征；此外，他们鉴别了边缘型精神病的亚型。20世纪70年代初，冈德森及其同事（Gunderson & Singer，1975；Gunderson & Kolb，1978）开始了以更清楚地描绘边缘型人格障碍特征为目的的研究，他们的研究成果被1973年出版的DSM-3接受为诊断依据（在DSM-4和DSM-5中得到了修正）。

通过引入上述边缘型人格组织的概念，克恩伯格为探索边缘型综合征带来了连贯性和深度。他的人格组织概念综合了克莱茵学派客体关系理论和自我心理学理论。他认为，边缘型人格障碍的特征主要有：无法整合好的自体表征和坏的自体表征、无法整合好的客体表征和坏的客体表征，以及基于分裂的原始防御机制（如投射性认同和全能控制）占据主导地位。BPO的这些特征与克莱茵学派的偏执-分裂位置概念相对应，其特征是"全坏的"客体关系的分裂和投射，而抑郁位置是调整及整合攻击与力比多、爱与恨的。边缘个体的整合失败建立在他将积极经验与消极经验区分开来的防御需要之上，是他无法体验自己或他人的连贯画面的基础。边缘个体破碎和矛盾的自体感被克恩伯格称为"同一性扩散"。这使个体面临一些风险，例如在当下的体验中产生极端且通常是压倒性的情感、对自体和他人的错误反应、对自体和他人经验的突然转换，以及随之而来的行为和人际问题。这些情况构成了DSM-4中BPD的诊断标准。

在精神分析文献中，关于边缘型综合征的许多争议集中在精神病理学病因的一个长期议题上，即病因是冲突／防御，还是缺陷／发展失败。例如，克恩伯格对BPO的观点强调了压倒性的攻击在扭曲内化的客体关系中的重要作用，因为"全好的"和"全坏的"自体表征及客体表征被基于分裂的防御主动隔离开来。与克恩伯格强调主动防御是边缘型心理结构的原因相反，其他理论家认为，婴儿与照顾者在发展期间的互动失败是边缘型心理结构缺陷的主要原因。例如，许多人认为，父母抛弃儿童的真实经历会导致边缘人物无法忍受孤独（G. Adler & Buie，1979；Masterson，1981），无法实现客体恒常性（Akhtar，1988），或产生"自体的情感同一性障碍"（Lewin & Schulz，1992）。福纳吉和塔吉特（1996b）认为，边缘型精神障碍源于心智化能力的缺陷，而这种缺陷反过来又源于婴儿与照顾者的不良互动。

关于冲突／防御与发展缺陷在边缘型综合征心理机制中的相对地位的争议，反映在关于治疗取向的争论中。争论的焦点在于：治疗应该是支持性的还是探索性的？应如何培养积极的治疗联盟？应如何在治疗早期促进消极移情的涌现？解释有什么样的价值？（G. Adler，1979；Masterson，1981；Gabbard & Westen，2003；Bateman & Fonagy，2004；Gabbard，2006b；Caligor et al.，2009）。然而，人们已经达成了一种共识，即心理治疗工作需要强调结构（框架和抱持环境）、限制设置、强调此时此地（Waldinger，1987）。相较于传统的精神分析取向，对边缘型疾病的分析治疗的结构化程度更高，需要治疗师所做的活动更多。

20世纪90年代，关于边缘型人格障碍和创伤后应激障碍（PTSD）

之间的不同诊断存在激烈争论。有人认为，BPD的概念是对PTSD的误解（Herman，1992）。除了临床表现的差异外，一项文献综述研究发现，只有三分之一的BPD患者有严重和长期的虐待史，只有20%有严重虐待史的个体在成年后患有严重的精神疾病（Paris，2008）。这表明，还有其他因素能促成边缘型人格的形成。

目前，移情焦点治疗（TFP；Clarkin，Yeomans，& Kernberg，2006）和基于心智化的心理治疗（MBT；Bateman & Fonagy，2004，2006）这两种精神分析取向的治疗已被纳入手册，并得到了实证研究支持。TFP和MBT之间的联系显而易见，两者都对边缘型疾病有着复杂的理解。不同的是，MBT强调修复心理过程中的缺陷（心智化）；TFP在承认缺陷存在的同时，强调努力解决防御性解离的心理结构背后的冲突——这种冲突被认为是缺陷的根源和障碍的特定症状。

目前对边缘型精神病理学状态的理解越来越受到神经层面、社会认知层面、神经认知层面和人际层面研究的影响（Posner et al.，2002；Adolphs，2003；Depue & Lenzenweger，2001/2005；Fertuck et al.，2009）。这些研究都支持一种观点，即边缘型精神病理学状态源于气质和环境因素（如虐待或忽视）的动态交互作用，并且导致个体在不安全的依恋工作模型、心智化缺陷和低效控制的背景下难以建立对自体和他人的连贯感。自体连贯性的缺乏涉及力比多、攻击驱力和情感整合的缺乏，而个体试图通过基于分裂的原始防御来处理这些内部冲突（Clarkin，Yeomans，& Kernberg，2006；Silbersweig et al.，2007）。依恋研究将边缘型精神病理症状与一系列不安全型（主要是焦虑 / 迷恋型、混乱 / 未解决型、无法分类型）依恋模式联系起来，这些模式预设了自体和依恋对象的适应不良的、支离破碎的、不一致的工作模型（Fonagy et al.，1996；M. Main，1999；D. Diamond et al.，2003；K. Levy，Meehan et al.，2006）。

对心智化的研究表明，这种能力存在缺陷会导致个体无法准确评估自己或他人的心灵内容（Fonagy et al.，1996；Bateman & Fonagy，2004）。有研究表明，在进行TFP一年后，患者反思功能（RF，被定义为对依恋关系中心智化的操作性测量）发生了变化（K. Levy，Meehan et al.，2006）。RF的显著增强既可以解释为心智化能力的提高，也可以解释为自体感和对他人的知觉整合程度提升的一种间接体现。在几项研究（K. Levy，Meehan et al.，2006；Clarkin et al.，2007）中，心智化、依恋的内部工作模型的连贯性和症状学方面都有显著的改善，这表明了自体和他人的内部表征品质在边缘型精神病理学中的核心地位。这些研究为TFP的有效性提供了实证支持。对与BPD相关的社会和神经认知因素的实证研究尚处于早期阶段，还没有为精神分析理论提供一些证据（Graham & Clark，2006）。对BPD患者的社会认知和神经心理学研究表明，记忆巩固缺陷和认知（执行）控制的中度损伤（Fertuck et al.，2006）、消极情感的表达和体验增强（Lenzenweger et al.，2004），以及对模棱两可的社会刺激的有偏见的情绪敏感性（Donegan et al.，2003；Fertuck et al.，2009），影响着信息加工受损的模式（Fertuck et al.，2006）。虽然患有BPD的个体具有完整或较强的评估他人情绪的能力（Fertuck et al.，2009），但他们的信任能力（Veen & Arntz，2000；Arntz & Veen，2001）、合作能力（King-Casas et al.，2008）和形成安全型依恋的能力（Minzenberg，Poole，& Vinogradov，2006）似乎受到了损害。这一发现在很大程度上与一个观点相一致，即BPD涉及通过扭曲的内部表征错误地觉察他人，以及对他人的消极情感和敌对意图的错误归因。

Breakdown Product 崩溃产物

见"Self Psychology 自体心理学"。

Breast 乳房

见"Wilfred Bion 威尔弗雷德·比昂""Melanie Klein 梅兰妮·克莱茵""Object 客体""Preoedipal 前俄狄浦斯"。

Castration Complex 阉割情结

阉割情结由愿望和焦虑组成,与在心理性欲发展的俄狄浦斯期汇聚起来的身体感受、观念和情绪有关。然而,俄狄浦斯幻想与**阉割焦虑**有关,或者说是这样一种恐惧,即害怕被禁止的俄狄浦斯欲望会引发以失去或伤害生殖器官的形式进行的惩罚。一般来说,阉割是指睾丸或卵巢的丧失;然而,在精神分析中,它指的是阴茎或阴蒂的丢失或损坏,因为它们代表了体验最多性快感的身体部位。在临床情境中,阉割焦虑可能会象征性地出现,而且不仅常常会被身体部位丧失或受伤的幻想所引发,还会被其他丧失的经历所引发。

阉割情结这个术语的概念由来已久,且颇具争议。这一术语的最初用法反映了弗洛伊德关于早期发展的阳具中心论观点,其假定男性生殖器对两性都是首要的。此外,弗洛伊德认为,女性关于阉割的潜意识幻想和因阴茎缺失而产生的自卑感是普遍的,阴茎嫉羡的相关体验也是如此。因此,阉割这个术语的使用在女性主义批评家和其他人那里引发了相当大的争议——有许多人完全拒绝精神分析。在精神分析领域内,由于对儿童的观察和对成年女性的分析,女性发展的观点逐渐被修正,并且为一个观点提供了证据,即存在一条被认为是"原始女性气质"的早期女性发展特定路线，以及一组特定的"女性生殖器焦虑"。同样存在争议的问题是，这些女性生殖器焦虑是否取代了阳具阉割情结，或者说，它们是否会与阉割幻想和阴茎嫉羡一起出现在一些女性身上。其他当代理论家阐述了阳具和阉割的象征意义或隐喻意义，从而保持了它与两性的相关性。

弗洛伊德（1900，1908c）在其作品中提到，阉割是精神生活中的一个因素。这一点早在他描述儿童性理论时就出现了，并被视为对被禁止的愿望的一种可怕惩罚。弗洛伊德（1909c）首先描述了小汉斯的阉割情结。弗洛伊德认为，阉割情结在男性和女性婴儿性行为的发展中都占据着基本地位，且与俄狄浦斯情结密切相关，而俄狄浦斯情结是人格发展的基础。根据弗洛伊德（1924b，1925b）的说法，俄狄浦斯情结与阉割情结的关系是因性别而定的。对男孩来说，对阉割的恐惧是放弃对被禁止的俄狄浦斯愿望的动力。父亲的禁令在男孩的心灵中内化并形成了新的结构，即超我；男孩将父亲当作认同的原始客体。换句话说，男孩的阉割情结解决了俄狄浦斯情结。相反，对于女孩来说，阉割情结引发了俄狄浦斯情结。对觉得自己有缺陷或"被阉割"的小女孩来说，承认生殖器的差异是一个自恋打击。当女孩责备自己的母亲时，她放弃了对母亲的最初依恋，而转向了父亲。随着客体的改变，女孩放弃了对阴茎的愿望，用对婴儿的愿望（"阴茎=婴儿"）取代了它，并将父亲视为其爱的客体。在这一过程中，性欲发生了转变，女孩拒绝对阴蒂的阳具依恋并采取被动的接受心态，而阴道得到了充分的重视。弗洛伊德认为，对两性的超我的发展而言，男性和女性在俄狄浦斯情结发展中的这些差异具有重要意义；它们也让女性更容易陷入自恋与受虐的冲突。

随着弗洛伊德结构理论的形成，阉割焦虑在童年发展阶段的危险情境导致的焦虑层次中占据了一席之地。随后的精神分析理论家（Sachs，1962；Eigen，1974）强调了早期口腔和肛门前体焦虑的重要性，这些焦虑使俄狄浦斯儿童经历阉割焦虑。这些理论家认为，早期的丧失和分离经历（如断奶和排便）代表了阉割焦虑的现实发源地。弗洛伊德和其他人描述的"阴茎=粪便=婴儿"的象征等式也体现了这个观点。

弗洛伊德关于儿童在生命的第二年和第三年主要关注生殖器的观点在纵向观察研究中有着丰富的记录（Parens et al.，1976；Roiphe & Galenson，1981b）。这种关注的表现包括生殖器手淫、自体和相互探索的明显增加，以及对伤害的担忧。虽然解剖学差异在男孩和女孩的早期生活中很重要，也很容易被推断和观察到，但关于其在女性发展中的作用的临床和观察结果受到了挑战，并被重新阐述（Chehrazi，1986；P. Bernstein，2004）。事实上，从一开始，许多分析师就质疑了弗洛伊德心理性欲理论中的阳具中心主义——尤其是他对女性阉割情结的观点——的有效性。相当多的研究记录显示，小女孩在前俄狄浦斯期有对自己生殖器的觉察和对自己作为女性的感觉（Galenson & Roiphe，1976；Stoller，1975a，1976；Parens et al.，1976）。虽然小女孩对生殖器差异的觉察可能会引发阴茎嫉羡，但现在许多分析师认为，阴茎嫉羡是一种发展现象。它通过随后的变迁而不断发展，直至最终解决，并且包含多个发展水平上自恋敏感性的复杂妥协的显性内容。许多分析师质疑弗洛伊德关于阉割焦虑对进入和解决俄狄浦斯情结的作用，以及男性超我和女性超我的发展差异的看法（Kulish & Holtzman，2008）。

一些分析师描述了一系列与穿透、撕裂和封存有关的女性生殖器阉割焦虑（Mayer，1985，1991；D. Bernstein，1990）。一些分析师建议将女孩的阳具欲期重新命名，因为现在常用的许多术语，包括生殖期、婴儿生殖器欲期和早期生殖器欲期，引发了一些混乱。

对阉割焦虑这一原始概念的另一种批评来自一些当代作家。他们指出，在弗洛伊德的思想中，解剖学的阴茎与象征性阴茎没有被充分区分

（Fogel，1998；Harris，2005a；M. Diamond，2006）。他们认为，女性和男性都拥有一个象征性阴茎，这是一个普遍的隐喻式心理建构，充满了如权力和支配力、身体尊严或精神尊严（威严）的含义。他们还指出，由于性别是按符号构造的，心理阉割或象征阉割应该与解剖学现实、生物学现实或物质现实分开，并被视为一切有价值的人类特征或功能受到威胁或丧失。

Catharsis 宣泄

见"Abreaction 发泄"。

Cathexis 投注（贯注）

投注，又译为**贯注**，是指将一定量的心理能量投入思想、感受、愿望、记忆、幻想或人的心理表征中。投注也被用来表示对给定的心理内容或活动的兴趣、注意或情感投入的相对强度。投注这个术语是由斯特雷奇在翻译弗洛伊德对德文Besätzung（附属物）的使用时引入的，后者意味着"位于某物上的东西"。虽然弗洛伊德从未对附属物做出严格的定义，但他用它来描述一种能够增加、减少、移置和释放的心理能量的特征。在他看来，投注中的心理能量可以增强（**过度投注**）、减弱（**低投注**）、撤回（**去投注**），也可以投入客体表征中（**客体投注**）或投入自体表征中（**自恋投注**）。前意识心理过程可以被投入强化的能量，并通过注意投注或调动对立面来获得意识，进而引发压抑和妥协形成（**反投注**）。在压力下，心理能量普遍且很容易被替代，从而获得释放（**自由投注**）。反之，心理能量可能会紧密地附着在一个人、观念、情感、记忆、幻想或心理结构上，从而限制或抑制立即释放带来的压力（**约束投注**）。

弗洛伊德在《癔症研究》（Breuer & Freud，1893/1895）中首次使用投注这个术语。但早在1888年，他就在提及"移置神经系统中的兴奋性"时表达了关于投注的观点（Freud，1888b）。弗洛伊德（1895b）以神经为基础，在《科学心理学设计》中将投注设想为一种纯粹的生理学过程，并提出了"充满一定量的被贯注的神经元"的观点。到1900年，他越来越多地提到，他所说的"心理能量"是推动心理活动的力量；投注是这种能量在具体心理产物或心理结构中的投入或储存。1905年，弗洛伊德否定了投注这个术语在心理学意义上的用法。随着驱力理论的发展，参与投注的能量被概念化为起源于力比多驱力以及后来的攻击驱力。

投注这个术语植根于弗洛伊德的理论假设，即心理活动可以从经济学角度来理解，它与心理能量的移置有关。如今，经济学观点的价值受到了很严重的质疑——对大多数分析师来说，它已经失去了实用性。因此，诸如投注及其变体之类的表述在当今的精神分析文献（Holt，1962）中已经很少出现了。如今，投注这一术语继续被随意地用来指对一个观念、感受或人的情感投入的程度，但并不意味着与能量有关。事实上，尽管弗洛伊德的能量理论在细节方面饱受批判，但其心灵的精神分析观点意识到我们所有的体验都伴随着一定强度的感受，并指出这种感受在某种程度上是可以转移的。

Censor 稽查者

见"Defense 防御""Ego 自我""Preconscious 前意识""Repression 压抑""Topographic Theory 地形学理论""Unconscious 潜意识"。

Censorship 稽查作用

见"Defense 防御""Ego 自我""Preconscious 前意识""Repression 压抑""Topographic Theory 地形学理论""Unconscious 潜意识"。

Character 性格

性格是一个用来指代个体稳定持久的行为、态度、认知风格、心境，以及自体调节、适应和与他人相关的典型模式的整体概念。性格和**性格特质**反映了一个人管理内心冲突的习惯模式。**性格组织**是一个比性格特质更抽象的概念，指对个人整体性格的综合理解。性格大致类似于精神病学家和心理学家所说的人格，但又有别于人格。性格作为一个精神分析概念时，将个体功能的外部表现与潜在的动力学结构联系起来。性格必须与其他整体概念区分开来，如自我（负责内稳态和适应的内心结构）、自体（个体对能动性和连贯性的主观体验）、同一性（作为一个独特的个体，对了解自己是谁的稳定感觉）和气质（个体先天决定的感觉运动和认知倾向）。性格与防御风格概念的关系最为密切。与这个术语的流行用法相反，精神分析中使用的性格并不特别强调道德价值，尽管涉及道德的特质是每个人性格的一个方面。虽然性格本身既不意味着健康，也不意味着病理情况，但如果一个人的性格是刻板和适应不良的，那么他可能会被诊断为**性格障碍**。性格障碍大致类似于精神病学（有时在精神分析中）所说的人格障碍。传统上，病理性性格特质与症状的区别在于，它们被体验为自体的一部分（自我协调），而非与自体不相容的症状（自我不协调）。

性格的概念在精神分析中很重要，因为它提供了思考个体作为完整的人的一种方式。它还在个体的整体人格和精神分析心理理论之间建立了一座桥梁。性格障碍的概念很重要，因为性格问题是精神分析治疗的最常见指征之一。现在，精神分析和**性格分析**在很大程度上是同义的。

虽然弗洛伊德在其最早的作品中对性格进行了观察，但他到1908年才首次明确地写下了这一点。当时他认为，性格特征的集群包括并然有序、节俭和固执，是对"肛门区异常强烈的性欲"反向形成的防御结果（1908b）。他进一步做出更广泛的推测——性格要么来自潜在本能冲动的直接表达，要么来自对本能冲动的反向形成或升华。亚伯拉罕（1921，1924a，1925a）扩展了建立（基于力比多理论的）性格理论的计划，他描述了口欲性格类型、肛欲性格类型、阳具欲性格类型和生殖器欲性格类型，每种类型都源于对特定性感区的幻想或退行。

随着精神分析心理理论变得更加复杂，性格理论也变得更加复杂。1916年，弗洛伊德提出，精神分析中的阻抗模式反映了患者在其他情境中的行为特征。W. 赖希（1931）扩展了这一观察，提出了**性格阻抗／性格盔甲**的概念，认为这是自我的一种长期"硬化"，是对内部或外部危险的防御。在回应赖希时，弗洛伊德（1933a）对性格反映自我的永久改变并以此应对冲动的观点表示赞同。在他最后的作品中，弗洛伊德（1937a）意识到，他所说的"性格分析"（而非对神经症的分析），往往是精神分析的重点。而性格分析这个术语正是赖希（1933/1945）提出的。在新结构理论的框架内写作时，韦尔德（1936）和费尼切尔（1954）同意这一观点，即性格代表自我与本我、超我和外部现实之间冲突的"稳定的首选解决方案"。因此，性格就像精神生活的所有表现一样，具有多重功能。

随着对自我心理学兴趣的增加，分析师们继续探索性格这一概念。他们认为，性格是冲突的首选解决方案——最早的讨论集中在防御风格的发展上。他们还关注性格分析的问题（A. Freud，1936；Fenichel，1954）。此外，性格背后的冲突不仅涉及口唇、肛门、俄狄浦斯和阉割问题，还包括围绕依恋、分离-个体化、性别同一性和自恋关注而产生的冲突。客体关系理论家们摒弃了基于克莱茵（1935，1946）和费尔贝恩（1952，1954）关于偏执-分裂位置和抑郁位置概念而提出的性格理论。20世纪60年代和70年代，克恩伯格（1966，1975）综合了客体关系和自我心理学观点，认为性格和性格病理学是内化客体关系的结构效应的结果。大约在同一时期，科胡特（1971，1977）提出了基于自体心理学的性格和性格病理学理论——根据相应的自体-客体移情进行分类。与强调首选解决方案对内心冲突的有组织影响的理论相反，科胡特的理论强调了养育环境中共情失败引发的结构缺陷。人际精神分析师强调，性格是通过适应具体的文化而形成的（Sullivan，1953a）。弗洛姆（1941）创造了**社会性格**这个术语，用它来描述特定文化中大多数人的基本性格风格。霍妮（1945）和埃里克森（1950）的兴趣点都在于性格的个人决定因素和文化决定因素之间的相互作用。D. 夏皮罗（1965）根据认知风格的概念，提出了一种极具影响力的性格分类方法。

无论他们的观点如何，所有理论家都同意，人们只有在性格发展的背景下才能理解性格。虽然在定义中性格是相对稳定和持久的，但它是从童年开始就随着时间的推移慢慢形成的。早在1923年，弗洛伊德就开始关注对早期客体的认同在性格发展中的作用，并提出了著名的言论："自我的性格是被抛弃的客体的投注。"（Freud，1923a）这意味着随着儿童对父母强烈的力比多追求逐渐被放弃，并被认同所取代，性格也随之产生。后弗洛伊德主义发展型精神分析师不断帮我们增进对性格形成的理解。他们注意到多种因素的影响，包括与照顾者的互动、父母的性格特质和理想、家庭风格、文化或社会、生物禀赋、气质、认知风格、心境、幻想、强迫性重复，以及早期丧失或创伤。大多数人都同意，性格会在青春期结束时实现其成人构型，性格巩固是青春期过程的核心任务（Blos，1968；

Ritvo，1971；Laufer，1976；Blum，1985）。布洛斯特别描述了青春晚期性格形成必须面对四个发展挑战：（1）婴儿与客体联结的放松；（2）创伤效应的整合；（3）历史自我连续性的确立；（4）性同一性的确立。

长期以来，精神分析师一直面临的一个挑战在于如何按照性格特质和特质障碍划分**性格类型**。分类的尝试不可避免地反映了它们所依据的理论，著名的例子是那些建立在力比多阶段、防御风格、客体关系或自体构型基础上的理论。精神分析文献中描述的不同性格类型的名称反映了理论概念的大杂烩，其中包括冲动-防御群集（被动攻击型人格）、相互关联的病理症状（癔症性格、强迫性格、抑郁性格或精神病性格）、与之相似的性倒错（受虐性格和自恋性格）、叙事主题（"例外"或"被成功毁灭的人"）、自体的状态（"仿佛"人格或自恋型人格），或具体的心理结构的功能（反社会性格或"心怀罪疚感的罪犯"）。荣格（1921/1957）基于对世界的基本态度和精神生活的基本属性／功能，提出了一个人格类型学模型。一些人在内心世界中更加兴奋或充满活力（内向型人格），而其他人则在外部世界中更加兴奋或充满活力（外向型人格）。荣格还确定了精神生活的四种功能——思维与情感（理性组合），以及感觉与直觉（感性组合）。荣格的概念图式提供了一种16型人格类型学，其为临床、教育和工业环境中常用的几种心理测试提供了基础。

克恩伯格（1970a）提出了一个被广泛认可的性格病理学分类系统。该系统根据主导性防御系统所定义的人格组织（包括边缘型和神经症型）水平以及成功整合"好的"和"坏的"客体关系的方式对性格进行分类。精神分析导向的研究者，如谢德勒和韦斯滕（1998，2004）、伦岑韦格尔等人（2001）、B. 斯特恩等人（2010）已经开发出测量复杂人格模式的工具。《心理动力学诊断手册》（PDM Task Force，2006）以精神病学的《精神障碍诊断与统计手册》（American Psychiatric Association，1994）

为模型，借鉴了其中一些工作，试图通过在三个轴上描述每种障碍来建立一个性格障碍（这里称为人格障碍）分类的概念序列。这三个轴是：（1）人格模式（包括从健康到严重紊乱的连续统一体）；（2）心理功能（包括自体调节、情感表达和应对策略等特征）；（3）明显的症状和忧虑。

Child Analysis 儿童分析

儿童分析是一种针对儿童内部发展或心理结构与功能修正的精神分析治疗，其通常在儿童的症状或行为干扰发展进程或引发痛苦情绪时进行。这种治疗的结果通常取决于儿童恢复其发展进程的能力。儿童分析的技术是根据儿童的发展水平和儿童精神病理学诊断的性质量身定制的，需要分析师考虑诱因是冲突、发育迟缓或障碍，还是一些混合因素。当前精神分析内部关于理论和技术的争议也反映在儿童的精神分析治疗中。与儿童分析相关的争议主要涉及：解释性技术与非解释性技术的作用，分析师作为移情客体、发展的客体、新客体和真实客体的功能，以及游戏的功能。同样有争议的问题有：儿童父母的正确角色是什么？父母的持续支持是否是维持儿童治疗的必要条件？是否要定期与父母会面可能取决于儿童患者的年龄，也可能取决于分析师对治疗作用必要性的看法。虽然儿童的内心体验在工作中有优先性，但为了维持分析，与父母的联系和父母的支持可能是必要的。儿童分析的技术是由儿童的发展水平决定的，但很明显，随着儿童的成长，这些技术也会发生变化。儿童分析师主要使用的手段逐渐从游戏转向言语，最后转向自由联想。随着儿童能够进行更为复杂的符号表征，解释变得越来越复杂。用于治疗青少年中期和晚期患者的技术可能与成人相同。

　　儿童分析中的解释是一种技术，其目标与成人分析一样，是在公开的行为、情感、思想与潜意识心灵之间建立联系。对于幼儿来说，儿童游戏的意义是解释活动的重点。在处理基于冲突的干扰时，这种解释性工作得到了最有效的利用。在儿童分析中，使用解释的第一个例子也许是弗洛伊德对小汉斯的治疗（1909c）。在治疗期间，弗洛伊德指导小汉斯的父亲对这个小儿子进行解释。根据弗洛伊德的模式，赫尔姆斯和另外几位维也纳女性教育家成为第一批儿童分析师。他们在儿童的家里练习，通过解释向年幼患者灌输道德价值观。人们通常认为，梅兰妮·克莱茵开创了儿童游戏技术。克莱茵提出了一种游戏治疗的技术——分析师用玩具回应儿童的活动，就像成人分析师使用自由联想一样。她主张，从分析一开始就解读儿童的深层潜意识幻想。A. 弗洛伊德（1965）不同意克莱茵的观点，她强调了解释防御，以及为分析潜意识冲突做准备。这引发了一场关于儿童分析的弗洛伊德学派和克莱茵学派之间的传奇论战。尽管克莱茵学派和弗洛伊德学派在理论和技术上存在差异，但他们都同意，治疗目标是通过解释使潜意识意识化。下一代儿童分析师的代表人物有温尼科特（1965，1971a，1971b）——尽管他在解释的主题内容上遵循了克莱茵的观点，但他在儿童分析中对游戏过程给予了特别的重视。温尼科特指出，在回应他的解释性干预时，患者变得更加有组织了。温尼科特从未阐述过关于游戏在儿童分析中的作用的理论，但他对患者游戏的参与显然是超前的。

　　儿童分析中的防御分析是一种技术，其基础是A. 弗洛伊德（1936）对防御概念的明确阐述。A. 弗洛伊德（1927）界定了儿童分析工作的独有特征：关注儿童领悟能力的发展、游戏的使用、移情的局限，以及与父母密切合作的必要性。B. 伯恩斯坦（1945，1949）在A. 弗洛伊德开创性工作的基础上发展了防御分析的技术——尤其是在对潜伏期儿童的治疗中。伯恩斯坦意识到，潜伏期儿童不同于以相对不受抑制的形式来表达冲动和驱力的年龄较小的儿童。她发展出了一种治疗取向——尊重潜伏期儿童避免退行、防御痛苦的情感体验、避免在分析关系中遭受任何伤害或羞耻的需要。她不是直接解释儿童被回避的感受、愿望或冲突，而是让儿童能够容忍分析师的解释工作，从而促进儿童和分析师之间的联盟，并不断增进对解释患者意识表面上的东西的临床效用的技术性理解。这项技术也对成人临床理论和技术产生了重要影响，尤其是格雷（1982，1996）的理论和技术——他在阐述"密切过程注意"理论时进一步强调了A. 弗洛伊德对防御的重视。虽然许多北美儿童分析师都支持防御分析，但美国和其他地区的许多当代儿童分析师已经放弃了这种纯粹形式的技术（L. Hoffman，2007）。

伯恩斯坦坚持认为，移情神经症不会在儿童分析中发展，而防御分析依赖于与儿童的工作联盟，为解决儿童的神经症性冲突提供了最佳途径。当今的儿童分析师并非普遍不重视移情神经症和移情工作，但其中确实有许多人将移情的概念运用得比成人分析中的更广泛。A. 弗洛伊德首先用我们今天的方式解析了与儿童的分析关系（Kay，1971）。儿童可以将分析师作为一个真实客体和一个认同的模型，重视分析师的一些特征，如关心、情感耐受性和自我反思的价值；儿童可能会利用分析师来隐藏自己的自体组织的外在特征，这些特征（例如不想要的攻击性或脆弱性感受）是被阻止的或被防御的；儿童可以将分析师当作一个新客体或发展的客体——后者能促使儿童进入一个即将到来的发展组织。A. 弗洛伊德和其他人（J. Sandler, Kennedy, & Tyson, 1980）区分了四类移情：习惯性关联方式的移情、当前关系的移情、过去关系的移情和移情神经症。对分析关系（过去关系的表现形式）的解释并非一直被用作儿童工作中的主要治疗工具。移情神经症在儿童分析中的作用仍然存在争议（Fraiberg，1966；Harley，1967；Chused，1988）。

随着时间的推移，成人分析理论和技术发生了变化，发展心理学（尤其是婴儿研究）领域涌现了新的信息，解释在儿童分析中的作用也随之发生变化，对于解释在儿童分析中的作用和技术的看法出现了分歧。这种分歧主要集中在应将解释用语言表达出来，还是将其留在游戏的移置中的问题上（Neubauer，1994；Yanof，1996）。如果将解释变成语言，那么是否需要"解码"解释的意义，也就是说，是否要把它带出游戏，带进儿童的现实世界中？使用游戏技术的儿童分析师还认为，为了产生效果，解释必须直接给儿童带来生活的领悟。例如，分析师可能会说："游戏中的怪物就像你弟弟拿走你玩具时你所产生的怪物般的感受一样。"一些分析师可能会给怪物的受害者加上声音或行动，详细阐述游戏的潜在意义，而不将其排除在移置之外。

其他儿童分析师则质疑解释技术的价值，认为游戏的符号内容将以有益的方式得到阐述，而不会用语言来表达。这些分析师得出的结论是，假装游戏本身就有一种动力，似乎能让儿童朝着健康适应的方向发展（Solnit，Cohen，& Neubauer，1993；Slade，1994；Scarlett，1994）。事实上，一些人认为，假装游戏是一种对发展进程和冲突解决至关重要的自我能力（Fonagy & Target，1996b；Gilmore，2005）。这种立场与关系分析师所使用的取向一致，后者强调扮演的建设性潜力，以及分析关系的其他非言语关系特征。发展心理学和认知科学领域的研究表明，儿童的领悟力、自我反思能力和使用典型的言语解释的能力有限——这也支持上述观点。儿童在使用类似的符号语言之前，已能够在游戏中创造关于其内心生活的隐喻意义——这已经得到了证明（Mayes & Cohen，1996；Yanof，2005）。

婴儿研究进一步揭示，幼儿生成意义的能力不仅不受语言的限制，还跨越了符号思维。通过非言语交流，婴儿能够与他们的照顾者在情感和意图方面生成意义（Tronick，1989）。当与另一个人（如分析师）共同创造过程时，这种意义生成会得到加强（Harrison & Tronick，2007）。结合这些关于儿童能力的见解，儿童分析师可能会在治疗的早期将重点放在与儿童建立联结以及调节情感和意图上。在治疗的后期，分析师还可能专注于做出解释——要么以游戏中移置的形式，要么以言语说明的形式。与成人分析师一样，儿童分析师总是关注儿童对解释的回应。

儿童分析中的发展帮助是一组非解释性的精神分析技术，被用来治疗非冲突性发展受阻、发展缺陷和发展不足。这些技术包括：感受和情感的言语化、原因和效果的澄清，以及演示如何思考和理解自己与他人的行为或如何管理自己的行为。这些技术能减轻焦虑，促进游戏，并且有助于强化自我，旨在让儿童回到正常的发展道路上。这些技术可以与古典精神分析的解释技术一起使用，主要用于神经症儿童——他们具备更强的符号思维和反思性思维。发展帮助的技术还包括关于分析师的非解释性角色是一个发展客体或新客体的假设、治疗行动发生在真实关系中而非移情关系中的观点，以及变化涉及通过新组织的成长和巩固（而非通过领悟获得整合）来实现转变的观点。发展帮助是一种具体应用于治疗发展失调的儿童的技术。大多数儿童分析师现在认识到，所有儿童分析工作都需要将解释方法和发展帮助结合起来（Edgcumbe，2000）。

发展帮助的概念在精神分析中很重要，因为它扩大了儿童和成人精神分析的治疗范围——除了冲突性失调外，还包括其他障碍和失调。例如，它有助于治疗成人的边缘型障碍和自恋型障碍，以及儿童的发展失调。发展帮助的基本假设强调了早期客体关系在塑造心理结构中的重要性，并且强调了分析关系在分析治疗中的突变作用。分析师作为一个新的人、一个新的爱的客体和一个新的认同的客体来发挥作用——这个观点虽然在成人分析中仍然存在争议，但在儿童分析中，已被普遍接受。

A. 弗洛伊德及其同事（1971，1974，1978，1979）和埃德库姆

（1995）提出了童年精神病理症状的双重原因：冲突和发展失调。这后来
被称为心理表征和心理过程中的失调（Fonagy & Moran，1991；Fonagy et
al.，1993）。A. 弗洛伊德（1965）描述了如何使用非解释性因素来治疗儿
童的这种发展失调。她最初认为，这些非解释性因素是教育性的，而非真
正具有精神分析性，因为它们不专注于解释潜意识，而是寻求解决先天和
环境条件不充分所导致的构成性缺陷或不足。后来，这些元素被提升到了
技术的水平，它们被称为发展帮助或发展型治疗。发展帮助最初旨在为经
典解释铺平道路，后来将儿童分析的范围扩大到神经症之外。A. 弗洛伊德
暗示，发展帮助实际上是对解释的补充。埃德库姆（2000）通过区分意识
化的两种方式——解除压抑和创造以前不存在的表征——描述了发展帮助
的本质。

　　A. 弗洛伊德（1965）是第一个将儿童分析师描述为儿童患者的新客
体的人。她认为，儿童分析师能够提供"矫正性情绪体验"，这与父母不
同。她将这一点与F. 亚历山大（1950a）使用的术语区分开来，在后者那
里，分析师故意以不同于患者预期的方式行事。塔卡（1993）最先使用发
展客体这个术语来区分分析师的两种功能——作为新客体，以及作为当前
客体或过去（移情）客体。儿童分析师的技术也受到斯皮茨（1965）的影
响。在关于母婴关系的发展研究中，斯皮茨将母亲的功能描述为辅助自
我。分析师作为发展客体或新客体的功能类似于分析师作为辅助自我的功
能，但作为发展客体的分析师会努力促进发展条件的产生。新客体或发展
客体这两个术语一经引入，就被各学派的理论家所接受，包括自我心理学
家、克莱茵学派和关系精神分析师。克莱茵学派和关系精神分析师强调，
新客体的角色不仅要以发展为目的，而且要给儿童提供不同的体验，从而
使其偏离旧的关联模式。新客体包含了分析师认为具有治疗作用的意向立
场的概念（Altman et al.，2002），因此更接近于亚历山大的模型。根据患

者的经验、对分析师的使用及对分析师意图的强调，理论家提出了不同的新客体的定义。

上述观点得到了婴儿研究和神经心理学研究的支持。这些研究显示，心理结构和心理过程的涌现不仅是在原始关系的背景下发生的，而且是通过原始关系的影响发生的。以类似的方式，其他研究者强调了支持精神分析过程的非解释性元素（如早期客体关系在分析关系中重新扮演出来的方面）的重要性（Winnicott，1965；Balint，1968；Kohut，1971）。已经有研究者尝试将发展失调和发展帮助的具体要素付诸实施（Fonagy et al.，1993）。福纳吉和塔吉特（1996a）对发展失调的阐述所依据的是生成表征的心理过程中的推断性缺陷——它引发了表征和心理体验的整体性缺失或扭曲。

Chum (Chumship) 密友

见 "Interpersonal Psychoanalysis 人际精神分析" "Latency 潜伏期"。

Clarification 澄清

澄清是一种使患者有意识地觉察到的东西变得更容易理解的非解释性治疗干预。澄清通常是为了给解释做准备，是最常用的非解释性技术之一，其形式是分析师对患者的行为或有意识的主观体验做出的观察或询问。澄清不同于面质——后者将患者的注意引导到外部现实或意识自体体验的各个方面（这些方面很容易被观察到，但可以被避免或拒认）。澄清也不同于解释——后者将患者的意识体验与被回避的潜意识防御、动机或情感联系起来。例如，澄清可能会显示出一个统一的心理主题，该主题在患者意识体验的看似不同的方面中得到表达。澄清也有助于增强患者的自我觉察和自我观察，从而提升患者对分析过程的参与度（Stone，1981）。

澄清这一术语是由E. 比布林（1954）引入精神分析文献的。他认为，心理治疗学家罗杰斯首次使用了这个术语。比布林将澄清纳入精神分析治疗的核心干预，与解释和修通并列。

Cloacal Fantasy 泄殖腔幻想

泄殖腔幻想是一种关于出生的幻想。它起源于童年早期，那时阴道和肛门被视为一体。它是童年时期的幻想，可能会潜意识地持续存在于成年人的脑海中，并可能与一种潜意识焦虑——认为阴道是肮脏的——联系在一起。

弗洛伊德（1908c）首次使用泄殖腔理论这个术语，并将其描述为儿童的普遍信念，即婴儿就像粪便一样是通过排便这样的过程出生的。对弗洛伊德（1933a，1938a）来说，它的起源是基于"对阴道的无知"。他将泄殖腔理论与肛欲联系在一起，认为"肛门"代表着精神生活中必须摒弃的一切。由于肛门和生殖器的过程在儿童心灵中被混淆了，所以性冲动也被拒绝了。安德烈亚斯-萨洛姆（1916）最早强调了泄殖腔理论对女性的重要性——因为生殖器和肛门感觉由于其紧密的解剖学联系而容易被混淆。当代理论家不再认为阴道对儿童而言是未知的，但在对女性生殖器焦虑的概念化中，他们保留了肛门和阴道冲动之间密切联系和被混淆的观点（Richards，1992）。

Close Process Attention 密切过程注意

密切过程注意是分析师将其关注点引导到患者的即时言语表达上，以识别自我防御的侵入（这些侵入有助于转移或抑制他的言语流）的一种防御分析技术。保罗·格雷（1994，1996）是这一技术和术语的引入者。在密切过程注意中，分析的防御是前意识的，可以通过立即将患者的关注点引向这些防御及触发它们的焦虑来使其完全意识化。通过对患者的临床分析，分析师能够得到患者的观察性自我的支持，患者能够同时得到相同的内容。密切过程注意延伸了自我心理学的建议，即分析应从表面（有意识的）进入深层（潜意识的）；在分析被回避的潜意识愿望之前，应该先分析（有意识的和潜意识的）阻抗。然而，密切过程注意不属于经典自我心理学取向，因为它使用了分析师的聚焦，而非自由悬浮注意；它强调对言语过程的微观分析；而且它对潜意识幻想相对缺乏关注。

密切过程注意被描述为微观分析，因为注意被放在患者尝试与分析师自由交谈时出现冲突和防御的微小时刻上。在移情方面，尤其需要注意的是防御移情。在防御移情中，患者的超我功能被重新外化到分析师身上，这种潜意识的防御投射阻止了对威胁性驱力材料的进一步揭露。

密切过程注意的技术已经被广泛应用于各类分析过程中。一些分析师感受到，它缩小了分析师的倾听范围，因为它强调此时此地的分析过程中的前意识阻抗，以及攻击驱力的衍生物之外的冲突。批评者也表示，他们担心这一技术促进了过度理智化、表面化和机械化的分析过程。随着对反移情效应的兴趣日益浓厚，一些评论家反对说，密切过程方法论反映了一种独裁主义的"单人"心理学；它没有考虑到分析师的主观体验及其对过程的作用，因而忽视了分析交流的一个重要方面（Phillips，2006）。密切过程注意的支持者强调，该取向的优势是符合患者的直接意识体验（F. Busch，1993）。对患者来说，分析师的干预措施是可以理解的，因为它们以患者刚刚在分析中所说的话为中心。暗示性影响作为治疗行为的一个要素的作用减小了，因为分析师能够向患者指出他刚刚在患者最新的联想序列中观察到了冲突和防御的证据。这种取向的支持者认为，密切过程注意非但不是独裁主义的，而且能够促使患者成熟的观察性自我功能成为一个重要"盟友"，帮助分析师在分析中实时观察患者的心理冲突（Goldberger，1996）。

Compensatory Structure 补偿结构

补偿结构是自体心理学中的一个概念，它根植于儿童和成人可以通过多种途径发展健康自体的观点。补偿结构通过重启另一个部分（例如被镜映的雄心、理想化的目标，或者孪生感受）来弥补自体的缺陷，从而重建自体（Kohut，1977）。相反，防御结构掩盖了缺陷，成为一个人心理问题的一部分，并干扰进一步的发展。分析治疗的目标在于，用补偿结构取代防御结构（M. Tolpin，1997）。虽然防御结构是症状性行为的基础并保护自体，但它们阻碍了心理变化（A. Ornstein，1991）。此外，补偿结构促进了通过精神分析治疗实现的发展和变化。在分析的修通阶段的概念化中，对补偿结构和防御结构进行的区分非常有用（A. Ornstein，1991）。分析师对个体防御的自我保护功能的理解有助于成功地解释阻抗。相对地，补偿结构对阻抗没有作用。

Complemental Series 互补系列

互补系列作为解释人类行为的一项基本原理，认为正常和异常的行为都是结构和经验相互作用的结果。这两个因素结合在一起，产生具体的行为结果，因此一方的更强呈现会减少另一方的必要作用。这一原则与科学界长期以来所表达的"天性–教养"之争相对应。

弗洛伊德认为,人的行为是由天赋(遗传、内源性、先天或体质)和环境(外源性、偶然的经验、现实或创伤)的综合影响决定的。在一次介绍性的讲座中,他首次使用了互补系列这个术语,讨论了神经症的病因(Freud,1916/1917)。他在讲座中指出,如果存在更多的力比多固着(体质因素),那么引发神经症所需的力比多挫折(经验因素)会更少;反之亦然。早在1895年,他就以"病因学等式"的名义讨论过同样的概念,这是他在许多早期关于神经症病因的著作中使用的术语。在另一次关于症状形成的介绍性讲座中,弗洛伊德(1916/1917)进一步阐述了这些观点,并指出,体质因素和早期童年经历在它们自己的互补系列中共同促成了力比多固着;然后,力比多固着与之后的偶然经验相互作用,引发成人神经症。创伤可能发生在婴儿期或之后的生命阶段中,表现为发展抑制与退行的互补系列。因此,存在一个分层或嵌套的互补系列集合。

对儿童分析和发展型精神分析理论的进一步发展而言,互补系列中表达的概念至关重要。A. 弗洛伊德(1965)关于发展线索的工作在儿童分析中阐明了这些概念。精神分析导向的发展心理学家进一步阐述了在塑造行为的过程中,生物学和环境相互作用的复杂性。他们指出,一个婴儿的气质可能会对其照顾者的反应产生影响,从而影响环境的塑造,进而反过来影响婴儿自己(Escalona,1963;Thomas & Chess,1977;D. N. Stern,1985)。

W. 格罗斯曼(1998)描述了连续互补系列的分层模型,指出其如何在弗洛伊德精神分析思想的许多方面(包括临床、理论和社会学领域)反复出现。他将弗洛伊德对移情的观点描述为一个互补系列的临床实例,在其中,过去和现在、先天和偶然、意识和潜意识、内心和人际都参与了最终由具体个体因素决定的复杂的混合。

Complementary Identification 互补性认同

见"Countertransference 反移情""Identification 认同"。

Complex 情结

情结是一种潜意识的、有组织的思想、意象和联想的群集。它通常起源于童年早期，具有强烈的情感色彩，并对意识态度和行为产生结构性影响。虽然在精神分析中，情结这个术语几乎没有得到准确或持续性的使用（除了在表达**俄狄浦斯情结**和**阉割情结**时），但它作为精神分析俚语的一部分，在流行文化中得以保留下来。在流行文化中，各种具体的"情结"都是精神病理学要素。尽管潜意识的观念和情感组成的群集对精神生活产生持久的结构性影响，但情结与更常用的幻想概念有关。事实上，情结是一组有关联的幻想。

在精神分析的背景下，情结这个术语首次出现在布洛伊尔和弗洛伊德（1893/1895）的《癔症研究》中，被用来描述癔症患者中的观念群集（这些观念群集"目前存在并正在运作，但还是潜意识的"），并解释了他们的许多症状和行为。然而，弗洛伊德（1906）后来将这个术语的产生归因于精神病的苏黎世学派，尤其是布洛伊勒和荣格在20世纪初进行的字词联想测验（使用"刺激词"来唤起联想）。荣格（1906）假设，可靠的、可复制的联想链是有组织的潜意识观念和情感群集的证据，他称之为"情结"。荣格认为情结是其分析心理学学派的核心概念，并将情结描述为"潜意识心理的生命单位……通往潜意识的通道……梦和症状的建筑师"。的确，情结理论是荣格分析心理学的核心。荣格的分析心理学假设情结是心理内容的动力组织，其包括有意识的和潜意识的层面，表现为围绕共同情绪主题聚集的意象、观念和模式。当受到环境、记忆或情绪的刺激时，情结会"荟萃"，或被组织和激活，从而影响行为和情感（Jung，1921/1957）。

弗洛伊德对情结这个术语的看法遵循了他与荣格的关系的轨迹。1910年，弗洛伊德（1910c）将情结一词称为"荣格不可或缺的一个词"。然而，到了1914年，在与荣格分裂后，弗洛伊德（1914d）贬低了这个术语。对于情结一词，他抱怨道："精神分析为其自身需要而创造的其他术语中，没有一个获得如此广泛的流行，也没有一个被如此严重地误用，从而损害了更清晰的概念的构建。"

Component Instincts 组元本能

见"Active/Passive 主动 / 被动""Drive 驱力""Libido 力比多""Perversion 倒错""Psychosexual Development 心理性欲发展"。

Compromise Formation 妥协形成

妥协形成或妥协是指在现实的需求下，由本我、自我和超我共同作用产生的正常或病理性精神产物。妥协形成是由冲突引发的，由于没有一种对立的精神力量能够实现完全的表达，所以这些产物被称为妥协。在所有妥协形成中，每个利益冲突方的相对作用可能都不尽相同，并且都会在不同程度上得到满足。一些当代冲突理论家（他们自称为现代冲突理论家）拒绝接受结构理论，认为妥协是愿望和防御的精神产物。这种观点通常与另一个观点相关，即所有精神产物（思想、幻想、梦、性格特征、行为和志向等）都是妥协形成（C. Brenner，2002，2003，2008）。

妥协形成概念是冲突理论的基石。事实上，精神分析最初是一种心理冲突和妥协理论。弗洛伊德将冲突视为人类境况的一个决定性的、持续和普遍的方面。关于内心冲突（以及相关的妥协概念）在正常功能、精神病理学以及作为分析治疗重点方面的作用与核心性的争议是不同精神分析思想流派中许多当代分歧的核心。在自我心理学理论和当代冲突理论中，内心冲突保持着核心地位；在克莱茵学派理论和其他客体关系理论中，它的核心性有所改变，但仍然非常重要；而在自体心理学和关系模型中，它的重要性更为有限。

在与弗利斯的通信中，弗洛伊德（1893/1895）首次使用了妥协和妥协形成这两个术语。他描述了一个特别的恐怖症的例子，解释其如何表现了无意识的潜在思想和用压抑来防御这些思想的需要之间的妥协形成（Freud，1894a，1896a）。虽然弗洛伊德最初关注的是病理结构（如心因性症状）和性格特质之下的妥协形成，但他后来认识到，梦和正常心理功能的其他方面存在同样的机制（Freud，1923a）。他对妥协形成的理解的基础是贯穿其作品的观点，即所有心理体验都是冲突的结果，必须被我们从多个视角加以看待。

韦尔德（1936）阐述了一种与多重功能原则相关的妥协形成观点。他在该观点中描述了自我试图对八组难题进行妥协解决时的每一种心理动作。本我、超我、现实和强迫性重复向自我呈现了四个难题。在这四个难题中，自我积极地与这些相同的力量进行接触，并通过积极地将经验吸收到自己的组织中来掌控其他机构。每一种心理动作都可以被理解为一种妥协形成，它代表着多重功能和多重意义。由于没有一种解决方案能够同样成功地解决所有问题，所以所有解决方案都具有内在不稳定性，并且随时会发生变化。韦尔德将他的多重功能原则应用于性格发展、梦的生活和神经症等问题。

一些自称为"现代冲突理论家"的当代冲突理论家主张，所有精神产物——包括症状行为、梦、幻想、性格特质、升华及适应行为、移情，甚至超我的心理结构——都是妥协形成。作为"现代冲突理论"的主要代言人，C. 布伦纳（1982）对妥协形成的观点与韦尔德在几个重要方面有所不同。布伦纳从临床观察（而非元心理学）的层面出发，没有借助多重功能原则来解释妥协形成的意义。他没有优先将自我作为问题解决者，也没有援引强迫性重复的影响。与弗洛伊德的前结构理论类似，布伦纳认为，妥协形成是两种相互冲突的倾向（愿望和防御）影响心理功能的结果。因此，妥协的基本组成部分是童年的性愿望和攻击愿望、冲突，以及快乐／不快乐原则。布伦纳对心理功能的简化观点最终导致他拒绝结构理论，同时坚持冲突和妥协的核心地位。在这种观点下，所有妥协形式都被视为基本相同的，无论是创造性产物还是症状。这是因为，兴趣的焦点是那些促成妥协形成的要素的动力学意义，而不是具体特征。其他当代冲突理论家使用妥协形成的概念，同时坚持结构理论的价值。在他们看来，妥协的具体成分将不同的妥协区分开来，这是有意义的。

现代自我心理学家（Bellak，Hurvich，& Gediman，1973；Marcus，2003）也反对布伦纳关于妥协形成的非结构性观点。作为自我心理学的早期主要贡献者，哈特曼（1939a，1950）认为自我有个无冲突的领域。他提出，某些自我功能从一开始就相对自主，而其他功能则通过一种被他称为"去本能化"或"驱力能量的中性化"的心理机制实现次级自主。与当代冲突理论家相比，现代自我心理学家更重视诊断和结构层面的注意事项的考量。对现代自我心理学家来说，在一些疾病中看到的自主自我功能的损害不能用妥协形成来充分地概念化。他们认为，要对精神病理学本质做出充分的界定，就需要描述自我功能的具体损伤。除了现代自我心理学家之外，还有其他分析师认为冲突和妥协不是对心理功能的充分描述。他们指出，自我功能、行为和某些精神病理学方面要么是生物学意义上的"纯粹"的表现，要么是严重环境不足或创伤引发的自我匮乏感的产物，要么是这些因素的复杂组合（Kohut，1984）。

Compulsion 强迫行为

见"Obsession 强迫"。

Conception 概念

见"Wilfred Bion 威尔弗雷德·比昂"。

Concordant Identification 一致性认同

见"Countertransference 反移情"。

Condensation 凝缩

凝缩是多个观念、意象或词语及其关联的情感被一个单一的观念、意象或词语表示出来的过程。在弗洛伊德关于梦的工作的讨论中，凝缩的概念得到了最明确的阐述。不过，弗洛伊德也注意到凝缩在玩笑、动作倒错和症状形成中的影响。凝缩作为弗洛伊德所说的"原发过程"的要素经常被拿来与移置和象征作用一起讨论。后来的理论家强调了凝缩更广泛的作用，以及弗洛伊德所说的创造性中的"原发过程思维"的其他要素。

在埃米·冯·N.案例中讨论症状的形成时，弗洛伊德首次引入了凝缩的基本概念，并指出，"强迫将可能出现在同一意识状态下的所有观念联系在一起"（Breuer & Freud，1893/1895）。在《梦的解析》（Freud，1900）中，弗洛伊德正式引入了凝缩这个术语。他指出，与显梦所产生的大量相关的"梦思"相比，它们本身过于"简短、贫乏、简洁"。一个元素被选中呈现在显梦中，是因为它代表了无数关联思想链的交叉点。凝缩作用于梦的整体结构，将许多隐藏的思想压缩到显梦中，也作用于个体梦元素的层面，将许多思想或意象组合成集体意象（复合意象）。凝缩的过程解释了理解显梦的一些困难。弗洛伊德解释说，凝缩（连同移置）是潜意识原发过程的经济功能特征的一个方面，以自由的或不受约束的能量来运作。能量依附于一个观念，而且很容易转移到另一个观念上；当许多关联链在一个"节点"上相交时，就会有能量的积累，从而导致一个具体的观念或元素在梦中得到表征。同样的过程也存在于症状形成中。弗洛伊德认为，与凝缩有关的"过度投注"解释了梦中某些意象的特殊强度。在症状形成和梦的工作中，凝缩和移置都是为了逃避稽查作用。

阿洛和布伦纳（1964）将弗洛伊德的原发过程思维的概念与结构模型相结合。他们认为，有时候，自我、超我和本我都可以利用原发过程的"快速流动的投注"特征来发挥作用，从而促进创造性思维对艺术和科学中的凝缩的利用。后来的分析师也从自我心理学的角度出发，运用凝缩机制（连同移置）来解释梦元素、动作倒错、遗忘的形成和症状的形成（Abend，1979；H. Blum，2000）。拉康援引凝缩和移置机制来解释"能指"和"所指"的分离（Allegro，1990）。近期的一些研究支持原发过程思维和继发过程思维之间的区别，显示个体有时会根据凝缩的工作原理做出相似性判断（Brakel et al.，2000）。

Conflict 冲突

冲突或**内心冲突**通常是潜意识的，是心灵中目标相反的思想、感受或结构之间的斗争。**外部冲突**通常是有意识的，指个人与外部世界之间发生的冲突，无论是人际关系形式的冲突还是社会施加需求的冲突。当潜意识内心冲突被防御性外化时，内心冲突和外部冲突经常一起发生。**冲突理论**假定了一系列由潜意识冲突引发的事件——本能的愿望与内在的禁忌相冲突，自我受到威胁并产生焦虑的信号，防御被调动起来，妥协形成以症状、抑制和各种性格特质的形式（病理性的和成功适应的）产生。虽然一些当代冲突理论家（他们自称为**现代冲突理论家**）拒绝接受弗洛伊德的结构理论，但他们仍然坚持冲突与妥协的核心地位（C. Brenner，2002，2003）。在精神分析情境中，患者对自由联想的使用能够增强分析师推断潜意识冲突对患者的经验和行为的影响。

精神分析最初是一种心理冲突和妥协理论。事实上，弗洛伊德将冲突视为人类境况的一个决定性的、持续和普遍的方面。关于内心冲突在精神病理学方面的决定性作用和核心地位及其作为分析治疗的焦点的争议是不同精神分析思想流派中许多当代分歧的核心。"内心冲突"在自我心理学理论和当代冲突理论中保持着核心地位；在克莱茵学派思想和其他客体关系理论中，它的核心性有所改变，但仍然非常重要；而在自体心理学和关系模型中，它的重要性更为有限。

在1894年写给弗利斯的一封信中，弗洛伊德（1894a）首次提到了冲突。他将神经症的病因分为四类，其中之一便是冲突。弗洛伊德（1895a，1896a）继续描述了冲突在强迫症和癔症症状起源中的作用。冲突的概念最初被以更受限制的方式使用，但很快就在弗洛伊德的心灵模型（Freud，1899a）中占据了越来越重要的地位。最终，弗洛伊德将神经症的核心冲突视为俄狄浦斯情结。在俄狄浦斯情结中，满足与异性父母的乱伦愿望及对同性父母的谋杀愿望与害怕同性父母报复和对丧失爱的恐惧相对立。

弗洛伊德元心理学理论的发展可以被视为他对冲突的来源、种类和后果的观点的完善。在其地形学模型中，他认为冲突发生于潜意识愿望和有意识的道德指令之间。弗洛伊德（1905b）在《性学三论》中描述了童年性欲和引发压抑需求的内在禁令之间的冲突。随着驱力理论的发展，弗洛伊德改变了构成基本驱力的观点。然而，他的理论始终保持着二元论的观点，即存在成对的相互对立或相互冲突的驱力——性驱力对自我本能（自我保护本能）、自我力比多对客体力比多、生命驱力对死亡驱力。同样，弗洛伊德的心理功能原则表达了基本的对立，例如，快乐原则与现实原则的对立。

弗洛伊德早期认为，冲突可以完全是潜意识的。这引发了他对心灵结构模型的阐明，即将冲突视为发生在心灵的三个结构（自我、超我和本我）之间和三个结构内部。危险的性愿望和攻击性的本我愿望与外部现实禁令或内化的超我禁令相冲突，引发自我产生焦虑的信号，从而调动防御并导致妥协形成（Freud，1923a，1926a）。在结构模型中，结构之间的冲突（如本我愿望和超我表现之间的冲突）被称为**系统间冲突**。结构内发生的冲突（如性冲动和攻击性冲动之间的冲突，或对立的超我价值观之间的冲突）被称为**系统内冲突**（Hartmann，1950）。一些精神分析师建议将冲突进一步分类为**趋同冲突**和**分歧冲突**。趋同冲突是防御的冲突，涉及愿望和防御之间的对立；分歧冲突也被称为**两难冲突**或**矛盾冲突**，涉及在相互竞争的备选方案之间进行选择，如在依赖和独立之间进行选择（Rangell，1963；A. Kris，1984）。

弗洛伊德和早期自我心理学家认为，冲突是不可避免的，但他们也将分析的目标视为解决冲突，或至少是减少冲突。哈特曼（1939a）提出了**没有冲突的自我领域**的概念，其中某些自我功能相对于本能冲突（如知觉、运动、智力和语言）来说具有相对的初级自主性，而其他功能随着逐渐摆脱防御冲突会获得次级自主性。哈特曼对适应的强调促使人们区分冲突和妥协的正常结果和病理结果。C. 布伦纳（Arlow & Brenner，1964；Brenner，1982）提出了一种更广泛的冲突观点，强调冲突在正常功能和病理功能中都是不可避免且普遍存在的。在布伦纳的模型中，适应性自我功能不被视为"没有冲突"，分析的目标不是消除冲突，而是将妥协形成转变为更具适应性的结果。

　　所有当代冲突理论家都认为，冲突和妥协对理解心理体验至关重要。一些"现代冲突理论家"，如布伦纳（2002，2003），认为冲突和妥协在所有心理活动中都具有核心意义，并拒绝接受弗洛伊德关于结构理论的概念。不接受布伦纳立场的当代冲突理论家认为，结构理论的概念对于描述以下内容至关重要：发展、所有个体特征的稳定心理组织的存在、不能用妥协形成的转变来描述的心理变化、心境障碍，以及其他类型的自我缺陷。此外，他们认为术语有助于描述冲突、妥协和过程的稳定集合。这些冲突、妥协和过程具有相似的元心理功能，例如，与现实的关系、良心功能和驱力。

　　当代精神分析观点越来越重视与冲突有关的发展问题。在发展过程中，一系列可预测的威胁（危险情境）会引发冲突。在正常的早期发展中，**前俄狄浦斯冲突**会出现在儿童与环境之间、对立的愿望和感受之间、超我前体和驱力之间。在前俄狄浦斯冲突中，儿童面临的威胁是关于失去爱和爱的客体的幻想出来的危险。**俄狄浦斯冲突**更为复杂，其显示了儿童在三元客体关系以及自我成熟和发展的其他方面的能力。在俄狄浦斯期，对儿童的威胁是关于伤害和残害的幻想出来的危险（阉割情结）。随后，通过内化和认同的过程，最初与父母控制相关的禁止力量成为儿童自己心灵中的力量。这一过程在超我的形成中很明显，并且是通过解决俄狄浦斯情结而实现的一个发展的里程碑。在这个阶段，对儿童的威胁是对超我的严厉指责。虽然随着发展的继续，一些冲突或多或少会得到解决，但其他冲突会贯穿一生，引发不同程度的心理疾病。冲突的表现因发展水平、病理学性质和文化因素的影响而不同。儿童精神分析师指出，**发展冲突**是正常的、有特点的、可预测的，通常也是短暂的（Nagera，1966；P. Tyson & R. Tyson，1990）。儿童体内的成熟力量引发他/她与环境发生冲突，当外部需求的内化或多或少得到实现时，这种具体的发展冲突就消失了，儿童朝着结构化和性格形成又迈出了一步。

对于哪些因素是冲突的核心、核心冲突如何决定病理及如何解决等问题，不同的精神分析思想流派有不同的观点。例如，在克莱茵学派的思想中，早期发展的大部分冲突被视为发生在对客体的攻击性和爱的感受之间。为了保护好客体，儿童需要将"全好的"客体和"全坏的"客体分开，这引发了一系列基于分裂和原始投射形式的防御演习，如投射性认同。对于达到抑郁位置（以整体客体关系和对客体的关注为特征）而言，学习容忍对客体的爱和恨之间的冲突至关重要。对环境的容忍是心理健康最重要的决定因素之一。

各个精神分析学派中的许多精神分析理论家（包括许多当代冲突理论家）都认识到，匮乏（由生物遗传或环境创伤或剥夺引起）在病理性自我功能的某些方面具有影响。这些理论家认识到，精神病理学研究必须从包括冲突和匮乏在内的多种角度去考量，而不能采取非此即彼的观点，并且需要将不同治疗取向结合起来。还有一些理论家支持匮乏模型。例如，自体心理学家强调由于共情养育不充分而导致的自体匮乏，并将分析师的共情理解以及对冲突的解释视为治疗作用的核心组成部分（Kohut，

1984）。一些理论家将焦点从匮乏和冲突转移到其他地方。例如，关系主义者和人际关系主义者强调，内心领域是在与他人的关系中形成的，这种模式淡化了内心冲突的作用。

Confrontation 面质

面质是将患者的关注点引导到外部现实或有意识的自体体验的各个方面的一种治疗性干预。这些方面很容易被观察到，但可以被避免或拒认。面质也可用于识别矛盾观念和行动的有意识的存在。面质和澄清是解释的准备性干预。精神分析面质的表现手法巧妙且没有攻击性，因而在日常使用中缺少内涵。

费尼切尔（1938b）在精神分析文献中首次使用面质这个术语；然而，他的用法并没有明确区分面质和解释。德弗罗（1951）首次使用了面质的与其现在大致相同的含义。他将面质界定为一种干预，在这种干预中，分析师通过修改患者的"实际措辞"，呼吁患者注意对显而易见之事的回避。格林森（1967）确立了面质的当代意义，并将其补充到E. 比布林（1954）的核心精神分析干预（澄清、解释和修通）中。

Confusion of Tongues 言语的混乱

见"Seduction Hypothesis 诱惑假说""Trauma 创伤"。

Consciousness 意识

意识是一种以觉察为特征的心理状态。当一个人有意识时，他会觉察到知觉、记忆、思想、行动、自体，甚至是有意识本身。虽然神经科学家、哲学家和心理学家对意识的确切定义持不同意见，但大多数人用这个术语来表示心理觉察这种性质（Hirst，1995）。意识到具体的心理内容，就要有思考它们的主观体验，还要有它们在心灵中存在的直接知识。意识代表着比知觉更高水平的心理组织，包括对内部知觉和外部知觉的觉察与整合，以及对环境做出反应的准备。许多神经科学家区分出**初级感觉意识（原始感觉意识）和自我反思意识**，并认为后者是人类的独有特征（Damasio，1999；Edelman & Tononi，2000）。

在某种程度上，意识作为觉察，其定义似乎是循环的——这两个术语可以等同。然而，我们可以以区分意识和觉察。神经学家使用的意识强调大脑中枢的唤醒水平，有时也称为五个"A"：觉醒（Awake）、警觉（Alert）、唤醒（Aroused）、注意（Attentive）和觉察（Aware）。以这种方式使用的意识的一个例子是意识的变形状态。其可能是由心理或生理因素，如严重的焦虑、冲突、睡眠、疲劳、疾病、催眠、麻醉，或摄入的物质等引起的。意识的变形状态可能涉及对外部刺激的觉察的增强或减弱。意识的变形状态包括恍惚、神秘的宗教体验、幻觉诱发的状态、去人格化、现实感丧失和其他解离状态。正如精神分析师和哲学家在描述高级心理功能时所使用的那样，有意识觉察强调了意识的主观方面，在其中，大脑向自己呈现其工作。神经科学家在考察意识和潜意识时，通常会用类似于弗洛伊德的"描述性潜意识"或"非意识"的术语来思考觉察之外的精神生活。这意味着大量的大脑工作运行于觉察之外。精神分析更感兴趣的是动力性潜意识，或那些通过防御过程主动远离觉察的精神生活方面。

精神分析对心理学的基本贡献包括，通过彻底否认"心理等同于意识"（Freud，1915d），在某种程度上废黜意识。然而，意识仍然发挥着重要作用。精神分析的临床技术，包括自由联想和躺椅的使用，旨在将觉察之外（潜意识）的心理内容带入有意识的觉察。从治疗作用的现代观点来看，使潜意识意识化已经不再被视为治疗的充分目标，但大多数人仍然认为它是必要的。提高对内在生活的有意识觉察可以引发心理变化这一主张仍然是精神分析治疗的核心。它将精神分析推向了关于弗洛伊德所说的"长期寻找……意识的生物功能"（Freud，1909c）的辩论。

弗洛伊德的第一个心理地形学模型将心灵设想为三个部分／系统，它们分别与意识有着不同的关系。这三个系统是：**意识系统**（Cs.）、**前意识系统**（Pcs.）和**潜意识系统**（Ucs.）（Freud，1900，1915d）。其中，Cs.是最外围的，接受来自外部和内部世界的输入。Cs.以感官体验的形式感知来自外部的刺激，也感知内部刺激，如情感（快乐或不快乐）、愿望、记忆、幻想和思维过程。事实上，弗洛伊德（1900）将意识比作"理解心理品质的感觉器官"。Cs.也与其相邻系统Pcs.紧密相连——两者通常被合称为**意识-前意识系统**（Cs.-Pcs.）。Cs.-Pcs.根据继发过程、逻辑或基于语言的思维来运作，并且符合现实原则。在弗洛伊德那个时期，能量语言中的Cs.-Pcs.还具有约束心理能量并使其以有序的方式转移的能力。Cs.-Pcs.可以通过能量的投入（注意投注）将心理内容从Pcs.带入意识，还可以以压抑作为屏障与Ucs.分离。

弗洛伊德将意识视为"人类优于动物"的核心。在意识的功能方面，他最终拒绝了意识只是一种副现象——或者如他所说，"一种完整心理过程的多余映像"（Freud，1900）——的观点。他认为，Cs.-Pcs.不仅会感知到快乐／不快乐，而且有助于调节心理能量，从而使更高阶的心理过程成为可能（Freud，1900）。在其他地方，弗洛伊德（1909c，1911b）提出，作为Cs.-Pcs.的一部分，意识有助于提升现实检验、判断和"适度且有目的地控制"的能力。在他看来，在精神分析治疗中使潜意识意识化的原因是"压抑［能够］被最佳的谴责性判断所取代"（Freud，1910a）。

弗洛伊德（1923a）从心理地形学模型转向由三个机构（自我、本我和超我）组成的新结构模型。这三个机构的内容可以以不同程度的觉察存在。此次修订的部分原因在于，他观察到，某些以前属于Cs.-Pcs.的心理功能（如防御、梦的工作，以及继发过程幻想的形成）发生在潜意识层面。然而，弗洛伊德认为Cs.-Pcs.是自我的"核心"，并断言意识依附于自我。根据他的新结构模型，弗洛伊德将精神分析治疗的目标从使潜意识意识化转变为增强自我。然而，对有意识觉察的阻抗进行解释仍然是所有精神分析治疗的一个核心方面。

如今，弗洛伊德及其追随者提出的关于意识、注意、语言、整合和更高阶心理功能（如反思、自我监控、判断、自我控制和意志）之间的关系的问题仍是心理学和哲学正在进行研究和辩论的主题（G. Klein，1959，1970）。在参与这场辩论的精神分析师中，索姆斯（1997b）与弗洛伊德最早的观点保持着密切联系，支持"意识是对心理活动的知觉"，心理活动本身总是潜意识的。相比之下，谢夫林（Shevrin et al.，1996；Shevrin，1997）的观点在很大程度上得到了贝拉克尔（1997）的支持。他认为，意识的功能是根据经验属于知觉、感觉、梦、思维还是记忆来标记、分类经验，从而将这些类型的经验彼此区分开来，形成心灵／脑的组织。奥尔兹（1992）将意识视为一种"反馈形式"。在这种反馈中，感官数据被符号性地重新表征，从而独立于它的来源。那么，在自我反思意识中，自体及其相互作用可以被表征出来，从而使内省成为可能。F. 莱文（1997）、罗森布拉特和西克斯滕（1977）也强调，通过"重新进入"机制，意识使一系列"超复杂"的功能，如共情、领悟、客体关系性和心理感受性等，成为可能。这些功能可以让人类对自己概念化和做出决策的方式更具灵活性。

意识的功能在哲学和心理学领域引起了无休止的争论，因为我们思考的大多数行为都可以在没有觉察的情况下完成；事实上，大多数脑功能都不在觉察之内。当需要做出决定或必须纠正预测中的错误时，意识就会发挥作用。里贝特等人（1983）研究了决策的时机，他们表明，当实验被试被要求决定按下哪个按钮时，大脑在被试意识到之前不久就开始了决策过程，即使被试的经验是有意识地决定按下按钮（Pally & Olds，1998）。我们或许可以这样来理解这种序列的进化优势：尽管觉察是在脑"做出决定"之后产生的，但个体在做决定之前会稍微意识到自己要做什么，而不必等到行动执行后才知道自己在做什么。根据这种理解方式，意识是对脑中一个刚刚发生的潜意识事件的表征。

最后，卡维尔（1997）断言，精神分析师感兴趣的所有意识都是"意识作为自我认识的必要伴随物"，或"知道我们正在思考、看到或感受的能力……"。对卡维尔来说，意识就像自我认识一样，只能在人际世界中流动。许多婴儿研究者和主体间主义者都同意卡维尔的观点，即意识和自我意识是在婴儿和照顾者的互动中产生的。事实上，有些人会说，自我觉察源于父母与婴儿对话的内化，以及作为主体的自体和作为客体的自体的内在表征（D. N. Stern，1985）。

Consensual Validation 交感确证

见"Interpersonal Psychoanalysis 人际精神分析"。

Constancy Principle 恒常性原则

见"Drive 驱力""Energy 能量"。

Constellate 群集（荟萃）

见"Jungian Psychology 荣格心理学"。

Constitutional Factors 体质因素

体质因素是影响人格和发展的所有先天的、生物学基础的变量。它包括气质倾向、特定的脆弱性和独特的能力，其中许多是遗传性的。现在人们普遍认识到，出生时存在着无数的倾向和能力，例如，朝向依恋的定向、基本的自体调节机制和复杂的感觉整合。然而，体质因素这个术语通常是指独特的个体倾向和条件。体质因素与心理动力、发展和环境变量之间存在持续、复杂的相互作用。几乎是所有的精神分析家——从不同的理论角度出发——都承认先天倾向在正常发展和精神病理学中的重要性。对于"所有具体发展结果都是先天能力和环境影响多变的相互作用所导致的"的承认，已经取代了先前一直主导着科学话语的更为静态的"天性–教养"之争。

与当时的医学思想一致，弗洛伊德（1888a，1901，1905a，1905b）提到了"体质因素""体质倾向""体质虚弱"，从而帮助解释个体对某些神经症的倾向。事实上，弗洛伊德（1916/1917）在他的著作中始终承认天赋（遗传、内源性、先天或体质）和环境（外源性、偶然的经验、现实或创伤）的综合影响是人类行为和经验的决定因素。弗洛伊德把这个命题称为互补系列。A. 弗洛伊德（1952，1965）认为，体质因素在儿童的发展异常中起着重要作用，她在关于发展线索的工作中阐述了自己的观点。韦尔（1970）认为，儿童的先天潜能限制了其在智力和客体关联性等领域的发展可能性。她描述了在生命的最初几周，先天素质和早期经验之间的相互作用如何促成发展趋势的"基本核心"。切斯和托马斯（1986）在他们对婴儿气质的开创性研究中描述了影响婴儿活动水平、刺激阈值、节律、强度和适应性的先天倾向。在这一系列工作的基础上，D. N. 斯特恩（1985）断言，构成焦虑障碍的重要成分包括早期的自体调节能力和对刺激的耐受性。在对非常棘手的患者的讨论中，克恩伯格（1998）提出，过度攻击是由体质因素、发生学因素以及环境因素造成的。

在许多方面，韦尔的取向预示了当前关于体质的影响的思考。发展研究极大地增强了我们对许多倾向和脆弱性的了解，这些倾向和脆弱性以前被认为仅仅是基于动力的。例如，关联性的基本问题或众多学习障碍现在被认为具有生物起源（Pine，1974；Lichtenberg，1981）。尽管如此，许多现代精神分析师倾向于采用一种复杂的取向来分析体质因素，并将其放在冲突、防御和人际关系的背景下看待（Marcus，1999；Gilmore，2008）。

Construction 建构

见"Reconstruction 重构"。

Container/Contained 容器／被容纳者

见"Wilfred Bion 威尔弗雷德·比昂"。

Contextual Psychology 情境心理学

见"Intersubjectivity 主体间性"。

Conversion 转换

见"Affect 情感""Defense 防御""Displacement 移置""Hysteria 癔症""Psychosomatic Disorders 心身障碍"。

Corrective Emotional Experience 矫正性情绪体验

矫正性情绪体验是F. 亚历山大描述的一种治疗技术。在这种情绪体验中，治疗性获益源于分析师对患者的态度和行为反应，而非通过解释获得的领悟。患者对分析师的经验是"矫正性的"，因为它可以修复童年时期因暴露在不良养育环境中而形成的不健康适应。由于分析师通常的治疗立场与父母最初的态度不同，患者的移情期望被驳斥了。此外，分析师可能会对患者采取特定的态度来促进这一效果。例如，如果患者的父亲一直在恐吓和挑剔，分析师可能会采取宽容和鼓励的态度（Alexander，1950a）。F. 亚历山大（Alexander & French，1946；Alexander，1950a）在他的作品中首次使用了这个术语，提出了"矫正性情绪体验可以修复先前经历的创伤的影响"。这一观点源于他的信念，即所有心理治疗都是通过在更有利的环境下让患者重新暴露在他已经不健康地适应了的童年情绪情境中来发挥作用的。

20世纪四五十年代，矫正性情绪体验的概念一经提出就引发了相当大的争议。主流的自我心理学家认为，它不可能引发真正的内心改变（Gill，1954），因为它阻止了对移情的全面探索（Rangell，1954）；其他人认为，矫正性情绪体验的尝试可能只是表达了分析师的反移情（E. Glover，1964）。关于矫正性情绪体验是否合适的争论演变为关于精神分析和心理治疗之间差异的争论，而矫正性情绪体验属于心理治疗。由于拥护这种实践方式的人并不多，这场争论逐渐平息。然而，患者和分析师之间的情感关系在精神分析治疗理论中的作用这个议题又引发了新的争论。

在大多数理论模型中工作的当代分析师都同意，虽然有效的精神分析治疗并不涉及特定导向的矫正性情绪体验，但它不可避免地包括各种有益的情绪体验。尽管分析师们对这些体验的概念化不尽相同，而且对它们对治疗结果的作用的看法有所不同，但他们大多同意，某种矫正性情绪体验是精神分析治疗的一个自然而重要的方面。

Countertransference 反移情

反移情是一个具有多重含义的术语，其共同线索或焦点是分析师在分析情境中对患者的感受和态度。虽然所有精神分析学派都使用这个术语，但他们对反移情做出的定义却有着惊人的差异。这个术语的当代用法包括：（1）分析师对患者移情的有意识和潜意识反应；（2）分析师的潜意识冲突对他理解患者和其分析师功能的影响；（3）分析师对患者的所有情绪反应，包括对患者的陈述或现实情况的一般预期反应——这可能很少来自分析师的潜意识精神生活；（4）分析师对患者的情绪反应——部分地反映了分析师对患者潜意识精神生活的潜意识认同，也构成了分析理解的主要模式；（5）患者潜意识地希望分析师以符合患者移情幻想的方式回应他的结果，也被称为角色响应；（6）患者投射性认同的结果，即患者潜意识地投射进（into）分析师所避开的患者自体表征或客体表征的方面，然后以促进分析师对这些表征的主观体验的方式与分析师互动；（7）分析师对患者持续而不可避免的潜意识主观反应——通常只有在事实发生后才能理解；（8）由患者和分析师共同构建的不断变化的移情-反移情矩阵。那么，反移情是指一种心理病理现象还是正常现象呢？反移情感受是分析师心灵的表达、患者心灵的表达，还是两者的某种结合呢？这些问题都存在分歧。事实上，反移情这个术语已经变得不精确，因为当代精神分析师同意，分析师的主观体验有多种来源，并以多种方式参与分析治疗。

反移情的概念在精神分析的所有流派中都很重要，因为它促进分析师思考他们自己的主观体验在精神分析治疗中的位置，这也是长期争议的根源。对分析师在精神分析二元体中情绪参与的概念化的差异带来了以下问题（涉及精神分析情境的基本性质和精神分析的治疗作用）：分析师和患者是否处于相似或不同的认识论和情绪立场？分析师能够（也应该）保持中立和匿名吗？分析师了解患者的过程是什么？患者和分析师如何潜意识地相互影响？患者如何从精神分析中获益？

弗洛伊德（1910c）首次使用这个术语时，将反移情定义为分析师"自己的情结和内在阻抗"；他随后指出，这是在回应患者的移情时产生的（Freud，1915a）。他认为，反移情会干扰分析师对患者的全面理解，分析师需要通过自我分析和情绪上的自我克制（中立性）来克服它。弗洛伊德（1912b）将反移情与分析师使用的潜意识作为理解患者潜意识的接受"工具"的能力区分开来。伊赛科韦尔详细阐述了"分析工具"，并将其描述为患者和分析师在交流、倾听和思考模式中伴随性退行的产物（B. Lewin & Ross，1960）。

在弗洛伊德的一生中以及他去世后的20年里，精神分析师对反移情主要持负面观点（Jacobs，1999）。结果是，许多分析师的行为都带有过度的、自我强加的情绪约束，不同于弗洛伊德自己的技术（Lipton，1977）。然而，一些作者确实说明了分析师主观体验的重要性。例如，弗利斯（1942）将反移情与共情（"尝试性认同"）分开，指出后者确实需要分析师暂时的情感参与。温尼科特（1949）补充道，分析师可能会因为客观原因而憎恨患者，分析师应该觉察到这种强烈的感受，以免采取不当行动。吉特尔森（1952）通过强调分析师的人性（分析师可能会对患者产生满怀情感的个人的移情和防御性的回应），批评了中立性的概念和对反移情的精神病理学解释。然而，A. 赖希（1951）在其颇具影响力的文章《论反移情》中，总结了主流的精神分析观点，即虽然分析师通过暂时的潜意识认同来理解患者，并且确实会对患者产生感受，但强烈的感受代表分析师未解决的潜意识冲突。它表现为对患者的移情、对患者移情的不耐受，或分析师角色背后的未升华的潜意识动机。

从20世纪50年代开始，受克莱茵影响的分析师们阐述了一种更广泛、更具说服力的反移情观念：分析师的情绪体验在很大程度上取决于患者的潜意识精神生活。海曼（1950）写道，患者将自己或其客体的方面投射到分析师那里，因而反移情反映了分析师对患者潜意识精神生活的欣赏。这在分析师或患者有意识地觉察到它之前已发生了。对拉克尔（1957）而言，反移情表达了分析师对患者或其早期客体的认同。他区分了"互补性认同"（H. Deutsch，1926）——分析师对患者内部客体的认同和"一致性认同"——分析师对患者自体的一个方面的认同。拉克尔将一致性认同视为分析师共情的组成部分。他还描述了分析师对患者的一致性认同和互补性认同之间不可避免的起伏。当患者精神生活中不可接受的方面与分析师自身精神生活中的不可接受方面相一致时，分析师将无法容忍这种一致性认同，并且更有可能转向互补性认同。如果一个互补性认同仍然是潜意识的，那么分析师可能会以患者原始客体的"拒绝"模式来回应患者，然后患者可能会失去内摄一个更宽容的客体的机会。海曼和拉克尔都指出，分析师自己的潜意识冲突可能会干扰他维持和理解患者精神生活所激起的感受的能力，但他们强调了分析师情绪回应的核心作用。

自那时起，关于反移情的讨论一直致力于阐述两种基本观点。第一种观点将反移情作为患者信息的重要来源；第二种观点聚焦于分析师自己的内心生活。在表达第一种观点时，当代克莱茵学派的皮克（1985）和B. 约瑟夫（1985）描述了患者如何通过投射性认同将与偏执-分裂位置相关的部分-自体情感和态度（部分-客体情感和态度）投射进分析师；然后分析师潜意识地被邀请去扮演或容忍这些情感和态度。分析师面临的挑战是容忍对这些强烈的情感和态度（包括分析师自己的）的觉察，涵容它们，并从关心的位置出发，对它们进行更深入的解释。J. 桑德勒（1976a）"角色响应"概念表达了移情-反移情互动的自我心理学或客体关系观点。桑德勒指出，患者希望通过潜意识地"操纵"分析师来实现他的移情关系，从而扮演一个希望或防御的互补角色。分析师可能会有所觉察，但不会采取行动；或者只有在对产生的回应采取行动之后才可能意识到。分析师的角色响应代表了他自己的倾向和患者的"刺激"之间的妥协。与克莱茵学派不同，桑德勒认为，角色响应是所有人际关系中存在的潜意识人际压力参与实现内心的自体-客体关系的结果，而非分析师对患者更原始的部分自体、部分客体的内心世界进行投射性认同的结果。角色响应随后被纳入了扮演的概念（Chused，1991）。该概念认为，患者实现移情幻想的尝试和分析师诱发的反移情回应是分析过程的一个持续变化的内在部分。

关于反移情的第二种基本观点认为，反移情表达了分析师的内心生活，是分析师工作的一个持续起伏的、可能引起麻烦的伴随物。患者和分析师的立场虽然不对称，但可以进行比较。雅各布斯（1986）描述了其源于过去的反移情回应如何巧妙地影响其分析技术，而这种影响在没有进一步自我反思的情况下很容易被合理化。他将这些回应与通常被认为是由反移情引发的对分析技术的明显偏离进行了对比。麦克劳克林（1981）指出，反移情这个术语不足以描述对分析师工作自我的多重入侵，包括他自己的移情、他当前的生活挑战，以及由具体患者引发的未解决的冲突。因此，麦克劳克林和其他一些人假设，在分析师发挥作用的水平上，存在可预期的起伏。雷尼克（1993）扩展了这一观点，他指出：反移情概念具有误导性；分析师潜意识控制的主观性是技术的一个无所不在和必要的方面；分析师试图区分个人动机和技术规则的做法是不现实的。

奥格登（1994）和其他一些人从主体间性的角度看待分析二元体。他们认为，患者移情和分析师反移情的分离的主体性存在于辩证的张力中，具有一种新的、相互创造的主体间经验，即奥格登所说的"分析第三方"。分析师对这种联合创造的反思对他理解患者的主观体验至关重要。关系主义者也使用奥格登的分析第三方概念，他们不认为反移情独立于患者和分析师共同构建的移情-反移情矩阵。在他们看来，矩阵是关于患者客体关系、防御、自体状态和情感的基本资料的持续来源。他们从非常宽泛的角度看待反移情——不仅包括分析师对患者冲突的回应，还包括患者开始了解的分析师个人意识和潜意识的所有要素，以及患者通过语言和互动所暗示的要素。换言之，患者是分析师关于自己的资料的来源，然后分析师利用这些资料来理解自己与患者的主体间经验。

一些作者将"狭义"的反移情与分析师与患者的人类交会区分开来，后者在面对阻抗和人类境况中令人恐惧的方面的要求时会产生依恋、丧失和自我怀疑（Poland，2006）。这种经验会被分析师自己的心理所影响，同时，它来自分析情境中的基本人际现实。

尽管反移情的两种基本观点明显是对立的，但大多数分析师对这两种观点都有一定的赞赏，认为他们的主观体验是由自己的心理以及和患者交会的各种模式构成的。

Criminals from a Sense of Guilt 心怀罪疚感的罪犯

见"Guilt 罪疚""Masochism 受虐狂""Psychopathy 精神病态（变态人格）"。

Danger Situations 危险情境

见"Anxiety 焦虑""Castration Complex 阉割情结""Conflict 冲突"。

Daydream 白日梦

见"Dream 梦""Fantasy 幻想"。

Death Drive 死亡驱力

死亡驱力有时也被称为**死本能**，是弗洛伊德用来描述所有生物的一种与生俱来的、要求"生命回到无机状态"的生物冲动。1920年，弗洛伊德在《超越快乐原则》中首次描述了死亡驱力。在他最后一次对驱力做出的分类中，生命驱力（爱欲）的目的是保护生命、构建有机复杂性、合成和统一。与之相对立，死亡驱力的目的是"断开联结，从而毁灭事物"（Freud，1930）。弗洛伊德将性驱力、自我力比多和自我保护本能都归入了新的、最重要的生命驱力概念。死亡驱力有时被称为"桑纳托斯"（Thanatos），来源于希腊语中的死亡一词。实际上，弗洛伊德从未在他的著作中使用过桑纳托斯，但据说他在谈话中用过（Jones，1981）。E. 魏斯（1935）试图创造"破坏欲"（destrudo）这个术语，以摆脱与力比多的类比。然而，这个术语并没有流行起来。

死亡驱力的概念源于弗洛伊德的临床观察。这些观察表明，创伤梦、儿童游戏、患者在移情中的重复，以及他所说的"强迫性重复"的许多其他变迁，往往表达了过去的痛苦事件。弗洛伊德试图通过假定一种返回先前存在状态的驱力，来解决痛苦的重复性行为的问题，这种重复性行为不能用愿望满足的角度来解释。他认为，这种死亡驱力的运作符合涅槃原则，或惯性原则，或一种将心理装置内的兴奋量降至零的倾向。弗洛伊德的"涅槃原则"是从B. 洛（1920）的著作中借用的——伴随着她对"涅槃"这个佛学词语的误解。弗洛伊德断言，死亡驱力是"超越快乐原则"的现身。他首先假设，死亡驱力是为了解释心灵释放能量的倾向。直到后来，他才探索了死亡驱力在攻击的变迁中的表现（Freud，1930）。在他后来的阐述中，有两种形式的死亡驱力：一种在个体内部默默地运行，指向自身；另一种向外指向外部世界，表现为憎恨和施虐狂的毁灭性。最初，弗洛伊德将受虐狂概念化为施虐狂朝向自己的转变；他后来扭转了这个立场，假设原始的受虐狂是死亡驱力的自我破坏力量的表现，而施虐狂是死亡驱力的次要后果，它向外朝向客体（Freud，1924a）。然而，弗洛伊德（1930）也强调，生本能与死本能几乎总是在不同程度上混合或融合，几乎从未以"纯粹形式"出现过。

死亡驱力是弗洛伊德精神分析理论中最具争议的概念之一。许多人认为，这个概念超出了临床资料的范围，并且认为他们不需要这个概念。然而，其他人在理论层面和临床层面上都使用了这一概念。例如，克莱茵学派的贝尔（2008）和西格尔（1987，1993，1997）不仅在个人层面，而且在更广泛的社会文化层面上使用死亡驱力的概念。他们用死亡驱力来解释对潜意识的诱惑，以及在摧毁自体和客体中胜利和兴奋的特殊感觉。尽管克莱茵早期并没有完全区分死亡驱力（摧毁）和攻击，但当代克莱茵学派将攻击描述为服务于生命驱力——其与更纯粹的破坏性攻击不同。拉普朗什（1976）还描述了死亡驱力的概念在临床工作中是如何使用的，以及如何被用于解释各种现象。

Defect 缺陷

见"Deficit 匮乏"。

Defense 防御

防御是一种用于防范内心痛苦体验的潜意识心理策略。虽然人们普遍认为所有思想、感受或行为都可能起到**防御功能**，但我们可以描述一些具体和常用的**防御机制**。防御性操作在童年早期就开始了，并在整个生命周期中继续进行。一些防御与发展的具体阶段有关。防御在正常的心理功能和精神病理学中都很重要。个体稳定的防御风格是其性格的一个重要特征。僵化的防御风格会加剧性格病理化，具体的防御策略与具体的性格类型相关。防御也会促进症状形成，而且与具体综合征相关的具体防御有关。防御在对分析治疗的阻抗现象中发挥了作用。对阻抗的系统解释被称为**防御分析**。当代精神分析的一个目的在于，帮助患者采取不那么僵化、更具适应性的防御策略。

防御概念是精神分析理论和治疗的基石之一。虽然这个概念首先出现在弗洛伊德关于癔症的新理论中，但它很快成为其整个心理理论的核心。防御是弗洛伊德的动力性潜意识概念的核心。这种动力性潜意识包含本能驱力的衍生物，不断地要求释放，而对立的力量或防御与其对抗并阻止其涌现到意识中。虽然与自我心理学和冲突理论密切相关，但防御的概念对大多数心灵的精神分析取向和精神分析治疗都很重要。

　　弗洛伊德（1894c）第一次公开使用防御这个术语是在1894年。他提出了关于**防御性癔症**及所有防御性神经精神病的革命性理论的一部分，即癔症不是由恶化的精神缺陷引起的，而是源于自我对"不相容的观点"的拒绝。弗洛伊德在《癔症研究》（Breuer & Freud，1893/1895）中详细阐述了防御在癔症形成中的作用，将该术语与另外两个新术语（稽查作用和压抑）交替使用。1897年后，弗洛伊德开始使用压抑这个术语。在谈到自我排斥意识中不可容忍或被禁止的心理内容的方法时，他几乎完全依靠对压抑这个术语的使用。虽然防御这个术语在他的著作中不时出现，意指一个比压抑更具包容性的概念，但直到1926年的《抑制、症状和焦虑》中，弗洛伊德（1926a）才对压抑和防御做出明确区分，将压抑指定为多种防御中的一种。在该论文中，弗洛伊德描述了当代冲突理论的核心，即自我在回应焦虑信号时，启动了一个防御过程，以避免与本能需求相关的危险情境。当防御被调动时，产生的妥协表现为症状、抑制或各种各样的性格特质——包括病理性的和正常的。防御的失败导致焦虑的直接表达。即使在描述防御在癔症和一般心灵中的作用时，弗洛伊德也试图具体说明不同类型的神经性疾病特有的不同防御模式。19世纪90年代中期，除了压抑之外，弗洛伊德还描述了癔症的"转换"、强迫性"替代"和"移置"，以及偏执的"投射"（Freud，1894c）。后来，他描述了"反向形成"和"升华"（Freud，1905b）、"隔离"和"抵消"（Freud，1909c）、"反转至对立面"和"转向主体自身"（Freud，1915b）、"拒认"（Freud，1923b）、"分裂"（Freud，1924c）和"否定"（Freud，1925a）。

　　防御的各个方面一直是后弗洛伊德主义精神分析理论发展的核心。

最值得注意的是，A. 弗洛伊德（1936）通过描述自我的防御方式，推广了术语防御机制（弗洛伊德偶尔也会使用它），使防御成为精神分析技术和理论的焦点。她提出了著名的十种防御机制：压抑、退行、反向形成、隔离、抵消、投射、内摄、转向自身、反转至对立面和升华。她还将"幻想、言语和行为中的否认""逃跑""理想化""禁欲主义""理智化""利他主义顺应""化主动为被动""转向自身""对攻击者认同"描述为防御的方式。A. 弗洛伊德认为，防御机制总是相互交织的，是更广泛的**防御措施**的一部分；她还发现，所有心理活动（幻想、思想和行为等）都可以用于防御目的。此外，A. 弗洛伊德还展示了防御不仅针对本能目标，而且针对所有可能引发不愉快情感的心理活动，包括思想、记忆、行为和情感本身。最后，她研究了防御的时间顺序，并试图将具体的防御与精神病理类型联系起来。

弗洛伊德去世后，W. 赖希（1933/1945）探索了个体的防御性操作在"性格盔甲"中的表达。克莱茵（1946）在她的客体关系理论的发展中描述了原始防御的概念。在她看来，这种防御早在生命的第一年就出现了（针对源自死亡本能的焦虑），并在内心世界的形成中发挥了作用。这些防御机制中最突出的是"分裂"、"原始理想化"和"投射性认同"。这些防御机制在偏执（偏执–分裂）位置时尤为突出。在抑郁位置上，对罪疚和抑郁的防御包括远离客体、恢复抑郁位置、**躁狂防御**，以及最终的修复（Klein 1935，1940）。在自体心理学的发展中，科胡特（1971，1977）区分了**防御结构**和补偿结构：防御结构用于掩盖自体的主要缺陷，补偿结构则试图弥补缺陷；他还提出了防御性垂直分裂，这有助于防止因未满足的自恋需求而遭受羞耻和羞辱，同时扮演这些需求。克莱茵和科胡特都增加了新的有可能引发防御的焦虑种类。

在人际精神分析的发展中，沙利文（1953a）创造了"安全操作"这个术语（其基础是"选择性忽视"），它大致类似于防御。然而，沙利文认为，被防御的不是内心事件，而是与他人关系的各个方面。出于种种原因，这些方面无法被注意到。因此，它们是未阐述成形或解离的。D. B. 斯特恩（1997）认为，解离可被定义为在未阐述成形的状态下对经验的防御性保存和动机性保存，是精神分析临床医师面临的动机性未知的最重要形式。莫德尔（1984）将防御机制的定义扩展到了"双人"的背景下（而不仅仅是内心）。人际精神分析师和关系精神分析师继续发展**人际防御**的概念（Westerman & Steen，2009）。其中一个观点指出，神秘化是一种人际防御，旨在通过替代对现实的虚假建构来干扰另一个人思考或理解现实的某些方面的能力（Laing，1965；Levenson，1972）。

此外，D. N. 斯特恩（2005）认为，在发展过程中，主体间场内的失误不可避免，而协商修复的方式构成了防御的基础。谢弗（1968a）从意义而非机制的角度看待防御，强调了所有防御性操作中嵌入的叙事内容。C. 布伦纳（1982）质疑防御概念作为一类独特的自我功能的效用，认为所有的防御都可以用于非防御目的，所有的心理活动和行为都可以用于防御。与布伦纳相反，格雷（1994）提出了一种所谓"密切过程注意"的技术理论。该理论几乎完全基于对防御的分析，而他认为防御是可以识别的。

许多精神分析理论家试图系统地对防御进行分类或整理。费尼切尔（1945）试图区分成功的防御和不成功的防御。G. 比布林等人（1961）按照复杂性的梯度对防御进行分类——从"一阶"或不可还原的机制，到涉及防御机制组合的"二阶"防御行为模式。瓦利恩特（1992a）使用从男性纵向研究中收集的经验数据，将防御机制划分为与其适应功能和发展水平相关的四组：精神病性防御（否认、投射）、不成熟防御（幻想、投射、行动化）、神经症性防御（理智化、移置、压抑）和成熟防御（幽默、利他主义、升华）。从自我心理学和客体关系观点的综合性视角来看，克恩伯格（1970a）基于对防御的不同使用，沿着一条从不太成熟（原始）到更成熟的轴，发展出了一种人格组织（正常／灵活、神经症型、边缘型、精神病型）的层级理论。然而，威利克（1983）和其他人警告说，任何分类系统都存在陷阱，尤其是那些涉及原始防御的分类系统。他们认为，每个人都会在不同的背景下使用所有防御。布莱克曼（2004）毫不畏惧地打破纪录，将防御机制的种类增加到十一种。

无论是在精神分析领域，还是认知心理学和社会心理学领域，防御性操作一直是许多实证研究的研究对象（在认知心理学和社会心理学领域中，"应对机制"的概念与防御机制重叠）。例如，基于研究目的，研究者已经做出了大量努力来开发工具，以客观地测量具体防御措施的使用情况（Perry & Lanni，2008）。还有许多研究者已经研究了防御如何在各种背景下运作（Westen，1999b）。例如，实证研究表明，防御可能保留着广泛的跨文化适用性（Tori & Bilmes，2002），其在男性和女性之间可能存在差异（Bullitt & Farber，2002），而且其可能会随着治疗的成功而改变（Roy et al.，2009）。克莱默（2006）回顾了关于防御的发展、运作和变化的经验知识，以及评估防御的研究方法。最后，认知神经科学家将关注点转向了理解防御的生物学基础（Northoff & Boeker，2006）。

Deferred Action 延迟作用

延迟作用是对早期经验或记忆的重新激活或重新解释。通常，由于成熟和发展因素，这些经验或记忆在发生时无法被吸收。延迟作用的过程在性心理领域尤为明显，因为在青春期成熟效应发生之前，童年性爱经验的意义无法整合——这一事件晚些才能获得心理力量。"延迟作用"是斯特雷奇对弗洛伊德所使用的德文nachträglichkeit（事后性）的翻译，该词在整个《标准版》中以各种形式出现，但从未出现在专门讨论这一概念的论文中。事实上，拉康在1953年"普及"了这一概念，因而延迟作用这个术语在法国精神分析师中受到了广泛的关注（Laplanche，1991）。拉普朗什和彭塔利斯（1967/1973）在弗洛伊德（1896b）写给弗利斯的书信中确定了最早提到这个概念的参照之一。弗洛伊德描述了记忆痕迹典型的"重新排列"或"重新转录"，随着时间的推移，记忆被记录在不同的版本中。然而，在《科学心理学设计》中，弗洛伊德（1895b）解释了延迟作用引发癔症的病因。如果在青春期发生第二次类似性质的事件，婴儿期的性诱惑就会造成创伤，此时记忆会受到病理性的压抑。尽管弗洛伊德后来拒绝了诱惑假说，但他并没有拒绝延迟作用的概念。弗洛伊德（1918a）引用最多的例子是狼人——他4岁半时的梦被解释为对他1岁半时原初场景暴露的延缓理解。现在的梦是由发展预期中的阉割焦虑引发的，与恐怖症的发作相吻合。弗洛伊德引用的另一个延迟作用的例子是25岁的狼人有意识地理解并描述了一段4岁的经历。

拉普朗什（1991）为弗洛伊德的延迟作用概念添加了一个新的维度，并将之译为："后遗性"。拉普朗什指出，弗洛伊德在两个方向上使用了"事后性"，但没有试图将它们整合起来。一个方向是从过去到未来，在早期发生，在之后重新激活；另一个方向是从未来到过去，对更早发生的事情进行回溯性理解。在讨论弗洛伊德（1900）在《梦的解析》中用以说明延迟作用的一则逸事时，拉普朗什将这两个方向联系在一起——一位年轻人正在欣赏一位正在哺乳婴儿的迷人乳母，他开玩笑说这是一个新的机会。成年人的回溯性幻想起源于婴儿的口唇爱欲体验，因此弗洛伊德解释了向前和向后的时间性。拉普朗什在弗洛伊德的叙述中补充了他的新概念，即"谜之信息的植入"，或者是照顾者将爱欲体验传达给婴儿，然后进行双向翻译。

Deficit 匮乏

匮乏是一种干扰最佳发展的足够比例的早期剥夺。匮乏最常见的来源包括父母的行为（如过度刺激或疏忽）、客体丧失（如离婚或死亡）、影响婴儿摄入环境营养物质能力的感官缺陷（如失明或失聪）。匮乏可以与缺陷区分开来，缺陷是指儿童的体质损伤（如可观察到的身体缺陷、神经创伤、先天缺陷或发展失败），会影响人格发展。然而在某些情况下，我们很难区分缺陷和匮乏，因为个体自身神经生物素质（如听觉装置）的缺陷会产生"环境供应"（接触客体关系和语言习得的听觉模式）的匮乏。早期剥夺（匮乏）和构成损伤（缺陷）会损害基本的自我能力，如现实检验、客体恒常性、冲动控制、情感调节。术语匮乏在使用时强调经验，而术语缺陷在使用时则强调先天性或后天性神经生物学损伤。匮乏和缺陷的概念经常被用来与冲突的概念做比较，后者强调心灵内部对心理体验的影响。

这两个概念（匮乏和缺陷）自诞生起就一直是精神分析思想的一部分，其重要性的消长取决于理论争议。基于早期剥夺或过度刺激的匮乏概念与精神分析本身一样古老，正如弗洛伊德最早的病因学构想（诱惑理论）所暗示的那样。即使在神经症病因学转向潜意识冲突的情况下，弗洛伊德也始终坚持内外因素，或他所说的互补系列对心理发展的综合影响。随着自体心理学和精神分析相关学派的兴起，匮乏的概念变得尤为重要。与传统的冲突模型相比，这些学派囊括了精神病理学中的匮乏模型。匮乏的概念隐含在反对将传统冲突模型过度扩展到当代思维中可能存在神经生物学或体质基础的领域的争论中。事实上，大多数当代分析师都认识到，心理发展中的缺陷、匮乏和冲突之间存在复杂的交互作用。

一些儿童分析师、观察员，如斯皮茨（1945），记录了环境剥夺对儿童发展的深刻影响。这种影响有时是不可逆转的。1943—1944年，A. 弗洛伊德和克莱茵，以及她们各自的追随者之间展开了著名的"论战"。在一段时间里，一些人认为内心体验比个体与环境的互动更重要，另一些人则相反（E. Kris，1950a；Hayman，1994）。虽然弗洛伊德早期的许多信件和论文中都提到了缺陷，但正是A. 弗洛伊德（1952）系统地研究了缺陷对自我发展的作用。她描述了童年时期先天（体质的）和后天（环境诱发的）因素对自我发展的影响。韦尔（1978）和派因（1994）认为，先天自我装置中的缺陷可能是真实的、基本的故障，这些故障与冲突和幻想是分离的。然而，他们警告说，要反对过于简单化和简化的观点。由于成熟的特征会直接与环境相互作用（Weil，1970），分析师必须考虑环境供给、冲突、幻想和情境的作用。此外，在分析过程中，有些患者会产生某些自我功能。大多数密切观察婴儿的人都认识到，所谓先天决定的能力存在于一系列潜能中，需要环境滋养才能表达和发挥功能（Provence & Lipton，1962；Weil，1970，1978）。这也适用于神经损伤或创伤所引发的后天缺陷，其可能对大脑和精神生活产生显著的影响。

为了弥合各种精神分析的趋势，派因（1994）主张采用综合取向对匮乏概念进行描述。匮乏可能导致终身的心理脆弱性，成为精神分析的核心主题。因此，分析师需要承认患者早期的剥夺。然而，派因观察到，匮乏的概念未能阐明所有与童年经历相关的冲突的含义，这会歪曲患者对自己早期生活的解释。例如，卷入发展冲突的儿童可能会拒绝父母的建议；之后，他的历史叙事可能会将自己的敌意降到最低，并将父母描述为拒绝和剥夺的。这同样适用于缺陷，因为某些先天局限会直接损害儿童体验父母照顾的能力。

类似地，其他精神分析师也警告说，不要将患者的缺陷感具体化，因为即使是基于身体畸形，缺陷也不可避免地会演变为一种为防御目的服务的幻想。因此，我们必须对它加以分析（Coen，1986）。这些分析师强调，缺陷感的演化是一种妥协形成。其他人坚持认为，即便如此，认识到素质缺陷对发展精神生活的具体影响仍是重要的（A. Rothstein，1998；Gilmore，2000；Willick，2001）。神经精神分析学的这一领域包括，研究特定病变及其在心灵中的回响之间的相互作用，以及治疗存在大脑缺陷的个体所需要的技术改进（Ostow & Turnbull，2004）。

Denial 否认

否认有时也被称为**拒认**（disavowal），是个体通过拒绝特定现实的某些或所有方面，从而减少或避免与该现实相关的痛苦影响的一种防御机制。否认可能会被用来拒斥外部现实的某些方面（例如，一个人的配偶突然心脏病发作，但他可能会拒绝取消即将到来的阿尔卑斯山度假）。它也可能会针对自体的各个方面，包括行为、性格特质，甚至是已经意识到或可能很快意识到的主观体验（例如，有人在忍住眼泪时，可能无法意识到自己的悲伤）。随着时间的推移，否认被越来越少地用于描述离散的防御机制，而更多地被用于描述防御性操作否认现实的方面，或个体拒绝面对所有可能令人不舒服的现实的一般防御态度。否认这个术语在精神分析中的用法也应与日常语言中的用法区分开来。在日常语言中，它通常意味着断言某事是不真实的——往往以欺骗为目的。

否认的某些因素在所有防御策略中都发挥作用，且与许多其他防御机制有重叠。否认与压抑的不同之处在于，它有助于避免外部现实或自体明显有意识或接近意识的方面，而压抑则有助于阻止外部现实或内部现实的方面变得有意识。根据这种差异，在治疗环境中，否认要用面质来处理，而压抑要用解释来处理。否认与抑制不同，后者被定义为有意识地努力不去想某些事情。在现实检验中，否认的使用是连续统一的——从大规模损伤到较小的损伤，从精神病和躁狂中可见的精神病性否认（Freud，1927b；B. Lewin，1932，1950）到正常的否认。否认在正常儿童的游戏中普遍存在；在每个年龄段，某种程度的短暂否认都是对压力、创伤和亲人丧失的正常反应。否认可能在正常的乐观主义状态中发挥作用（Angel，1934）。幻想经常被用来帮助消除对现实的知觉，就像一个无助的儿童创造一个他很强大或无所不能的幻想一样。否认也经常得到行动的支持（A. Freud，1936）。

弗洛伊德在《癔症研究》（Breuer & Freud，1893/1895）中首次使用否认／拒认——涉及一个患者试图拒斥他自己自由联想的某些方面。然而，弗洛伊德（1923b，1925a）第一次明确将拒认用作防御是在关于儿童拒绝承认女性身体中缺少阴茎的描述中。弗洛伊德（1924c）认为，这种拒绝承认现实的态度对儿童无害，与成人精神病相似。弗洛伊德（1927b，1938a）还假设，拒认是恋物癖现象的核心：恋物癖者同时拒认和承认女性阉割的"现实"，这一矛盾代表弗洛伊德所说的"自我的分裂"。

A. 弗洛伊德（1936）描述了否认在儿童中的广泛使用，并添加了术语**幻想中的否认**、**言语中的否认**和**行动中的否认**。克恩伯格（1975）在边缘型人格障碍患者中使用了原始否认这个术语，以描述当事件的情绪意义与他们目前所体验的不一致时，消除对事件的情绪意义；原始否认是基于分裂的防御。科胡特（1971，1977）用拒认这个术语来解释垂直分裂。换句话说，在一些个体中存在两种有意识的、矛盾的自体经验。A. 奥恩斯坦（1985）将拒认作为集中营里的囚犯所使用的一种重要的防御，其在维持价值观和对未来的展望的同时，能够促进日常运作。拉康（1959）将弗洛伊德对拒斥、抑制和拒认的使用扩展到他自己的术语"除权"中。由此，一个基本的能指（如"指代阉割情结的阴茎"）被驱逐出"主体的象征体系"。里托威兹（1998）将否认置于否定发展线索的末尾，其中包括拒绝和驳回。

Depression 抑郁

抑郁是一种病理性的心境状态，其特征是悲伤、敏感、绝望、自责、失败和缺乏快感的感受，行为改变（包括社交退缩和活动水平降低），以及心理生理症状（包括焦虑、睡眠障碍、食欲减退和性欲减弱）。严重的抑郁还可能包括认知障碍、疑病性焦虑、对耗竭的恐惧，以及延伸至自杀意念和行为的自我批判思想。抑郁的精神分析观点承认其生物学基础，同时试图理解引发易感性的性格学因素和经验因素（包括脆弱的自尊、自恋冲突、超我的严酷和其他攻击问题，以及童年创伤和客体丧失的历史），以及抑郁心境状态的潜在结构和心理动力学。现实中或幻想中的失败和失落，都可能成为脆弱个体抑郁的导火索。罪疚和羞耻可能是涉及失败经验的抑郁的突出特征。抑郁与正常的哀伤或悲伤不同，后者也是对丧失重要客体关系或任何其他重大的情感丧失的回应。与抑郁相比，哀悼是一个有时间限制的过程，其重点是适应变化的现实和恢复心理平衡。病理性哀伤与抑郁可能难以区分。

抑郁在精神分析临床工作中很重要，因为精神分析治疗中的大多数患者都有一定程度的抑郁心境。此外，失败和丧失是普遍的经历，可能会引起抑郁反应，也可以促进性格形成。所有精神分析治疗的目标都是能够容忍和容纳抑郁反应而不使其发展为病理性心境状态。在精神分析理论的历史上，对抑郁的研究促进了思考超我、攻击、内化、客体关系以及丧失在发展中的核心作用。

弗洛伊德（1894b）早期对抑郁的病因学的兴趣明显呈现在他写给弗

利斯的信中。在信中，他将忧郁症与焦虑性神经症进行对比——忧郁症发生在"心理紧张累积"时，而焦虑性神经症发生在"生理紧张累积"时。然而，在他的里程碑式论文《哀悼与忧郁》中，弗洛伊德（1917c）对抑郁进行了最系统的精神病理学讨论。弗洛伊德认为，忧郁症是一种良心疾病，其特征是痛苦的沮丧、对世界失去兴趣、丧失爱的能力、活动的抑制，以及（与哀悼不同的）一种痛苦的自我贬低——甚至达到妄想惩罚的地步。忧郁症患者的自我谴责代表了对丧失的客体的潜意识敌意，这种敌意已经通过认同过程转移到患者的自我身上。通过这种转移，忧郁症患者成功地惩罚了自己和他丧失的客体。患者对忧郁症的脆弱性植根于超我的严酷性和客体联结的本质，这两者是高度矛盾的，并且都需要维持自尊。当客体丧失时，矛盾加剧，针对自体的大量攻击被释放出来。弗洛伊德的忧郁模型成为后来许多关于抑郁的精神分析文献的试金石，这些文献常常错误地将所有抑郁与客体丧失及对自我的攻击联系在一起。通过对抑郁的研究，弗洛伊德了解了心灵运作的基本方面，包括认同在客体关系内化中的作用、攻击和矛盾在客体关系中的意义，以及超我的作用。

亚伯拉罕（1924b）和拉多（1928）进一步阐述了弗洛伊德的忧郁模型。亚伯拉罕强调前俄狄浦斯因素和性格弱点。与弗洛伊德强调抑郁的元心理学不同，亚伯拉罕关注潜意识幻想的临床层面。在这个层面上，丧失的客体是被摄入、代谢和分析破坏的所有物。拉多强调了自恋的病理症状的作用。当亚伯拉罕和弗洛伊德专注于忧郁症患者对客体的摧毁时，拉多则专注于忧郁症患者试图通过双重认同将好客体与坏客体一起保存起来，从而赢回矛盾的被爱客体。

随着自我心理学的发展，关于抑郁的病因和结构的理论变得更加复杂。雅可布森（1953，1971）综合自我心理学和客体关系的观点强调了基于发展困难的抑郁心境状态的倾向。这些发展困难表现在自我和超我的缺陷、不稳定的自尊、对客体的自恋依赖、情绪化的体质倾向，以及由于禀赋或创伤引发的攻击问题。雅可布森认识到，并非所有的抑郁都是由客体丧失引发的，一些抑郁可能是由现实或幻想中未能达到道德标准或世俗的野心引发的。在前者中，罪疚是一个主要特征；而在后者中，羞耻占主导地位。所有情绪都取决于某种程度的否认和扭曲，而雅可布森对抑郁的严重程度进行了区分，其依据是用于维持心境的否认的性质——否认是否屈服于现实检验，是否启动了其他退行过程。其他精神分析理论家将抑郁视为一种基本的、不可还原的自我状态，就像焦虑一样。这本质上是将这一概念转变为一种更广泛甚至普遍的体验。例如，C. 布伦纳（1975）将抑郁定义为一种普遍的信号效应，认为抑郁效应是危险已经发生时防御的信号，而焦虑则是预测危险时防御的信号。只有当防御不成功时，抑郁的临床症状才会表现出来。

克莱茵（1935，1940）从她的客体关系理论出发，将**抑郁性焦虑**描述为一种正常的发展成就，象征着整体客体关系的能力。抑郁表现为对好客体的深深悔恨和关心，因为这些好客体可能会被自己的攻击冲动所丢失或损坏。克莱茵保留了弗洛伊德忧郁模型的所有关键特征，包括有可能失去矛盾客体、攻击和超我攻击，同时将这些特征转化为一个普遍的发展阶段——抑郁位置。如果抑郁性焦虑太过强烈而无法防御，那么抑郁位置就无法巩固和克服，从而引发临床上的抑郁状态，或克莱茵所说的"躁狂防御"（由控制客体的幻想和带着对客体的胜利感和蔑视感构成）。

科胡特（1977）的自体心理学淡化了攻击和罪疚在所有不愉快的自体状态（包括抑郁）中的作用。当满足和愉悦的能力受损时，可能会出现无罪疚感的或空洞的抑郁状态，其特征是空虚的主观体验、缺乏主动性、缺乏在工作和人际关系中的满足感、缺乏活力和羞耻感。在科胡特看来，抑郁状态是虚弱自体的表现，与健康的自恋结合得不够充分。原因在于，古老的夸大自体发展失败，无法完全融入更成熟的人格。

除了探索通常被称为**抑郁性神经症**的东西之外，精神分析师还描述了慢性抑郁状态（也称为性格抑郁或抑郁型人格障碍）的心理动力学，其特征是慢性焦虑情感，以及罪疚和羞耻倾向。劳克林（1956）描述了他所说的**抑郁型人格**，而克恩伯格（1975）注意到受虐性格发展抑郁反应的倾向，描述了抑郁-受虐型人格障碍。其他精神分析师专注于躁狂抑郁型人格（Jacobson，1953）、轻躁性格（H. Deutsch，1933b）和躁狂状态或狂喜状态本身（B. Lewin，1950）的心理动力学，强调躁狂、轻躁狂如何起到对抗抑郁的防御作用，并辅以否认的使用、合并客体的幻想，以及自我和超我的融合。根据布拉特（1974）的工作，《心理动力学诊断手册》（PDM Task Force，2006）区分了内摄性抑郁型人格障碍和依附性抑郁型人格障碍。前者以自我批评、罪疚和完美主义为显著特征，后者以人际关系中断、客体丧失和寻求独立为特征。它还描述了一种轻躁型人格障碍。

儿童观察性研究支持这样一种观点：在正常发展中，抑郁性回应是在生命早期由自恋威胁或丧失在发展上可预测的经验引起的。马勒、派因和伯格曼（1975）研究了基本心境的发展，描述了在实践亚阶段的宏伟和全能的感觉。这种感觉被幼儿反复经历的无助和对分离的承认所穿透，导致发展和解亚阶段的清醒或暂时的抑郁。斯皮茨和沃尔夫（1946a）描述了一种严重的综合征，并将其称为**依附性抑郁**，其与成人抑郁有着惊人的相似之处，发生于和母亲分离至少3个月、年龄在6个月以上的婴儿。斯皮茨（1945，1946）还记录了**住院致病症**，它发生于从出生时就被情绪剥夺的婴儿。有研究者还描述了童年后期发生的病理性抑郁反应（Sandler & Joffee，1965），涉及成人抑郁的许多特征。鲍尔比（1963）研究早期依恋行为，将童年期父母的分离和丧失与成年期的病理性哀悼联系起来。

一些人已经尝试研究心理动力学疗法对抑郁的疗效。结果表明，其效果与认知行为疗法相当（PDM Task Force，2006）。F. N. 布施、拉登和夏皮罗（2004）提出了一种聚焦动力学取向——可用来治疗抑郁，作为辅助药物的补充。

Depressive Position 抑郁位置

见"Depression 抑郁""Melanie Klein 梅兰妮·克莱茵""Splitting 分裂"。

Detailed Inquiry 详细询问

见"Free Association 自由联想"。

Devaluation 贬低

见"Idealization 理想化""Melanie Klein 梅兰妮·克莱茵""Narcissism 自恋"。

Development 发展

发展是有机体的生长过程，这一术语在生物科学中被广泛（而非专门）使用。发展是一个较早或松散组织的功能或结构向一个组织良好、整合或复杂的新功能或结构的转变。发展涉及环境的作用，其不同于成熟，后者通常只指正在展开的基因蓝图。不过成熟的过程为发展的重组和跨功能领域的新整合铺平了道路。在精神生活中，发展是在心灵中建立心理结构／组织的过程，在一生中与环境相互作用。从弗洛伊德开始，精神分析师将发展描述为一个自体驱动的、互动的、生物心理社会的过程。通过这个过程，个体的先天能力在与照顾者的互动中展开并形成。这些都是在一个有意识和潜意识地抱持着社会价值观和期望的家庭环境中进行的。发展取向不同于古典元心理学的发生学观点（尽管被理解为包含在其中），因为它处理向前运动和心理转变的过程，而不是对成人行为和情绪的童年前因进行向后的线性搜索。该术语也用于描述临床工作，尤其是以多种方式描述儿童的临床工作，包括发展冲突、发展线索、发展失调、发展客体和发展帮助。

童年发展在精神生活中的重要性，以及"儿童是成人之父"（Freud，1913c）这句老话的开明支持，是弗洛伊德最早、最具影响力的见解之一。他的第一个正式发展理论，即心理性欲阶段理论（Freud，1905b），为后来的精神分析学派奠定了基础，这些学派的理论中可能都包含关于发展的内隐或外显理论。大多数理论学派都赞同某种按等级顺序出现的、性质上为新构型的心灵结构（时期、阶段或位置）。他们还承认，沿着这些序列的向后运动、向前运动以及停止比固着和退行的原始观点所认为的简单线性过程更复杂。精神分析理论根据所强调成分的不同而有所不同，并且通常会赋予这些主要成分中的一个以更重要的地位（环境胜过成熟，天性胜过教养，反之亦然）；或者——更常见的是——赋予每个主要成分的一个或另一个特征以更重要的地位，如环境的具体方面（如早期母性调谐）或成熟的具体属性（如涌现的驱力或认知发展）。这种选择性偏好是当代精神分析学派分歧的一个有力来源。此外，精神分析中的发展理论在融合发展研究和观察资料的程度上有所不同。精神分析发展理论包括：弗洛伊德的心理性欲阶段、依恋理论、A.弗洛伊德的发展线索、马勒的分离－个体化理论、埃里克森的阶段、斯皮茨的心理组织、克莱茵的位置、科胡特的自体-自体客体模型，以及人际／主体间矩阵的影响，等等。

弗洛伊德（1888a）承认童年经历的重要性，这在他最早关于癔症的临床论文中就可以观察到，远远早于他更系统的理论化。弗洛伊德将童年事件视为成人精神病理学的核心，这经受住了他从创伤发生到内部冲突的焦点转移，因为童年影响的重要性仍然存在。随着元心理学的演化，发生学观点成为精神分析理论化的支柱之一。在纯形式上，这只涉及心理决定论原则指导下的向后探索（Rapaport & Gill，1959）。发展没有被赋予它自己的领域，而是包含在发生学观点中。然而，弗洛伊德（1905b）表示，他相信对真实儿童发展的更多了解和理解将丰富精神分析思想。因此，他鼓励将发展的观点与观测资料相结合。发展取向与实证观察和研究相结合，考察了心理成长的过程，也观察了许多影响因素的汇合。这些因素将心理成长导向一个或另一个方向，不服从预测和所有形式的决定论。

关于发展的争论包含了对精神分析研究事业至关重要的问题。精神分析需要关注向前运动吗？向前运动目前被概念化为非线性的，并且受制于个体和个体内部运行的多个系统的广泛影响（Abrams，1977，1983；Galatzer-Levy，1995，1997a，1997b，2004；Mayes 1999，2001；P. Tyson，2002）。对许多分析师来说，发展观察和研究的经验资料，无论多么以精神分析为导向，在精神分析理论中都没有位置，因为它们不涉及内心生活（Green as cited in J. Sandler，Sandler，& Davies，2000；Wolff，1996）。其他人认为，实证和观察结果的明智结合为我们当前的精神病理学概念化提供了依据，即使其起源无法通过精神分析方法获知（Gilmore，2002，2008；P. Tyson，2002；Auchincloss & Vaughan，2001）。

发展在临床工作的背景下被描述性地用作：（1）评估儿童治疗指征及疗效的一个方面，即发展线索；（2）一种精神病理类型，即发展失调；（3）管理精神疾病的一种治疗形式，即发展帮助。对指征和疗效的评估源自A. 弗洛伊德（1970）对童年期治疗方法的阐述，即通过释放发展过程来恢复其自然进程。这意味着，童年时期的神经症过程会干扰未来的发展，恢复正常的发展是治疗获得成功的标志。在这种背景下，她提出了**发展线索**的概念。发展线索是一种发展图式，在这种图式中，发展被描述为一系列可预测的、相互关联的、连锁的心理单元，反映了本我、自我和超我的组成部分，以及适应的、动力学和发生学的影响（A. Freud，1963）。沿着这些线索评估儿童的运动（例如，从"依赖到情绪自立和成人客体关系"）是她的"诊断剖面图"的重要组成部分。诊断剖面图指导治疗并记录儿童的治疗进展。

发展失调是由于恶劣的环境状况或核心自我能力失调而引发的发展过程中的失败（Gilmore，2002）。它暗示了某些障碍的发病机制，这些疾病被认为起源于体质、神经精神病、基因或创伤环境等方面的状况。由冲突引发的生理汇集反应（Weil，1978）是次要的，尽管它在症状表象中很突出。对一些理论家来说，童年时期的精神病理学问题不可避免地涉及发展偏差或发展损伤。治疗需要通过直接的发展帮助（Hurry，1998），或通过对在移情中再现的扭曲形态或婴儿形态进行检查和改造，来促进新生功能（Gedo，2005；Sugarman，2006）。在这种背景下，发展意味着对分析技术的特定修改。

认知发展是信息加工技能的涌现。它是对知识的心理获取、转换、编码和存储，包括抽象思考、从经验中学习，以及组织感知经验的能力。它促进记忆能力、语言能力和知觉技能的发展，支持以日益精细和复杂的方式理解社会世界和非社会世界。

认知发展的特征，尤其是儿童的认知发展特征，对精神分析发展模型和临床工作具有重要意义。例如，理解潜意识幻想的本质需要准确识别儿童如何构建幻想——这是幻想在心理上表征出来的最早版本，并且带有童年认知能力和知觉能力的印记。精神分析理论越来越多地认识到与其他学科进行整合研究的必要性。

在认知心理学领域，大量的研究集中于儿童如何理解世界。从皮亚杰（1932，1937，1951，1953）开始，理论家们关注儿童如何在整个发展过程中使用不同的策略来概念化他们的经验。整个生命周期（尤其是童年时期）中的认知发展，不仅是知识和经验的获得，而且是加工和理解一个人的环境和知觉经验的连续重组策略。与早期青少年相比，学龄前儿童对同一事件的感知和理解会非常不同。虽然皮亚杰的认知发展的一些特定阶段在实证研究中没有被非常清楚地描述出来，但他仍然为当代认知发展模型和认知心理学提供了指导原则——儿童因不同的认知策略而不同地加工和理解世界。

更现代的认知发展理论（Gelman，2003；Oates & Grayson，2004；Siegler，1996）受到学习的神经生物学理论和渐成说概念的影响，它们描述了环境或环境因素对基因表达的影响。这些理论指出，随着经验的积累和日益集成的神经网络的涌现，对不同类型信息的加工会出现差异。这并不是说，理解知觉和经验有明确的发展阶段；而是说，积累的经验刺激了学习和理解。反过来，这些增强的神经／学习网络使更精细的学习成为可能，并使理解所有给定经验的不同方式成为可能。

在这个更当代的认知发展观点中，一些理论家在推测特定领域中的学习是否存在差异，或者说，是否有专门的神经学习系统用于特定的信息领域，如算术、语言、空间定向、视觉知觉和社会信息。例如，个体可能为界定诸多人类经验的领域中的每一个领域发展出专门的学习回路；或者说，对于个体经验中最常见的所有信息领域，神经学习机制都具有高度适应性。无论是哪种情况，当代认知发展的概念化都是以特定的、不断积累的经验为基础的对神经网络的细化。

Developmental Conflict 发展冲突

发展冲突是由于儿童体内的成熟力量引发他 / 她与环境间的冲突而产生的。尽管这种情况可能引发类似于童年神经症的症状或行为状况，但这些症状更为短暂。就潜意识内容而言，这些症状没有相同的象征功能，也不像神经症症状那样代表潜意识妥协形成。发展冲突是正常的、有特点的、可预测的，且通常是短暂的。通常，外部需求和内心愿望之间的冲突变成了两种对立倾向之间的内部发展冲突，平衡逐渐从满足本能欲望的需要转向取悦母亲的内部表征。当外部需求的内化更加充分时，这种特定的发展冲突就消失了，而结构化和性格形成更进了一步（Nagera，1966）。发展冲突的概念源于这样的假设：无论发展路径是正常的还是病理性的，每个发展阶段都是基于前一个阶段的；连续的阶段包含重要而持久的新心理形态，而这些形态在之前的阶段中并不存在；发展过程需要时间来处理暂时的退行和不连续性（Erikson，1950；Hartmann，1950；Spitz，1959；Mahler，Pine，& Bergman，1975；P. Tyson & R. Tyson，1990）。前行行为和退行行为的内心关联是内化过程和外化过程的波动，它们有助于心理结构的逐步建立和整合，以及自主性的增强（Settlage et al.，1988）。

发展冲突这一概念起源于弗洛伊德最早的理论，即他论述的遗传和环境的相对重要性及其对正常和异常发展的作用。弗洛伊德的**互补系列**概念提供了一个图式，以解释生物学和经验之间错综复杂的交流产生的多重结果。体质因素必须待有经验才能表现出来；偶然因素必须有构成基础才能发挥作用。

纳格拉（1966）受到弗洛伊德、哈特曼、A. 弗洛伊德及其同事的影响，首先界定了发展冲突，并将其限定为正常发展中的角色。哈特曼（1939a）研究了一些后来可能被理解为包括发展冲突的现象，并试图理解它们对正常发展的作用。他假定了一个可以调节成熟序列和环境状况之间的相互作用的发展原则。

发展冲突的一个例子是如厕训练的经验，这通常发生在生命第二年的下半年。儿童的愿望是在弄脏衣服时要有自我决定和快乐的能力，这与希望得到母亲的爱和赞许的愿望联系在一起。理想的情况是，母亲的需求涉及儿童即将被发展的能力的发展，而不是过早或过晚地引入儿童的一些能力。此外，母亲的共情能力、情绪和力比多的可用性使她能够有效参与儿童发展，从而将儿童的紧张、冲动和情感控制在一定范围内。

Developmental Lines 发展线索

发展线索是由A. 弗洛伊德（1963）提出的一种发展图式，它通过描述人格特定领域的心理功能和行为的多重序列来捕捉发展过程的复杂性。发展被描述为一系列可预测的、相互关联的、连锁的心理单元，反映了本我、自我和超我的成分，以及适应的、动力学和发生学的影响。这些线索旨在强调可观察到的行为及其共同表现出的整个人格肖像，其中包括个体的成就和失败。一个给定的儿童沿着一条特定的发展线索达到的水平，代表了驱力和自我-超我发展之间相互作用的结果，以及他对环境影响的反应——在成熟、适应和结构化之间。A. 弗洛伊德（1963，1965）将从依赖到情绪自立和成人客体关系的这条线索确定为雏形。她还确定了许多条其他的发展线索，包括在身体管理中从不闻不问到负起责任，从关注身体到关注玩具，以及从游戏到工作，等等。

在精神分析关于发展的观点的演化中，发展线索的概念很重要，因为它是对儿童发展进程的完整生物心理社会评估概念化的第一步。它代表了自我心理学的元心理学中描述的六个广泛的参照框架在临床情境中的应用。早期的发展图式赋予发展的一个方面以重要地位，后来的发展图式试图超越A. 弗洛伊德模型中的线性内涵。

A. 弗洛伊德（1963）首先引入了发展线索的概念，以便于对儿童进行更全面的评估，而不是使用特定的力比多和认知发展量表。发展线索还可用于：（1）捕捉不同线索之间发展的均匀或不均匀程度；（2）观察无数小范围的互动随着时间的推移而结合，逐渐变得更加固着，甚至僵化，成为正常和病理性人格发展的可识别方面；（3）帮助确定儿童满足各种生活经验的发展准备；（4）准确指出成人的匮乏（Edgcumbe，2000）。A. 弗洛伊德的发展线索可以单独使用，也可以与她的诊断剖面图结合使用。诊断剖面图可指导治疗并记录儿童的进展。

A. 弗洛伊德（1974，1978，1981）关于儿童发展的观点在发展线索的背景下越来越有组织。通过这一框架，她描述了冲突的性质及其解决方案如何与儿童所达到的人格发展水平交织在一起。她提出，整合可能有助于（也可能无助于）健康的发展，因为异常功能和正常功能都是由自我的综合功能整合而成的。她进一步提出，对向前发展的变迁和自我的综合功能的研究只属于儿童分析的范畴。她的论点基于这样一个理由，即人们只有研究未来发展，才能理解成年人的通常人格特征。

除了A. 弗洛伊德之外，其他分析师也认为发展线索的概念在理解基本精神分析概念方面具有广泛的效用。H. 布卢姆（1979a）强调了发展线索与自我心理学的联系——包括哈特曼（1939a）的无冲突领域、次级自主和发展掌控。布卢姆将发展线索的概念作为建构精神分析理论的模型，将防御和阻抗概念与非防御自我功能和适应问题的平行研究联系起来。纽鲍尔（1984）认为，发展线索在概念上高于元心理学，因为前者通过隔离特定的发展序列来涵盖人类发展的复杂性。

发展线索的概念也受到了批评，因为其依赖于一系列固定的与发展时期和发展阶段相关的序列，也因为其对正常和病理的评估是基于不同发展线索之间的对应关系。这些批评建立在近年来的发展研究结果（这些研究支持与系统理论和非线性动力学相关的概念）的基础上，挑战了普遍的对顺序的固有观念（Coates，1997；Galatzer-Levy，2002）。例如，科茨认为，对序列的理解可以促进人们理解儿童个人在任何一个特定领域的行为，但无法解释或预测不同领域之间的交互结果，因为交互结果发生于自体和他人之间交流的背景下（Coates，1997）。另一些人指出，A. 弗洛伊德的发展线索概念可以被理解为动力系统理论的早期版本（Mayes，2001）。

Disavowal 拒认

见"Denial 否认""Dissociation 解离""Reality 现实"。

Disintegration Product 解体产物

见"Self Psychology 自体心理学"。

Displacement 移置

移置是依附于一个观念的兴趣或强度被重新定向到另一个相关观念之上的过程。当选择一种不太危险、不被禁止或可以接受的替代观点时，移置是一种防御。在写给弗利斯的一封信中，弗洛伊德（1897a）首次使用了移置这个术语，并概述了他早期的神经症理论。在这封信中，当一个观念所附带的情感增加、减少、脱离、释放或移置时，症状就形成了。他对移置这个概念最广泛的讨论出现在《梦的解析》（Freud，1900）中。在这本书中，他将移置（连同凝缩）描述为梦的工作的一个主要特征，它有助于扭曲隐藏的梦思的伪装。弗洛伊德将移置和凝缩解释为潜意识系统（Ucs.）原发过程的经济功能特征的两个方面，它通过自由或不受约束的能量来运作。依附于一个观念之上的能量很容易转移到另一个观念上；当许多关联链在一个"节点"上相交时，就会发生能量的凝缩。在症状形成和梦的工作中，移置是为了逃避稽查作用（Freud，1900，1915d）。在其他地方，弗洛伊德将转换描述为一种移置，即能量从观念移置到躯体症状。他还将恐怖症描述为涉及焦虑的移置，就像小汉斯的案例一样，男孩对父亲的恐惧被移置到对马的恐惧上（Freud，1909c，1926a）。当代分析师基本上摒弃了弗洛伊德对移置进行概念化时所依据的能量理论或经济理论。然而，所有人都承认，无论是在日常生活中还是在治疗环境中，移置都是人类心理和行为的一个常规特征。例如，移情现象可以被理解为一种移置，因为患者针对早期客体的感受和幻想被移置到了分析师的身上。

Dissociation 解离

解离是指出于防御的目的而产生的心理体验连续性的中断。解离包括意识、注意、记忆、知觉和同一性感的中断。它的严重程度从注意力或记忆的轻微缺失，到同一性感的严重和长期中断，如**解离性身份识别障碍**（美国心理学会，1994）。在精神病学和精神分析文献中，解离与创伤密切相关，与严重的创伤的关系尤为密切。解离与否认和分裂的防御重叠，这种防御被克恩伯格（1975）定义为"相互解离的自我状态"。

法国精神病理学家珍妮特通过描述癔症的"双重意识"特征而使解离这个术语得以闻名。布洛伊尔和弗洛伊德（1893/1895）用解离这个术语来描述癔症中的"意识分裂"。然而，弗洛伊德在使用这个术语时更为谨慎。他尽力解释说，与珍妮特和其他法国理论家不同，精神分析学派理论家将解离概念化为压抑和冲突的结果，而非构成或退化的综合能力的结果（Freud，1910e，1913b）。在后来的几年里，弗洛伊德（1938b）描述了一个类似于当代解离概念的过程，他称之为"自我的分裂"。在这个分裂的过程中，个体对现实持有矛盾的观点。

继弗洛伊德之后，关于解离的精神分析文献在几个有所重叠的方向上发展。在关于精神病理的文献中，这个术语出现在论及障碍（在弗洛伊德时代被归类为癔症；在现在的精神病学中被归类为**解离性障碍**）的情况下。例如，多重人格、神游症和梦游症、精神病、酗酒、现实感丧失、人格解体，以及意识的变形状态表现突出的其他障碍。I. 布伦纳（1994）描述了一种**解离型性格**，其特点是将解离作为防御，并伴有严重创伤史。从关系的观点出发，对与童年性虐待相关的综合征的探索也集中于解离现象（Davies & Frawley，1992）。《精神分析诊断手册》（PDM Task Force，2006）囊括对解离性障碍和解离型人格障碍（也称解离性身份识别障碍或多重人格障碍）的讨论。

解离显然没有出现在A. 弗洛伊德提出的十种防御机制中。一些自我心理学家试图从自我"综合功能"的失败（Nunberg，1931）或"自我核心"之间的失联（E. Glover，1943）来解释这种现象。斯特巴（1934）描述了他所说的**治疗性解离**。它是一个基本上正常的过程——将自我分裂为体验功能和观察功能，促进在精神分析治疗中进行自我反思。然而，其他人大多将解离定义为一种伴随着现实检验丧失的异常现象。因此，人们最常讨论的是它与否认或拒认等防御的关系。事实上，瓦利恩特（1977）将解离定义为等同于"神经症性否认"，同时（与大多数其他人相反）将其归类为更高水平的防御。

克莱茵及其追随者的作品中经常出现解离，其意义与她的分裂概念大致相同（Brierly，1953）。在努力将克莱茵学派理论与自我心理学综合起来时，克恩伯格（1966，1975）认为，他所说的**原始解离**等同于分裂，它导致了自我综合功能的失败。在其后来的工作中，克恩伯格区分了解离和分裂，认为解离可以是一种离散现象，而分裂伴随着客体关系和其他病理防御的严重扭曲。

解离的概念在人际精神分析和关系精神分析的发展中非常重要。沙利文（1947）指出，当照顾者对个体的经历没有做出积极或消极的回应时，就会发生解离。因此，它不会成为自我系统的一部分。沙利文认为，解离的经验无法被详细阐述，也无法被了解。这些观点在D. B. 斯特恩（1997）的"未阐述成形的经验"概念中发展起来。在这个概念中，某个故事是不能被讲述的，因为它被主动禁止了。在斯特恩看来，解离阻止了未阐述成形的经验的意识化。这种经验不是用语言而是用行动进行编码的，因而需要不同的解释技巧。斯特恩认为，解离（而非压抑）是精神分析临床医师面临的动机性未知的最重要形式。在一组相关的观点中，P. 布隆伯格（1991）认为，分析师的任务是将患者从解离的位置转移到冲突的位置。在布隆伯格看来，解离是一个防御过程，会导致自体体验的某一方面被隔离；它不像压抑那样涉及对内容的拒认。解离发生在对无法被符号表征的压倒性创伤情感的回应中。因此，解离的自体体验只能通过行为扮演获得。通过对这一既定经验的理解，意义在治疗情境中被创造出来。对于包括布隆伯格在内的一些关系分析师来说，解离是所有病理经验的模型。

从人际视角和关系视角来看，解离大致类似于自体心理学中的**垂直分裂**（Kohut，1970/1978，1971，1977）。垂直分裂指的是自体结构中的发展性分裂，表现为共存的矛盾自体状态（如夸大和羞怯），或表现为未整合的行为（如倒错和不忠）。

布奇（2007）努力将精神分析与认知神经科学结合起来，并将概念用于操作，以服务于研究目的。她认为，精神病理学是表征的符号模式和亚符号模式之间解离的结果。她提出，精神分析中指涉活动可以解释治疗的工作原理。

Dream 梦

梦是一种发生在睡眠中的心理事件；用日常用语来说，梦是一个人在觉醒后所记得的意象、观念和情绪的集合。**做梦**由大脑特定区域的激活引起，该区域通常会产生视觉类型的幻觉。做梦主要发生在睡眠第一个阶段的快速眼动（REM）时期，不过它也可能发生在其他睡眠阶段。**白日梦**是一种有意识的幻想。

弗洛伊德（1900）认为，对梦的意义的发现是他最伟大的领悟。他最著名的贡献之一便是将梦视为"理解心灵潜意识活动的一条光明大道"。事实上，通过对梦的研究，弗洛伊德阐明了他第一个心灵模型（地形学模型）和神经症的关键方面。对许多分析师来说，这些方面仍然很重要。正是通过对梦的研究，弗洛伊德阐述了诸如原发过程和继发过程、退行、愿望满足的动力等概念。当今的一些神经科学家认为，梦是睡眠中大脑的随机且无意义的产物。然而，大多数当代精神分析师仍然将梦视为了解做梦者心理的一扇非常有价值的窗户——无论他们是否接受弗洛伊德的所有核心概念。

梦永远令人类着迷，揭示梦的意义的尝试可以在圣经和其他古代文献中找到。弗洛伊德（1900）对患者和他自己的梦以及相关的联想进行了详细的观察，并在其主要著作《梦的解析》中呈现了他的发现和结论。在这本书中，弗洛伊德概述了梦的理论，阐述了两个截然不同但又相互关联的问题——梦的功能和梦的意义（后者需要人们理解梦形成的机制）。之后，弗洛伊德将梦形成的机制推入了更广泛的心灵工作理论中。

弗洛伊德认为，梦的功能在于，在面对来自多种来源的令人不安的感觉和冲动时保护睡眠。这种中断可能来自外部或内部的物理刺激（例如噪声或口渴），也可能来自心理上专注的事物（包括当前的关注点和潜意识的童年愿望）。潜意识的童年愿望是弗洛伊德理论的核心，其由白天的事件和追求满足的压力引起。在弗洛伊德看来，对激发梦来说，这些童年愿望是最核心和最必要的。梦以一种有助于维持睡眠的方式整合并回应这些愿望和刺激。口渴的人可能会梦到从喷泉或小溪里喝水，以避免为了解渴而醒来。同样，虽然梦通常是一种伪装程度更甚的形式，但它代表了潜意识的童年愿望的满足——以维持睡眠。有时，如果潜意识的愿望没有被充分伪装，它们就会唤起足够的焦虑，以至于梦无法保护睡眠；随后，做梦者就会醒来。弗洛伊德将**创伤梦**视为旨在重新加工创伤事件的重复性梦境。在解释其理论中反复出现的创伤梦时，弗洛伊德遇到了困难，这最终导致他在《超越快乐原则》（Freud，1920a）中阐述了强迫性重复的概念。

弗洛伊德努力理解梦的意义是为了理解患者症状的意义而进行的更大治疗努力的一部分。弗洛伊德接近梦和解释梦的方法建立在其梦的形成的观点之上。对弗洛伊德来说，日常语言中所谓的梦（梦者在清醒时回忆和叙述的梦）是**显梦**。显梦必须与**隐藏的梦思**区分开来，后者是梦表达的潜在思想和愿望，只有经过解释的过程之后才能被理解。**梦的工作**是将隐藏的梦思转化为显梦的过程。

弗洛伊德对隐藏的梦思的起源和梦的工作的性质的说明与他的心理地形学模型有关，后者是与他的梦的理论一起发展出来的。在地形学模型中，心灵被划分为意识-前意识系统（Cs.-Pcs.）和潜意识系统（Ucs.）。

意识–前意识系统根据继发过程和逻辑思维来运作，潜意识系统根据古老的原发过程思维类型运作。潜意识由驱力的能量驱动，后者源于不断追求满足的愿望和幻想。当个体清醒时，弗洛伊德所说的"稽查作用"的各种抑制和防御机制阻止了这些愿望进入意识。然而，当个体睡着时，稽查作用就会放松（部分是由于肌肉活动的抑制所提供的安全性）。此时，个体的潜意识愿望会通过梦中虚幻的愿望满足活动来寻求满足。白天的事件被称为**白日残余**（它们本身可能并不重要），它们由于与具有心理意义的事件之间的原发过程联系，所以会在梦中得到表征。通过梦的工作的运作，梦的内隐内容（广义上包括白日残余、做梦者当前的身体刺激和他的精神关注点，以及寻求满足的潜在童年愿望）被转化为显梦。

　　弗洛伊德还描述了退行的过程，其发生在梦的形成和神经症症状中。他区分了三种退行：（1）地形性退行，指沿着一个连续统一体向后运动，"朝向感官的终点，最终到达知觉系统"；（2）形式性退行，指回到原始的表达方式或表征方式，如视觉意象；（3）时间性退行，指回到早期记忆等更古老的心理结构，如早期记忆。退行促进了梦的工作的运作，这是由原发过程思维模式控制的。原发过程包括凝缩（用一个意象或单词代表几个观念或意象的过程）、移置（用一个观念、属性或意象替换与之相关联的另一个观念、属性或意象的过程）和符号表征（客体或观念被一个作为其潜意识符号的意象来表示的过程。例如，海洋代表母亲，金钱代表粪便）。这些机制都会伪装和扭曲最初的潜意识梦思和愿望。梦思也必须通过弗洛伊德所说的"表现力的考量"转化为感官意象，尤其是视觉意象。这个过程促进抽象的观念由具体、形象的意象来表示。例如，优越性的观念被由一个升高的物理位置来表示。梦思促进视觉表征的观念比其他观念更"优先"。最终影响显梦的呈现的是润饰（再度校正或阐述）的工作。对于润饰是否是梦的工作本身的一部分，弗洛伊德有些含糊其词。润饰涉及意识思维及其继发过程逻辑的影响。无论是在梦的形成期间还是在清醒时，它都会将梦重新安排为更易于理解和逻辑化的叙事，填补空白和矛盾。在任何一个具体的梦的叙述中，润饰的影响都可能或多或少地存在。

B. 勒温（1946）引入了**梦屏幕**的概念，将其描述为空白的表面——显性的视觉梦的内容投影到其上，这个原理类似于电影投影在电影屏幕上。他假设，梦屏幕是哺乳期婴儿感知到的母亲乳房的表征，表达了做梦者潜在的睡眠愿望。在勒温看来，希望入睡是"口欲期三重唱"的一方面——另外两个方面是希望吃和希望被吃。他还断言，躁狂是一种梦样状态。在这种状态下，现实被否认，且"口欲期三重唱"中希望入睡和希望被吃这两个方面之间的冲突占主导。

科胡特（1977）提出，某些**自体状态梦**并没有揭示婴儿潜意识的愿望，而是代表了应对当前自体解体、自尊的抑郁性下降和躁狂性过度刺激的威胁的企图。在荣格的精神分析中，梦是对患者的潜意识过程及分析过程本身的说明。荣格学派的分析师不使用联想过程，而是试图通过一种被称为"放大"的过程，来深入挖掘具体意象自身的本质（Jung，1963）。

在临床情境中，自由联想可以用来翻译梦。被分析者在报告梦之前的说明及他随后的联想、分析师对白日残余的了解，以及回忆和报告梦的更大分析背景都有助于对潜在梦思的理解。弗洛伊德之后的大多数分析师继续将梦视为有关潜意识心理内容的非常有价值的资料来源。不过，分析师解释的重点在不断增加——不仅处理潜意识的婴儿愿望，还处理梦可能揭示或说明主要防御和适应功能模式的方式，以及关于移情状态的有用信息。一些分析师更重视梦的外显内容，尤其是在创伤梦的案例中。此外，创伤梦的意义不仅可以从它所代表的原始创伤来理解，还可以从做梦者通过梦本身再创伤化的经历来理解。

弗洛伊德对原发过程思维和继发过程思维模式的区分存在争论。一些精神分析师和认知科学家认为这种分类并非有效的，而且弗洛伊德提出的发展序列并不可信（Bucci，2001；Westen，1999b）。从做梦的角度来看，也许最有趣的是里托威兹（2007）的论点，即原发过程完全没有描述童年心理状态，但它确实具体描述了梦的工作的性质。

考虑到梦作为一个生理事件和潜意识冲突的说明者的重要性，关于梦的研究很少以精神分析为导向。很长一段时间以来，费舍尔（1965）是少数几个试图将神经生理学和精神分析取向结合起来研究做梦这一现象的分析师之一。弗洛伊德关于梦既是愿望的实现又是睡眠的守护者的理论一直受到极大的怀疑。在神经科学领域，霍布森（1988）强烈反对弗洛伊德的观点，声称做梦没有心理功能，它是REM睡眠生理机制的一种附带现象。然而，随着神经科学的发展，有研究表明，做梦是由似乎与本能-动机回路有关的前脑结构产生的。这为弗洛伊德的观点，即做梦与驱力释放和愿望满足有关，提供了一些支持（Solms，1997a，2000a；Braun，1999）。

Drive 驱力

在精神分析文献中，**驱力**有时也被称为**本能**或**本能驱力**，是一种内源性动力的心理表征。它是生物个体需求中的持续性压力，会激发心理活动，从而激发所有人类心理体验。在某些心灵模型（包括弗洛伊德最初的心灵模型）中，人类行为被理解为在已经内化的调节机构（自我和超我）、自体体验，以及与其他重要客体的体验的影响下，反映力比多冲动或驱力及攻击冲动或驱力（无论是在冲突中，还是合作中）的运作。换言之，驱力不会出现在纯粹的文化中，它总是由内心体验和关系体验的结合来塑造的。

驱力理论，即使是复杂和具有煽动性的，也已经在精神分析理论中占据了核心地位。它是弗洛伊德理论的基石，因为它是激发人类行为的基本力量。在自我心理学和现代冲突理论中，驱力理论一直占据着核心地位。然而，在这些学派中的许多理论家看来，驱力并不是动机的唯一来源——其来源还可能包括人际关系、自我功能和自体。在克莱茵学派理论中，驱力也保持着核心地位。然而，在大多数心灵的关系模型或自体心理学模型中，内源性驱力的作用较小甚至没有。在临床和理论工作中，许多精神分析师使用力比多和攻击驱力的概念，将其作为人类经验的主要激发因素，而不赞同弗洛伊德主义驱力理论的其他方面。其他理论家保留了驱力的概念，但他们对驱力进行概念化的方式与弗洛伊德最初的看法截然不同。

斯特雷奇将弗洛伊德使用的Trieb这个术语翻译为本能而非冲动或驱力。这是一种误导，因为在进化生物学领域，本能这个术语与驱力（Trieb）所描述的精神分析概念具有不同的含义。在进化生物学中，本能描述了物种特有的遗传行为模式。这些行为模式可能是复杂的，但可能不需要任何学习，通常是为了引起特定的环境反应（例如交配行为或婴儿的微笑）。有时候，弗洛伊德确实会使用本能（instinkt）这个术语。弗洛伊德的Trieb概念描述了身体内的生理刺激与心灵内的心理表征之间的联系，以及从客体寻求满足的动机性冲动。他的概念并不意味着任何特定或必要的行为回应。因此，术语驱力通常比本能更可取。然而，他有时会使用本能驱力这个术语。在这种情况下，其形容词形式强调这些动机力量的内在特征。

在其早期作品中，弗洛伊德经常会提到与驱力非常相似的概念。例如，内源性兴奋、内源性刺激和充满渴望的冲动。然而，他在《性学三论》（Freud，1905b）中首次正式引入了驱力（本能）这个术语，并对性本能进行了描述。弗洛伊德从身体内的躯体来源、目的（通过减少或消除紧张来实现满足）和客体（最常见的是真实或想象的人或身体部分）来描述驱力，驱力通过客体能够获得满足。他将力比多定义为性驱力的性能量，并描述了性驱力的众多组元本能或子部分，其来源于不同的身体器官或性感区。这些器官或性感区在发展过程中占主导地位，只有在生殖服务发展较晚的阶段才会综合在一起。

弗洛伊德对驱力概念最有说服力的阐述是在《本能及其变迁》（Freud，1915b）中。在其中，他将驱力定义为"精神和躯体之间的一个边界概念，其作为源自有机体内部并触及心灵的刺激的精神代表，被用来衡量因与身体相联系的心灵工作所提出的需求。"弗洛伊德的驱力理论与他早期的能量经济学构想密切相关。根据他那个时代的神经生理学思想，他认为，神经系统的功能是减少或消除到达它的刺激（惯性原则），或至少保持它们恒定（恒常性原则）。刺激分为两种：（1）外源性刺激，可以通过回避或逃跑来处理；（2）内源性刺激（驱力），可以施加恒定的压力，并且由于其内在来源而无法回避。根据所谓的快乐原则的调节过程，心理装置通过减少驱力刺激来实现快乐。驱力在心灵中由一个观念（本质上是一个愿望）和一个"情感配额"来表征。这是一个快乐或不快乐的记录，反映了能量紧张中潜在的振荡。

弗洛伊德还描述了驱力可以经历的变迁或转变，包括：（1）目标的倒转，从主动到被动的转变（例如，从施虐狂到受虐狂，或者从窥淫癖到暴露癖的转变）或内容的倒转（从爱变到恨）；（2）转向自身，用主体自身取代驱力最初的外部客体（也见于从施虐狂到受虐狂的转变，或者转向超我功能）；（3）压抑（后来的精神分析构想将驱力所能经历的所有其他防御转变都囊括在内）；（4）升华。在这一过程中，驱力最初的性目标转向更容易为社会所接受或重视的目标（例如，投注在创造活动或智力活动中）。

弗洛伊德的驱力理论最反复无常的方面在于他对驱力的演化分类。尽管发生了这些变化，他的理论本质上仍然是二元的。在冲突和心理结构的起源中，两种对立力量或趋势的相互作用起着主导作用。第一种区分（1905—1914）在性本能（以性能量或力比多来运作）和自我本能或自我保护本能（以非特定的能量来运作）之间，弗洛伊德（1910e）称之为"兴趣"。在这个阶段，弗洛伊德设想了与进化思维兼容的驱力。其中，性驱力的作用是确保物种的延续，而自我保护本能保护着个体的生存（并在必要时防御性驱力）。第二种区分出现在弗洛伊德（1914e）的《论自恋》一文中。那一时期，弗洛伊德提出了自我力比多 / 自恋力比多（力比多指向自我或自体）与客体力比多（力比多指向客体）之间的对立。在这个构想中，自我本能被设想为力比多。在《超越快乐原则》中，弗洛伊德（1920a）做出了最终的区分，提出将驱力分为两种，一种是**生命本能**或爱欲，其目的是建立有机复杂性，合成和统一，以及保护生命；另一种是与之对立的死亡驱力，其依据涅槃 / 惯性原则，试图通过分解有机复杂性并将其还原为无机状态来毁灭生命。性本能、自我力比多和自我本能（自我保护本能）现在都被归入生本能的总体概念中。随着结构模型的引入，弗洛伊德（1923a）坚持认为，存在两种主要驱力，每一种都有其自身形式的能量（力比多和攻击性），可以被融合或中和。驱力由本我来表示，自我的功能是调节驱力能量。

批评者认为，弗洛伊德最终的驱力模型超出了临床资料，很难与基本的进化原理相协调。虽然大多数精神分析理论忽视或拒绝弗洛伊德对死亡驱力的推测，但一些分析师（克莱茵、许多当代克莱茵学派分析师，以及一些法国精神分析师）在理论和临床层面上都使用了这一概念。许多包含驱力概念的理论通常关注性驱力和攻击驱力，而不是死亡驱力本身。例如，在自我心理学内部，攻击的概念被进一步阐述为一种独特的驱力，它根据快乐原则（而非超越快乐原则）来运作。它的目标可以包括掌控和摧毁，而且它在构建心理结构中的作用得到了强调（Hartmann，Kris，& Lowenstein，1949）。弗洛伊德驱力理论中固有的能量构想也成为被批评的焦点，因为其太远离经验、太机械化、太模糊。这些批评引发了一系列持续的理论修正和拒绝（Holt，1976；G. Klein，1976；Schafer，1976；C. Brenner，1982）。布伦纳主张仅限于在精神分析的临床资料中使用驱力概念。他将**驱力衍生物**——性和攻击愿望——定义为心理现象、心灵中的表征，并且认为无须援引生理过程作为其来源。他指出，心灵的所有方面（而不仅仅是驱力）都是大脑功能的产物，因此关注驱力这个方面是不必要的，而且具有误导性。此外，布伦纳认为，驱力的概念应该被理解为对人类动机的抽象概括，这来自对许多个体在发展过程中针对特定人群（客体）的独特和具体愿望的观察。他还强调，在心理冲突和妥协形成中，攻击和力比多驱力衍生物具有相似的作用。

许多客体关系理论模型（除了克莱茵学派的模型）已经不再将内源性快乐寻求驱力视为动机的主要推动力，而试图将客体关系和情感概念与驱力结合起来以解释动机。费尔贝恩（1952，1954）提出，与力比多一起运作的自我，本质上是寻求客体的，而不是寻求快乐的。他认为，攻击不是一种基本的动机，而是对挫折的反应，它源于客体关系的背景。洛伊沃尔德（1971）认为，驱力源于亲子心理矩阵的张力和互动。克恩伯格（1982）在坚持双重驱力概念的同时，认为情感构成了主要的动机系统。从发展之初，情感状态就与自体表征和客体表征联系在一起。这些状态逐渐融入力比多和攻击驱力，因此被视为驱力的"构建模块"。其他学派则关注心理功能的其他方面，并将其作为人类经验的主要动力源和组织者。人际取向理论家提出了寻求满足和安全的基本需求，但认为所有心理现象都起源于人际关系（Sullivan，1953a）。在自体心理学中，驱力的作用被自体客体需要取代。对于主体间主义者来说，重点是分享主观经验的基本客体关联需求。

一些理论家致力于将精神分析驱力理论与进化生物学相结合（Peskin，1997）。另一些学者试图将驱力理论与神经生物学相结合（Panksepp，1999）。

Dynamic Viewpoint 动力学观点

见"Metapsychology 元心理学"。

Early Genital Phase 早期生殖器欲期

早期生殖器欲期是发生于生命第15～19个月的性发展阶段，主要表现为对生殖器的发现和强烈兴趣。在这一阶段，男女儿童都会进行反复、强烈的生殖器自我刺激，伴随着兴奋和快乐的面部表情，以及呼吸、出汗和呕吐次数的增加。婴儿研究者（Kleeman，1976；Roiphe & Galenson，1981b）将这种行为与成熟因素、母性照料质量和互动联系起来。如果环境干扰了婴儿对身体完整或母婴纽带的感受的发展，早期生殖器欲期可能会延迟。

在弗洛伊德（1905b，1925b）的心理性欲发展图式中，儿童对生殖器的专注发生在3～5岁，与"阳具－俄狄浦斯"时期及俄狄浦斯情结相结合。根据弗洛伊德的说法，在这段时间里，两性都意识到了生殖器的差异，但只有到俄狄浦斯期，小女孩才会发现自己的阴道。分析师和婴儿研究者现在将生殖器的发现放在更早的阶段，并记录了小女孩有女性生殖器特有的早期感觉。这一修订后的两性儿童生殖器觉察时间表，对弗洛伊德的心理性欲理论的重新构建有着深远的影响，有助于拒绝其早期女性发展观点中显著的阳具中心主义。虽然原始女性气质的概念需要进一步完善，但其也有助于对女性发展的观点进行修正，承认小女孩与自己的生殖器和欲望之间的复杂关系。

人们通常认为，罗费（1968）是男孩和女孩中经常出现的"早期生殖器欲期"的识别者和命名者。他将这一阶段描述为生殖器的心理表征完全融入身体图式的关键期，并且将早期生殖器欲期置于自体-客体分化与表征及肛门期典型冲突的融合的发展背景下。有趣的是，罗费引用精神分析文献中一系列先前的观察结果，描述了前俄狄浦斯期的生殖器感觉和关注点。例如，格里纳克（1950a，1958a）指出，从生命的第18个月开始到第3年，无论男女，其生殖器感受都在逐渐增加。这种感受既有内在的，也有外在的。此外，格里纳克断言，通过生命的前18个月的视觉和触觉体验，身体自体的心理表征得到了"建立"，并成为同一性组织的核心。

就早期生殖器欲期而言，其他婴儿研究者进行了类似于罗费的观察。凯森柏格（1968）以儿童观察研究为基础，描述了两性的"内部生殖器欲期"。其发生在2.5～4岁，以性欲释放的节律模式为特征。克莱曼（1976）同样描述了生命第1年的生殖器觉察和操纵，但他注意到，在5～24个月时，兴趣和活动明显增加了。他将这归因于自我的成熟和母婴关系质量的结合。克莱曼描述了生殖器感觉的最早体验，其逐渐向肛门、生殖器和尿道三方面分化。

对女性发展的当代精神分析观点假定了一系列女性生殖器焦虑，将小女孩对女性生殖器的觉察追溯到前俄狄浦斯期（D. Bernstein，1990；Lax，1994；Mayer，1995）。理查兹（1992）将阴道紧闭的觉察与如厕训练联系起来，认为在如厕训练期间，小女孩能够在掌控会阴肌肉组织的过程中体验到性兴奋。然而，这一观点所依据的大部分资料都是从成年女性的分析中重构出来的。奥赖斯科（1998b）对前俄狄浦斯期的女孩进行了观察研究。他观察到，早在生命第一年的后半段就出现了不同的生殖器探索；到第二年年底，对生殖器构型的觉察变得更加敏锐。

一些分析师用"早期生殖器欲期"来代替"阳具-俄狄浦斯期"，认为以生殖器为中心的术语并不能反映当前对女性发展的精神分析理解（Long，2005）。然而，为了避免进一步的混淆，"婴儿生殖阶段"或"第一生殖阶段"（而非"早期生殖器欲期"）是"阳具-俄狄浦斯期"的首选替代概念。

Economic Viewpoint 经济学观点

见"Cathexis 投注（贯注）""Drive 驱力""Energy 能量""Metapsychology 元心理学"。

Ego 自我

自我是心灵的执行机构。它起着内稳态或自体调节的作用，在冲突的动机和制造妥协之间进行调解。它还起着适应的作用，在内心世界的需求和外部现实之间进行调解。最后，自我发挥着将所有心理过程和经验综合成一个平稳运转的整体的作用。自我常常因其许多特殊能力（被称为自我功能）而被定义，这些能力包括认知、知觉、记忆、运动、情感、语言、符号化、现实检验、评估、判断、冲动控制、情感耐受、表征、客体关系和防御。人们也常常从动机或利益方面对自我进行界定，例如将寻求快乐与寻求自我保护的需要相协调。成功的自我功能本身是令人愉悦的，就像掌控的体验一样。心理健康通常被认为与自我力量、自我虚弱或自我匮乏有关。对自我在生命周期中是如何涌现和变化的研究被称为自我发展研究。精神分析学派的一个分支因专注于自我的概念及其在心理功能、发展、精神病理学和治疗中的作用，而被称为**自我心理学**。

精神分析中使用的自我这个术语是由斯特雷奇在翻译弗洛伊德的Das Ich或者I时创造的。弗洛伊德以各种存在重叠的方式用自我来指代：（1）作为一个整体的人；（2）有意识的自体体验；（3）自体、意识和潜意识；（4）心灵的一个重要部分（机构）。在他的结构理论中，弗洛伊德（1923a）通过"心灵的一个重要部分"明确地将自我概念化，将心灵分为自我、超我和本我。然而，他对自我这个术语的使用仍然模棱两可，以至于没有明确地将其与人、自体和自体表征区分开来。哈特曼（1950）将自体定义为存在于世界上的个体整体，将自体表征定义为自体经验表征的集合，将自我定义为心理装置中的抽象机构。尽管大多数分析师都接受了哈特曼的精确性更高的尝试，但也有人表示反对（Laplanche & Pontalis，1967/1973；Spruiell，1995）。

弗洛伊德（Breuer & Freud，1893/1895）在早期一篇关于催眠的论文中首次使用自我这个术语。他用其来表示"正常的"、有意识的、体验的自体，而不是引发癔症的"被抑制的"观念。在接下来的30年里（直到《自我与本我》出版之前），弗洛伊德（1894c，1896c，1900）继续以这种方式使用自我来表示有意识的自体，包括"占主导地位的观念群体"。然而，在这些年里，弗洛伊德也开始在与特定功能和能力的联系中使用自我。这些功能和能力包括：防御（Freud，1894c），拒斥、拒绝或拒认不相容的观念的能力（Breuer & Freud，1893/1895），冲动抑制、现实检验、思考、语言、注意和判断（Freud，1895b），压抑、替代、妥协、行动、回忆和加工处理（1899a）。

在《梦的解析》中，弗洛伊德（1900）用自我来指代整个人或体验的自体，而且经常用它来说明梦的自我中心性质。大部分情况下，在弗洛伊德的心理地形学模型中，心灵的执行功能是由意识-前意识系统执行的。该系统根据继发过程来运作，具有约束和调节心理能量的能力，可以使用语言和逻辑，并具有现实检验和判断的能力（Freud，1900，1911b）。稽查者守卫着潜意识系统和意识-前意识系统之间的边界。然而，在《梦的解析》中，当联系稽查作用和润饰的概念之时，弗洛伊德使用了自我这个术语；在为他后来的结构理论做铺垫时，他推测，心灵中最重要的冲突可能不是位于意识-前意识系统和前意识系统之间（正如地形学模型中提出的那样），而是位于自我和被压抑的内容之间。

在接下来的10年里，弗洛伊德朝着结构理论的方向迈出了几步。在这个过渡时期，他对自我这个术语（以及其他术语）的使用尤其令人困惑。原因在于，他探索了许多复杂主题之间的关系，包括不同类型的动机、现实与快乐、内在与外在、自体与他人。1910年，他引入了自我本能（也称为自我保护本能）的概念——与性本能相冲突。在经过这一修正后的冲突理论中，他认为，自我感受到性本能要求的威胁，用压抑将其拒之门外（Freud，1910e）。1911年，弗洛伊德（1911b）描述了自我是如何从一个快乐自我发展而来的（按照快乐原则运作，除了愿望之外什么都不能做），变成一个**现实自我**（按照现实原则运作，能够利用注意、判断、思考、约束和行动的能力，"争取有用的东西，保护自己免受损害"）。1914年，弗洛伊德（1914e）区分了客体力比多和**自我力比多**（自恋力比多），它们的变迁引发了各种精神障碍，包括精神病、疑病症和忧郁症。他还引入了**自我理想**的概念，为后来的超我概念埋下伏笔。1915年，弗洛伊德（1915b）增加了**纯粹快乐自我**的概念。纯粹快乐自我通过内化客体的快乐方面，在现实自我之后得到发展，被体验为与自我分离。

弗洛伊德（1923a）在他的著名论文《自我与本我》中对理论进行了重大修正。他观察到，稽查作用或压抑以及许多道德命令都是在觉察之外运作的，这对他的地形学模型提出了持续的挑战——该模型以道德、理性的意识系统和充满渴望的潜意识系统之间的冲突为基础。在弗洛伊德的新结构理论中，心灵被分为三个机构／结构（本我、自我和超我），三者的区别不在于获得意识，而在于稳定的功能和动机。本我由性冲动和攻击性本能冲动的衍生物组成，是对潜意识系统的继承。自我被明确定义为"心理过程的连贯组织"，包括对释放、稽查作用、压抑、思考和现实检验的控制，是对意识-前意识系统的继承。超我（自我理想）是由道德命令和禁令组成的自我的修正。大多数自我功能和许多超我功能都是在潜意识中运行的。弗洛伊德描述了在发展过程中，自我如何在外部世界的知觉刺激的影响下从本我中分化出来。他认为，自我首先是一个身体自我，源自身体感觉。他还描述了自我是如何从被抛弃的客体联结的认同或"沉淀"形成的，在这些认同中，最重要的是形成超我。此后，自我的作用是在本我的激情与超我和外部现实的要求之间进行调解。

弗洛伊德（1926a）在《抑制、症状和焦虑》中进一步对他的心理理论进行了重大修改。在回答自我从哪里获得影响本我的力量的问题时，他提出，自我在回应对性冲动和攻击冲动所造成的危险的预期时，会产生焦虑的信号；这种焦虑信号触发了旨在避开即将到来的危险的防御。在这个"第二焦虑理论"中，自我最终承担起了作为心灵执行机构的全部角色，负责并能够管理冲突和形成妥协。不久之后，弗洛伊德（1927b）引入了一个新的概念，即自我的分裂。在这个概念中，个体通过使用分裂和拒认来对现实的各个方面采取矛盾的态度。弗洛伊德的目的在于描述有更严重类型的精神病理症状（如倒错、精神病）的患者，其特征是与现实的关系出现失调，而不是自我和本我之间的冲突。

弗洛伊德最终将自我概念化为心灵中强大的执行机构，这促成了迅速发展起来的自我心理学及其对自我在心理功能、发展、精神病理学和治疗中的作用的研究。在早期，自我心理学经常与所谓的本我心理学或驱力心理学形成对比。随着分析师开始更详细地探讨自我的功能，自我心理学对精神分析理论和实践的许多方面的发展做出了贡献。费德恩（1926）提出了自我和客体表征之间的**自我边界**概念。纳伯格（1931，1942）描述了自我的合成功能，还探讨了自我力量和自我虚弱的概念。E. 格洛弗（1943）描述了**自我核心**的逐渐整合，其建立在经验的记忆痕迹之上，形成连贯的整体。W. 赖希（1933/1945）探讨了自我中的变化对性格发展的作用。A. 弗洛伊德（1936）在《自我与防御机制》中探讨了自我的防御活动。她还在职业生涯的大部分时间里探索正常自我和病理性自我的发展（A. Freud，1965）。韦尔德（1936）阐述了自我在冲突中的作用，提出了他著名的多重功能原则。他认为，每一种心理动作都是自我为了回应本我、超我、现实和强迫性重复的多重要求而做出的妥协。

哈特曼（1939a）是新自我心理学最重要的贡献者之一，他的知名作品是《自我心理学与适应问题》。哈特曼不同意弗洛伊德提出的"自我是从本我中成长出来的"。他认为，自我是从一个未分化的自我-本我基质中成长出来的——在与他所说的"正常期待的环境"的相互作用中，从自己的先天潜能中发展而来。与早期对驱力的关注相比，哈特曼强调了他所说的**自主自我功能**，即从独立于驱力和冲突中逐渐发展起来的先天能力，包括思维、记忆、知觉、运动和情感。这些自主功能由驱力的中性化能量来驱动。哈特曼对自主自我功能的兴趣引发了后来的观点，即自我作为在掌控中获得能力和快乐的"先天之物"，具有探索、寻求刺激、游戏、客体关系和学习的先天倾向（Hendrick，1943a，1943b；White，1963）。哈特曼觉察到，在发展过程中，自主自我功能可能会卷入冲突（如症状或性格形成）中。然而，自我功能也可以获得"次级自主"，或通过"功能改变"变得"没有冲突"。精神病理问题和健康可以根据适应的成功或失败来概念化（Hartmann，1939b）。哈特曼对适应和没有冲突的自我功能的兴趣是他将精神分析扩展到他所说的"普通心理学"的计划的核心。在他看来，这些概念提供了精神分析与邻近学科（例如生物学、社会学和发展心理学）之间的联系。

在发展自我心理学领域，除了A. 弗洛伊德和哈特曼之外，埃里克森（1950）还对发展进行了叙述。与弗洛伊德的心理性欲阶段相反，埃里克森强调现实、人际关系和文化对自我发展的影响。埃里克森最重要的贡献之一是提出了**自我同一性**——在青春期巩固自己作为社会中独特个体的稳定意识。自我心理学也与基于儿童观察的精神分析发展理论齐头并进，后一取向中包括斯皮茨（1965）、马勒、派因和伯格曼（1975）的工作。在一项前瞻性研究中，瓦利恩特（1993）应用了自我力量的概念。该研究调查了从青春晚期开始，一直持续到成年的正常生长和发展。他的开创性工作确立了自我防御、**自我复原**和**自我整合过程**的终身发展意义。

自我心理学的发展也引发了精神分析技术和治疗作用理论的重大改变。弗洛伊德（1896c）最初将精神分析的目标表述为"使迄今为止一直是潜意识的东西意识化"。1926年后，他认为精神分析的目的是增强自我，使其更独立于超我，并扩大其组织。正如他著名的论断所言，"哪里有本我，哪里就有自我"（Freud，1933a）。A. 弗洛伊德（1936）将注意集中在临床情境上，使自我分析和防御分析这两个术语流行起来。与本我分析相比，这两个术语的重点在于防御如何以阻抗的形式表达自己。她还描述了分析师必须从与本我、自我和超我等距的位置来倾听（后来常被用作治疗的中立性的定义）的观点。最后，她探讨了自我对分析工作的帮助。费尼切尔（1938a）详细阐述了自我在分析工作中的意义。她创造了**观察性自我**这个术语以描述自我如何成为精神分析工作所必需的自我反思的所在地。当精神分析师开始考虑该如何修改技术来治疗非典型性神经症时，斯通（1961）、雅可布森（1964）和其他人描述了他们在治疗前俄狄浦斯病理症状和情感障碍患者时的临床取向。阿洛（1969b）描述了潜意识幻想的形成和功能——从多重功能的角度进行理解；C. 布伦纳（1982，2003）描述了冲突和妥协在所有精神生活中的普遍存在，促进了他所说的"现代冲突理论"的发展。格雷（1994）提供了一种解释性取向（密切过程注意），几乎完全专注于分析自我的防御。

20世纪20年代末至60年代末的40年间，自我心理学一直是美国精神分析的主导学派。在美国精神分析文献中，自我心理学经常被称为"古典"精神分析，有时甚至被简单地称为"弗洛伊德主义精神分析"。然而，自我心理学逐渐受到许多方面的批评；最终，随着许多相互竞争的取向和理论的兴起，它在美国精神分析领域的霸主地位崩溃了。自我心理学面临的挑战来自几个有所重叠的方面：（1）自我心理学家本身，尤其是继承自弗洛伊德的经济学理论方面的人；（2）各种客体关系理论的扩展；（3）自体心理学的兴起；（4）精神分析"转向诠释学"，并立足于后现代时期的认识论、怀疑论；（5）各种"双人"心理学的发展，包括关系主义、人际主义、互动主义、视角主义、社会建构主义和辩证建构主义等（Wallerstein，2002）。

当代精神分析的特点是多视角。对于这些视角是否可以整合或是否不可调和，目前还没有达成共识。例如，尽管长期以来，一直存在一种试图将自我心理学与客体关系理论相结合的传统（Jacobson，1964；Schafer，1968b；Loewald，1973a；Mahler，Pine，& Bergman，1975；Kernberg，1975；Sandler，1987a），但其他人认为，上述取向从根本上来说是不相容的（Greenberg & Mitchell，1983）。马库斯（1999）提出了他所说的现代自我心理学，认为这是描述结构、功能和过程所必需的，而这些结构、功能和过程是组成心灵的关键方面。马库斯尤其关注自我从不同的意识水平和认知水平综合或整合经验的能力。在他看来，现代自我心理学是精神分析的最大希望，它可以整合不同抽象层次上的不同观点，并能与认知神经科学和发展心理学的相邻学科互动。

Ego Ideal自我理想

自我理想是超我的一个组成部分，它是标准、价值观和完美形象的贮藏室。未能实现道德理想通常会引发罪疚的体验；未能实现那些涉及自恋完美的理想往往会引发羞耻的体验。相反，所有对完美理想的逼近都会增强自尊。基于对早期发展的理想化客体和理想化自体表征的认同，自我理想代表了前俄狄浦斯价值观以及后俄狄浦斯发展的理想和去人格化价值观的分层。道德价值观通常涉及对他人的理想对待，包括规定和禁止的行为。不同发展阶段的价值观分层往往相互矛盾。争取特定的价值可能会引发其他价值观的冲突。与自我理想相关的困惑总是涉及自尊调节的困难，而且可能会引发各种形式的病理性自恋。

自我理想具有明显的人类意义，因为它关系到道德价值和对待他人的方式。在精神分析的理论化中，自我理想的概念也至关重要，因为它涉及：结构理论的阐释——尤其是超我的结构、自尊调节、认同在建立结构中的作用，以及情感调节。在阐明病理性自恋的各种表现中，自我理想的病理学意义也具有核心地位。

弗洛伊德（1914e）在他的论文《论自恋》中引入了术语自我理想。这一术语的定义在弗洛伊德的整个作品中经历了许多重要的变化，但它始终与他对自恋的观点密切相关，尤其是与自尊及其调节密切相关。自我理想概念的演变与超我概念的演变密切相关，因而也与结构理论的出现有关。它在某些时候被定义为一种功能，而在其他时候则被定义为主体机构。在《论自恋》中，弗洛伊德将自我理想描述为童年失去的自恋的替代品。他区分了自我理想本身和机构——机构的作用是保证自我理想的标准得到满足，也相应地评判自我。这一区别在《精神分析引论》（Freud，1916/1917）中被重复。而在《群体心理学与自我的分析》中，弗洛伊德（1921）用自我理想这个术语来指代一种更主动、更权威的具有批判、观察和惩罚功能的心理机构。这种机构受到一系列相互关联的功能的挑战，包括良心、自我观察和现实检验。在《自我与本我》中，这种心理机构被称为超我。然而，现实检验不再包含于超我，而是被纳入自我之中。

弗洛伊德将超我或自我理想这两个术语互换使用，从认同（取代了客体投注）的发展过程详细描述了二者的形成过程，包括童年早期和俄狄浦斯期的认同。超我作为俄狄浦斯情结中矛盾客体投注的继承，既包括理想特性的建议，也有反对承担父母性特权的禁令。在《精神分析新论》（Freud，1933a）中，弗洛伊德简要地恢复了自我理想和超我之间的区别，将超我的功能指定为自我观察、良心和维持理想。

自我心理学家和冲突理论家将自我理想视为超我结构中的一组独特功能。虽然其源于对理想化自体和客体形象的早期表征，但最佳的发展结果是一组去人格化的价值观，这些价值观很容易受制于退行。雅可布森（1964）和D.米尔罗德（1990）分别描绘了自我理想形成的发展序列。起初，儿童将自己当作自己的理想，但随着对自己有限的身躯和力量的现实觉察不断加深，儿童开始将其原始爱的客体当作他的理想，仍然可以通过合并的经历分享其完美。当越来越多的现实意识不再允许这种退行时，完美的形象就会转变为新形成的自我结构，即"充满渴望"或"渴求"的自我形象。只有当超我形成后，作为其子结构的自我理想才能形成并成为道德完善的去人格化价值观的贮藏室。

关于自我理想的许多文献的关注点都在于，自我理想与病理性自恋之间的关系。A.赖希（1953，1954，1960）描述了施虐性超我先驱和自我理想的古老形式在病理性状态中的作用，包括粗俗的性理想、不稳定的自我边界，以及愿望和现实之间的混淆。她还描述了一种女性的自恋性客体选择，这种选择是基于一种夸大的婴儿自我理想（其中，女性服从于一个理想化的阳具男性并将之神化）的外化。最后，赖希描述了涉及自我理想的其他类型的自尊调节的病理形式。科胡特（1971，1977）认为，自我理想起源于早期自体客体的内化，后者提供了必要的镜映和共情；当自体客体的需要得不到满足时，自尊的内部调节就会失败，对外部理想化的客体的病态依赖就会出现。克恩伯格（1975）强调了攻击和内化的客体关系在形成超我和自我理想中的作用，并根据自我理想的结构，区分自恋型人格和其他的性格病理形式。克恩伯格指出，自恋性格建立在自体表征和幼稚的自我理想的原始融合基础上，同时伴随着对客体表征和外部客体的贬低。这种融合导致了一种新的结构，即病态的夸大自体，使个体容易受到严重的自恋伤害，并体验到强烈而古老的情感（如暴怒、羞耻、抑郁和焦虑），以及衍生的自恋情感（如嫉羡、嫉妒、怨恨和蔑视）。J. 桑德勒、霍尔德和米尔斯（1963）试图通过重新定义基本概念，来区分自我理想、超我、理想自体和理想客体，以更符合表征的语言。

Elation 情感高涨

见"Mood 心境"。

Electra Complex 厄勒克特拉情结（恋父情结）

厄勒克特拉情结，又译为**恋父情结**，是女性俄狄浦斯情结的另一种形式，源于希腊神话中的厄勒克特拉。然而，弗洛伊德之后的大多数分析师都将俄狄浦斯情结作为两性的典范，来描述普遍存在的对父母或父母替代者的潜意识性愿望和谋杀愿望。厄勒克特拉情结是荣格（1921/1957）于1913年向弗洛伊德提出的一个术语。荣格认为，女孩的家庭情结（包括潜意识幻想、思想、观念和联想）与男孩的俄狄浦斯情结是平行的，但在性别上有所不同。根据希腊神话，荣格描述了厄勒克特拉向她的母亲克吕泰墨斯特拉复仇，因为母亲谋杀了丈夫阿伽门农，夺走了她心爱的父亲。弗洛伊德不接受这个术语的用法，他更喜欢用俄狄浦斯情结来描述两性儿童的三元群集。

然而，其他精神分析师利用厄勒克特拉的神话来描述女性发展和潜意识幻想的各个方面。荣格学派的精神分析师鲍威尔（1993）认为，这个神话表达了女孩放弃乱伦束缚的痛苦，描绘了成长和与父母分离的心理问题，并强调了母女关系中的早期问题。哈尔贝施塔特-弗洛伊德（1998）强调了厄勒克特拉的神话中描绘的与母亲的前俄狄浦斯联结，认为这最适用于那些因为与母亲之间有矛盾和敌对关系而将父亲理想化的女孩。霍尔兹曼和库利什（2000；Kulish & Holtzman，1998）提出了珀耳塞福涅情结，认为希腊神话中珀耳塞福涅的故事更准确地描述了女性三角情境的折中解决方案。

Emotional Contagion 情绪传染

见"Affect 情感""Anxiety 焦虑""Empathy 共情"。

Empathy 共情

共情是一个复杂的情感和认知过程，涉及一个人感受、想象、思考和躯体感觉进入另一个人的体验。共情能力是我们理解他人能力的核心。因此，它是所有人际关系的核心，特别是亲密关系和关心他者的关系的核心。共情也可能被滥用于胁迫和控制他人。共情能力是在先天能力和照顾者调谐之间的互动中发展起来的，始于童年时期。照顾者的共情回应对儿童精神生活许多方面（包括基本的自体感）的发展至关重要。共情在精神分析治疗中也发挥着核心作用，既有助于理解过程，也有助于治疗发挥作用。共情常与心智化、主体间性、调谐和遐思等精神分析概念同时出现。共情常常被错误地与同情、怜悯、关心、交会、融洽、合一性和利他主义混为一谈。

共情不是一个离散的功能，它包括许多有意识和潜意识的成分。共情可能会自发地开始，作为情感共鸣或模仿，发展到包括对另一个人的假设和反思。然而，共情也可能始于思考。在不同的理论模型中，共情由各种过程构成，包括内部模仿、自主和运动模仿、情绪传染、合并、共生、镜映、认同、投射、投射性认同、暂时和部分退行、信号情感、情感共鸣、调谐、一致性反移情，以及镜像神经元介导的具身模拟。

共情的定义和概念化以及它的临床作用引发了很多争议：共情是自成一体的，即相对离散、自发和直接的情感知觉吗？共情是使用来自知识和经验的类比推理的认知结果吗？我们如何证明共情的准确性？理论在共情中扮演什么角色？共情是一种没有价值观的观察方式，还是说，它总是服务于某种价值和动机，无论是治疗性的、施虐性的还是欺骗性的？共情的起源是什么，它是如何发生的？共情是只能促进他人瞬时的主观状态，还是也能促进持久的意图、信念和欲望？共情是否局限于另一个人的意识／前意识经验？我们能共情地进入另一个人被拒认、分裂、否认、压抑和未阐述成形的经验吗？共情在治疗过程中扮演什么角色？

共情这个术语是心理学家铁钦纳于1909年创造的，是德文Einfühlung

（同感）的英语翻译。这个术语起源于18世纪赫德和诺瓦利斯的作品，并于1873年由艺术历史学家维舍尔以更有条不紊的方式重新引入。当弗洛伊德开始他的职业生涯时，共情这个术语在美学、伦理学、哲学和心理学中已经成为相当重要的概念。弗洛伊德承认，利普斯是发现潜意识的先驱之一，他引入共情的概念以理解他人的心灵。利普斯和胡塞尔以及现象学哲学传统中的其他人以不同的方式争辩说，共情是一种认识论上合理、非推理和非理论的方式，它提供了一种直接和可靠的途径来了解他人的心灵。在哲学的诠释学传统中，狄尔泰等人将共情与"理解"（心理学和人文科学的目标）而非"解释"（自然科学的目标）联系起来。理解和解释之间的这种二分法可能导致了弗洛伊德以及后来的哈特曼（1964）对共情的不信任，以及他对分析师的观察和解释立场的"客观性"的强调（Pigman，1995）。

弗洛伊德（1905d）在《诙谐及其与潜意识的关系》中首次使用了共情。在其中，他讨论了模拟和共情。在他的论文《治疗的开始》（Freud，1913a）中，他敦促分析师采取共情的立场（原文为同感，但被翻译为"同情性理解"），而不是"道德化理解"。后来，弗洛伊德（1921）观察到，模仿和认同的途径引发了共情，这是我们能够理解他人精神生活的唯一手段。尽管弗洛伊德十分重视共情，但他和他的追随者们却回避了对这个术语的深入讨论。事实上，斯特雷奇在《标准版》中很少将同感翻译为共情，从而模糊了弗洛伊德对共情的使用。费伦齐（1928）在心理机智的分析中预测了技术决策，将机智等同于共情；尽管弗洛伊德在给费伦齐的信中表示赞同，但他担心，缺乏经验的分析师可能会滥用机智或共情来为他们的客观性缺失进行辩护（Grubrich-Simitis，1986）。继费伦齐之后，对分析师的共情首次一致的描述出现在1942年，当时弗利斯（1942）将共情定义为"尝试性认同"（H. Deutsch，1926）。

20世纪50年代，人们对共情产生了浓厚的兴趣，这在很大程度上是因为客观性这一概念的削弱。精神分析的"范围扩展"（包括自恋性格组织和边缘性格组织的患者）以及对客体关系和分析关系的扩大理解，促成了对共情的重新关注。伴随着这些趋势，人们重新审视了领悟在治疗中的优先作用。同时，人们担心分析师过于专制，在倾听病人的意见时往往只听自己的理论。拉克尔（1957）虽然没有使用共情这个术语，但他将认同的一致性和互补性过程描述为有助于反移情的，并将其概念化为一种理解患者的方式，而不是一个需要克服的问题。谢弗（1959）受洛伊沃尔德（1960）早期作品的影响，描述了他所说的生成性共情，将其定义为个人关系（包括精神分析关系）中的"升华创造行动"——将亲密合并的快乐与对分离的承认相结合。格林森（1960）将共情与认同区分开来，认为共情本质上是短暂的，并保留了分析师的分离性，使他能够理解患者的感受。在发展型精神分析领域，奥尔登（1958）的开创性地描述了母亲和儿童之间共情能力的发展。

科胡特的工作在关于共情的精神分析话语中建立了一个分水岭。科胡特（1959）在其论文《内省、共情和精神分析》中提出，共情（被定义为"替代内省"）是一种倾听、观察和资料收集的模式，它界定了精神分析的领域。例如，科胡特认为，弗洛伊德的驱力是一个生物学概念；精神分析的概念是个体对驱力性的体验。科胡特将共情描述为一种近经验理解的情感和认知模式。共情在科胡特的自体心理学的各个方面都起着核心作用。在婴儿期和童年的每个阶段，照顾者的共情回应对健康自体的发展来说都至关重要。童年时期共情的严重失败，加上自体客体的失败，会引发自体障碍。在精神分析治疗中，未满足的自体客体需要以自体客体移情的形式重新浮现。

在自体心理学概念化的精神分析治疗中，分析师对患者经历的共情沉浸起着核心作用。精神分析共情要求分析师使用自己的幻想、思想、理论、经验和文化知识，从患者的视角去感受和思考。通过这种复杂的持续共情沉浸（而不是通过孤立的共情或尝试性认同），分析师能够理解患者并进行解释。因此，自体心理学将重点从分析"冲突中的心灵"转移到分析"复杂的心理状态"，即分析与自体客体关联的自体以及由创伤性自体客体失败引发的结构缺陷。对患者内心生活的共情沉浸使分析师能够更具体地认识到患者需要从分析师那里获得什么来恢复发展。

科胡特区分了分析师的共情倾听和共情理解的应用，如共情理解和解释之间的交流。共情本身并不是一种治疗性的技术。共情被用来减少患者对防御的需求，并扩大其内省能力，促进被回避的情感、记忆和自体客体需要的涌现。对分析师不可避免的共情失败和自体客体失败的考察，通过转换性内化来促进自体的进一步发展和结构化（Kohut，1959，1984）。

在精神分析发展心理学和精神分析治疗的研究中，科胡特的这项工作引发了共情研究的热潮。在自我心理学的传统中，贝雷斯和阿洛（1974）探索了共情，包括信号情感、尝试性认同和潜意识幻想。T.夏皮罗（1974）探索了共情的起源，并警告其可能存在不准确之处，正如C.布伦纳（1968）和谢夫林（1978）所做的那样。施瓦伯（1981，2010）继续研究共情的作用，将其定义为"一种调谐模式，试图最大限度地专注于患者的主观现实，寻求所有可能的线索来确定它。"巴史克（1983a）对共情进行了一次重要的回顾，并解释了人们对共情本质，以及该领域内对共情概念不信任的原因。巴史克认为，共情是情感、认知、知觉和交流的复杂混合物。它始于对发送者的身体姿态、面部表情和语调的自动及潜意识模仿（模拟），从而在接收者中产生相似或相同的（尽管是无声的）情感和身体状态。这种情感交流创造了互惠影响，情感共鸣、深思熟虑的评估和解释都在其中发挥着重要作用。口头叙事为其增添了另一层理解。进一步的互动、反思和观察确证或驳斥一个人的共情辨别力，有助于越来越准确的共情理解。

克莱茵学派分析师将共情解释为成熟、正常和良性的投射性认同的结果。例如，欣谢尔伍德（1989）将共情定义为一个过程，在其中，分析师将其自我反思能力的一部分嵌入患者，以在幻想中获得患者的经验。比昂（1962a，1970）阐述了遐思的复杂概念，其在发展和治疗中都发挥着作用。在这个概念中，母亲／分析师接收、涵容并反思性地转换儿童／患者的投射性认同，然后通过解释过程将其返回给儿童／患者。罗森菲尔德（1987）继比昂之后，描述了投射性认同的一种"交流"形式，认为它是所有共情的基础。

发展型精神分析师探讨了童年时期共情的出现和照顾者的共情回应对儿童发展的重要性。温尼科特（1965）描述了在儿童成长过程中，母亲作为真实自体的一面"镜子"的重要性。马勒、派因和伯格曼（1975）描述了分离－个体化过程中，母亲对儿童经验做出准确反应的重要性。利希滕贝格、B. 伯恩斯坦和西尔弗（1984）提供了一份有关发展和共情的研究汇编。之后的研究者更多地关注共情的情感、身体、非言语和程序成分，如情感调谐。D. N. 斯特恩（1985）将情感调谐描述为既包括对另一个人的情绪共鸣，也包括传递共享感受状态的内在和自发的跨模态响应；并认为情感调谐对自体的发展和儿童主体间性的能力都很重要。情感调谐对共情能力也至关重要，因为情感调谐会导向反思。同样，福纳吉等人（2002）描述了母亲准确反思和"标记"儿童内心状态的能力，其对儿童自身心智化能力的发展十分重要。

认知神经科学的发现，尤其是对镜像神经元（Gallese，2006）、情绪识别（Ekman，1983；Zajonc，1984）和儿童心理理论发展（Premack & Woodruff，1978）的研究，重新引发了关于共情本质及其认识论地位的哲学争论。在哲学和认知神经科学中，关于共情和心理理论的争论经常发生在两个（现在是跨学科的）——"模仿论"和"理论论"——立场之间。这些辩论促进了对共情的精神分析讨论（Eagle，Migone，& Gallese，2007）。此外，源于认知神经科学和通信科学的"读心"主题下的辩论也层出不穷。

Enactment 扮演（活现）

扮演，又译为**活现**。扮演是一种在精神分析治疗期间共同构建的言语和行为体验，在其中，患者对移情幻想的表达会在分析师那里引发反移情"行动"。扮演是"符号互动"（Chused，1991），因为它对患者和分析师都具有潜意识意义——由患者潜意识地发起，并唤起分析师的潜意识顺从。因为扮演试图实现潜意识幻想，从而避免患者或分析师的反思，所以它是一种阻抗。然而，扮演也可能是关于患者和分析师尚不能知晓的某些事情的交流。从关系或人际角度来看，扮演也被定义和概念化为在精神分析治疗中对患者的解离自体状态的表达。从这个角度来看，它是通达这种体验的唯一途径。

扮演可以作为明显的、离散的行为发生，也可以作为言语、态度或身体表达中微妙的、持续的方面发生；扮演的定义非常广泛，甚至包括沉默和被动。扮演不同于行动化，后者在分析二元体的一个成员中实现潜意识幻想。当投射性认同被定义为内心和人际领域之间的衔接概念时，其含义与扮演类似。在这种投射性认同的观点中，自体的分裂部分被迫进入客体，然后客体会将这些情感暂时体验为自己的情感。扮演强调实现，强调患者潜意识地说服分析师满足其内心的目标。扮演扩展了J. 桑德勒（1976a）的角色响应概念，也扩展了他的观点，即幻想的"实现"具有普遍的趋势和压力（J. Sandler，1976b）。

扮演是一个重要的概念，因为它澄清了一个事实：虽然移情和反移情的愿望和恐惧源自心灵，但它们象征性地在分析二元体的人际矩阵中寻求实现。扮演提供了关于分析二元体中每个成员的潜意识、他们的历史以及分析可能陷入僵局的方式的信息。一旦理解了这些信息，扮演的情绪即时性就有可能会带来特别有用的见解。

虽然扮演的概念几乎从一开始就出现在精神分析文献中，但在过去二三十年中，它才得到更频繁的关注。这种关注反映了当代精神分析中客体关系理论影响的增加——强调分析二元体的各个方面。扮演这一术语出现于20世纪50年代，指的是人类普遍倾向于象征性地扮演潜意识幻想，它相当于临床环境中行动化。自麦克劳克林（1981）和雅各布斯（1986）开始，扮演一直在提及分析师的移情对其工作的影响。雅各布斯指出，扮演不必是戏剧性的，而是可以嵌入分析师所经历的普通技术中的。然而，在他的文章中，扮演没有明显地与行动化（在分析二元体的一个成员中实现潜意识幻想）区分开来。麦克劳克林（1991）扩展了这一概念，将患者和分析师的移情所附带的"唤起-胁迫"功能包括在内，如此一来，每一方都觉得自己是在以行动回应他人。丘塞德（1991）在其一篇颇具影响力的论文中将扮演定义为分析中的"符号互动"，这种互动对患者和分析师都具有潜意识意义。然而，它是由患者试图实现移情的某些方面引发的，分析师在自己的反移情中潜意识地顺从这种移情。

从关系和人际视角来看，扮演是临床技术的核心，因为扮演与心灵和精神病理学的观点直接相关。I. 霍夫曼（1994）建议将分析重新定义为患者和分析师一起检查和体验的一系列扮演。P. 布隆伯格（1998a，2006）提出，心灵或自体是多重"自体状态"的变化景观，而治疗情境中隔离自体状态的扮演是分析师和患者获取其内容的方式。根据布隆伯格和其他关系主义者的说法（S. Mitchell，1997；Bass，2003），分析师必须查阅自己不断变化的自体状态，以获得有关患者发生了什么的线索。

尽管克恩伯格（1975，1976b）没有使用扮演这个术语，但他对边缘型患者治疗的描述中也包含了类似的概念。边缘型患者经常以行动的形式表达强烈的移情，所以强烈的反移情反应在急性和慢性两种形式中都会被诱发。这些移情-反移情扮演总是能够揭示出患者的客体关系病理形式，并成为分析工作的重点。在当代的用法中，扮演被更广泛地应用于所有病理水平的患者，而且分析师对现在被概念化为一种共同构建的现象的独立贡献得到了更多的赞赏。

Endopsychic Structure 内心结构

见"Ronald Fairbairn 罗纳德·费尔贝恩"。

Energy 能量

能量，也称心理能量，是一种假设的、可量化的、类似于物理能量的力量，被用于解释动机状态、情感和其他心理体验的相对强度。在弗洛伊德的心理理论和早期自我心理学家的观点中，心理能量也被假定为所有心理活动背后的力量。在弗洛伊德的元心理学中，能量的概念是从经济学的角度阐述的，它考察了心灵中各种能量的性质、数量、它们之间的对立，以及决定它们的积累、分配和释放的原则。它还与投注这个术语密切相关——斯特雷奇在翻译弗洛伊德的著述时提到了心理能量对观念或心理过程的投入。

心理能量的概念建立在理论和临床考量的基础之上。弗洛伊德明确地从物理学中借用了能量的概念。这证明他致力于亥姆霍兹学派传给他的任务，即仅用"与物质中固有的化学-物理力同等的力量"来解释人类有机体（Bernfeld，1944）。在临床理论的层面上，弗洛伊德使用能量的概念来解释愿望、感受和观念的相对强度和强制力量，以及防御性操作的力量。他还用它来解释基本观察结果，即感受和观念的相对强度可以从与其相关联的观念中分离出来，从一个观念移置到另一个观念，或者转化为症状。最后，他用这个概念解释了他（和布洛伊尔）的观察结果，即在治疗环境中，强烈的情绪表达可以与症状改善（宣泄或发泄）相关。

事实上，在某种程度上，弗洛伊德所有的基本概念几乎都依赖于他关于心理能量的观点，包括他的驱力、动机、冲突、注意、原发过程和继发过程、心灵的调节原则，以及他关于精神病理学（如症状形成和创伤）和精神分析治疗（如阻抗和移情）的基本观点。然而，精神分析中很少有哪个概念能比心理能量的概念引起更多的争议，许多理论家建议放弃心理能量的概念和经济学观点，认为它们给心灵的精神分析模型增加了不精确性和混乱。尽管对弗洛伊德的能量理论的细节进行了批判，但心灵的精神分析观点仍包括这样一种觉察，即所有经验都伴随着相对强度的感受，这种感受在某种程度上是可以修改和转移的。

虽然布洛伊尔（Breuer & Freud，1893/1895）在提到《癔症研究》的作用时使用了能量这个术语，但弗洛伊德首次使用心理能量这个术语是在稍晚的1896年，于《防御的神经症》的早期草稿中。在他工作的早期阶段，弗洛伊德在诸如"精神强度""兴奋集""情感配额"等概念中也提到了能量的观点，称其"具有一个参量的所有特征……能够增加、减少、移置和释放"。在未发表的、以神经元为基础的《科学心理学设计》中，弗洛伊德（1895b）设想了一种类似于电脉冲的能量，他将其简单地称为"Q"。到1900年，他越来越多地只将"能量"（"心理能量"）称为推动心理活动的力量——而投注是这种能量在具体的精神产物或结构中的投入或储存。

在其最早的心灵模型（包括地形学模型）中，弗洛伊德提出了心灵（"精神装置"）的整体功能是心理能量的调节和释放。在这些模型中，心灵能够管理心理能量的两种不同模式，即原发过程和继发过程。在最早或原发过程中，**移动能量**或**不受约束的能量**（移动投注）根据快乐原则，以尽可能快的方式寻求释放；它既不能因回应现实问题而延迟，也不能存储起来供将来使用。随着时间的推移，心-脑发展出继发过程操作，能够延迟释放，以回应现实的需求，产生**受约束的能量**（过度投注或反投注），可用于思考、建立结构、防御和其他更高级的心理操作。随着驱力理论的发展，弗洛伊德提出心理能量的来源是性驱力（力比多）和后来的攻击驱力。随着结构理论的发展，他描述了**无性化的能量**（后来被哈特曼称为"中性化"）。在这里，他指的是从本我的攻击目标和性欲目标中挣脱出来的能量，可供自我的所有功能使用（Freud，1900，1911b，1915d，1923a）。

在他的整个工作中，弗洛伊德提出了各种调节原则，来解释心灵如何管理心理能量。《科学心理学设计》中阐述的"神经惯性"原则指出，心理装置的主要功能是回到惰性状态，释放自身的刺激或能量（Freud，1895b）。与此密切相关的"恒常性原则"（借用自费希纳）指出，心灵的目的是尽可能地保持低水平的兴奋，同时尽量满足其对心理活动能量供应的需要（Breuer & Freud，1893/1895）。这两个原则后来被重新定义为涅槃原则——被称为死本能背后的操作原则。心灵借此试图将其能量水平推向零点（Freud，1920a）。从一开始，弗洛伊德（1900）就将惯性和恒常性原则等同于不快乐／快乐原则（后来更名为快乐原则），认为不快乐是能量积累引起的紧张，而快乐则是通过释放能量来实现的。弗洛伊德本人认识到了能量理论的诸多方面都存在问题（例如，性行为包括快乐的能量积累），而他解决这些问题的努力从来没有完全令人满意过。尽管他对探索心灵的其他功能更感兴趣，但他从未正式放弃将心灵视为管理能量的装置的观点。事实上，经济学观点和能量的语言一直弥漫于精神分析文献中。直到20世纪下半叶，许多分析师开始挑战心理能量的概念，对以下方面提出批评：（1）基于多重赘述；（2）将隐喻误用为事实；（3）充满矛盾、混乱和不精确；（4）缺乏说明价值；（5）强化心身二元论；（6）在精神分析和神经生理学之间建立了错误的联系。评论家认为，感受体验强度的变化、防御性操作的相对强度的变化和注意焦点的变化是不同的，因此我们不能用单一的能量概念的数量变化来解释它们。有研究者指出，精神分析模型更适合从认知科学的信息、学习和系统模型（强调心灵的信息加工、表征和符号形成的能力），以及进化心理学的模型（强调适应和神经元激活模型，如联结主义）（Kubie，1947；Kardiner，Karush，& Ovesey，1959；Holt，1962，1976；Rosenblatt & Thickstun，1970，1977；Gill，1977；Olds，1994）来汲取灵感。无论心理能量的概念提出了什么样的问题，精神分析师发现，如果没有用来表达体验的强度或量的语言，我们就很难描述精神生活。没有这种语言，临床现象的方方面面就不可能得到表达。

Entitlement 权利

权利是指个人有权或正当要求的东西，其常见形式是对特殊地位或待遇的要求。每个人从童年早期就对权利有着潜意识幻想。然而，在一些个体（尤其是自恋型人格障碍患者）那里，对权利的幻想表现为有意识和无冲突的感受，即他们比其他人得到的应该更多。

尽管弗洛伊德没有使用权利这个术语，但他探讨了与"例外"相关的概念，或者说，在分析工作中不愿意放弃任何满足的个体。这些个体认为，自己有权因在幼儿时期遭受的虐待或剥夺而获得补偿（Freud，1916）。许多后来编纂关于自恋和权利的理论家，包括雅可布森（1959）、克里斯（1976）、比洛（1999）和布卢姆（2001），都提到了弗洛伊德的文章，并对权利的起源提出了各种理论。一些人将权利视为未放弃的童年全能感的简单表现；另一些人则强调了它的防御作用，即用于避免无助感和依赖感，或拒绝感受到父母的冷漠。科恩（1988）探讨了权利的超我方面，以证明破坏冲动的合理性。在那些将自恋权利视为正常心理需求的表达的人（Winnicott，1955；Kohut，1971）和那些将其视为病理性自恋特质的人（Kernberg，1975）之间存在着一种张力。权利不仅存在于自恋型人格中。阿普雷利（1988）划分了权利感的发展线索——从婴儿期开始，一直发展到正常的成年期。在这一过程中，一个人的需要与他人的权利之间存在一种平衡。布莱奇纳（1987）区分了权利的"态度"和"主张"，指出前者可以是潜意识的或被抑制的，会引发被动的态度或自体无能为力的体验。

Envy 嫉羡

见"Borderline 边缘""Jealousy 嫉妒""Melanie Klein 梅兰妮·克莱茵""Penis Envy 阴茎嫉羡""Primal Scene 原初场景""Womb Envy 子宫嫉羡"。

Erikson's Stages 埃里克森的阶段

埃里克森的阶段是爱利克·霍姆伯格·埃里克森（1950，1959）提出的八阶段生命周期序列中的人类发展范式。埃里克森综合了精神分析、教育、文化史和人类学的研究，是第一个扩展弗洛伊德关于从婴儿期到青春期的心理性欲发展阶段框架的人。他认为，发展是一个终身的渐进过程，构成一个可预测的、累积的序列，即他所说的"人的八个阶段"。埃里克森的每个阶段都被一个"危机"或塑造它的紧迫而重要的心理的中心发展任务所识别。如果危机在一个连续阶段内得到解决，就会产生健康的发展；如果危机没有得到解决，就会产生精神病理性的结果。每个阶段都建立在前一个阶段的基础之上。发展"危机"的最佳解决方案涉及对立的两个极端之间的创造性张力。

虽然埃里克森的阶段理论基于弗洛伊德（1905b）的早期发展观点，即早期发展是力比多驱力（口唇、肛门、阳具）的连续阶段，但他将这种古典的发展观点置于家庭和文化的背景下。如果说弗洛伊德的发展包括驱力的序列重组，那么埃里克森发展进程的图式包括自我和性格结构的序列重组。埃里克森在儿童游戏、人类学以及自我和同一性发展方面的著作影响巨大——不仅影响了临床心理学领域，也影响了美国社会和文化思维的总体基调（C. Geissmann & P. Geissmann，1998）。虽然发展的八阶段理论受到了一些人的反对，但埃里克森的作品仍然受到重视。原因在于，他呼吁关注心理社会因素和文化因素，而这在很大程度上被之前的精神分析师忽视了。在这方面，埃里克森被认为是引入"历史时刻"这一概念的人。当群体领袖的心理与社会的大众心理产生共鸣并引起变革时，就会出现这样一个历史时刻，例如希特勒的崛起。

在埃里克森的八阶段生命周期中，每个阶段都由一个特定时期的心理社会危机和一个核心生命任务来描述。埃里克森提出了以下八个阶段：第一阶段（出生到1岁），口唇-感官，基本的信任与不信任，喂养；第二阶段（1~3岁），肌肉-肛门，自主对羞愧和怀疑，如厕训练；第三阶段

（3～6岁），运动-生殖器，主动对罪疚，独立；第四阶段（6～12岁），潜伏期，勤奋对自卑，学校教育；第五阶段（12～18岁），发育期和青春期，同一性对角色混乱，同伴关系；第六阶段（18～40岁），成年早期，亲密对疏离，爱的关系；第七阶段（40～65岁），成年期，繁殖对停滞，养育；第八阶段（65岁到死亡），成熟，自我完善对绝望，接纳自己的一生。埃里克森描述了每个阶段的有利结果，他称之为"美德"。按照其可能获得的阶段顺序，埃里克森人生阶段的美德分别是：希望、意志、目的、能力、忠诚、爱、关怀和智慧。

在20世纪五六十年代，埃里克森关于人类发展八个阶段的范式在美国得到了广泛接受。然而，从20世纪七十年代开始，为了回应女性主义和后现代主义运动，以及人们对依恋理论日益浓厚的兴趣和直接观察婴儿的证据，埃里克森的阶段理论受到了更具批判性的检验。例如，一些女性主义理论家发现了一种男性中心主义的偏见，这反映了20世纪中期嵌入理论核心概念的性别角色刻板印象。这些理论家不同意埃里克森强调女性和男性在生物学上的独特性，也不同意他将异性结合作为健康生殖器欲的途径这一内隐观点。其他对埃里克森的指责还包括，在整个生命周期（Gilligan，1982；Josselson，1996）中对分离、自主和个体化的重视程度胜过对依恋和联系的追求，以及未能体现种族和少数民族的经历。

婴儿观察研究和依恋理论作为心理健康发展的解释模型的优势，引发了一些发展理论家对发展阶段模型效度的质疑。例如，D. N. 斯特恩（1985）提出一个发展的观点，认为自体的新感觉作为组织原则出现于生命的最初几年的特定时期，并会在整个生命周期中持续存在。他将这种取向描述为"规范性和前瞻性的"。斯特恩批评了弗洛伊德和埃里克森的阶段理论，认为他们在发展阶段寻求了后期固着（弗洛伊德）和自我与性格病理（埃里克森）的特定根源。

Eros 爱欲

见"Death Drive 死亡驱力""Drive 驱力"。

Erotization 爱欲化

爱欲化、性欲化、本能化和力比多化都是以下防御过程的同义词，即非性功能或心理现象承担或被赋予性含义或性负载。爱欲化最常被用于讨论临床材料的背景，如防御的爱欲化、倒错、痛苦的受虐爱欲化或移情的爱欲化。对爱欲化或性欲化的研究很重要，因为它表明，与所有的倒错一样，性行为和幻想可能被用来管理非性欲冲突。

弗洛伊德（1911a）首次使用性欲化这个术语是在他对偏执性障碍患者薛伯的描述中。弗洛伊德向我们展示了薛伯的天堂般幸福的幻想（与神进行"性欲结合"的观念）是如何成为性欲化的一个例子的。以这个例子为基础，弗洛伊德进一步论证了他早期关于精神障碍的性本质的理论。弗洛伊德将性欲化或力比多化定义为一个过程，在其中，性驱力（力比多）的一部分由于固着或退行而无法找到合适的出口，于是沿着另一条通道找到出口。他描述了当力比多的适当发泄途径受阻时，其他本能（如社交本能或攻击本能）与性驱力的融合。这一过程在发展的所有水平上都有可能发生。性驱力总是迫切需要表达，非性活动一旦被选择作为力比多的出口，它就会继续负载性驱力表达。弗洛伊德曾举过一个强迫性神经症患者思维性欲化的例子。弗洛伊德（1926a）也用性欲化这个术语来描述由于神经症性冲突而导致的某些功能的防御性爱欲化。他假设，演奏乐器、写作或行走会因参与特殊功能的身体器官的过度爱欲化而受到抑制。例如，在个体的心灵中，手可能与充满罪疚的手淫联系在一起。

哈特曼（1950）用自我功能的本能化这个术语来指代一种退行形式——自我功能被赋予性意义，而与潜在的性组分没有明显的联系。一些理论家用性欲化来指代用于防御目的、没有"真正的"性含义的性行为。科恩（1981）建议将性欲化这个术语局限于描述临床现象，即患者广泛使用性行为和性幻想来防御焦虑。这种防御比所有性驱力满足的冲动都更为紧迫和重要。

H. 布卢姆（1973）将爱欲化的移情描述为一种特别强烈的爱欲移情，其可能发生在一些患有中度性格障碍的患者身上。在这种情况下，非性欲的需求（例如对依赖的需求或攻击冲动）会变得爱欲化，并指向分析师。经常有这种爱欲化倾向的患者在童年时期通常有性创伤史。

在自体心理学中，性欲化有一个精确的含义，与自体客体功能的匮乏有关。戈德伯格（1983）阐述了科胡特（1971）的观点，认为性欲化是结构性匮乏的结果。当自体客体处于危险中时，性欲化可以用来增强人的自体感，从而防止进一步的退行，例如孤独的性欲化或战胜他人的性欲化。自体心理学家对性欲化患者的分析旨在了解防御的潜在需求；分析的重点是建立稳定的自体客体，而非促进性驱力的升华、中性化或去本能化。

Escape from Freedom 逃避自由

见 "Interpersonal Psychoanalysis 人际精神分析"。

Exception 例外

见 "Character 性格" "Entitlement 权利" "Guilt 罪疚"。

Exhibitionism 暴露癖（露阴癖）

暴露癖，又译作**露阴癖**，这个术语运用最广泛的含义是指裸露症患者用以寻求获得对自己的认可或钦佩的所有行动或幻想。严重的暴露癖是与几个性格障碍相关；然而，暴露癖是发展和成人精神生活的正常组成部分。因此，裸露行为和幻想及与之相伴的冲突是每项分析的一部分。在其狭义用法中，暴露癖指的是一种倒错——将生殖器暴露在旁观者面前是其获得性满足的首选方式。

弗洛伊德将暴露癖概念化为婴儿性欲的组元本能之一，并将其与相反的窥淫癖进行配对。在弗洛伊德的理论中，倒错的暴露癖是对婴儿性欲组元本能的直接表达；在健康的发展中，暴露癖作为前戏的一个正常方面得以留存（1905b）。当弗洛伊德提出心理性欲发展的阳具欲期（现在被称为"婴儿生殖器欲期"）这一概念时，精神分析师开始描述一系列被称为阳具自恋的态度，其中包括攻击性自体夸大——伴随着显著的暴露癖，有时被称为**阳具暴露癖**（W. Reich，1933/1945）。这些态度也被理解为对男孩和女孩的阉割情结的防御和过度补偿（Freud，1923b）。当阳具自恋持续到成年时，它通常被称为阳具自恋性格，尤其是在男性中。显著的自体戏剧化和暴露癖也被认为是癔症性格的一部分，常见于女性（Easser & Lesser，1965）。正如精神分析历史上常见的那样，无论是倒错的还是性格类型学的，对暴露癖的心理动力基础的理解都远远超出它与阉割情结的最初联系。例如，伯格勒（1956）描述了他所说的**消极暴露癖**，或自己制造"出洋相"的习惯，其与前俄狄浦斯期的创伤和冲突有关。

科胡特（1966，1971）认为，暴露癖和全能感是正常的幼稚夸大自体（有时也被称为夸大-表现癖自体）的显著特征。借助他人的恰到好处的回应，暴露癖融入了人格的整体中，形成一个相对内聚的自体，有能力在承认和钦佩中进行调节并获得快乐。在精神分析中，发展更为成熟的志向追求的核心在于对移情中幼稚的裸露追求进行调动和解释。作为夸大自体表达的暴露癖是健康发展的动力；当发展脱轨时，它是精神病理问题的核心。

Externalization 外化

外化是一组将内部经验的某一方面归于外部世界的心理过程。外化策略可能被用于防御，使痛苦、冲突或其他不可接受的心理内容更容易被容忍，其途径是放弃这些内容并将其归因于他人。作为一种防御手段的外化通常与投射同义，后者在精神分析中通常被定义为一种防御过程。外化也可以用于非防御性目的。例如，在许多情况下，心灵内部的某些东西被归因于外部世界。此时，外化与投射这个术语的前精神分析含义有关，其字面意思是"扔在前面"，就像把图像扔到屏幕上一样。在心理学领域，投射（没有防御的含义）被用来描述一种在外部世界中发现内心生活的反映的普遍倾向。外化与内化相反，后者是外部世界的各个方面被"吸收"并被作为自体的一部分进行体验的过程。这两个术语都反映了一种认识，即精神生活是在与外部世界的相互作用中发展和发挥作用的，外化和内化描述了这种互动的基本方面。

外化包括广泛的正常表象和病理现象。弗洛伊德使用外化这个概念（实际上，他经常使用投射这个术语）来探索的现象包括：偏执型精神病理学（Freud，1894c，1911a）、创造性写作（Freud，1908a）、迷信（Freud，1909d）、某些类型的移情经验（Freud，1910f）、关于"世界末日"的幻想（Freud，1911a）、关于来世回报的信念（Freud，1911b）、未经分析的分析师——将自己内心生活的各个方面误认为是患者的（Freud，1912b）、儿童和"原始民族"的神奇思维——包括他们的恶魔和禁忌（Freud，1913e）、梦（Freud，1917b）、群体凝聚力（Freud，1921）、嫉妒（Freud，1922）和恐怖症（Freud，1926a）。弗洛伊德对这些现象的解释涉及外化的防御性方面和非防御性方面。

从发展的角度来看，（防御性和非防御性的）外化是一种适应和正常的机制。弗洛伊德（1915b）（没有使用外化这个术语）描述了投射和内摄过程如何被用于建立自我和外部世界的概念。克莱茵（1927c）使用术语外化（与投射互换）来解释游戏是"潜意识幻想"活动的外化。克莱茵（1946）继续描述了投射（后来称为投射性认同）和内摄的交替防御过程如何从婴儿期的最早时刻起协同工作，以创造内在和外在世界。J. 诺维克和凯利（1970）认为，区分"泛化"的正常过程和非防御性过程很重要，儿童们据此假设他人以相同的方式来感受。在他们看来，作为认同道路上的垫脚石，泛化十分重要。在讨论超我的发展时，其他人描述了在潜伏期和青春期，超我的需求如何在内化之前作为一种适合该阶段的防御外化到父母和其他权威人物身上（P. Tyson & R. Tyson，1990）。在退行状态下，个人也可能会将内部世界的各个方面重新外化。例如，自我和超我的功能（如现实检验或道德权威）可能会被归因于他人（Loewald，1962b）。当外化普遍且持续地存在时，其可能会变成病理性的，如偏执或精神病。个体如果使用外化来避免承认自己的缺点，那么它可能会成为一个问题。父母可能会将自己不想要的方面外化到儿童身上，创造出所谓的"认同的患者"，以避免为自己的问题承担责任（J. Novick & Kelly，1970）。

A. 弗洛伊德（1965）警告说，外化可能与移情混淆。在这一观点的基础上，伯格（1977）区分了**外化移情**和经典移情。在外化移情的过程中，患者内心世界的一部分（如愿望、超我禁令、自体表征，甚至是自我的功能）都被归因于分析师；在经典移情中，源于早期客体的愿望被移置到分析师身上。与之类似，克莱茵（1946）用外化这个术语指将好的自体表征和坏的自体表征投射到分析师身上。克恩伯格（1970b）也使用外化来描述边缘型人格障碍患者的移情。在这种移情中，患者全好和全坏的方面都被分裂并投射到分析师身上。在科胡特（1971，1977）的描述中，自体各方面的外化也有助于理想化移情和镜映移情。

Extrovert 外向（外倾）

见"Jungian Psychology 荣格心理学"。

Ronald Fairbairn 罗纳德·费尔贝恩

罗纳德·费尔贝恩在构建"内心结构"概念的基础上，提出了一个关于心理发展和功能的理论。内心结构是自童年开始的自体和客体之间幻想互动的内化。费尔贝恩的理论对精神分析理论的发展产生了巨大的影响。他既受到克莱茵的影响，又反过来影响了克莱茵。他的工作对克恩伯格的工作影响很大。他也影响了自体心理学和当代关系精神分析的发展。通常认为，费尔贝恩的工作是从发展的驱力模型转变为关系／结构模型的关键。最重要的是，费尔贝恩（1941，1952，1954）创造了客体关系理论这个术语。费尔贝恩理论最重要的解释者包括冈特里普（1961）和萨瑟兰（1963）。

费尔贝恩理论的显著特征包括：（1）自我从出生起就存在。（2）力比多和自我本质上是寻求客体的，而不是寻求快乐的。（3）力比多是自我的功能，它以现实为导向，旨在促进婴儿对最早客体的依恋。婴儿的客体一开始是母亲的乳房，然后是作为一个整体的母亲。（4）不存在死本能；攻击是对挫折或剥夺的回应。（5）挫折和分离引发客体的内化。（6）这个被内化的客体既被爱，又被恨。（7）基于爱和恨的幻想，客体表征被分裂为不同部分。（8）每一个客体表征都与相应的自体表征配对，也可以分裂成几个部分。（9）这些结构化的"客体关系"构型构成了各种精神病理症状背后人格的核心。

在费尔贝恩看来，人类个体的主要动机是寻求客体并保持与客体的关系。在这种观点下，根据与客体关系的性质不同，发展可以分为三个阶段：不成熟的依赖阶段、过渡阶段，以及成熟的依赖阶段。精神病理症状不是源于追求快乐的愿望的冲突，而是源于为保持与客体的联结而采取的心理策略。在过渡阶段，为了回应分离和其他不可避免的与照顾客体间的挫折经验，婴儿在心灵中建立了内部客体，以便解决这些令人沮丧的关系。

从他与精神分裂症患者的工作中，费尔贝恩概括出了所有人的"精神分裂"核心，并认为其是基于普遍的分裂机制的。克莱茵将弗洛伊德的分裂概念广泛应用于她所说的"内部客体"。在这一工作的影响下，费尔贝恩将分裂的概念应用于自我（自体）和客体。费尔贝恩认为，客体是被内化的，是对与母亲早期关系中的挫折感的回应。其次，内部客体令人兴奋和令人沮丧的方面都是从客体的核心中分裂出来的，并被自我压抑。分裂创造了两个被压抑的内部客体：令人兴奋的客体（力比多客体）和令人沮丧的客体（反力比多客体）。每一个内部客体都携带着自我相应的分裂部分——"力比多自我"和"反力比多自我"（有时称为"内部破坏者"）——进入压抑。自我的分裂留下了一个"中心自我"或有意识的"我"，它既是自我觉察的中心，也是压抑的机构。因此，心灵被分裂为三个部分或"内心结构"：（1）中心自我，依附于理想客体；（2）被压抑的力比多自我，依附于一个令人兴奋的（力比多）客体；（3）被压抑的反力比多自我（内部破坏者），依附于一个令人拒绝的（反力比多）客体。

费尔贝恩的心灵三分结构不同于弗洛伊德的三分结构理论，因为其中的三种结构都是自我结构。费尔贝恩的理论中没有本我或超我。他认为，力比多受到力比多自我的支配；攻击受到反力比多自我的支配，并且指向力比多自我。弗洛伊德认为，婴儿的核心焦虑是对被驱力压倒的恐惧。克莱茵认为，人格被与死亡驱力有关的焦虑所组织。与他们不同，费尔贝恩认为，婴儿的核心焦虑是自己对母亲的爱会将她掏空和摧毁——这使婴儿自己感到绝望和耗竭。费尔贝恩认为，只有到了后来，婴儿才会想象挫折是他自己攻击的结果；然后，这种攻击会投射到母亲身上，创造出一个坏的、令人沮丧的客体。如前所述，这个客体随后会被内化。

在费尔贝恩看来，精神病理学反映了人格三个部分的核心。例如，精神分裂人格反映了过度使用分裂或耗竭的核心焦虑的普遍性所导致的中心自我的贫乏。受虐倾向反映了费尔贝恩所说的"受虐防御"的过度使用，或是通过创造一个"全坏的自体"来全力以赴地维护与客体之间令人沮丧但又不得不需要的关系，而这个"全坏的自体"承担了挫折和剥夺的所有责任。在精神分析治疗中，人格的这些分裂部分在移情中被调动起来。最常见的情况是，起初，患者与分析师和理想的客体相联系，并且会从自己的中心意识核心的角度来体验；渐渐地，被压抑的力比多和反力比多客体关系也出现在移情中。

Family Romance 家庭罗曼史

家庭罗曼史是一种儿童否认其父母的身份并认为自己是其他父母（这些父母通常具有更高贵的血统）的后代的常见幻想。家庭罗曼史幻想的前身可以从童年早期的前俄狄浦斯冲突中看到，它伴随着客体的分裂和父母的理想化。家庭罗曼史幻想通常出现在潜伏期，其发展以俄狄浦斯期的失望和幻灭为基础。家庭罗曼史的幻想可能是有意识的，但往往包含潜意识的成分，包括拒认真实父母的性关系。对家庭罗曼史衍生物进行分析，可以作为了解自恋和俄狄浦斯问题的窗口。

家庭罗曼史被认为是一种原始或普遍的幻想。自精神分析之初，关于家庭罗曼史的描述就出现在应用和临床研究的文献中。它被视为：（1）一种典型的补偿性幻想，用来管理童年的自恋伤害；（2）英雄神话和故事的组成部分；（3）每个人的俄狄浦斯解决方案中内在的、或多或少有些突出的部分。事实上，家庭罗曼史幻想的衍生物和变体，是俄狄浦斯真实故事的一部分，呈现在摩西的故事中（以相反的方式），普遍存在于狄更斯等作家的作品中，并且经常出现在当代超级英雄的传记中。它们在被收养的人身上无处不在，反之亦然。许多以精神分析为基础的艺术研究都基于家庭罗曼史这一概念。

早在1897年，弗洛伊德（1897a）在与弗利斯的交流中就提到了家庭罗曼史这个术语。弗洛伊德（1909a）在论文《家庭罗曼史》中正式阐述了这一术语。1920年，他在《性学三论》中添加了一个脚注，将家庭罗曼史幻想作为几种原始幻想之一。这标志着他开始对家庭罗曼史现象及其在神话、民间传说和小说中的识别产生兴趣。弗洛伊德将幻想视为愿望满足和防御。在他看来，幻想中的父母具有儿童早期理想化父母的特征。儿童之所以诉诸幻想，是因为他早期的理想化父母与后来更现实、更令人失望的父母形象之间存在差异。弗洛伊德还断言，幻想可以用来防御乱伦情感的罪疚；换言之，如果儿童与父母或同胞没有亲属关系，他就不会被禁止对他们发生性兴趣。

兰克（1909）通过将幻想与潜伏期对英雄的关注联系起来，实现了幻想范围的扩展。他认为，英雄崇拜是一种保护儿童免受与父亲有关的失望和愤怒的方式（Frosch，1959b）。H. 多伊奇（1933a）将幻想视为儿童对父母性欲的了解及随后产生的矛盾感受的防御反应。

维德（1977）在被收养儿童的幻想中研究了这一主题。他认为，这些儿童必须面对一个事实，即他们了解的父母并不是"真正的"（生物学上的）父母。在他的小型临床样本中，维德发现了一种典型的变体，其相当于家庭罗曼史的倒转：被收养的儿童幻想着自己被逐出这个世界，成为无助的婴儿，不得不自己生存，直到被救世主母亲救出来（如摩西的故事中那样）。与亲生子女拒认和贬低真实的亲生父母而倾向于理想化的、幻想的"亲生父母"相反，养子女（通常借助信息碎片）会想象自己的亲生父母是腐化的、不道德的、施虐的、低阶层的、没有受过教育的，而救世主养父母是伦理的、道德的、能提供保护的、强大的和无性的。至少在童年时期，被收养者的愿望是拒绝亲生父母并与养父母建立血缘关系。

维泽尔（1977）通过漫画书中的超级英雄镜头来看待家庭罗曼史幻想。他的观点是，漫画是当代神话的思维方式，超级英雄获得力量的方式可能与家庭罗曼史的阶段有关。例如，超人由地球上的普通父母抚养长大，他后来发现了自己的真实身份和力量——他出生于氪星，亲生父母很强大。

Fantasy 幻想

幻想或**潜意识幻想**是一种想象的场景或故事般的叙事，其通常出现在充满情绪的情况下，并以想象中的主体为主要角色。幻想代表由动机状态和防御性操作形成的自体和客体互动。这种自体和客体可能完全或部分地是潜意识的。有意识的幻想常见于白日梦的形式——白日梦者会想象出各种令人满意、恐惧或具有惩罚性的场景。有意识的幻想反过来又是潜意识幻想的衍生物，而这些潜意识幻想是稳定、持久的结构，与现实的影响相对隔离。幻想与愿望（欲望的潜意识心理状态）和情结（一种潜意识组织的思想、意象和联想群集）不同，后面两者都不需要采取叙事形式。精神分析文献中"幻想""潜意识幻想"的不同拼写是一些分析师（主要是英国的分析师）偏爱后者的结果。"潜意识幻想"一词基于德文单词Phantasie（意为"想象"或"不切实际的观念"），而非英文单词fantasy（意为"怪想"或"奇想"）。艾萨克斯（1948）提出用潜意识幻想来指代潜意识事件，用幻想来指代更有意识的事件，从而强化了两者的区别。英国克莱茵学派一直遵循这一惯例。

幻想的概念是精神分析心理理论、精神病理学理论和技术的核心。弗洛伊德关于癔症并非源于童年诱惑而是基于童年性幻想的致病作用的观点的提出是精神分析发展中的一个革命性步骤。随着时间的推移，从其在神经症病因学中的作用来看，幻想逐渐被视为所有愿望、恐惧、防御和相应的客体关系在潜意识中表征的主导方式，它构成了弗洛伊德所说的"心理现实"的核心。从童年开始，个体的**幻想生活**对精神生活和行为的各个方面都产生了或正在产生影响——无论是正常的方面还是病理性的方面；它也可以作为一个模板或心灵定势，为新经验的组织提供帮助（Arlow，1969b）。

弗洛伊德（1897e）在写给弗利斯的一封信中首先提到了他逐渐觉醒的觉察，即幻想（而非真实的创伤性经验）在神经症的病因学中起着关键作用。尽管他将近十年没有发表这一观点，但他的发现为承认婴儿性欲和俄狄浦斯情结在精神生活中所起的决定性作用打开了大门。正如他后来总结的那样，"与物质现实相比，幻想具有精神性。我们逐渐了解到，在神经症的世界中，心理现实才是决定性的"（Freud，1916/1917）。弗洛伊德将幻想视为一种愿望的满足、一种因本能愿望受挫而产生的幻觉思维。在最早的形式中，幻想与伴随着童年手淫的想象中的满足感是一致的（Freud，1908e）。1911年，弗洛伊德描述了幻想是如何产生的："随着现实原则的引入……思想活动的种类被分裂了；它从现实检验中解放出来，并且仍然只服从于快乐原则。"（Freud，1911b）在弗洛伊德看来，这表明了幻想生活相对封闭的本质，与婴儿的性本能密切相关，并解释了童年的愿望、观念和认知方式对成人精神生活的持久影响。弗洛伊德探讨了幻想在神经症症状、妄想、倒错和性格特质的形成中的作用，以及它在梦、白日梦、游戏、儿童性理论、口误、创造性行为和神话中的作用。弗洛伊德对幻想最明确的表述早于结构理论的发展，而且从未与之完全整合。这导致了长期以来对幻想这个术语的模糊使用。例如，弗洛伊德认为幻想受制于压抑，因而它是潜意识的一部分；在其他场合，他注意到许多幻想的继发过程逻辑，将幻想视为意识-前意识系统的一部分。

现代自我心理学家认为，幻想反映了自我的创造和综合功能。本能愿望、超我需求和防御被整合在一个以幻想为代表的妥协形成中，其中的所有幻想都承载着现实的冲击（Erreich，2003）。客体关系理论家和自体心理学家关注自体和客体表征的结构影响。虽然弗洛伊德认为幻想（像所有形式的思想一样）是挫折的结果，但大多数当代分析师认为，幻想的形成是一个始于童年的持续过程。发展挑战、童年的奥秘、情绪上重要的事件和创伤都是幻想形成的特殊刺激。幻想在一生中会被不断修改，因而所有给定的幻想都会同时存在于许多不同的版本中，对应于个体历史中的不同时刻，并反映出当时活跃的冲突和认知能力。在成年人那里，幻想在通达意识、认知组织和对现实检验的回应性方面有所不同。

自从弗洛伊德第一次提出童年性幻想在癔症病因中的作用以来，精神分析师一直认为，性幻想对个体的性行为、人格、性格和生活方向具有特别持久的影响。随着时间的推移，**核心性组织幻想**或**手淫幻想**可能会呈现出不同的表现和内容，但它们在患者的一生中都会保持其核心结构（Laufer，1976）。在精神分析写作中，**性幻想**通常被用来描述精神分析治疗中报告的有意识的性幻想。性幻想的报告在分析工作中可能有多种含义，并可能以伪装或衍生的方式与核心潜意识幻想相关（Person，1995）。拉普朗什和彭塔利斯（1967/1973）将幻想称为欲望的舞台。

虽然一个人的幻想生活能反映他独特的历史和个人癖好，但许多幻想都具有普遍性和共同性。与弗洛伊德关于普遍**原始幻想**概念形成对比的是，当代分析师认为，幻想的共同方面是普遍生物要求和发展经验的结果。除了核心性组织幻想之外，常见的幻想类型还包括浪漫满足的幻想，对巨大成功、巨大财富、成就、承认、权力、名望或奉承的幻想，补偿或修复幻想，失败、羞辱或惩罚的幻想，以及复仇或暴力的幻想。童年时期的典型幻想包括关于怀孕、出生和父母性生活（原初场景）的奥秘的幻想，关于普遍愿望和恐惧的幻想（例如，乱伦、家庭罗曼史、阉割、阴茎嫉羡和子宫嫉羡，以及被打幻想），以及代表愿望和禁止结合的幻想，其通常以"如果……那么"的形式出现（例如，"如果我在这场比赛中击败了爸爸，那么他会攻击并惩罚我"）。人类具有共同的幻想，这一事实有助于我们对他人的理解和共情。E. 克里斯（1956a）描述了患者倾向于黏附的一种自传体幻想，他称之为个人神话。幻想的共同性也使艺术创作成为可能，艺术家由此充当"集体的白日梦者"（Freud，1908a；Arlow，1986）。团体的形成和凝聚力由共享的潜意识幻想促进，这些幻想通常会在文化的核心神话中得到表达（Arlow，1995）。

文献中关于幻想的持续争论包括：幻想形成的可能年龄、潜意识幻想组织的范围和类型、幻想是否依赖于语言，以及精神分析会话本身可以在多大程度上增强叙事的连贯性。精神分析历史上最重要的论战之一——英国精神分析协会的论战（King & Steiner，1991），发生于克莱茵的追随者和A. 弗洛伊德领导下的维也纳学派分析师之间，其焦点在于幻想的本质。在这场论战中，克莱茵学派分析师提出了幻想的广泛观点（他们更喜欢

phantasy的拼写），将其定义为本能的直接心理表达和"潜意识心理过程的原始内容"，认为它占据了弗洛伊德赋予潜意识愿望的位置（Isaacs，1948）。在这种观点下，幻想的形成始于出生，早于语言的发展。最早的幻想是全能和具体的，由身体感觉组成，总是被解释为与引起这些感觉的客体之间的关系（例如，饥饿被视为与坏客体一起从内部迫害婴儿；满足被视为与好客体的幸福结合）。后来的幻想（尤其是那些与投射、吞并和全能控制有关的幻想）成为对更原始的幻想所伴随的焦虑的防御。在克莱茵学派的观点中，随着年龄的增长，幻想与具体身体感觉的联系越来越少，而与象征的联系越来越多，因为儿童越来越能够区分真实的客体和幻想的客体。

无论在理论上有什么不同，所有的精神分析师（包括自我心理学家和克莱茵学派）几乎都将探索潜意识幻想视为精神分析工作的核心。精神分析情境的感知模糊性最大限度地扩大了潜意识幻想的涌现，并促进对其进行解释。在移情中，患者将分析师吞并到他的幻想里，并试图扮演它们。包括关注患者和分析师之间关系的人际分析师，以及强调真实关系的"内部工作模型"的依恋理论家在内，一些学派淡化了潜意识幻想的作用（Bowlby，1969/1982；D. N. Stern，1985）。

早在20世纪二三十年代，精神分析导向的研究者就使用罗夏墨迹测验、思维统觉测验等工具来引出幻想进行实证研究。在心理学领域，图式这一术语于1932年被引入，用来指代对经验的心理表征（Bartlett，1932）。在20世纪七十年代的认知心理学中，图式的观点被扩展到解释更复杂的"事件序列"的知识如何在记忆中表征。这种知识结构被称为脚本（Tulving，1972；Schank & Abelson，1977；Tomkins，1979）。认知心理学对图式和脚本的研究影响了新一代精神分析研究者。这些精神分析研究者开发了一些工具，旨在捕捉幻想的关键要素，以进行实证研究。

这些研究者有霍洛维茨（1991；角色-关系模型构型／RRM）、卢博尔斯基（1984；核心冲突关系主题／CRT）、特雷沃森（1993；关系脚本）、泰勒和达尔（1981；框架／FRAMES）、D. N. 斯特恩（1985；泛化的互动表征／RIGs）、吉尔和I. 霍夫曼（1982；患者与治疗师关系的体验／PERT）、桑德（1997；组织主题）。

Fate Compulsion 命运强迫

见 "Repetition Compulsion (Compulsion to Repeat) 强迫性重复"。

Fate Neurosis 命运神经症

见 "Repetition Compulsion (Compulsion to Repeat) 强迫性重复"。

Father Hunger 父亲饥渴

父亲饥渴是幼儿因父亲缺席而出现攻击性失调和混乱的一种情感状态，其可以通过父亲的再次出现来扭转。这种综合征通常会出现在很小的男孩身上，是一种类似夜间恐怖的现象，似乎涉及恐怖机制；它在大男孩身上表现为对父亲的夸大认同。父亲饥渴代表着男孩对父亲的渴望和需要，而父亲的存在对于自体结构的发展、分离-个体化过程的完成、核心性别同一性的巩固和对强烈情感（尤其是攻击性）的管理都是必要的。赫尔佐格（1980，1984，2001）创造了父亲饥渴这个术语，还描述了父亲饥渴对男孩性行为及两性关系的影响。女孩也可能经历父亲饥渴，但通常会表现为抑郁状态。对于男孩和女孩来说，在不同的阶段，父亲能够帮助他们顺利渡过与母亲的分离。其他研究者从经验和临床上出发，确证了关于父亲饥渴的观察结果（Sugarman，1997；Lamb，2004）。父亲饥渴强调了父亲在三角关系过程中对男孩和女孩的作用；而对男孩来说，这一概念还强调了他与父亲的非竞争性关系。

Female Genital Anxieties 女性生殖器焦虑

女性生殖器焦虑是指有意识和潜意识地担心女性身体的损伤或丧失，与对丧失男性属性的嫉羡和幻想形成对立。这些焦虑通常被组织为潜意识幻想，其有意识的衍生物在女性患者的临床资料中变得明显。一些精神分析理论家认为，女性生殖器焦虑的概念取代了女性的阳具阉割情结。其他人认为，女性生殖器焦虑及其相关的幻想与阉割和阴茎嫉羡的幻想一起存在（Olesker，1998b）。这些生殖器幻想都根植于儿童对自己身体的主观体验，在客体关系和认知能力的渐进分化以及觉察到解剖学差异的背景下形成。早期关于女性生殖器焦虑的精神分析观点倾向于关注小女孩（成年女性患者）的缺陷或自卑心态。更现代的观点可能会保留小女孩被损坏和有缺陷的幻想，但它们将这些幻想放在女性的原始感觉和拥有女性生殖器的感觉的背景下。当代观点也强调社会影响，认为这些影响会引发女孩对自己生殖器的消极感受。

女性生殖器焦虑的概念是女性心理学修正精神分析观点的一个组成部分，它是对弗洛伊德早期关于女性发展的表述的一种批判性反应。弗洛伊德早期的观点在阳具中心主义方面存在错误——强调阳具在男孩和女孩早期发展中的首要地位，并将小女孩的心理性欲发展集中于阴茎嫉羡和阉割焦虑。弗洛伊德关于女性心理学的观点成为对其理论进行广泛批判的焦点所在。他的批判者包括其他理论取向的精神分析师及精神分析领域以外的评论家。早期，有人提出了反对意见，认为女孩对自己的生殖器早有觉察，她们除了对生殖器差异感到痛苦，还对女性生殖器受损感到焦虑和恐惧（Jones，1927，1933；Horney，1933）。当代精神分析的理论和临床兴趣已发生转变——从只关注女孩和女性感受到她们缺乏什么，转向探索她们对失去或损坏已有东西的恐惧。这一当代观点的核心是原始女性气质的概念，它确立了一条独特的女性发展道路。原始女性气质的概念本身受到了一些批评，例如缺乏概念的清晰性，综合了生物、文化和心理的作用，用阴道中心主义的还原论取代了阳具中心主义的还原论。

D. 伯恩斯坦（1993）首先创造了女性生殖器焦虑这一术语，并阐述了三种具体的焦虑，包括接触性恐惧、扩散性恐惧和插入性恐惧。接触性恐惧是指女孩感觉她没有准备好接触自己的阴道，她不能很容易地看到或以非性化的方式操纵阴道，或者她不能检查阴道以确定她的手淫是否造成了损伤。扩散性恐惧是指女性性感觉的本质是扩散的而不是集中的，它挑战了小女孩表达自己身体形象的努力，并会唤起一种感到不受控制的、压倒性的、解体的感觉（Bornstein，1953；Fraiberg，1972）。插入性恐惧在俄狄浦斯期尤其突出，当女孩们幻想着令人兴奋、有穿透力且巨大的"父亲的阴茎"时，她们害怕自己的小身体受到伤害。她们感受到自己有一个自己无法控制的脆弱开口；在青春期，她们有一种自己同样无法控制的潮湿的感觉。

理查兹（1992）断言，女孩在如厕训练中获得了对阴道括约肌的控制感。这是会阴肌肉组织固有的能力，在女性生殖器觉察和感觉的发展中也发挥着作用。在如厕训练期间，括约肌的收缩会引发性兴奋的扩散，这是一种快乐的体验。理查兹还声称，女孩们恐惧失去性兴奋的能力，因为这是对被禁止的俄狄浦斯愿望的惩罚。理查兹（1996）还描述了存在于成年女性中的对疼痛穿透、失去快乐和丧失功能（不能性交或生育孩子）的焦虑。

迈耶（1995）补充了对丧失或关闭生殖器开口的焦虑，以及对丧失开放性这一重要人格特质的焦虑。她提出了两条不同的发展路线，一条源于原始女性气质，另一条源于阳具阉割情结。对迈耶来说，关于原始女性气质的冲突涉及对女性生殖器危险的幻想——这种幻想存在于当下；相对地，阳具阉割情结包含了一种关于男性生殖器丧失的抑郁幻想——这种幻想已经发生了。

拉克斯（1994）区分了原发生殖器焦虑和继发生殖器焦虑，但没有对它们的发展路线做出区分。像霍妮（1924，1926）一样，她将原发生殖器焦虑或对失去小女孩生殖器的恐惧视为早期现象；并且认为继发生殖器焦虑可以等同于所谓的阳具阉割感觉，是女孩发现自己缺少阴茎后的反应。

根据对发育和临床资料的评估，奥赖斯科（1998b）定义了小女孩的女性生殖器焦虑和更传统的阳具阉割焦虑。她认为，这两种幻想是沿着一个发展连续统一体发生的，而非代表发展的不同路线。她描述了生命第二年年底出现的阉割焦虑，以及对解剖学差异的知觉。女性生殖器焦虑出现较晚，在生命第三年的后半段，伴随着俄狄浦斯期的出现。奥赖斯科还证明，成年女性存在女性生殖器焦虑和阉割情结，以及俄狄浦斯冲突和双性恋冲突。

Femininity 女性气质

见"Masculinity 男性气质"。

Fetish 恋物

见"Idealization 理想化""Infantile Genital Phase 婴儿生殖器欲期""Perversion 倒错"。

Fetishism 恋物癖

见"Idealization 理想化""Infantile Genital Phase 婴儿生殖器欲期"
"Perversion 倒错"。

Fixation 固着

见"Development 发展""Hysteria 癔症""Neurosis 神经症"
"Regression 退行"。

Flight 逃跑

逃跑是通过逃避进入其他体验来避免内部冲突或其他有问题的内心内
容的一组防御过程。A. 弗洛伊德（1936）讨论了逃跑的概念，认为它是年
龄较大的儿童和青少年的典型特征——他们可以通过行动和幻想来达到防
御的目的。精神分析文献涵盖了对涉及逃跑的几个行动的探索。弗洛伊德
（1894c）将**逃避现实**描述为典型的精神病；他在癔症症状中描述了**逃入
疾病**，即通过装病来对潜意识冲突进行防御（Freud，1909b）。相反，在
逃入健康中，症状改善可能有助于避免对潜意识冲突进行精神分析探索，
或导致过早结案（Fenichel，1945；Rangell，1992；Bergmann，1997）。
弗洛伊德（1917c）在其关于正常哀悼的讨论中将**逃入幻想**描述为短暂地
沉浸在幻想中，否认客体的丧失。事实上，各种各样的精神避难所都能在
逃入幻想中被找到（Isaacs，1933）。逃入幻想也可能代表着对分析的阻
抗——因此伪装成顺从。例如，过度关注移情幻想可能会使痛苦的现实和
情感远离治疗（Blum，1983）；相对地，典型的强迫型人格的**逃入理性**可

能是对情绪体验的防御（Fenichel，1932）。

Fragmentation 破碎

见"Anxiety 焦虑""Wilfred Bion 威尔弗雷德·比昂""Melanie Klein 梅兰妮·克莱茵""Splitting 分裂"。

Free Association 自由联想

自由联想是一种心理活动，发生在患者试图暂停对其主观心理体验的有意识控制而使其"自由"，并在不受稽查作用的情况下将该体验传达给分析师时。在精神分析治疗中，对患者自由联想的指示与弗洛伊德所说的"基本规则"，即用尽可能少的稽查作用将所有思想传达给分析师，密切相关（Freud，1910a，1912b）。自由联想的使用源于心理决定论的理论原理，即所有心理事件都是由先前的心理事件引起的，而且两个或多个心理要素之间存在潜意识连接或"联想"。当一个患者自由地联想，并且能够关注他通常会忽略或避免的经验时，他会更直接地进行自我揭示。此时，患者和分析师都会注意到思维序列中明显意想不到的联想链。此外，分析师可以对潜意识的联想链进行推断，这些联想链是患者持续的有意识的主观体验的基础和部分决定因素。分析师和患者也关注潜意识阻抗的证据，即当被回避的冲突心理内容威胁到进入患者的联想流时，患者的自由联想会受到干扰。患者不可避免地会与有意识的阻抗做斗争。这些阻抗源于诸如尴尬、恐惧、羞耻和罪疚的感受，并且会促使患者中断或改变自己的交流。躺椅的使用、会话的频率、分析师的非指导性立场，以及相对的沉默都有助于自由联想。通过增加患者对其精神生活中先前威胁性方面的接受，分析师的干预（尤其是对移情或其他阻抗的解释）促进了自由联想。

随着弗洛伊德将自由联想作为一种治疗技术引入精神分析，他开创了一种独特的治疗方法。引入自由联想是一项重大的技术进步，因为它提供了在工作中观察心灵动态过程的手段。对于患者和分析师来说，自由联想提供了资料，以及对构成患者持续心理关注点的动机和意义的相互作用的看法。在当代精神分析学派中，心理决定论被视为精神生活的一个重要特征，而自由联想仍然是临床方法的一个关键部分。虽然弗洛伊德认为阻抗是自由联想的障碍，但自由联想的目标现在被视为理解患者的移情和性格防御，表现在患者与自由联想任务的斗争中——这一切都处于分析情境的背景下。自由联想的技术也引来了一些争议。关系分析师和人际分析师专注于探索人际分析二元体中的意义，他们通常不强调自由联想，因为自由联想与"单人"心理学关系密切；然而，一些理论家注意到，自由联想甚至在精神分析治疗的关系观点中也具有价值（Aron，1990）。

1892—1895年，在患者的帮助下，弗洛伊德逐渐发现了自由联想的方法；1907年，他找到了第一个证明自由联想的案例（Freud，1914d；Mahony，1979）。弗洛伊德首先用"定向自由联想"取代了催眠，前者是一种要求患者"联想"他们的症状的技术。弗洛伊德假设，当他的患者联想时，他会听到联想链，并最终将症状与回避的记忆联系起来。如果他的患者反对他的"定向自由联想"的侵入，弗洛伊德就会利用自由联想或无定向的联想将被压抑的材料带到意识中。

弗洛伊德建议在心理地形学观点的背景下进行自由联想。在此背景下，治疗的目的是使潜意识意识化。弗洛伊德（1914c）确实注意到，阻抗不仅是自由联想的障碍，也是对移情态度的有意义的重复。然而，他继续主张克服阻抗，而非更深入地理解阻抗。这一情况即使在他转向结构理论（该理论在症状、性格和阻抗的形成中更加重视自我和超我）之后也没有改变。直到W. 赖希（1933/1945）的《性格分析》和A. 弗洛伊德（1936）的《自我与防御机制》出版之后，阻抗分析才在分析技术中被赋予更重要的作用。这带来了一个更大的焦点，即揭示当前的潜意识功能，而非重建过去。沙利文（1953b）创立了精神分析人际学派，他完全拒绝自由联想的技术，而采用了对患者过去和现在的实际人际经验的"详细询问"。详细询问是分析师的一种"参与观察"形式，其源于沙利文的观点，即分析师的个人参与是不可避免的。

对大多数分析师来说，精神分析技术中的被动／联想的患者和主动／解释的分析师角色划分已经转变为分析二元体。在分析二元体中，患者和分析师都有助于解释，而患者的主动自我反思也得到重视（A. Kris，1990）。然而，精神分析师对自由联想的态度存在不同。一些分析师利用密切过程注意的技术，专注于联想中的即时转换，邀请患者反思这种体验，从而使患者的自我反思发挥核心作用（Gray，1973）。另一些分析师则主张去倾听一系列联想背后的潜意识主题。

Fundamental Rule 基本规则

见"Free Association 自由联想"。

Fusion 融合

见"Aggression 攻击""Death Drive 死亡驱力""Drive 驱力""Ego自我""Energy 能量""Sublimation 升华"。

Gender Identity 性别同一性

性别同一性是一个人作为男性或女性的性别一致的内在体验，由生物、心理动力学和社会因素多方面决定。因此，性别同一性是一种复杂的经验，它证明了自体、他人和与他者相关的自体的心理表征如何在个体一生中的关系背景下共同构建，最重要的是，自体总是有意识和潜意识地性别化。性别同一性建立在核心性别同一性的基础上。它是一种最原始的归属于一种生物性别的感觉，并会在生命的第二年结束时得到巩固。它一旦确立，通常就不会改变。一种被认为偏离主流规范的性别认同，或一种被认为偏离自己所期望的自体形象，可能会成为一个人极度不适的根源。在这方面，异常这个术语是社会偏见、价值观和恐惧的载体。**性别角色**是性别同一性的外在表现，它不可避免地反映了与男性气质和女性气质概念相关的文化角色期望。核心性别同一性、性别同一性和性取向都会影响性同一性的巩固。在俄狄浦斯期，性同一性开始在不知不觉中形成；在青春期，性爱欲望变得有意识、能体验到和可知（Frankel & Sherick，1979；Roiphe & Galenson，1981b）。

性别的概念挑战了精神分析理论化的局限。虽然性别问题在最早的心理性欲发展的精神分析理论中占据核心地位，但它从一开始就引发了争议。在流行文化内部以及一些精神分析理论家之间，长期存在的"天性−教养"之争以及当代对性别的解构，给性别理论的基本前提留下许多尚未解答的问题。一些理论家支持性别的精神分析理论——承认人类性别经验和表达的差异的实际程度和频率（Corbett，1996，2009b；Ehrensaft，2007）。性别概念还依赖于对自体及其在整个生命周期中的发展的阐释。

性别这个术语起源于罗马时代的名词、代词和动词的语法分类。将词语归类为男性、女性或中性是基于自然（男人作为阳刚的）规定的用法。尽管性别被严格应用于单词用法，但科学家和语言学家注意到，性别与其他涉及种族和生育的拉丁词语存在词源联系。尽管弗洛伊德缺乏明确区分性和性别概念的词语，但他试图描绘男性气质和女性气质的概念，并区分性别心理特征和客体选择。弗洛伊德的心理性欲发展理论受到批评是基于与性别相关的问题——源于它对女性发展的阳具中心主义观点。他断言，小女孩心理性欲发展的核心在于她对生殖器缺陷的觉察以及她试图调解这一缺陷。与弗洛伊德同时代的人质疑他的理论缺乏原始女性气质的概念。而原始女性气质可能会为女孩对身体、性欲和客体关系的感受提供更积极、更准确的概念化方式（Horney，1924，1933；Jones，1927，1933）。

莫尼和汉普森（1955）的性学研究开始将性别这个术语用于人类差异的背景下。莫尼试图通过他对双性个体的研究来定义和理解人类**性别同一性分化**的复杂性，并试图解释这种分化在出生后生殖器性别不清的个体中是如何发展的。由于受到诸如性取向或性发展等术语的限制，莫尼创造了**性别角色**这个术语，以认可性别的非生殖和非爱欲方面。这个术语涉及社会行为、心理内容（包括幻想和梦）、投射测验、自体认同，以及爱欲行为等方面。莫尼（1965）后来将**性别同一性**定义为性别角色的私人内在体验，以区别于更多的外在或公共表现。

莫尼受到斯托勒对生殖器性别不清的个体的研究的影响。斯托勒

（1964）发表了他的证据以证明核心性别同一性（他将其定义为了解自己是男性还是女性的一种基本感觉）主要取决于出生时的实际**性别分配**，以及随后基于该分配的父母信念和影响，不论遗传性别如何。这一观点引发了争议。尽管斯托勒没有否认生殖器解剖学、身体感觉或生物影响的作用，但他反复证明，与父母对儿童性别的信念所产生的深远影响相比，这些影响是次要的。莫尼和斯托勒都认识到，性别同一性分化（最基本的男孩／女孩感觉）的过程是在产前启动的，其受到父母期望（有意识和潜意识的）的影响。

性别同一性的前体是身体自我、早期身体形象以及母婴二元体中的我／非我的感觉。性别同一性是从这些前体的延伸、阐述和被整合到男性和女性自体表征中发展而来的。儿童自身的性别分化发展是一个独特的、个人的、多维的过程，从18个月开始，通常在4岁半时完成。随后对幼儿进行的研究（Coates，1997；DeMarneffe，1997）确证，男孩或女孩的性别同一性先于俄狄浦斯期，其发展优先于弗洛伊德（1905b）假定的承认生殖器差异这一至关重要的能力。性别同一性应与性同一性区分开来，后者在青春期得到巩固，其特点是男性气质和女性气质（区别于基本的男性和女性）概念的阐述，以及性幻想和客体选择中表达的个人性欲。

20世纪60～80年代，精神分析师们（Stoller，1967；Ovesey & Person，1973；Schafer，1974；Benedict，1976；Fast，1978；P. Tyson，1982a）不断重新阐述和修订经典理论，并展开了一场关于性别本质的辩论：性别是先天的，还是后天的？它本质上是确定的，还是建设性的？性别能决定性取向，还是能与之共存？很快地，性别在人类学、社会学、政治科学、哲学和神经科学的类似辩论中确立了其效用。女性主义理论家（Chodorow，1994c；Kulish，1998；Elise，2000；Marshall，2000；Gilligan，2002；Goldner，2005；Harris，2005b；Layton，2002；

Toronto，2005）发现，性别的文化、社会和政治含义在理论上是有用的。性别可以被当作一个人在家庭或社会中的"所作所为"、一个人的**性别行为**来探索和欣赏，而不仅仅是作为一个标签来指定一个人"应该"成为什么样的人。后现代主义（Gabbard，1996；Layton，2000；Goldner，1991）和"酷儿理论"[①]（G. Grossman，2002）质疑传统性别范畴的有效性和目的。混沌理论（Harris，2005b）提供了一个令人信服的模型，用于探索诸如性别这样的现象如何能既有复杂的模式又有动态，或者如何被严格固定，然后通过微妙的转变重新组织。当前的发展文献（Mayes，1999；Kirkpatrick，2003）继续促进对生物学和经验之间的复杂双向交互作用的精神分析理解，使"先天还是后天"的问题成为过时的。

然而，关于精神分析性别理论应该包含什么或意味着什么，仍存在争议。一些分析师恐惧"丧失性以及精神分析身体"（Robbins，1996），并将性别视为对那些否认生物学的人的政治正确的让步。关于性别同一性应该有多稳定，还存在不确定性。性别的易变性对个人"更好"吗？**跨性别**是"正常的"吗？在给定的社会、家庭或关系中，成为一个有性别的人似乎是武断的，但这种分类在出生时就是必要的。"是男孩还是女孩？"是一个需要立即回答的问题（Toronto，2005）。我们是否理解围绕着性别不确定性的强烈的人际和心灵痛苦？性别术语的使用充满了分类和性的多重含义，继续为精神分析提供了一个多层次的途径，以探讨人类性别范畴和经验中不确定性的性质和含义。

在比较新的一些精神分析文章中，文献的广泛引用——1998年，专业期刊中有31期的标题包含"性别"（Kirkpatrick，2003）——反映了该术语日益增长的影响力和实用性。尽管性别的定义各不相同，但它们确实包

---

① 酷儿（Queer）是指非异性恋或不认同出生性别的人。——译者注

含了莫尼最初的认可，即在形成性别同一性的过程中，私人经验和公共表达交织在一起。性别术语（核心性别同一性、性别同一性、性别角色）促进精神分析师探索更广泛的人类行为和同一性表达的更广泛谱系，因为它们在个人的"核心"中被体验，且在文化环境中演变。

Gender Identity Disorder 性别认同障碍

性别认同障碍（GID）是一个有争议的术语，它被用来指涉儿童一直希望成为相反的性别，并因他／她的性别分配而遭受巨大痛苦的童年综合征。GID在生命第二年的早期会显现出来，并在2～3岁时得到巩固。儿童强烈的性别焦虑引发了深刻的、往往是致残的痛苦。患有该综合征的男孩被转诊治疗的频率远高于女孩，因此，对这一现象的精神分析研究主要集中在男孩身上（Greenson，1966；Pruett & Dahl，1982；Coates，1990；Coates，Friedman，& Wolfe，1991；Silverman & Bernstein，1993；Coates & Wolfe，1995；Gilmore，1995）。

GID已经成为精神分析和精神病学中一个有争议的术语，无论是在病因学方面还是在其临床表现方面。一些理论家将GID的诊断范围狭隘地应用于一种非常罕见和严重的综合征；也有一些人将其应用于临床表现的所有谱系——从那些具有轻度非典型性别经历的人到最严重的病例；还有一些理论家完全拒绝其作为病理综合征的效度。围绕这一诊断分类的争议说明了当代关于各种性别结构和性别相关诊断效度的争论。对来自精神分析学界内外的对更传统的性别观点的挑战表明，性别比人们以前所认可的更加多变和复杂。此外，传统观点未能充分分析文化、生物和心理因素的影响，这些因素决定了个体的结果（Minter，1999；N. Bartlett，Vassey，& Bukowski，2000；Langer & Martin，2004；Corbett，2009a；

Meyer-Bahlburg，2010；Zucker，2010）。

弗兰德等人（1954）在《精神障碍诊断与统计手册》（第三版）中首次对GID进行分类，并将其引入精神分析文献。科茨的诊所治疗了数百名患有GID的男孩，他是研究这一主题的少数几位精神分析研究者之一。他得出的结论是，渴望成为女孩和性别交叉是对分离焦虑和暴怒的一种僵化防御，涉及与母亲的自体-融合幻想，其强迫性地活现着。在这个观点中，GID是依恋障碍的一种复杂形式，涉及与有问题的父母的认同，其改变了性别化的自体。科茨及其同事还建议，如果婴儿经历了创伤，或者如果母亲经历了创伤且婴儿或幼儿无法接受，那么婴儿性别同一性混乱的可能性会增加。这些研究者还指出，如果一名男性儿童生性胆小且高度敏感，那么他患上这种疾病的风险会增加；他需要特别敏感的调谐，而且更容易受到分离或丧失的影响（Coates，1990；Coates，Friedman，& Wolfe，1991；Coates & Wolfe，1995）。

科贝特（2008，2009a，2009b）在其作品中纳入了从当代性别研究中得出的一些观点，并对这些解释的广泛适用性表示怀疑（另见Drescher，2009）。科贝特认为，声称有跨性别经历的男孩的追求是人类性别表达中自然变异的表现，而这种变异尚未被抑制。在他看来，这种男孩的兴趣与被认为是正常的男性气质背道而驰，因为在传统上，这种男性气质是在强大而压抑的性别行为调节的二元体系中被定义的。虽然人们普遍认为患有GID的男孩会因潜在的依恋障碍（这种障碍会引发深深的痛苦）而非性别角色偏好而接受治疗，但科贝特断言，男孩挑战社会秩序可能太容易被误认为痛苦。他强调，性和客体关系发展的精神分析理论体现在诸如俄狄浦斯的神话中，是以性别期望的二元分类为基础的。这种二元分类不仅与主观体验相反，而且高度限制了真正的自体表达和创造性。科贝特等当代性别理论家认为性别是自体构建的，但他们强调性别在整个生命周期中的流动性，甚至混乱性（Harris，1991，2005a；Chodorow，1994b，2002）。

广泛的观察确证，大多数"女性气质"的男孩不符合性别认同障碍的标准，幼儿的异性装扮也不一定意味着病症。R. 弗里德曼（1988）从他对健康男同性恋的研究中得出结论，许多人回忆起自己小时候是"女性化"或"非男性化"的。伊赛（1989）强调了同性恋的生物学基础。他解释说，为了讨好他们的父亲，有同性恋倾向的小男孩可能会表现出"女性气质"的特征。许多异性恋男孩也会表现出"女性化"的兴趣。给"女性"二字加引号的情况反映了许多当代性别理论家的观点：被普遍接受的性别二元模型并不能准确描述人的经验的多样性和复杂性。

Generativity 繁殖

见"Erikson's Stages 埃里克森的阶段"。

Genetic Viewpoint 发生学观点

见"Development 发展""Metapsychology 元心理学"。

Genitality 生殖器欲

生殖器欲或**生殖器欲首要性**是弗洛伊德心理性欲发展图式的最终阶段，在此期间，口唇、肛门和阳具的冲动都服从于性感区的首要性（Freud，1938a）。虽然生殖器欲首要性的发展始于生命第四年左右出现的阳具欲期，但直到青春期，完整的生殖器欲才在生殖服务中出现。在当代精神分析著作中，生殖器欲或生殖器欲首要性的概念已经不再被使用，因为当代精神分析的重点从关注性功能转向关注客体关系的成熟。此外，虽然早期的构想理所当然地认为心理性欲发展会导致异性恋，但当代的生殖器欲概念也适用于成熟的同性恋。

弗洛伊德（1912d）界定了一种"相爱中完全正常的态度"，认为这种态度结合了感官和情感因素，并以生殖器欲首要性为基础。亚伯拉罕（1924b）认为，生殖器欲首要性与客体爱演化中最终的"后矛盾"步骤相关。费尼切尔（1945）阐述了生殖器欲的关系和发展方面，增加了对客体关系的考量。他从主要性感区的变化和客体关系类型的变化两个角度出发，描述了从早期生殖器前追求到生殖器欲首要性的进化。M. 巴林特（1948）将生殖爱描述为生殖器满足与理想化和前生殖器欲期的温柔的结合。埃里克森（1950）的"生殖器欲乌托邦"包括一种充满爱心的伙伴关系，在这种伙伴关系中，人们能够并愿意调节工作、生育和娱乐的循环，以确保后代得到满意的发展。N. 罗斯（1970）认为，在许多个体中，成熟的关系和达到高潮的能力之间没有对应关系，生殖领域和自我活动领域的功能水平之间的关系是非常复杂的。

Good Enough Mother 足够好的母亲

见"Average Expectable Environment 正常期待的环境""Donald Winnicott 唐纳德·温尼科特"。

Grandiosity 夸大性

见"Exhibitionism 暴露癖（露阴癖）""Idealization 理想化""Narcissism 自恋""Omnipotence 全能感""Self in Self Psychology 自体

心理学中的自体""Selfobject 自体客体"。

Gratitude 感恩

见"Melanie Klein 梅兰妮·克莱茵"。

Grief 哀伤

见"Depression 抑郁""Mourning 哀悼"。

Guilt 罪疚

罪疚是一种复杂的情感，其焦虑的核心与涉及道德越界的具体概念之间存在联系。未能达到超我的标准（通常是由于性或攻击的越界行为）会引发罪疚感，以及通过精神或身体痛苦来惩罚和赎罪的相关幻想。罪疚是与系统间冲突有关的情感体验，源于自我和超我之间的斗争。罪疚体验可能完全是潜意识的，只有通过对其心理和行为影响的分析才能显现出来。罪疚应该与羞耻区别开来——羞耻是一种由自恋失败或不足的经验所引发的情感，常常产生在暴露于他人面前的情景中，且与道德问题无关。罪疚体验是发展的一个里程碑，因为它需要一个已经形成的超我。在克莱茵学派的理论中，罪疚的能力表明达到了抑郁位置。

罪疚是一种高度具有适应性的社会成就，也是临床病理症状的主要来源。个体一旦有了罪疚的能力，就能真正承担起调节冲动的责任。然而，潜意识的罪疚可能会触发各种防御性操作，例如，反向形成——要么强调无攻击性，要么缺乏对他人的关心，通过对他人的罪疚的挑衅，将被动变为主动；投射——指责他人有使自己感到内疚的意图或行为；移置——个体对一个问题的罪疚体验可能会掩盖对另一个问题更强烈的罪疚。罪疚在以下方面也具有临床意义：抑郁（一种普遍的心境状态，通常会被道德失败、罪疚和相关的自体导向的攻击的经历触发）、消极治疗反应（潜意识罪疚和对痛苦的需要可能会阻碍治疗性获益）、违法行为，以及其他形式的自作自受的痛苦。

在弗洛伊德的《性学三论》中，罪疚（虽然没有被具体化）是一个内在的、由生物学和种系演化决定的"大坝"，是对抗婴儿性欲倾向的反向形成。在这篇论文中，弗洛伊德指出，社会和文化规范（例如教育）也有助于修建这些大坝。罪疚是由生物学和社会所决定的，而前者是重点。从《图腾与禁忌》开始，弗洛伊德（1913e）认为罪疚是"社交焦虑"和"对群体的恐惧"的同义词。在《群体心理学与自我的分析》中，弗洛伊德（1921）将社交焦虑与所谓的良心联系起来。在《自我与本我》中，弗洛伊德（1923a）提出道德的内源性起源理论。超我的形成随着俄狄浦斯情结的解决而产生，与乱伦和杀害父母的冲动密切相关；超我的形成带来了罪疚能力。弗洛伊德认为，道德既有内部根源，也有外部根源——两者协同作用。在内部，罪疚被视为对作为驱力执行者的自我和作为内在道德载体的超我之间的张力的反映。在他不断演化的理论中，"社交焦虑"是对他人的不赞同的道德上的恐惧——其起源于对父母的恐惧或对失去爱的恐惧，这表明它先于真正的内在良心或超我而存在（Freud，1930）。弗洛伊德（1916）以一种更为临床的方式描述了**心怀罪疚感的罪犯**，或使自己的违法行为（由潜意识的俄狄浦斯冲突引起）遵循罪疚体验的个体。这个概念在将犯罪合理化的同时，通过惩罚确保罪疚得到解脱。他还描述了那些体验过不充分罪疚，并认为自己属于"例外"的性格类型的人。在最后的描述中，弗洛伊德开始探索以罪疚能力受损为特征的个体和人格类型，如自恋型人格障碍和精神病态。

弗洛伊德还假设了危险情境的发展线索：丧失客体，丧失客体的爱，与俄狄浦斯情结相关的阉割焦虑，罪疚（在超我建立后开始运作）。阉割焦虑和罪疚通常看起来是相同的，因为儿童的阉割焦虑被体验为他对自己竞争性的俄狄浦斯攻击的惩罚。两者关键的区别在于，罪疚的体验需要道德的内化，其以一套去人格化的道德标准运作。从临床上来看，由于超我的前体先于超我的本身形成，而且超我在整个生命周期中都会退行，所以这种区别很难被描述出来。

罪疚的概念与"惩罚的必要性"密切相关（Nunberg，1926，1934），尽管这可能混淆了原因和结果。罪疚可能会以一种拟人化的方式被退行性地体验为源于父母权威内化的超我发展的结果。这可能会引发对惩罚的幻想，或在与父母人物关系的背景下努力避免惩罚。

克莱茵（1935）描述了抑郁位置。它是一种贯穿一生的客体关系、焦虑和防御的特定构型，其特征是对自己的攻击引发客体摧毁的罪疚恐惧，以及与修复相关的努力。罪疚代表客体关系的发展能力，这在偏执-分裂位置中是不可能的。克莱茵认为，罪疚能力的出现明显早于关于发展的其他当代观点中的大多数能力。温尼科特（1958a）认为，一个健康的人"有能力关心"客体，并且认为这一表述比罪疚更合适。科胡特（1977）用**罪疚人**和"悲剧人"这两个术语作为简略的表达方式，对古典精神分析中的冲突理论范式和自体心理学中的缺陷概念化范式做出了区分。这表明，罪疚概念在经典范式中具有核心地位，但在自体心理学中的重要性明显不足。

Hatching 孵化

见"Separation-Individuation 分离–个体化"。

Hate 恨

见"Aggression 攻击""Ambivalence 矛盾""Death Drive 死亡驱力""Love 爱"。

Hermeneutics 诠释学

诠释学，又译为**解释学**或**阐释学**。诠释学是解释的理论、实践或艺术。传统诠释学是解释古代文本含义，尤其是那些具有象征意义或多层含义的文本的实践，最明显的例子是《圣经》文本。当代诠释学或现代诠释学不仅涉及书面文本的解释问题，还涉及所有人类交流模式的解释问题。当代诠释学哲学特别关注语言如何传达意义以及语言如何塑造理解。著名的诠释学哲学家有狄尔泰、海德格尔、伽达默尔、哈贝马斯，在某种程度上还有利科。

在过去的30年里，诠释学哲学以多种方式被应用于精神分析。20世纪80年代，为了回应对精神分析科学地位的批判，一些著名的精神分析师转向诠释学哲学，试图找到一种新的方式来概念化精神分析实践和理论建构。例如，斯宾塞（1982）认为，精神分析解释并不追求科学探究通常意义上的有效性，也不是为了寻求真理，而是旨在产生"叙事"或"故事"，为患者提供一个似是而非的新视角。他将这些叙述称为"叙事真理"——与"历史真理"形成对比。谢弗（1983）描述了精神分析解释的诠释学方面，探索了叙事的一致性和连贯性等标准，批评了传统的解释观，认为后者源于客观观察。

从那时起，从诠释学哲学中借用的观点成为精神分析内部许多争议的一部分，包括关于这一领域性质的争议。最为激烈，也是最为两极化的争论在于，精神分析最好被理解为科学学科还是诠释学学科。这两种选择之间的差异取决于：（1）从根本上来说，精神分析是科学的还是人文的；（2）其目的在于解释原因，还是理解含义；（3）它强调的是精神生活的一般性和抽象性（通则式），还是独特性和自发性方面；（4）它是寻求客观真理，还是接受除主观之外没有实在的观点。为了调和这些两极分化的立场，吉尔（1976）提出，临床过程是诠释学的（因为它基于解释），但这个过程可以进行科学研究。因此，精神分析应该被称为**诠释学科学**。

激烈批评精神分析诠释学观点的人认为，虽然叙事连贯性的标准可以指导日常临床工作中验证解释的过程，但对于验证心灵的一般精神分析理论来说，这些标准是不够的（Rubovits-Seitz，1992）。其他人担心，精神分析的**诠释学转向**（Edelson，1985）可能会将这一领域与心灵科学的其他部分隔离开来（Eagle，1984；Eagle，Wolitzky，& Wakefield，2001；Shevrin，2003；Grünbaum，2006；Wallerstein，2009）。L. 弗里德曼（2000）同意利科（1970）的观点，即认为精神分析是诠释学和科学的独特结合，是一种囊括"意义"和"力量"的混合理论。弗里德曼认为，虽然精神分析理论和实践需要关于心灵的抽象的一般理论，但诠释学哲学的确为精神分析师提供了"一些有益的建议"。这些观点包括：（1）叙事可以作为理解人类意义和行动的前提；（2）对话可以产生发现和改变；（3）精神分析关于其理解的主张必须是谦逊的；（4）分析师必须接受捕捉患者独特意义的不可能性；（5）理解并非来自将患者的自发表现适配于陈旧的框架中；（6）审美敏感性可用于临床工作；（7）理论提出者必须对固定的范畴持怀疑态度。总是存在可替代的抽象概念。

Heterosexuality 异性恋

异性恋是一种被异性所吸引的性取向。在精神分析的日常语言中，分析师和其他人一样，将异性恋（对异性的吸引力）和同性恋（对同性的吸引力）作为两种形式的性客体选择进行对比。在临床实践中，这一简单的区别被打破了。从精神分析的角度来看，异性恋和同性恋是缺乏清晰度的术语，因为这两个词都可能指（有意识或潜意识的）幻想和行为中表达的心理体验。此外，幻想和行为之间的关系还没有被很好地理解。虽然在性取向在多大程度上是生物学的这一问题上，当代精神分析师还存在分歧，但他们普遍同意，任何一个人的性客体选择的细节只能从个体层面上去理解。

异性恋的概念在精神分析中很重要，因为在过去的几十年里，所有与性取向相关的问题都经历了重大的修正。随着医学界和社会对同性恋越来越感兴趣，许多关于性客体选择的假设被重新阐述。弗洛伊德关于性的许多观点在当时都是激进的，他对性心理的观点永远改变了人们对它在精神生活中作用的看法。然而，一些关于性取向的精神分析观点引发了相当大的争议。它们旨在减少教条主义，并纳入更广泛的、不那么明确的、不那么贬损的性取向的观点。

弗洛伊德（1905b）在其早期作品中介绍了性取向的复杂性和个体性。他提出了同性恋和异性恋客体选择之间的连续性（而非间断性），因为在潜意识中，每个人都有同性恋和异性恋的力比多依恋。异性恋的客体选择与同性恋的客体选择一样，在选择（想要让谁作为性伴侣）和目标（想要和伴侣做什么）方面受到限制——根据弗洛伊德的观点，两者都涉及对一个客体和目标的"专制"。弗洛伊德邀请他的读者对纯粹异性恋和纯粹同性恋保持同样的好奇。此外，弗洛伊德（1920b）一方面区分了男性同一性和女性同一性（性别同一性），另一方面区分了性取向（性爱客体的选择）。他打破了男性气质总是伴随着女性伴侣的选择，反之亦然。他指出，一个传统的男性化的、"主动的"男人可能会发现自己渴望男性伴侣，而一个更女性化的、"被动的"男人可能是纯粹异性恋者。

在他后来关于俄狄浦斯情结的著作中，弗洛伊德（1924b）描述了"完整的"俄狄浦斯情结。在其中，男孩既将母亲视为爱的客体，又将父亲视为竞争对手（积极的俄狄浦斯情结）；既将父亲视为爱的客体，又将母亲视作为竞争对手（消极的俄狄浦斯情结）。在其关于女性气质的著作中，弗洛伊德（1931a，1933a）遵循女性同事的工作，如Lampl-De Groot（1927）注意到，尤其是对女性来说，早期对母亲的深切依恋贯穿了发展的所有阶段，这种依恋有时与男性和父亲的依恋相冲突，有时与之共存。他认为，这种依恋是有问题的，未能解决俄狄浦斯情结（Freud，1933a；P. Bernstein，2004）。H. 多伊奇（1944）将这种情况称为女性的"双性恋三角"。乔多罗（1978）对这种观点提出了挑战，认为在异性恋女性那里，对母亲和女性的持续依恋是客体选择和母性的重要因素。她对女性发展的修正观点（Chodorow，1994a）就像库利什和霍尔兹曼的（1998，

2008）一样，与珀耳塞福涅的神话模式相呼应。

乔多罗（1999；Chodorow & Hacker，2003）也认为，在临床上（因而也在理论上）有必要用复数形式来谈论性欲：复数的异性恋（heterosexualities）和复数的同性恋（homosexualities）。每一个异性恋者都有一个更具体的性取向，其中只有一些其他性别的人、一些幻想和一些活动是这个人的异性恋的特征。异性恋的女人不会被所有的男人所吸引，反之亦然。所有人的异性恋都是由许多因素组成的，这些因素使他／她的性取向独一无二。这些因素包括：（1）该人基于身体感受和身体意象、唤醒阈值，以及对一个或另一个客体选择的先天倾向而产生的爱欲；（2）偏好的性行为，以及这些行为在多大程度上被引起、驱使、强制或自由选择；（3）反映幼儿和青少年关于自体和他人的性表征和非性表征，以及关于自体和他人的情绪的内部世界；（4）关于性欲如何充满兴奋、抑郁、羞耻、恐惧、愤怒和怨恨，以及如何被驱使或不被驱使的具体情感语调；（5）性／性别同一性和自体感；（6）关于性客体的幻想；（7）对文化故事、神话和性爱关系的意象的内化和个性化过滤。

珀森（1999）提出，性兴奋或性激情是由一个较早且相对不变的驱动性个人幻想所产生的。这种幻想将构成这个人更具体的性取向的所有因素结合在一起。个人幻想可能包括攻击和性欲、对权力和支配与服从的幻想、对羞辱的伤害或报复的欲望、对通过权力实现性行为的焦虑的管理，等等。对于咨询室里的精神分析师来说，"异性恋"和"同性恋"是一种妥协形成，在其中，愿望、幻想和恐惧以独特的方式结合在一起。精神分析师有时可以帮助一个人进行重构，但他们无法轻易从这些因素中预测出个体最终主要是同性恋还是异性恋。

Holding 抱持

见"Therapeutic Action 治疗作用""Donald Winnicott 唐纳德·温尼科特"。

Holding Environment 抱持环境

见"Therapeutic Action 治疗作用""Donald Winnicott 唐纳德·温尼科特"。

Homosexuality 同性恋

同性恋和**女同性恋关系**是指个体被同性成员性吸引的性取向。精神分析师在他们的日常语言中和其他人一样，将异性恋（不同性别）和同性恋（相同性别）作为两种形式的性客体选择进行对比。在临床实践中，这一简单的区别被打破了。从精神分析的角度来看，同性恋和异性恋缺乏清晰度的术语，因为这两个词都可能指有意识或潜意识的心理体验或行为。此外，有意识或潜意识的性幻想与性取向之间的关系尚不清楚。虽然对于性取向在多大程度上是生物学的这一观点，当代精神分析师还存在分歧，但他们普遍同意，任何一个人的性客体选择的细节只能在个体层面上被理解。同性恋的文化态度对其人格发展的影响往往会促成同性恋者的心理组织、冲突和人格属性。关于同性恋的精神分析理论主要集中在男性身上，但更多的当代研究已经扩大到囊括女性同性恋。Gay最初是用来形容男同性恋和女同性恋的，在过去的20年里，这个词被更狭义地定义为男同性恋，而Lesbian则被用来指女同性恋。

同性恋一直是精神分析历史上最具争议的话题之一。在20世纪的大部分时间里，精神分析师认为，同性客体取向是一种病理状况，这种观点主要基于对异性恋正常性的先验假设（Lewes，1988；R. Friedman，2001；Goldberg，2001）。此外，关于同性恋病因的理论反映了心理动力学与因果关系的错误混淆（Auchincloss & Vaughan，2001），导致人们普遍认为同性恋是冲突驱动的，通常与精神疾病有关。当代观点并未将同性恋倾向等同于客体关系受损或性格障碍的其他方面。据了解，影响成人性取向的因素是多样和复杂的，可能涉及生物、心理和环境成分；每一个个体都有其独特的决定因素（Friedman & Downey，2002a）。这种观点的临床对应物是一种精神分析态度，即对所有患者的性取向进行公开调查，避免臆测同性恋的起源或赋予异性恋优先地位。

1869年，匈牙利作家柯特本尼创造了同性恋这个术语（以取代鸡奸），作为他挑战德国鸡奸法的努力的一部分。同年，德国精神病学家威斯特法尔为具有同性吸引力的人创建了一个新的诊断类别——"相反的性感受"。经过从德语到意大利语和英语的粗略翻译，"相反的性感受"变成了性的"颠倒"。最初，颠倒是一个技术精神病学术语，由于埃利斯（Ellis & Symonds，1897）的《性颠倒》的畅销，该术语成了通用词汇。虽然柯特本尼和威斯特法尔都反对将同性性行为定为犯罪，但将同性恋作为一种由遗传学损伤引起的精神疾病进行医学化很快成为起诉的另一个理由。冯·克拉夫特-伊宾在其1886年出版的书《性精神病态》中，进一步支持了同性恋的衰退模型。

弗洛伊德将同性恋客体选择称为"颠倒"，他对其的说明是复杂的，分散在他作品中的相关内容存在矛盾（Freud，1905b，1909b，1910b，1920b，1922）。虽然弗洛伊德（1905b）拒绝将同性恋归类为性欲衰退，但他确实将同性恋定性为反常现象——尽管不一定认为其是疾病。弗洛伊德对同性恋的观点产生的背景是他革命性地提出了构成双性恋的普遍性。弗洛伊德的意思是，所有人都有对两性产生性吸引的能力，而只有成功地通过自体性欲和自恋的发展阶段，最终达到异性恋客体爱的顶点，个体才能获得通常的异性恋的结果。在这个过程中，同性恋的力比多会升华为社会本能，可用于友谊、同志关系和"人类的爱"。然而，如果先天或后天因素引发固着或退行至自恋阶段，那么结果可能是同性恋。偏执这种明显的病理结果可能是对潜意识同性恋的防御（Freud，1911a），也可能是自恋阶段的某些固着导致的。

弗洛伊德（1920b）仔细区分了性别属性和性取向，并举例解释，女性的男性特质可能独立存在于对同性恋客体的选择中。弗洛伊德逐渐意识到，依赖于性别的分类法会导致男性（作为主动者）和女性（作为被动者）之间的不充分区分。弗洛伊德反复强调精神分析在解释或改变同性恋方面的局限性，并得出结论——最终解释存在于生物学中。虽然弗洛伊德描述了同性恋取向的心理动力学基础，但他承认同性恋者缺乏独特的联系。例如，弗洛伊德描述了男同性恋者早期对母亲固着的出现次数——接着是对女性的认同，然后是自恋性客体选择。男同性恋者渴望以母亲爱他的方式来爱像他自己这样的人。然而，弗洛伊德指出，当结果是异性恋客体选择时，也可能存在类似的动力学；他强烈暗示"经济学因素"可能是决定因素。他得出结论：同性恋并不是一种独特的现象（Freud，1920b）；它的起源很可能是先天和环境决定因素的复杂混合，这可以从人口中的各种性结果中得到证明。弗洛伊德（1905b）还强调了周围文化对同性恋态度的重要性。尽管他自己的作品中存在矛盾，但他个人对同性恋者的态度是一种接受的态度，正如他支持同性恋合法化所表明的那样。

在性学家和弗洛伊德自己关于同性恋的大多数著作中，对同性恋这个术语的最初定义都集中在男性身上。一个例外是弗洛伊德（1920b）关于一名青春期女孩的案例报告，该女孩的同性恋被归因于各种动力因素的汇合，并且可能因先天性倾向而加强。事实上，正是在这篇论文中，弗洛伊德提出了他对同性恋最具连贯性的讨论之一。弗洛伊德的动力学阐述强调，患者的女性爱的客体是动机的妥协，这种动机源于青春期所经历的痛苦的俄狄浦斯期的失败，并导致患者报复父母双方，尤其针对她深爱的父亲。她的女性爱的客体代表她对女性和男性理想的满足——以满足其双性恋追求。通过这个案例，弗洛伊德试图证明心理性欲发展的复杂性和个体性，并说明试图区分"先天的"或"后天的"同性恋欲望是徒劳的。然而，其他人认为，该案例是女同性恋各种病理形态的基础，从身体-自我和分离-个体化失调到与父亲认同以防止与母亲的精神病性共生（Magee & Miller，1997）。

直到20世纪80年代，对同性恋的精神分析观点都强调，其应被归类为倒错，并且与特定的高度病理性遗传和结构决定因素相关（C. Socarides，1960）。同性恋被认为代表着整个人格的紊乱，其特征包括自恋倾向、原始防御机制、过度的攻击，以及自我虚弱（例如，边界问题和低挫折耐受性）。对于同性恋患者的性别重构观强调，母婴关系中的前俄狄浦斯失调会造成分离恐惧和对重新统一的恐惧，从而引发女性认同和同性恋倾向。同性恋发展史中经常被提到的是一个缺位或残忍的父亲，或是一个父母双方都希望儿童成为女孩的愿望。这在精神分析学界被广泛接受，几乎没有什么争议，并且系统地将同性恋者排除在精神分析培训项目之外。此外，通过分析改变性取向的悲观情绪蔓延并发展为一种对同性恋患者的不可分析性的更为普遍的感受。

虽然精神分析学界的一些作家（Marmor，1972；S. Mitchell，1978）质疑对同性恋的消极态度，但文化继续将同性恋病态化，科学探究被道德判断和教条所渗透。1973年，为了应对同性恋活动家不断增加的压力和对实证研究的仔细审查，美国精神医学学会将同性恋从《精神障碍诊断与统计手册》中删除。1983年，在美国精神分析学会的会议上，伊赛和弗里德曼（1986）的同性恋专题讨论小组启动了一项审查，旨在调查同性恋精神分析理论中所包含的偏见和误解。伊赛（1986，1987，1989）的作品以及他在1987年公开宣传自己是一名同性恋（美国精神分析学会的第一位公开的同性恋成员）是精神分析内部对同性恋理解态度转变的重要催化剂。1991年，美国精神分析学会投票通过了一项不歧视同性恋培训申请人、候选人和各级教员的政策。

伊赛将同性恋描述为人类性行为的正常变体。虽然伊赛注意到生物和社会因素对同性恋者心理发展的影响，但他断言，遗传倾向在性取向中的作用是必要的，但可能还不够充分。他质疑"充满敌意的母亲和软弱（疏远）的父亲会引发同性恋"的观点，并认为挑剔、疏远的父亲和过度参与的母亲是父母对感知到儿子是同性恋的常见反应。此外，伊赛提出，同性恋后代对父母的某些特性描述可能代表了防御过程的影响。

R. 弗里德曼（1988，2001）提出了男同性恋的生物心理社会互动模型，试图将精神分析理论与实证研究相结合。他的男同性恋发展理论强调生物心理动力学和社会因素的综合作用。然而，援引弗洛伊德（1916/1917）的互补系列，弗里德曼承认每个因素对任何一个同性恋者都具有不同影响，从而为所有因素制定了一个影响的谱系。弗里德曼和弗洛伊德一样，并不认为同性恋是一种单一的现象。他的研究表明，在男性发展过程中，幻想中的爱欲客体是在9～13岁形成的。男性客体偏好一旦确立，就会成为自体的结构，无论对于同性恋还是异性恋都不会改变。

同性恋的性同一性形成所涉及的问题被认为比异性恋者更复杂，后者的爱欲兴趣与家庭和社会期望一致。同性恋的同一性（目前更多地被称为"男同性恋的同一性"）的形成是一项发展成就，它意味着一种比个体中存在同性恋欲望或同性恋行为更为复杂和多面的现象。事实上，在我们对同性恋的爱欲吸引、行为或关系与同性恋的接受及吞并到积极的自体意象中做出区分时，男同性恋这个术语就进入了精神分析的词汇表。"出柜"是一个多阶段的过程，其始于个体觉察到自己的同性爱欲吸引并且私下认同自己是同性恋；接下来，个体会向重要他人暴露自己是男同性恋。自我觉察和向他人暴露之间的间隔时间的差异很大，并且受到个人家庭和社区中性别多样性程度的强烈影响，也受到内化的反同性恋态度（在心理学文献中，这常被称为内化的恐同症）的意识和潜意识修通的影响。此外，个体的同性恋同一性只有在公开揭露的情况下才能被了解，"出柜"是一个持续终生的过程。

奥金克洛斯和沃恩（2001）质疑了关于同性恋的精神分析理论的必要性，他们认为这种理论不能仅仅通过精神分析方法论来创建。像旧的理论一样，一切新理论都会不可避免地屈服于对正常和异常的错误分类、对基石的无法确证的主张，以及对心理动力学与因果关系的混淆。当代精神分析师们转而专注于理解同性恋男女的发展经历，以及理解在一种赋予异性恋优先地位同时诋毁同性恋的文化中成长的影响（Corbett，1993；Cohler & Galatzer-Levy，2000；S. Phillips，2001；Lynch，2002）。此外，人们对**恐同症**的精神分析理解也越来越感兴趣。许多研究调查针对以下主题展开：这个术语的不准确主要来自除病态性恐惧之外的各种反同性恋反应；对女性的恐惧和蔑视是恐同症的根源（Isay，1989）；精神分析领域内的恐同史；**内化的恐同症**；历史和社会决定因素的作用（Moss，2003）。

女同性恋关系是女性的一种对其他女性产生性和浪漫兴趣的性取向。在其常规用法和精神分析用法中，**女同性恋**或女同性恋关系已经取代了女性同性恋。虽然人们普遍认为，男同性恋和女同性恋关系的特征有很多相似之处，但二者也有不同之处。例如，许多研究者提出，女性性欲的一个显著特征可能是其更强的可塑性，这可以从青春期后出现的女同性恋幻想和活动中得到证明。

女同性恋这个术语源于希腊的莱斯博斯岛的名字，该岛是6世纪女诗人萨福的故乡。萨福描写了对女性的爱欲，并被认为与女性有过浪漫关系（Lester，2002）。作为代表女性同性恋者的一个术语，它的使用始于医学词典，可追溯到19世纪晚期的精神病案例研究（Goldstein & Horowitz，2003）。尽管弗洛伊德（1920b）用一部案例史来探讨女性同性恋，但他对这一主题的具体论述很少——与他对男性同性恋的兴趣形成了鲜明对比。在提及其患者时，弗洛伊德从未使用过女同性恋这个术语。此外，这个术语在他的作品中只出现过一次，当时他正在讨论萨福的作品在患者梦中的使用（Freud，1900）。在精神分析文献中，最早使用女同性恋这个术语的是维特尔斯（1934a，1934b）。随后，其他精神分析作家也将女同性恋与女性同性恋互换使用。

1993年之前，大多数关于女同性恋关系和女同性恋患者的精神分析著述都基于一个假设：异性恋是成人性欲发展的正常结果，而女性同性恋是特定心理动力学群集的病理结果（历史性总结见：O'Connor & Ryan，1993；Schuker，1996；Magee & Miller，1997；Downey & Friedman，1998）。此外，这些著作大多反映了男性中心主义的女性发展观——这是20世纪80年代之前流行的女性发展型精神分析理论的特征，当时更为流行的是以原始女性气质概念为中心的修正观。最早的关于女同性恋关系的著述集中于阳具-俄狄浦斯期的冲突——其结果是退行到前俄狄浦斯的母女关系。在这种背景下，女同性恋伴侣成为一个替代性的好母亲，而这种关系是由一个试图否认俄狄浦斯冲突的共生联合体所扮演的。这种构想也强调女同性恋的男性认同（形成于阴茎嫉羡、对被动的愿望和穿透的恐惧的共同影响）和一种妥协的女性认同（源于母亲的疏远、控制和拒绝等特征）。随后的作品强调前俄狄浦斯分离-个体化阶段中亲子关系的紊乱，并在严重和普遍的性格障碍的背景下描述女同性恋关系。其他作品还涉及父亲对那些对女儿感兴趣的男人表现出轻蔑和批评、令人恐惧或痛苦的异性恋遭遇、异性恋爱经历中的失望、异性恋客体的不可获得性的影响。斯托勒（1985）和麦独孤（1986）等分析师将重点从单一的同性恋模式转移到对同性恋的探索，但他们继续将女同性恋关系概念化为一种妥协和不成熟的结果。

唐尼和R. 弗里德曼（1998）强调将心理动力学等同于精神病理学和病因学的常见错误，他们在探索男性同性恋时也提出了这一点。他们指出了生物、发展、内心和文化影响的复杂交互作用，并认为这些因素在所有个案中都有不同的作用。然而，在他们看来，女同性恋关系（像男性同性恋一样）可能是"适应不良的潜意识冲突"或"非病理途径"的产物。还有一些人认为，女同性恋关系是成人性行为的多种变体之一（Burch，1993a，1993b；O'Connor & Ryan，1993）。这种承认引发了对女同性恋者独特经历的探索，涉及内化的恐同症、出柜、母性、关系、性行为和性别同一性，以及对女同性恋患者的移情和反移情的动力学（Schuker，1996；K. Reed，2002）。

其他关注点还包括，承认女性性欲和性同一性在整个生命周期中的流动性。一些女同性恋者在童年和青春期就意识到同性吸引力，并在一生中保持着女同性恋的取向。另外一些人在青春期和成年早期有令人满意的异性关系，到成年中期和后期则发展出同性兴趣和女同性恋同一性。还有一些女性觉察到自己的女同性恋关系，并在青春期和成年早期与女性建立关系，但在之后的生活中发展出异性兴趣，且形成异性关系——这个群体中可能有大学年龄段的女性，她们将女同性恋关系视为一种身份（而不仅仅是一种性取向），忠于思想上的激情（Defries，1978，1979）。同一性方面的差异也很明显——一些经历过性生活的女性被认同为双性恋，而其他人则根据伴侣的性别被认同为异性恋或女同性恋；一些成年后被认同为女同性恋的人则表示，她们相信自己一直都是女同性恋，但在人生早期并没有意识到这一点（Golden，1987，2003；Schuker，1996；Kirkpatrick，2002；Notman，2002；L. Diamond，2008）。柯克帕特里克（2002，2003）将女性性行为与男性性行为区分开来——前者强调亲密，后者强调生殖器释放。她将女同性恋关系的动机描述为追求一种能进一步提供亲密感和个人发展的关系。她还强调，性取向和做母亲的欲望是独立的，因此人们应当承认许多女同性恋者实现母亲身份的积极欲望和能力。

Horizontal Split 水平分裂

见"Repression 压抑""Splitting 分裂""Vertical Split 垂直分裂"。

Hospitalism 住院致病症

住院致病症是婴儿（可能接受了足够的身体护理，但未能接受足以维持生命的心理护理）在出生后第一年内发生的一种灾难性状况。住院致病症的临床表现是一种严重的失败，主要包括身体退化、极度易患病、严重的心理缺陷，甚至死亡。住院致病症患者的精神紊乱、精神发育迟滞和反社会倾向的发生率很高。住院致病症与依附性抑郁不同——后者发生的原因是先前正常的亲子依恋被破坏，儿童的情感寄托被剥夺；前者则是由出生时的情感剥夺引起的。从更现代的角度来看，住院致病症是一种严重的早期依恋障碍，其表明，充足的照料对健康的身心发展绝对是必要的。

早在1915年（Chapin，1915），住院致病症就在被收容的婴儿中得到了识别，并且在母亲无法对婴儿做出情绪回应的儿童中也被观察到了（Kreisler，1984）。斯皮茨（1945，1946）是第一个系统研究婴儿的人，其目的是发现该综合征的致病因素。他研究了那些在卫生和营养方面得到充足护理但没有得到主要照顾者提供的正常情感供应的婴儿。从第三个月开始，这些婴儿的身体和心理状况会逐渐恶化；他们变得极易感染和患病，而且通常非致命疾病的死亡率很高。患有住院致病症的婴儿还患有抑郁症，会表现出运动迟缓、完全被动、面容空虚和眼睛协调能力不足。从第二年开始，这些孩子会明显表现出身体和心理的严重发育迟缓，而且不能坐、站、走或说话。住院致病症的影响是长期的，且通常是不可逆的。

Hypochondriasis 疑病症

见"Narcissism 自恋""Psychosomatic Disorders 心身障碍"。

Hysteria 癔症

癔症，又译为**歇斯底里**。癔症的概念包括：（1）以躯体症状为特征的综合征，多种多样，往往变化无常。其与可确证的解剖学或生理病理学无关，但代表了潜意识冲突的象征性表达。例如，关于"看到"某物的冲突表现为失明（**转换性癔症**）；（2）解离引起意识的变形状态，包括神游状态、某些健忘症和多重人格障碍（解离状态）；（3）一种具有防御风格的性格类型，其特点是使用压抑、情绪化和躯体化。它在某些人身上表现为自我戏剧化、情绪不稳定或具有诱惑力，同时害怕实际的性互动（**癔症性格**）；（4）一种防御风格，以压抑、情绪化（情感化）和躯体化为主导，但缺乏完全的癔症性格（**癔症风格**）。虽然最初人们认为，癔

症性格 / 风格容易引发癔症症状，但这种关系尚未得到确证。在大多数情况下，精神分析文献主要会探讨转换性癔症和癔症性格。

癔症在精神分析历史上扮演着重要角色。弗洛伊德在研究癔症患者（当时包括转换性癔症和解离状态）的过程中，开创了他的"精神分析"新疗法，提出了第一个精神分析理论。通过将自己的导师（沙可、伯恩海姆和布洛伊尔）的理论介绍至这一理论中，即癔症是由与普通意识分离的观念引起的，弗洛伊德打破传统，提出癔症的病因不是基于恶化的疾病，而是基于心理冲突。他认为，癔症症状（最终是所有精神神经症）是被压抑的潜意识愿望的象征性表达，这一观点成为他后来所有神经症理论以及一般心理理论的基础。最终，弗洛伊德对癔症的理解为他对心灵的革命性观点，即心灵永远分裂（意识和潜意识），习惯于过度刺激自身（愿望和驱力），并且能够调节自身（防御），奠定了基础。癔症的精神病理学研究也证明，精神生活通过身体以多种方式进行象征性表达。

癔症这个术语（源自希腊文hystera，其含义是"子宫"）最初由希波克拉底于公元前4世纪创造。两千多年来，它一直用于描述各种起伏的躯体症状，最常见于女性。弗洛伊德（1886）向维也纳医学学会提交了他的第一篇论文《一位男性癔症患者的严重偏侧感觉缺失病例的观察报告》。在夏科特的影响下，他解释说，这是创伤与遗传性神经病相结合的结果。在随后的两个阶段中，他的理论变得越来越精神分析化，癔症理论的发展与他的一般心理理论的发展平行。最值得注意的是，1895年，弗洛伊德（Breuer & Freud，1893/1895）在其著作《癔症研究》中引入了**防御癔症**的新概念——癔症是由与普通意识隔绝的观念（通常是对创伤的"回忆"）引起的，不是因为精神的恶化衰弱，而是"来自防御的动机"。在早期阶段，弗洛伊德就开始寻找癔症的起因（首先，仍然是创伤的经历）；到了19世纪90年代中期，他提出了著名的诱惑假说，认为癔症症状是童年时期创伤性诱惑的后遗症（Freud，1896c）。大约从1897年开始，弗洛伊德（1897e）显著地远离创伤理论，放弃诱惑假说，转而支持内部生成的过度刺激理论。在这一理论中，癔症代表被压抑的童年性愿望的象征性表达。弗洛伊德（1900）还表述了基于对他人行为的潜意识模仿的**癔症认同**会促进癔症症状的形成。最后，到了1905年，在朵拉的案例中，这些被压抑的愿望包括了俄狄浦斯的渴望和产生于性感区的愿望，它们可能很快会被概念化为性欲的组成部分（Freud，1905a）。

弗洛伊德关于癔症的官方理论是基于经济学原则的。事实上，转换性癔症这个名字（由布洛伊尔和弗洛伊德创造）所基于的理论是，"不相容的观念因其兴奋的累积转化为某种躯体表现而变得无害"（Freud，1894c）。然而，在弗洛伊德关于这一主题的著作中，我们发现了一大堆观点，除了关于遗传的影响的观点，还有数十种其他的心理学观点，包括认同的作用、潜意识幻想（尤其是手淫幻想）、符号交流、身体语言、躯体屈从（先前器官的真实损伤为后来癔症症状的形成奠定了基础）和继发性获益。

弗洛伊德基于精神病或神经症的潜在结构，利用其对癔症的研究，形成了一个关于精神病或神经症的一般理论。他认为，在这种情况下，情感（和后来的驱力能量）已经从其相关的观念中分离出来。例如，弗洛伊德（1908d，1909b）在斯泰克尔之后描述了**焦虑癔症**——被压抑的力比多转化为焦虑，或者随着进一步的移置进入恐怖中，类似于转换性癔症（力比多转化为躯体症状）。与此同时，他的癔症理论为他的一般心理理论奠定了基础——将心灵永久划分为意识和潜意识，并认为心灵由驱力驱动。

虽然弗洛伊德没有正式写过关于癔症性格的文章，但在描写癔症症状的过程中，他确实提到过一种由兴奋性增加和情感不稳定（Freud，1888a）组成的易感的**癔症气质**。他还经常提到，他的患者容易受到一些因素的影响，如白日梦、强烈的感受、激烈和激情、爱和操纵的需求，以及"抑制"的使用。癔症性格原本的概念是由维特尔斯（1930）引入精神分析的。它是一种容易引发癔症症状的人格类型，固着于力比多发展的口唇期。此后，对癔症性格（而非癔症症状）的探索主导了关于癔症的精神分析文献。

对癔症性格最传统的观点是由W. 赖希（1933/1945）提出的，他将其概念化为从性欲（与潜意识、乱伦的俄狄浦斯幻想相关）到防御性诱惑的逃跑，反映发展的早期生殖器欲期／阳具阶段的退行／固着。除了癔症患者所有互动的防御性性欲化外，赖希还强调了压抑、躯体化、解离和认同的防御机制。其他人则强调了癔症者的"逃入幻想"（Fenichel，1945），以及情绪化、自体戏剧化和夸大的性别角色在防御中的使用（Easser & Lesser，1991）。一些作者从客体关系的角度描述了癔症性格的风格如何被用来管理与原始客体关系相关的迫害焦虑（Brenman，1985；De Folch，1984）。对发展感兴趣的精神分析师强调，在童年时期（尤其是俄狄浦斯期），过度刺激往往与同性养育不足相结合（Blacker & Tupin，1977）。当代的发展观通常囊括了气质和其他先天因素的作用，如癔症的认知风格（D. Shapiro，1965）。

传统上，在一个以力比多阶段为基础的病理学理论占主导地位的时代，癔症性格被概念化为性格病理学的最高水平，反映出生殖器／阳具欲期的固着。然而，为了回应癔症通常在治疗中表现不佳的观察结果以及理论的发展，精神分析病理学家开始描绘不同病理水平、不同类型的癔症，它们反映出早期（口唇）固着或更原始的防御（Marmor，1953；Zetzel，1968；Easser & Lesser，1991）。例如，泽特泽尔将"**所谓的好癔症**"描述为与传统癔症性格表现相同，但功能受损更严重，使用的防御更原始；基于自我功能的整体水平，埃塞尔和莱塞尔区分了**类癔症性格**和癔症性格。这些描绘癔症患者病理水平的尝试促成了克恩伯格（1967）关于癔症性格病理水平的研究。克恩伯格根据防御水平和客体关系，区分了癔症性格和边缘型人格组织（囊括了他所说的"婴儿人格"）。

随着时间的推移，癔症这个术语与精神分析理论联系得越来越紧密，以至于它在1952年被从官方精神病术语中删除了。最终，它在《精神障碍诊断与统计手册》中被替换为轴I上的躯体化障碍、转换障碍和解离性障碍，以及轴II上的表演型人格障碍和边缘型人格障碍。然而，在癔症自己的分类系统中，其在《心理动力学诊断手册》（PDM Task Force，2006）人格轴上囊括了**癔症型人格障碍（表演型人格障碍）**——可分为抑制亚型（性压抑和恐惧）、表现亚型或炫耀亚型（戏剧性、性挑逗），以及解离型人格障碍（通常被称为多重人格，其中人格的所有部分彼此分离，通常发生在严重的童年创伤或虐待的背景下）；其在症状轴上囊括了解离性障碍和躯体形式（躯体化）障碍（包括转换障碍）。通过借鉴精神分析理论、认知心理学和信息理论的研究，霍洛维茨（1977）试图证明，经过成功的治疗，他所说的**癔症型人格**中的客体"图式"和自体"图式"会发生变化。

Id 本我（它我）

本我，又译为**伊底**、**它我**。本我在弗洛伊德的结构模型中被描述为心灵的机构或系统，它包含本能驱力的心理表征，而且它的内容完全是潜意识的，包括继承的先天的体质部分和后天的被压抑部分。本我的功能是通过快乐原则——使用灵活多变的驱力能量和原发过程思维模式——而实现的。本我是与人体内源性生物需求关系最为密切的心理结构之一，在心理上表现为性驱力愿望和攻击驱力愿望。弗洛伊德（1933a）认为分析治疗的目标是意识到被压抑之物。他的格言是，"本我在哪里，自我就在哪里"。

尽管弗洛伊德（1938a）将本我描述为整个生命中最重要的心灵部分，但这个术语相对来说已经废弃了。本我概念包括关于驱力、心理能量和经济学观点的核心假设，它一直受到围绕这些理论观点的所有争议的影响。然而，即使是将驱力视为动机和冲突的核心的当代分析师，也更普遍地倾向于谈论攻击驱力和性驱力，或愿望和防御的群集，而很少引用本我这个术语。

弗洛伊德（1923a）在《自我与本我》中首次使用了das Es（字面意思是"它"，而斯特雷奇将其翻译为"本我"）这个术语，以描绘他新的心灵结构模型。在这里，弗洛伊德承认，他对德国精神病学家格罗德克的术语进行了改编。格罗德克用这个术语来描述人类"被未知和无法控制的力量控制的'生活方式'"。弗洛伊德的这一用法与尼采类似，尼采用das Es来指代受控于自然法则的人性成分。

弗洛伊德的本我概念的前身出现在他的早期心理地形学模型中描述的潜意识系统（Ucs.）中。它保持了许多与潜意识系统相同的特征，尤其是其原发过程运作模式和被压抑的内容。然而，潜意识的运作既是被压抑的本我的一个特征，又包含着压抑的自我和超我的大部分特征。本我不再是潜意识的同义词，而是心理功能的本能部分。它的内容是指对满足基本生理需求的感知和记忆所产生的愿望。然而，与弗洛伊德对潜意识的描述相比，潜藏的生物力量和本我的心理内容之间的区别没有那么清晰。相应地，本我和自我、超我之间的界限，远没有潜意识系统（Ucs.）和意识–前意识系统（Cs.-Pcs.）之间的界限清晰。自我和超我都被描述为与本我融合，并从本我中包含的本能能量 "大储藏库"中获得自己的能量。外部世界直接影响本我的一部分——使这部分发生改变，从而产生自我（Freud，1923a）。由于本我无法识别心灵之外的世界，它只能通过自我的活动发挥作用。弗洛伊德在他著名的隐喻中提到了这种关系的矛盾性和复杂性——骑手的能量都是从马身上借来的，他只是偶尔成功地将马引导到骑手想要去的地方。超我利用本我的攻击性能量；矛盾的是，该能量以内疚和自体惩罚的形式重新指向本我的愿望本身。

后来的分析理论家注意到，弗洛伊德的本我概念中存在着许多歧义和矛盾。本我有什么内容吗，还是说它完全由生物力量组成？本我是否缺乏组织结构，或者具有独特的组织结构？本我的内容是包括二次压抑的潜意识记忆和幻想，还是只包括未能得到意识化或表征的部分？如何，以及在多大程度上可以理解本我的内容？如何最好地理解本我、自我和超我之间复杂和矛盾的关系（Marcovitz，1963；Schur，1966；Shulman，1987）？一些分析理论家试图以各种方式将驱力和结构理论与客体关系概念相结合，并在客体关系矩阵的背景下重新定义本我（Loewald，1971；Kernberg，1982）。一般来说，关系理论最小化或忽略了驱力的作用，因此根本不使用本我概念。在"现代冲突理论"中，C. 布伦纳最新的主张是废除结构模型。他认为，这一观点（大脑被划分为独立的、功能上可定义的结构）并不能最恰当地解释冲突和妥协形成（Brenner，2002）。然而，神经科学的研究进展为深层心理组织的观点提供了支持，其在某些方面与弗洛伊德的本我概念相对应（LeDoux，1996；Panksepp，1999）。

Idealization 理想化

理想化是指将崇高的品质归因于某人或某事。这些品质可能包括才华、美丽、力量或善良，甚至达到完美的程度。理想化伴随着钦佩、敬畏、崇拜和爱的感觉；也可能伴随着嫉妒和憎恨。理想化通常适用于某个人，但也可能适用于一群人，如一个国家或部落、一个地方、一个观念、一段记忆，或所有可被强化的东西。理想化可以应用于客体的一部分（如身体的一部分）或象征一部分客体的无生命物体（如恋物）。理想化也可以适用于自体或部分自体。理想化的能力是人类经验中正常而普遍的一部分，包括恋爱、养育儿童、追求现实目标和理想，以及健康的道德行为等正常经历，还包括患相思病、被邪教迷住，或为理想服务而杀人等痛苦且危险的经历。理想化促成了许多形式的精神病理症状，其内容涉及自尊调节和自恋中的其他问题。理想化的反面是贬低，即认为某人糟糕、可耻或具有其他消极品质。

1905年，弗洛伊德（1905b）将倒错描述为本能的理想化。然而，在

《论自恋》一文中，他更深入地探讨了理想化，描述了一个人如何在自己内心建立理想，从而衡量自己的现实自我（Freud，1914e）。**自我理想**是对被放弃的童年时期自恋的继承。弗洛伊德接着描述了理想化，即客体被"夸大和提升"。在依附性客体选择中，基于被喂养和照顾的经验，客体可能会因为他／她再次履行这个角色的潜力而被理想化。在自恋性客体选择中，个体可能会基于与自己或自己的理想自体相似的人而将客体理想化，以期恢复婴儿时期的自恋。弗洛伊德认为，在恋爱的正常状态下，理想化会导致对客体的"高估"。他还认为，理想化（尤其是在自恋性客体选择中）贡献了那些要求"通过爱治愈"的人的精神病理学知识。在后来的著述中，弗洛伊德继续探索了理想化对恋物癖的作用（Freud，1915c），理想化对群体的一致性的作用——这通常取决于对一位领导者的理想化，因为他取代了个人的自我理想、理想化对宗教的作用（Freud，1913e，1927a），以及理想化对战争和战争期间犯下的暴行的作用——一位理想对象的兴奋可能与攻击结合在一起（Freud，1933b）。在一篇论文中，弗洛伊德（1912d）为克莱茵的观察，即人类倾向于将客体（自体）的意象分为好的部分和坏的部分，埋下了伏线。他在该论文中还详细阐述了"爱情领域中普遍存在的贬低倾向"。在这篇论文中，一个男人通过贬低与他发生性关系的女人来保护自己免受与乱伦幻想相关的焦虑，同时继续将潜意识乱伦的爱的客体理想化。

在后弗洛伊德时代的自我心理学家中，A. 赖希（1953，1954，1960）探索了自我理想的发展——从最早的自体形象开始，夹杂着父母的理想化形象。赖希认为，随着时间的推移，这种幼稚的自我理想会演变成一套现实的理想。创伤、自恋受损或客体关系的紊乱都会导致夸大的自我理想的出现，其中包括宏伟的父母形象。该形象通常还夹杂着对理想化器官（如乳房或父亲的阳具）的欲望。这种原始自我理想的外化引发了女性病态的自恋性客体选择。例如，一个女人将一个理想化、具有阳具的男人神化，并屈从于他。这种理想化中的受虐和屈从可能会导致防御攻击和嫉妒情绪。即使是对理想化的爱的客体产生微小失望，也可能导致他的价值被贬低和抛弃。

大约在同一时间，雅可布森（1964）提出了自我理想和超我形成的发展序列，其中包括将客体理想化作为重要组成部分。雅可布森认识到，超我和自我理想总是包括儿童的夸大愿望和他对父母的妄想式看法。起初，儿童将自己视为自己的理想。随着逐渐觉察到自己的体型和力量有限，他开始赞美父母，通过幻想与父母融合来增强自己的自尊。随着时间的推移，这种夸大自己和夸大父母的倾向变成了一套更合理的道德和伦理准则。这些准则与"强制"力量一起构成了成熟的超我。在这个发展过程中，有很多事情可能会出错，从而引发与自尊、羞耻、自卑的调节有关的心理病理症状，如抑郁人格、犯罪人格和自恋型人格。

克莱茵将理想化定义为普遍的分裂机制的结果。在这种机制中，所有婴儿，以及一些成年人，都会创造一个"理想客体"和一个"坏客体"，以保护好的体验免遭攻击。客体的理想化可以作为一种防御，防止婴儿在偏执位置下被一个坏的、迫害性的客体消灭；退回到这种偏执位置可能是对抑郁位置中抑郁焦虑的防御。理想化也可能源于对自体的所有美好形象的投射性认同——从而提升客体。完美的观念本身可能会带有迫害感，从而引发进一步的防御（Heimann，1942）。罗森菲尔德（1983）特别强调理想化在各种精神病理症状中的防御性使用。

克恩伯格（1967）综合了赖希、雅可布森、克莱茵和罗森菲尔德的观点，也将理想化视为基于分裂（贬低、全能感和投射性认同）的防御之一，而分裂是边缘型人格障碍和自恋型人格障碍的基础。在他看来，自恋型人格障碍建立在病态的夸大自体之上，由现实自体、理想自体和理想化客体的融合组成。在边缘型个体和自恋型个体中，理想化总是伴随着贬低的威胁。例如，在一些自恋者身上，对嫉妒和依赖他人的偏执性恐惧的防御是通过对他人的贬低和全能控制来实现的。如果一个理想化的客体在某种程度上失败了，或者如果病态夸大的自体崩溃了，那么这个客体或自体马上就会被贬低。在后来的工作中，克恩伯格（1974a）描述了三种理想化：（1）**原始理想化**。其基于分裂，常见于边缘型人格，与不稳定的爱情形式有关；（2）与建立哀悼和关心的能力有关的理想化。其是对神经症个体罪疚攻击的防御；（3）正常的理想化能力。其基于对爱的客体的现实评估，包括社会理想和个人理想，会在青春期结束时达成。

与克莱茵和克恩伯格不同，科胡特（1971，1977）认为，客体的所有理想化都是正常的需要，是自体发展所必需的。在科胡特看来，自体有两个主要组成部分。第一个是夸大自体。其在与镜映自体客体的相互作用中发展并生成对力量和承认的追求。第二个是**理想化的父母意象**。其由儿童对父母的完美归因组成，能够生成持久的价值观和理想。父母过早的去理想化或创伤性的**去理想化**会导致儿童需要通过理想化的自体客体体验来稳定自体。在这样的个体中，精神分析治疗会调动**理想化移情**，这将为自体的重新发展提供机会。

许多分析师注意到，理想化在青春期会得到强化，布洛斯（1974）将之描述为"青少年的卓越特征"（另见A. Freud，1936）。青春期的强烈理想化有助于同一性的巩固，并由对丧失和分离的防御，以及被唤起的俄狄浦斯追求和恐惧所推动。阿赫塔尔（1996）描述了"有一天……"和"只要……"的幻想，它们分别代表了对未来和过去的理想化。虽然这些幻想是每个人内心生活的正常组成部分，但它们在经历过分离创伤的人身上变得尤为明显。

Identification 认同

认同指代一种心理过程，即个体某一方面的自体表征通过修正接近于客体表征的某一方面。认同与内摄和吞并都属于内化机制。一个人可能会意识到一种认同，但它发生的过程是潜意识的。认同可能是正常的或病理性的；其范围可以是选择性的或广泛的。它可能发生在个体、群体或社会层面。认同常被用来描述改变个人自体表征或行为的过程，以及改变本身。在精神分析的发展理论中，认同在所有主要结构（如自我、自我理想、超我、自体表征、同一性和性格等）的形成中起着至关重要的作用。认同本身有一个发展序列——从模仿开始，逐渐发展到成熟、具体的认同。精神分析密切关注伴随或增强认同的多重动机，例如，希望成为一个被爱的人，或希望在与重要客体的联结中断或失去客体时减轻痛苦和损失。认同概念的表述已经从最初构想的退行性病理过程，扩展到一个涉及正常发展、塑造和丰富自体、客体关系发展的过程。事实上，认同的概念一开始是众多心理机制中的一种，后来在关于主观自体感如何产生的理论中占据核心地位（Laplanche & Pontalis，1967/1973，Schafer，1968b；Behrends & Blatt，1985）。这个概念也是我们理解他人能力的核心，有助于提高共情的能力。共情通常被称为尝试性认同（Fless，1942）。

弗洛伊德（1900）首次讨论了认同对癔症症状形成的作用。癔症性认同是基于对他人行为的潜意识模仿，是被禁止的愿望、观念和感受的伪装式表达。1913年，他将认同与吞并的概念联系起来，描述原始人如何通过吃人来获得他人的品质；他还描述了原始部落的儿子们是如何与父亲"完成认同"的——儿子在第一次图腾大餐（Freud，1913e）中吃掉父亲之后，就获得了力量。弗洛伊德（1905b）还将吞并的概念与他新描述的口欲（有时称为食人肉欲）期相联系，并将其作为认同的原型。弗洛伊德

（1917c）在探索抑郁症时，描述了几个与认同有关的现象。他认为，在抑郁症中，从自恋性客体联结到与客体的自恋性认同之间存在着退行；换言之，从失去的客体中撤回的力比多被用来与自我中的客体建立认同。正如他的著名言论所说，"客体的阴影"落在自我身上。当自我的另一部分，即"批判机构"（后来被称为超我）攻击自我内部的这个客体时，就会产生这种痛苦的自责体验，这是抑郁症的特征。弗洛伊德对比了抑郁症的自恋性认同和先前形成的癔症性认同——前者完全抛弃了客体联结，后者保持了客体联结。根据弗洛伊德的观点，对抑郁症的自恋性认同是一种病理性的认同，它只存在于抑郁症的病理状态中。因此，它不会引发自体内部的永久性改变，而是起到当代分析师所说的临时内摄物的作用。在这篇论文的其他地方，弗洛伊德将认同置于客体关系的发展序列中（他当时正在研究的一个问题），根据力比多发展的口欲期，将其描述为"客体选择的初步阶段……自我辨识客体的第一种方式"。

1921年，弗洛伊德在其对群体心理学的探索中提出了三种认同：第一，与客体情感联结的原始形式，或初级认同；第二，力比多客体联结的退行替代品；第三，一种基于与他人享有共同品质而形成的新观念，其为群体团结提供了基础。在这里，弗洛伊德开始将认同描述为一种正常的过程。他还将认同与共情的能力联系起来。最后，弗洛伊德（1923a）探讨了认同在主要心理结构（自我和超我）的正常发展中的作用。在他看来，认同是解决俄狄浦斯情结的核心，导致了超我的形成和性格的发展。在这一探索中，根据弗洛伊德的说法，认同不仅是一个正常的过程，而且可能是放弃客体联结的唯一方式。

继弗洛伊德之后，认同概念的发展朝着几个方向进行。例如，后来的分析师试图澄清弗洛伊德关于认同的观点，认为认同是一种早期和原始的与客体关联的方式，并称这种关联模式为"初级认同"。相比之下，**次级**

认同被概念化为发生在更高的发展水平上，在自体-客体分化及客体联结的建立之后。因此，次级认同通常是对丧失客体的反应——正如弗洛伊德在抑郁症中所描述的那样，但也可能有其他防御目的（A. Freud，1936；J. Sandler，1960b；Loewald 1962a；Jacobson，1964）。分析师们还描述了认同的具体形式，如A. 弗洛伊德的**对攻击者的认同**（A. Freud，1936）**和对丧失客体的认同**（A. Freud，1967b）。雅可布森（1964）描述了儿童时期认同的发展，从最早的**情感驱动共情性认同**开始，到更成熟的**选择性认同**。抑郁症和精神病患者容易产生**精神病性认同**，这代表着合并客体的退行性的、充满渴望的幻想。洛伊沃尔德（1962b）描述了在退行情境中"重新投射"或外化超我功能的倾向。格林森（1954，1968）强调了从早期客体中分离，尤其是男孩与其母亲的分离的**去认同**过程。

克莱茵和她的追随者们在描述客体关系和内部世界的发展时，普遍倾向于使用吞并和内摄等术语（尤其是内摄），而非使用认同。在克莱茵学派理论中，内化过程（包括认同）在正常的心理发展中起着重要作用。海曼（1942）引入了同化这个术语来描述内部客体如何成为自我的一部分——不相似的客体对自体来说仍然是不相容的。在克莱茵学派理论中，同化通常是认同和**内摄性认同**的同义词。术语**内摄性认同**与**投射性认同**形成对比，投射性认同是指自我的一部分被想象为被分离出来并被迫进入客体（Klein，1946）。克莱茵学派理论家还提出了**黏附性认同**的概念（Meltzer，1975；Bick，1986），其特征为黏附或模仿客体，而非投射到客体中。个体如果无法开发内部空间或客体之间的空间（这些空间共同促进内摄和投射的正常过程，并促进发展有深度的客体关系），就会产生这种类型的认同。索恩（1985）描述了他所说的认同（identificate），即自我的一部分通过将自己投射到一个客体中，获得了一种形成自恋组织核心的全能感。拉克尔（1957）探索了治疗设置中出现的认同概念，描述了一

致性认同和**互补性认同**。这两种认同发生在分析师身上，可以应对患者内心生活的不同方面。

所有学派的分析师都使用了认同概念的一些变体，并且认识到它是自体概念和客体关系发展的核心。然而，一些当代精神分析师从进化生物学、遗传学、婴儿观察和神经科学的领域中汲取经验，质疑以前被认为由认同产生的心理结构实际在多大程度上可能是有先天基础的（Olds，2006）。

Identity 同一性

同一性是作为一个独特、连贯和真实的个体所拥有的一种持续的自体感。同一性既是一种具有意识和潜意识成分的内心现象，也是一种依赖于社会群体确证事实的人际现象。虽然弗洛伊德和其他人偶尔会使用同一性这个术语，但它与埃里克森的工作联系最为密切。埃里克森将它作为青春期的发展成就，纳入了其著名的青少年发展阶段理论。埃里克森（1946，1950，1956，1959）还创造了术语**同一性危机**（伴随着青春期自体形象重组而来的疑惑和焦虑的预期冲击）和**同一性扩散**（描述了一种未能将早期的认同整合到一种连贯同一性中的病理状态）。同一性的概念也被用于研究**性别同一性**、**核心性别同一性**和**性同一性**（Stoller，1964；Money，1973；R. Green 1975；S. Frankel & Sherick，1979；Roiphe & Galenson，1981b）。

在发展理论，以及社会学和精神分析之间的交叉领域中，同一性具有特别重要的意义。事实上，同一性与自体或自体表征不同，它包含了个体相对于周围文化的自体感。许多发展理论家认为，同一性的具体化是青春期最重要的特定任务和成就。然而，埃里克森强调，同一性在整个生命周期中不断被重新塑造。

埃里克森（1946）定义了同一性这个术语。他最初称之为**自我同一性**，即个体对"社会现实中被定义的自我"的"信念"，这种信念源于他在文化和社会世界中的发展经历。他将同一性鉴别为"自我的一个子系统"，其功能在于，将童年时期先前的心理社会危机所产生的自体表征融入对自体的稳定但可修改的社会世界的现实感中。埃里克森（1956）比较了自我同一性与自我理想，认为自我理想是自我同一性的部分来源，并将自我理想定义为自体的一系列目标。事实上，沃勒斯坦（1998）认为，埃里克森对同一性的概念化为随后出现的对自体（包括自体心理学）的兴趣奠定了基础。

许多精神分析师认为，埃里克森的同一性概念过于狭隘。在他们看来，同一性主要指的是个体对其特定文化的适应。然而，还有许多人使用这术语或类似的概念来指代个人在发展过程中内化、综合和整合身份的能力。格里纳克（1958a）认为，同一性来源于身体意象的发展。马勒从分离过程的成功协商的角度讨论了同一性（Rubinfine，1958）。雅可布森（1964）探索了她所说的**个人同一性**，其中包括对自体越来越现实的表达的整合。利希滕斯坦（1961）在儿童最早的与母亲的二元体互动（母亲与儿童分享需求和期望）中描述了同一性的起源。D. N. 斯特恩（2005）也认为，同一性是在与他人的互动中形成的，且以主体间性为基础。克恩伯格（1967）阐述了边缘型人格中存在的同一性扩散的概念，认为同一性扩散是一个正常的过程，而不应与同一性危机混淆。威尔金森-瑞安和韦斯滕（2000）尝试使用实证方法研究边缘型人格障碍中的各种同一性障碍。

同一性危机这一术语在精神分析文献中的用法明显不统一，覆盖了不同层次的抽象化和关键词语，因此在心理学界受到广泛关注。例如，该术语被用来描述机构的动荡（Gitelson，1964）、住院治疗引发的有意识

自体表征的转变（Will，1965），或与挑战自体意象的潜意识秘密的对抗
（Margolis，1966）。因此，同一性危机泛指自体表征和自体体验在社会
背景下的所有转变。

Illusion 幻觉

　　从精神分析的角度来看，**幻觉**是一种深受愿望影响的信念。在通常的
用法中，幻觉这个术语意味着一种不真实的、具有欺骗性或误导性的感
知，并不意味着现实的扭曲是由愿望造成的。与妄想不同，幻觉是可以纠
正的。幻觉不一定是精神问题的标志，尽管它可能在非理性观念的形成中
发挥作用。虽然弗洛伊德最初对幻觉的看法带有一些贬义色彩，但精神分
析师已经开始意识到幻觉在客体关系发展中的重要性，以及幻觉对许多依
赖创造性和想象力的经验的重要性。

　　弗洛伊德（1927a）对幻觉这个术语最著名的讨论出现在《幻觉的未
来》中。在其中，他介绍了一个观点，即宗教是基于"人类最迫切的愿
望"的幻觉。弗洛伊德认为，宗教是一种为应付人类无助感而创造的幻
觉，对上帝的看法是以儿童与父亲的关系为模型的。弗洛伊德断言，科学
和精神分析在某种程度上都不是幻觉；他得出了一个挑衅性的结论：宗教
可以替代科学，给予我们科学不能给我们的幻觉。1930年，弗洛伊德重新
审视了幻觉的概念。这一次引起了人们对幻觉的积极价值的关注，尤其是
在想象力和审美享受领域，如白日梦和艺术。

　　温尼科特（1945，1953）在他对儿童游戏的描述中进一步阐述了幻觉
的积极价值。温尼科特认为，幻觉在过渡空间和过渡客体的创造中至关重
要。事实上，在第一个客体联结的形成中也是如此。饥饿的婴儿和哺乳的
母亲在一个幻觉的时刻走到一起。在这个幻觉中，婴儿可以自由地体验到

令人满意的乳房——要么是他自己创造的幻觉，要么是属于外部世界现实的东西。换言之，温尼科特并没有坚持区分现实和非现实，而是强调幻觉作为中间状态的重要性，认为这是婴儿不断增强的承认和接受现实能力的一部分。温尼科特和弗洛伊德一样，将幻觉的能力与灵魂的概念、宗教、艺术和许多形式的群体凝聚力联系在一起。幻觉可以与健全的现实检验共存，但如果一个成年人过于强烈地要求他人的盲从，迫使他人承认一个不属于自己的共享幻觉，那么这会引发疯狂。

Imaginary Register 想象界寄存器

见 "Jacques Lacan 雅克·拉康"。

Impingement 冲击

见 "Donald Winnicott 唐纳德·温尼科特"。

Implicit Relational Knowing 内隐关系知晓

见 "Intersubjectivity 主体间性" "Memory 记忆" "Resistance 阻抗" "Therapeutic Action 治疗作用" "Unconscious 潜意识"。

Imposter 冒名顶替者

见 "Narcissism 自恋" "Psychopathy 精神病态（变态人格）"。

Incorporation 吞并

见"Internalization 内化""Orality 口欲"。

Individuation 个体化

见""Separation-Individuation 分离–个体化"。

Inertia Principle 惯性原则

见"Death Drive 死亡驱力""Drive 驱力"。

Infancy 婴儿期

婴儿期这个术语来源于拉丁语的in fans或"无言语",意指出生到学步的童年时期(0～18个月)。在精神分析文献中,这个术语更多地用于涵盖生命的前3年。婴儿期是发育的关键时期,新生儿从一种完全的心理和身体依赖状态,发展成一个具有一系列初步能力(包括自体调节、符号交流,以及支持独立和自体决定的运动技能)的个体。根据理论取向,婴儿期的内心成就包括分化良好的自体表征和他人表征、将好的部分客体和坏的部分客体整合为完整的客体表征、将好的部分自体和坏的部分自体整合为完整的自体表征、分化良好的自我和本我、经历冲突和焦虑并产生管理它们的防御、自体调节功能的早期内化、核心自体感、以及从感觉运动到前运算思维的认知进步。在人生的第一年,婴儿就具备了假装的能力(Gergely & Watson,1996);到了3岁,婴儿就完全掌握了语言和象征性游戏。婴儿期也是依恋纽带牢固建立、评估婴儿的依恋风格的时期。伴随心理的显著发展成就而来的是身体的发展，包括运动、手势交流、运动技能（发展迅猛）——无论是粗大运动还是精细运动。

婴儿期（尤其是婴儿期在精神生活发展中的核心作用）的概念化，在精神分析的历史中发生了巨大的变化。早期的精神分析概念（包括弗洛伊德和克莱茵的概念），主要基于成人分析和儿童分析中的临床重构。弗洛伊德的模型将婴儿描绘成自恋和被驱力主导的人；克莱茵则认为存在一种天生的与客体关联的能力，这种能力建立在一组复杂的先天意象或"潜意识幻想"之上，带有强烈的攻击驱力和力比多驱力。弗洛伊德主张通过观察性研究来支持关于婴儿期和童年的观点。早期婴儿观察的先驱包括A. 弗洛伊德、斯皮茨、马勒、温尼科特和鲍尔比。这些贡献者在自然主义的设置中观察婴儿，并以他们所看到的发展理论观点为依据。随着人们越来越认识到与环境的互动和环境作用的重要性，发展理论迎来了创新。马勒、温尼科特和鲍尔比将母婴关系的重要性置于驱力之上。尽管在侧重点和理论方向上存在差异，但这些贡献者都遵循温尼科特的原则："从来没有婴儿这回事儿。当你看到婴儿的时候，一定同时看到了照顾他的母亲。没有母亲的照顾，就不会有婴儿。"（Winnicott，1975/1992）

A. 弗洛伊德在美国发起的观察研究彻底改变了我们对婴儿期的看法。越来越多的自然主义观察开始与实证研究相结合，这深刻影响了当今对婴儿期的思考。发展心理学家和认知心理学家获得的资料证实并阐明了婴儿与生俱来的非凡能力，以及他们与世界互动的意愿。这些发现在关于婴儿期的精神分析理论中是否有用，甚至是否相关，一直存在争议（Fajardo，1993，1998；Wolff，1996）。发展和认知心理学的研究结果记录了新生儿感知和学习周围世界的复杂能力，以及婴儿表征的真正局限性（Emde，1991；Gergely，1992；D. N. Stern，1992；Fonagy et al.，2002）。精神分析中的"婴儿观察者"试图将精神分析思维与新的发现相结合，并提供了婴儿期和早期发展的新画面。这可能会影响他们与成年人的临床工作——对那些寻求婴儿期二元关系和患者-分析师关系之间直接相关性的人来说尤其如此（Emde，1990；Beebe & Lachman，1998）。

Infantile Genital Phase 婴儿生殖器欲期

婴儿生殖器欲期过去也被称为**阳具欲期**或**阳具生殖器欲期**，是弗洛伊德婴儿心理性欲发展模式的第三个阶段（3～5岁）。在这段时间里，儿童对生殖器的兴趣随着暴露冲动的激增而获得心理支配地位。它位于口欲期和肛欲期之后，并且可以被合并到随后的俄狄浦斯期中。婴儿生殖器欲期标志着一个组织的开始，在该组织中其他冲动都被置于生殖器冲动的首要地位之下。这一阶段与"早期生殖器欲期"或"前俄狄浦斯生殖器欲期"（15～19个月）不同，在此期间，婴儿第一次发现自己的生殖器并对其产生兴趣。它也与"生殖器欲期"不同，后者在青少年发现生殖器对繁殖的意义时出现。

将这一阶段从"阳具"欲期改名为"婴儿"生殖器欲期，代表了对弗洛伊德以阳具为中心的心理性欲发展理论的拒斥。该理论认为，阴茎是儿童性兴趣的主要客体，小女孩直到发育后期才意识到自己的生殖器，她对阉割和阴茎嫉羡的幻想不是出于防御目的，而是防御的"基石"。当代对女性的心理性欲发展的不同看法侧重于原始女性气质的概念和一系列独特的女性生殖器焦虑。对这一阶段的重新命名并没有动摇生殖器差异对每个儿童的重要性，没有削弱"阳具"阶段冲突对小男孩的重要性，也没有削弱阳具对两性的普遍象征意义。

在其职业生涯的晚期，弗洛伊德（1923b，1924b，1925b）引入了阳具欲期的概念；然而，他早就提出了各种与之相关的概念，如婴儿性欲或前生殖器性欲（Freud，1897g）、阳具对两性的首要地位，以及相关的阉割情结（Freud，1909c）。在弗洛伊德的理论中，**阳具传达的象征意义不仅仅包括男性生殖器**，还包括自然界中的权力和生殖力的概念。例如，他的"婴儿=粪便=阳具"的潜意识等式中的替代功能就说明了这一点。在弗洛伊德关于婴儿性欲的理论中，对**阳具母亲**的幻想是儿童心理性欲发展的过程。弗洛伊德直到晚期才使用阳具母亲这个术语，尽管在"小汉斯"案例中，小汉斯关于他母亲拥有阴茎的幻想清晰可见（1909c）。然而，在讨论恋物癖的论文中，弗洛伊德（1927b）描述了小男孩如何构建一个有阴茎的女性的幻想，以避免人们认识到一个关于阉割的、没有阴茎的生物（女性）的威胁性的现实，以及他自己被阉割的可能性。

弗洛伊德认为，在发现生殖器差异之前，男孩和女孩的心理性欲发展是一样的。小女孩的阳具欲期包括对她被阉割的生殖器的认可，而小男孩的阳具欲期包括对自己生殖器的自豪感和对生殖器也可能被摧毁的焦虑。根据弗洛伊德的说法，小女孩直到俄狄浦斯期结束时才发现自己的生殖器——阴道。那时，小女孩已经放弃了作为其原始爱的客体的母亲，让母亲为她缺失的阴茎负责，并求助于她的父亲，希望能得到她的替代阴茎，即一个婴儿。随着力比多客体的转变，小女孩也放弃了对阴蒂的男性的手淫，并发现了涉及阴道的被动接受性态度（1924b，1925b）。

弗洛伊德的心理性欲发展理论的基础是从成人精神分析中得出的资料，并因此受到直接的批评；一些最有趣的批评来自随后的童年观察研究。例如，埃里克森（1950）注意到，男孩和女孩在绘画和游戏模式上存在显著差异；他不愿意将婴儿的性欲组织概括为对两性而言都是阳具性的。同样，帕朗斯等人（1976）并没有发现女孩阳具攻击性的证据。罗菲和加伦森（Roiphe，1968；Roiphe & Galenson，1981a）发现的大量证据表明，从出生第5个月开始，所有儿童都有生殖器贯注的现象；他们提出，男孩和女孩的早期生殖器欲期都发生在15～24个月。与此同时，许多其他研究也提供了证据，表明小女孩早在婴儿时期就有阴道意识（Greenacre，1958a；Kleeman，1976；Chehrazi，1986），以及很早就有自己是女性的感觉（Stoller，1968c，1976；H. Blum，1976b；Money & Ehrhardt，1972；Parens et al.，1976；P. Tyson & R. Tyson，1990）。随着认知能力的进一步成熟，以及后来重新形成早期自恋冲突的机会的出现，女孩能够解决阴茎嫉羡，然后重视自己的生殖器、女性身体和女性能力，尤其是当父母的态度支持这种积极的观点时（Chehrazi，1986）。其他研究（Parens et al.，1976）挑战了传统观念（女孩对孩子的愿望是伴随着她的阴茎嫉羡和阉割情结而来的），并且提出，存在一种预编的心理生物学冲动，即想要生孩子——这会将女孩推向俄狄浦斯期。出于上述原因，一些分析师建议重新对阳具欲期进行命名。这引发了一些混乱，因为除了"婴儿生殖器欲期"之外，人们还使用了各种名称，包括"生殖器欲期"和"早期生殖器欲期"。

对男孩来说，从肛门到阳具的转变标志着对阴茎的巨大情感注入，以及一系列被称为**阳具自恋**的性格特征，包括骄傲、自信、暴露癖和攻击性的自体夸大。在这个阶段，男孩们表现出对枪支、刀具、飞机和赛车等玩具的痴迷，以及对象征性地庆祝阳具的游戏和幻想的兴趣。这种态度也可能有助于防御和过度补偿阉割焦虑。小女孩也可以表现出这样的特征——她们对整个身体的暴露癖，可以说是为了适应对生殖器差异的认识（Edgcumbe & Burgner，1975）。这些态度在成年后的持续性表达被称为**阳具性格**或阳具自恋性格（W. Reich，1933/1945）。在某些情况下，这种性格可能伴随着**身体即阳具**的潜意识幻想（B. Lewin，1933）。

弗洛伊德的追随者详细阐述了幻想中的阳具母亲在防御男孩阉割焦虑

中的作用。巴克（1968）将**阳具女性**描述为变态中无处不在的幻想。斯托勒（1975a）强调了幻想在男性同性恋者、异装癖者和恋物癖者中的重要性。例如，在打扮成女人时，易装癖者会表现出女人具有阴茎的潜意识幻想。格里纳克（1968）在理解男性恋物癖者时，也指出了潜在的阉割焦虑和阳具母亲的幻想。斯托勒和格里纳克都强调了童年创伤（如一个过于诱人的母亲）在强化幻想中的作用。

H. 多伊奇（1965）认为，这种幻想的呈现也可以在女性同性恋者身上看到。虽然阳具母亲的概念主要被视为对阉割焦虑的否认，但它也被视为婴儿恐惧的表现。布伦瑞克（1940）断言，幻想是一种退行的补偿——阳具母亲不仅拥有阴茎，而且是全能的。阴茎的幻想被投射了婴儿早期的形象，即活跃、细心的母亲和她的乳房。沙塞盖-斯米格尔（1964）断言，全能的母亲意象在每个人身上都存在。库比（1974）从一个独特的角度解释了幻想——作为普遍存在的"成为两性的驱力"的表现。

阳具母亲等幻想阐明了阳具的象征意义及其与解剖学阴茎的区别，以及它作为代表权力和支配力（这可能是男性和女性都渴望得到的价值）的普遍心理结构的用途（Fogel，1998；M. Diamond，2006）。然而，精神分析文献中对阳具幻想的引用通常较少，因为阳具和阴茎嫉羡在女性发展中的首要地位的观念受到了批判。女性主义作者从文化对女性意象的影响角度出发，重新解释了阳具母亲的幻想。例如，男性对强大母亲的最初和早期的敬畏感可能隐藏在对女性意象的贬低之下（Birksted-Breen，1996；Elise，1998）。

在完全不同的背景下，阳具这个术语在当代精神分析话语中被用于拉康的理论，并涉及俄狄浦斯情结结构的核心组织概念。

Infantile Neurosis 婴儿神经症

婴儿神经症是在发展的俄狄浦斯期，由俄狄浦斯情结结合而成的一种普遍且持久的心理结构和组织。这种结构的基础是超我形成和巩固的发展成就。这种内心组织形成了之后的成人神经症的基础，但它最终不一定会在病理学层面上发生。因此，婴儿神经症是一个元心理学概念，而不是一个明显的临床实体（Tolpin，1970）。它需要通过对成人神经症的分析来进行建构（重构），而这通常是由其在移情神经症中的表现所促成的。在整个精神分析的历史上，这个术语一直被混淆，并被用于不同的实体，涉及正常发育、所有俄狄浦斯层面的冲突和神经性疾病。为了避免混淆，"婴儿的"和"神经症"这两个词已经脱钩，除了在表达上面描述的非常特殊的元心理学含义时。儿童时期的神经精神症状最好被描述为童年神经症；成人的症状最好用神经症来描述。

尽管婴儿神经症这个术语令人困惑，但它在精神分析的历史上具有核心意义，因为它包含了一些最基本的精神分析命题。这些命题包括内化冲突的普遍性、俄狄浦斯情结的发展意义及其对心理结构建立的解决办法、神经症的发病机制，以及发生学观点在完整的元心理学观点中的重要性。婴儿神经症的概念与精神分析学对神经症的理解有着相似的历史，而精神分析学的历史又与精神分析的整体历史难以区分。

在对小汉斯的案例研究中，弗洛伊德（1909c）首次提出了婴儿神经症的概念，将被压抑的婴儿性行为描述为神经症的动机力量。然而，随后在对"狼人"的案例研究中，弗洛伊德（1918a）用这个术语来描述4岁儿童明显的焦虑和癔症。弗洛伊德在其他时候使用了该术语的其他含义：（1）围绕俄狄浦斯冲突组织的一组特征性症状，这些症状起源于童年时期，如癔症、恐惧和强迫行为（Freud，1918a）；（2）俄狄浦斯冲突的解决在超我形成中的巩固作用（Freud，1923a）——使元心理学与明显疾病的融合变得更加复杂。

弗洛伊德之后的精神分析学家一直对婴儿神经症的含义感到困惑（New York Psychoanalytic Institute，1956；Tolpin，1970；Blos，1972；Ritvo，1974）。对克莱茵（1932）来说，婴儿神经症是一个可以表达、修通和克服抑郁位置的人生阶段。A. 弗洛伊德（1954）和洛伊沃尔德（1974）都认为，神经症冲突是人格形成中不可避免的。在这种情况下，他们将婴儿神经症视为一个等同于神经症和神经症冲突的概念。A. M. 库珀（1987a，1987b）曾建议，"当代"观点应该将婴儿神经症视为"一组无优先性的当前幻想的集合，而不是历史事实"。

Inferiority Complex 自卑情结

见"Complex 情结""Narcissism 自恋"。

Inhibition 抑制

见"Neurosis 神经症"。

Inner Genital Phase 内部生殖器欲期

见"Early Genital Phase 早期生殖器欲期"。

Insight 领悟

见"Interpretation 解释""Mentalization 心智化"。

Instinct 本能

见"Drive 驱力""Erotization 爱欲化"。

Instinctualization 本能化

见"Drive 驱力""Erotization 爱欲化"。

Intellectualization 理智化

理智化是一种通过智力活动来控制和防御不可接受或无法容忍的冲动、想法和感受的防御过程。它以抽象的、理论的或哲学的思辨为例，避免了情感或身体的感觉。该术语可与逃入理性（Fenichel，1932）互换使用，并与情感隔离密切相关（A. Freud，1936）。理智化的一种形式是"合理化"，这个术语是琼斯（1908）创造的，意指个体通过所谓的合理解释来避免对令人不安的现实进行更深入的探索。理智化与所谓的"情感化"相反，后者是指用情绪来防御理解（G. Bibring et al.，1961）。理智化通常与强迫障碍和偏执障碍有关（Freud，1909d）。

A. 弗洛伊德（1936，1945）将理智化定义为一种防御，认为其与情感状态的回避和情感隔离联系在一起。她描述了理智化在青少年中的广泛应用——他们利用新获得的抽象推理能力来应对本能需求的增加。哈特曼（1939a）强调了理智化的现实导向和适应性，认为这有助于丰富知识和增强智力功能。然而，极端的理智化也可能会限制情绪和情感的获取，并导致强迫和偏执的症状和特质。在精神分析治疗过程中，理智化或"伪领悟"可以用来抵制情绪领悟和患者与分析师的人际交会。

Intergenerational Transfer/Transmission of Trauma 创伤的代际转移／传递

创伤的代际转移／传递有时被称为**继发性创伤**或**替代性创伤**
（Scheeringa & Zeanah，2001），是父母将情感创伤的影响传递给儿童的一种潜意识心理过程。未解决创伤的父母如果无法反思或情境化他们的创伤，就有可能会造成儿童的无助、哭泣和愤怒，因为这是他们自己原始创伤的再创造。这种经历可能会触发儿童对痛苦的回避（从而加剧痛苦）并引发回忆。

在闪回的那一刻，父母可能会把儿童的经历和他们自己童年时遭受的折磨者混为一谈。这种情况反过来会触发愤怒、退缩或其他非保护性的反应，并且可能会以重演父母创伤的方式给儿童带来创伤。目前的研究表明，父母如果能在时间和地点上将自己的创伤经历情境化并将其融入自己的生活叙事中，从而解决自己的创伤体验，他们就很少会将这些创伤传递给儿童。

H. 巴罗卡斯和C. 巴罗卡斯（1979）首次将创伤的代际转移这一术语用于描述大屠杀幸存者的子女。在精神分析影响下的父母-婴儿研究和临床工作中，这一概念已经成为一个强有力的组织概念。在当代精神分析影响下的婴儿研究和依恋理论建构中，从弗莱伯格、阿德尔森和夏皮罗（1975）对"托儿所里的幽灵"的描述开始，到福纳吉和斯蒂尔等人（1993）对母亲的"反思功能"作为儿童依恋类别的关键决定因素的阐述，父母能够将潜意识的致伤性经验传达给年幼的儿童这一假设一直存在。就成人精神病理学而言，这一概念影响了自体心理学、当代客体关系学派和关系理论，以及对边缘型人格的病因学研究。这一切都明确或隐含地强调了父母对自己的思考以及婴儿独立的独特心灵的能力的重要性。

经受非反思性创伤的父母反复向婴儿传播创伤会引发或加剧解离过程，而解离过程是成人病理症状中的核心障碍（Coates，1998；Fonagy et al.，2003）。

创伤的代际转移是一个产生于20世纪60年代的概念，当时的临床医生开始观察大屠杀幸存者的成年子女。这些人表现出一系列情绪困难，似乎以各种方式反映了他们父母的创伤经验的影响（Krystal，1968；Auerahn & Laub，1998）。这个概念是弗洛伊德所描述的潜意识交流过程的具体体现。

在临床情境中，创伤的代际转移的概念在几个不同的方面发挥作用。在治疗那些症状源于未解决的父母创伤的儿童时，对父母进行干预有助于改变维持儿童症状的父母行为和归因。这可能会帮助受过创伤的父母理解和鉴别当前由创伤触发的不适当行为和态度。后者（例如对儿童的敌意的消极认同）可能超出了他们的觉察范围。然后，他们也许能够通过鉴别重复的重演，识别出他们在被压抑的创伤中的基础，以及他们在潜意识幻想中的阐述，从而调节可能给儿童带来创伤的行为。这种构想也可以帮助成年人理解自己的焦虑和特定幻想。后者似乎不是直接源于自己生活中的创伤事件，而是源于父母对创伤相关经历的未解决的焦虑和幻想的传递。创伤的代际转移的概念可以使临床医生敏感地认识到，成年患者的创伤经历可能会激活强有力的潜意识过程，其程度低于创伤应激的闪回及其他体征和症状，这表明创伤会在几代人之间产生回响。当代研究（Schechter et al.，2007）侧重于暴力创伤代际转移的中介过程。

Internal Saboteur 内部破坏者

见"Ronald Fairbairn 罗纳德·费尔贝恩""Splitting 分裂"。

Internalization 内化

内化是通过吸收外部世界的真实或想象的方面来改变内心世界的心理过程。内化与外化相反，后者是将内部世界的方面归因于外部现实的过程。这两个术语都反映了一个事实，即内心世界在与外部世界的互动中发展。内化和外化描述了这种互动的基本方面。内化与术语吞并、内摄和认同密切相关。从历史上看，这些术语有时可以互换使用，并且经常被混淆。人们曾多次尝试使用各种标准来澄清它们的不同含义。这些标准涉及概念的原始含义、最常见的用法、抽象水平、发展水平、与精神病理症状的联系、吸收整体客体还是部分客体，是否吸收了全部或部分对象，以及内化的部分与自体的结合程度，等等。

在所有精神分析学派中，内化都在心理发展的整个过程中发挥着重要作用，并贯穿于整个生命周期。它促进大脑记录个体与外部世界（尤其是他人）之间的互动历史。随着时间的推移，重要客体的态度、行为、价值观和功能，以及与这些客体的互动都被内化，个体可以承担最初由他人提供的功能。内化有助于心理基本结构（自我、超我、自体表征和客体表征等）的发展，有助于性格特质（例如，令人痛苦的**内化的恐同症**，它是同性恋者常见的自我憎恨的基础）和文化态度的发展（Malyon，1982）。内化依赖于自我功能，如感知、记忆、形成表征和符号的能力，这些表征和符号对头脑中自体−客体互动的各个方面进行编码。内化是正常成熟的一个方面，也可能是一个有动机的事件或作为防御的功能。内化的一个关键动机在于，希望通过使客体成为自体的一部分来保留客体通常实现的令人满意的、满足需要的功能。在发展过程中，内化可以成为儿童保持与客体联结的满足感（这些满足感会随着更多自主性的获得而丧失）的一种手段。内化可能会受到过渡、丧失或焦虑阶段的刺激。内化的过程反映了它们发生的发展阶段，代表了与他人真实和幻想的互动。内化的完整性、稳定性、可逆性的程度各不相同。分析师与患者关系的各个方面的内化在精神分析的治疗作用理论中发挥着重要作用（J. Strachey，1934；Loewald，1960）。例如，分析师自体客体功能的**转换性内化**概念是自体心理学提出的治疗作用理论的核心（Kohut，1977）。

　　大多数分析师都遵循哈特曼的观点，将内化作为一个通用概念来包含其他概念。哈特曼（1939a）将精神分析作为一种在生物学和进化考量的框架内概念化的普通心理学。他对精神分析的兴趣与此一致，强调内化的适应功能，将与环境的调节互动转化为自体调节或功能。谢弗（1968b）同意哈特曼的观点，即内化是包含其他概念的首要概念，但他还强调了内化的动机（动力学）和内化之后的叙事方面。洛伊沃尔德（1960，1962a）强调了精神分析中的内化主要适用于与他人的关系，并区分出**初级内化**和**次级内化**。前者有助于内部／外部或自体／他人概念的发展，后者发生在这些边界的建立之后。

　　1912年，弗洛伊德在写给琼斯的一封信中首次使用了内化这个术语。他提到了"阻抗的内化"，以及内部压抑是外部障碍的结果（Freud，1912f）。次年，弗洛伊德（1913e）在讨论原始部落的神话时引入吞并的概念，将吞并与原始民族的食人行为联系起来，并描述儿子们如何通过在第一顿图腾大餐中吃掉父亲，来获得父亲的力量。他接着将吞并描述为与口欲期有关，将吞并概念化为口腔力比多的目的。这个目的有三个部分：通过将客体带入自己的身体来获得快感、摧毁客体、调整客体的品质。他还表示，吞并是认同的原型（Freud，1905b）。许多当代分析师不再坚持与最初的吞并概念相联系的驱力理论，但仍然将这个术语用作一种幻想，即个体想象客体的某个方面正在被带入他身体的内部空间。这种幻想是内摄和认同的心理过程的表征方式。与吞并相反的是驱逐幻想（Abraham，

1924b）。吞并幻想通常伴随着被他人吞并的幻想（B. Lewin，1950）。吞并不仅限于口欲模式，还可能包括听觉、呼吸和肛欲等模式。吞并幻想可能是攻击性的，也可能是有爱的和保护性的，或者是两者兼具的。吞并幻想是克莱茵理论的核心，代表了主体将客体带入体内的体验；内摄是克莱茵学派学者们用来描述吞并幻想所涉及的心理过程的术语（Hinshelwood，1989）。

内摄是费伦齐（1909）在1909年提出的一个术语，用于区分神经性精神障碍（以使用内摄为特征）和精神病性精神障碍（以使用投射为特征）。1915年，弗洛伊德（1915b）使用了内摄这个术语，并指出自我将所体验的客体作为快乐的来源（与投射相反）；1921年，他在《忧郁症》中再次使用这个术语（也与投射相反），将认同描述为将一个丧失的客体内摄进自我的过程。从一开始，内摄就以非常令人困惑的方式被使用，通常与吞并或认同同义。克莱茵学派广泛使用了这一概念，并且描述了内摄和投射过程对婴儿内部世界发展的关键作用——与攻击性相关的焦虑以及与好客体和坏客体相关的焦虑都是通过这些防御性操作得到管理的。E. 魏斯（1932）创造了内摄这个术语的名词性用法，用它来指代被带到自我（自体）内部的客体——类似于克莱茵学派通常所说的**内部客体**。谢弗（1968b）提出用内摄来指代一种内化类型，即客体表征被转变为内摄或"内部存在"，从而使个体感到与之有持续的关系。

认同指个体通过修改自己的自体表征和／或行为而变得与客体相似的一种内化。与内摄相反，谢弗定义的认同是指一种内化，在其中，外部的东西现在被整合到自体表征中，而不是被体验为内部存在。弗洛伊德（1900）首先在癔症症状形成的一个方面中引入了认同这个术语；后来，他（Freud，1917c）将认同作为忧郁症症状形成的核心，并将其置于客体关系的发展序列中——发生在形成真实的客体关系之前，是个体与客体的第一种联系方式。然后，弗洛伊德开始探索作为一个正常过程的认同——先是在群体联结的形成中（Freud，1921），很快又在基本心理结构（包括超我和自我）的形成中（Freud，1923a）。后来所有学派的精神分析学家都使用认同的概念来描述自体在客体模型上被修改的普遍过程。

Interpersonal Psychoanalysis 人际精神分析

人际精神分析由哈里·斯塔克·沙利文于20世纪中叶提出，是一种关于心理发展和功能以及精神分析治疗的精神分析理论。该理论的基础是，心理意义只能在人际环境中产生、发展和被知晓。从一开始，人际精神分析就定义了与弗洛伊德主义精神分析相反的承诺。在沙利文看来，弗洛伊德主义精神分析过于关注驱力／本能。沙利文则将重点放在社会因素、文化因素，以及对外部世界的体验上。早期的人际主义者也不强调或拒绝内心结构、动力性潜意识和内化的客体关系的作用。人际学派的其他显著特征包括：将自我视为个体经验和机构的所在地，是动态的而非结构性的，是与他人互动过程的产物；认为病理学源于自我的平衡和完整性遭到破坏；主张一种将认知置于情感之上，并将其视为人际关系的结果的观点。人际治疗的显著特征包括：以"此时此地"为中心，对临床情境进行互动式解读与解释；关注在这种互动中可以观察到的东西；试图从"真实"发生的事情的角度来理解人类的经验。

然而，根据人际精神分析不是什么来给它下定义是最容易的。这也许是因为，它比所有其他精神分析学派都更具理论和临床实践的多样性。从一开始，人际精神分析就吸引了那些不墨守成规的人，以及那些对临床情境之外的事物有着广泛兴趣的人。沙利文受到了社会科学和教育的影响；弗洛姆是该学派的早期创始人，一生致力于研究政治和文化问题。那些主要致力于临床工作的早期贡献者有非常具体的兴趣领域。汤普森将人际精神分析作为一个整体来构思，其注意力集中在女性心理学和性格的人际概念上；另一位早期贡献者是弗洛姆-赖克曼，她独立发展了精神病患者治疗的临床观点和概念。

早期的人际主义者深受费伦齐作品的影响（Ferenczi & Rank，1925；Dupont，1988），尽管费伦齐实际上从未拒绝效忠弗洛伊德主义精神分析。费伦齐对那些将分析关系视为治疗作用中主要因素的分析学派产生的影响最大。费伦齐的遗产得到了人际分析师的承认，这源于以下几个方面：认识到真实生活经验对发展过程的影响（Ferenczi，1933）；将精神分析描述为两个真实人格的互动；鼓励分析师的主动参与；承认反移情的核心地位——它是移情的一种相互塑造的补充；并且关注分析性相遇的潜在再创伤化效应（Harris & Aron，1997）。

沙利文不是一名精神分析师，但他设计了一种独立于20世纪初弗洛伊德理论霸权的心理学理论和技术。沙利文受到费伦齐的影响，但实用主义、经验主义和多元主义的美国价值观在他的著述中最为明显。这可能是受到了詹姆士、皮尔斯、米德和迈耶等人所信奉的美国哲学观点的影响。在沙利文看来，自我是在与他人的关系中发展起来的，可以被理解为一系列反映自我的评价。它只不过是习惯性的人际模式；而私人的、基本的自我概念是一种自恋的幻觉。沙利文（1953b）认为，自我是人际的，这一立场导致他将治疗重点转移到观察患者与其他人（包括分析师）的关系上。他拒绝了自由联想的技术，而赞成对患者过去和现在的实际人际经验进行"询问"。细节询问是"参与式观察"的一种形式，沙利文（1940，1953b）使用这一术语来表示分析师不可避免地亲自参与细节询问的展开。然而，沙利文也认为，分析师应该有可能以符合患者利益的方式持续指导参与。换言之，他不接受分析师不可避免的潜意识和与患者的个人卷入。这一原则在20世纪70年代已成为人际取向的代名词。

沙利文（1953a）贡献了自己的心理发展理论，包括对母婴关系和早期童年事件的深入关注。在沙利文看来，婴儿通过"共情"的过程，体验到母亲焦虑的破坏性存在，这是婴儿试图保持心理平衡的动机因素。婴儿利用一个分裂的过程，产生对好母亲和坏母亲的不同愿景，这些愿景后来被整合并组织为"人格化"，然后最终成为"复合体"。婴儿发展出"好我"和"坏我"的相互自我人格化，最终整合成一种被称为自我的动力机制，以及利用防御性自我保护操作的自我系统。这个过程的结果基于婴儿与他人互动的性质，最重要的是，基于婴儿必须忍受的母亲焦虑的程度。在沙利文（1953a）的发展创新中，得到最广泛认可的可能是他对前青春期的"密友"的描述。密友是儿童生活中第一次真实的自我 / 他者亲密性。在这种亲密性中，他人的感受和观点至少与自己的一样重要。如果一切都进行得相当顺利，这种密友就会被整合到一种性欲的健康表达中，从而产生成年人的性亲密。在沙利文看来，由于文化和社会趋势使得性行为（尤其是同性恋）极难协商（Blechner，2005），许多人只能在密友方面取得进展。

沙利文认为，不被意识承认的经验是与重要他人建立关系的特征模式。同样，在沙利文（1940，1953a，1956a，1956b）的观点中，个体防御的不是内部动力学事件，而是与重要他人关系中的"选择性忽视"或"解离"的方面，这些方面无法以符号语言形式被知晓。相反，这些模式是以"演员"看不见、但训练有素的临床医生可以观察到的方式来上演的。对于沙利文（1940，1953a）来说，语言最发达的形式，即意义，是以促进公开验证或"交感确证"的方式使用的。语言所传达的意义，或者如果愿意的话，可以被归类为经验的"综合模式"。"不完善的反应模式"是由"私人"意义组成的。这些意义参与经验的构建，但在语言的外显的术语中无法被知晓。经验是通过持续的选择性忽视或解离来维持的，从这个意义上说，不完善的反应不能用明确的公共术语来加以考虑，因为它是潜意识的。

沙利文治疗的一个显著方面是鉴别不完善的反应并将其转化为综合经验。"不完善的反应扭曲"是沙利文对不完整和扭曲模式的描述，它以个体在塑造他人意象时特有的选择性忽视和解离为基础，会导致人际误解和困难。沙利文鼓励在诊室里详细研究人际关系，但没有将俄狄浦斯冲突作为一个核心组织角色（这一角色在当时弗洛伊德主义移情和移情神经症理论中被认为是理所当然的）。后来的人际主义者以沙利文对认知和语言的兴趣为基石（Schachtel，1959/2001；Tauber & Green，1959/2008；Barnett，1966，1980a，1980b；Arieti，1967，1976；Levenson，1972，1983，1987；Greenberg，1986，1991；D. B. Stern，1994，1995，1997）。

弗洛姆是人际精神分析的另一位早期创始人，他在柏林研究所接受了正式的精神分析培训。弗洛姆终身致力于研究政治和文化问题，曾与霍克海默、阿多诺和马尔库塞一起担任法兰克福大学社会研究所终身教师。弗洛姆的社会批判的发展涉及社会性格（Fromm，1947）、"逃避自由"（Fromm，1941）——解释了法西斯主义的影响、个体和社会都可能是理智或疯狂的（Fromm，1955a），以及其他观点。尽管弗洛姆从未写过他所承诺的临床声明，但他的人文主义、存在主义倾向，以及他对本真性、直接性、自发性、情感即时性和心照不宣的人际交往的强调，都对早期的人际主义者产生了极大的影响，并通过他们对后续研究者产生影响（Fromm，1955b）。事实上，弗洛姆对同事们最重要的影响在于他的临床观点——这与沙利文的观点有很大不同。对弗洛姆来说，本真的、能动的自我的存在是根本。弗洛姆（1951）对梦和非理性的其他方面的兴趣也与沙利文（1940，1953a）形成了对比，后者将梦纳入无法直接观察的内心生活现象，而没有对其仔细研究。弗洛姆对梦的态度在当代人际精神分析中占主导地位（Bonime，1962；Ullman，1996；Blechner，2001；Lippmann，2002；P. Bromberg，2006）。

沙利文通过其关于解离的工作为当代人际精神分析留下了显著的遗产，该工作已扩展到明显的人际心理模型。P. 布隆伯格（1998a，2006）提出，心灵或自体是多重的，是"自体状态"的一种不断变化的景观。状态之间的变化源于心灵保持平衡和连续性（作为同一个人的感觉）的需要。解离的状态或"非我"状态与这种连续性不一致，因此必须被与其他自体状态隔离。当持续的人际生活使人无法避免将自己体验为非我时，自体的连续性受到了威胁；个体只有潜意识地扮演为"非我"才能保存它，从而避免那种无法忍受的感觉，即不是"自己"。理想的状况是，"站在自体状态之间的空间里"，能够接受自己所有的部分，从而既感觉自己是一个人，又感觉自己是多个人。布隆伯格详细介绍了他的临床过程处理方式（尤其是其效果方面），持续咨询自己不断变化的自体状态，以了解患者的情况。

D. B. 斯特恩（1997，2010）提出了一个基于解离的模型，将潜意识现象定义为"未阐述成形的经验"。未阐述成形的经验是潜在经验，还没有被赋予清晰的意义或符号形状，因此无法被反思。解离被理解为一种防御性动机，将经验保存在未阐述成形的经验的状态下。未阐述成形的经验所采取的形式并不完全是预先确定的，尽管它受到现实的约束。经验所采取的明确形式取决于形成经验的人际场的性质。因此，分析关系的意义和事件是患者和分析师之间形成经验表达的主要影响因素。在后来的工作中，斯特恩（2010）将这些想法扩展到了扮演领域。

沃尔斯坦和列文森关于临床实践的观点最充分地表达了当今的人际

敏感性。沃尔斯坦（1959）提出了他所说的"移情-反移情互锁"，并指出，移情和反移情不可避免地在创造和维持彼此方面发挥作用。后来，沃尔斯坦谈到了每个心灵和每个治疗二元体的不可还原的独特性，并认为治疗是"自体的心理中心"的参与（Wolstein，1981，1983，1987；Hirsch，2000；Bonovitz，2009）。

列文森（1972，1983，1987；Levenson，Hirsch & Iannuzzi，2005）迈出了决定性的一步。他认为，正如米切尔后来所表达的那样，"你不能不互动"。分析师和患者不可避免地、潜意识地以个人的、充满感情的方式相互参与——这被列文森描述为精神分析的核心。列文森的洞见是人际精神分析和关系精神分析的核心。从列文森和沃尔斯坦的工作开始，许多人对治疗关系概念的不断扩展做出了贡献，包括赫希（1985，1996，2002，2008）、埃伦伯格（1992）、比希勒（2004，2008）、费纳（2000）和费斯卡里尼（2004）。

人际精神分析受到了来自其内部和几代主流"弗洛伊德主义"精神分析师的批评。从一开始，人际精神分析就被认为只关注心灵之间的领域，而削弱了人类经验的内心维度和生物学维度的重要性。人际理论拒绝将驱力视为人类经验的动力，但没有另外提供一个综合性观点。沙利文提出了焦虑的作用；其他人扩展了动机的概念，并将情感或认知作为动机的主要来源。弗洛伊德主义也批评了人际精神分析，因为它淡化了潜意识幻想在精神生活中的作用。从20世纪80年代开始，一些关系分析师（J. Frankel，1998）提出了他们自己的批评，如对发展理论及其问题的关注不足，对潜意识过程（包括幻想和内部客体关系）的重视不足，过于强调阻抗是有意识的故意或反对。根据这些批评者的说法，人际分析师经常在诊室里营造一种具有挑战性和面质性的氛围，同时强调清晰、直接和诚实，这会使患者很难对自己的经验采取非防御的、探索的态度。人际精神分析也因其未能整合或解决一系列不同理论命题带来的不一致和矛盾而受到批评。这些理论命题有时会引发混乱，而且人际精神分析师不能充分承认所有特定立场的含义（Demos，1996）。

在过去几十年中，美国精神分析学界发生了范式转移：从驱力和结构理论不容置疑的主导地位转变为精神分析治疗和人类成长与发展的人际关系模型。人际学派在其中发挥了关键作用。人际视角以人际领域为重点，为20世纪80年代关系学派的出现贡献了一股主要力量。格林伯格和米切尔（1983）创立了关系学派的概念（参见**关系精神分析**词条），将人际视角与英国的客体关系学派联系起来。米切尔即便不算关系理论的思想领袖，也是关系理论的主要贡献者之一（S. Mitchell，1988，1993，1997，2000）。尽管今天的精神分析世界无疑是多元的，但人际和关系思想的影响在其他精神分析理论中也显而易见。

Interpretation 解释

解释是分析师通过患者的言语、思想、情感、幻想和行为来理解患者的潜意识精神生活，并将其传达给患者的言语交流。解释将患者的意识体验的各个方面与他积极避免觉察到的心理体验联系起来，从而使潜意识的精神生活易于被有意识地理解。解释带来领悟。虽然解释有明确的信息成分，但有效的解释通常不仅涉及智性理解，还涉及分析师与患者情绪体验的某些方面产生共鸣。解释不同于澄清，后者扩展了患者意识中已经存在的东西；解释也不同于面质，后者解决了患者意识体验中被否认或解离的方面。分析师的解释是在移情-反移情关系的背景下提供的。因此，对患者来说，解释既有意识部分的也有潜意识的部分。解释反映了分析师主观经验的意识和潜意识方面，这可能表现在分析师对解释内容、语言或语调的选择上。在分析过程中，随着新信息的出现，分析师和患者都会修改或添加解释。

无论是在精神分析历史上还是在当下，解释都具有重要意义。作为一种独特的精神分析干预，解释将精神分析与基于分析师建议的治疗区分开来。解释的功能与一种心理观点有关，即通过防御过程将动力性潜意识主动排除在意识之外。精神分析的许多核心争议都是围绕解释的作用展开的，例如：患者精神生活的真实事件是可以发现并被解释的吗？解释是否为患者提供了一个关于自己的合理而连贯的叙述（诠释学视角）？分析师是否处于一种认识论上的优先地位或客观地位并由此了解患者的心灵？解释是否传达了患者内心固有且持续存在的含义？解释是否是在特定患者和分析师之间独特的二元交互中共同构建的？解释是精神分析事实上的治疗作用的核心特征吗？解释如何帮助患者？关于解释的技术使用也存在争议，例如：精神生活的哪些重要方面需要得到解释？解释应该只关注移情，还是也要关注患者的移情之外的精神生活？解释是指接近患者意识的心理内容，还是指患者几乎没有意识联系的心理内容？

解释的概念以及这个术语本身最早出现在《癔症研究》（Breuer & Freud，1893/1895）中有关弗洛伊德对伊丽莎白·冯·R.和露西·R.的治疗的部分；它在《梦的解析》中成为一个技术术语。弗洛伊德（1900）断言，梦和症状一样，也有意义。更具体地说，对梦的解释试图在潜意识和意识的精神生活之间重新建立联系，或找回一种"失去的连接"。在他的地形学理论中，弗洛伊德假设，虽然不可接受的愿望被压抑了，但寻求满足带来的持续压力会从症状上表现出来。解释症状的含义，即使其意识化，可以让患者用有意识、理性和道德的判断来取代压抑（Freud，1909c）。当弗洛伊德（1923a）阐述结构理论时，他重新考虑了解释的目标。弗洛伊德将自我概念化为一种心理机构，对源自驱力（本我）、潜意识惩罚禁令（超我）和现实的潜意识愿望的需求做出反应。在这种概念化中，解释成为扩展自我掌控的方式。

继弗洛伊德之后，费尼切尔（1938b）详细阐述了这一主题，指出解释应该指向心理表面和能与患者产生共鸣的防御。通过首先解释防御和阻抗的潜意识方面，解释逐渐帮助患者的观察性自我掌握与被压抑的愿望相关的潜在焦虑，觉察较少被扭曲的愿望表达及潜意识超我（良心）的要求。

W. 赖希（1933/1945）在他的著作《性格分析》中对解释技术做出了重大贡献。赖希观察到，在解决患者的性格问题之前，分析师几乎无法通过对患者潜意识生活的其他方面的解释在分析方面取得进展。赖希对性格防御如何渗透到患者的分析治疗经验中的先见之明，成为当代自我精神分析技术的基础。但赖希对性格阻抗的解释并没有被纳入当代技术，而且其僵化和对抗性带来了新的问题。

J. 斯特雷奇（1934）利用克莱茵学派的投射和内摄概念，提出了**可变解释**的概念（一种促进变化的解释）。斯特雷奇的理论认为，通过引入分析师良性的"辅助超我"，分析中的患者可以自由地进行正常发展，进而减少患者超我的残暴程度，减少攻击性和由此产生的对病理防御的需求。斯特雷奇认为，这种内摄只有在强烈的移情情感体验中才会受到刺激——当患者能够看到自己的攻击性和分析师更温和的超我之间的差异时，内摄就会发生。斯特雷奇因断言"只有移情解释才是可变的"而被人们铭记；然而，他也认识到了促进分析过程的其他干预措施的重要性。

分析师解释什么、如何解释，以及何时解释，都会受到其自身理论取向的影响。然而，无论他们的理论取向如何，大多数分析师都认为，构造和做出解释在很大程度上是一个前意识过程。一些分析师主要强调共情在解释过程中的作用，但所有分析师在构造解释和评估患者在治疗中所有特定时刻整合信息的能力时，都努力要达到一定程度的共情调谐。

治疗作用理论所固有的三种广泛使用的解释有特定的名称：（1）**移情解释**，是分析师就患者与分析师关系的潜意识和被回避的方面进行的沟通。这种解释可能侧重于患者与分析师此时此地的关系，也可能侧重于内化的、冲突的、过去的关系在此时此地的重复。这些关系在患者脑海中的表现包括幻想和现实元素。少数分析师认为，只有移情解释是可以带来改变的或有治疗作用的（J. Strachey，1934；Gill，1982）。关于移情解释的时机也一直存在争议。弗洛伊德（1912a）建议，只有当移情已经成为一种阻抗时，人们才应该对其进行解释。E. 格罗弗（1955）认为，不应在移情治疗的初始阶段对其进行解释；"收集移情"在此阶段发生。相比之下，吉尔（1954，1982）强调了从治疗开始就分析移情表现的重要性。（2）**发生学解释**，将现在的愿望和恐惧与过去第一次与重要人物一起经历的愿望和担忧联系起来。它可能关注童年经验或幻想，这些经验或幻想被有意识地记住，或者在分析过程中被重构。（3）**动力学解释**，侧重于此时此地的冲突。

当代自我心理学家强调了解释所有心理因素对内心冲突的影响——这些冲突由多重潜意识幻想组织起来（尤其是在处于移情和阻抗中时）；他们还强调了进行开放式调查的必要性（S. Levy & Inderbitzin，1992）。克莱茵学派分析师专注于患者部分自体表征和部分客体表征的分裂体验。通过患者的联想和投射性认同，分析师觉察到这些部分自体表征和部分客体表征，并受到邀请或诱导，主观地去体验与这些部分自体意象、部分客体意象相关的情感。由于投射性认同在克莱茵学派理论中的核心地位，克莱茵学派分析师特别关注移情-反移情扮演。受比昂（1962a）影响的克莱茵学派分析师可能会选择解释（涵容、容忍）这些投射出来的主观体验，直到患者能够再次内摄（Schafer，1997）。自体心理学家解释了患者对自体客体移情的防御，以及患者对分析师不可避免的移情和自体客体失败的体验（Kohut，1984）。从自体心理学的角度来看，持续的共情沉浸，而不是孤立的共情时刻，使分析师能够理解患者并做出解释。

关系分析师可能认同自体心理学、人际关系、主体间或客体关系理论。关系的概念总体上要求人们必须考虑到内心和人际对所有关系（包括分析关系）的作用。因此，解释是在患者-分析师关系的背景下提供的。可以理解的是，在这种关系中，两个参与者的主体性塑造了分析师所解释的患者体验。患者也可能意识到分析师未觉察的经验方面，并对其发表评论。在分析师和患者就许多模糊经验进行协商的情况下，解释被排除在外。分析师必须足够灵活，将自己呈现为一个新客体，创造安全感，从而探索和解释旧客体在移情中的影响（Greenberg，1986）。

Intersubjectivity 主体间性

主体间性是从胡塞尔哲学中借用的一个概念，它是指：（1）两个或更多人的动态情绪和心理互动，其中每个人都有对自己、对彼此以及对他们之间的互动的主观体验。主体间性包括这样一种观点，即通过考察每个人的主观经验的作用来最好地理解这种动态互动；（2）理解、感受、参与和分享他人主观经验的能力。主体间视角并不是要取代内心视角，而是要将其置于发展和此时此地的情境中。临床情境是人类关系的主体间性的一个具体例子。主体间性的能力在许多方面与共情和心智化等相关概念有所不同；大多数情况下，主体间性是一个更广泛的概念，包含持续的人类互动，后者是更具体的共情和心智化能力的基础。共情通常被定义为一个人以自己的方式感受／思考他人经验的情感和认知过程。心智化通常被定义为理解他人心理状态（如信念、欲望、感受和记忆）方面的行为的能力，以及反思自己心理状态的能力。

精神分析中一直隐含着主体间性的概念——分析师和患者之所以能够相互理解，在很大程度上是因为他们都有一个心灵。近几十年来，主体间性的概念已经出现在许多关于心灵和治疗的精神分析前沿理论中。这是当代一些分析师从"单人"心理学转向"双人"心理学——也被称为"情境心理学"的基础（Orange，Atwood，& Stolorow，1997）。这种转变体现在几个思想流派中，包括主体间主义学派、互动学派、人际学派和关系学派，以及当代自体心理学的一些取向。这些不同的取向都有一个共同的目标，即破坏斯托罗洛和阿特伍德（1979）所说的"孤立心灵的神话"。这种转变也为当代所有精神分析理论中关于扮演和反移情的大部分话语提供了启发。扮演和反移情都涉及承认分析师在分析相遇中的有意识和潜意识的参与。数十位精神分析师为主体间性的研究做出了贡献，而阿隆（1991）、邓恩（1995）、S. 米切尔（2000）和D. N. 斯特恩（2005）出色地对这些贡献做出了回顾。

斯托罗洛和阿特伍德（1979）将主体间性这个术语引入精神分析话语。主体间的观点包括几个假设：（1）对主体间性、亲密感或主体间定向的渴望，是心灵中一种基本的、不可还原的力量，而主体间的迷失会引发焦虑；（2）许多重要的心理结构、能力和功能最好被理解为具有主体间性的基础，这包括动机、防御、共情、同一性、认同、超我、客体、自我反思意识和自体等；（3）主体间性有助于培养坠入爱河的能力、亲密感和归属感、成功的养育，以及有效参与团体活动的能力。关于主体间性的争论主要涉及：它是只局限于有意识的内容，还是也包括潜意识过程？它是有时是不对称的、单向的，还是一直是双向的？它是关于理解的还是关于感受的？它是言语的还是非言语的？

主体间性对理解和管理精神分析临床情境有许多启示。它包括以下观点：（1）从临床情境中产生的材料总是由分析师和患者的主体性之间的互动共同创造的；（2）分析者和患者都不能对"真正发生的事情"提出客观（"第三人称"）视角，因为在一次会话中发生的事情总是通过他们相互作用的主体性共同创造的；（3）患者的心理现实不是在会话中"被发现"的，而是从当前的关系矩阵中涌现的；（4）精神分析探索应侧重于理解**主体间场**，包括误解和修复过程以及"相遇时刻"，这些都是在精神分析情境的此时此地中展开的（Boston Change Process Study Group，2002）；（5）发展和改变的过程可以被理解为发生在"内隐关系知晓"的非言语**主体间矩阵**中（D. N. Stern et al.，1998；Fonagy，1999；Lyons Ruth，1999）。具有主体间视角的精神分析师可能会在临床情境中结合这些观点。

斯托罗洛和阿特伍德（1992b）强调，内心体验的发展和结构是在一个主体间背景下形成和产生意义的。他们从这个角度看待潜意识，并将其划分为三种：（1）动力性潜意识，由防御性压抑的冲突内容组成；（2）前反思潜意识，在早期主体间二元体背景下建立的内化结构，是主观经验的组织原则；（3）未确认的潜意识，由源于自体客体确认失败而根本无法表达的内容组成。分析师在分析情境的主体间性中的参与使患者能够调查、阐明、确认和重组他的潜意识经验。

关系主体间主义者J. 本杰明（1990）将主体间和内心描述为人类经验的两个领域，它们在动态张力的状态下共同存在。欣赏他者主体性的能力的发展总是受到"否定"他者以保持全能控制的愿望的挑战。在临床情境中，患者和分析师共同创建了一个不对称的主体间矩阵，这就是治疗过程发生的空间。奥格登（1994）阐述了"分析第三方"，这个术语现在被广泛用于描述主体间矩阵。奥格登还将第三方视为一种不对称的产物，无论是在分析师和患者的作用中，还是他们的体验中。他关注分析师将语言与他们的经验结合在一起的能力对患者的治疗价值。奥格登认为，在某些时候，分析第三方可能对患者和分析师是一个巨大的阻力；但如果分析师能够理解患者并有效地与患者沟通，那么分析第三方将为分析患者的内心体验提供最丰富、最关键的资料。雷尼克（1993）认为，分析师的认识论立场始终是"不可还原的主体性"。这挑战了中立性、节制和匿名这些传统技术的原则。雷尼克还认为，分析师的参与者-观察者角色不仅是不可避免的，而且是完全合适的——事实上，治疗作用需要它。雷尼克拒绝接受反移情和扮演的传统概念，理由是它们没有认识到分析师的主体性是治疗的结构，而非对治疗的偏离。

发展型精神分析师和心理学家已经观察到与主体间能力的发展密切相关的现象。他们提出了一种关于婴儿早期发展的观点，强调自体涌现于与他人的关系中。此外，他们已经认识到，以前的研究低估了婴儿的感知能力。此外，在7~9个月的时候，婴儿会觉察到，内心的主观体验（心灵的主题内容）是可以与他人分享的（Trevashen，1980；Bretherton，McNew，& Beeghly-Smith，1981；D. N. Stern，1985）。婴儿现在有了主观自体感，并意识到两个独立的心灵可以相互交流，分享和比较感知、情感、意图或愿望。此外，这种认识强调终身人际关系的重要性，同时挑战了健康发展的标志是分离、自主和独立这一假设。

埃姆德（1988；Emde et al.，1991）阐述了一种本质上是社会性的"情感自体"理论。他将社会参照描述为一种起源于婴儿期，但在所有年龄都可以使用的现象。在这种现象中，一个人在遇到不确定性的情况时会向重要他人寻求情绪信号，以解决不确定性并相应地调节行为。在埃姆德的发展图式或"我们"心理学中，具有关联性的自主性和"一起行动"的永久分化感的演变是正常自我和客体关系的基础。心理学的主体间性理论与当代发展观一致，认为发展是非线性的、互动的和关系的。

主体间性是一个与认知神经科学的相邻学科有交叉的术语。许多发展型精神分析学家希望镜像神经元能开启人们对主体间性能力的神经生物学理解。

Introject (Introjection) 内摄

见"Internalization 内化""Object 客体"。

Introvert 内向（内倾）

见"Jungian Psychology 荣格心理学"。

Inversion 颠倒

见"Homosexuality 同性恋"。

Isolation 隔离

隔离是指个体将事件、思想或部分心理体验相互分离以减轻其情绪影响的防御过程。与隔离有关的最常用的术语是**情感隔离**，即个体将观念、经验或记忆与相关的情感分离，从而削弱其情感力量。

弗洛伊德（1914c）首先将记忆的隔离（"消解思想的联结"）描述为强迫性神经症的特征。1926年，他将隔离在正常思维过程中的作用描述为通过减少无关细节和烦恼情绪的干扰来促进注意力集中（Freud，1926a）。A. 弗洛伊德（1936）将隔离纳入了她著名的十种防御机制，并最终创造了情感隔离这个术语。她将情感隔离与理智化联系在一起——在理智化中，材料的智力内容被重点关注，以抵御其情感意义。

　　情感隔离的使用范围包括与某些想法相关的情感的离散性隔离、某些感觉本身的离散性隔离、更普遍的整体情感隔离。情感隔离通常也会引发病理症状和性格特征，尤其是强迫症和偏执症的症状和特征。情感隔离也会引发意识状态的改变，例如去现实化——在这种状态下，一个人会感到超然或超现实。广泛使用情感隔离会导致完全没有情绪的体验（Fenichel，1941）。述情障碍是情感隔离的一种极端变异，表现为明显缺乏情绪，无法描述特定的情绪反应，或无法区分一种情绪状态与另一种情绪。述情障碍见于精神分裂症、心身障碍和成瘾症（Sifneos，1973）。

Jealousy 嫉妒

嫉妒是一组与对竞争者（尤其与对一个客体的爱有关）的实际优势或想象优势的体验有关的痛苦感受和想法。嫉妒常常伴随着一种怀疑，即自己爱的客体更偏爱其他人。嫉妒感的范围是从轻微到强烈，再到伴有偏执的**病理性嫉妒**（Freud，1911a，1922）。嫉妒与竞争通常存在区别——竞争是一种与另一个人争夺优势的感觉，通常在同胞之间会被感受到。嫉妒还与嫉羡不同——嫉羡是一种消极情绪，伴随着希望占有另一个人的某些属性，如阴茎或乳房、名誉或权力（Neubauer，1982）。

Jouissance 享乐

见"Jacques Lacan 雅克·拉康"。

Jungian Psychology 荣格心理学

荣格心理学或**分析心理学**由卡尔·古斯塔夫·荣格于20世纪早期提出，是一种关于发展以及心灵和精神分析治疗的功能的精神分析理论。

荣格心理学的特征在于，认为心灵是一个自体调节的动力心理系统，由可分离的具有情感色彩的情结组成，并通过意象和象征表现出来（Jung，1921/1957）。在离开弗洛伊德主义的圈子之后，荣格建立了他自己的学派。尽管他最初热衷于弗洛伊德主义理论（基于他承认自己的字词联想测验确证了弗洛伊德关于压抑的观点），但他们的观点发生了分歧（Jung，1906）。这在很大程度上是因为荣格拒绝接受弗洛伊德将性欲作为精神生活的主要动力的观点。

情结理论是荣格心理学的核心（Jung，1934）。它假定，情结是有意识和潜意识心理内容的动力学组织，它们由围绕一个共同的情绪主题聚集的意象、观念和模式来呈现。在这些情结中，自我情结最为重要，因为它能够将其他情结整合起来，且解释了记忆和思维等功能。情结本身会成为"群集"，也就是说，在环境、记忆或情绪的提示下，情结被组织和激活，从而促进行为和情感。荣格理论并没有提出驱力或防御的概念以阻止不可接受的冲动进入觉察。事实上，荣格理论强调潜意识总是在场的，它总是通过意象、梦、语言、隐喻、叙事和身体症状进行说明和交流。

荣格的理论认为，所有心理能量都是在意识和潜意识之间自由流动的力比多。意识和潜意识心灵本身处于一种动态的相互关系中，这种状态被称为"处于张力中"。荣格和弗洛伊德一样，用潜意识这个术语来指代心理内容，以及具有自身性格、规律和功能的心理系统。然而，荣格理论提出了潜意识的两个方面——个体潜意识和集体潜意识。个体潜意识是由独特的经验组成的，如个体的私人母亲。母亲的潜意识意象有一系列特定的属性（如养育或忽视），所有属性都对个人有特定的意义。这些关于母亲的经验存在于有意识的记忆、行为和潜意识的预期模式中。

集体潜意识由原型潜能组成。这些原型潜能是与本能有关的心理意义的先天遗传模式和结构，一旦被激活，就会在行为和情绪中显现出来。在个体潜意识和集体潜意识之间进行过于僵化的划分是错误的，因为原型作为一个框架性概念，需要借助普通经验以得到充分阐述。在阐述过程中，原型被组织成情结。例如，"王"是一个具有男性、领导和社会地位属性的原型，在每种文化中都有不同的形式。基于原型潜能和个体与父母及其他权威人物的个人经验之间的张力，国王原型荟萃成一个情结。这种作用可能被认为类似于弗洛伊德主义理论中俄狄浦斯情结——此概念具有一些先天组织的潜在结构，并在客体关系环境中的个人倾向和经验的背景下得到阐述。

自性化经验中那些被自我拒绝的方面被称为"阴影"，因为它们是不可接受的、低劣的、无用的或原始的。阴影的各个方面通常会通过投射给他人而得到解决；然而，它们并没有被压抑，总是努力通过心灵用来交流信息的所有手段来表达自己。荣格强调，每个人都有阴影；一切实质性的东西都会投下阴影；自我之于阴影，如同光线之于影子，正是阴影使我们成为人。荣格赞扬了弗洛伊德，因为他呼吁现代人类注意我们自身的阴影。由于阴影无法根除（这是一个不可抗拒的事实），最好的办法就是接受它。

荣格发展了人格类型学的概念模型，以证明和确定人们之间不同的心理功能模式。他使用对世界的基本态度和精神生活的某些性质或功能来描绘几种心理类型。一些人在内部世界中更加兴奋或充满活力，其他人则在外部世界中更加兴奋或充满活力——他们分别是内向者和外向者。荣格还确定了精神生活的四种功能：思维和情感（理性组合）、感觉和直觉（非理性组合）。这个概念图式提供了一个16型人格类型学，它是临床、教育和工业环境中常用的几种心理测试的基础。

发展的概念是荣格观点的核心，但他很少关注童年早期的发展。相反，他认为人生分为两个时期——前半生包括确立自己在世界上的地位，并做出职业、伴侣、价值观和兴趣的基本选择；后半生主要关注的是如何面对和适应死亡。生命的循序渐进是朝向个体化的，这是一个终身过程。在这一过程中，一个人变成了"心理上的'个体'"，是独立的不可分割物或"整体"。个体化①涉及一种持续的压力，它使意识能够利用潜藏在心理结构中的潜力，并通过调和或平衡对立来缓解内在紧张。在荣格看来，个体化是一个普遍的人类发展过程，其目标是形成一个顺利运作的、整合的个体，这个个体能够在完全融入世界的同时实现人格的全部潜能。

分析心理学的一个主要目的是在个体内部的心理要素之间发展一种深刻而灵活的对话。这种对话通过自我情结进行调节，但不受僵化的意识结构的支配。如此一来，潜意识内容就可以得到整合，这也是分析心理学努力的主要方向。分析心理学的另一个明确目的是帮助患者对自己本能的一面或阴影采取无偏见的态度，以便从中提取价值。荣格理论将梦视为来自潜意识的非常有价值的信息源；事实上，他认为梦是有目的的，是从潜意识到意识的直接交流（Jung，1963）。荣格还认为，梦有特定的意象，并且不会与之脱离太远。个人应该通过一个放大系统去深入挖掘特定意象自身的本质，以揭示需要带入意识的模式。通过梦，分析心理学能够不断地评论被分析者的潜意识过程和分析过程本身。从梦中获取的信息被视为对有意识思维过程的"补偿"，为个人的各种感受和态度提供更详细的视野。从这个角度来看，当个体认真对待来自潜意识的象征信息并容忍对立态度的张力时，新的心理能量就会出现，从而促进治愈和成长。荣格将分析师和被分析者共享的能量称为"超越功能"。

当心理能量因阻塞而无法在各种精神实体之间自由流动时，就会导致疾病。这可能是由于原型潜能的地位凌驾于自我情结之上，从而破坏了心

---

① 此处的个体化与荣格所说的"自性化"含义相似。——译者注

理系统内动态张力和流动性的理想状态。荣格学派的精神分析师试图通过寻找各种精神实体、情结、意象、叙事和意识层之间的张力点来找到疾病的根源和治愈的指示。荣格学派的学者使用还原法，但重要的是，他们也使用荣格所说的"合成法"。合成法具有目的论取向，并且假设疾病的性质（可以通过意象和症状表达出来）具有通往健康之路的线索。由于心灵是自体调节的，所以它将通过症状、梦的意象和移情动力学来指示通往治愈之路的本质。换言之，失调的性质会引导分析师面向治疗中必须解决的困难。

分析心理学受到了一些批评。这些批评包括：（1）一些荣格学派分析师跨越了临床心理学与形而上学领域间的界限；（2）荣格的思想被"新时代"运动所挪用；（3）荣格的一些理论几乎没有临床应用价值。历史上，弗洛伊德主义和荣格学派理论之间长期存在分歧，这也导致两个学派之间很少进行沟通。

Melanie Klein 梅兰妮·克莱茵

梅兰妮·克莱茵是精神分析历史上最重要的人物之一。她的观点对整个精神分析世界产生了巨大的影响。这种影响不仅体现在自称"克莱茵学派"的团体内，而且扩展到了更广的范围。通过对游戏技术的发展以及获得早期经验的途径，克莱茵从根本上扩展了精神分析，使其能够理解和治疗失调更严重的患者。她对成年患者的临床工作也为了解精神生活更原始和古老的方面提供了一个窗口。

克莱茵学派创立的传统很宽泛；克莱茵学派有几个核心的理论和技术概念，其理论发展包括：（1）丰富了对潜意识"幻想"的理解；（2）强调了内部客体世界的重要性；（3）将发展表述为爱与恨之间的持续互动，并且努力融合这些矛盾的感受；（4）描述了典型的早期焦虑情境；（5）发现了原始和古老的超我；（6）强调并深化了对早期攻击和施虐在精神生活中的重要性的理解；（7）识别出心灵的两种基本构造方式，即偏执−分裂位置和抑郁位置；（8）探索嫉羡的意义；（9）强调了生命驱力和死亡驱力概念的核心地位，并且在克莱茵学派的作品中赋予它们临床意义和理论意义；（10）强调了内化的好客体、安全来源和整合在发展中的关键作用。克莱茵学派的技术发展包括：（1）提供了理解移情的新方式；（2）关注交流的非言语方面和反移情现象。此外，克莱茵引入了投射性认同的概念，而对这一现象的探索一直是当代精神分析的核心焦点。克莱茵学派是客体关系理论最重要的代表之一，它的独特之处在于继续赋予驱力理论以重要地位。尽管克莱茵学派在技术方面有许多发展，但其取向仍然是"古典的"，即它将领悟和理解视为改变的基础，并强调分析师的中立性（Spillius et al.，2011）。

西格尔（1964）对克莱茵的工作做了大量阐述。他将克莱茵的理论发展分为三个宽泛的阶段：（1）初始阶段，克莱茵在此期间奠定了儿童分析的基础，出版了《儿童精神分析》一书（Klein，1932）；（2）第二阶段，形成了抑郁位置和躁狂防御机制，结束于1940年；（3）最后阶段，克莱茵发展了她关于早期原始心理机制的理论，发表了《对某些分裂机制的论述》（Klein，1946）和几篇收录于《嫉羡与感恩》（Klein，1975）一书的论文。克莱茵早期工作的重点是婴儿期的攻击、施虐和憎恨，以及它们的意义和后果；然而，从1935年开始，她的工作重点放到了好客体的重要性上，其核心追求是保护、修复和安全地建立好的内部客体。

对于克莱茵的所有工作以及她的理论追随来说，核心在于对潜意识幻想的详细描述，以及关注内在与外在、投射与内摄之间持续存在的辩证运动。弗洛伊德以各种方式使用潜意识幻想的概念，将其作为快乐原则、愿望满足和原始心理内容（存在于"原始幻想"中）的表达。对克莱茵来说，潜意识幻想是一种核心的原始活动，是冲动和防御的原始表达。在克莱茵的追随者和A.弗洛伊德领导下的"维也纳分析师"之间，进行过一场英国精神分析协会内部的"论战"。艾萨克斯（1948）关于潜意识幻想这一主题的著名论文是论战中的一部分。在这篇论文中，他明确了克莱茵关于潜意识幻想的观点中已经隐含的内容（King & Steiner，1991）。艾萨克斯将潜意识幻想描述为本能的直接心理表达，认为它是"潜意识心理过程的主要内容"，并占据了弗洛伊德赋予潜意识愿望的位置。根据这种观点，潜意识幻想始于出生，早于语言的发展，是心灵向自己呈现自己活动的方式（Wollheim，1984）。最早的潜意识幻想来自具体的身体体验，由身体感觉组成，通常被解释为与引起这些感觉的客体的关系（例如，饥饿被视为坏客体，会从内部迫害婴儿；满足被视为与好客体的幸福结合）。投射和内摄也被体验为身体上的潜意识幻想（例如，投射可能会被体验为呕吐；内摄可能会被体验为吞咽）。克莱茵指出，潜意识幻想具有真正的效果（例如，一个患者说"我感到空虚"，可能是在表达他对自己感受的真实观察。由于投射的原因，他真的掏空了自己的心灵）。斯皮利厄斯（2001）区分了渗透在克莱茵学派思想中的三种潜意识幻想：身体的潜意识幻想、存在于内部世界中的客体的潜意识幻想（例如一对幻想中的原始夫妇，他们彼此之间有关系，也分别与自己有关系）和作为防御的潜意识幻想。这三种寄存器都具有技术和理论意义，因为在与患者交流时（例如，他内摄了一个坏客体），分析师与患者谈论的可能不是心理机制，而是一种体验（例如，感受到他心中有非常坏的东西）。

克莱茵理论的一个核心特征是区分了两个根本不同的心理组织，她称之为"偏执–分裂"位置和"抑郁"位置。克莱茵用位置这个术语强调自己所描述的并不是一个发展中可以经过的阶段，而是一个由客体关系、焦虑和防御的特征模式构成的持续存在的心理结构；位置的概念也强调了这些构型是"生存于世"的方式，永远不会被完全取代。

克莱茵（1929，1930）描述了分裂和投射的心理过程，这构成了她早期作品中的偏执–分裂位置——直到1946年发表了开创性论文《对某些分裂机制的论述》，她才充分阐明了这一概念。在这篇论文中，克莱茵根据她自己的作品和费尔贝恩的作品，对她现在所说的偏执–分裂位置（此前被称为偏执位置）的过程特征进行概念化和阐述。从生命的最初阶段起，婴儿就面临着由生命驱力与死亡驱力引发的基本焦虑。这些焦虑发展为对客体的爱和恨之间的终生斗争。在克莱茵看来，婴儿经历了一种内在的被迫害状态，这导致他投射出被认为是"坏客体"的东西。这一过程虽然对生存至关重要，却创造了一个偏执的世界，因为婴儿此刻感觉到作为投射目标的外部客体的威胁。事实上，对克莱茵来说，心灵是在投射和内摄之间无休止的相互作用下发展的，因此，外部迫害性客体在回应焦虑中不断地被重新投射。这种焦虑的根源既有内在的——源于死亡本能的运作，也有经验的——源于挫折。不可避免的剥夺和相关的挫折刺激了婴儿的施虐性，引发其对母亲／乳房（被体验为挫折的来源）的无情攻击。反过来，这些攻击造成了一个被认为具有报复性的客体。例如，被口腔施虐攻击的"乳房"变成一个会通过吞下婴儿、将婴儿撕成碎片进行报复的乳房。偏执-分裂世界的特点是缺乏悔恨和罪疚的感受；在这里，自体的生存是最重要的。这与以罪疚和悔恨为中心的抑郁位置形成了对比。

偏执-分裂位置的特征在于，存在特定的焦虑和使用特定的防御。分裂是为了保护好的、快乐的经验，避免坏的、迫害性的经验。一方面，婴儿有这样一种关于母亲的经验——她在场，能满足婴儿的物质和情感需求；婴儿与她有着理想化的关系。另一方面，婴儿有这样一种关于母亲的经验——她不在身边，令人沮丧；婴儿与她有着被迫害-迫害的关系。婴儿无法应对这种程度的复杂性，而只能将这些矛盾的经验区分开来进行保留。创造一个理想化的客体对发展至关重要，因为它有助于保护自体免受坏客体的迫害。对于克莱茵（遵循费尔贝恩的工作）来说，如果没有自体的分裂，客体就无法分裂。偏执-分裂位置也以否认的使用为特征，因为从自体或客体中分裂出来的东西实际上会被否认其存在，甚至被"湮灭"。在1946年的论文中，克莱茵首次使用投射性认同这个术语，将其定义为一个自体将不想要的分裂部分强行并入客体（以便从内部控制客体）

的过程。借助这个新概念，克莱茵强调了其描述中已经隐含的东西——投射的目标客体认同了被投射的自体部分。

克莱茵描述了一些能够表达偏执-分裂位置的临床现象。例如，对自体好的部分的投射可能会引发一种对客体的强迫性黏附，而该客体已经被认同为对生命至关重要的。投射不良的迫害方面可能会引发恐怖和逃跑。后来，克莱茵学派的分析师确证了另一个特征（这尤其存在于边缘状态），即个体在逃跑和强迫性黏附之间振荡——因为投射的模式交替出现。

生命早期阶段的主要发展任务在于建立一个稳定、内化的好客体（尽管是理想化的）。这个好客体可以作为安全的来源，从而减少投射的需要，并促进"全好"和"全坏"的经验的整合。尽管在生命的最初阶段，经验的整合能力有限，但到第一年的中期，持续的、小的数量变化会达到一个临界点，并发生质的转变，从而达到新的整合水平。整合经验的发展是一项重大的发展成就，克莱茵（1930，1935，1940）称之为"抑郁"位置。

抑郁位置描述了客体关系、防御和新焦虑的群集。它伴随着一种由许多组分构成的急性而剧烈的精神痛苦。觉察与客体的分离首先带来了痛苦和一种对爱的客体缺席的思念。客体此刻被理解为不受主体的控制，有自己的生活（包括与其他客体的关系）。新的觉察引入了俄狄浦斯情结所必需的三角关系。承认好客体和坏客体是一体的，在这个时刻很容易受到婴儿的攻击，也会引起对客体状态的严重焦虑。现在，婴儿不再担心自己的安全（就像偏执-分裂位置一样），而是担心客体的安全，因为婴儿自己的施虐和攻击行为可能会摧毁客体。这种新的恐惧被体验为抑郁性焦虑或罪疚。

对于心理健康而言，管理这些痛苦和焦虑的新形式的能力具有持久的影响。如果一切顺利，有足够的外部和内部支持，婴儿就能够承受痛苦和罪疚带来的哀悼过程。自我在变得更强时，就会释放出修复性的冲动，其目的是恢复内部客体和外部客体（Klein，1929）。"修复"需要时间和耐心，因而从本质上来说，它永远不会完成。这个时期总是存在两种危险：退行到偏执-分裂功能模式的危险，以及试图通过躁狂机制（"躁狂修复"）来处理这种情境的危险。躁狂修复是一种神奇的解决方案，即人们想象客体完全并立即恢复了原状。抑郁位置的获得和掌控取决于多种环境因素，例如一位能够提供安全和支持的普通慈母的经验，以及先天和体质因素（包括承受挫折的能力）。

对克莱茵来说，抑郁位置的确立给精神生活带来了一些根本性的改变。这些改变主要涉及：（1）管理分离的能力；（2）罪疚和关心的能力；（3）象征形成的能力；（4）承认内在世界有别于外在世界，但其自身的现实具有价值，从而为自由使用想象力提供重要基础；（5）自体在时间和历史中的实体化；（6）扩大与世界的交会的能力；（7）创造性工作的能力。

未能建立一个合理稳定的抑郁位置有几个病理后果。例如，以分裂和投射为特征的抑郁性疾病反映了精神分裂的心灵状态，其通常源于缺乏抑郁位置功能模式的能力。躁狂症可能反映了躁狂防御。过度退行到偏执-分裂位置也可能引发严重的性格病理问题。

除了描述偏执-分裂位置和抑郁位置之外，克莱茵（1928，1932，1945，1975）还在研究嫉羡及其在精神生活中的作用方面做出了重要贡献。克莱茵将嫉羡描述为当儿童觉察到他人拥有他想要／需要的东西时的感受。嫉羡的感觉是复杂的，包括强烈的愤怒感受，以及破坏客体、"搞砸它"、夺走其内容的愿望。挫折感会刺激嫉羡的感受；然而，儿童也仅仅是因为客体是"好的"这一事实而受到刺激。事实上，克莱茵引用诗人乔叟的话，指出嫉羡是最致命的罪过，因为它针对的是善本身。对克莱茵来说，嫉羡指向生命所依赖的客体；这是死亡驱力的先天表现。在她成熟的作品中，克莱茵（1975）将感恩和慷慨的能力视为嫉羡的对立面，并认为它们源自生命本能。

克莱茵将嫉羡描述为一种深刻的恐惧的来源，因为被嫉妒的客体会变得敌对和挑衅。嫉羡也是罪疚最深的来源之一，与抑郁位置上对客体造成的伤害有关。最后，虽然嫉羡不同于基于三角情境的嫉妒（主体感觉被排斥在外），但它会让嫉妒的感受难以被忍受。嫉羡有许多严重的后果，包括：干扰发展所必需的正常分裂（好客体被令人嫉羡地宠坏了，因此与坏客体难以区分）；干扰内摄，引发学习失败；对报复的偏执性恐惧；对俄狄浦斯发展的干预（因为嫉妒充斥于嫉羡之中）。

克莱茵的嫉羡概念建立在弗洛伊德（1937a）关于一种与死亡驱力相关的阻抗的特殊形式的描述之上。这一概念是由亚伯拉罕（1919）提出的，他描述了那些因为嫉妒分析师的工作而在分析中没有进展的患者。霍妮（1936）和里维埃（1936）都认为，消极治疗反应可能与对分析师的嫉羡有关——患者希望破坏分析师的工作。从理论和临床角度出发，克莱茵学派的传统分析师对嫉羡概念做出了大规模的发展。斯皮利厄斯（1993）强调这一经验的痛苦，阐明了它可能采取的不同形式（另见Spillius et al., 2011）。罗森菲尔德（1971a）将嫉羡与自恋客体关系联系起来，描述了一种僵化的内在自恋组织，其作用是不断破坏、嫉妒、攻击好客体，进而阻止客体进步。对客体的贬低既是嫉羡的表现，也是对嫉羡的防御。

第二代克莱茵学派精神分析师中的代表人物有西格尔、罗森菲尔德和B. 约瑟夫等（比昂的工作已在单独的词条中进行阐述）。西格尔的工作分为三个有所重叠的领域：象征理论、美学作品，以及对社会政治过程的精神分析理解的作用（Segal，1981，2001；Bell，1997，1999）。西格尔也

是克莱茵作品的主要阐释者，她的介绍性文章（Segal，1964）是该领域的
经典。

西格尔的工作对象是精神分裂症患者和在创作中挣扎的艺术家，这使
她对象征主义的本质、象征形成的功能和功能障碍产生了兴趣。西格尔研
究了象征、被象征物和象征物之间的三方关系。她证明，精神病患者确实
会形成象征，但这些象征与被象征物是等同的，由此形成了西格尔所说的
"象征等式"。象征等式是精神病性障碍的具体思维特征的基础。正如其
著名的小提琴手的病例所示——小提琴手将演奏小提琴体验为一种手淫动
作。在后来的工作中，西格尔（1957，1979b，1991）探索了投射性认同
和象征形成之间的关系。

西格尔（1952，1974）的美学论文对美学理论和对创造力的理解做出
了重大贡献。基于克莱茵的抑郁位置理论，西格尔将哀悼的能力视为创作
过程的核心。创造性工作是一种修复性活动，其核心是承受与被损害的内
部客体相关的痛苦的能力，它是艺术家的激活或动机力量。对创造性作品
的回应源自观众对艺术家潜意识内心挣扎的共情。

最后，西格尔将精神分析思想应用于社会政治问题，这在第二代克莱
茵学派精神分析师中是独一无二的。她是反对核武器的精神分析运动的共
同发起人，并为此发表了一篇经典论文（Segal，1987）。西格尔（1997）
关于"冷战"结束后的"必胜主义"危险的警告具有很大影响。2007年，
西格尔出版了她的最后一本书：《昨天、今天和明天》。

罗森菲尔德早期对精神分裂症患者的研究使他对理解精神病患者自我
的破碎以及他所说的"混乱状态"做出了重要贡献（1947，1950，1952，
1954）。罗森菲尔德（1971b）还扩展了投射性认同的概念，区分了沟通
型投射性认同和疏散型投射性认同背后的不同动机。在前一种类型中，患
者的目的是让分析师意识到自己心灵的紊乱；在后一种类型中，患者试图

否认自己所投射的一切。

罗森菲尔德（1971a，1971b）对理解自恋也做出了重要贡献。他阐明自恋患者如何将自己与理想化的客体联系在一起，吸收所有好的品质，投射出自己所有不想要的方面。他还描述了一些极具破坏性的患者如何将他们内心世界中的破坏元素理想化，贬低更具爱心或"力比多"的方面。罗森菲尔德描述了这些患者如何频繁提及帮派或类似黑手党的组织。这一观察使人们认识到，患者的破坏性元素具有病理性的内部组织或结构，罗森菲尔德将其比作"内部黑手党"。如果患者仍然忠于"内部黑手党"，那么这个"黑手党"反过来又会为患者提供保护。"内部黑手党"还充当一种内部宣传机器的角色，宣扬憎恨、破坏性和全能的优越性，同时蔑视普通人的依赖性、脆弱性和爱。在罗森菲尔德看来，嫉羡是这种病理性内部组织和某些消极治疗反应的根源。

在其工作的最后阶段，罗森菲尔德重点关注与困难分析相关的问题，尤其是那些家境贫寒的患者的问题。在这一阶段，他重点关注分析师无意中的错误可能引发患者再创伤的微妙方式。许多克莱茵学派分析师对他的这项工作有异议。他们认为，这项工作过于注重外部因素（早期环境和分析师），而牺牲了对患者心理因素的理解。罗森菲尔德（1987）的最后一本书是《僵局与解释》，其汇集了他在投射性认同、破坏性自恋、精神病移情和治疗中的僵局等方面的主要贡献。

B. 约瑟夫一直是克莱茵学派团体中精神分析技术领域的主要创新者（Hargreaves & Varchevker，2004）。她在这方面的工作与她对心理变化的理解密切相关。约瑟夫（1975）的论文《难以触及的患者》囊括了她的一些核心主题。在这篇论文中，约瑟夫描述了一些没有明显受到严重困扰、在精神分析方面表现良好但没有进步的患者。她证明，这一失败反映出患者和分析师与患者的防御组织之间的微妙勾结。在此时此地的精神分析相遇中，约瑟夫广泛运用反移情探索。在这种探索中，她扩展了投射性认同的概念，研究它在临床情境中的表达方式。

在后来的工作中，约瑟夫探索了她所谓的"心理平衡"的概念。当心理平衡被破坏时，患者会寻求分析。当患者寻求改变时，他也寻求通过分析来恢复先前的平衡（B. Joseph，1989）。许多患者通过使自己看起来好像发生了变化来保持平衡，而他们实际上并没有发生变化。例如，约瑟夫（2000）所描述的"怡人的患者"。区分患者真实变化和表面变化是约瑟夫工作的一个标志性特点。

Jacques Lacan 雅克·拉康

雅克·拉康提出了一种独立的精神分析理论和技术，认为人类的境况是一种个体异化和陌生化的状态，与永远无法满足的"大他者"的欲望体验和对"大他者"的体验联系在一起。拉康提倡"回到弗洛伊德"，即优先关注其心理理论中的潜意识，以及聚焦于弗洛伊德对语言的特殊兴趣。事实上，拉康提供了对弗洛伊德主义理论的重新解释，拒绝接受作为综合者和整合者的"自我"的概念，也否认了驱力是心理体验的动力。与弗洛伊德主义元心理学所支持的精神生活的生物学基础不同，拉康认为，潜意识的结构像一种语言。这是一个与各种解释相关的前提，但它始终与拉康使用语言概念和术语来解释潜意识的工作联系在一起。这些语言概念包括隐喻和换喻的结构性描述符（本质上相当于弗洛伊德对凝缩和移置的原发过程机制的描述）以及能指的结构性描述符（本质上相当于弗洛伊德对象征化的原发过程机制的描述）。同样，拉康的欲望动机概念也根植于哲学，尤其是黑格尔和海德格尔的存在主义哲学，它与弗洛伊德主义的驱力动机概念不同，后者根植于经验实证主义的元心理学。在拉康那里，人类心理的组织叙事是俄狄浦斯式的构型，它不可避免地残留了对母亲的欲望。这种欲望无法逃脱，但它的满足被父亲的规则所扼杀。因此，人类境况的异化和去中心化与弗洛伊德关于人有能力在爱和工作中获得升华或妥协的满足的主张相对立（Felman，1987；Lacan，1966/2006）。

拉康的理论大量借鉴了哲学、数学、语言学、美学，以及他与精神病患者的工作经验。拉康理论的阐述因其写作风格的传奇性而变得复杂。这种风格与潜意识思维的联想性相似，充满了文字游戏、双关语、不自然的语言、新造词、歧义和矛盾。在其整个职业生涯中，拉康也修改他的理论，但并没有试图将其系统化，因而留下了许多模棱两可和矛盾的表述。对许多读者来说，拉康的书面话语近乎无法理解。然而，他的理论在许多学术领域都得到了广泛的应用。拉康精神分析遗产的持久效用可能在法国（他的祖国）最为明显，而在北美临床精神分析领域最不明显。在国际精神分析学界中，拉康的理论思想和临床技术的激进性质引发了争议。鉴于这些原因，对拉康理论进行一个简洁明了的总结是一个巨大的挑战。事实上，正如拉康将自我的综合和整合功能视为对潜意识意义的扭曲一样，他认为，将清晰性强加于他的思想就是扭曲其意图。

拉康接受了他所说的弗洛伊德最后的遗嘱——Wo Es war, soll Ich werden。这通常被翻译为"本我在哪里，自我就在哪里"（Freud，1933a）。代表拉康散文中高度浓缩的模糊性的是他经常被引用的重译："它曾在之处……即我有义务必将存在之处。"（Lacan，1966/2006）从拉康的观点来看，"我"不是自我，而是"主体"；"它"是潜意识，"曾在"和"必将存在之处"之间的路径是通过满足合乎伦理的要求，以及忠实于自己的（潜意识）欲望来建立的。分析师的职能和精神分析的目标在于，将患者与他的欲望和潜意识的语言联系起来。潜意识是通过语言和社会结构的结构化的影响而形成的，精神分析也是如此——它是一个对话和主体间的过程。通过与分析师的对话过程，患者的潜意识可以被揭示给他。拉康关注的是潜意识、语言和言语之间的关系，他的兴趣集中在临床情境上。

　　拉康的心理理论以在发展中获得的三种经验模式或思维系统为特征，拉康将它们视为"寄存器"——包括想象界、象征界和实在界。只有在解决俄狄浦斯情结之时，它们才作为不同的寄存器出现。想象界主要由意象或前言语经验组成。拉康认为，这些经验受到自恋追求和不可避免的失望的支配。象征界不仅限于语言，还包括所有符号系统（包括宗教和艺术领域）。实在界是创伤、精神病和死亡的舞台，有时也被描述为外部世界。拉康关于人类发展的理论总是涉及回溯性的因素。回溯过去时，我们所看到的是已经实现的分化水平，这并不意味着在最初的时间向前运动中也存在同样的清晰性。

　　自我出现在拉康所说"镜子阶段"，即在6～18个月大时，儿童能够识别镜子中的影像，并对自己控制动作的能力表现出狂喜。他反射的意象表现出连贯性和统一性（这是该年龄段的儿童所缺失的），因此，儿童自恋地认同这幅有控制能力的镜像。儿童将这个镜像当作一种防御性的幻觉（主要充当一种保护性的统一幻觉），以防范破碎的威胁和连贯性的丧失。当这种威胁被感受到时，自我会以想象或有意的"大他者"破碎的形式进行攻击性的报复。出于这些原因，拉康将自我称为人类最卓越的症状和全人类的精神疾病。镜子阶段产生了人类经验的两个前象征寄存器——像破碎身体的混乱状况一样的实在界、镜子中的"镜像"一样的想象界。镜映反映了相同的幻觉，而差异是象征界寄存器的一个功能——通过经验的这个方面，意指以不同于表征或相似性的方式被引入。

　　正是拉康对遵循镜子阶段的俄狄浦斯情结的演化的描述促生了其他重要观点，如阳具的作用、"缺失"的知觉和阐述，以及"大他者"的功能。拉康围绕着阳具这个概念支点，阐述了他的中心假设，即"缺失"驱动被称为俄狄浦斯情结的结构，同时引发像语言一样的潜意识结构的发展。俄狄浦斯情结的三个阶段（挫折、剥夺和阉割）都会在婴儿身上唤起缺失的体验。从一开始，儿童就沉浸在符号的世界中（最初是一种错综复杂的知觉，最终会包含交流性语言），这是拉康所谓的象征秩序的基础。在挫折的阶段，拉康描述了母亲的来来往往（尤其是在乳房喂食时）如何造成断断续续的现象。在其中，儿童首先会遇到有需要但乳房缺位的时候。由于想象界是相似性及与意象认同的寄存器，其不仅是乳房缺失体验的开始，而且是想象界完整性的中断。在场／缺位的变化现象也是象征秩序的开始。总之，俄狄浦斯情结的第一个阶段——挫折，是儿童缺失一个真实的客体（乳房），其施动者是被寄存在想象界领域的象征界（象征母亲）。

在俄狄浦斯情结的第二个阶段（剥夺），儿童觉察到母亲自身并不是完整的，她缺少一些东西，拉康将其描述为"大他者"的欲望。拉康将这种缺失称为"欲望"，因为这是缺失自己想要的东西的体验。根据拉康的说法，母性（大他者）这一术语表示母亲和每一个他者都有着最初的关系，并且维持着潜意识的联系。因为母亲花时间与他人互动，所以儿童意识到自己并没有完全占据和满足她。母亲的缺失发生在实在的秩序中。儿童想象出一个竞争对手，即想象的父亲，他是／拥有可以填补母亲的东西。拉康将完全填补母亲缺失的东西称为阳具，它被（至少是回溯性地）概念化为一个象征客体，与母亲的欲望有半象征的关系。总之，俄狄浦斯情结的第二个阶段（剥夺）涉及一个施动者，即想象的父亲，他拥有能使母亲完整的东西。这个阶段的客体（阳具）不是一个真正的客体，而是一个象征客体，因为它代表母亲的欲望，是母亲的真正缺失。

在俄狄浦斯情结的第三个阶段（阉割），儿童面对的是真正的父亲。他向儿童表明，他（父亲）拥有母亲所缺失的东西。儿童意识到自己无法与之竞争，因为他被剥夺了阳具（在这里被理解为一个想象的客体）。在这一点上，儿童从体验到大他者的缺失转变为接受自己因没有阳具而不能满足母亲的欲望。儿童对这种状态的理解也促进其完全进入象征秩序。在这个阶段，儿童缺失经验的施动者是实在的父亲——他作为象征秩序法则的代表，禁止乱伦并建立象征秩序。通过这种方式，儿童在象征的基础上（象征是命名和区分的王国）与父亲进行部分认同。因此，母亲的欲望陷入了压抑，而"父之名"凌驾于压抑画的杠之上。对拉康来说，至关重要的是，这里有一种"命名之父"，其对象征秩序的发展和潜意识的创造都是必要的。根据拉康的说法，母亲欲望的奥秘是永远无法逃避的，它存在于潜意识的根基中，而潜意识将我们创造为有欲望的人。实际上，潜意识起源于母性（大他者），并由父亲所构建（Leavy，1977）。以这种方式追踪俄狄浦斯情结的各个阶段，也有助于了解拉康的大他者这个术语的复杂而模糊的用法——它是一个涵盖母亲、潜意识、管理权威、"代码"和精神病状态断层线的总体框架。

拉康关于"潜意识像语言一样是结构化的"的断言是基于一个环环相扣的前提，即潜意识是以附带获得象征秩序为条件的，它是"组织社会秩序规则的矩阵，而不是一个动态的个人系统"（Leavy，1977）。以此为基础，拉康借鉴了结构语言学家罗曼·雅各布森和索绪尔的工作，借用他们的词语描述了通过语言推理所揭示的"非特定语言"（取决于隐喻和换喻过程）。潜意识通过与大他者的关系（主体间过程）被创造和揭示，并在分析关系中被重新概括。在分析关系里，患者的潜意识再次被他者（分析师）通过语言和言语的功能揭示出来。拉康断言，个体相对于大他者欲望的位置的潜意识幻想决定了这些症状（癔症、强迫症或倒错）的性质，而这些症状是对"大他者想要我做什么？"这个问题的回应。在癔症中，个体试图成为大他者的阳具，满足大他者的欲望，而无法满足自己的欲望。在强迫性神经症中，重点是在享受自己的欲望之前等待大他者死亡，同时通过被动攻击来拒绝满足大他者的欲望。在倒错中，个体通过将自己置身于一个自己喜欢的幻想中来享用大他者，就像置身于大他者的位置一样。因此，根据拉康的观点，潜意识起源于大他者，欲望的体验也是如此。

拉康的"大他者作为统治权威"的含义与父亲作为"第三方"的功能相同，即言语和关系的调节者。总的来说，拉康将第三方用于二元体的语境化，将其置于语言和文化的符号化网络中（Muller，2007）。二元关系有可能成为自恋泡沫，迷失在想象界寄存器中，受制于强烈的退行压力。如此一来，拉康也提到了分析师的作用。分析师应当既能服务于观察自我对自我的爱／恨移情关系和相互投射，又能对这些来自第三方位置的投射保持看法。

由于大他者是"主体间性的基础"（Lacan，1956b），它也包含了精神病状态的断层线。在拉康看来，大他者是一种约束或边界，与顺从缺失或不完整状态联系在一起。拉康对父亲的描述是，其角色是禁止"儿童成为母亲或其阳具的欲望"（Oliner，1998），从而扩大差距或缺失。然而，由于边界的崩溃、差距的缩小以及否认或"父之名的止赎"（Oliner，1998），精神病患者身上存在一种未分化的混乱状态。拉康将其描述为"不被画杠的大他者"。它不再受约束，而是通过展示（而非言说）来运作。对大他者的约束的缺失会引发主体的恐怖状态。因此，根据拉康的说法，分析师必须警惕精神病性移情的发展。在这种移情中，患者开始将分析师体验为"不被画杠的"，即全知、全能和武断的，并且是致力于"享用"患者的——用拉康的话来说就是，使患者成为分析师"享乐"（在拉康理论中，这个术语具有重要的意义）的客体。

享乐（jouissance）一词来自中世纪法语，不易被翻译成英文。它与疯狂地"离开"某物的概念有关。享受（enjoyment）这个术语在当代的用法中没什么影响力，尽管其与喜悦（joyance）这个更为古老的词同义。快乐（pleasure）不是一个合适的术语，因为享乐是无约束的，而快乐是有约束的，两者是对立的。高潮（orgasm）是一个与享乐关系更为密切的术语，但它太具体了。因此，享乐这个术语通常不会被翻译，其指代对超越快乐的快乐的越界追求、对快乐的损害，甚至死亡和所有快乐的可能性的结束。享乐沿着一条宽广的弧线运行——从肉体的活力，到狂喜的宗教体验中的神秘结合，再到与不被画杠的大他者融合的精神恐惧。也许人类欲望结构最重要的一个影响（可以说是分析的主要目标）在于，欲望对享乐的动力起约束作用。同样，焦虑的主要功能是提供一个信号，表明欲望的框架正在瓦解，欲望正在折叠成享乐，从而产生致命的风险。

虽然拉康和他的理论引发了相当大的争议，但一些主流分析师承认了他的贡献。他们的赞赏通常集中在以下方面：（1）拉康坚持分析师作为患者潜意识的解释者，而非作为共情或关系需求的自主体；（2）他对自我心理学的挑战；（3）他对潜意识是治疗作用的卓越精神分析支点的确认。

Lack 缺失

见"Jacques Lacan 雅克·拉康"。

Latency 潜伏期

潜伏期是一个发生于5～12岁的童年发展阶段。潜伏期最初用于描述以性驱力强度降低为特征（与之前的俄狄浦斯期和随后的青春期相比）的生物学阶段。当代精神分析师和发展心理学家使用这一术语来描述比驱力抑制或控制更广泛的发展行为。在潜伏期中，防御和驱力之间建立了更好的平衡；大脑的发育和发展，在神经精神、认知、社会文化和内心领域引起了各种其他变化。潜伏期的儿童经历了掌控心理和身体的操作能力的提升，可以在家庭系统之外的社会共同体中确立自己的身份并发展自己升华活动的能力。这些都有助于提高自尊感（Schecter & Combrinck-Graham，1980）。来自各学科的资料表明，6～8岁是不连续发展的参照点，这在历史和当下的许多不同社会中都有记载并得到了认可（T. Shapiro，1976）。最值得注意的是，这是儿童正规教育的开始时期。

弗洛伊德（1905b）从他的同事和导师弗利斯那里借用了潜伏期这个术语，并首先用它来指代从童年早期到青春期之间的一段时期。这个时期，性驱力或力比多明显减弱。他将这段性静止期与潜伏期前后更活跃的性欲期（俄狄浦斯期和青春期）区分开来。弗洛伊德断言，潜伏期是由先天、发生和发展的因素（Freud，1905b，1923a，1924b）以及环境、教育和文化的作用（Freud，1911b，1915/1916）启动的。弗洛伊德有时将性驱力的减少归因于驱力活动的实际生物性减少（Freud，1926a），有时将其归因于潜伏期是俄狄浦斯冲突的防御性解决方案这一事实（Freud，1921）。为了解决俄狄浦斯情结，儿童对被禁止的婴儿期性愿望建立防御（例如反向形成、压抑、羞耻和道德），并将驱力能量升华为非性活动（Freud，1924b，1926a）。

B. 伯恩斯坦（1951）将潜伏期分为早期阶段（5.5～8岁）和后期阶段（8～10岁）。她认为，在潜伏期早期，儿童在与仍然活跃的乱伦愿望、手淫的诱惑以及更加严厉的超我的要求做斗争时，会经历更多的内心混乱。这也是前俄狄浦斯冲动的退行，这种冲动的危险性比生殖器冲动要小。在潜伏期晚期，性冲动得到更好的防御，而超我的要求则没有那么严厉了。

A. 弗洛伊德（1965）将潜伏期描述为一个基于生物学的驱力压力降低的时期。在此期间，力比多从父母转移到同龄人、老师、理想和升华的兴趣上。她注意到，随着儿童从几乎完全与家庭有关的生活走向更大的社会世界，其旨在诋毁父母的潜意识幻想（如家庭罗曼史）变得如日中天。A. 弗洛伊德（1963）还注意到潜伏期儿童从游戏到工作的进展，以及从快乐原则主导到现实原则主导的过渡。以类似的方式，埃里克森（1950）将潜伏期的核心发展任务描述为解决"勤奋对自卑"的冲突。埃里克森认为，成功解决这场危机会带来作为重要的自我能力的胜任感和掌控感。

皮亚杰（1932，1954）描述了7~8岁儿童认知的发展——从前运算逻辑发展到具体运算和道德发展阶段。同样，科尔伯格（1963）讨论了儿童道德判断的逐步发展。萨尔诺夫（1976）从狭隘的角度看待潜伏期，认为它不是由生物决定的，而是受到环境的巨大影响。对此，他引证道：在鼓励性欲的社会或家庭中不存在潜伏期。他强调，潜伏期儿童能够利用象征性思维和幻想来释放驱力冲动，减少冲突，因此不太可能将冲动行动化；此外，儿童通过压抑、移置和幻想的形成来实现对俄狄浦斯或前俄狄浦斯冲动的突破。其他作者（R. Friedman & Downey，2002b）注意到了潜伏期中的性别差异，包括一种只有潜伏期年龄段女孩才能观察到的普遍游戏（Goldings，1974）。人际理论家并没有使用潜伏期这个术语，因为它隐含着对心理性欲的强调。他们将青少年期称为人际发展的重要时期，以及从幻想转向逻辑思维的时期。沙利文（1953a）认为，青少年逐渐超越与同龄人的合作，形成"密友"，即同性别友谊。在这种友谊中，儿童发展出真正的共情联结和人际存在的感觉。密友是青春期成熟之爱（整合性与亲密）的能力的基础。

Lesbianism 女同性恋关系

见"Homosexuality 同性恋"。

Libidinization 力比多化

见"Erotization 爱欲化"。

Libido 力比多

力比多源于拉丁语中的"愿望"或"欲望",是弗洛伊德对性欲望或性欲的通称,也是他用来描述性驱力的心理能量的更具体的术语,其与驱力的概念内容不同。弗洛伊德关于力比多的起源、转变和影响的主张统称为**力比多理论**。力比多将这一观点指定为贯穿一生的性兴趣和性刺激,认为这不仅是直接性欲望的因果因素,也是情感和社会纽带的因果因素;更普遍地说,力比多是所有思想或活动中心理兴趣的因果因素。

弗洛伊德的力比多理论是他关于驱力和能量的概念化的核心,因而也是其动机理论的核心,是精神分析理论的早期基石。力比多理论关注性欲和潜意识冲突的影响,这是弗洛伊德所有心灵模型的核心。许多分析师认为,弗洛伊德将性概念扩展至超越生殖功能,这一革命性的扩展是他对理解人类心理所做的主要贡献之一。他的力比多和婴儿性欲概念从根本上扩大了性欲作为动力的作用,其通常以伪装或衍生的形式表现在症状、行为、性格和幻想中。许多当代分析师认为,尽管他们已经放弃了弗洛伊德驱力理论和能量命题的某些方面,但对于在临床和理论上理解人类动机和心理功能而言,力比多的概念至关重要。另一些分析师反对弗洛伊德强调力比多驱力的享乐寻求方面,认为这种对婴儿性欲的强调削弱了客体寻求和依恋的重要性。对于这些分析师(尤其是那些在人际模式和自体心理学模式下工作的分析师,以及依恋研究者和理论家)来说,性在他们对心灵及其发展的概念化中的作用要小得多。其他理论家保留了力比多的概念,但其概念化方式与弗洛伊德的原始观点截然不同。

当弗洛伊德将力比多这个术语运用于精神分析时，这个术语在当时的科学主义圈子中流行起来。它首先出现在弗洛伊德1894年写给弗利斯的一份信件草稿中。在这份草稿中，他将力比多描述为性欲所涉及的潜在躯体过程的心理表征（Freud，1894b）。如果力比多被"阻塞"了，不能正常释放，它就会转化为焦虑。弗洛伊德（1905b）在他的《性学三论》中更明确地将他的力比多概念界定为性本能或性驱力的性能量。在一个非常宽泛的性的观念中，弗洛伊德认为，性驱力由与兴奋感觉（力比多）相关联的充满渴望的观念（**力比多的目标**）组成，这些兴奋感觉源于对身体的性感区（例如，口唇、皮肤、肛门和生殖器）的亲密感官刺激。这些性感区的刺激发生于父母及其替代者的正常照料过程，他们往往成为这些愿望的**力比多客体**。性驱力是由众多组元本能组成的。只在青春期和成年期发展较晚的生殖服务中，这些本能才聚集在一起。后来，弗洛伊德（1915对1905b的补遗，1923b）和亚伯拉罕（1924b）将这一心理性欲发展理论阐述为**力比多阶段（力比多时期）**的时间发展序列，其中力比多组织和客体关联模式反映了潜在的口唇、肛门和阳具性感区的主要影响。力比多固着或退行到特定阶段可能会引发各种形式的病理症状或性格组织。

弗洛伊德的力比多概念是他不断演化的驱力理论的核心组成部分。该理论认为，在冲突和心理结构的起源中，心灵中的对立力量起着主导作用。1914年，弗洛伊德（1914e）正式描述了他的力比多理论。在该理论中，他将力比多视为一种心理能量形式，可以投入（投注于）各种心理表征或心灵结构。弗洛伊德假设，投入自己的力比多的数量（**自我力比多**）和投入客体的力比多的数量（**客体力比多**）之间呈现出互逆关系。他还描述了一个自我力比多的"蓄水池"——用于促进心理结构的发展和维持自尊。未能释放力比多可能会引发"阻塞状态"，从而形成神经症症状。在回应外部世界的挫折时，自我可能会防御性地撤回客体力比多，使其回到自身。在其最极端的病态形式中，这一过程可能会引发精神病（也称自恋性神经症）及其相关的自大狂，使患者失去对现实和外部世界的兴趣及联系。

1915年，在对这一理论的扩展中，弗洛伊德（1915b）描述了驱力的运作与快乐原则的关系。弗洛伊德将力比多概念化为一种假设的可测量的力量，其增加会产生不快乐，其减少和释放会产生快乐。性能量是一种可变的、不稳定的、不断转换的力量，能够改变它的客体和目标。这些转换被称为**力比多变迁**，以性驱力的形式出现，例如转换其客体（如从一个外部客体移置到另一个客体，或回到自体）、内容（如从爱到恨）或目标（如由主动到被动），经历压抑，升华——最初的性目标被转移到更能被社会接受或重视的目标（尤其是创造性或智力活动）上。弗洛伊德（1920a）概述了他的最终和最具思辨性的驱力模型，其中力比多被更广泛和抽象地视为生命驱力（爱欲）的能量，其目的是建立有机复杂性，合成和联合，并维持生命；死亡驱力的攻击性能量则与之相反，其目的是通过分解有机复杂性来摧毁生命。

弗洛伊德（1923a）引入结构模型后，力比多和攻击性能量都位于本我之中，成为精神生活的主要动力。力比多和攻击的融合、中性化、升华在弗洛伊德最终的理论中成为核心概念，它们是形成心理结构必不可少的过程。去性欲化的力比多为思考、自我的综合功能和形成认同提供了能量。在结构模型中，焦虑不再被概念化为未被释放的力比多转化的产物，而是自我对力比多或攻击释放的威胁的回应，而这种释放是超我所反对的。

随着精神分析思想的不断发展，一些分析师认为，在关于动机和心理功能更广泛的精神分析构想中，力比多理论的作用更为有限。还有些理论家完全拒绝力比多概念的有用性。弗洛伊德的力比多理论（以及更宽泛的驱力理论）中固有的能量表述受到广泛批评，因为其太远离经验、太机械化、太模糊，从而引发了一系列提倡的理论修正和拒绝（Holt，1976；G. Klein，1976；Schafer，1976）。海曼（1975）反驳道，这些批评者对力比多和更广泛的心理能量的概念有误解，事实上，这两个概念试图捕捉关于内心幻想和体验的经验，尤其是它们在精神生活中的量或强度的变化。C. 布伦纳（1982）认为，驱力应该被理解为对人类动机的抽象概括，其建立在对许多个体在其发展过程中针对普通人的独特和特定力比多（攻击）愿望的观察之上。通过这种方式，布伦纳强调弗洛伊德最初对力比多概念的描述中更接近经验的方面。

弗洛伊德的力比多理论也得到了一些理论家的修正，后者试图进一步强调或整合客体关系在动机中的作用。费尔贝恩（1954）重新定义了力比多的固有目标——本质上是寻求客体的，而不是寻求快乐。洛伊沃尔德（1971）强调，在力比多的起源和发展中，亲子心理矩阵中的张力和互动发挥着作用。克恩伯格（1982）认为，自发展之初，将自体表征和客体表征联系起来的快乐情感状态就是力比多和攻击驱力的基石。人际关系学家、D. N. 斯特恩（1985）等关系导向的婴儿研究者，以及依恋理论家从关系需要的角度出发，重新构建了对儿童力比多本质的精神分析理解，同时淡化了早期童年的性欲强度。在自体心理学中，虽然科胡特最初在早期的理论推导中坚持使用力比多理论的术语，但在后来的工作中，他和其他自体心理学家用自体客体需要取代了力比多。

Love 爱

爱是一种复杂的、充满情感的心灵状态，其特征是对爱的客体有强烈的积极关注，可能包括：性吸引、特殊情感、依恋、奉献、温柔、渴望、崇拜、理想化、关心。爱的感受最常朝向一个人，但也可能朝向所有客体，包括一件事、一个地方、一项活动或一个观念。爱有很多种类型，包括浪漫和激情的性爱、兄弟般的爱、对朋友的爱、父母的爱，对国家或神的爱。自体爱也是所有精神生活的重要组成部分。爱与恨（冷漠）形成对比。

从一开始，爱就在精神分析理论和实践中发挥着核心作用。在其最早的患者研究中，弗洛伊德指出，"依附于爱的观念的困难"在神经症中起着关键作用（Breuer & Freud，1893/1895）。他还观察到，尽管存在与之相关的痛苦，但大多数人都将爱放在生活的中心，并将它作为"幸福的原型"来体验（Freud，1930）。事实上，每一个学派的精神分析师都在研究患者在爱的领域的追求，因为这些追求在每个人的精神生活中都起着关键作用。精神分析认识到，爱可以在所有层面（从生物学到文化层面）上被概念化，但它对理解以下方面做出了重要贡献：被爱和感受到被爱在心理发展中的重要性、爱和自体爱的能力的发展、与爱和感受到被爱相关的障碍和问题，以及爱和其他许多问题（包括性、依恋、攻击、自恋、客体关系、亲密和道德等）之间的关系。在大多数观点中，精神分析治疗的目标包括增加爱、感受到被爱和适当的自体爱的能力。

弗洛伊德在《癔症研究》（Breuer & Freud，1893/1895）中指出，他的患者受到了与他所说的"潜意识的爱"相关的压抑观念的病态影响。在大多数情况下，在力比多理论（1905b）的发展之后，弗洛伊德将"爱"与"力比多"互换使用。弗洛伊德（1915b）将爱定义为整个自我对快乐客体的态度。只有在"力比多的所有组分都被归入为生殖服务的生殖器"之后，爱才成为可能。他将爱的情感方面概念化为"目标被抑制的力比多"的表达（Freud，1921，1925d，1930）。在后来的作品中，弗洛伊德将爱概念化为爱欲或生本能（包括力比多）的变迁，它将人与人联系在一起（Freud，1920a；Lear，1990）。在其写作生涯中，弗洛伊德探索了爱的许多方面，提供了相互重叠的见解。这促成了随后的诸多讨论，例如：（1）最早的客体（通常是母亲）为后来所有爱的客体提供原型，因此，爱的客体的发现总是客体的"重新发现"；后来所有爱的客体（包括分析师）都是最早客体的替代品；选择爱的客体往往是因为他／她与最初养育的客体相似（潜意识的客体选择）（Freud，1905b，1914e，1915a，1938a）。（2）焦虑与丧失母亲的爱有关，而儿童依赖母亲的爱（Freud，1905b，1926a）。（3）在爱的状态下，自体和他人之间的界限被打破，就像精神病一样（Freud，1930）。（4）在青春期之前，儿童就有了爱的能力（Freud，1907c）。（5）对超我和道德的发展而言，对客体（母亲）及其爱的需要至关重要（Freud，1923a）。（6）所有精神疾病都源于与爱相关的观念的压抑；换句话说，神经症总是一个"爱的故事"（Freud，1907d）。（7）童年时期的爱太少或太多，都会引发精神疾病（Freud，1905b）。（8）一些类型的人的特点是强烈需要爱；其他类型的人的特点是各种爱的无能。例如，神经症患者受到过多的压抑，阻碍了爱的能力，而罪犯的特征是爱的无能（Freud，1928，1931b）。（9）在发展的潜伏期，力比多的性欲倾向和柔情倾向之间出现分裂，引发后来的精神疾病，也反映出整合这两种倾向的困难（Freud，1905b）。（10）许多涉及爱的"病症"（包括特定类型的客体选择、性无能和性抑制、性吸引与柔情相结合的困难、同性恋和病理性嫉妒）可以追溯到俄狄浦斯期的冲突（Freud，1908e，1910d，1912d，1918b）。（11）与精神病理学和抑制的情况相反，爱的成功与生活其他领域的成功相关（Freud，1908e）。（12）虽然婚姻可能始于激情之爱，但随着时间的推移，它的特点是目标被抑制的"深情的同情"（Freud，1908e）。（13）爱的体验存在于三组对立情感中，它们是爱与冷漠、爱与恨、爱与被爱（Freud，

1915b）。（14）爱和恨密切相关，很容易相互转化（Freud，1905b，1923a）；大多数爱的特点是矛盾；面对客体的丧失，强烈的矛盾容易引发忧郁症（Freud，1909c，1915b，1917d）。（15）爱也与自恋交织在一起，后者被定义为对自体的力比多投入。例如，除了依附性客体选择之外，选择爱的客体可能出于他／她与自体或理想自体的相似性（自恋性客体选择）；爱的客体总是理想化的；在父母的爱中，重新找回失去的自恋的需要起着重要作用；客体爱与自体爱成反比，会让个体在面对理想化的爱的客体时产生谦卑感（有时是耗竭感）（Freud，1914e）。（16）文明与爱之间有一个根本的不相容性，因为文明依赖于人与人之间目标被抑制的深情纽带，同时，文明不能容忍无限制地表达力比多（Freud，1930）。

虽然弗洛伊德的临床工作揭示了一种细致入微的取向来处理患者与爱的斗争，但其理论充分体现了他的以下观点，即爱可以被还原为力比多的变迁。例如，在大多数情况下，弗洛伊德将照顾者的重要性视为提供驱力满足（而非爱）的客体。随着时间的推移，爱的精神分析理论已经转向将爱理解为一种原始情绪，而非将其还原为力比多。它还将儿童和照顾者之间的关爱互动置于发展的核心。在后弗洛伊德主义精神分析中，爱的体验在很大程度上被概念化为客体关系，而非力比多。与此同时，自恋理论的发展挑战了弗洛伊德关于客体爱与自体爱成反比的观点。

虽然弗洛伊德的几个直接追随者（包括亚伯拉罕、哈特曼和A.弗洛伊德）详细阐述了爱的能力的发展和母亲在发展中的作用，但他们的观点在很大程度上仍然是根据力比多理论进行概念化的。例如，亚伯拉罕详细阐述了弗洛伊德关于发展的前俄狄浦斯期的观点，以及内化、认同和发展客体关系的其他方面的作用。亚伯拉罕还将"后矛盾"的重要观点添加到他的"生殖器欲性格"概念中，扩展了弗洛伊德的"生殖器欲首要性"概念（Freud，1938a）。亚伯拉罕关于矛盾中心问题的观点，有助于后来从客体关系、爱的能力和掌控矛盾的能力方面阐述生殖器欲（Abraham，1924b）。同样，哈特曼（1952）的客体恒常性最初是根据力比多理论进行概念化的，但最终也根据客体关系和掌控矛盾的能力进行概念化。最后，在其与儿童的广泛合作中，A. 弗洛伊德的确觉察到母亲在儿童发展的各个方面的重要作用；然而，她并没有根据爱的互动的中心性来概念化这一作用（A. Freud，1965）。

随着各种形式的客体关系理论的出现，爱成为精神分析心理理论和发展理论的核心组成部分。费伦齐用他的"两性混合"概念显示出一些发展的趋势。这一概念指婴儿期快乐经验的弥散混合物，其目的不是驱力释放，而是婴儿和照顾者之间"温柔"的交流。在费伦齐看来，成人的激情侵入了这种体验，引发了对童年依恋不恰当的爱欲化，即他所说的"言语的混乱"。同时，费伦齐描述了那些感受到不被爱的儿童是如何感受到永远不受欢迎的，他们常常会发展出以缺乏生活欲望为特征的抑郁（Ferenczi，1929，1933，1938）。

克莱茵（1937）彻底改变了人们对爱在精神生活中的重要性的看法。虽然克莱茵关于攻击作用的理论最为著名，但她认为，爱是所有心理发展和功能的核心。从弗洛伊德关于力比多首要地位的观点出发，克莱茵将爱概念化——爱不是力比多的衍生物，而是婴儿精神生活的基本特征。与此同时，虽然她没有强调现实中的母亲的作用，但在她的工作中，母亲对儿童始终如一的爱以及他们之间爱的互动对正常的发展至关重要。克莱茵将婴儿最早的经验描述为驱力、情绪和"潜意识幻想"的混合体，这些都与客体（母亲／乳房）有关。在她看来，"爱和感恩的感受直接自发地出现在婴儿身上，是对母亲的爱和照顾的回应"；第一个"好客体"是通过婴儿投射爱的感受产生的，这是力比多依恋的一个基本方面，而非结果。对克莱茵来说，对客体无止境和完美的爱的最早体验是自我的核心，也是创造力、希望、信任和对善的信念的基础。这种最早的爱的体验还带来了感恩、修复的驱力、罪疚和对客体的关心，这些都对发展至关重要。事实上，对克莱茵来说，发展的特点是爱和恨之间不断的互动，以及努力整合这些矛盾的感受。由于对父母的爱，儿童被激发去控制攻击性冲动，从而使他从偏执−分裂位置变为抑郁位置。对父母的爱也促使儿童放弃俄狄浦斯的愿望（Klein，1937，1940，1945，1946，1952，1957，1958）。

其他早期客体关系理论家在不同程度上受到费伦齐和克莱茵的影响，对爱和爱的互动在发展中的重要性加以阐述。费尔贝恩以宣称婴儿从根本上来说是"寻求客体的"而闻名。他从爱的角度描述发展，描述婴儿需要感受到母亲的爱，以及母亲对他的爱的感受和重视。费尔贝恩（1952，1954）还描述了儿童必须克服恐惧，因为他的爱伤害了母亲，使他无法接近母亲。温尼科特（1965）从自己的观点出发，认为慈爱的母亲与婴儿互动时创造的"抱持环境"对发展至关重要。对温尼科特来说，这种抱持环境早于本能满足的矩阵出现，并为后者做好了准备。对儿童创造力和游戏的发展以及儿童爱和关心的能力的发展而言，持续充满爱的母亲的在场都是必要的。与之类似，从一个受到费伦齐影响很大的独立观点来看，A. 巴林特（1949）写到了**"古老的爱"**，M. 巴林特（1952）则将**"原始爱"**描述为一种婴儿的先天倾向，其无法还原为力比多。M. 巴林特（1948）还重新定义了生殖器欲首要性的概念，将生殖器欲的体验与**生殖爱**分开，认为爱必须包括柔情、理想化和相互认同的经验。

鲍尔比（1951）受到克莱茵和当代行为学家的影响，在他对战争孤儿和住院儿童的研究的基础上提出了自己的独特观点。他描述道："婴儿期和童年期的**母爱**对儿童心理健康的重要性，就如同维生素和蛋白质对人的身体健康的重要性一样。"事实上，鲍尔比的依恋理论基于这样一个观念，即母亲和婴儿之间的依恋是首要的，而不是基于驱力需要的满足。其他对住院儿童进行研究的人得出的结论与鲍尔比类似。例如，里布尔（1943）创造了术语"**亲切照料**"，认为这是所有婴儿都需要的；斯皮茨（1965）描述了依附性抑郁，其出现于失去母亲养育和爱的住院婴儿。随着母爱的重要性在精神分析中获得充分认可，D. 利维（1943）描述了过多的母亲关注或爱的影响，创造了"母亲过度保护"这一短语。沙利文（1953a）在某种程度上独立地发展自己的人际精神分析。他断言，整合的自体活力的发展离不开慈爱母亲的持续在场。在其为公众所写的《爱的艺术》一书中，弗洛姆（1957）大量借鉴了沙利文的作品，并探索了（在其他事情中）追求爱（这提供了"存在的答案"）与保持个体性的需要之间的平衡。

马勒在美国自我心理学传统的基础上，通过对婴儿的直接观察，阐述了她的发展心理学。马勒认为，共生愿望和分离-个体化愿望之间的根本冲突与爱和恨之间的冲突交织在一起，并以爱和被爱的体验为中介；面对和解期危机中被调动起来的攻击，母亲对儿童始终如一的爱的态度使儿童能够从危机走向客体恒常性（Mahler，Pine，& Bergman，1975）。当代发展理论家继续强调母亲与孩子之间爱的互动的各个方面的重要性，强调爱是互动系统或关系矩阵的一部分（D. N. Stern，1977，1985；Beebe & Lachmann，1988；Lichtenberg，1982，1983）。

伯格曼、珀森、克恩伯格和S.米切尔（以及其他人）都写过大量关于爱的成人经验和病症的文章。在马勒的强烈影响下，伯格曼（1971，1982，1987，1988，1995）断言，与坠入爱河相关的幸福体验包括重新获得发展的共生阶段的快乐。伯格曼探讨了坠入爱河和维持爱的体验所必需的自我功能，以及发生在分离-个体化的各个阶段的失调对成人的影响。巴克（1973）断言，客体丧失的体验是爱固有的；激情之爱带来的强烈幸福感可能有助于防御丧失的体验。

与伯格曼相反，珀森（1988，1991）认为，浪漫之爱或激情之爱的体验并不是普遍的，而是在个体心理和周围文化的交会处产生的。在鼓励激情之爱的文化中，这种经历的基本特征包括理想化和对所爱之人的向往——其基础是自恋式追求、寻求重温失去的完美、纠正失望。爱的幻想既来自母婴关系，也来自父母的夫妻关系。激情之爱的经验为个人成长和意义扩展提供了独特的机会。与珀森一样，沙塞盖-斯米格尔（1984）也认为，激情之爱的力量来源于寻找与原始自恋客体的结合。

克恩伯格（1974a，1974b，1977，1982，1985，1988，2011）以其独特的观点将自我心理学与克莱茵学派客体关系理论结合起来。他探索了坠入爱河和维持爱的障碍，以及**成熟之爱**的先决条件等主题。在克恩伯格看来，成熟之爱是一种复杂的情绪倾向，它整合了性兴奋、对客体的柔情和关心、正常的理想化、生殖器欲认同和攻击。它离不开客体关系的深度发展、超我和对俄狄浦斯冲突的掌控。成熟之爱必须经受住许多主要矛盾，包括：与爱的客体相融合的感受伴随着自我与他人之间的牢固边界感；对爱的客体的理想化伴随着强烈的现实检验；对爱的客体的柔情和关怀伴随着幽默的攻击；在不屈服于乱伦禁忌的情况下为重新发现旧客体而兴奋；在依恋旧客体的同时为寻找新客体而兴奋。克恩伯格探讨了自恋型、边缘型和神经症型个体的爱的特殊病症，例如，爱和自体爱之间的反向关系只在精神病理症状中可见。克恩伯格还探讨了伴侣与更大的群体或社会之间关系的复杂性。

米切尔（2002）在他的《爱能持久吗？》[①]一书中，从关系精神分析的观点出发，对他所描述的弗洛伊德的基本悲剧观点（爱和欲望不能共存）提出挑战。米切尔认为，个体常常创造毫无生气的关系，因为他们需

---

① 此书的中文译本为《爱与岁月：精神分析视角下的爱情》。——译者注

要安全，希望避免依赖、性、攻击和理想化带来的亲密关系的风险。在与米切尔的争论中，戈德纳（2004）认为，依恋的安全性（而非为激情之爱提供一个藏身之处）是爱的必要基础。爱要保持激情，恋人们必须平衡承认与忽略和破坏与修复之间不可避免的张力，以及爱失而复得和浪漫的胜利与失败的戏剧。斯泰因（2006）与米切尔争辩道，在爱中保持激情的挑战更多地取决于"难忘"或找回童年的辛酸和越界的感受。

L.弗里德曼（2005）回顾了爱在精神分析临床情境中的地位的文献，并对"是否存在一种特殊的精神分析之爱？"这一问题进行了反思。

Magical Thinking 神奇思维

神奇思维是一种以相信思想的全能或相信思想有能力改变现实为特征的认知。在儿童的幻想和游戏中，神奇思维很常见；在正常的成年人那里，它出现于梦、幻想、怪怖体验和退行状态中。神奇思维可以在涉及现实检验的重大失败的精神病理症状（包括精神病、倒错和强迫症状）中观察到。例如，神奇思维表现为用以抵御可怕灾难的强迫和冲动行为。神奇思维也见于严重的性格障碍，如边缘型人格或自恋型人格。

在《图腾与禁忌》中，弗洛伊德（1913e）描述了人类思想进化和发展过程中的三个阶段——泛灵论、宗教和科学。弗洛伊德将泛灵论（灵魂栖息于有生命和无生命客体中的信念体系）理解为根植于自恋和自体-客体分化的缺乏；精灵和恶魔代表着人类自己投射到世界上的情绪冲动。弗洛伊德认为，泛灵论所特有的神奇、全能思想反映了原发过程和快乐原则的主导地位。他指出，在神奇思维中，控制内心思想被误认作控制外部现实的能力。弗洛伊德（1914e）将神奇思维描述为夸大——它代表了婴儿自恋的残余。在弗洛伊德（1919d）的观点中，当"思想全能"的婴儿信念似乎再次可信时，"怪怖的"感受可能就会出现。雅可布森（1964）解释了形成于前俄狄浦斯期的内化的神奇性质，并认为其残余物会贯穿一生。

由于儿童未发展的现实检验，客体的各个方面都被归因于自体。儿童会进而产生一种幻觉，认为它们在自己的控制之下。

Mania 躁狂

见"Denial 否认""Melanie Klein 梅兰妮·克莱茵"。

Manic Defense 躁狂防御

见"Denial 否认""Melanie Klein 梅兰妮·克莱茵"。

Masculine Protest 男性抗议（阳刚抗议）

见"Masculinity 男性气质"。

Masculinity 男性气质

男性气质、**女性气质**是与一个人的性别同一性相关的性格特征和自体经验方面的群集，其在有意识和潜意识水平上被体验到，并表现为言语、姿态、身体习惯和着装风格等属性。它是许多因素之间复杂相互作用的发展结果。这些因素包括生物因素（包括解剖学和激素）、心理因素（其在很大程度上由早期重要客体的内化塑造），以及文化因素（其组织着上述所有方面的特征、态度和价值观）。男性气质和女性气质是性同一性（一个比性别同一性更复杂的结构）的两个方面，建立于青春期，与个人在性幻想和客体选择中表达的个人爱欲有关。然而，一个人的男性气质或女性气质的感觉是一个跨越生命周期的动态发展过程，在此过程中，相关属性可能会变得更加微妙、灵活和多样。先天、养育和文化对男性气质或女性气质发展的相对作用和相互作用尚未被描述。

在一百多年的精神分析话语中，对男性气质和女性气质的精神分析理解发生了显著变化。弗洛伊德（1905b，1923a，1925b）认为，男性气质和女性气质都根植于解剖学的发展成就，是从冲突的认同中涌现的，并进一步受到社会逻辑因素的影响。然而，他对女性和男性心理性欲发展的观点也受到了性别偏见的影响。尽管在他那个时代，他对女性发展的观点受到了精神分析师阿德勒、霍妮和琼斯的挑战，但直到20世纪末，精神分析研究者、精神分析理论家以及其他学科的性别理论家才开始全面阐述性别及其发展的理论，从而产生了新的见解和争议。为了回应弗洛伊德女性心理性欲发展理论的阳具中心主义，**原始女性气质**的概念得以产生。随着时间的推移，弗洛伊德关于男性发展和男性气质的观点受到了挑战。首先是精神分析师对男性同性恋的发展越来越感兴趣，其次是对女性气质的关注越来越多。性别的后现代取向批判了这样一种观点，即男性气质（Flax，1990）或女性气质具有稳定的、"本质性的"（这意味着一种跨越时间和文化的真实性和持久性）定义。

在给弗利斯的信中，弗洛伊德（1892/1899）首次提到男性气质和女性气质的概念。在这些信件中，他描述了自己为何放弃用这种两极化概念来解释压抑的要素的尝试。在其里程碑式的论文《性学三论》中，弗洛伊德（1905b）介绍了他对男性和女性心理性欲发展的许多观点，并在随后的论文中（Freud，1908c，1923b，1924b，1925b）进行了阐述。弗洛伊德认识到，男性气质和女性气质的心理属性与解剖学没有简单的联系，两性都表现出男性和女性性格特征的混合，其根植于普遍的双性恋潜能。此外，男性的男性气质和女性的女性气质的获得容易受到冲突和精神疾病的影响。男性和女性的属性是通过一个发展序列演变而来的，这一发展序列始于心理性欲发展的肛门施虐阶段中涌现出来的主动和被动的本能追求——这在女孩和男孩中都很明显。主动的追求与肌肉组织和掌控的本能有关，代表着原始男性性行为；被动的追求与肛门黏膜有关，代表原始女性性行为。弗洛伊德认为，虽然男性和女性的性格差异从童年早期就表现得很明显，但直到青春期（此时，女孩实现了从阴蒂到阴道的性感区转移，并完全压抑了自己的男性性欲追求），女孩的女性特质才得以稳固。男孩的发展更为直截了当，因为他一生中都保持着相同的性感区，以及相同性别的力比多客体。然而，男孩强烈的被动倾向和女性认同可能引发神经症或倒错。随后，弗洛伊德（1914e）区分了女性和男性的客体选择，将前者描述为自恋，将后者描述为依附。然而，他也承认男性和女性都存在客体选择的混合。随后，弗洛伊德（1925b）描述了阴茎嫉羡和阉割情结在女孩心理性欲发展中的作用，以及女孩在羞耻地发现生殖器差异后放弃男性的阴蒂手淫。弗洛伊德（1931）认为，男孩的男性气质是原始的，而女孩的女性气质在很大程度上是失望和不足感的结果。这使得女性更容易患上神经症、对性欲的拒斥、"男性气质情结"，也更可能做出同性恋客体选择。此外，女性对被动目标和行为的偏好在与文化和构成决定的攻击抑制结合之后，可能会引发受虐狂。然而，弗洛伊德（1924a）也描述了男性中的**女性受虐狂**。这些男性采用被动的女性性幻想，即被阉割和虐待（作为对俄狄浦斯恐惧的防御）。

阿德勒（1924）使用男性和女性这两个词作为力量和缺陷的隐喻，并得出了**男性抗议**是两性都有的一系列过度补偿自卑感和易患神经症的特征的假设。后来，他仅使用这个术语来表达女性对女性角色的抗议。阿德勒认为，弗洛伊德关于阴茎嫉羡的概念太过字面化和生物化。在他看来，女性感受到自卑并不是因为对身体缺陷的确信，而是因为文化上规定的男性支配地位。这种对弗洛伊德女性心理学的早期批判源于阿德勒对权力的关注——他认为权力是人类心理学的主要影响因素。弗洛伊德（1914e）反对男性抗议这个术语，认为其等同于阉割焦虑（男孩对自己阴茎的焦虑和女孩对阴茎的嫉羡）。

霍妮（1924）和琼斯（1927，1933）没有将女孩的阳具欲期和阉割情结视为一个真正的发展阶段，并且对弗洛伊德关于女性心理性欲发展的观点提出了挑战。他们认为，女孩的阉割情结是对失望的次级防御回应，这种失望发生在与父亲建立了女性的爱恋关系之后。事实上，在他们看来，女孩的女性气质是最原始的，而不是由对性别差异的失望和羞辱造成的。

随后，对幼儿的研究（Stoller，1965；Coates，1997；De Marneffe，1997）挑战了弗洛伊德关于男孩和女孩性别发展的观点。虽然弗洛伊德强调生殖器差异的重大发现，但儿童研究者观察到，儿童对自己作为男孩或女孩的感觉以及儿童对自己生殖器的感觉都是身体自体表征的一部分，二者在生命的第二年结束时建立。然而，一个人的生殖器和性别之间的联系是一种认知上的承认，之后可能会得到巩固。此外，儿童的生殖器满意度与性别无关。与弗洛伊德的男性性欲至上的观点相反，斯托勒认为，男孩和女孩最早的状态都是**原型女性**，它是母亲与婴儿共生的结果。斯托勒表示，由于生物因素和男性父亲形象的鼓励（这两个因素共同帮助男孩抵御与母亲共生的联结的退行拉力），男孩的男性气质会在较晚的时期得到发展；而女孩的女性发展遵循一条更直接的道路，不像男孩那样与分离问题紧密相连。

尽管如此，从男性和女性的感觉到出现男性气质和女性气质的复杂感觉，这一演化过程在理解上存在很大的理论争议空间。男性气质和女性气质的概念被认为包含许多成分，如性别同一性、性别角色、外貌、解剖学、性同一性和性行为，以及社会行为（Torsti，1998）。然而，在不同的文化和历史中，这些成分的特性会有很大的差异。在着装风格或个人仪容方面，被认为特别男性化或女性化的东西会随时间和地点而变化，但儿童会把这些表面上的差异视为男性气质和女性气质之间的本质差异，而这种早期经验会变得根深蒂固。关于女性气质或男性气质的概念的改变无疑强调了文化对其内容的影响，然而，维持性别区分的普遍必要性受到了一些性别理论家的挑战，他们支持更灵活的概念。

当前的工作对女性心理性欲发展的早期阳具中心主义观点进行了重新解读——在原始女性气质的保护伞下产生了大量文献作品。原始女性气质这个概念有着宽泛而不同的用法，但其关注点始终是女孩作为女性的最早感觉。理解男性气质的努力源于对男同性恋和性别认同障碍的研究；这逐渐演变为对高度个性化的男性气质体验的更微妙探索，涉及每个男人有意识和潜意识的独特、主观的尝试，还有以整合家庭、文化以及与男性性别相关的心理性欲体验。因此，一些精神分析师现在谈到"男性气质的复数形式"，而不是简单地假设存在单一的男性气质（Chodorow，1994b；Person，2006）。

M. 戴蒙德（2006）探讨了男性气质在生命周期中的发展，对男孩在早期分离过程中必须与母亲"去认同"的观点提出了质疑。相反，他将健康的男性气质视为一个发展过程。在这个过程中，男性和女性的认同被整合，伴随着从阳具到生殖器价值在自我理想中的内化。其他作者强调，当代西方社会及其塑造的家庭模式限制了男性气质的心理体验，因而男孩被认为是阳刚的，这实际上是对文化所重视的女性特质的放弃；一些重要的心理体验，如体验充实而丰富的生活的能力（Reichbart，2006）和整合生殖器官内在感或接受感的能力（Fogel，1998），对男性来说是不被允许的。实际上，许多与男性患者展开的精神分析工作都旨在通过帮助他们分析这些限制来让他们体验到更丰富、更微妙的男性气质的感觉。

Masculinity Complex 男性气质情结

见"Masculinity 男性气质"。

Masochism 受虐狂

受虐狂是为了寻求隐藏的快乐或满足而追求痛苦、羞辱、苦难。施虐狂这个术语在弗洛伊德将施虐本能和受虐本能配对时经常被提及。在精神分析文献中，受虐狂是指：（1）以在痛苦或羞辱的体验中获得有意识的性唤醒或快乐为特征的性行为（**性受虐狂**）；如果痛苦或羞辱是性唤醒的绝对要求，那么性受虐狂被定义为倒错（**受虐型倒错**）；（2）以寻求满足或快乐为目的、以追求痛苦或苦难为特征的非性行为（**心理受虐狂**）；快乐和满足都是潜意识的；（3）整个性格都是围绕着对痛苦或失望的隐秘寻求而组织起来的（**受虐型人格障碍**）。

受虐狂必须与抑郁区分开来，后者是一种通常伴随着自体导向的攻击的心境状态。然而，抑郁有时可能有助于受虐狂的目的，从而增加受虐型人格障碍患者发生抑郁症的风险。受虐狂也必须与其所伴随的其他精神病理症状区分开来——后者不一定要寻求受虐。生活中的许多积极成就都与某种程度的受虐有关，因此，受虐狂应该只适用于那些寻求痛苦或苦难超过适当追求目标所需的情况，以及享受合法实现目标的能力严重受损的情况。

受虐狂这一术语在临床精神分析中起着核心作用，因为自我挫败行为（伴随着不同程度的隐秘满足）是广泛甚至普遍存在的；事实上，某种程度的受虐狂是每个人精神生活的一个特点。从理论的角度来看，受虐狂很重要，因为它的存在需要我们思考有哪些心理因素在起作用，或似乎在起作用。正如弗洛伊德（1920a）所描述的那样，它"超越快乐原则"。在理论构造史上，受虐狂与攻击和超我的研究密切相关。一些文献试图从客体关系或依恋与自恋的角度来理解受虐狂。

受虐狂这个术语是冯·克拉夫特-伊宾于1895年创造的，被用来描述一种性倒错，其中疼痛是获得性满足的必要因素。这个新词的灵感来自冯·萨克-马索克的小说《穿裘皮大衣的维纳斯》。该小说讲述的是：一个男人绝望地爱上了一个女人，他感受到痛苦和煎熬，并且诱使这个女人奴役他。弗洛伊德最初采用受虐狂这个术语来指受虐性倒错。他通过假设"残忍与性本能密切联系"来解答苦中有乐的悖论。这是从征服客体的需要出发，用进化/生物学术语来解释的。由于力比多的这一内在方面，"每一种痛苦本身都包含着一种快乐感受的可能性"。在其早期作品中，弗洛伊德（1905b）将受虐狂描述为施虐狂的"反向"或"被动"表达，并指出两者总是相互关联。随着本能理论的发展，弗洛伊德（1915b）将受虐狂概念化为攻击转向自身的一种表现形式（仍然是力比多的一个方面），它此刻是对罪疚和阉割恐惧的回应。弗洛伊德（1919b）将受虐狂与儿童的被打幻想联系在一起，这些幻想代表着从俄狄浦斯追求到肛门虐待追求的防御性退行，也代表着在面对罪疚和自体惩罚的要求时转向自身。因此，"受虐狂的本质"是"罪疚感和性爱的汇合"。

1920年之前，弗洛伊德将受虐狂概念化为力比多施虐方面的变迁（从而按照快乐原则运作）。在《超越快乐原则》中，弗洛伊德（1920a）提出了一种死亡驱力，它在快乐原则之外运作，引发了**原发受虐狂**。在这种构想中，施虐狂是由外向的受虐狂引起的继发现象。在进一步的回旋中，施虐狂可能会转向自身，产生**继发受虐狂**，这是临床上可观察到的寻求痛苦行为的根源。最后，在《受虐狂的经济学问题》中，弗洛伊德（1924a）对这一主题做了最全面的描述，区分了三种受虐狂：（1）原发**情欲受虐**

狂，是所有其他受虐类型的基础，是死亡驱力与力比多"融合"的结果；
（2）**女性受虐狂**，被描述为男性采用"被动"和"女性化"的性幻想，
即被阉割和虐待（作为对抗俄狄浦斯恐惧的防御）；（3）**道德受虐狂**，
是受虐狂概念的一个重大扩展，描述了源于"潜意识罪疚感"和"惩罚需
要"的明显非性的自我挫败行为。在临床情境中，道德受虐狂可能表现为
"消极治疗反应"。几乎所有分析师都拒绝接受弗洛伊德用死亡驱力概念
对受虐狂进行解释，但他的道德受虐狂概念为后来所有的对非性精神受虐
狂的探索打开了大门。

在后弗洛伊德主义精神分析中，关于受虐型倒错和心理（道德）受虐
狂的讨论存在分歧。受虐型倒错通常在关于倒错的文献中被探索，而心理
受虐狂则在关于性格的文献中被探索。随着时间的推移，心理受虐背后的
心理动力学范围扩展到心理性欲之外，于是受虐的两种基本形式之间的联
系变得不再像弗洛伊德描述的那样清晰了。理论家们强调受虐狂的普遍性
（存在于从神经症到正常的连续统一体中）以及它与施虐狂的联系。在弗
洛伊德之后，人们都强调攻击和超我的作用。许多理论家提出疑问：受虐
狂寻求痛苦和苦难是为了自身，还是为了某种类型的快乐或成功而付出的
条件或代价？（Reik，1939；C. Brenner，1959）弗洛伊德（1916）也将受
虐狂描述为"那些被成功毁灭的人"或"心怀罪疚感的罪犯"。

除了对被禁止的性或俄狄浦斯追求进行自体惩罚外，后来的理论家
还强调了受虐狂的人际、依恋和（主要是前俄狄浦斯）客体关系方面，
包括其挑衅性、暴露性的品质（Reik，1939），以及对客体进行魔法控制
（Eidelberg，1959）和试图"诱惑攻击者"（Loewenstein，1957）的尝
试。一些理论家将受虐狂和一种需要联系起来——与童年受苦的客体保持
联结（Berliner，1942）。费尔贝恩（1954）描述了他所说的"受虐型防
御"，即通过创造一个"全坏的自体"来承担挫折和剥夺的所有责任，从

而全力以赴地维护与客体之间令人沮丧但又不可或缺的关系。

在强调受虐狂的自尊心增强或自恋方面的构想中，伯格勒（1948a，1949）将受虐狂个体称为"收集不公正的人"。他描述了这些个体与他人相关的三个步骤：（1）对个体感受到受伤、受骗或羞辱的情境有所知觉；（2）做出"伪攻击性"回应，即一种时间不当、程度不宜和方向错误的攻击性回应，引发进一步的"虐待"；（3）进一步遭受失败——愤怒让位于自怜、抑郁和"这只发生在我身上"的感觉。伯格勒（1961）还描述了见于重症患者的**恶性受虐狂**。追随于伯格勒之后，A. M. 库珀（1998）指出，自恋和受虐的元素紧密交织在一起。通过考察**自恋-受虐型人格障碍**这个单一的实体，我们可以获得概念上的清晰性。库珀认为，即使在获得"足够好"的照料的情况下，童年期虚弱和无助的普遍经验也会引发一些受虐狂的防御，其伴随着"通过失败取得胜利"的承诺（Reik，1939）。自体心理学家描述了慢性自恋性暴怒如何嵌入自体结构并引发施虐受虐——其特征是轻蔑、收集不公正、自责、自怜和自杀行为（A. Ornstein，1991）。

尽管心理受虐狂的普遍性和受虐型人格障碍的广泛流行，精神疾病分类学家一致决定，不将"自我挫败型人格障碍"纳入《精神障碍诊断与统计手册》。这样做是出于对那些追随弗洛伊德观点的人的尊重——他们认为，这种诊断与被动性和女性气质有关，可能会引发对女性和其他可能为其苦难承担责任的人的歧视。《心理动力学诊断手册》将受虐型（自我挫败型）人格障碍分为道德受虐型人格障碍（以自尊水平下降、拒绝体验满足和成功，以及潜意识罪疚为特征）和关系受虐型人格障碍（以在关系中受苦或自我牺牲为特征）。它还包括一种施虐型／施虐受虐型人格障碍，这种人格障碍被认为总是在边缘水平运行（PDM Task Force，2006）。

Mastery 掌控

掌控是指在一项特殊任务中获得胜任力或卓越技能的能力，其伴随着一种快乐感、效率感、支配感或权力感。掌控可能与环境或自身的某些方面有关，如发展任务、内心冲突或心理创伤。对掌控的追求可以在人类行为的许多方面带来帮助，对理解儿童游戏和管理创伤具有特别重要的意义。在寻求治疗的原因中，对掌控的冲突是常见的。

弗洛伊德（1905b）首先描述了在与施虐狂的关系中，**掌控的本能**是一种非性的本能，它通过武力来支配他人，并在残忍行为中依附于性本能。他认为，肌肉装置是这种掌控本能的来源。弗洛伊德（1913d）将掌控与主动性／被动性这对对立概念联系起来讨论。1915年，弗洛伊德（1915b）将掌控本能描述为自我本能。1920年，弗洛伊德（1920a）以不同的方式考量了掌控本能，将其概念化为死亡驱力依附于性本能时所采取的形式，认为其有助于在心理性欲发展的各个阶段压倒客体。弗洛伊德还讨论了掌控，不过他没有描述对客体的控制或与攻击相关的控制，而是描述了对兴奋的约束，从而解释了重复在儿童游戏、创伤性神经症和创伤梦中的作用。

继弗洛伊德之后，许多分析师继续观察了各种情境中对掌控的追求。这些情境有，童年发展、游戏、工作、创造力、艺术，以及在创伤中生存的努力。在自我心理学时代，对掌控的追求越来越被概念化为一种自我功能。例如，哈特曼（1939a）提到，掌控与适应任务有关。亨德里克（Hendrick，1943a，1943b）描述了一种与自我有关的掌控本能，其目的是通过熟练使用知觉、智力和运动技术来控制或改变环境。他将自己的"追求掌控"的概念与阿德勒（1927）的"权力意志"概念进行比较。后来，怀特（1963）引入有效动机这一新概念以描述探索和影响环境的一种先天倾向。怀特认为，人类的"掌控强化物"是个人的胜任力。虽然埃里克森（1950）没有使用"掌控"这个术语，但这个概念隐含在其自我发展的几个阶段（如自主、主动和勤奋等观点）中。虽然A. 弗洛伊德（1965）并没有特别提到掌控这个术语，但她区分了胜任力和精神病性的控制。

研究者对亨德里克和怀特工作有不同的反应。多年以来，在传统的动机驱力理论中，关于如何正确定义追求掌控一直争论不断。随着自我心理学霸权的瓦解和对多种动机来源的日益满足，追求掌控在当代精神分析理论中扮演了各种角色。科胡特（1977）为所有类型的自恋追求提出了一条独立的发展路线，他将掌控中的快乐概念化为两极自体的平稳运行。发展型精神分析师理所当然地认为，能力的锻炼具有自体推动的性质，表现为从出生时就开始追求掌控，并在整个生命周期中持续。例如，D. N. 斯特恩（1985）将追求掌控纳入自体的组织者之中。埃姆德（1991，1999）将掌控作为其所有五个基本先天动机之一，并将与"恰到好处"相关的快乐描述为婴儿经验的一个重要方面。在治疗领域，J. 魏斯、桑普森和卡斯顿（1976）提出了他们的控制-掌控理论。该理论解释道，精神分析的治疗作用的基础是一种先天需要，即通过检验一个人在世界上的信念来实现秩序和连贯性。

Masturbation 手淫

手淫是一种通过自我刺激性感区（通常是生殖器，但不限于生殖器）来产生性愉悦的技术。它发生于整个生命周期，可能是正常或病理功能的特征。手淫可能伴随着各种感受以及有意识和潜意识的**手淫幻想**，这种幻想可能会通过防御过程从身体手淫中分裂出来。手淫幻想和所有幻想一样，在发展过程中不断演变，反映每个阶段的主要冲突，代表服务于多种功能的妥协形成。然而，一些分析师认为，**中心手淫幻想**或**核心手淫幻想**是被压抑的俄狄浦斯情结的最终构型，并且会成为随后的手淫、性偏好和人格组织的基础（M. Laufer，1976）。两性的手淫幻想通常涉及男性和女性、异性恋和同性恋、主动和被动、施虐和受虐等幻想。在这些幻想中，个人会潜意识地认同所有角色（Lampl-DeGroot，1950；Arlow，1953）。手淫是正常发展所必需的，完全没有手淫被认为是预后不良的征兆（I. Bernstein，1975）。在分析中，手淫（包括它如何进行，以及与之相伴的手淫幻想）是进入潜意识的窗口。如果在治疗过程中，之前没有手淫的人开始手淫，那么这通常会成为进步的征兆（Freud，1912c）。

手淫在精神分析思维的整个历史中都有着重要地位。然而，其在不同的理论取向中的重点的变迁与对婴儿性欲和一般性欲的兴趣水平相关。这在精神分析的最早历史中很重要，因为弗洛伊德和他的追随者试图超越当时的道德禁令，去发现性在人类发展中的意义及其对精神病理学的影响。弗洛伊德关于婴儿性欲的核心观点描述了手淫在心理性欲发展中的作用。

虽然在艺术史和文学史中都能找到通过自我刺激达到高潮的行为，但手淫这个术语可能是由医学界引入并在19世纪流行起来的。19世纪，美国精神病学家比尔德提出性神经衰弱的概念，认为年轻男性会因过度手淫而特别容易患上此病。像他那个时代的大多数医生一样，弗洛伊德（1912c）认为手淫可能有害，因为它是性紧张的不充分释放，可能会引发对婴儿性目标的固着。然而，随着时间的推移，他的重点从手淫行为转移到其意义及其伴随的幻想上。

在大多数精神分析发展观中，手淫和手淫幻想都扮演着重要的角色。在婴儿期各种类型的自体性欲的活动中，婴儿手淫或生殖器游戏是其中之一。这是一种正常的发展进步活动，为紧张提供一个出口，促进身体边界和自体与他人之间边界的早期分化，促进自我探索和自我觉察，并表明与看护环境的良好关系。男孩通常通过操纵阴茎来自慰；女孩们可以通过用手或物体刺激阴蒂，或摩擦大腿来自慰。在真正的自慰幻想与活动联系起来之前，一个相对成熟的自我是必要的。手淫幻想促进性别同一性，有助于发展生殖器欲首要性（超越前生殖器欲的愿望和恐惧）。此外，通过将攻击与性联系起来使攻击中性化，它有助于掌控焦虑和创伤。这也促进从自恋到客体爱的发展，以及从乱伦客体关系到非乱伦客体关系的转变。俄狄浦斯手淫幻想与客体有关，通常涉及征服或对报复的恐惧（阉割焦虑）。潜伏期与对抗手淫和反映超我发展的幻想有关。压抑、退行和反向形成等防御有助于潜伏期的性格发展。与手淫斗争的活动一直持续到青春期，这种活动的退行方面必须被自我发展的新成就所抵消。青春期的手淫可以在学习获得性愉悦、达到高潮，以及（通过手淫幻想）培养客体关联性的过程中通过提升生殖器欲来促进发展。抛弃施虐受虐的全能幻想和信念是青春晚期及治疗结束期的主要发展任务，晚期阶段的青少年和成人的手淫实践和幻想可能会作用于保留和隔绝施虐受虐病理症状。

当代观点考虑了手淫活动和幻想对自体调节、情感调节和冲动控制的作用——在自我功能和控制的评估中。虽然过去关于手淫的理论通常侧重于其病理学方面（E. Kris，1951；Bornstein，1953；Wurmser，2007），但当代作者对青少年和成人手淫采取了更为平衡的立场，认识到其多重动机和多重决定因素，并强调了其积极发展功能，例如与尝试行动相关的功能（M. Laufer，1976；M. Laufer & M. E. Laufer，1984）。值得注意的是，许多当代精神分析师对手淫不那么感兴趣，这与精神分析对性欲本身兴趣的急剧下降保持一致（Fonagy，2008）。当前的理论认为，在倒错的背景下，手淫幻想对理解至关重要（K. Novick & J. Novick，1987，1991）。

Memory 记忆

记忆是心灵的一种功能，人们可以通过它保留和再现曾经感知、学习或体验过的印象。这个术语也适用于记忆的能力和回忆的内容。记忆的过程非常复杂，涉及知觉、统觉、识别、编码、提取和激活。记忆可以通过主动的认知回忆、情感和感官体验以及言语联想而被唤起。与所有心理体验一样，记忆是认知和情感过程的复杂混合物。因此，记忆的存储和回忆都是由与该体验相关的有意识和潜意识情感状况塑造的。由心理决定的记忆改变包括了从正常的似曾相识经历（一种错误的熟悉感，由象征和刺激记忆、愿望或幻想的情境引起）到病理性的解离状态（在这种状态下，一个人的整个同一性感可能会被破坏）。在精神分析中，诸如**再认记忆**、**回想记忆**、**屏蔽记忆**和**记忆的压缩**等类别已经被描述过了。

记忆在精神分析理论化的历史中起着重要作用。它始于弗洛伊德的第一个发病机制模型，在其中，弗洛伊德将**创伤记忆**或"往事回忆"的压抑视为癔症的原因。尽管随着时间的推移，弗洛伊德对他的心理理论进行了广泛的修正，但他从未放弃一个作为核心前提的发生学观点，即过去以强大而复杂的方式存在于当下之中。移情的概念是这个前提的一种体现，它表明，记忆可能是以复杂的方式被体验或者"行动化"的，而不是被有意识地记住的。当前，精神分析领域的许多争议都聚焦于记忆的各个方面，例如：在正常和病理条件下，经验是如何在心灵中编码的？记忆在精神分析治疗中的作用是什么？记忆的恢复和重构对于治疗作用是必要的吗？变化是否会因一种被称为"内隐关系知晓"的人际过程记忆的转变而产生（D. N. Stern et al., 1998；Fonagy，1999；Lyons-Ruth，1999）？这些观点是关于潜意识心灵如何被构造和组织，以及治疗如何起作用的精神分析理论的核心。

在弗洛伊德（1895b，1900）最早的理论化中，他将知觉和记忆归因于心智的独立系统，并将记忆或"记忆痕迹"设想为通过联想联系在一起的结构调整。潜意识系统中的一些痕迹充满了强烈的性能量，被"稽查者"强行排除在意识之外。如果稽查者充分地扭曲和掩饰记忆痕迹，使其能被意识-前意识系统所容忍，那么这些记忆就有可能进入意识之中。在前意识系统中，记忆可以通过接受足够多的"注意投注"而变得有意识，并且在这种前意识形式中与符号表征联系在一起。这些构想的临床相关性涉及对癔症的看法——在癔症患者那里，症状可以被理解为创伤记忆的符号表征，而压抑阻止了对创伤记忆的回忆。相应的治疗包括尝试恢复创伤记忆，以及通过言语释放或发泄与之相关的情感。

弗洛伊德（1914b）关于治疗作用的理论所发生的转变在他关于技术的论文中显而易见。在这篇论文中，他早期对记忆提取的观点让位给了一种更为复杂的关于潜意识愿望的动力及其在移情中通过重复或活现来表达的构想。在弗洛伊德（1900）的观点中，愿望也是一个概念，它与对先前满足的记忆密不可分，而这些先前的满足又迫使我们要求当下的满足。弗洛伊德描述了这种重复与移情概念的关系，即移情是过去冲动和幻想的"新版本"或"传真"，它用早期客体关系取代了分析师。客体选择总是客体的"重新发现"。换句话说，每一种客体选择都是由早期客体选择的记忆／表征塑造的。弗洛伊德将记忆与重复对立起来——分析师要求患者回想，但他知道，患者会通过行动重复自己的记忆、症状、抑制和性格特质，而无法意识到自己会这样做。弗洛伊德承认，这种重复实际上是分析工作所必需的一种记忆形式；它与精神分析此时此地的活力以及由此产生的治疗影响有关。在这种情况下，弗洛伊德（1912a）说："你无法毁灭一个不在场的人或画像中的人。"

弗洛伊德（1914c）明白，记忆是一个复杂的过程，它以不同的形式存在，服务于不同的功能。他区分了在精神分析过程中具有临床意义的四类记忆：（1）患者声称他从未忘记但不了解其心理意义的外部经验的记忆；（2）屏蔽记忆，或僵化、固着、看似无害的童年回忆（Freud，1899a）——掩盖或"屏蔽"对更重要的事情的更具有情感、有时具有创伤性的回忆，是潜在观念、情感或驱力的凝缩或移置（与梦或神经症状类似）；（3）从未有意识但已被"记住"的内在心理过程，如幻想或思想连接；（4）那些在记录时没有被理解，后来通过重构过程被理解的经验的记忆（Freud，1937b）。随着结构理论的出现，弗洛伊德（1923a）在两个方面保留了记忆的核心性概念，一是所有结构的建立都涉及过去客体联结的记忆痕迹的内化，二是他的信号情感概念——涉及自我以创伤性焦虑记忆的减弱形式的再现。在讨论创伤梦、童年失忆、强迫性重复和延迟作用时，弗洛伊德也提到了记忆 / 遗忘过程。

E. 克里斯（1956b）描述了童年记忆的恢复与治疗作用之间的动力学关系，强调关键问题不是记忆的内容，而是它的语境含义。他认为，解释不能产生对童年记忆的回忆，但建立了让回忆成为可能的动力学条件。换言之，通过解释，记忆所代表的冲突主题已经成为移情关系的中心。分析工作是在前意识和潜意识之间的心理表面进行的，因此，患者的经验是一种再认记忆（已经得到承认了）。这更像是记忆的意义被理解，而不是记忆被恢复。克里斯还描述了发生在童年时期的记忆的压缩。如此一来，一个特定的记忆就代表了不同发展阶段冲突的凝缩，并且会逐渐融入人格结构和行为模式。

许多分析师质疑记忆的恢复是否是精神分析治疗中治疗作用的原因。有人认为，治疗因素是"客体关系的心理模型"（Fonagy，1999）、"内隐关系知晓"（Lyons-Ruth，1999）和"与他人共在的方式"（D. N. Stern，1994；D. N. Stern et al.，1998）的逐步修正——它们在移情关系中被激活，在此时此地被理解。福纳吉引用认知科学研究的数据，区分了两种不同的记忆系统，即**陈述性记忆（外显记忆）**和**程序性记忆（内隐记忆）**。他将外显记忆描述为可能成为意识的记忆，而将内隐记忆描述为无内容的记忆；他认为内隐记忆不能被记住，只有通过主观体验才能获得。在福纳吉等人看来，改变是通过修改程序性记忆或内隐记忆发生的，而内隐记忆只有通过经验才能与潜意识幻想联系起来。同样，P. 布隆伯格（1991，2006）将解离的自体状态描述为早期创伤被"记住"的形式，并认为它需要通过分析二元体中的行为扮演才能获得和创造意义。这种解离状态并不是压抑的结果，也没有被概念化为动力性潜意识的各个方面。这些观点都断言，潜意识经验的某些方面最好被描述为描述性的非动力性潜意识。

韦斯滕和加伯德（Westen & Gabbard，2002；Gabbard & Westen，2003）也认为记忆恢复不是治疗作用的关键因素。他们主张治疗作用中的多重模式，包括领悟、利用治疗关系的模式以及各种继发策略。引用以联结主义模型为特征的认知科学研究，他们并没有关注程序性记忆，而是关注**联想记忆**，即内隐记忆的一种亚型。他们将联想记忆描述为通过认知、情感和其他心理过程的经验创建的潜意识网络。在任何时候，这些网络的潜意识激活都会影响行为和心理体验，如患者的移情。其他网络代表潜意识愿望、幻想、信念、防御、妥协形成和内部客体关系。通过网络的去激活、松开连接和创建新连接，改变得以发生。加伯德和韦斯滕指出，自由联想和解释是激发患者探索其潜意识联想网络的能力的方法，尤其是当解释的重点是移情时。他们认为，分析关系对多方面的变化至关重要，包括功能的内化、情感态度、自我反思的意识策略，以及通过移情-反移情范式的认同。

从诠释学的原理出发，斯宾塞（1982）等分析师质疑了解释的基本前提——旨在将患者的过去与现在的经验联系起来的解释是可能的。斯宾塞认为，解释的价值在于构建一个"叙事真理"，因为记忆的本质排除了重建"历史真理"的可能性。

Memory or Desire 记忆或欲望

见"Wilfred Bion 威尔弗雷德·比昂"。

Mentalization 心智化

心智化或**反思功能**是从心理状态理解他人行为的能力（如信念、欲望、感受和记忆）、反思自己心理状态的能力、理解自己的心灵状态可能会影响他人行为的能力。根据潜在的心理状态和意图理解或描述自己和他人行为的能力是人类的先天能力，是情绪调节和生产性社会关系所固有的。从4岁左右开始，儿童逐渐发展出这样的觉察，即感受和思想是引发自己和他人的行为的中介变量，这些感受和思想也会受到彼此行为方式的影响。从本质上来说，至关重要的发展成就是儿童意识到有一个由心理功能和内容组成的心灵，它既影响世界经验又受世界经验的影响（最常见的是人际互动）。心智化是更广泛的主体间性能力（理解、感受、参与和分享另一个人的主观体验的能力）的一个具体方面。

在当代精神分析中，心智化取得了相当重要的地位。这个术语存在于许多不同的学派，在依恋理论家、发展型精神分析师和古典理论家中得到了广泛的应用。它被视为4～6岁儿童的一项重要发展成就，是安全型依恋和依恋障碍得到解决的一个标志，是精神生活的一个核心方面，也是成功的治疗的一项成就。心智化所需的能力早已在精神分析话语中得到承认。这包括各种自我功能的实现，例如，自体与他人的分化、观察性自我（调节自我反思能力的心理功能）、共情（一种间接地体验他人心理状态的感知方式），以及成熟的客体关系（能够通过内化过程激发承认和回应他人的需求和动机的能力）。然而，承认这些多重能力的获得代表着一种特定的发展成就，反映出人们越来越重视作为一种具有影响的动机领域的自体了。

心智化这个术语最早出现于1883年的一本医学期刊中，该期刊将其定义为"心理活动"（*Oxford English Dictionary*，2009）。20世纪六七十年代，心智化获得了更多的内涵，包括在正念或冥想状态下反思自己的心灵。福纳吉和他的同事（Fonagy & Target，1996b；Target & Fonagy，1996；Fonagy et al.，2002）是第一批将该术语应用于精神分析语境的人。福纳吉和塔吉特的研究与另一个发展研究相互交叉，后者被称为儿童新兴的心理理论（Premack & Woodruff，1978）。该理论记录了心智化能力的发展和一系列需要心智化的发展成就，囊括了从另一个角度看待问题、区分幻想与现实，以及参与幻想游戏的能力（Leslie，1987；Lillard，1993；Fonagy & Target，1996a）。在阐明发展的精神分析理论和心理理论发展研究的相互促进方面，迈耶斯和科恩（1996）发挥了重要作用。他们指出，心理理论关注认知能力的获得，而精神分析发展理论关注实现内化的客体关系以及幻想和游戏的能力（Mayes & Cohen，1992）。"心智化"已经成为精神分析文献中较为常见的术语。

迈耶斯和科恩（1996）描述了儿童逐渐获得心智化所需的三种认知能力（想象或象征的游戏也需要同样的认知能力）。这些能力在4～6岁时就变得十分明显了，它们包括：（1）能够将客体或人用于表征的目的；（2）承认一个客体或一个人可能与不同的表征联系在一起；（3）承认一个人是由自己的需求、知觉和信念内在驱动的。这种能力的证明来自多个实证研究，这些研究运用某种形式的错误信念情境，测试儿童承认他人视角的能力，以及对与自己不同的情况的理解。根据来自儿童分析的临床资料，福纳吉和塔吉特（1996a）描述了俄狄浦斯期达成的心理功能的反思模式，其基于幼儿分别经历的两种心理现实模式（"心理等同"模式和"假装"模式）的整合。在心理等同模式下，儿童将内部现实和外部现实等同起来；在假装模式下，儿童能够保有与其现实经验相分离的思想和感受。

这些研究还表明，儿童心智化能力的获得并不是在真空中发生的。心智化能力与依恋理论和其他描述儿童与重要客体的早期关系的模型有关。儿童通过一种促进性作用来了解心理状态和行为间的联系——促使其他人为其反映并建立彼此间的联系。例如，在安慰一个哭着的学步儿童说他一定很想念他的祖母之时，父母会在可观察到的行为（哭）和内心状态（孤独）之间建立联系。同样，情感剥夺、压力、创伤，以及内部冲突都会阻碍心智化的发展进程。福纳吉和斯蒂尔等人（1993）证明，外部压力源（尤其是虐待或忽视引发的早期依恋中断）可能会导致这种心理过程的发展不充分，或引发使用冲突。安全型依恋的个体通常有一个具有高水平心智化能力的主要照顾者，因而有更发达的能力来表征自己和他人的心灵。严重精神疾病对心智化能力的深度抑制（甚至会造成心智化能力的缺失）与广泛的发展中断有关，因为心智化对内部发展和适应至关重要。未能发展成熟的心智化会使儿童或成人患者的世界充满结构不完整的表征，从而破坏自体-客体分化、分离-个体化、现实检验、继发过程思维、情感调节、共情和对社会互动的更深入理解。

一些精神分析师认为，培养成熟的心智化的过程是儿童和成人精神分析治疗的重要目标，也是治疗作用的来源。在儿童治疗的背景下，心智化有时被称为洞察力（Sugarman，2003，2006），以区别于儿童世界的其他方面的发展过程。另一些精神分析师认为，以促进心智化为主要目标的治疗有别于精神分析本身。他们将精神分析定义为旨在帮助患者恢复被拒绝的心理内容的治疗（Bleiberg，2003；Bateman & Fonagy，2004，2006）。还有一些人（Lecours & Bouchard，1997；Sugarman，2003，2006）相信，这是一种错误的区分。他们指出，在充分和成功利用关键和稳定的心理功能进行自体调节的能力方面，所有患者都存在困难。患者需要重新激活和整合这些功能，以使其达到最佳的、和谐的工作状态。这些分析师相信，最好的做法是通过帮助患者有意识地体验和阐述他们的所有内部工作并且尽量减少约束来实现这一点。在儿童分析中，这些分析师建议，不要太关注让患者觉察到他们困难的复杂"原因"，而应更关注他们对自己有一个内心世界的觉察。这个内心世界是由与环境有关的重要体验和幻想产生的，促成了他们的情绪、自尊、症状和行为。对儿童而言，心智化能力可以通过游戏或与分析师的关系来提升，就像通过言语解释一样。从这个角度来看，对那些需要获得心智化能力的成人患者而言，治疗工作主要是通过移情-反移情的活现、分析师反思自己的参与的意愿，以及言语解释来进行的。因此，将精神分析的目的重新定义为促进心智化（洞察力）并实现其对治疗作用的核心贡献，可能会扩大分析师技术装备中的工具，从而囊括通常被视为纯粹分析之外的工作方式。一些精神分析师认为，心智化是一个概念，可以用来综合当今多元化精神分析景观中的多种模型。

福纳吉及其同事（George，Kaplan，& Main，1985；Fonagy et al.，1996）基于M. 梅因的成人依恋访谈（AAI），开发出一种评估反思功能的方法。这种评估方法如今已被计算机化（Fertuck et al.，2004），并被用于研究精神分析治疗中（尤其是在接受移情焦点治疗的边缘型患者中）反思功能的变化（Levy et al.，2006）。布沙尔等人（2008）研究了心智化能力、依恋状态（使用AAI）与轴I和轴II病理症状严重程度之间的关系。他们从反思功能、心理状态和情感的言语阐述这三个方面测量了心智化能力。他们的研究表明，只有反思功能与依恋状态相关。

Merger/Remerger 合并 / 再合并

见 "Depression 抑郁" "Ego Ideal 自我理想" "Identification 认同"
"Object 客体" "Self Psychology 自体心理学" "Selfobject 自体客体"。

Metapsychology 元心理学

元心理学这个术语来自弗洛伊德，是精神分析理论中用来研究心灵如
何在一般性原则和概念层面上运作的一个概念结构。从最广泛的观点来
看，元心理学可以等同于精神分析理论的整体。从最狭义的观点来看，其
等同于弗洛伊德（1915）在关于元心理学的论文中提出的心理理论。最常
见的情况是，元心理学被定义为精神分析概念化层级结构中最高的抽象层
次。这些层次由低到高分别是：临床观察和资料、临床解释、临床概括或
理论，以及元心理学（Waelder，1962）。传统观点中的元心理学定义包
含六个广泛的参照框架或观点（可以帮助我们概念化关于心灵的观察），
即地形学、动力学、经济学、结构、适应性和发生学。许多精神分析师将
元心理学视为一个基本要素，并将其用于对人类经验的精神分析理解。然
而，由于许多（经常是相互矛盾的）原因，元心理学一直是备受争议的主
题。这些争论主要集中在一个问题上：精神分析理论是否需要超出临床观
察的抽象水平以涵盖从其他自然科学中借鉴的广泛原则？

弗洛伊德（1898a）在给弗利斯的一封信中首次使用元心理学这个术
语。在一个心理学只研究意识现象的时代，精神分析是一种革命性的潜意
识心理学，在字面上"超越心理学"，因而成为"元心理学"。在弗洛伊
德（1901）首次发表的使用这个术语的论文中，他将世界的神话解释或宗
教解释描述为心理学对外部世界的投射，这在当时可能会被翻译为关于潜

意识的心理学。弗洛伊德（1915g）在关于元心理学的系列论文（只有五篇保留下来）中发表了对精神分析理论基础的看法。在这些论文中，弗洛伊德将其对元心理学的定义扩展到地形学观点之外，包括了动力学和经济学观点。原因在于，他此刻认为这三种观点都是完整描述心理过程所必需的。

正如弗洛伊德预言的那样，精神分析理论的发展需要进一步扩展，以构成完整的元心理学描述。拉帕波特和吉尔（1959）的影响性论文被许多精神分析师视为权威。其展示了元心理学当时的现状，反映了精神分析理论半个世纪以来的发展。他们将弗洛伊德的三个必要观点增加至五个。在他们的图式中，地形学被结构所取代；此外，他们添加了发生学和适应性。然而，许多分析师既使用地形学观点，又使用结构观点。

地形学观点根据心理内容与意识的关系来描述心理内容，这也是所有精神分析理论的一个经久不衰的方面。弗洛伊德还将意识、前意识和潜意识这三个术语用作名词，来表示心灵的三个区域。这些区域既不是解剖学的也不是空间的，而是隐喻性地排列在从表面到深层的垂直轴上。弗洛伊德的心理地形学模型逐渐被结构模型所取代，但他从未放弃前者。

动力学观点假定，所有心理现象都涉及多种心理力量或动机的持续相互作用，而这些心理力量的功能和意义并不明确。这些力量为内心冲突、妥协形成和潜意识幻想的概念提供基础。

经济学观点假设，心理事件和结构是由心理能量"推动"的，用于解释愿望、感受和观念的相对强度和绝对力量，以及防御性操作的力量。弗洛伊德还用能量的概念解释了一个基本的观察结果，即能量的强度可以从与之相关的观念中分离出来，从一个观点移置到另一个观念，或者转化（转换）为症状。术语投注用于描述对心理产物、结构、活动和客体的投入。虽然经济学观点在元心理学领域中最具争议，但对于所有描述心理体验强度和理解心理变化而言，它仍然至关重要。动力学和地形学观点中也隐含着能量的概念。

结构观点假定，反复出现和持久的心理现象或多或少会在心灵中获得稳定和有组织的结构表征。弗洛伊德的三分模型将心灵分为三个结构——本我、自我和超我。这三个结构由它们的功能而非与意识的关系所定义。在这个模型中，执行性自我必须在本我驱力衍生物的需求、现实关注、来自超我的道德和伦理压力等方面保持平衡。力和能量的运作也隐含在结构观点中——嵌于系统间冲突和系统内冲突等概念中。

继弗洛伊德之后，随着自我心理学的出现，对自我和超我的描述增加了额外的子结构，如自体和客体的心理表征、完满渴望的自体意象和自我理想（Hartmann，1964；Jacobson，1964）。科胡特（1971）假设，自体是心灵中的一个统摄性结构。他最初试图在经典框架内工作，但最终，他的理论构想完全背离了传统元心理学的假设。

发生学观点重点考察心理现象的形式、动机和意义的历史前兆或起源。它进一步假设，早期的心理形式虽然被后来的心理形式取代，但仍然活跃，并可能通过退行变得突出。发生学观点的探索基于心理现实，与发生学重构的治疗过程密切相关。我们应当将发生学观点与发展的观点（从外部观察和现实的角度审视发展过程）区分开来。

适应性观点关注的是心理现象与其环境（包括存在于生命每个阶段的外部世界的物质和人的方面）的关系。这是适应性关系的相互方面。在影响儿童适应模式的过程中，不仅是外部世界会对发展中的儿童产生重大影响，儿童也可以在其发展的各个阶段对父母的心理和适应模式产生影响。

在自我心理学迅速发展的时期，人们对元心理学的兴趣最大。早期自我心理学家（如哈特曼、克里斯和洛文斯坦）的具体目标在于，将元心理学系统化为一种普通心理学。他们都认为，精神分析是一门经验科学，元心理学是它的基础科学。因此，他们将元心理学视为最抽象层面上最普遍的一种精神生活规律，并认为它总体上与科学思维相一致，趋向于客观性和去人格化。同时，他们明白，这些规律的使用需要更个性化的临床方法。然而，随着其他理论观点的出现，元心理学的核心重要性逐渐减弱。客体关系理论家和自体心理学家（如克莱茵、费尔贝恩、温尼科特、巴林特等）发展出了本质上不同的假设和命题。这些假设和命题不容易对应到元心理学的五个／六个传统观点上；他们在自己的表述中也没有特别关注这些观点。

在当代精神分析理论的多元化景观中，关于元心理学的正确界定和价值的争论愈演愈烈。一些反对元心理学的声音断言，所有过于抽象或机械化的理论都太远离临床经验，并冒着邀请分析师和患者从结构和力量（而非个人能动性）的角度来描述患者的选择的风险（Schafer，1976）。更为严苛的批评者坚持认为，元心理学的基本前提是错误的，因为它不可避免地根植于弗洛伊德错误且永不放弃的尝试，即将精神分析与自然科学（尤其是神经生理学）联系起来（Gill，1976）。这些批评者倾向于将元心理学和弗洛伊德的经济学理论等同起来，认为它是一项伪科学事业，因为其构想无法通过临床情境得出的资料进行验证。相比之下，临床理论虽然通常是抽象和理论化的，但更接近于临床观察，并且可以从临床观察中推断出来（G. Klein，1976）。

一些分析师反对将精神分析作为一门自然科学，而主张将其描述为一门诠释学学科——其方法是对意义的解释，其临床情境是文本。诠释学的观点包括：精神分析解释是叙事性的，是对历史真理的质疑；其关于现实的观点具有相对性（Spence，1982）。一些诠释学家认为，精神分析可以是科学主义的。他们进一步说明，人的生物本性并没有被忽视，而是被从其心理意义的角度来理解（Gill，1988）。元心理学在关系精神分析、人际精神分析和一些主体间精神分析的理论中并不流行——这些理论主要强调分析二元体和共同构建的人际场域。

现代自我心理学家、一些当代冲突理论家和客体关系理论家仍然致力于将元心理学作为影响和概念化临床干预的有力工具。他们认为，由于基于抽象假设的理论构想会不可避免地成为所有临床治疗努力的基础，所以明确解释这些假设具有巨大价值。也有人认为，精神分析应该包括构建最佳抽象心理理论的目标，因为它促使这一领域与当代心灵科学的其他领域保持联系（Shevrin，2003）。这些理论家运用了信息、学习和系统理论，强调心灵加工信息、表征和符号形成的能力的认知科学模型，强调适应的进化心理学模型，以及强调并行处理的神经元激活模型（如联结主义）。

Midlife Crisis 中年危机

中年危机是个体生活中的一个革命性转折点，其发生于中年，涉及对事业、配偶和家庭的承诺的突然和剧烈的变化，并伴随着个体和他人持续的情绪动荡。促成这种行为的强大的潜意识冲突集中于以下方面：难以面对日益增加的对时间有限性和个人死亡不可避免性的觉察，以及拒绝参与自恋的伤害性现实（一个人的所有目标、志向和梦想在此生都不会实现）。结果是，个体疯狂地试图抛弃现在和过去，神奇地重新开始生活。虽然相对罕见，但真正的中年危机是临床实践中经常遇到的真实现象；它们提出技术挑战的部分原因是行动的压力。在生命中这个极为动荡的时期，中年危机也可能为重大的积极增长和变化提供潜力和动力；而在生命中较为静止的时期，这往往是不可能的。**中年过渡期**（D. Levinson et al.，1978）这一术语具有极大的临床实用性，因为这种现象的各个方面都存在于每个中年患者中。在某种程度上，对一个人生活的审查可能是相当有意识和明显的，也可能是更为下意识和潜意识的。由于中年危机这个术语已成为流行文化的一部分，对这一现象的精神分析起源和理解被淡化了。

埃利奥特·雅克（1965）创造了中年危机这个术语，然而弗洛伊德（1915f）在他自己的中年时期讨论人类存在的短暂性和死亡的必然性时，为关于这一主题的精神分析思想奠定了基础。弗洛伊德（1919d）也雄辩地描述了对死亡预期的普遍反应和对死亡的普遍恐惧。一些研究者则关注时间感问题。克恩伯格（1980）描述了时间视角中的变化；柯拉鲁索和雷米洛夫（1981）将中年发展任务定义为对时间限制和个人死亡的接受。

Mirror Stage 镜子阶段（镜像阶段）

见"Jacques Lacan 雅克·拉康"。

Mirroring 镜映

见"Self Psychology 自体心理学"。

Moments of Meeting 相遇时刻

见"Intersubjectivity 主体间性"。

Mood 心境

心境是精神分析从普通心理学那里借用的术语，是一种主要情感（如悲伤或愉快）扩散到整个自体状态并持续一段时间的情感体验类型。心境是一种复杂的心灵状态，其组成部分包括：情绪基调的主要色彩（情感成分）、与情绪基调一致的心理内容的窄化（认知成分）、采取具体行动的倾向（行为成分）。例如，在沮丧的心境中，一个人可能会感受到悲伤和罪疚，认为自己一文不值，并从社交活动中退缩；在情感高涨的心境中，一个人可能会感受到欣喜若狂，认为自己比他人聪明，而表现得外向或冲动。心境必须与情感区分开来，后者是一种相对短暂的心理生理状态。心境也不同于持续的情感状态（如爱或恨）——在这种状态下，感受以稳定、持续的方式指向特定的对象。心境也应该与性格这种更大的概念区分开来——它可能会嵌入性格结构中（如抑郁性格或焦虑性格）。过度弥散的、对现实检验无反应的、干扰适应性功能的情绪可能被认为是病理性的，例如**心境障碍**（**情感障碍**）。

心境在精神分析中很重要，因为它是许多自体经验的主要组成部分。心境会用相应的情绪基调来改变自体表征和客体表征——通常会达到创建一个全面统一的世界观的程度。其特点是选择性地关注与心境的情绪基调一致的观念、记忆、态度、信念、评估和期望，并排除不和谐的心理内容。通过选择性注意过程和心境协调行为，心境使自身持续存在，这可能会使他人坚信心境的有效性。心境产生于对内部或外部、有意识或潜意识的心理生理事件的回应中；它们代表对事件的当前意义，以及与之相关的有意识和潜意识记忆和幻想的回应。当引起共鸣的体验强度高到回应无法作为焦点情感被涵容时，心境就会出现。心境源于先天倾向；然而发展因素（包括气质和经验变量）也可能会使个人倾向于某些心境。就像所有的心理状态一样，心境发挥着一种妥协的功能，同时可以防御各种感受和幻想并促进对它们的表达。心境还具有人际功能或交流功能。在精神分析情境中，分析师密切关注作为自体潜在状态标志的心境状态，就像关注情感一样。精神分析文献包括对心境的一般概念以及一些具体心境的讨论，其中抑郁（Jacobson，1971）和情感高涨（B. Lewin，1950）是两种最受注意的心境。

在其里程碑式的论文《哀悼与忧郁》中，弗洛伊德（1917c）区分了正常的哀悼心境状态和病理性的忧郁心境状态。除此之外，他对心境的研究很少。在对哀悼的描述中，弗洛伊德将心境的经济功能描述为情感的重复释放——随着时间的推移，它将心理能量从固着的位置释放出来，从而促进新的情绪投入。

在后弗洛伊德主义自我心理学家中，最著名的一位是雅可布森（1957，1961，1971），她从结构观点描述心境——自我试图整合和控制有可能压倒它的情感反应。雅可布森强调情绪在经济方面的有用性，因为它促使个体以较小的、可调节的数量长期释放情感，从而有助于自体调节。在她看来，只有当体验引起自体表征和客体世界表征的变化时，心境才会产生变化。雅可布森还从发展的角度讨论了心境。她认为，随着时间的推移，个体会从更微妙或复杂的心境（通常以更高紧张的状态为特征）中发展出体验快乐和获得快乐的能力。在她看来，病理性心境易感性不仅源于体质倾向，也源于早期过度满足、剥夺或创伤的经验，这些经验以自我虚弱和超我虚弱的形式被结构化。许多分析师指出，成年人的抑郁心境与童年的丧失和剥夺密切相关（Mahler，1966）。一些人（如格里纳克和马勒）关注特定的发展阶段如何与特定的心境相联系，进而创造出组织后来的心理状态的"固着点"。他们发现，情感高涨与幼儿的"对世界的热爱"有关（Greenacre，1957），或与分离-个体化的实践亚阶段有关（Mahler，1967）；抑郁与分离-个体化的和解亚阶段有关（Mahler，1967）；病理性心境状态（如抑郁）早在婴儿期就出现了（Spitz，1945；Spitz & Wolf，1946a）。婴儿研究者在不断探索母亲和婴儿如何共同创造婴儿的心境（Tronick，2001）。

M (Other) 母性（大他者）

见"Jacques Lacan 雅克·拉康"。

Motivation 动机

动机是心理活动和身体活动的动力，它以需要、恐惧、愿望、目的和意图的形式出现在心灵中。动机的概念并不是精神分析特有的，它流行于共同话语中，在生物学、哲学、心理学和社会科学的学科中也具有通用性。在精神分析中，动机被理解为具有重要的潜意识成分，而精神生活的所有方面都被认为具有多重决定的、可能相互冲突的动机来源。精神分析师还认识到机构的概念（个体根据需要、欲望或其他动机影响因果行动的能力）、个体对机构的有意识承认和体验，以及个体对自己行动结果的责任。精神分析理论的许多关键技术（如自由联想、移情和阻抗）都隐秘地反映了一个潜在的潜意识动机模型。虽然理论家们提出了不同的概念，但这些术语都反映了一种中心的、有动机的人类倾向，即维持先前建立的心理平衡并重复熟悉的关联模式，尽管这些状态和关系也可能是相当大的痛苦和不幸的根源。

精神分析的核心是动机理论，其始于弗洛伊德的革命性理论，即癔症并非源于致病性的大脑状态，而是源于防御的动机过程。动机是一个至关重要的概念——作为一个统领性概念，它描述了激发人类行为的因素；从更具体的意义上来说，它识别出在特定时间、特定条件下激发个体的因素。追溯精神分析中的动机理论，就是要追溯精神分析本身的历史——从弗洛伊德的性欲和攻击冲动是主要的动力的观点，到包含源于自我和情感的动机，再到包含依恋需要、客体关系需要和自体追求，或被这部分所取代。动机的当代精神分析理论试图解释出生时存在的生物命令——它们通过与关系环境接触而得到表征和转换，也通过成熟和发展而日益复杂化。当代理论不像弗洛伊德的驱力理论那样将动机局限于两个来源，而是倾向于认为动机有多个来源，这些来源涵盖人类的所有追求。尽管关于动机来源的争论使精神分析理论产生了不同分支，但在临床情境中，大多数分析师关注的都是同一个问题：在患者与分析师的时时互动以及过去和现在的生活经历中，是什么激发了患者？

虽然弗洛伊德没有使用动机这个术语，但他不断发展的驱力理论就是一个动机系统模型。弗洛伊德（1895b）试图将他的新心理学科学与生物学、进化论的根源联系起来。作为其尝试的一部分，他最初假设内源生物力量是精神生活中的主要动机要素。1905年，弗洛伊德（1905b）正式引入驱力这个术语，将其作为心灵和身体交接面上的一个概念。也就是说，内源力量的心理表征刺激心理活动，进而刺激所有心理体验。在心灵中，驱力由一个观念（本质上是一个愿望）和一个"情感配额"来表征。这是一个快乐或不快乐的记录，反映了能量紧张中的潜在振荡（Freud，1915b）。弗洛伊德认为，心理装置的"目标"基于他称之为"快乐原则"的经济调节过程，即通过减少驱力刺激来实现快乐。在弗洛伊德的早期模型中，情感是对驱力紧张潜在状态的"知觉"，因而在激发行为方面起着重要的辅助作用。最终，弗洛伊德（1926a）赋予了焦虑一个特殊的角色，即作为自我在危险情况下用来调动防御的不快乐情感。

弗洛伊德（1905b）对婴儿性欲的描述从根本上扩展了性欲作为一种动力的作用，其通常以伪装或衍生的形式表现在症状、行为、性格和幻想中。随着其驱力理论的发展，弗洛伊德将不同类别的驱力视为精神生活的核心动力。在一个与进化思维兼容的模型中，弗洛伊德（1910e）区分了性本能和自我保护（自体保护）本能——前者的作用是确保物种的延续，后者的作用则是保护个体的生存（并在必要时激发防御性本能）。在他后来关于自恋的研究中，弗洛伊德（1914e）区分了指向客体的力比多驱力和指向自我的（自恋）力比多驱力。通过这种方式，弗洛伊德介绍了与客体关系有关的动机和源于自体需要的动机。弗洛伊德（1915b）还描述了在特定的创造性或智力活动中，驱力为了满足不同的目标（例如，去性化或升华的目标，其中包括更为社会接受或重视的目标）而经历的转变。实际上，根据弗洛伊德的理论，在整个发展过程中，驱力的"燃料"服务于个体的多重需求、愿望和渴望。后来，弗洛伊德（1920a）以死亡驱力为主题，将攻击与性驱力并列作为精神生活中的核心动力。与弗洛伊德的死亡驱力概念相联系的是，他观察到个体会被迫重复他们过去的经历，即使是在痛苦的时候。弗洛伊德将重复的动机视为驱力和一般精神生活的特征。在弗洛伊德看来，重复是一种记忆方式；但他认为，强迫性重复是一种更原始的重复形式，其作用超越了快乐原则。1923年，随着结构模型的引入，力比多和攻击的双重驱力被定位在它们自己的结构——本我中（Freud，1923a）。当驱力要求得到满足时，自我会通过中性化和融合过程来引导和调节它们的动机或力量。自我的防御、综合和整合功能有助于实现妥协形成，从而促使驱力衍生物与大量自我目标和超我目标同时得到满足。攻击驱力能量在助长超我的批判和惩罚功能方面起着特殊作用，力比多则起着其他作用；这两种动力都为道德提供能量。

　　弗洛伊德在他的驱力理论中指出，攻击驱力是死亡驱力的反映，是所有生物返回无机状态的先天生物冲动。这一论点几乎遭到了所有人的反对，它很难与基本的进化原理相一致。除了克莱茵和她的一些追随者之外，大多数理论家都拒绝了它。许多分析师采用了一种更具适应性的对攻击的看法，认为攻击的功能超越破坏力量而包括了主动性、掌控和各种回应（对阻碍、挫折、伤害，甚至创伤的回应）。然而，关于攻击的动机状态及其形式（是敌对的、破坏的，还是坚定的、适应的，或是两者兼具的），仍存在相当大的争议（Hartmann，Kris，& Loewenstein，1949；Fairbairn，1954；Kohut，1977；Parens，1979；Kernberg，1982）。

　　自我心理学家在弗洛伊德动机理论的基础上增加或强调了双重驱力理论的其他维度。虽然适应的观点隐含在弗洛伊德的元心理学中，但哈特曼（1939a）明确地发展出一个自适应的动机性自我操作模型，它具有自己原始的自主功能和没有冲突的领域，并由来自驱力的中性化能量驱动（许多分析师拒绝接受弗洛伊德主义的驱力理论就是因为它需要通过能量理论的复杂回旋来为自我提供中性化的驱力能量）。虽然哈特曼的理论中充斥着弗洛伊德主义的双重驱力理论，但他专注于自我在其与现实的关系中的动机功能。在描述多重功能原则时，韦尔德（1936）含蓄地解释了本我、自我和超我相互竞争的动机对妥协形成的作用——自我为了最大限度地满足他们的竞争性动机而造成了妥协形成。韦尔德将现实作为自我必须参与的另一个"难题"，这也隐含着一种自我努力妥协的适应性动机。一些人强调了自我朝向掌控的发展和适应性的推动，以及对其能力的锻炼。这表明，心灵的运作不仅是为了减少紧张，也是为了寻求刺激（Hendrick，1943a；White，1963）。谢弗（1968b）明确倡导这一观点（最终完全摒弃了能量概念），并且专注于愿望的动机功能——这些愿望表达了每个机构和心理活动中所有组成部分的追求。C. 布伦纳（1982）等冲突理论家认为，驱力应被理解为对人类动机的抽象概括——这是基于对许多个体在发展过程中指向特定客体的独特和特定愿望的观察。

　　其他分析师试图将驱力理论与客体关系动机结合起来。例如，洛伊沃尔德（1971）认为，驱力是在亲子矩阵的张力和互动中产生的，因而驱力和客体关系共同构成了一个不可分割的动机单元。克莱茵学派的模型保留了驱力的核心性，但从一开始就认为其与内部客体不可分割。费尔贝恩

（1954）提出，与力比多一起运作的自我在本质上是寻求客体的，而不是寻求快乐的。他认为，攻击不是一种基本动机，而是对挫折的反应，因而起源于客体关系。克恩伯格（1982）将双重驱力理论与客体关系模型相结合，但将情感视为主要的动机系统。在他的理论中，快乐和不快乐的情感状态是与自体表征和客体表征联系在一起的主要动机因素，它们随后会逐渐被组织成力比多驱力和攻击驱力；这些驱力会发展为更高级的动力。

从鲍尔比（1969/1982）开始，依恋理论家认为婴儿是寻求客体的，并将依恋视为人类经验的主要动力，从而完全削弱或消除了驱力的作用。与之类似，人际精神分析师和关系精神分析师将依恋、主体间性和社会关系的建立视为主要的动力（D. N. Stern，2005）。沙利文（1953a）提到了两种被称为动力机制的动机——情欲动力机制和自我动力机制。对于自体心理学家来说，动机来自自恋目标或自体客体需要；这些目标和需要促使个体建立足够的自体内聚、活力和自尊。科胡特（1971）为自恋目标提出了一条独立的发展路线。

在历史上，各个精神分析学派都优先考虑了某一种动机来源；然而，许多当代理论家拓宽了动机的概念，将其多种来源囊括在内。例如，派因（2005a）并没有拒绝将驱力视为"核心动机理论"的概念，而是扩展了动机的影响范围——包括人际关系、自我功能和自体。他强调，所有的动机来源（包括驱力）都与特定的个性化含义联系在一起。韦斯滕（1997）试图提出一种与临床相关的动机理论，该理论与实验数据和当前的神经心理学假设相一致。他认为，情感（而非驱力）是一组有着复杂层级组织的有意识和潜意识动机的激发者。在韦斯滕的理论中，许多经典理论得到了保留，但以不同的方式被重新组合。在韦斯滕的模型中，情感根植于身体，由驱力状态、心理表征和感受之间的习得联系和环境特征（如客体关系和文化）引发；情感作为适应性行为调节器，通过提供情绪反馈来激活反应，使快乐最大化；妥协形成源于满足多重动机的尝试。

儿童研究者已经表明，无论是新生儿还是学龄前儿童，都存在着比以往更为复杂的知觉能力和辨识力。埃姆德（1988）描述了建立在基本内在动机基础上的动机结构层级。与上述发现一致，这些动机从出生起就一直存在。它们是活动、自体调节、社会适配性和情感监控。这四个基本动机共同建立了包含自体系统和早期关系动机的更为复杂的动机结构，进而建立了一种"我们"心理学。D. N. 斯特恩（1985）描述了类似主体间自体的能力及"与他人相联系的自体"的能力的发展。

Mourning 哀悼

哀悼或**哀伤**是重要客体关系丧失或任何情感上的重大损失（可能涉及工作、财产、理想、健康或青春方面的损失）时出现的一个痛苦的内心过程。在丧失爱的客体的情况下，哀悼工作是对改变了的现实的逐渐适应。哀悼者必须慢慢接受丧失的现实，放弃相应的客体联结，接受一种与爱的记忆紧密相连的内化客体关系。丧失是生命中不可避免的一部分，面对丧失时的哀悼能力反映了人类健康依恋的深度。客体丧失后，**简单的哀伤／哀悼**可能包括身体痛苦、对丧失的客体的专注思考、进行新的情绪投入的能力减弱、对日常生活中的活动丧失兴趣、罪疚、敌意，以及对丧失的客体的认同。哀悼过程会不可避免地受到丧亲者心理能力的影响，这些能力包括承受痛苦创伤的能力、已丧失的客体关系的性质和功能、从其他客体关系中获得支持和安慰的能力，以及（在某些情况下）自尊的复原力。同样重要的是丧失发生的条件，如是否是突然发生的，或者是否有一些可能的情绪准备。在童年时期，哀悼的结果取决于年龄、认知和情绪发展能力，以及是否有合适的替代客体（尤其是在丧失父母的情况下）。在临床情境中，结束阶段的工作通常被概念化为哀悼过程。**病理性哀悼**可能有多种形式，但通常表现为无法解决的长期抑郁状态，其可能表现为强烈的愤怒感和罪疚感。

在《哀悼与忧郁》这一里程碑式的论文中，弗洛伊德（1917c）对哀悼进行了最全面的讨论。弗洛伊德（Breuer & Freud，1893/1895；Freud，1909d）在早期的作品中提到了病理性客体丧失的临床表现。弗洛伊德将哀悼和忧郁症视为两种不同的临床状态，并指出二者是由相同的条件引起的，但前者不是病理性的反应，后者却是。弗洛伊德认为，这种现象学上的差异在于，忧郁症会带来令人痛苦的自爱丧失，而哀悼不会。弗洛伊德描述了哀悼的工作。在这个过程中，个体必须承认现实，而且必须放弃客体联结——这需要时间和巨大的情感努力。由于客体联结的矛盾性质，忧郁症患者无法放弃客体，这会引发与丧失的客体形成自恋性认同的退行。如此一来，攻击被释放，这也是自体攻击和自爱丧失的原因。虽然在该事件得到解决后，忧郁症病理状态下形成的认同并没有持续存在，但弗洛伊德（1923a）关于客体联结可以被认同所取代的看法成为他关于正常自我和超我结构建立的观点的一个核心。在弗洛伊德（1926a）后来阐述他的第二焦虑理论时，客体丧失被确定为发展序列中的首个威胁情境。焦虑是对客体丧失威胁的回应，而疼痛是对客体实际丧失的回应。

与弗洛伊德类似，雅可布森（1971）区分了哀伤（以及更宽泛的悲伤）与抑郁。哀伤是对丧失的体验或幻想的回应，它对自体的攻击很简单；抑郁也是由客体丧失引发的，其特征是指向自体或丧失的客体的攻击。当潜在的自恋冲突突显出来时，抑郁是更有可能出现的结果。

与弗洛伊德相反，克莱茵（1940）认为丧失爱的客体总是会引发矛盾的冲突，而哀悼的痛苦与这种冲突有关。她描述了恐惧、痛苦和罪疚的潜意识"幻想"的重新激活。这些幻想与抑郁位置有关——当丧失外部客体时，好的内部客体也会被摧毁。哀悼者和儿童一样，通过建立一个理想化的内部客体，利用躁狂防御来应对丧失爱的客体的痛苦"思念"。这样的过程中穿插着对可恨的爱的客体的攻击，进而使好的内部客体面临被摧毁的危险。成功的哀悼工作包括对现实的缓慢而痛苦的检验、内心世界的重建，以及与外部世界重建联系。当躁狂状态延长或诱发退行性偏执过程时，哀悼的病理状态可能会很明显。

依恋理论的创始人鲍尔比（1961）提出的论点是，即使在童年早期，客体丧失也会引发一个哀悼过程，其包括成人病理性哀悼中可能观察到的基本心理过程；早期客体丧失往往会引发后期精神病理症状。斯皮茨（1945；Spitz & Wolf, 1946a）描述了出生第一年母亲去世后的灾难性反应。鲍尔比深受其影响；但他质疑了"幼儿不会哀悼"这一公认的观点。鲍尔比以自己的论点（依恋是由一个先天的本能系统调节的，该系统的动机状态与喂食和性爱的动机状态相同）为基础，描述了哀悼的三个阶段。当与爱的客体分离时，幼儿的反应是：（1）失望、分离焦虑、哀伤、抗议，以及愤怒地努力找回丧失的客体；（2）不再关注丧失的客体，不再努力找回它，而是以人格解体、痛苦和绝望来取代它；（3）通过重组丧失的客体意象以及与新客体的联结来完成哀悼。与弗洛伊德不同，鲍尔比将对丧失的客体的愤怒视为对丧失的普遍回应；与克莱茵不同，他不认为罪疚和对报复的恐惧是正常哀悼的组成部分。鲍尔比同意林德曼（1944）的观点，并将正常哀悼和病理性哀悼区分开来。他认为病理性哀悼是正常哀悼的夸张版本，而非认为二者是两种根本不同的结构。在鲍尔比看来，病理性哀悼通常是第一个阶段之后的失败。鲍尔比还同意林德曼、克莱茵，以及恩格尔（1961）的观点：虽然哀悼可能"简单"，但其涉及的严重中断、痛苦和解体会构成一种病理状态。最后，鲍尔比和波洛克（Pollock, 1961）一样，强调哀悼的能力是一种基于生物功能的适应性回应，因为它是对真实外部事件的回应，与经历客体丧失的鸟类和低等哺乳类动物的特征类似。

克恩伯格（2010）提出，正常哀悼的工作会刺激健康的修复冲动，加强与丧失的客体的内部客体关系，促进超我和自我理想的进一步发展，并深化爱的能力。可能直到失去时，爱的客体才会得到充分的欣赏；这时，哀悼者可能会因为失去的机会（而不是因为对丧失的客体的攻击）而感到罪疚。在克恩伯格看来，对丧失爱的客体的记忆永远都会强烈地存在。当人们想起丧失的客体时，悲伤和泪水便证明了这一点。

Multiple Code Theory 多重编码理论

见"Primary Process 原发过程""Symbolism 象征主义"。

Multiple Determination 多因素决定

多因素决定通常可以和**多元决定**互换使用，以强调对所有精神生活的特定表现进行多重心理说明和动机解释。因此，梦、症状或者行为的一部分将从不止一个愿望或冲突中衍生出它的外部形态；此外，分析将揭示，一个特定的思想或梦是由有意识感知的意图和多重潜意识因素决定的。这些因素包括驱力衍生物、自我的防御性操作和复杂的移情感受。最终，分析师在处理患者产物的任何一个部分时，都必须根据当前的临床情境，在几种途径或解释水平中进行选择。多因素决定建立在心理决定论的基本原理之上——认为所有心理事件都是由先前的心理事件引起的，并且遵循因果规律。

弗洛伊德在描述癔症症状时首次提到了多元决定（Breuer & Freud,

1893/1895a）。他认为，这些癔症症状实现了它们的明显形式——这是无数思想链和记忆从被压抑的潜意识内容中流露出来的结果。这些思想链受到不同程度的阻抗及阻抗策略的影响，最终将汇聚在一个"核心"中，引发一种"多元决定"的症状。事实上，患者的整个神经症可以被视为是多元决定的，因为其病因不可避免地与多种因素有关。在后来关于梦、症状和口误的研究中，弗洛伊德（1900）继续提及多元决定的概念。在《梦的解析》中，他阐述了梦的外显内容是如何由各种潜意识主题决定的。这些主题既被凝缩和移置过程反映，也被其掩盖。梦的工作的凝缩确保了多元决定，因为进入梦的元素必须与大量梦思相联系，从而构成多元决定的"节点"。

随着结构理论的出现和自我心理学的发展，韦尔德（1936）提出将多重功能原则作为多元决定（他认为，这是一个有缺陷的概念）的替代方案。与弗洛伊德一样，韦尔德强调，所有心理经验都必须被从多个角度加以理解，每一种心理动作都必须"被理解为整个有机体集体功能的表达"。他描述道，每一种心理动作都是根据自我对八组难题进行妥协解决的尝试：本我、超我、现实和强迫性重复向自我呈现四个难题；在另外四个难题中，自我积极地与这些相同的力量进行接触。然后，每一种心理动作都可以被理解为代表了多种功能和含义。韦尔德认为，多元决定的概念不符合自然科学的规律，因为自然科学要求事件由必要和充分的原因决定。他举例说明，在数学中，三角形正好由三个成分决定，而不能由四个成分决定。他进一步指出，多重功能原则为所有心理动作的决定因素提供了一个有界的限制。出于这些原因，最好使用"多重决定"这个术语，而不是"多元决定"。

尽管韦尔德表示反对，但如何以及何时解释患者产物的各种可能含义的问题仍然是精神分析话语的核心。这可能会受到分析师的理论取向

以及其他个人因素的影响。解释的多重性不应与解释的任意性相混淆
（Schafer，1985），而过于狭隘的理论关注点可能会限制对多重含义的知
觉和解释。拉康将语言意义的无限指涉性与潜意识的结构联系起来，认为
潜意识要素不可避免地是多重决定的（Lacan，1956a）。

Narcissism 自恋

自恋是一个缺乏概念清晰性的术语，它包含与自体相关的一系列观点。自恋通常被当作一个贬义标签，用来形容诸如自我贯注、骄傲、完美主义、虚荣、夸大性、权利感和剥削他人等特质。在当代精神分析中，自恋经常会涉及的主题有：（1）自体的整体幸福感，包括活力、主动性、本真、连贯性和自尊的感受；（2）正常和病理形式的自体；（3）自恋的病理症状，以**自恋性格**或**自恋型人格障碍**的形式存在，覆盖了从更高级别的神经症障碍到更普遍的性格病理症状。其中，自恋型人格障碍包括防御性自体膨胀，缺乏对自体概念的整合，过分依赖他人的赞扬，不良的客体关系，易受羞辱、羞耻、暴怒和抑郁的影响，权利感，对完美自体的不懈追求，以及关心、共情和爱他人的能力受损；（4）**自恋防御**，包括用于调节自尊的自体夸大或全能感、理想化和贬低；（5）**病理性自恋**，一个从特定角度描述自恋的病理症状的术语，与英国克莱茵学派客体关系理论密切相关；（6）作为自体心理学的临床和理论重点，自恋被认为是健康发展的正常路线，且受制于发展受阻。

关于自恋这一术语，存在许多概念上的混淆。原因在于，它既是一个元心理学概念，又是一种对经验的描述，且在不同的抽象层次上其早期定义和更现代的定义分别一直在使用。弗洛伊德自己也造成了这种混乱，因为他在不同的抽象层次上以各种方式使用自恋，例如：（1）性倒错（前精神分析意义）；（2）作为力比多客体的自体；（3）客体联结之前的早期发展阶段；（4）思维和感受的原始、全能和神奇的方面；（5）一种客体关系；（6）一种与环境关联的模式，其特征是明显地从客体中撤回力比多投入（例如他的**自恋性神经症**概念）；（7）自尊。

对于所有关于自体及其与客体世界的关系的精神分析构想来说，与自恋这个术语相关的概念都是至关重要的。自恋是所有精神生活的普遍特征。自弗洛伊德以来，精神分析理论化的一个关键焦点便在于，描述自体经验、自尊调节经验和客体关系经验之间的复杂关系。弗洛伊德致力于厘清自恋的概念，并在理论制定方面取得了重大进展，为自我心理学和客体关系理论的发展做出了贡献。与自恋障碍的斗争也为自体心理学理论提供了动力。

弗洛伊德（1914e）认为，埃利斯和纳克引入了自恋这个术语。1898年，埃利斯借用纳西索斯（Narcissus）来说明自体性欲者。纳西索斯是希腊神话中的一位年轻人，他爱上了自己的倒影，并因无法实现的欲望而备受煎熬。纳克（1899）用自恋这个术语来形容性倒错。在写给弗利斯的一封信中，弗洛伊德（1899b）提到了自恋的概念，并用它来指精神病状况下的力比多变迁。在1910年的一个脚注中，弗洛伊德第一次公开使用这个术语。该脚注附在他的《性学三论》中，描述了同性恋者的客体选择。

在其里程碑式的论文《论自恋》中，弗洛伊德（1914e）的自恋理论得到了最充分的阐述。部分原因在于，一些理论家挑战他的力比多理论的核心地位，不断给他施加压力。荣格甚至断言，力比多理论无法解释与精神病和精神分裂症相关的临床现象。在《论自恋》中，弗洛伊德否认自恋是对自我的力比多投入，还将自恋描述为客体关系发展的一个正常阶段，是介于自体性欲和客体爱的中间阶段。个体从最初的自体性欲阶段进入**原发性自恋**阶段。在这个阶段中，力比多被投入此刻已分化的自我（先于客体联结的形成）。从发展的这个阶段开始，自我建立与外部客体（客体爱）的力比多联结。然而，此后，为了应对挫折，自我可能会将力比多撤回自身，从而引发**继发性自恋**。在进一步的阐述中，弗洛伊德将**自恋性客体选择**与所谓的"依附性客体选择"区分开来。依附性客体选择根植于自我保护本能，因此，儿童爱喂养他的女人，爱保护他的男人，爱成年生活中与这些角色产生共鸣的人。相比之下，自恋性客体选择让儿童或成年人爱与自己相似的人，爱使他想起前程似锦的自己的人，爱自己希望成为的人，爱能被自己体验为自体的一部分的人（如自己的孩子）。自恋性客体选择的目的是维持自爱。

弗洛伊德用自恋的新概念解释精神分裂症和精神病。他认为，力比多撤回到自我中的这一设想，解释了这些障碍典型的自大狂和从外部世界的退缩。他还用自恋的概念解释其他各种各样的现象，例如，把自己当作性客体、同性恋、全能思维、疑病症、理想化，以及最重要的自爱的变迁。根据弗洛伊德的观点，除了来自客体力比多联结的满足之外，自爱还有两个额外的来源，一是**婴儿自恋**的残余，二是自我理想（这是他在《论自恋》一文中首次提出的概念）的满足。自我理想是对童年失去的完美的继承。通过将自我理想投射到面前，儿童试图恢复被迫放弃的全能（放弃是由于他人的指责和他自己涌现出来的批判性判断）。自我理想是一种基本的良心（超我），个体通过它来衡量自己的实际自我。弗洛伊德还认为，**自恋力比多**，或从被遗弃的客体投注撤回到自我中的能量，此刻可用于许多其他非性的自我功能，包括心理结构的构建（这一观点后来被阐述为升华、内化和认同）。事实上，弗洛伊德的自恋概念与自我、超我（自我理想）、自体和客体关系等概念的发展密切相关。

弗洛伊德几乎没有进一步修改他对自恋的理论构想。然而，自我心理学的发展促进了自恋概念的复杂化——将结构理论和攻击作用的元素并入其中。例如，哈特曼帮助澄清了弗洛伊德对自我的模糊使用，即它既指体验的"我"，也指更抽象的心理结构。哈特曼（1950）将自恋重新定义为自体或自体表征的力比多投注。雅可布森（1964）详细阐述了哈特曼的工作，将弗洛伊德对驱力的关注与自我功能、情感和客体关系的概念结合起来。她详细描述了自体的复杂发展、客体关系的发展以及与之相关的自尊的变迁。她探索了如何通过建立超我、自我理想和充满渴望的自体意象的结构来探索自尊发展稳定的动力。随着时间的推移，自体的概念化在自恋的精神分析取向中变得越来越重要，对超我和自我理想的更多理解也是如此。例如，J. 桑德勒和乔菲（1965）等分析师试图用完全非驱力的术语来定义自恋，用情感状态来定位其意义。他们将自恋定义为"幸福感的理想状态"，将自恋的病理症状定义为显性或隐性的痛苦状态。

从一开始，自恋的概念就对理解不同类型的精神疾病很重要。弗洛伊德（1915d）区分了神经症患者（患有癔症、焦虑和强迫性神经症的人）**和自恋性神经症**（由现在被认为是自恋型人格障碍和边缘型人格障碍，以及"妄想症、忧郁症和早发性痴呆"组成的集群）患者表现出的移情。弗洛伊德（1917c）认为，自恋性客体联结使个体倾向于形成忧郁症和其他类型精神疾病的**自恋性认同**特征。在弗洛伊德（1916）早期对"例外"（一种性格类型，由早期**自恋伤害**的修复需求组织而成）的描述中，自恋问题对性格的影响也很明显。阿德勒（1925）指出，儿童相对于有权势的成年人的自卑感以及补偿性的夸大都会影响随后的一切心理发展。琼斯（1913b）描述了他所说的"上帝情结"。然而，自我心理学的发展使性格的概念得到更全面的阐述，并使自恋型人格障碍的具体诊断类别得到发展。W. 赖希（1933/1945）描述了**阳具自恋性格**，将阳具的攻击性、霸道、傲慢的行为鉴别为一种稳定的防御（以防止退行至被动女性气质和肛欲追求）。在发展的高峰期，阳具自恋者饱受阳具和裸露追求的严重挫折（通常是由异性父母造成的），这为施虐复仇动机奠定基础。W. 赖希描述了严重程度的谱系——从更健康的阳具自恋到病理性的前生殖器欲形式的自恋（包括成瘾、性施虐和犯罪行为）。A. 赖希（1953）描述了女性自恋障碍。这些女性早期的性别自卑感反映在一个婴儿般的夸大自我理想中，随后外化为一个理想化的爱的客体，用于满足自恋需求和稳定自尊。她还描述了患有早期创伤的男性自恋障碍——这些创伤导致他们从爱的客体中退行性撤回，并高估自己的身体（尤其是阴茎）。这些个体依赖于对自体夸大的自恋幻想——他们感受到这些幻想会神奇地得以实现。H. 多伊奇（1934）描述了表现为"仿佛"人格的严重自恋障碍。多伊奇（1955）和格里纳克（1958b）都描述了表现为"冒名顶替者"的严重自恋障碍。M. 巴林特（1968）描述了父母的缺乏原始客体联结（例如，缺乏理解、承认和安慰）怎样在儿童身上造成通常表现为自恋的"基本错误"。库珀（1988）描述了**自恋-受虐型人格障碍**，认为自恋和受虐元素紧密地交织在一起而应该被视为一个单一的实体。

　　病理性自恋是一个与英国克莱茵学派客体关系理论密切相关的术语。克莱茵认为，即便是最早的婴儿期，也并非像弗洛伊德所说的那样是无客体的，而是以原始客体关系为特征的。她的观点是一些自恋病理学理论发展的基础。例如，罗森菲尔德（1964）质疑弗洛伊德提出的"在自恋性神经症中，连贯的移情无法展开"。他认为，在自恋移情中，自体和客体的分离是被否认的，是对依赖和嫉羡的防御。在他看来，自恋患者明显的无法投入客体是一种防御现象，其中隐藏着丰富而原始的客体表征。罗森菲尔德（1971a，1971b）后来区分了**力比多自恋**和**破坏性自恋**——前者否认客体是对无法忍受的分离和嫉羡经验的防御；后者否认客体是死亡驱力的表现。范德瓦尔斯（1965）首先使用病理性自恋这个术语来描述基于扭曲的客体关系的自恋病理学理论，这与那些将自恋病理症状概念化为反映早期正常发展阶段的固着的理论形成对比。

继罗森菲尔德之后，克恩伯格（1970a，1970b，1975，1984）阐述了自恋综合征中扭曲的客体关系的核心性。克恩伯格将自己的观点与克莱茵、A.赖希和雅可布森的观点结合起来，提出了病理性自恋的观点。他认为，早期严重的分裂被用来防御无法忍受的攻击愿望，进而会引发自体的基本结构的扭曲。自恋者会发展出一种病态的夸大自体（这是他从A.赖希和科胡特那里借用的术语），而非一种整合了自体好的方面和坏的方面的正常自体表征。这种病理性结构是实际自体与理想自体和理想客体表征的防御性融合的产物。病态夸大自体保护个人免受无法忍受的依赖和嫉羡的恐惧。自体和客体未整合的不良方面被投射到客体世界中，导致外部客体被体验为恶意、机械和不真实的。此外，将理想意象完全置于自体中会妨碍它们与超我的正常整合。有些自恋者的功能良好；在另一些人身上，对嫉羡和对依赖他人的偏执性恐惧通过对客体的贬低和全能控制，以及**自恋性退缩**来防御；还有一些人会表现出更严重的紊乱，即**恶性自恋**——超我的严重变形引发了突出的反社会特征（Kernberg，1984）。

科胡特（1966，1971，1972，1977，1984）的工作是正常自恋和病理性自恋理论的一个重要里程碑，引发了精神分析中自体心理学这个分支的发展。科胡特对理解自恋的贡献包括：（1）他将自恋定位为精神生活中一种必不可少的、不可还原的推动力，其自身的**自恋发展线索**有别于客体爱的发展；他指出健康的自恋的特点是出现两极自体，一极是夸大的自体，另一极是全能的客体。（2）他说明了自体客体在发展和维持自体中起着作用，以及自体客体功能是指客体（最初是照顾者）的在场和行动使自体体验被激活和变稳定的过程。（3）他将极端的攻击概念化为**自恋性**

暴怒，认为这并非攻击驱力的变迁，而是自体受伤或自体-自体客体矩阵中断的继发经验。（4）他对自恋的病理症状（后来被称为自体障碍）进行概念化，认为它们是自体客体的需要没有得到充分满足的发展受阻所导致的。（5）基于患者持续需要通过镜映自体客体功能和理想化自体客体功能来维持不稳定的自体内聚感和自尊感，他对**自恋移情**（后来被称为自体客体移情）做出了阐释。

关于自恋概念的许多争议的焦点是科胡特和克恩伯格的观点之间的差异。科胡特认为，自恋病理学反映了由环境匮乏引发的发展受阻；克恩伯格区分了正常的（婴儿或成人）自恋和病理性自恋，认为后者是防御性操作引发病理性心理结构变形的表现。一些人认为，科胡特和克恩伯格之间的分歧反映了患者群体的不同。例如，罗森菲尔德（1987）区分了"厚脸皮"自恋者和"薄脸皮"自恋者，前者难以接近且具有防御性的攻击性，后者则虚弱和脆弱。同样，《心理动力学诊断手册》（PDM Task Force，2006）将自恋型人格障碍分为两种类型：傲慢／自大型（以傲慢、个人魅力和贬低他人为特征）和抑郁／耗竭型（以嫉羡和追求理想化为特征）。

韦斯滕（1990a）为了回应围绕自恋的元心理学概念产生的混淆，而鉴别出与自恋概念最常联系在一起的四种现象：自我中心主义、对自己和他人的相对情感投入、自体概念、自尊。在回顾了相关的发展研究资料后，他得出结论，这些现象彼此独立地发生变化，因而其中任何一个都无法准确地界定自恋的概念。因此，韦斯滕提出了一个与他的临床资料和实验数据一致的广义定义：自恋指的是对自体的认知-情感专注。

Narcissistic Rage 自恋性暴怒

自恋性暴怒是一个自体心理学术语，指的是当自体-自体客体矩阵的内聚性受到威胁或伤害时出现的一种复杂的心理状态。自恋性暴怒的特点是，冷酷无情地对感知到的不公正现象进行报复和纠正，并带有（可能此前就有）强烈的羞耻和羞辱。个体可能未觉察到自己的暴怒，也可能拒认它，还可能敏锐地意识到它。他可能会专注于自己的感受，并通过敏锐的理性思考来实现报复。自恋性暴怒的表达可以从轻微的气恼，到完全爆发的暴怒（这个概念的由来）。暴怒既是破碎自体的记号，也是对自体客体失败经历的回应。在治疗过程中，分析师将注意力集中在暴怒背后根本的自体-自体客体病理症状上，目的是强化自体，进而以其坚韧的强度来减少对自恋性暴怒的一触即发的脆弱性。

与弗洛伊德将攻击概念化为必须被自我"掌控"的驱力或克莱茵基于死亡驱力的理论相反，科胡特将敌意攻击视为原始的、未被满足的自体客体需要扰乱个体自恋平衡的必然表现。他认为我们必须将自恋性暴怒与自我肯定区分开来。自我肯定是追求性自体的正常组成部分，在志向的发展中沿着一条单独的路线展开。在自我肯定中，个体的竞争志向或愤怒目标是作为一个独立的人被体验的；一旦目标实现，愤怒就会平息。在自恋性暴怒中，个人暴怒的对象不是作为一个单独的人被体验的；即使报复成功，伤害感和暴怒依然存在。否认"他性"本身并不是敌意攻击的表现，也不是对依赖的防御。暴怒本身可能有助于避免进一步的解体，以及修复自体的完整性。

科胡特（1971）关于攻击的有争议的观点就建立在他对自恋的理解之上。他提出，自恋和客体力比多有着不同的发展路线；自恋在照顾者适当阶段的共情回应中从原始形式向成熟形式转变。他论证了孤立驱力衍生物

（包括自恋性暴怒）的非整合表现，认为其应被概念化为解体产物（他偶尔称之为崩溃产物），是自体缺陷的症状。科胡特（1972）首次评论了自恋和攻击之间的关系。他将理想化描述为正常发展的一个方面，而不是对攻击的防御。他认为，所有暴怒的背后，从轻微的怨恨到偏执的仇恨，都是对理想化自体客体的完美化和对夸大自体无限力量的坚持。暴怒源于童年时期对自体客体全能控制的阶段性需求带来的创伤性挫折。

当剧烈的暴怒反应没有平息时，暴怒可能会随着**慢性自恋性暴怒**的逐渐建立而渗透到心理之中。慢性自恋性暴怒的特征是对纠正不公正的幻想、对妥协的蔑视，以及对自我伤害的漠不关心。慢性暴怒可能会嵌入自体结构中，引发施虐受虐、蔑视、收集不公正、自责、自怜、自杀行为（A. Ornstein，1998）。自恋性暴怒也可能会促进群体心理；羞辱和对全能幻想的破灭会引发一个群体倾向于高度有组织的攻击行动（Kohut，1970/1978）。

在精神分析治疗情境中，分析师必须明白，自恋性暴怒不能转化为建设性的攻击。治疗目的是逐步改变引发暴怒的自恋失衡。当分析师承认患者自恋地感知世界中暴怒的合法性时，这种转变就会发生。分析师应解释理想化他者中的潜在失望，以及对确认与钦佩的潜在需求。在修通中，分析师应关注诱因作为对自体感的冒犯的意义。这一治疗过程的目标包括强化自体，减少对自恋性暴怒的脆弱性，以及增强自我肯定的能力。

在过去的20年里，婴儿研究（D. N. Stern，1985；Beebe & Lachmann，1988；Lyons-Ruth，1991）支持科胡特的观点，即出生时的婴儿不是暴怒的，而是自信的；他的自信使他能够对自己的自体客体提出要求，为他提供正常的共情回应。关于攻击和自我肯定之间的区别，斯特切勒（1982，1987）、斯特切勒和卡普兰（1980）做出了最明确的陈述。他们的结论是，自我肯定和攻击在我们的生物心理社会传承中有不同的起源；它们在我们的生活中起着不同的作用，而且伴随着不同的情感体验。

Narrative 叙事

见"Hermeneutics 诠释学""Fantasy 幻想"。

Nature-Nurture 天性-教养

见"Complemental Series 互补系列""Constitutional Factors 体质因素"。

Negation 否定

否定是一个使被压抑的东西——只能以否定的形式——进入意识的过程（例如："梦中的女人？她不是我的母亲！"）。否定的概念与否认的概念有关，在后者那里，有意识的观念或感受被拒绝。弗洛伊德（1925a）在几个场合中都注意到了否定现象，但他对这一现象的最彻底的探索是在他的论文《否定》中。在这篇论文中，弗洛伊德断言，患者口中的"我从未那样想过"就是表明分析师在解释方面走上了正确道路的最佳证据。弗洛伊德觉察到，这种证据的使用使分析师可能会因声称万无一失——无论患者说什么，分析师都能在其言语中找到对解释的确认——受到指控。格兰巴姆（1979）将此称为弗洛伊德的"符合论证"。弗洛伊德（1937b）对此做出了驳斥。他指出，分析师必须始终通过治疗的整体背景来寻求对其解释的进一步确证。在精神分析认识论中，许多关于分析设置中确证可能性的议题提出了一个尚未被解决的问题。当代精神分析从多个角度积极讨论了这个问题（Grünbaum，1982）。

Negative Therapeutic Reaction 消极治疗反应

消极治疗反应指的是精神分析患者在理解重要领悟或其他分析进展的迹象后可能出现的反常临床恶化。它最初被理解为潜意识罪疚的表达和惩罚的需要，后来，心理学家又对它的发生提出了许多心理动力学解释。消极治疗反应还具有更广泛的内涵，即患者潜意识地采取反对治疗进程的所有倾向性立场。在最广泛的定义中，消极治疗反应被理解为对丧失和分离（对改变的固有阻抗的基础）的普遍恐惧。作为回应，一些作者指出，这个术语已经失去了用处（Pontalis，1980；J. Sandler，1980）。消极治疗反应与消极移情不同，后者代表患者对分析师的潜意识的敌意。

消极治疗反应是精神分析中的一个重要临床概念，因为它与那些在精神生活中具有受虐狂、施虐狂、抑郁倾向、超我问题、病理性嫉羡、攻击等突出问题的患者有关。这些患者似乎潜意识地沉溺于痛苦之中，同时在他们的分析师那里唤起无助、罪疚和愤怒的体验。这带来了严峻的临床挑战，尤其是在移情和反移情的管理方面。这一概念也引起了争议，因为从弗洛伊德（1920a）开始，一些理论家声称，这是死亡驱力的一种表现形式，其以"超越快乐原则"的方式运作。死亡驱力是弗洛伊德精神分析理论中最具争议的概念之一，因为许多分析师认为它超越了临床资料，而且看起来没有用处。

弗洛伊德（1918a）最初将"消极反应"归因于患者对自主的需要。弗洛伊德（1923a）首先在《自我与本我》中使用了消极治疗反应这个术语，认为它体现了超我的潜意识功能。他解释说，患者的意识体验是感到不适，而不是感到罪疚——表现为对康复的阻抗。在《受虐狂的经济学问题》中，弗洛伊德（1924a）用"惩罚的需要"和"道德受虐狂"取代"潜意识的罪疚感"的概念，认为它们是对性和攻击性俄狄浦斯欲望的回应。最后，在《可终结与不可终结的分析》中，弗洛伊德（1937a）提出，一个体质因素，即死亡驱力，解释了被投入超我并在消极治疗反应中得到表达的攻击性的强度。他认为，这是精神分析治疗的限制因素之一。然而，早些时候，弗洛伊德（1916）将体验过积极生活经历的个体中的相关行为现象描述为具有威胁性和消极回应的。这方面的例子包括"心怀罪疚感的罪犯"和"被成功毁灭的人"。

亚伯拉罕（1919）描述了一些因为嫉妒分析师的工作而在分析中没有进展的患者。与之类似，在霍妮（1936）的解释中，消极治疗反应是由一些患者的敌意竞争、对报复的恐惧、以嫉羡和羞耻为特征的自恋脆弱性，以及对感情的愿望组织起来的。

随后，几位传统的自我心理学分析师重申了潜意识罪疚在消极治疗反应中的作用，但他们不同意弗洛伊德关于有必要援引死亡驱力来解释消极治疗反应的观点（C. Brenner，1959；Loewald，1972）。

在克莱茵学派的理论中，消极治疗反应的概念起着核心作用。事实上，克莱茵（1957）将她的嫉羡概念建立在弗洛伊德对消极治疗反应的描述之上，认为它是对分析的阻抗的一种特殊形式，并且与死亡驱力有关。克莱茵学派强调攻击在消极治疗反应中的作用。里维埃（1936）将消极治疗反应与患者嫉妒地想要破坏分析师的工作联系起来。她描述了一幅复杂的临床图景——患者的躁狂防御立场表现为对依赖分析师和治疗的全能否认，以便于患者避开偏执性焦虑和抑郁性焦虑。抑郁性焦虑是患者破坏内部客体的"潜意识幻想"的结果。在患者更大程度地觉察到他所害怕的是一个荒凉的内心世界之前，他必须先修复这些潜意识幻想。罗森菲尔德（1971a）将自恋患者的消极治疗反应描述为对施虐愿望的表达——以保持权力感，同时拒绝依赖、虚弱和嫉羡的感觉。克恩伯格（1971）也有类似的理解。

其他被援引来解释消极治疗反应的动力还有对分离和抛弃的恐惧、为避免恐惧情绪而采取的消极主义（Olinick，1964）、为避免合并的愿望而唤起分析师的愤怒拒绝的需要、一种受虐性束缚——源于在创伤性过度刺激和随之而来的羞耻的背景下接受的愿望（Wurmser，2000，2007）。

Neurasthenia 神经衰弱

见"Neurosis 神经症"。

Neurosis 神经症

神经症或**神经质**是由潜意识冲突的表达和解决引发的所有过度僵化、顽固或刻板的思维、感受、态度或行为模式。神经症的特点在于，即使面对相当大的苦难和痛苦，它对一般经验或学习的回应也不会改变。因此，它常常被定义为潜意识冲突的一种适应不良的解决方案。通过探索隐藏的潜意识冲突，精神分析师试图阐明神经症表面上的不合理性所嵌入的动机或意义。在精神分析文献中，神经症的用法多种多样。（1）狭义上（原始含义），神经症用于指代一组症状（**症状神经症**），传统上包括转换性癔症、**强迫性神经症**、焦虑或惊恐发作、恐怖症、心因性功能障碍或**抑郁性神经症**。症状神经症还包括性抑制或写作障碍等抑制。症状神经症通常被描述为自我不协调（被体验为与自体不相容），与被描述为自我协调（被体验为自体的一部分）的性格障碍相反。（2）在广义上（最常见的当代含义），神经症被用来指所有顽固或适应不良的行为模式。它可能不是症状，但是会干扰最佳功能，如权威的重复问题、成功后的自体破坏行为，或在错误的地方无休止地寻找爱。当这种神经症模式足够普遍时，它可能会被称为性格障碍。事实上，有一段时间，这种非症状性但适应不良的模式被称为性格神经症，以区别于症状神经症，同时强调其相似的结构。（3）在特定意义上，**神经症风格**是基于认知风格的概念来描述的（D. Shapiro，1965）。（4）除了上述名称之外，神经症通常被用于区分精神病理学的一种类型／水平与其他类型／水平。例如19世纪，在弗洛伊德之前，区别神经症与精神病通常要看现实检验的存在与否。在其早期工作中，弗洛伊德（1905b）根据潜意识的婴儿愿望来区分神经症和倒错——是伪装成症状（神经症）还是直接表达（倒错）。在当代精神分析师那里，区分神经质行为与**非神经质**（正常）行为的依据通常在于，它是否过于僵化或适应不良（Hartmann，1939b）。在神经症的当代用法中，区分**神经症型人格组织**与边缘型人格组织的依据通常是防御类型和客体关系组织（Kernberg，1970a）。

在精神分析的历史中，神经症扮演着重要角色。原因在于，弗洛伊德在治疗症状神经症患者（从癔症开始）的过程中发展出了他的新疗法和最重要的精神分析理论。他认为，神经症症状代表被压抑的潜意识冲突的象征性表达。这一观点成为他所有精神病理学理论的基础，也是他将心灵分为意识和潜意识并提出心灵由潜意识愿望和防御驱动的革命性理论的基础。弗洛伊德在神经症和梦之间发现的相似之处，促使他描述了潜意识特有的富有创造性的原发过程；在神经症与性生活（包括成人、儿童和倒错的）之间发现的相似之处，促使他对许多通常高度伪装的心理性欲变迁产生了激进的观点。虽然神经症这个术语最初是精神分析从周围的普通医学文化中借用的，但随着时间的推移，它几乎完全与精神分析相关。事实上，神经症的精神分析理解史无法与精神分析的整体历史分开，后者在很大程度上是理解神经症痛苦的取向不断发生变化的故事。尽管围绕着这个术语存在困惑和争议，但对它的使用会一直持续下去，因为我们需要确定潜意识冲突引发的一类麻烦的思想、感受和行为。

神经症这个术语是苏格兰医生卡伦于1777年创造的，被用于指神经系统的功能紊乱——受折磨的器官中没有明显的"炎症或结构损伤"。19世纪，神经症包含了各种各样的疾病，其中有许多现在被认为是神经学的疾病（如癫痫和帕金森病），还有癔症。早在1888年，弗洛伊德（1888a）就将神经症视为一个纯粹的病因学范畴。然而，弗洛伊德（1894c，1896c）关于这一主题的第一篇精神分析文献源于他对其所说的防御神经症（神经精神病）的探索，涉及癔症、强迫性神经症、恐怖症和某些类型的偏执。他解释说，这些都代表着"被压抑的"性观念或记忆的回归。在这个早期阶段，弗洛伊德（1898b）区分了他所说的**精神神经症**和**真性神经症**（主要是焦虑性神经症和神经衰弱），后者并非由心理冲突造成的，而是由错误的性行为造成的。在其他方面（继荣格的工作之后），弗洛伊德（1915b）将精神神经症分为**移情神经症**（癔症、强迫性神经症、恐怖症）和**自恋性神经症**（躁狂抑郁、疑病症和一些精神病性障碍）。后者的命名源于他认为此类患者无法形成移情。弗洛伊德（1919c）还比较了**战争神经症**（**创伤性神经症**）与**和平时期（心理）神经症**；他认为，在这两种神经症中，无论是从外部还是内部，自我都害怕被破坏。

在弗洛伊德的最终构想中，症状神经症反映了在面对与俄狄浦斯情结相关的冲突时，对前生殖器欲力比多追求的固着和退行。这些重新觉醒的婴儿性欲追求与超我和自我发生冲突，引发焦虑、防御和症状形式的妥协。每一个症状都提供了解决潜意识冲突的原发性获益，以及与生病的益处相关的继发性获益。弗洛伊德（1918a）还介绍了**婴儿神经症**的概念，用它来指人格的内部组织。它可追溯到童年，反映了俄狄浦斯情结引发的防御和妥协，进而成为成人神经症的基础。事实上，在弗洛伊德的经典构想中，俄狄浦斯情结是所有神经症的基础。弗洛伊德的工作还包括对每个人的**神经症选择**的推测，这些推测受到他的防御选择和具体的发展固着的影响。在技术领域中，他认为，精神分析治疗通过对**虚假神经症**（后来的**移情神经症**）的成功分析——对精神分析设置中婴儿神经症表达的分析——来发挥作用。

继弗洛伊德之后，儿童分析师扩大了神经症的概念，将发生在童年时期的**童年神经症**（A. Freud，1945）囊括其中。神经症还包括无症状行为模式和性格特质（如上所述）。随着边缘型人格组织概念的引入，"神经症"这个术语被广泛用于指代精神病理症状的一个水平。与此同时，精神分析理论的发展导致神经症的精神分析理论更加复杂化。例如，对前俄狄浦斯发展的强调导致人们质疑弗洛伊德的观点，即神经症和俄狄浦斯情结之间存在强制性联系；对客体关系和自体发展的兴趣的增加引发了对超越神经症痛苦的结构因素（本我、自我和超我）的思考。与此同时，治疗理论的发展挑战了精神分析的经典定义，即以**退行移情神经症**的形式重演一种可界定的，继而可分析的婴儿神经症（Gill，1954）。

由于对概念的理解和使用不断扩大（而且可能越来越令人困惑），神经症已被视为一个离散的疾病学范畴，甚至在精神分析中也是如此。在精神病学领域，神经症这个术语因含糊不清，过于包容，且不能从经验上得到证实而受到指责。1980年，这个术语从官方精神病命名法中被删除，取而代之的是障碍这个术语（American Psychiatric Association，1981）。尽管神经症作为一个正式的疾病学范畴已被废弃，但它仍然是临床精神分析中最重要的概念之一。原因在于，所有精神分析治疗都试图帮助患者从神经症痛苦中获得自由。这些神经症痛苦被定义为刻板的、适应不良的行为，代表着潜意识冲突的解决方案。

Neutrality 中立性

见"Abstinence 节制（禁欲）"。

Neutralization 中性化

见"Ego 自我""Energy 能量"。

New Object 新客体

见"Child Analysis 儿童分析""Interpretation 解释""Transference 移情"。

Nirvana Principle 涅槃原则

见"Death Drive 死亡驱力""Energy 能量"。

Object 客体

客体是精神分析中用来指代另一个人的词，其与自体相对。客体这个术语有多种指代意义：（1）存在于外部现实中的真实、有形的他人（**人际客体**）；（2）另一个人的心理表征或一系列表征（**客体表征、内心客体**，偶尔也包括无意识意象）；（3）一种不同于真实客体和简单客体表征的理论结构，其中客体表征的组织结构具有驱力和情感（例如**内部客体**、内摄和超我的某些方面）；（4）非人类的事物或其表征（非精神分析或前精神分析意义）。在克莱茵的理论中，客体（总是存在于内心的）被进一步区分为内部客体和**外部客体**。内部客体被定义为另一个人的内部表征——在"潜意识幻想"中，这个人被带到身体内部。外部客体被定义为没有被带到身体内部的另一个人的内部表征。换句话说，外部客体这个术语被用来表示存在于外部世界的一个真实的人（人际关系的意义）以及另一个被想象为身体外部的人的内心表征（克莱茵理论），这一事实已经造成了混乱。在克莱茵的内部客体中，"内部"这个术语也有几个含义，包括"心理的""想象的""内部的"（A. Strachey，1941）。虽然大多数分析师接受客体这个术语及其所有的用法，但也有少数人拒绝使用这个术语——他们认为它**物化**了或否认了他人的主体性。"客观"这个词代表了从一个人的主观立场之外的视角来感知和认识世界的能力，其出现在许多关于精神分析认识论的辩论中。

客体的概念在精神分析的所有思想流派中都很重要，因为它提供了一种途径以讨论其他人在精神生活各个方面的重要性。自体与他人互动中的失调及其在心灵中的表征，有助于理解某些（不是全部）精神疾病。互动及其内化对于理解治疗情境中患者和分析师之间的关系很重要。患者与分析师的互动，以及与这些互动相关的意义，是所有治疗作用概念的核心。

每一种精神分析理论都会涉及客体，而特别强调自体和客体互动以及这些互动的心理表征的思想流派或观点主要是**客体关系理论**、人际精神分析和关系精神分析。在对发展、心理功能、精神病理症状和治疗进行概念化的过程中，客体多种多样，令人困惑。大致来说，在最初的克莱茵／客体关系观点中，客体几乎都是指心灵中客体的表征；相比之下，在最初的沙利文／人际观点中，客体是指外部世界中的真实客体。然而，在当代精神分析中，大多数自称客体关系理论家或人际理论家的人对客体的这两种用法都予以肯定。关系精神分析提供了一个广阔的视角，其追随者一致认为，经验的内心领域和人际领域之间不可能有严格的界限。虽然关系精神分析声称其包含客体关系理论，但许多客体关系理论家拒绝这一指定。

从真人的角度使用客体的分析师通常认为：与重要他人的真实互动对发展、持续的心理功能以及治疗情况的各个方面都很重要；互动经验的内化可以从各个方面促进心理功能；每个人在互动中的主观状态都有利于这种互动的经验。自称主体间主义者的理论家尤其强调相互作用的主体性；此类分析师也用双人心理学的视角来描述精神分析情境。

在心理表征意义上使用客体的分析师通常认为：客体表征既有意识层面的又有潜意识层面的，既稳定又多变，既基于内部环境又基于外部环境；客体表征涉及从现实到扭曲的连续统一体；客体表征是通过与已内化的真实客体的人际互动形成的；客体表征受到多种心理因素的影响，包括认知发展、幻想、动机状态和冲突等；客体表征是由多个**客体意象**或多或少地整合而成的一个连贯整体（J. Sandler & Rosenblatt，1962）；客体表征，尤其是在早期发展和严重的精神病理学中，通常由客体经验的不完整"部分"组成，或多或少是具体的（例如弗洛伊德和亚伯拉罕的**口欲客体**、**肛欲客体**和**阳具欲客体**；哈特曼和A. 弗洛伊德的**需求满足客体**；克莱茵的内部客体和**部分客体**，如**好客体**／乳房、**坏客体**和**迫害客体**；温尼科特的**过渡性客体**；科胡特的**自体客体**与理想化的父母意象；费尔贝恩、比昂等人描述的"客体"）。构建和维护合理现实与整合的客体表征的能力是一项重要的发展任务（如哈特曼的**客体恒常性**，或克莱茵的抑郁位置的**整体客体**）。未能构建或维持整合的客体表征与各种精神病理症状相关。

从弗洛伊德开始，每一位理论家都对内化的复杂过程感兴趣。在这个过程中，客体与客体之间的互动在心灵中得以表征。内化的过程包括内摄、认同、投射性认同、内摄性认同。这种过程可能在心理上表现为吞并的潜意识幻想。对这些过程如何在发展、心理功能和治疗情境中的运作，每一个学派都提出了自己的观点。然而，所有人都同意，客体的内化和与客体的互动有助于精神生活的形成和心理结构的发展。在精神分析治疗的治疗作用中，内化过程具有非常重要。

此外，自弗洛伊德起，每一位理论家都指出，要完全区分客体表征与自体表征是非常困难的——无论是对于理论家，还是对于个人而言。从童年开始，自体表征和客体表征就在互动中产生了。自体和客体之间的边界总是可渗透的——从合理的区分到完全的混合。这取决于许多因素，包括认知不成熟、精神疾病、严重的情感症状和心理压力。严重的自体表征与客体表征区分困难是精神病的特征。

在弗洛伊德的整个写作生涯中，他使用过上述客体这个术语和概念的所有用法，但没有对它们做出明确区分。弗洛伊德（1905b）第一次将客体用作概念化的术语是在《性学三论》中。在详细阐述他的新驱力（力比多）理论时，他将来源、目的和客体描述为驱力（本能）的方面。在这种对客体（有时又称**性客体**）进行概念化的过程中，弗洛伊德将客体定义为"与本能实现其目的有关或本能借之能够实现其目的的事物"。1910年，弗洛伊德（1910d）提出了客体作为**爱的客体**的用法。简单来说，它是指某人选择的爱人。这些客体的概念有区别而又相互重叠，因为弗洛伊德的爱（实际上是所有人类行为）反映了驱力的活动，而客体的概念总是与驱力的概念联系在一起。

弗洛伊德摒弃了许多与客体概念有关的重叠见解。自那时起，它们一直被使用，且充满争议。这些见解包括：（1）客体不是驱力的内在属性，而只是被"焊接"在驱力上（Freud，1905b）；（2）在任何个别情况下，客体都与个体高度相关；（3）由于性驱力是"潜意识的"或"依赖"于自我保护的本能（如饥饿和口渴），驱力的客体通常以满足自我保护本能的对象（如喂养儿童的母亲）为模型；（4）在发展的早期阶段，驱力的客体不是一个全部、完整的客体，而是始终与驱力的"组件"（如口腔、肛门或阳具组件）联系在一起；（5）驱力的客体可能是非常具体的（如嘴、肛门、阴茎等身体部位）；（6）象征性替换可能发生在客体之间（例如，粪便=婴儿=礼物，或阴茎=男人）（Freud，1917d）；换言之，兴趣或能量的投入（投注）可能会从一个客体转移到另一个客体（Freud，1909b）；（7）客体可能是由自恋的变迁（如理想化或**自恋性客体选择**）所塑造的（Freud，1914e）；（8）客体可以被分成若干部分，如理想化伴随着贬低；（9）客体可以被爱也可以被恨，就像矛盾的概念一样（Freud，1912a）；（10）驱力的变迁（后来被概念化为防御）可以用客体来描述，如"转向主体自身"（Freud，1915b）；（11）客体选择，或者说"客体的发现实际上是对它的重新发现",又或者说每一个客体选择都代表着早期客体选择的记忆／表征或被其塑造——这一事实反映在移情现象中（Freud，1905b）；（12）许多现象最好被理解为反映了非典型的客体选择，如同性恋或恋物癖；（13）**客体丧失**是一个重要而痛苦的心理事件，它引发了复杂的过程，并且会带来许多后果，包括哀悼和忧郁症（Freud，1917c）；（14）自体表征和客体表征并不总是泾渭分明的。

除了上述观点之外，弗洛伊德还在他的许多著作中提出了一个发展图式，其涉及个体与客体联系的方式。这种发展图式可能比它本身更具连贯性。它始于自体享乐，能够让驱力在缺乏自体或客体概念的情况下通过与个体自身的互动得到满足。它通过原发性自恋（力比多在客体概念出现之前被投入自体）、初级认同（个体与客体联系的第一种方式，先于自体-客体分化或真正客体关系的形成），以及最终的客体爱（力比多投注到客体中）来实现发展。其中，客体爱与继发性自恋（力比多从客体撤回到自体）并存。在不同的发展阶段，客体爱有不同的特点——前生殖器欲期客体爱以仅与客体的一部分有关系为标志，这部分客体被体验为与驱力的组成部分相关的快乐之源；在俄狄浦斯情结／生殖器欲期客体爱中，爱的对象是整个客体。弗洛伊德还谈到了青春期的重要性。这一阶段的标志性挑战是寻找一个新的、非乱伦的客体。作为其发展图式的一部分，弗洛伊德（1926a）还列出了一个与客体相关的危险情境的时间表，其中涉及对丧失客体的恐惧、对丧失客体爱的恐惧，以及对被客体阉割的恐惧——对这些情况的预期会唤起防御（信号焦虑）。

最后，弗洛伊德探索了内化和外化的诸多复杂性。从童年开始，自体表征、客体表征，以及内心结构就通过内化和外化来发展。在这些内化中，最重要的是超我的形成。它是通过一系列复杂的投射、内摄和认同过程构建的，这些过程随着俄狄浦斯情结的解决而发生。弗洛伊德

（1923a）还描述了自我内部结构的建立——当客体的主体性被抛弃时就会产生这种结构。这一见解在后来的客体关系理论中变得非常重要。值得注意的是，虽然弗洛伊德确实觉察到了表征这个概念（理解到没有对客体的心理表征就不可能将其内化），但他并没有使用客体表征这个术语。有时，他用意象这个术语（借用自荣格）来表示成人心灵中影响客体选择的婴儿客体的"模型"。虽然弗洛伊德（1917d）使用了客体关系这个术语，但他并没有像在客体关系理论中那样使用它。在客体关系理论中，自体和他人之间的内在互动是心灵的基本构件（Fairbairn，1952）。

当弗洛伊德发展他对超我起源的观点时，克莱茵提出了一个理论，其对后来所有精神分析理论的建立都产生了持久的影响。根据弗洛伊德的理论，超我是内在道德权威的机构，通过投射、内摄和认同的复杂过程来构建；克莱茵则提出，整个内心世界是由生命最初几天开始的过程中的多重内化或内部客体构成的。克莱茵将内部客体定义为位于身体内部的客体的潜意识幻想。她描述了内部客体的许多特征，这反映出她的一个信念，即潜意识幻想、驱力、身体经验和客体经验都是不可分割的（值得注意的是，克莱茵交替使用自我、身体和自体，因而造成了一些混乱）。克莱茵认为：（1）内部客体是一种潜意识幻想；（2）内部客体是一个身体客体，它具有从未完全丧失的具体性（这一事实反映在克莱茵学派内部客体的同义词中，如"乳房"）；（3）内部客体充满了快乐和痛苦的体验；（4）内部客体被体验为一个活生生的、强大的存在物；（5）内部客体被防御性地分为"全好"和"全坏"的部分客体，以保护好的经验免受攻击；（6）在正常的发展过程中，部分客体成为整体客体；（7）内部客体可以是好的或"有用的"（不过克莱茵的大部分工作都集中在描述坏的内部客体上）；（8）所有客体表征和自体表征都是通过不断的投射和内摄来构建的，因此这些表征永远不可能完全地彼此区分开来；（9）内部客体不同于外部客体，后者被定义为一个客体的表征，而非被体验为被带入身体内部的。

在克莱茵的理论中，客体的经验随着时间的推移从具体的内部客体发展为更抽象和更具象征性的客体表征。在这一发展过程中，内部客体变得与外部客体相似，且两者都变得更加现实。最重要的理论内容是，心理发展过程是从偏执-分裂位置（以分裂和投射性认同的防御过程为主导，以分裂、部分客体和部分自体为特征）到抑郁位置（其特征是能够容忍矛盾心理，或对同一个客体的爱和恨，并将客体好的方面和坏的方面整合为一个整体客体）。精神障碍反映了偏执-分裂位置或抑郁位置的各个方面。在克莱茵（1929，1935，1946）的观点中，所有与内部客体相关的过程都涉及处理与攻击相关的焦虑。换句话说，就像弗洛伊德一样，她的理论本质上是基于驱力的。然而，与弗洛伊德不同，她的最终发展阶段（抑郁位置）的特点是能够整合朝向客体爱和恨的矛盾态度，而不是驱力的各个组成部分。

自弗洛伊德和克莱茵开始，所有精神分析理论都越来越关注自体和客体之间的互动以及这些互动的内化。各种取向的理论家都从弗洛伊德或克莱茵的著作中汲取了灵感——更常见的是，从两者中汲取经验。与客体相关的精神分析概念的重要发展包括：（1）桑德勒努力将弗洛伊德和克莱茵关于客体的许多观点重新概念化为客体表征（Fenichel，1932）；（2）客体恒常性，或容忍客体表征矛盾的能力，在自我心理学传统中被概念化（Hartmann，1952；Spitz，1965；Mahler，1968）；（3）爱德华多·魏斯创造了术语内摄（与克莱茵的内部客体大致相同）；桑德勒和谢弗在自我心理学的传统中对其进行了概念化，认为这是一种"内在存在"的性质，会让个体感受到一种与之持续的关系；内摄的发展先于去人格化的超我（J. Sandler & Rosenblatt，1962；Schafer，1968b）；（4）在精神分析的治疗互动中，分析师的角色是一个真实的人，如"新客体"（A. Freud，1978）或"发展客体"（Tähkä，1993；Hurry，1998）；（5）科胡特提出了自体客体和内化的父母意象，对自体心理学概念化的正常发展做出了重要贡献。多年来，对自体和客体关系感兴趣的理论家们已经抛弃了数十种其他类型的"客体"。他们是鲍尔比、斯皮茨、费尔贝恩、温尼科特、比昂、雅可布森、马勒、洛伊沃尔德、克恩伯格、科胡特、桑德勒、沙利文、D. N. 斯特恩、福纳吉、格林伯格和米切尔等。这些理论家在不同程度上被认为是自我心理学家、客体关系理论家、自体心理学家、人际关系学家、关系主义者，或兼具多种身份。

布拉特等人试图将客体的概念与社会心理学及认知神经科学的概念结合起来（Blatt & Lerner，1983）。也有人曾多次尝试研究各种精神病理症状中的自体表征和客体表征（Nigg et al.，1992）。还有人试图研究作为治疗结果的自体表征和客体表征的变化（Bers et al.，1993）。

Object Constancy 客体恒常性

客体恒常性是个体在体验到对客体的复杂或矛盾情感时能够保持对该客体稳定的内部表征的一种发展成就。客体恒常性通常被描述为在面对愤怒和失望时对所爱的客体保持积极情感的能力；它有时也指在面对矛盾的积极经验时对客体保持适当的消极情感的能力。客体恒常性的建立是一个多因素的过程，需要心理功能的许多领域的发展。客体恒常性通常在3岁时建立——其发展可以更早或更晚发展，因为这个过程是开放的。它要求一种更早的**客体永久性**的获得——通常发生在18个月左右。这是一种纯粹的认知能力，可用来在知觉觉察中保持对（有生命或无生命的）客体的表征（Piaget，1954）。客体恒常性与**自体恒常性**同步发展。后者是一种在面对自体的冲突体验时也能维持统一的自体表征的能力。客体恒常性和自体恒常性的关系大致相当于克莱茵在抑郁位置中描述的客体关系。客体恒常性是发展中的一个关键点，因为客体关系的所有后续发展都需要达到这一点。客体恒常性能力的缺陷在压力下是普遍存在的；而普遍的缺陷是严重的精神疾病的特征。

哈特曼（1952）引入了客体恒常性的概念，以描述发展中儿童的客体关系的质量。哈特曼（1953）将客体恒常性定义为与爱的客体的关系，这种关系"在需求的状态中"得以维持，并且会稳定和永久地存在。在实现这一成就之前，客体的特征是"需要满足"。对于哈特曼来说，客体恒常性意味着一种认知和驱力要素，其前提是攻击驱力和力比多驱力的某种中和。

斯皮茨（1959，1965）将婴儿在8个月时对陌生人的反应理解为母亲已经成为一个**永久的力比多客体**、一个一贯偏爱的客体；他强调了母亲的不可替代性和她的安全保护功能。A. 弗洛伊德（1965）将客体恒常性作为客体关系发展线索中的第三个阶段，并补充道，无论母亲是令人沮丧的还是令人满意的，婴儿都需要保持对客体的投入。

客体恒常性所需的诸多要素包括识别和容忍对同一客体的爱和敌对情感的能力、让情感以特定客体为中心的能力，以及根据客体的属性而非其满足需求的功能对其进行评价的能力。马勒（1968；Mahler, Pine, & Bergman，1975）构建了她自己的客体恒常性概念，**即情感客体恒常性**，将其理解为分离-个体化过程中和解阶段的成功结果。马勒在客体恒常性的发展中强调自体与他人的分化，以及将好客体和坏客体统一为一个整体的表征，或肛欲期矛盾的解决（McDevitt，1975）。随着客体恒常性的建立，母亲和儿童之间的关系会变得更加稳定和持久，无论经历挫折还是满足都会持续下去（Burgner & Edgcumbe，1972）。虽然它在正常的3岁儿童身上是足够永久的，但其仍然是开放的。因此，马勒经常把分离-个体化过程的最后阶段称为**在通往客体恒常性的道路上**。这意味着客体恒常性是一个终身的过程。

P. 泰森（1996b）和塞特利吉（1993）探索了客体恒常性与情感调节能力的发展。泰森提出了情感调节和客体恒常性发展的连续统一体的三个阶段——婴儿在8个月大的时候使用母亲的情感信号，在18个月大时发展为**象征性客体恒常性**，最后会形成情感调节和**自体调节客体恒常性**。

将客体的发展与自体的发展分开研究是不可能的（Mahler & McDevitt，1982）。通过相似的共同决定过程，**自体恒常性**与客体恒常性同步发展（P. Tyson & R. Tyson，1990；Settlage，1993）。自体恒常性是指在关于自体的所有不同情感基调的观念中保持统一的自体表达的能力。发展自体恒常性的过程始于母亲和儿童之间的"赋能"对话，并需要自体-客体分化（A. Sandler，1977）。它代表着作为一个独立个体的意识和对生理自我日益增强的意识——这是两个层次的认同感的实现（Mahler，1975）。自体恒常性的实现使自我反思和内省成为可能（Tähkä，1988）。

从现代认知发展理论和心理理论研究的角度来看，杰尔杰伊（1992）描述了18~24个月大的儿童，重要依恋对象的表征所含有的心理属性。将重要客体表征为保持其同一性的心理自主体的发展任务，会使整合的客体表征的心智化达到一个新的水平。杰尔杰伊假设，在对另一个客体的表征中，不同意图的整合不受皮亚杰的客体永久性理论的指引，而是基于连贯性或一致性原则——这是心理理论的核心假设。

客体恒常性最常涉及儿童与母亲的关系，但儿童的生活中还有其他重要的人，尤其是父亲。塞特利吉（1993）和阿赫塔尔（1994）认为，客体恒常性是在与他人的互动中进一步构建的。如果与他人的经验明显不同，问题就有可能出现。苏尼（1982）指出，当涉及多个照顾者时，儿童可以发展出完整、自主的客体恒常性，但数量是有限的。依恋研究表明，根据与客体的互动历史，不同类型的依恋会与不同的客体形成（Steele，2003）。苏尼在研究儿童对缺失和剥夺的反应时，将恢复的最初途径描述为"通过攻击行为重新获得客体恒常性"。直到后来，人们才将客体恒常性与情感和亲密联系起来。

克恩伯格（1975）描述了边缘型和自恋型精神障碍中客体恒常性的缺失。阿赫塔尔（1994）描述了在生命周期的每个阶段对客体恒常性的挑战，并指出，客体恒常性的失败会引发多种严重和微妙的精神病理形式——这类临床工作需要特殊的技术考量。许多理论家（Fleming，1975；Settlage，1993；Akhtar，1994；Woods 2003）强调了治疗过程和发展过程相辅相成的方式；还有很多人强调，处于安全关系中的经验不仅使解决移情问题成为可能，而且有助于建立自体恒常性和客体恒常性。

Object Permanence 客体永久性

见"Object 客体""Object Constancy 客体恒常性"。

Object Relations Theory 客体关系理论

客体关系理论是精神分析的主要思想学派之一，是一种关于人类心理发展和功能的理论，其基础是心灵基本结构的动力，即**客体关系**。客体关系是一种内在的心理表征或结构，由三个部分组成，它们分别是自体表征、客体表征，以及自体和客体之间的情感互动表征。客体关系有时被称为**与客体的联系**（object relationship）；后者经常被误用为与真实的外部客体的互动（最好称之为人际互动）。客体关系是从扭曲到现实的连续统一体，它们的形成基于幻想与现实互动的结合。客体关系有短暂的，也有持久的；持久的客体关系有助于形成稳定的内心结构。结构化客体关系某些核心特征的发展遵循一个时间表。至少存在三种定义客体关系理论的观点：（1）最宽泛的观点，将所有精神分析定义为客体关系理论，因为所有理论都包括内化的自体和客体互动的观点。（2）最狭隘的观点，将客体关系理论定义为只包括克莱茵、费尔贝恩（人们普遍认为，他创造了这个术语）和温尼科特的论述。（3）最平衡的观点，将客体关系理论定义为包括所有将客体关系置于精神生活的核心和理解精神分析治疗的中心的学派的论述。在这一定义中，最重要的客体关系理论家包括克莱茵、费尔贝恩、温尼科特、鲍尔比、斯皮茨、雅可布森、马勒、洛伊沃尔德、克恩伯格、桑德勒、比昂、沙利文、D. N. 斯特恩、福纳吉、格林伯格和米切尔。他们分别强调了这一理论的不同方面。这些理论家在不同程度上被认为是客体关系理论家、自我心理学家、人际关系论者、关系主义者，或兼具多种身份。

各学派客体关系理论具有的共同特征包括：（1）所有心理经验，从最短暂的幻想到最稳定的结构，都是由客体关系构成或组织的。换句话说，客体关系是经验的基本单位。（2）人类的心灵从出生起就在寻求客体；客体寻求的基本动机不能被还原为任何其他动机（例如弗洛伊德理论中的驱力）。（3）内化的客体关系是在发展过程中通过先天因素（如性格和认知储备）的互动和与他人（主要是照顾者）的关系而建立起来的。（4）人际关系反映了内化的客体关系；对精神疾病（尤其是严重的精神病疾病，如精神病、边缘型和自恋型人格障碍）的概念化最好从客体关系的角度进行。这些基本特征决定了关于精神分析模型基本方面（包括动机、结构、发展和精神病理症状）的理论态度。客体关系理论与家庭和团体动力学的研究有天然的联系，也与发展心理学（例如情感的发展）有天然的联系。

不同学派客体关系理论在以下几个方面存在差异：（1）与驱力理论的关系。克莱茵、雅可布森和马勒与驱力理论保持密切联系；费尔贝恩和沙利文在很大程度上放弃了驱力理论；洛伊沃尔德、克恩伯格、桑德勒和温尼科特维持了驱力理论的一个版本——实质上是从弗洛伊德的驱力概念中改造而来的，主要强调情感和客体关系是驱力的基石。（2）攻击在精神生活中的重要性。克莱茵学派理论认为攻击在精神生活中具有核心作用。（3）真实互动与幻想互动的重要性。沙利文的人际理论强调真实的互动；克莱茵的理论强调"潜意识幻想"。（4）临床情境主要是由内化的客体关系塑造的，还是由真实的二元体（患者–分析师）互动塑造的？克莱茵和克恩伯格支持前者；格林伯格和米切尔支持后者。

客体关系理论不同于自我心理学，它强调：（1）驱力总是附属于客体关系；（2）所有心理结构（不仅仅是超我）都是结构化的客体关系；（3）前俄狄浦斯发展对心理结构的重要作用；（4）经验的基本单位是一种客体关系，而不是愿望和防御之间的冲突。客体关系理论不同于自体心理学，后者不包括内化的"坏客体"的作用。

在其写作生涯中，弗洛伊德一直使用客体这个术语。事实上，他理论中的每个方面，包括动机、结构、冲突、发展和精神病理症状等，都离不开客体的概念。事实上，弗洛伊德在客体概念方面提出了数十种有重叠的见解，这些见解自那时起一直被使用和争论，并在后来的客体关系理论中不加修正地出现，或经过修正重新出现。虽然弗洛伊德（1917c）使用了"与客体的联系"这个术语，但他并没有像客体关系理论那样，将它作为心灵的基本构件，用它来表示自体与他人之间的内化互动。弗洛伊德（1905b，1938a）的心理理论总是关注驱力，而将客体依附于驱力。他认为，成功的发展在"生殖器欲期"达到高潮——在这个阶段，所有的性心理追求（口交、肛交、阳具和其他组元本能）都服从于性感区的首要性。

弗洛伊德去世后，精神分析立即朝着几个不同的方向发展。这在一定程度上区分了客体和客体关系在精神生活中的角色。在对驱力理论的忠诚上，A.弗洛伊德最接近弗洛伊德。她通过儿童研究和防御研究发展了弗洛伊德最后的心灵结构模型（后来被称为自我心理学）。然而，对发展的兴趣促使她考虑从童年开始的客体关系发展。作为其对"发展线索"概念做出的重要贡献，A.弗洛伊德（1963）认为，从对客体的依赖到情感自立以及"成人客体关系"的发展是典型的。在她看来，这一发展经历了几个可预测的阶段，包括：（1）充斥着自恋的阶段——自体表征和客体表征处于早期未分化状态；（2）依恋阶段——客体被体验为需求满足；（3）获得客体恒常性的阶段——即使面对强烈的矛盾情绪也能保持稳定的客体表征；（4）俄狄浦斯期阶段——与竞争和占有欲有关的冲突；（5）前青春期阶段——退回至早期的方式或与客体的关系；（6）青春期阶段——努力寻找新的、非乱伦的客体。

大约在同一时间，克莱茵提出了一个非常不同的心理理论。它通常被认为是第一个真正的客体关系理论，对后来所有精神分析理论的形成都产生了持久的影响。基于弗洛伊德的超我发展理论，克莱茵从投射、内摄和认同的复杂过程中提出，整个内心世界是由生命最初几天的开始的过程中的多重内化或内部客体构建而成的。克莱茵认为，发展是通过"位置"（偏执-分裂位置和抑郁位置）来进行的，其特征是，在内化和外化过程的影响下，建立在驱力、潜意识幻想和与照顾者的互动之上的自体表征和客体表征的稳定构型。成功的发展反映了人们对客体恨与爱（以及后来的嫉羡和感恩）的冲突情感的容忍能力的不断增强。这体现在从偏执-分裂位置到抑郁位置的运动中。克莱茵认为，所有关乎内部客体的过程都和管理与攻击性相关的焦虑有关。可以说，就像弗洛伊德和A. 弗洛伊德一样，克莱茵的理论本质上是基于驱力的。然而，与弗洛伊德和A. 弗洛伊德的理论不同的是，克莱茵认为，自我和超我都是由结构化的客体关系构成的。克莱茵（1932，1946，1975）描述了她的发展的最后阶段（抑郁位置），其特征是能够整合对客体爱和恨的矛盾态度，而不是能够整合驱力的各个组成部分（与弗洛伊德一致）或实现客体的相对独立（与A. 弗洛伊德一致）。A. 弗洛伊德和克莱茵（及其追随者）在弗洛伊德去世后，为争夺精神分析领域的主导地位和影响力而展开了斗争。这在精神分析历史上具有传奇色彩（King & Steiner，1991）。

就在A. 弗洛伊德和克莱茵陷入理论和权力的斗争时，鲍尔比（1969/1982，1973，1980）发展出了一种不同于客体关系理论的依恋理论。依恋理论是一种基于经验推导的早期发展理论，强调婴儿和照顾者之间早期关系的重要性。它的核心前提是，婴儿与他／她的照顾者发展持久依恋的动机是人类的先天心理，由进化压力和物种生存需求所决定。依恋的动机是通过先天的依恋行为系统实现的，该系统在婴儿和母亲之间运行。鲍尔比的依恋理论认为，力比多的满足是次于依恋动机的。对真实关系和先天行为模式的强调导致他被驱逐出英国精神分析协会。随后，依恋理论通过安斯沃思、梅因、D. N. 斯特恩、福纳吉的工作成为发展型精神分析的主要力量。

沙利文（1953a）在美国进行了深入研究。他根据自体与他人或婴儿与照顾者之间的内在互动，发展了精神分析人际理论。多年来，人际精神分析独立于主流精神分析，具有独立的语言和独特的追随者。格林伯格和米切尔（1983）发展出关系精神分析观点，并将沙利文、费尔贝恩及其他客体关系理论家的工作整合到其中。

在弗洛伊德去世后的70年里，客体关系理论、自我心理学、依恋理论和人际精神分析彼此相对独立地发展。在自我心理学的传统中，理论家们描述了具有生殖器欲特征的客体关系成就，即性心理发展的最后阶段。例如，亚伯拉罕（1924b）认为，生殖器欲首要性与客体爱的进化中最终的"后矛盾"步骤相关。亚伯拉罕（对克莱茵产生了巨大影响）概括了一种矛盾心理的发展模式，整合了关于力比多驱力发展和客体关系的思想。他认为，早期的口腔吸吮阶段是"前矛盾"的；后期的口腔咬嚼阶段和随后的肛门虐待阶段是矛盾的；生殖器阶段（婴儿学会保护客体免受婴儿自身攻击的影响的阶段）是"后矛盾"的。费尼切尔（1945）还阐述了生殖器欲的相关方面，在概念中增加了对客体关系的考量。埃里克森（1950）的"生殖器欲乌托邦"囊括了一种充满爱的伙伴关系和照顾儿童的能力。斯皮茨（1965）研究婴儿和照顾者之间的早期互动，探索剥夺和客体丧失如何引发儿童严重的精神病。然而，客体关系主要是通过雅可布森和马勒的工作进入主流自我心理学的。雅可布森（1964）描述了自我、超我以及自体表征和客体表征的发展，强调了情感的作用。马勒（Mahler，Pine，& Bergman，1975）描述了根据客体关系被概念化的心理结构的发展，其重点是分离-个体化过程。马勒强调，实现客体恒常性（基于对矛盾的容忍）是发展的最终阶段。洛伊沃尔德（1973a）是自我心理学传统中的伟大创新者之一。他从基本假设出发，认为从根本上来说，心理活动和心理发展是关系性和主体间性的，而互动的内化是发展和精神分析治疗的主要力量。

在克莱茵的影响下，费尔贝恩（1952，1954）在"内在心理结构"（自体和客体之间的幻想互动被内化的结果）的基础上发展了他的心理理论。费尔贝恩创造了客体关系理论这个术语。他强调，个人本质上是追求客体的，而不是追求快乐的（以驱力为导向）。他提出的三个基本内生结构都是"自我结构"（区别于弗洛伊德结构理论中的自我、本我和超我）。温尼科特（1945，1950，1951）遵循克莱茵的传统，提出了客体关系理论。他重点描述了客体关系的发展，包括婴儿自体感的发展、婴儿与他人的关系方式，以及婴儿与母亲的现实感。事实上，温尼科特的名言"不存在无母亲的婴儿"是关系精神分析发展的起点。在当代精神分析中，现代克莱茵学派理论家强调象征形成、认知功能，以及与现实的关系的发展（Segal，1957；Bion，1967）。比昂（1962a）在其容器和被容纳者概念中扩展了投射性认同的概念，其工作尤其具有影响力。科胡特（1971，1977）在自体心理学的发展过程中也受到了温尼科特的极大影响，其自体心理学的基础是与照顾者提供的自体客体功能相关的自体的发展。然而，自体心理学一般不被归类为客体关系理论。

一些分析师努力将客体关系理论与其他学派结合起来。例如，桑德勒（1976b，1987a，1987b）在其表征世界的概念中，试图将客体关系理论与自我心理学的概念结合起来。克恩伯格的诸多著述旨在综合客体关系与自我心理学的观点，认为性格和性格病理学都是内化的客体关系结构效应的结果。克恩伯格和桑德勒有着相同的兴趣，即将精神分析与心灵科学的其他部分结合起来。格林伯格和米切尔（1983）试图将客体关系理论与人际、主体间主义和关系观点相结合。

韦斯滕等人试图将客体关系理论与依恋理论、社会心理学和认知神经科学相结合（Blatt & Lerner，1983；Westen，1990b，1991b；Calabrese，Farber，& Westen，2005）。此外，为了使用投射测验（Blatt et al.，1976；Westen，1991a）或其他类型的评分量表（例如，社会认知和客体关系量表）进行实证研究，已经有研究者多次尝试将与客体关系相关的概念操作化（Westen，1995；Porcerelli et al.，2005）。有研究者曾多次尝试研究各种精神病理症状中的自体表征和客体表征（Nigg et al.，1992）。也有研究者试图研究治疗后自体表征和客体表征的变化（Bers et al.，1993；

Blatt, Auerback, & Levy, 1997）。韦斯滕（1990b）总结了支持和挑战客体关系理论的几个方面的经验证据。他得出结论：（1）客体关系不是一个单一现象或发展线索，而是一个宽泛的规则，其中包含大量认知、情感，以及相互依存但具有不同功能和发展轨迹的动机过程；（2）单维的阶段描述不足以解释客体关系资料的丰富性；（3）最好从多个相互作用但不连续的发展线索，如表征的复杂性、对社会因果关系的理解、在关系中进行情感投入的能力等，来理解客体关系的发展；（4）客体关系的病理障碍有多种病因，其中包括生物因素和环境因素。

Observing Ego 观察性自我

观察性自我是意识心理功能的一个方面，它调节着自我反思的能力。观察性自我功能对于日常心理功能的许多方面（包括学习和道德功能，两者都依赖于自我监控和自我评估）来说都是不可或缺的。这也是患者有效参与精神分析治疗的必要条件，有助于其内省和领悟。在正常的意识状态下，个体相对地觉察到自己的意识体验和对它的反应。在白日梦和幻想等体验中，自我反思会减弱，但不会完全消失。强烈的愿望或感觉及专横的需求（如醉酒、疲劳和催眠）都会干扰观察性自我的功能。观察性自我的不足会引发以解离为特征的障碍，如人格解体、创伤后应激障碍和同一性混乱，还会导致从否认到精神病等现实检验的失败。过度的自我观察可能会达到病态的程度，例如持续的自我意识与羞耻的感受、疑病，以及观察和迫害的妄想。

尽管观察性自我这个术语指的是一种高度抽象的功能，它可能结合了心理功能的几个方面，但对其具体性的讨论或争议很少。弗洛伊德（1914e，1917c）意识到心灵有能力观察自己，并将这一特征描述为"批判机构"（后来成为超我）功能的核心。在自我心理学的早期阶段，费尼切尔（1938a）首次使用了观察性自我这一概念。对患者的分析显示，他们的冲突没有表现为令人不安的症状，而是根植于性格，因此他们体验到了自我的不平衡（自我和谐）方面。分析师面临的挑战在于向患者的观察性自我或"理性自我"证明"经验自我"中表达的冲突。费尼切尔使用观察性自我这个术语来阐明一种明显的悖论，即自我具有促进自我认识和通过压抑来阻止自我认识的双重作用。斯特巴（1934）曾将自我功能中的这种分裂描述为自我的"治疗性解离"。在治疗情境中，在高情感强度的条件下（如移情体验），观察性自我可能会暂时受损。恢复观察性自我的能力促成了患者的治疗联盟（Zetzel，1956）或工作联盟（Greenson & Wexler，1969）。对于遵循密切过程注意模式的分析师来说，发展更有效的观察性自我是精神分析的核心目标（F. Busch，1996）。

从发展型精神分析的观点来看，D. N. 斯特恩（2005）认为自我反思意识起源于社会互动，这有助于形成自我观察所必需的"第二视角"。福纳吉等人（2002）研究了观察性自我发展的一个方面，并将其命名为心智化 / 反思功能（RF），即从心理状态的角度理解自己和他人的行为。他们根据梅因的成人依恋访谈（AAI）开发了一种评价反思功能的方法（George，Kaplan，& Main，1985；Fonagy & Target，1998）。这种评估方法已实现计算机化操作（Fertuck et al.，2004），并被用于研究精神分析治疗中——尤其是在接受移情焦点心理治疗的边缘型患者中——反思功能的变化（K. Levy et al.，2006）。

Obsession 强迫

强迫是指一种持续侵入意识领域的观念、思想、意象或感觉。尽管它会造成巨大的痛苦，个体却无法避免它。典型的强迫意念包括：害怕失去控制或被弄脏、担心事情是否正常、怀疑自己的行为是否可靠、涉及暴力或性行为的意象。强迫性思维必须与妄想区分开；后者是固定的、不合理的错误信念。强迫性思维还必须与更多正常的专注区分开；后者通常被称为"痴迷"（例如，与爱客体或喜爱的消遣）。**强迫行为**是一种重复的、过度的、看似毫无意义的活动或心理运动——人们感到不得不去做，通常是为了避免痛苦或担忧。强迫行为的例子有洗手、检查有没有关火、按照既定的顺序重新排列物品等。强迫性心理行为的例子有数数或重复特定的言语。如果一个人的强迫意念或强迫行为占用大量时间或造成严重痛苦，那么他可能会被诊断为**强迫性神经症（强迫症）**。这种障碍在潜伏期儿童那里很常见。强迫性格／人格是一种长期坚持控制、有序和完美的模式；与之并存的是控制情绪的刻板努力和过度智能化的生活方式。这类人的人际生活被权力和控制的追求所困扰。强迫性格可能包括（也可能不包括）强迫症状。它的范围很广——从一个相对健康的人（在需要认真负责和注意细节的领域中，**强迫性格特质**或**强迫性防御**可能会使他表现得出类拔萃）到一个严重受损的人（其僵化的强迫性与偏执相结合）。

强迫意念和强迫行为在精神分析历史上发挥着重要作用。早期，弗洛伊德（1894c，1896c）认识到，强迫性精神障碍在结构上与癔症相似。换句话说，它代表着被压抑的潜意识冲突的象征性表达。弗洛伊德把这两种疾病都列为对神经心理性防御的最初描述。他对强迫性神经症的研究促进了一些核心概念的发展，如妥协、潜意识罪疚、攻击、矛盾和前生殖器性欲（具体是指肛欲）。这也导致了对压抑之外的新防御的早期描述，包括反向形成、移置、退行、抵消和隔离。弗洛伊德通过对强迫型人格特质的观察，以他所谓的"肛门性格"的形式为性格的精神分析研究打开了大门。他指出，所有强迫性精神病理症状都说明认知过程可以被用来处理心理冲突。

早在15世纪，宗教和精神病学文献中就有了关于强迫意念和或强迫行为的描述。英语中的"强迫"一词至少可以追溯到17世纪。强迫观念这个术语是由冯·克拉夫特-伊宾于1867年提出的。而强迫性神经症的概念和术语来自弗洛伊德（1894c），出现在他早期关于神经心理性防御结构及其与性的关系的文章中。弗洛伊德认为，在强迫性神经症中，被压抑的观念或记忆被看似毫无意义的观念或行动所取代，而痛苦的情感（通常是焦虑或自责）则保持清醒（与癔症相反；在癔症中，与被压抑的观念相关的情感会转化为躯体症状）。在这个早期阶段，弗洛伊德（1894c，1896c）以他的诱惑假说为主导，认为强迫性神经症是由早期创伤性的主动性经验造成的（与癔症相反；癔症是由创伤性的被动性经验造成的）。

10年后，在放弃诱惑假说后，弗洛伊德回到了强迫症这个的主题上。在与被压抑的本能冲动相关的诱惑和"特殊的责任心"之间的冲突中，弗洛伊德找到了强迫症的起源——通过反向形成的过程，创造出防御这些冲动的方法。因此，每一种强迫意念和强迫行为都是冲动和防御之间的妥协。弗洛伊德（1907b）继续将强迫症患者的神经症性仪式与宗教仪式的神圣行为进行比较。弗洛伊德（1909d）还将强迫症状与施虐幻想和矛盾心理联系起来；随后，他将之与（新描述的）前生殖器欲的力比多追求（具体是指肛门施虐）的影响联系在一起（Freud，1913d）。琼斯（1918a）也描述了这一点。在同一时期，弗洛伊德首次观察到肛门性格类型，其特点是有序、节俭和固执，这与如厕训练期间的奋斗史有关。在弗洛伊德（1908b，1913d）最终的经典构想中，强迫性神经症和强迫型性格特征都反映了肛门期的力比多追求以及从可怕的俄狄浦斯追求的退行，然后通过反向形成、抵消和隔离来保护被激活的肛门愿望。弗洛伊德认为，那些具有"肛门性欲"的强烈生物倾向的人是强迫性神经症的易感人群。相应的症状反映了那些防御相对不成功的人的"被压抑之物的复现"。

一些后弗洛伊德主义分析师对强迫性神经症或强迫性格感兴趣。他们详细阐述的主题有：（1）肛门力比多的变迁表现在与污垢、金钱和时间的斗争中（Jones，1918b；Abraham，1921）；（2）自我防御，以及神奇思维和理智化（A. Freud，1936）；（3）自我功能的无冲突方面，如刻板的认知风格（（Horowitz，1977；D. Shapiro，1965）；（4）严厉和惩罚性的超我功能——通常被称为"括约肌道德"（Ferenczi，1925）；（5）以攻击、矛盾和依赖为特征的客体关系；（6）以权力追求为特征的人际关系（MacKinnon & Michels，1971）。发展理论家们强调的主题有：（1）父母对待攻击、冲动控制和情感表达的态度的作用；（2）母婴互动的质量；（3）如厕训练的经验（D. Levy，1956；A. Freud，1966）。儿童分析师发现，儿童的强迫症状发病率很高，且其强迫性格特质的发展与潜伏期之间存在密切的联系。

在精神病学文献中，神经症这个术语于1981年被"障碍"一词所取代。事实上，《精神障碍诊断和统计手册》（American Psychiatry Association，1981）和《心理动力学诊断手册》（PDM Task Force，2006）都涵盖了成人和儿童的强迫型人格障碍和强迫症。在更广泛的心理健康领域中，关于强迫意念和强迫行为的文献在很大程度上以两个方面为主导——一方面是对强迫症的神经生物学基础方面的理解，另一方面是针对强迫症的生物和非心理动力学治疗的成功。然而，作为许多分析的一部分，精神分析师在临床实践中仍需面对强迫性格特质和强迫性防御。

Oedipus Complex 俄狄浦斯情结

俄狄浦斯情结，又译为**恋母情结**。俄狄浦斯情结是3～6岁男孩和女孩在心理性欲发展的婴儿生殖器欲期阶段都会出现的相关冲突、认同、幻想和客体关系的普遍群集。俄狄浦斯冲突的特点是它来自三方关系，由爱与恨、欲望与嫉妒、失望与希望的复杂网络组成，这些都是在儿童与父母（真实的或想象的）的关系的背景下产生的。它超越了一个简单的问题，即希望得到父母中一方的尊重和钦佩，而不考虑另一方。得到父母中一方的尊重和钦佩的愿望被认为是前俄狄浦斯的、二元的、自恋的（Edgcumbe & Burgner，1975）。俄狄浦斯冲突会不可避免地涉及矛盾心理，并且包含激情的性欲。它源于对性结合的愿望和父母中一方的爱，伴随着嫉妒和摆脱另一方（也是心爱的父母）的愿望。儿童渴望成为被垂涎的父亲或母亲之爱的主要接受者（如果不是唯一接受者的话），并且恐惧另一方的报复，因为他／她可能会意识到儿童的嫉妒和谋杀愿望。这些恐惧被称为阉割情结，通常发生在身体伤害方面，尤其是男孩的阉割焦虑和女孩的生殖器伤害。这些恐惧也会在失去爱和丧失客体时被体验到，其产生于发展的早期阶段。对异性父母的性欲及对同性父母的憎恨和恐惧，被称为**积极的俄狄浦斯情结**；对同性父母的性欲及对异性父母的恨和恐惧，则被称为**消极的俄狄浦斯情结**。当它们不可避免地以不同的强度共存时，儿童对父母双方都会产生渴望而恐惧的矛盾心理。在异性恋的发展中，积极的俄狄浦斯情结主导着这一性心理阶段；它的逐步解决引发了对个人以及同性父母的人格和理想的认同，促进了超我、性取向和性别同一性的巩固。在同性恋的发展中，相反的冲突、认同等占了上风。

　　弗洛伊德发现了俄狄浦斯情结的普遍性及其对心理发展的深远影响，这是他的主要贡献之一（其他贡献还包括对婴儿性欲和潜意识冲突的发展）。在古典精神分析思维中，俄狄浦斯情结是心灵的核心重组，因为它带来了超我，从而促成了成人心灵的最终形态（Tolpin，1970；T. Shapiro，1977；Simon，1991）。探索和解决俄狄浦斯冲突是临床精神分析工作的必要部分。许多精神分析理论家认为，超我的发展和俄狄浦斯冲突的解决之间的复杂联系保证了俄狄浦斯情结的重要性。超我的形成不仅对个人的成长至关重要，而且对整个社会至关重要——儿童将其直系亲属中重要成年人的道德内化，而这些成年人维持着周围文化的标准。在其他精神分析理论中，俄狄浦斯情结是儿童发展和成人生活的中心，但并非人格和精神障碍的基本核心。这些精神分析理论并未将俄狄浦斯情结视为人类心灵的重要组织者，但通常都承认，三角关系过程是一种关键的发展成就。在这个过程中，儿童的客体关系发展为与另外两个重要人物形成的复杂矛盾关系，其中包括对他们彼此关系的觉察。

1897年，在父亲去世一年后，弗洛伊德通过自我分析首次提出了俄狄浦斯情结。他将其视为童年的普遍心理经验，并借索福克勒斯笔下的《俄狄浦斯王》为其命名。在与弗利斯的通信中，弗洛伊德（1897f）首次提出他的俄狄浦斯情结理论，并且在《梦的解析》中首次将其发表。弗洛伊德发展了这一理论，同时与他关于神经症的诱惑假说中的矛盾进行斗争，并提出了俄狄浦斯情结在神经症发作中的作用。弗洛伊德（1923a，1924b，1925b）将**俄狄浦斯情结的消解**界定为一种发展和心灵内的概念，描述了俄狄浦斯情结屈服于儿童心灵中的压抑和认同，导致超我的形成，并迎来了潜伏期的发展阶段。弗洛伊德认为，俄狄浦斯冲突在3～5岁达到了最强烈的程度，然后由于成熟、内部心理和社会原因而消退或消散。它保留了**俄狄浦斯群集**，并作为精神生活的心理组织者一直存在于潜意识中。弗洛伊德（1924b）描述了这种消解的顺序——由于俄狄浦斯情结的失望、挫折和恐惧（恐惧阉割、丧失客体或失去爱），男孩和女孩放弃了他们对父母的乱伦欲望和野心。之后，父母双方的客体贯注被放弃，并被身份认同所取代。对父母的性欲被转化为情感冲动，并得到升华。对父母的理想化被转化为自我理想，而对父母惩罚的内疚和恐惧在超我的形成过程中变得去人格化和结构化，成为"俄狄浦斯情结的继承人"。弗洛伊德（1925b）也描述了典型异性恋发展中每个性别的不同任务——男孩的任务是将他的认同从母亲转移到父亲；而女孩的任务是将她主要的爱客体从母亲转变到父亲。男孩因阴茎受到实际或想象中的威胁而陷入阉割焦虑，放弃了对母亲的性渴望，转而认同父亲，将父亲的道德和理想内化，以巩固他的超我。对女孩来说，承认生殖器的差异会引发失望和泄气。因此，她将自己"被阉割的状态"归咎于母亲。对她来说，俄狄浦斯情结是最初打击的后遗症。她求助于父亲，通过（间接地）占有他的阴茎来寻求安慰，然后希望得到他的孩子并以此作为进一步的补偿。通过这种方式，女孩将爱的客体从母亲转为父亲。然而，女孩对俄狄浦斯欲望的放弃从未像男孩那么完全和彻底。对阉割和阴茎嫉羡的信念使她陷入了俄狄浦斯冲突，而这种冲突只能通过她努力接受父亲对母亲的偏爱来实现。因此，她对母亲的道德和理想的内化几乎没有紧迫感和压力，她的超我巩固也受到了损害。对于两性来说，随之而来的潜伏期状态是性欲压力的暂停——一直持续到青春期后生殖器组织完全发育。俄狄浦斯冲动主要是潜意识的。然而，根据可以触发这些冲动的当前生活事件的消解程度和性质，俄狄浦斯情结及其残余（**俄狄浦斯情境**）可以在成年人的行为、态度、客体关系和客体选择、性格结构、性同一性、幻想形成以及后来的性模式和偏好中得到识别。

　　新的发现激发了对俄狄浦斯冲突的起源及其继承者（超我）的思考。俄狄浦斯期被认为是由生理上的生殖器兴奋、好奇心和对父母中一方的情欲高涨引起的。残余所压抑的俄狄浦斯群集被认为是"核心手淫幻想"的基础，它决定了性唤起的具体要求（Laufer，1976）。虽然将性唤起的条件有可能与俄狄浦斯构型的特征联系起来，但这些条件不仅来自所有先前的发展，而且来自一个假设的生物基础。现在，人类的性行为有了更广泛的概念——包括了行为遗传学、心理神经内分泌学和精神分析领域以外的研究结果（R. Friedman & Downey，2004）。

现在人们认识到，认知的增长、客体关联能力的增强，以及情感范围和容忍度的普遍扩大（尤其是对矛盾心理和罪疚经验的容忍），是导致俄狄浦斯情结阶段出现的重要因素，对俄狄浦斯情结的消解和超我的形成至关重要。许多精神分析家认为，俄狄浦斯情结和超我结构在成年之前都会受到成熟的修饰，而不会在五六岁时就完全完成了。还有一些人认为，俄狄浦斯情结的解决并不像弗洛伊德最初认为的那样彻底。例如，洛伊沃尔德（1979）提到了"俄狄浦斯情结的减弱"，而不是它的消解。他认为，俄狄浦斯情结并没有被摧毁，而是回归——需要反复的压抑、内化、转化和升华。其他理论家认为，洛伊沃尔德对俄狄浦斯情结的看法是由儿童对分离的需要和自主性的发展所驱动的（Chodorow，2003；Ogden，2006）。根据洛伊沃尔德的说法，儿童通过内化父母来弥补俄狄浦斯期的叛逆，这导致了超我的形成；而超我的本质是对自己的责任。霍尔德（1982）根据对汉普斯特德诊所编制的儿童分析案例索引的回顾，提出了对弗洛伊德概念的修正。他认为，超我发展和功能开始于阳具欲-俄狄浦斯期之前，内心俄狄浦斯冲突的证据仍在相当多的潜伏期儿童中被发现。俄狄浦斯情结的消解似乎不是完全结构化的、相对自主的超我功能发展的先决条件。

根据当前的思想，俄狄浦斯冲突中的性别差异已经提到了修正。精神分析层面的儿童观察表明，女孩的俄狄浦斯序列可以表现出许多变化。例如，想得到一个婴儿的愿望可能会引发情结，而不是起到安慰的作用（Parens et al.，1976；Parens，1990）。关于女性超我的一些文献表明，女性超我不同于男性超我，但绝不亚于男性超我（D. Bernstein，1983）。阴茎嫉羡，虽然确实出现在一些成年女性身上，但它现在被认为是早期剥夺和抵抗正常女性生殖器冲动和幻想的结果（Frenkel，1996）。阉割焦虑仍然被认为是解决男孩俄狄浦斯情结的重要动机。然而，当代理论表明，对于男孩和女孩来说，父母双方的爱和保护仍然是引发积极俄狄浦斯冲突和解决消极俄狄浦斯冲突的重要因素。当前对同性恋发展的思考引发了对俄狄浦斯冲突的重新思考，并且使基于同性恋倾向的所谓消极俄狄浦斯冲突有可能成为主要构型（Auchincloss & Vaughan，2001）。

俄狄浦斯式胜利可能发生在幻想或现实中，是一种悲剧，就像《俄狄浦斯王》中的悲剧一样。悲剧的表现在于俄狄浦斯情结带来的人格发展混乱——主要表现为完全的自恋、现实意义上的扭曲、性功能和客体选择的混乱、所有形式的成就抑制，以及超我的不完全融合和巩固。

克莱茵（1945）提出了关于俄狄浦斯情结的不同表述。在她看来，它在生命的第一年以原始形式出现，在理想的情况下，在童年早期就成熟并达到弗洛伊德构想中描述的版本。原始的早期俄狄浦斯情结围绕着部分客体（乳房和阴茎）形成，而婴儿对其有先天的觉察。由于力比多与攻击相融合，投射、内摄和分裂的原始防御机制占主导地位，婴儿将部分客体分为好的和坏的，对其投射攻击性，并重新内摄构成超我的攻击性坏客体。这使婴儿容易受迫害焦虑的影响，无法涵容和整合矛盾。如果攻击不是压倒性的，超我就可以促进向抑郁位置的运动。在抑郁位置中，对整个客体的爱和罪疚占据主导地位。

自体心理学关于俄狄浦斯发展的观点认为，如果儿童带着稳固的自体进入俄狄浦斯期，那么照顾者对儿童俄狄浦斯期激情的反应会对俄狄浦斯期的结果起决定性作用。父母对儿童竞争力的抑制性反攻击，以及他们对儿童性主张的抑制性反应，都与他们对儿童的活力和自我肯定所表达的发展成就的自豪感和喜悦感紧密相关。儿童必须能够可靠地将同性父母和异性父母理想化，并为其萌芽期的激烈竞争能力及其对性、情感和竞争感受的确认获得最佳镜映。儿童潜意识地使用他的照顾者来激发对这些发展需求的恰到好处的自体客体回应能力。这将巩固儿童的自体，使其有能力热情地追求爱的兴趣和激情，现实地与他人抗争，并在性欲中体验快乐。如果俄狄浦斯自体客体的需求没有得到恰到好处的满足和恰到好处的挫折，那么儿童就无法成功地度过俄狄浦斯期，进而发展出俄狄浦斯情结。在俄狄浦斯发展阶段，对同性父母的失望可能是致病性的，并且会引发两极自体理想极的缺陷。更具体地说，这会引发围绕着男性／女性的羞耻感和自卑感。在这段时间里，理想化的需求得不到满足会引发与同性父母融合或被同性父母赞赏的性渴望。自体心理学将消极的俄狄浦斯情结概念化为同性父母理想化的缺失；它会引发对同性乱伦的渴望（A. Ornstein，1983）。

Omnipotence 全能感

全能感指对无限权力或"所有权力"的幻想。作为一个精神分析概念，全能感被用来描述：（1）关于自体和客体的幻想；（2）防御机制；（3）病理性心理结构的要素（病理性夸大自体）；（4）自体心理学中的一种正常婴儿时期的夸大自体的特征，有助于健康自尊的发展。

弗洛伊德（1909d）首次讨论了全能感，涉及"鼠人"对自己思想力量的信念。弗洛伊德将全能感这个术语的首次使用归功于鼠人自己。此后，弗洛伊德将思想的全能感与强迫性神经症联系起来。在《图腾与禁忌》中，弗洛伊德（1913e）用全能感这个术语来描述婴儿和原始文化中的一种思维特征。全能思维隐藏于早期人类社会的万物有灵论思维模式的背后。它也作用于创造力、艺术，以及所有神经症患者的思维。弗洛伊德将思想的全能感与他的自恋概念联系起来，将其描述为"思维的力比多过度投注"。在他的论文《论自恋》中，弗洛伊德（1914e）描述了发展中的自我如何在满足自我理想要求的情况下试图重新获得原始自恋状态的强大方面。这种重新找回失去的自恋的努力在一定程度上是通过体验到确定的个人全能感来实现的。弗洛伊德（1919d）还描述了怪怖体验是因何产生的——部分原因是婴儿对思想全能感的信念似乎再次显得合理。

费伦齐（1913/1952）对弗洛伊德关于全能感的观点进行了补充。他描述了儿童如何通过在整个发展过程中保持某种全能的感觉来发展现实感。婴儿的全能感一旦得到回应性照顾者的肯定，他就会在某种程度上体验到对环境的掌控，并开始更为准确地感知现实。在这个模型中，全能感并没有被放弃，而是被修改了，从而提高了了解真实情况的能力。

克莱茵（1935）在她关于婴儿精神生活的作品中，详细阐述了弗洛伊德关于全能的观点。她描述了全能的"幻想"如何在她所说的对抗抑郁位置焦虑的"躁狂防御"中发挥作用。完全控制的幻想很快被命名为**全能控制**（Riviere，1936）。克莱茵（1946）后来描述了处于偏执-分裂位置的婴儿如何将客体划分为全好的方面和全坏的方面，从而保护好的经验免受攻击。作为分裂的一部分，婴儿将好客体理想化，将它想象成万能的；他还保持着一种潜意识幻想，认为自己有能力全能地湮灭邪恶的、受迫害的客体。在克莱茵学派的框架下，罗森菲尔德（1971a，1971b）后来描述了全能控制在自恋客体关系中所起的作用。客体或部分客体（通常是指乳房）可以被全能地吞并，并被视为婴儿的财产；或者，母亲（乳房）可以被婴儿当作容器——婴儿将自体不想要的部分全能地投射到其中。

许多精神分析理论家以不同的方式表示，童年时期自体和重要他人被体验为全能的这一正常阶段是发展的关键。例如，继弗洛伊德、克莱茵和费伦齐将全能感视为婴儿体验的一个重要特征之后，温尼科特（1965）引入了过渡空间的概念，用于思考全能感是如何在发展中被放弃的。在发现第一个"非我占有物"时，婴儿相信他创造了客体。"足够好的母亲"不会质疑全能感，她允许婴儿有这种幻觉。在发展过程中，母亲逐渐让婴儿失望，导致其幻想破灭。在这种情况下，婴儿的全能感被修正以更好地感知现实。但全能感并没有被放弃，因为它仍然是一生中创造力的潜在来源。

费尼切尔（1945）遵循弗洛伊德和费伦齐的观点，提出自尊是对接近或远离婴儿全能感的表达。与之类似，赖希（1954）描述了如何通过与强化的客体的认同使自己获得全能感。对客体的高估是一条迂回之路，为自我获得了在其他方面无法企及的辉煌。雅可布森（1964）也描述了具有前俄狄浦斯情结的儿童对父母全能感的信仰和参与。随着自我的发展，对自己真正成就的自豪感和力量感开始取代早期的全能幻想。马勒（1975）研究了基本情绪的发展，描述了实践亚阶段的宏伟和全能的感觉。这种感觉会被幼儿反复的无助体验刺穿，从而引发和解期的危机。

在科胡特的正常自恋发展理论中，全能客体起着至关重要的作用。科胡特（1970/1978，1971，1977，1984）提出了两种主要的心理构型——夸大自体和全能客体——作为健康自恋发展的核心。这种全能客体是科胡科所谓的理想化父母意象的基础，是一种自恋式的投入，使儿童认为父母是力量、愉快和完美的源泉。年幼的儿童需要感受与这个全能的、理想化的客体的持续联结，这样才能感到强大和韧性。在分析中，理想化的父母意象在移情中被重新激活，科胡特称之为理想化移情。在最佳的发展过程中，全能客体在效能感发展中起着过渡作用。在自恋型人格障碍中，与全能自体客体合并的强烈需要被保留下来；而在精神病性障碍中，全能内部客体可能被妄想地体验为迫害或控制的。

克恩伯格（1975、1984、1995）借鉴克莱茵、罗森菲尔德、赖希、雅可布森、马勒等人的研究成果，对各种精神疾病中的全能感和全能控制进行了概念化。克恩伯格将全能感以及相关的理想化和贬低视为分裂防御的衍生物，它们在早期发展中对保护自体免受预期的攻击至关重要。全能幻想通过投射性认同被转化为对客体的全能控制；自体中不能被容忍的元素被投射到另一客体中，然后必须得到控制。克恩伯格认为，防御型群集在自恋型人格障碍的发展和憎恨的精神障碍中非常重要。全能的潜意识幻想和全能控制的防御有助于维持一种病理性心理结构，即病理性夸大自体，这是自恋型人格障碍的基础。

One-Person/Two-Person Psychology 单人／双人心理学

见"Object 客体""Relational Psychoanalysis 关系精神分析"。

Optimal Frustration 恰到好处的挫折

见"Self Psychology 自体心理学""Therapeutic Action 治疗作用"。

Optimal Responsiveness 恰到好处的回应

见"Self Psychology 自体心理学""Therapeutic Action 治疗作用"。

Orality 口欲

口欲是一个全面的术语，涵盖了所有源自性心理发展的**口欲期**的心理兴趣、活动、幻想、冲突和心理机制。这一阶段发生在生命的前8个月。口欲主题通常围绕情感体验的最主要和最基本的方面，如饥饿、满足、依恋和依赖。根据弗洛伊德的心理性欲发展理论，婴儿最早的愉悦感和攻击性表现起源于上消化道——或称为**口腔区**。在口腔区产生的精神兴奋和紧张状态被定义为由**口腔驱力**的心理力量引起。尽管口腔区的作用随着后续的发展阶段的出现逐渐减弱，但口欲对人格的影响仍然存在。口欲的派生词在所有分析中都很常见。虽然基于性心理阶段的性格类型分类现在被认为是还原论的，但当依赖、过度需求或其他**口欲冲突**的问题在一个人的整体构成中占主导地位时，**口腔性格**这种说法有时仍被使用。

虽然口欲的概念经常被认为是早期驱力理论的残余，但它在精神分析中仍然很重要，是潜意识幻想的通用组织主题。历史上，对口欲的兴趣激发了人们对婴儿早期发育、心境障碍、性格和内化心理过程的探索。然而，对口欲的兴趣有时会导致人们将成人心理内容错误地归因于发展的特定早期阶段——这是精神分析发生学的一个谬误。从当代的角度来看，持续存在于成人患者中的口欲主题被理解为一种服务于多种功能的妥协形成，它在面对不断发展的挑战和心理结构的构建时被重新设计。

弗洛伊德（1897b）第一次提到口腔性感区是在他与弗利斯的通信中。他将其描述为一个区域，其性意义通常在成年后消失，但可能在病理状态（如倒错）中持续存在。弗洛伊德（1905b）关于驱力的性心理发展理论在《性学三论》中得到了更充分的阐述。在其中，他将口腔区描述为第一个性感区——通过摄入食物产生愉悦的满足感体验。弗洛伊德还解释说，口腔摄入和愉悦满足感之间的这种联系建立了内化心理过程的原型。这一过程以正常和病理的形式持续到成人生活。亚伯拉罕（1916，1924a，1924c）将性心理阶段与客体关系的发展联系起来，并将口欲期划分为"前矛盾"的自体性欲阶段和"食人肉欲"的矛盾阶段——其中，**口腔攻击**起着更为突出的作用。他将潜在的**口腔吞并幻想**描述为吞噬爱的客体的愿望。亚伯拉罕还描述了对**口腔爱欲**的固着，并将其归因于口腔阶段的过度放纵或剥夺。这种固着表现在一些神经症患者的潜意识幻想中，以及它对口腔性格（以**口腔特质**为特征，如要求、强迫性讲话、贪婪性）形成的作用中。

口欲和心境障碍的关系有着悠久而复杂的历史。一些分析师论证了口欲冲突容易引发抑郁和躁狂；一些分析师指出，口欲主题在抑郁症患者的梦、幻想和性格中具有主导性优势。此外，根据弗洛伊德和其他人（Abraham，1911；Freud，1917c；Rado，1928）的说法，忧郁症的结构包括失去爱的客体的内摄，这一心理过程可能与口腔摄入的潜意识幻想有关。D. 米尔罗德（1988）质疑口欲容易引发抑郁的观点，认为抑郁症患者突出的口欲代表着通过获得所需的自恋必需品来恢复自尊的拼命努力。B. 勒温（1950）提出了"**口欲期三重唱**"，即在口欲期产生并持续存在于潜意识中的三个愿望或幻想，包括希望吃、希望入睡和希望被吃。他断言，躁狂是一种梦样状态，在这种状态下，现实被否认，且"口欲期三重唱"中希望入睡和希望被吃这两个方面之间的冲突占主导。

Overdetermination 多元决定

见"Compromise Formation 妥协形成""Multiple Determination 多因素决定"。

Parameter 参数

参数是一种偏离分析师通常的立场（技术）的有意识和深思熟虑的治疗干预。参数最初是一个数学术语，在其普通用法中，它是指限制或决定变化范围的因素。技术对分析师各种行为的修改可能被视为参数，例如分析师的相对活动、分析师的自我暴露、费用安排、分析情境中通常的自由，以及约束条件的所有变化。参数与扮演不同，后者指的是分析师在移情-反移情对话中的潜意识参与。艾斯勒（1953）首先在精神分析背景下使用"参数"一词，他将"技术的参数"与解释（精神分析的"模型技术"）进行了对比。参数或非解释性干预，只能在特定的情况下和有限的时间内被使用，并非以避免回归"模型技术"为目的。不幸的是，艾斯勒的使用带有明显的贬义色彩，他在理论和技术上的不合理的确定性是几十年来一些自我心理学文献的特征。

在精神分析师试图治疗患有更严重的精神疾病的人时，分析焦点从被阻拦的愿望到自我功能（包括防御过程）这一历史性转变变得尤为重要。斯通（1954）将这种转变描述为"范围扩展"。与艾斯勒相比，斯通的态度是非贬低性的，他仍然致力于分析那些具有虚弱或扭曲的自我的患者的移情。斯通认为，这些患者需要分析师的热情和灵活性，分析师可以通过提供必要的支持来促进分析。在当代精神分析文献中，参数这个术语很少被使用；即使被使用，它也不再与技术（在其中，解释是唯一可接受的精神分析干预）的概念联系在一起。参数也可以指对分析师通常的技术立场的背离，但没有艾斯勒用法中隐含的负面含义，也不一定与艾斯勒列出的特定约束有关。

Paranoia 偏执狂

偏执狂是对他人毫无根据或夸大的不信任。患有偏执狂的人怀疑周围人的动机，并相信某些人或一般人"想要抓住他们"。偏执狂可能达到妄想的程度，并表现为许多不同心理疾病的特征，包括抑郁、躁狂、精神分裂、中毒性综合征、痴呆和谵妄。同时，**偏执**的想法和感受可以出现在任何引起极度无助、羞辱和脆弱的情况下。偏执的精神分析取向侧重于心灵的研究。不幸的是，精神分析文献未能明确区分偏执和精神病。在临床情境中，分析师最常处理的是具有**短暂性偏执观念**、**偏执人格特质**或**偏执型人格障碍**的患者，而非完全妄想的患者。患有偏执型人格障碍的人倾向于自我参照和自我怀疑，并且很容易感受到被忽视。他们通过对环境的超警戒扫描来寻找线索，证明自己受歧视，进而与世界联系起来。偏执型人格会导致情绪生活受限，其特点是难以与他人亲密相处。他们的浪漫关系常常因病理性嫉妒而变得难以维系。完全的偏执型人格障碍是最严重的人格障碍之一，通常在边缘型人格组织水平上发挥作用。然而，矛盾的是，某些程度的偏执体验可能是所有个体在受胁迫时都会产生的体验中的一部分，也是每个精神分析过程的一部分。

偏执狂的研究在精神分析史上具有重要意义，因为弗洛伊德（1894c，1896c）很早就认识到，心灵的某些偏执状态在结构上与癔症相似。换句话说，它代表了被压抑的潜意识冲突的象征性表达。他在描述心理神经症的防御机制时，将偏执狂和癔症囊括在内。在对偏执狂的研究中，弗洛伊德首先观察到他所说的"投射"，即将被禁止或无法忍受的思想和感觉归因于他人的防御。投射的概念为探索防御、客体关系以及与他人的互动打开了大门。最终，克莱茵（和其他人）认识到，妄想恐惧的潜在可能性是人类心理学的一个普遍方面。

早在古希腊时期，偏执狂这个术语（在希腊语中，para意味着"外部"；nous意味着"心灵"）就被用来表示"疯狂"。在现代心理健康领域中，其作为疾病分类学术语使用的历史是复杂的，与精神病（其中，偏执是常见症状）的疾病分类学有重叠。弗洛伊德（1895a）最初的观点是，偏执狂的目的在于"将与自我不相容的观念投射到外部世界，以此来抵挡它"。在早期的工作中，弗洛伊德（1896a）也评论了偏执狂的敌对倾向以及"屈辱"的感受。

一段时间后，弗洛伊德（1911a，1922）回到了偏执狂的主题，寻找它的起源，并且更具体地指出，它是力比多中同性恋成分的变迁。在对薛伯案例的讨论中，他提出了一个众所周知的偏执型思维构想，涉及同性恋愿望的一系列转变——"我爱他"的想法／感受通过压抑和反向形成转化为"我恨他"的想法／感受，然后通过投射转化为"他恨我"的想法。构想中的转变会引发色情狂、病理性嫉妒和狂妄自大——弗洛伊德认为，这些都是偏执狂的表现。在此期间，弗洛伊德还探讨了力比多发展过程中向自恋阶段的退行，以及偏执在个体固着中的起源。在他看来，其中包括了同性恋客体选择（选择与自体相似的客体）。总之，弗洛伊德的偏执狂理论与他的精神病理论（错觉理论）密切相关。他指出，力比多撤回到性欲发展的自体性欲阶段，而偏执妄想代表着"试图恢复"或通过偏执幻想与客体世界重建联系的努力。

　　在接下来的作品中，弗洛伊德对偏执狂起源的观点没有发生实质性的改变。然而，对偏执狂感兴趣的后弗洛伊德主义自我心理学家不得不反驳这样的观察，即偏执观念似乎并不总是伴随着潜意识的同性恋追求；与此同时，一些公开的同性恋者深受偏执狂之苦。一些理论家急于维护弗洛伊德将偏执狂与被压抑的同性恋力比多联系起来的理论，他们认为，偏执狂只源于被压抑的、被动的肛门施虐的同性恋愿望（与所有同性恋愿望相反）（Frosch，1981）。另一些理论家则关注偏执狂与攻击的主要追求，声称他对被爱的强烈需求通常表现在同性恋屈从的幻想中，代表着想要确保攻击不会摧毁客体或客体不希望报复的愿望（Knight，1940）。发展理论家关注偏执狂患者在童年时期经历的羞耻、羞辱和虐待（通常是性虐待）。这些经历引发了低自尊、不信任和控制他人的需要（Niederland，1951；Sullivan，1953a，1956b）。H. 布卢姆（1980a，1981）认为，对于偏执狂精神病理症状不能仅仅基于对力比多或攻击驱力衍生物的冲突来解释。在他看来，偏执狂病理学的核心是分离-个体化过程中的失败，这导致个体缺乏客体恒常性。对这种无法保持客体恒常性的回应是努力保持与真实的人的持续接触。后来的理论家详细阐述了偏执狂如何通过与客体相关的神奇而具体的幻想来处理客体的非恒常性（Auchincloss & Weiss，1992）。还有一些人关注自我功能的非冲突方面，如偏执型认知风格（D. Shapiro，1965）。还有人详细阐述了偏执幻想对于稳定自体的自恋功能（A. M. Cooper，1993b）。

　　所有后弗洛伊德主义关于偏执观念的理论都反映了克莱茵（1935，1946）的影响，她为理解偏执恐惧作为人类普遍境况的一个方面提供了基础。克莱茵对儿童与攻击斗争的激烈程度印象深刻，她首先描述了源于对原始施虐和攻击母亲的迫害焦虑或**偏执焦虑**。迫害焦虑的盛行，加上她所说的**偏执恶性循环**，使克莱茵提出了一种**偏执位置**（后来被更名为**偏执-分**

裂位置）。这个最早的心理组织的特征是，主动分裂和内化客体关系好的方面和坏的方面，伴随着坏的暴力投射（后来是投射性认同）。偏执位置先于抑郁位置发生，其特征是一个完整、整合、内化的好客体面临着自己的攻击（抑郁性焦虑），并对自己的命运感到焦虑。在克莱茵看来，婴儿的偏执位置是未来偏执型精神病理症状的基础。然而，几乎所有人都认为这两种位置是相互影响的。退缩到偏执位置通常是对无法忍受的抑郁性焦虑的防御。

《精神障碍诊断与统计手册》明确地将妄想型人格障碍（轴 II）与妄想型人格紊乱（轴 I）区分开来。《心理动力学诊断手册》（PDM Task Force，2006）还将偏执型人格障碍与精神病性障碍区分开来。在更广泛的心理健康领域，关于偏执型精神病的文献主要关注应如何理解这些障碍的神经生物学基础。然而，作为分析的一部分，临床实践中的精神分析师继续挑战心灵的偏执状态、偏执性格特质和偏执型防御。

Paranoid Position/Paranoid-Schizoid Position 偏执位置 / 偏执-分裂位置

见 "Ronald Fairbairn 罗纳德·费尔贝恩" "Melanie Klein 梅兰妮·克莱茵" "Object 客体" "Paranoia 偏执狂" "Splitting 分裂"。

Parapraxis 动作倒错

动作倒错，又译为**失误行为**，有时也被称为症状性动作，用来指日常生活中的一些认知错误或功能错误（如口误、忘记名字或词语、笔误或动作失误）。

在精神分析中，动作倒错被认为是动力性潜意识精神生活的证据。斯特雷奇在翻译弗洛伊德的 "Fehlleistung" 时，创造了动作倒错这个术语，意指功能故障。在《日常生活的精神病理学》中，弗洛伊德（1901）认为，这些失误并不像传统认为的那样是偶然和无意义的（例如，口误并非基于纯粹的语言混乱），而是由潜意识冲突（通常是出于性愿望或攻击性愿望）决定的、由当前的 "干扰因素" 挑起的动机事件。随着精神分析理论的发展，像所有症状形成一样，动作倒错逐渐被视为妥协形成，而服务于愿望、防御和适应的多重功能。从潜意识的角度来看，拉康将言语失误和动作失误归类为 "成功的行为" （Mahony，1993）。尽管一些语言学家对弗洛伊德关于口误的论点持怀疑态度，但也有一些实证研究支持他的观点（Motley，2002）。

Parataxic Mode 不完善的反应模式

见 "Interpersonal Psychoanalysis 人际精神分析"。

Participant Observation 参与观察

见 "Free Association 自由联想" "Interpersonal Psychoanalysis 人际精神分析"。

Pathological Defenses of Infancy 婴儿期的病理性防御

婴儿期的病理性防御是在反复遭受严重虐待、暴力、忽视和剥夺的婴幼儿中观察到的保护性行为和状态。这个短语有误导性，因为病理性不在于防御，而在于与虐待性照顾者的依恋关系，后者不能正常发挥养育和保护功能。这些防御措施有助于保护婴儿免受反复出现且无法忍受的疼痛和痛苦的巨大影响，但它们是易损和有限的。随着防御系统的瓦解，婴儿经常会陷入极度疯狂的混乱和解体状态（以尖叫和挥舞为典型特征），直到精疲力竭。

作为一个概念，婴儿期的病理性防御与婴儿依恋行为的大量观察性研究有关。这些行为与斯皮茨描述的住院致病症和依附性抑郁相似，并且同样涉及婴儿对母性剥夺或丧失的灾难性反应。虽然精神分析机构最初拒绝鲍尔比的依恋理论，但几十年来，关于依恋的观点在精神分析主流中一直悄无声息地存在着。

塞尔玛·弗莱伯格（1982）引入"婴儿期的病理性防御"这个术语来描述她在被父母虐待的婴幼儿身上反复观察到的五组异常行为。它们被理解为婴儿应对危险时主要的心理生物学反应中的行为和状态，而非实际的防御机制（人们在不适用于婴儿的结构模型中定义防御机制）。虐待和剥夺父母的婴儿可能会在发展序列中使用一种、多种或全部病理性防御。弗莱伯格受到斯皮茨（1961）工作的影响，后者根据他对被收容婴儿的观察提出，先天神经生理功能是在心理上运作的，会在文后演变为防御机制。

弗莱伯格描述的五组防御是：（1）选择性回避。在婴儿3个月大时，这种防御可被观察到——婴儿的每一种可用的感觉和运动模式都被选择性地用于完全（接近完全）回避父母，而非其他人；婴儿不会凝视、微笑或伸手去触摸父母，也不会为了舒适而靠近父母（更大一些的孩子甚至会逃跑或藏起来）。（2）冻结。观察发现，早在5个月大的时候，婴儿就变得不动，不说话；据推测，保持冻结状态需要强烈的心理生理能量。（3）战斗。随着运动协调性和机动性的发展，到生命的第二年，婴儿对危险的预期引发了狂暴而猛烈的战斗；这种防御先于"对攻击者认同"，不仅被理解为对恐怖的回应，而且被理解为一种暂时的手段，以防止彻底的无助和自体的瓦解。（4）情感转变。在婴儿9～16个月大时，其对危险的预期引发了令人眩晕的笑声。与这种行为相关的是，在照顾者反复的施虐性戏弄中，婴儿表现出兴奋和明显的愉快。（5）倒转。弗莱伯格观察到婴儿13个月时转向自身的身体攻击；斯皮茨则描述了婴儿8个月时的身体攻击。

加伦森（1986）描述了婴儿因各种刺激而产生的防御性攻击，包括创伤性的但挽救生命的医疗干预和住院治疗、极端剥夺，以及社会环境中的暴力、混乱和贫困。奥索夫斯基（1993）也确证，处于高心理社会风险的青春期的母亲会让其婴儿呈现出这些防御。她主张建立一个动态互动模型，将整个社会背景考虑在内。海塞和梅因（2000）描述了具有混乱型依恋模式的婴儿的一系列奇怪、迷失和反常的行为，其中包括冻结和回避。他们认为，当原始依恋对象反复虐待婴儿时，这种行为以及之后的精神疾病很可能会发生。

Pathological Grief 病理性哀伤

见"Depression 抑郁"。

Penis Envy 阴茎嫉羡

阴茎嫉羡有时被称为**男性气质情结**，是指女孩或女人对自己的生殖器不满意的感受，其经常伴随着一种强烈的渴望认同和接管生殖器的冲动，以及对男性的卓越成就和力量的想象。这也可能是一种潜意识幻想／信念——她认为自己缺乏阴茎是由于父母（通常是母亲）的疏忽或恶意，或者是对其行为不端（通常是手淫）的惩罚。女孩或女人可能会幻想出自己隐藏的阴茎。阴茎嫉羡还可能存在于男孩身上（将自己与父亲相比），也可能存在于成年男子身上（将自己与那些阴茎比自己更大、更有力、更完美的男人相比）。当代精神分析的观点认为，阴茎嫉羡明显是一种复杂妥协的内容，与源自多种原因和不同发展水平的冲突及自恋脆弱性有关。

在弗洛伊德的女性心理性欲发展理论和他对女性性格的观点中，阴茎嫉羡的概念很重要。虽然当前关于女性发展的精神分析理论将阴茎嫉羡放在女孩的经历中，但人们普遍认为，这产生于一个更复杂的背景下，涉及她的原始女性气质、女性生殖器焦虑、手淫方式，以及可能会让男性更受青睐的社会环境。与弗洛伊德的设想不同，阴茎嫉羡不再被认为是女性发展的基础，也不再是女性心理学的"基石"。

在一篇关于儿童性理论的早期论文中，弗洛伊德（1908c）首次提到女孩对阴茎的嫉羡。他在该论文中指出，在青春期之前，只有男性生殖器得到识别——男孩和女孩都没有发现阴道。弗洛伊德（1925b）对阴茎嫉羡的作用进行了最广泛的探索。他认为，在她注意到哥哥或玩伴的阴茎之前，这个小女孩在心理上是"一个小男人"。这一重大发现改变了她的生活。女孩立即感知到自己的器官（阴蒂）的不足，自恋受损使她产生了永久的自卑感和得到未被给予的东西的强烈愿望。此外，根据弗洛伊德的说法，阴茎嫉羡促使女孩进入俄狄浦斯期。她贬低自己的母亲，认为她和自己一样没有阴茎，并对母亲没有给她一个阴茎感到愤怒，于是她从母亲身边转向父亲。她放弃了对阴茎的愿望，取而代之的是想要一个孩子（阴茎=婴儿）；带着这个目的，她把父亲当作爱的客体。通过这种方式，弗洛伊德解释了女孩的力比多从她的母亲（到目前为止，是她原始爱的客体）转向她的父亲，以及女孩在俄狄浦斯情境中所表现出的与母亲的对抗。男孩的俄狄浦斯情结是对被阉割的恐惧，而女孩的俄狄浦斯情结是阉割情结的结果，这导致女孩拒绝母亲而选择父亲。对男孩来说，对阉割的恐惧和对父亲的认同促成了超我的形成。在弗洛伊德看来，因为阉割是女孩们无法改变的事实，女性超我永远不可能像男性超我那样"无情"和"独立于其情绪起源"。最后，由于自卑感和羞辱感，女孩放弃了阴蒂手淫，在性欲方面采取了被动、接受的位置。放弃阴蒂敏感性为阴道的投注和真正的女性身份（性感区的改变）铺平了道路。弗洛伊德（1937a）认为，女性的阴茎嫉羡是其"基石"，因而永远无法通过精神分析完全解决。

霍妮（1924，1926）很快挑战了弗洛伊德的观点（阴茎嫉羡是女性心理的核心），并提出了一些构成当前女性心理学的精神分析理论的基础观点。她认为，在婴儿时期，当窥淫癖和暴露癖的本能占主导地位时，小女孩们确实羡慕男孩的优势。例如，小女孩对阴茎嫉羡的主要嫉妒集中在男孩有一个可以炫耀的器官、他引导尿流的能力，以及男性在排尿时触摸自己（女孩认为这是手淫）的社会许可。然而，霍妮断言，在婴儿阶段之后，女性的性优势是显而易见的。她驳斥了这样一种观点，即女性在做母亲时的愿望和快感起源于缺乏阴茎或对缺乏阴茎的补偿。霍妮还认为，在成年女性身上观察到的男性气质情结是一种退行的神经症位置，是面对俄狄浦斯焦虑、罪疚和失望时"对女性身份的出逃"。

弗洛伊德对霍妮的论据或其他人的反对意见都无动于衷。然而，随着时间的推移，根据从女性精神分析和直接的儿童观察中获得的材料，弗洛伊德的理论得到了修正（Kleeman，1976）。在很大程度上，两性的男性发展模式和女性生殖器被贬低的阳具中心主义偏见已不再被接受（H. Blum，1996）。拉康理论是一个例外，它是围绕着阳具和母亲的"缺失"对女孩发展的影响组织起来的。当代理论家，如W. 格罗斯曼和斯图尔特（1976），认为阴茎嫉羡在女性中并非普遍存在的，它是一种需要分析的症状，可能会发生在不同精神病理水平的背景下。例如，在更严重的情况下，它可能代表了自恋性格障碍中自恋伤害的凝聚。在神经症中，它可能代表着俄狄浦斯期冲突的退行。关于超我发展的普遍观点也得到了修正，从而包括了前俄狄浦斯的前体，并且在道德发展中赋予阉割焦虑次要作用。阴茎嫉羡不被视为进入三元阶段的动力。

一些当代理论家强调了解剖学阴茎和弗洛伊德的象征性阴茎之间的区别（Fogel，1998；Harris，2005c；M. Diamond，2006）。象征性阴茎可以被视为一种代表力量和潜能的普遍精神结构，令男人和女人都十分向往。

Persephone Complex 珀耳塞福涅情结

珀耳塞福涅情结是女性俄狄浦斯情结的另一种形式，其源自希腊神话中珀耳塞福涅的故事。一些精神分析师认为，珀耳塞福涅的故事比俄狄浦斯的故事更好地解释了女性三角情境的典型动力学、冲突和妥协解决方案（Kulish & Holtzman，1998，2008；Holtzman & Kulish，2000）。珀耳塞福涅的故事说明了母女之间的密切关系、女孩在脱离母亲保护时的性危险、女孩进入异性乱伦爱欲关系的准备和欲望，以及她与母亲保持关系的需要。它还涉及月经、周期性生育、出生和获得新生，以及其他独特的女性驱力的变迁、客体关系和通过妥协解决问题。许多当代精神分析师认为，女孩进入三角阶段时并不需要像弗洛伊德最初理论设想的那样，将爱欲客体从母亲变为父亲。珀耳塞福涅情结展示出，女孩对母亲的认同如何有助于建构她的女性同一性的感觉、母性欲望，还能促进她对女性性欲的接受。这符合当代女性发展的观点，即女性在其一生中会重新审视、检查并综合自体与母亲的对抗，以及自体与母亲的关系表现（P. Bernstein，2004）。珀耳塞福涅情结也说明了女性经常使用的一种防御，即放弃对自己性欲的能动性。珀耳塞福涅将她的性启蒙描绘为被迫的，并将她的性欲永远隐藏在深处，从而避免了她仍然依赖的母亲的疏远。在这种情况下，吉利根（1982）将珀耳塞福涅的神话与自己对当代女性青少年的研究（在研究中，她记录了魄力和声音的丧失）联系起来；而克劳兹（1994）将珀耳塞福涅解读为女性气质的无声和隐形。对于女性主义者精神分析师伊里加莱（1991）而言，希腊神话中的德墨忒耳和珀耳塞福涅代表了被父权制分割的女性气质。荣格（1921/1957）认为，德墨忒耳和珀耳塞福涅是典型的母女意象。有趣的是，荣格引入了厄勒克特拉情结作为女性俄狄浦斯情结的替代形式。然而，这一术语并没有广泛流行，因为弗洛伊德认为，俄狄浦斯情结对男女来说都有典型性。

Personal Myth 个人神话

个人神话是一种详细的、有意识的对个人过去的自传式叙事，它被高度重视，并以全面和完整的方式呈现给自己和他人。它促进了对自体的特殊期望，并且包含重要的防御扭曲。在分析中，这可能是一个巨大的阻力。E. 克里斯（1956a）创造了这个术语，用它来描述具有特定发展史和动力学的特定、受限的个体的自体呈现，但如今它的用途已经扩展到描述规模更大的临床情境。

克里斯描述了那些对自己的童年历史做出无缝描述的寻求分析帮助的人——他们将童年历史视为"珍贵财富"，极其抗拒以任何方式探索或修改。对这些"个人神话"的分析表明，它们作为一种扩展的屏蔽记忆，表达了经过伪装的早期幻想愿望（Freud，1899a）。由此，他们对过去更具创伤性的方面进行防御。克里斯指出，呈现这种个人神话的患者通常会表现出肛门爱欲性格特征和早熟的自我发展史，尤其是在记忆功能和幻想生活方面。在幻想和现实仍然交织在一起的时候，他们发展出自传体的"记忆核心"。由于相对平静的前俄狄浦斯期过后是俄狄浦斯期的创伤，这些患者将过去的"记忆"与早期发展的家庭罗曼史幻想融合在一起（Freud，

1909a）。随着俄狄浦斯冲突在潜伏期和青春期的重现，个人神话及其愿望满足和防御的功能会进一步明确化。

后来的一些分析师认为，以前俄狄浦斯和自恋为主要病理特征的患者也存在个人神话（Lester，1986；Baratis，1988；Hartocollis & Graham，1991）。他们还提出，这种对一个人过去的神话化可能是普遍的，但并不一定是病态的。一些分析师对个人神话的分析可以揭示关于过去的"真相"的观点持有异议，他们认为，分析的目的是让患者识别出潜意识在防御和创造方面持续和不可避免的神话制造或"神话创作"活动（Ellenberger，1970；Potamianou，1985）。

Personality Typology 人格类型学

见"Jungian Psychology 荣格心理学"。

Personification 人格化

见"Interpersonal Psychoanalysis 人际精神分析"。

Perversion 倒错

在传统用法中，**倒错**（源自拉丁语中意味着"转向错误的方向"的词语）是偏离公认正常的性行为。倒错的同义词包括性偏差、性反常、新性行为（McDougall，1995）和性欲倒错（《精神障碍诊断与统计手册》中的术语）。倒错的典型例子包括恋物癖、窥淫癖、暴露癖、施虐-受虐癖、兽交、恋童癖。在当代精神分析中，对倒错这个术语的使用存在很大分歧，许多人回避了这个术语的判断含义，因为它暗示着"正常"和"异常"之间有一条明确的界线。一些人认为，这个术语值得保留，可用来描述与"正常"相比在性质上不同且有问题的性表达。大多数分析师认为，极不寻常且僵化扮演的性偏好应被称为"倒错"；然而，除此之外，关于倒错的具体内涵，人们尚未达成一致意见。他们在不同程度上强调了与生殖器性交的偏离程度、行为的僵化性和唤醒所需的程度，或潜在幻想、心理动力学及客体关系的性质。所有人都同意，倒错与"正常"是一个连续统一体，所有性行为中都包括一些倒错。当然，倒错这个术语用法的演变反映了社会规范的不断变化。例如，同性恋不再被视为倒错。在过去几十年里，倒错被越来越广泛地用来描述那些没有表现出结构性性倒错的个体的性格方面，如 **"性格倒错""倒错的防御""移情-反移情倒错""倒错的态度""倒错的思维模式"**。在某些情况下，这些心灵状态被认为是性倒错的替代品；在其他情况下，它们被认为反映了类似于性倒错中的防御或态度，例如，与不稳定的现实关系，或虐待他人（Arlow，1971；L. Grossman，1996；G. Reed，1997；Coen，1998；Zimmer，2003；Purcell，2006；Smith，2006；W. Katz，2009）。

　　倒错在精神分析的起源中很重要，因为弗洛伊德对倒错的研究是他对传统性欲观念的革命性挑战的核心。他对倒错、正常婴儿性欲、神经症和正常的成人前戏之间相似性的观察，使他能够超越性领域中儿童和成人、正常和异常之间的传统划分。他的探索引发了他对性心理激进的概念化。他认为性心理是一种普遍的动力，在出生时就表现为一种**多形态的倒错倾向**，并能够进行无限的转变。弗洛伊德最早对心理学做出的一个贡献是观察到性欲在明显非性的现象中发挥着作用。相对地，对倒错的研究表明了性行为／性幻想如何能够利用来管理非性的冲突。此外，对倒错的研究使弗洛伊德和后来的分析师们对一些现象（如分裂、拒认和其他针对现实承认的戏剧性防御）进行了重要的观察。

弗洛伊德（1905b）最初遵循冯·克拉夫特-伊宾和埃利斯的观点，指明了行为中的一组常见偏差，包括作为倒错的施虐癖、受虐癖、性别颠倒（同性恋）和恋物癖。他将这些行为概念化为"组元本能"或力比多未整合和不成熟的成分（包括施虐癖与受虐癖、暴露癖与窥淫癖、前生殖器口欲和肛欲目标）的直接表达，在婴儿期开始的发展过程中出现。在弗洛伊德看来，倒错代表了从生殖器性欲到前生殖器固着点的退行，在固着中，人们更倾向于用这些组元本能的表达来代替异性性交。弗洛伊德的一个著名观点是将神经症描述为"倒错的否定"，因为神经症症状是由被压抑的驱力和幻想的复现引起的；然而在倒错中，同样的冲动和幻想没有被压抑，而是寻求直接的满足。

随着自我心理学的发展和防御理论的进一步完善，弗洛伊德（1927b）开始将倒错概念化为妥协的产物，而不仅仅是未经修改的本能的简单表达。他认为，男性的恋物癖通过创造恋物来替代女性丢失的阴茎，从而防御看到女性生殖器时所引发的阉割焦虑。此外，对恋物癖的研究，使弗洛伊德探索了基于拒认和分裂（而非压抑）的防御。这种对倒错和更原始的防御之间联系的强调，在后来的理论家的作品中被保留下来并得到了阐述。

后弗洛伊德主义分析师继续强调阉割焦虑的作用，以及阳具女性幻想在倒错（尤其是在恋物癖中）的心理动力学中的重要性（Bak，1968）。与此同时，许多人开始探索依恋困难、分离-个体化冲突、攻击和早期创伤经历的影响。当关注点转向倒错者的内部客体世界时，许多人注意到在倒错的性行为中普遍存在的非人性化因素，以及主体无法将性表达与对另一个同自体分离的人的爱和关心结合起来（Fenichel，1945；Greenacre，1955；Bak，1956；Khan，1969；McDougall，1980，1986；S. Mitchell，1988；Parsons，2000）。例如，斯托勒（1975a）将倒错称为"爱欲形式的憎恨"，声称残忍和贬低性伴侣的愿望是倒错的特征。与其他人一样，他对倒错的观点包括试图维护脆弱的性别同一性并战胜创伤。在后来的作品中，科胡特（1977）扩展了他的垂直分裂概念，以解释倒错及成瘾。戈德伯格（1995，1999，2000）将倒错行为概念化为试图通过产生活跃的兴奋来应对受损的自体；他还用垂直分裂的概念解释了秘密分裂的倒错行为，如异性装扮。在对女性倒错（包括盗窃癖、同性恋、极端服从、自残、穿女装、厌食症和"乱伦妻子"）的研究中，卡普兰（1991）强调了战胜创伤的重要性和性别角色的核心地位，将倒错概念化为女性刻板印象，认为其表达了伪装的、不可接受的男子气概愿望。

后弗洛伊德主义的分析师们也继续探索了倒错中受损的自我功能，尤其强调与现实关系中的扭曲。沙塞盖-斯米格尔（1984）认为，倒错植根于一种潜意识幻想。该幻想否认了构成俄狄浦斯情结核心的两种主要人群的类型差异，即性别差异（以阉割为代表）和代际差异（以异性恋、生殖器欲性交为代表，不包括性发育不成熟的儿童）的重要性。在她看来，倒错反映了肛欲期特有的一套全能的神奇信念——伴随着对原始性欲化幻想的摧毁。一些人强调扮演和性欲化在倒错中的作用；还有一些人强调兴奋和唤醒的稳定如何支持对现实的否认，如何给扮演的幻想留下现实的印记（Bak，1956；Coen，1998；W. Katz，2009）。上述对与现实相关的扭曲的强调导致许多理论家扩展了倒错这个术语以囊括许多非性的现象——涉及态度、防御、行为和性格方面。它们的共同特征是明显的否认，通常会出现在施虐-受虐的客体关系背景下（Coen，1998）。

Phallic 阳具欲的

见 "Infantile Genital Phase 婴儿生殖器欲期" "Jacques Lacan 雅克·拉

康""Narcissism 自恋""Psychosexual Development 心理性欲发展"。

Phallic Phase 阳具欲期

见"Infantile Genital Phase 婴儿生殖器欲期""Jacques Lacan 雅克·拉康""Narcissism 自恋""Psychosexual Development 心理性欲发展"。

Phallus 阳具

见"Infantile Genital Phase 婴儿生殖器欲期""Jacques Lacan 雅克·拉康""Narcissism 自恋""Psychosexual Development 心理性欲发展"。

Phantasy 潜意识幻想

见"Fantasy 幻想""Melanie Klein 梅兰妮·克莱茵""Projective Identification 投射性认同"。

Phobia 恐怖症

见"Anxiety 焦虑""Neurosis 神经症"。

Phobic Character 恐怖症性格

见"Anxiety 焦虑""Neurosis 神经症"。

Pleasure Principle 快乐原则

见 "Drive 驱力" "Energy 能量" "Libido 力比多" "Motivation 动机" "Primary Process 原发过程" "Reality 现实" "Repetition Compulsion (Compulsion to Repeat) 强迫性重复" "Unconscious 潜意识"。

Practicing Subphase 实践亚阶段

见 "Separation-Individuation 分离–个体化"。

Preconception 前概念

见 "Wilfred Bion 威尔弗雷德·比昂"。

Preconscious 前意识

前意识描述的是没有意识到但也没有被压抑，且在某些条件下可以变得有意识的心理内容。正如弗洛伊德的地形学模型所描述的，**前意识系统**（Pcs.）描述了心灵中意识和潜意识之间的一个假定的区域或系统，如果对其进行注意，心理内容就能够成为有意识的。前意识系统根据继发过程来运作。前意识的概念很重要，因为这是弗洛伊德革命性观点，即心灵不能等同于意识的一个方面。此外，前意识的概念促进了对"描述性潜意识"（前意识）和"动力性潜意识"（潜意识）的区分——后者是精神分析的基本概念。

在给弗利斯的一封信中，弗洛伊德（1897b）首次描述了前意识。在

《梦的解析》中，弗洛伊德（1900）第一次公开使用这个术语。他描绘了心理地形学模型的三个系统，即意识系统（Cs.）、前意识系统（Pcs.）和潜意识系统（Ucs.）。在描述前意识的本质时，弗洛伊德声称，如果某些条件得到满足——如果它们达到一定的强度，或者如果它们被注意到，发生在前意识中的"兴奋过程"就可以进入意识而不受更多阻碍。虽然前意识的内容是描述性的潜意识，但它与潜意识的内容不同。前意识的思想、记忆和愿望并没有因为压抑而主动退出觉察。因此，这些内容可以随时经由外界刺激的压力或个体注意力的心理努力进入意识。

弗洛伊德认可意识和前意识之间边界的流动性，经常互换使用它们，将它们统称为一个系统，即意识-前意识系统（Cs.-Pcs.）。但是，前意识和潜意识被稽查者的屏障隔开了。随着弗洛伊德（1915d）发展他的模型，他从一种地形定义转向一种更动态的定义。在其中，他设想了以心理能量（投注）的程度和性质（"受约束与不受约束"）为特征的前意识心理内容。与潜意识中的思想相比，前意识中思想的流动性较小，它根据继发过程的线性组织原则来运作。

当弗洛伊德（1923a）用结构术语重新构想他的心灵模型时，前意识系统的性质和功能（包括对释放的抑制、现实检验、判断、梦的工作和防御）都被纳入了自我的概念。然而，他继续使用前意识这个术语。

一些作者指出，在1923年后，弗洛伊德致力于将地形学模型和结构模型对应起来，他提出了许多不同的、有些矛盾的前意识概念。阿洛和C. 布伦纳（1960）注意到，分析师们普遍倾向于混淆弗洛伊德早期的定义（前意识思想相当于那些潜在但容易被意识接受的思想）与他（Freud, 1938a）后来的定义（前意识相当于继发过程的运作，但可能在很大程度上无法进入意识——尤其是前意识的超我元素）。由于其语义不精确且缺乏临床实用性，他们建议完全放弃前意识这个术语。还有一些作者发现，保留潜意识心理过程的概念是有必要的，并指出了其复杂性质和特性。E. 克里斯（1950b）描述了内容的连续统一体——从有目的的反思到幻想，以及从逻辑构想到梦样意象的形式。他注意到前意识心理过程对精神分析和创作过程中记忆恢复的作用——当前意识心理过程通过自我的综合功能被同化时，解释首先有助于承认被遗忘的记忆，最终有助于回忆。前意识的概念关系到"最佳解释深度"的技术建议（A. Green，1974；J. Ross，2003）以及当双方"放松习惯性认知控制，并促进涌现前意识反应"时，患者和分析师之间存在潜在的"共振"（Jeffrey，1992；Kantrowitz，1999）。前意识精神生活的概念也出现在与阈下知觉和记忆研究相关的实验心理学文献中（Fisher，1954；W. Meissner，1983）。

Preoedipal 前俄狄浦斯

前俄狄浦斯（有时被称为**前生殖器欲**）是童年时期的一个发展阶段——从出生到3岁左右，先于俄狄浦斯期。在这个**前俄狄浦斯期**，成熟和发展的关键方面——包括早期自我能力的发展（如知觉、现实检验、认知和防御）、内化的客体关系的发展、自体的涌现、心理性欲和性别的初期发展，以及情感和驱力的早期分化——涌现出来。精神分析发展理论中有许多对前俄狄浦斯期的不同描述，其特点是认为发展的某些方面优于其他方面。古典弗洛伊德主义理论强调了性驱力在其前生殖器欲期序列——口欲、肛欲和阳具-自恋——中的变迁。克莱茵学派理论（Klein，1958）将俄狄浦斯冲突（涉及部分客体，如乳房和阴茎）和超我的核心置于前生殖器欲期，即生命的第一年。不同于经典流派，其他客体关系理论强调了与客体的关系，而非侧重于驱力。马勒的分离-个体化理论强调了建立内部的自体表征和客体表征，以及与主要照顾者分离的实际过程。依恋理论关注的是与主要照顾者的依恋纽带，以及建立一种在心灵中表征的依恋组织模式。在前俄狄浦斯期，由于体质缺陷或环境匮乏引起的干扰，会引发并形成有关发展问题和冲突的组织——尤其是俄狄浦斯群集，还会影响到整个生命周期。成年患者的**前俄狄浦斯问题**和**前俄狄浦斯冲突**被视为"二元的"和"原始的"，指的是早期与主要照料客体（通常是母亲）的关系，而非俄狄浦斯期涉及第三人（通常是父亲）的"三元"问题。这类问题和冲突通常涉及依赖、依恋、控制等主题，有时可根据以口欲、肛欲、阳具欲问题或冲突主题为特征的前生殖器心理性欲阶段得到识别。前俄狄浦斯问题和冲突存在于所有成年人的精神生活中，但在那些经历过早期母爱剥夺或丧失，或其他类型的身体和／或情感创伤的人的精神生活中会更加突出。当前俄狄浦斯冲突突出且伴有自我功能受损时（如现实检验和情感耐受），患者可能会被诊断为**前俄狄浦斯障碍**。这是一个不恰当的表达，因为它简单地将动力学与自我功能失调混为一谈，并暗示了这种失调必然发生在发展的前俄狄浦斯期。事实上，冲突与自我功能失调的关系是复杂的。将这种失调的病理学原因定位在发展的前俄狄浦斯期，是发生学谬误的一个例子。这种类型的精神疾病最好被指定为中度至重度性格障碍，或最严重的边缘型人格障碍。

在传统上，精神分析理论和实践关注的是俄狄浦斯冲突，因而认为前俄狄浦斯问题超出了精神分析关注的范围。在过去的50年里，婴儿和儿童观察领域研究的不断增长在一定程度上激发了人们对前俄狄浦斯期的兴趣，同时引起了相当大的争议。现在，人们对前俄狄浦斯问题的普遍存在及其与俄狄浦斯问题的普遍交融表示赞同。随着精神分析实践范围的扩展，精神分析已成为许多有心理问题（包括前俄狄浦斯成分）的人的治疗选择。

弗洛伊德（1931a）首先以"女性的前俄狄浦斯期"的形式使用了前

俄狄浦斯这个术语。他认为女性的这个阶段比男性的更长，更重要。在这个"消极的俄狄浦斯期"，女孩对母亲的强烈而热忱的爱以主动或男性气质的形式被实行。然而，女孩对自己有缺陷的阉割状态的认识引发了她对母亲的憎恨；她认为母亲应该对此负责。女孩改变了其爱的客体和爱的方式，最终采取了被动的女性态度。弗洛伊德关于女性性发展的图式立即引发了争议，并受到了广泛的修正。弗洛伊德（1905b）对发展的前俄狄浦斯期的大部分兴趣集中在由神经生物学决定的性驱力在本能阶段的变迁，包括口欲期、肛欲期和阳具欲期。在他对前俄狄浦斯儿童的看法中，弗洛伊德也强调了快乐原则、婴儿自恋、原发过程心理状态、全能幻想，以及自我和客体关系逐渐涌现的主导地位。

到了20世纪中叶，A. 弗洛伊德和克莱茵关于婴儿期心理发展复杂程度的争论使关注点集中在了前俄狄浦斯期。A. 弗洛伊德（1963）关注自我发展并引入发展线索的概念，而克莱茵（1928）关注早期"潜意识幻想"的形成、攻击的主导地位，以及内化的客体关系的发展。事实上，克莱茵在生命的第一年看到了自我发展和俄狄浦斯幻想的证据，从而有效地消除了克莱茵学派理论化中的前俄狄浦斯期的概念。由于力比多最初与攻击相融合，婴儿的主要追求是通过投射和分裂来管理攻击和破坏性。超我的核心由婴儿自身攻击的投射和再内摄形成。第一个版本的俄狄浦斯冲突最早出现在4~5个月，主要针对令人愉悦和令人沮丧的部分客体——乳房和阴茎。偏执-分裂位置的特点是攻击性情感的分裂和投射，这导致了迫害焦虑的产生。在这段时间里，婴儿达到了抑郁位置，攻击和力比多、爱和恨被调节和整合。这与传统的俄狄浦斯斗争不相上下。在此阶段爱、罪疚和修复的渴望占据主导地位。一些精神分析师，如雅可布森（1964）和克恩伯格（1975），试图弥合自我心理学和客体关系之间的鸿沟，并为前俄狄浦斯期发展构想出复杂的图式——强调自体表征和客体表征的出现和分化。这得益于越来越复杂的自我能力和功能的成熟和增长。

　　早期发展理论模型是从成人患者的临床工作中重构的，对这些模型进行验证的尝试促进了婴儿和儿童观察研究的发展。斯皮茨（1965）是最早的婴儿精神分析研究者之一，他提出了心理组织的概念。心理组织者是心理发展达到某一阶段的指标，也是心灵结构化进一步发展的先决条件。斯皮茨从胚胎学中借用了这个概念，并将其应用于心理发展。他提出了三个心理组织者：（1）社会性微笑，通常出现在第6周到3个月，代表社会关系的开始。（2）陌生人焦虑反应，通常出现在第8个月左右——当陌生人靠近婴儿时，婴儿会表现出明显的痛苦迹象，如哭泣、皱眉和烦躁。（3）"不"的表达，通常在第十几个月时出现，表明了儿童第一次拥有坚持自主和做出判断的能力。皮亚杰（1969）研究了儿童的心理过程，试图了解知识是如何构建和组织的，以促进对环境的适应。马勒和她的同事（Mahler, Pine & Bergman, 1975）引入了分离-个体化理论，将生命的前3年划分为几个阶段。在这些阶段中，母婴关系不断发展，客体恒常性（一种牢固的自体和他人的感觉的状态）开始建立。加伦森和罗费（1976）研究了身体感觉对幼儿本能和自我发展的影响，结果发现，早在第18~24个月，幼儿就有了对生殖器感觉的认识，从而形成了发展的早期生殖器欲期。鲍尔比（1969/1982）引入了依恋理论，他断言存在一种先天的依恋行为系统（在动机状态上与喂食和性爱的行为系统相同），并描述了1岁时就变得明显的依恋组织模式。D. N. 斯特恩（1985）通过对婴儿和母亲的详细观察，描述了自体经验从出生时开始的演化过程，也描述了比其他研究者所观察到的更早的复杂和有组织的心理能力。

　　线性发展理论逐渐被取代。在新的理论中，系统是有重叠和互动的（P. Tyson, 1996b; Gilmore, 2008）。人们的关注点转向了对早期道德发展的承认（Emde & Buchsbaum, 1990; P. Tyson & R. Tyson, 1990）、与父亲的早期关系（Abelin，1975；Herzog，2001）、依恋风格（M. Main，1993）、心智化（Fonagy，1995）、情感理论（Emde，1999）、母婴交流的变迁（Tronick，2007）、回到身体的重要性（Balsam，2001）、性别发展（Chehrazi，1986；P. Bernstein，2004），以及神经生理学和神经心理因素（Solms，2000b）。

Primal Fantasy 原始幻想

原始幻想是一种普遍存在于所有人身上的典型幻想，无论他们的个人经历和历史如何独特。原始幻想包括对父母性交（原初场景）、诱惑和阉割的幻想。原始幻想的概念在精神分析中很重要，因为它强调了一个事实，即强大的结构思想植根于潜意识，而个体的生活经验无法完全解释这一点。具有决定性的是心理现实而非物质现实。与所有幻想一样，原始幻想往往在神经症症状的形成和表达中发挥重要作用。

在他的整个职业生涯中，弗洛伊德一直在努力解决一个问题，即患者神经症症状的根源是实际的"真实"经历，还是"想象的"幻想。随着时间的推移，他的临床工作使他越来越多地将幻想（而非实际经验）视为患者症状的一部分；然而，他从未完全否认真正的创伤经历的重要性。弗洛伊德（1897e）写道，癔症症状实际上是早期性经验（他所说的原初场景）延迟的结果。在接下来的阶段，随着他对幻想作用的观点的发展，弗洛伊德（1915e）将他的重点从原初场景转移到最终被他称为"原始幻想"的内容。在《精神分析引论》中，弗洛伊德（1916/1917）阐述了他对这些普遍幻想起源的观点，认为原始幻想是一种"种系发生学禀赋"。在这种禀赋中，"个体超越自己的经验，进入更初级的原始经验。"弗洛伊德认为，分析中出现的许多幻想（对儿童的诱惑、通过观察父母性交引起的性兴奋、阉割的威胁——或者更确切地说——阉割本身）曾经在"人类家庭的原始时代"真实发生过。在他们的幻想中，儿童只是用"史前真理"填补了个人真理的空白。

大多数分析师都驳斥了弗洛伊德关于种系发生学继承的观点，认为原始幻想的普遍性是由人类解开生殖、分娩、性行为和两性解剖学差异等核心谜团的基本需要来解释的。儿童形成了有意识和潜意识幻想，作为他解释这些谜团的"理论"。事实上，弗洛伊德（1909d）早先在"鼠人"案例的一份笔记中表达了类似的观点；但他后来改变了他的构想。然而，克莱茵（1927a）和比昂（1962b）表达的观点与弗洛伊德的"继承的幻想"非常相似。在克莱茵看来，婴儿先天就具有身体器官、出生和性交的固有知识。比昂提出了"前概念"——它是继承的图式，将会与经验结合形成"概念"。

Primal Horde 原始部落

原始部落是弗洛伊德（1913e）在《图腾与禁忌》中引入的一个术语，描述的是在人类历史的开端由原始父亲领导的一小群有组织的妇女和年轻男子。原始父亲对女性和女孩的性接触保持垄断；而年轻的男性会被驱逐出部落，或者被阉割。这些年轻的男性既害怕又憎恨，也羡慕和爱他们的父亲。弗洛伊德认可达尔文、阿特金森和史密斯在这一构想中的作用。原始部落理论是弗洛伊德的种系发生学推测的一个例子，但普通受到当代精神分析师的拒绝。

弗洛伊德认为，原始部落的消解导致了文明的到来，并奠定了人类心理的原始轮廓。他认为，被父亲赶出部落的儿子们联合起来杀害并吃掉了他。悔恨和罪疚使儿子们夸大了被杀的父亲的权力和仁慈，并将其地位提升为神。同样，儿子们放弃了与母亲和姐妹发生性关系的权利，从而形成了异族通婚的做法以及被称为图腾崇拜的宗教和亲属制度。这种呈现在乱伦禁忌中的对本能的放弃促进了宗教和文明的建立，也为俄狄浦斯情结提供了种系发生等基础。在探索原始部落的概念时，弗洛伊德描述了儿子如何在图腾大餐中获得父亲的一些力量，探讨了关于口欲期（有时称为同类相食期）、吞并和认同的早期思想。在后来的工作中，弗洛伊德（1919e，1921，1925d，1930，1939）声称，任何有明确领导者的结构化群体都可以重现原始部落的动力学。其中，群体的团结是通过领导者平等地爱每一个成员并公正地对待每一个人的幻觉来维持的。

Primal Scene 原初场景

原初场景是儿童目睹父母之间性交的真实经历，或者是这种经历的潜意识幻想以及这种幻想的派生物和变体。原初场景幻想频繁发生，并且最常发生于缺乏实际经验的情况下。它的作用是组织关于性交本质的观念和感受，以及被排除在他人亲密关系之外而体验到的有关感受（包括不足、羞辱或愤怒的感受，通常与嫉妒和兴奋的感受有关）。作为一种实际经验，原初场景在传统上被认为对儿童有不可避免的创伤性和致病性，不过这种观点受到了质疑。在弗洛伊德描绘的普遍的原始幻想中，原初场景幻想也许是最广为人知的文化标志之一。原初场景幻想在艺术、文学和神话中频繁出现。

在给弗利斯的一封信中，弗洛伊德（1897e）首次使用了原初场景这个术语，用它来指被他视为引发后来的癔症症状的早期性经历。尽管弗洛伊德在这篇文章中没有做出详细说明，但它在很大程度上是指童年诱惑的经历。在随后的许多论文中，弗洛伊德（1900，1905b，1908c）评论了观察父母性交对儿童产生的影响。他认为，观察父母性交是焦虑的来源，因为它会产生过度的性兴奋。他还描述了儿童如何倾向于将父母的性交解释为暴力和施虐行为。随着时间的推移，弗洛伊德进一步发展了他的理论，并将关注点从实际经验的影响转移到关于这个场景的普遍幻想的影响上，他觉得这些幻想是通过种系发生学继承而获得的。弗洛伊德（1918a）对"狼人"的描述给父母之间特定的性交场景贴上了"原初场景"的标签。在这个案例报告中，弗洛伊德充分地阐述了他对原初场景的临床后遗症的看法，并将狼人的婴儿神经症、阉割焦虑及与之相伴的土狼恐怖症、同性恋取向都归因于这一场景的影响。他还详细描述了原初场景体验的情绪影响如何被延迟并受限于他所说的"延迟作用"。

许多后来的分析师提供了临床材料，验证并扩大了弗洛伊德关于原初场景体验的创伤性和致病性影响的结论。埃斯曼（1973）针对这一观点进行了重要的比对。他汇集了临床、跨文化和其他证据，挑战了以共同经验和普遍幻想作为病理症状来源的逻辑。一些人（H. Blum，1979b）强调，对原初场景体验和幻想的后果应采取更细致的观点，将体验这种场景的更大背景、周围客体关系的性质、有这种经历的儿童的认知和发展水平、重复性创伤与单个事件的不同影响，以及实际经验和幻想之间的关键区别等方面考虑在内。受弗洛伊德"狼人"案例的强烈影响，克莱茵认为，与原初场景幻想相关联的排斥感引发了她所说的"俄狄浦斯情境"的强烈嫉羡和施虐癖。克莱茵（1928）描述了"结合的父母形象"的幻想，即一种父母永远处于性交中的普遍幻想。这种幻想加剧了儿童对报复的恐惧和他的迫害焦虑。克莱茵（1946）和后来的理论家还探讨了无法忍受与原初场景相关的焦虑如何引发精神病（Bion，1957）、抽象思维发展的失败（Britton，1989）、倒错（McDougall，1972；Chasseguet-Smirgel，1984）。

Primary Femininity 原始女性气质

原始女性气质是一个有着广泛而不同用法的术语，其重点是女孩最早将自己体验为女性的感觉。这一术语是对早期女性发展型精神分析理论中阳具中心主义的回应，缺乏概念上的清晰性，因为它源于不同的参照框架，归因于不同的生物、心理和文化因素（Kulish，2000）。原始女性气质被用来表示：（1）核心性别同一性和性别同一性；（2）一种非冲突性的女性基础；（3）对第一个照顾者（母亲）的潜意识认同（对女孩和男孩来说皆是如此）；（4）从早期对女性生殖器的感知中获得的早期的积极的女性意识（Elise，1997）。原始女性气质也被用来解释对一系列女性生殖器焦虑的有意识和潜意识的持续幻想。这些幻想源自女性发展早期。

原始女性气质的观点对弗洛伊德（1925b，1933a）的女性心理性欲发展理论提出了挑战，后者建立在原始男性气质的概念之上。弗洛伊德的观点强调阴茎在男孩和女孩早期心理性欲发展中的首要地位，并将小女孩的心理性欲发展集中于阴茎嫉羡和阉割焦虑。原始女性气质旨在纠正这种对女性发展观点的扭曲；它承认女孩对女性身体和女性自体感的最早体验。虽然许多精神分析师认为原始女性气质的概念对推动女性心理性欲发展的必要修正起到了关键作用，但它还是受到了许多强烈批评。这些批评表达了对原始和女性气质这两个术语的模糊性的担忧（Elise，1997），以及一种更普遍的对它用阴道中心主义的还原论取代阳具中心主义的还原论的担忧。

弗洛伊德（1933a）认为，小女孩进入异性恋和俄狄浦斯期三角的旅程基于她的缺失感和阴茎嫉羡。他认为，小男孩和小女孩的性发展最初是相同的，正如他在"小女孩是个小男人"（这一言论已经为人所不齿）中所描述的那样。女孩未来的性发展取决于对她最初的原始男性气质的回应或放弃。男孩和女孩的性兴趣和欲望的原始客体是母亲。随着性别解剖学差异的发现，女孩意识到自己缺少了一个阴茎。在失望中，她把目光从母亲转向了父亲，怀着羡慕地渴望得到一个孩子，以作为对失去阴茎的补偿。此外，他认为小女孩到青春期才会认识自己的阴道。

弗洛伊德的同时代人对他的理论提出了批评，因为他的理论中缺少原始女性气质的概念——这可能会为女孩对身体、性欲和客体关系的感觉提供更积极、更准确的概念。霍妮（1924，1933）没有使用原始女性气质这个术语，但在她的论点中提到，一个小女孩的自卑感不是原始的，而是后天习得和被文化强化的。霍妮（1926）还认为，女孩的生殖冲动不一定源于"用婴儿来补偿缺失的阴茎"，而是来自与母亲的认同。这一观点也出现在当代原始女性气质的概念中（P. Tyson & R. Tyson，1990）。霍妮、琼斯（1927，1933）、格里纳克（1950a）等人坚持认为，女孩其实很早就有关于自己阴道的知识，尽管它经常被压抑。正是在这些早期的作品中，人们发现了女性气质的原始性质的观点的第一种用法——就女性身体的早期感觉而言，它并不带有自卑的含义。琼斯还质疑了女孩阳具欲期的概念，他认为这是次要的和防御性的。他认为，女孩既有原始女性气质也有先天的双性恋。正如琼斯所描述的那样，这种原始（异性恋）女性气质表现为早期的、先天的、俄狄浦斯式的冲动，能够促使女孩向父亲求爱，并引起生殖器的穿透恐惧。

虽然原始女性气质的第一次概念化出现在关于心理性欲驱力发展的早期构想的背景下，但原始女性气质这个术语本身首先出现在一个完全不同的参考框架中。斯托勒（1968c）在研究核心性别同一性的发展时，第一次使用了原始女性气质这个术语。这一概念建立在生物学、性别分配、父母养育和文化态度的综合影响的基础上。他试图从基础上反驳弗洛伊德关于男性气质首要地位的观点。弗洛伊德的观点部分建立在19世纪胚胎学的知识之上。在弗洛伊德的时代，人们相信，在胎儿中，男性状态是原始的，女性的性器官是随后分化出来的。斯托勒（1976）指出，现代胚胎学告诉我们相反的结果，即女性的状态是原始的，随着睾酮的分泌，男性的性器官才分化出来。最后，斯托勒（1975b）认为，在另一种意义上，两性的女性气质在另一种意义上都是首要的，因为婴儿的第一个客体是女性——母亲。在这里，斯托勒将原始女性气质的概念作为一种特殊的客体关联类型或状态，并指出男孩很难从母亲那里分离出来，从而确立他们的性别身份和男性气质。

许多精神分析师质疑了斯托勒的观点。伯克斯特德-布林（1996）指出，许多英国精神分析师和法国精神分析师不接受非冲突性原始女性气质的概念，因为没有一个认知领域不存在歧义、冲突和潜意识幻想。珀森和欧维希（1983）从不同的角度批评了斯托勒的观点，质疑在婴儿与原始客体分离时赋予其性别行为或性别同一性的是不是早期未分化的共生状态。乔多罗（1978）从社会学和客体关系的角度出发，在其早期作品中发表过类似于斯托勒关于自体感和性别同一性发展中的原始女性气质的观点。尽管乔多罗没有使用原始女性气质这个术语，但她对早期母性认同或母性去认同中的基于性别的差异的看法中暗含了性别同一性建立中的原始女性气质概念。

讨论原始女性气质的另一个主要背景是女性生殖器焦虑的概念。这种焦虑与女性身体部位受损或丢失的恐惧有关，而非源于对男性属性丧失的嫉妒和幻想。D. 伯恩斯坦（1990）阐述了三种具体的"女性生殖器焦虑"。理查兹（1996）在伯恩斯坦分类工作的基础上，将女性心理性欲发展锚定在小女孩会阴肌肉组织活动的早期经历中。理查兹还从女性生殖器失去快乐或功能出发，描述了她对女性阉割的原始恐惧的看法。理查兹指出，原始的意义是早期的和基本的。她的观点与凯斯滕伯格（1968，

1982）关于女性内在生殖器感觉中心性的理论有相同之处。迈耶（1985）提出了另一种原始女性生殖器焦虑，她称之为"女性阉割焦虑"。迈耶认为，一个小女孩的原始女性气质（她对自己独特性、自己的身体和生殖器的了解）会影响她的女性同一性，并有助于她形成一种自己有价值的感觉。迈耶的一个贡献在于，使许多分析师和分析性治疗师在临床上关注女性患者对女性气质的矛盾但积极的感受。迈耶（1995）在进一步阐述其观点时，将女性生殖器焦虑与男性阉割焦虑进行比较。女孩珍视自己的女性部分，害怕失去它们，并对这种失去的预期威胁感到焦虑。虽然一些精神分析师认为，女性生殖器焦虑的概念取代了早期的阴茎嫉羡和阉割焦虑的概念，但奥赖斯科（1998b）基于对年轻女孩的观察研究以及对成年女性的临床分析，区分了女性生殖器官焦虑和更传统的阳具阉割焦虑，以及俄狄浦斯冲突和双性恋冲突。

在一些作品（尤其是早期的作品）中，原始女性气质被描绘成先天双性恋的一面（Parens，1980；H. Deutsch，1982）。帕伦斯描述了一种基本的先天双性恋和中性生殖力比多——原始男性气质和原始女性气质就是从中分化出来的。

原始女性气质的概念也引发了重新命名或修改传统心理性欲发展阶段（尤其是阳具欲期）的观点。有些人建议，可以考虑用"原始女性"期（早期"生殖器"期）来代替所有儿童都必须经历的原始男性气质或阳具欲期。格洛弗和门德尔（1982）建议用"前俄狄浦斯生殖"期或"生殖器"期取代"阳具"期的阳具。这个阶段的核心区域是生殖器，女孩的特点是穿透焦虑。谢拉齐（1986）、帕朗斯（1990）、P. 泰森（1994）和多尔西（1996）等人也提出了类似的观点。在许多情况下，这些观点都是基于与原始女性气质相关的观点而产生的。对这一阶段的重命名带来了一些混乱。罗菲和加伦森（1981a，1981b）提出了一个"早期生殖器欲期"，用来指发生于16~24个月的、与和解期共存的、囊括一系列现象（包括操纵生殖器、性好奇和普遍提高的生殖器觉察）的早期发展阶段。因此，婴儿生殖器欲期是阳具欲期更名的首选。

库里什（2000）中肯地评价了原始女性气质的概念，认为其在理论领域尽管存在概念化方面的问题，但在临床领域却相当有用。在对文献的仔细回顾中，库利什发现了对这个术语的误用，例如许多作者因对生物还原论的疏忽而将原始女性气质视为一种基本事实，认为其独立于幻想和冲突。伊莉斯（1997）建议将该术语修改为"女性的原始感觉"，就是指在生命最初几年女性身体发展的心理表征。

Primary Gain 原发性获益

见"Neurosis 神经症"。

Primary Maternal Preoccupation 原初母爱贯注

见"Donald Winnicott 唐纳德·温尼科特"。

Primary Process 原发过程

原发过程，又译作**初级过程**。原发过程和**继发过程**是精神生活的两种基本不同的表征和组织模式。在描述性层面上，这两种类型的"思想"在形式和内容上都不同。梦很好地表明，原发过程思维是非线性的，通常是非言语的，而需要利用具体的象征、移置和凝缩机制。它的特点是无视逻辑联系、矛盾和时间现实。原发过程的内容主要由愿望、情感、冲突和潜意识幻想所支配。相比之下，继发过程思维是有逻辑的，通常是言语的，并且是基于现实的。它以判断、解决问题或实现目标为导向。虽然传统的精神分析观点认为原发过程在潜意识思维中占主导地位，而继发过程在意识和前意识思维中占主导地位，但大多数当代分析师发现，原发过程思维和继发过程思维都发生在觉察的各个层面。

精神分析视角的核心是承认所有精神生活都受到潜意识冲突和幻想的影响。因此，原发过程思维的品质总是与继发过程思维同时存在，不过在很大程度上被继发过程思维所掩盖。当精神生活被强烈的情感和冲突支配，或者当理性的组织约束被放松时，原发过程模式在有意识的思维中变得更加明显。例如，儿童的游戏、梦、白日梦、笑话、口误、神经症症状和精神病都明显表现出原发过程的特征。在临床设置中，当患者被邀请暂停对逻辑和适当性的关注时，原发过程在自由联想中变得更加明显。分析师倾听患者交流中的原发过程要素，并以此作为他私人的、潜意识的、幻想和个人意义的内心世界的线索。原发过程的特征在隐喻、诗歌、艺术和宗教仪式中也很明显。事实上，原发过程的精神分析概念对研究艺术、宗教和其他文化产物做出了重大贡献，有助于揭示它们如何表现和传达出复杂的、情绪性的以及通常是潜意识的人类经验。

弗洛伊德通过对症状形成的研究和对梦的分析，首先确定并区分了原发过程和继发过程思维模式。在其未发表的《科学心理学设计》中，弗洛伊德（1895b）用"原发过程"这个术语来指代婴儿的心理功能。"原发"指的是发展中首先出现的东西；"过程"是指"神经元"（在这个基于神经元的早期模型中）处理兴奋或"能量"的方法。起初，在这个模型中，系统中的"能量"移动迅速，既不能延迟对现实关注点的回应，也不能"约束"未来的使用。随着成长和学习，心-脑发展出继发过程操作，能够延迟释放、储存或重新定向能量，以回应现实的需求。

虽然弗洛伊德放弃了建立基于脑的心灵模型的尝试，但他保留了原发过程和继发过程的概念，以及作为它们的基础的"能量"概念。在《梦的解析》第七章和其他论文中，弗洛伊德（1900，1911b，1915d）阐述了这些概念。这也是他为阐明症状和梦形成背后的潜意识心理过程所做的努力。在心理地形学模型中，弗洛伊德将原发过程指定给潜意识系统。与之前的模型一样，这个模型中的能量具有高流动性且根据快乐原则寻求直接释放。他描述了原发过程的特定机制（通过梦的工作来说明）——包括移置（一个观念可以替代另一个与之有情感联系的观念）和凝缩（一个观念可以表达几个其他观念）。弗洛伊德将继发过程指定给意识-前意识系统。它有能力根据现实的要求约束能量并使用固定的外延象征，从而产生以现实为导向的、基于语言的思维。在这个模型中，原发过程是两个过程中最原始或者说发展最早的一个。只有当婴儿面对弗洛伊德所说的"痛苦失望"并发现独自许愿（包括幻觉性的愿望实现）不会带来满足，继而想通过更复杂的动作（思考和行动）来获得满足感之时，继发过程才得以发展。然而，原始的、无时间的、非道德的、愿望驱动的潜意识幻想世界仍是由原发过程组织起来的。

在他的结构理论中，弗洛伊德把原发过程功能重新分配给本我，把继发过程重新分配给自我。虽然弗洛伊德（1938a）后来转向了结构理论，但他明确拒绝了以一种心理加工为特征的统一的"潜意识"的观点，继续提及受原发过程支配的潜意识，从而导致了混淆。与此同时，自我心理学家越来越多地认识到，本我等于原发过程功能和自我等于继发过程功能的构想过于简单；在原发过程思维和继发过程思维之间还存在着许多心理状态，它们兼具两者。阿洛（1958）认为，原发过程是精神生活的一个普遍方面，在一定条件下具有本我、自我和超我的特征。E. 克里斯（1950b）、洛伊沃尔德（1960，1978）等人认为，自我可以"退行"到具有原发过程特征的状态。这样可以提升在艺术和科学中的创造力，并推动分析的进步。谢弗（1968b）将内摄定义为**原发过程呈现**，或与主体（自体）有持续关系的客体表征。多尔帕特（2001）反对将原发过程概念化为一种古老的婴儿残余，并将原发过程认知视为关系的一个必要和重要的方面。

随着时间的推移，弗洛伊德提出的原发过程和继发过程概念框架的其他要素也逐渐被抛弃。阿洛和C. 布伦纳（1964）认为，原发过程和继发过程不应被定义为思维类型，而应根据各种现象背后的"投注的流动程度"来定义。不认可理论能量元素的分析师开始只把原发过程和继发过程简单地作为不同的思维模式（Rappart，1951；Holt，1967）。一些人质疑弗洛伊德提出的原发过程和继发过程的发展序列。例如，卡维尔（2003）认识到原发过程作为一个临床词汇的重要性，认为这个术语有助于描述思维的特殊组织。但是他借鉴了语言哲学和发展心理学观点，反对心理现实先于现实取向的观点。里托威兹（2007）在阐述当代潜意识幻想的概念时，完全拒绝了弗洛伊德的观点，即童年思维以原发过程模式为特征。她引用当代发展研究来驳斥一切认为原发过程思维的四个特征（凝缩、缺乏否定、逆转的普遍性、不受时间影响）与童年心理状态之间有关系的观点。实际上，她将原发过程归入了成人梦的工作领域。马库斯（1999）赞成阿里蒂（1976）提出的**三级过程**概念，并将之定义为组织原发过程和继发过程思维之间关系的第三个心理过程，能在诸多意识层面上产生综合经验。三级过程关联着许多要素，包括内部与外部，驱力衍生物、防御和超我冲突元素，事物呈现和语词呈现，以及知觉、情感和概念。它将现实体验和情绪体验结合在一起，从而形成一个复杂的心理现实。

在认知心理学和发展心理学领域中，一些以精神分析为导向的研究者试图用实证的方式检验原发过程和继发过程的概念。霍尔特（2002）开发了一个量表，用于测量原发过程思维的存在。他提出，原发过程思维适应性使用与心理治疗中的艺术成就和积极结果之间存在相关性。贝拉克尔及其同事（2002）借鉴认知心理学中的范畴形成理论，为原发过程（以基于具体、感性的属性相似性的分类为代表）和继发过程（以基于抽象、理性的关系相似性的分类为代表）的存在提供了经验支持。贝拉克尔（2004）的工作也支持这样一种观点，即原发过程在觉察之外、儿童中、焦虑状态（被视为潜意识冲突的标志）中更为活跃。

布奇（1997）借鉴认知心理学的方法，提出了加工的"多重编码理论"。该理论超越了原发过程和继发过程的概念，包含符号言语模式、符号非言语模式和亚符号模式。这三种加工模式通过她所说的指涉活动的整合活动而联系在一起。亚符号模式以连续（而非离散）的表征模式为特征，用于表示各种运动、内脏、感觉和情绪方面的体验；亚符号模式的使用对一系列重要的生命功能（从创造力到个人之间的情感交流）至关重要。在布奇看来，虽然符号非言语模式和亚符号模式都具有与原发过程相同的特征，但它们既不是原始的，也不是与愿望或冲突相关的；这三种加工模式都可以是有意图的、自动的，也可以是在觉察之内和之外运行的。

布奇同意韦斯滕（1999a）的观点，他认为，现在的数据清楚地表明，被弗洛伊德归因于原发过程思维的许多特性（潜意识、意象主义、愿望满足／驱力主导、非理性、原始发展、前语言、联想）构成了不同类型的思维——包括有意识和潜意识的，它们可以独立于彼此而呈现。尽管一个世纪以来，在精神分析观察和其他心理学分支研究的影响下，心理组织的概念化得到了长足的发展，但大多数分析师仍在用原发过程和继发过程（不一定依附于弗洛伊德提出的概念框架）来指涉不同的思维模式，而且仍然用原发过程来描述心灵如何以高度浓缩的形式表征和交流受与潜意识幻想相关的愿望和感受支配的体验。

Principle of Multiple Function 多重功能原则

见"Compromise Formation 妥协形成""Multiple Determination 多因素决定"。

Projection 投射

投射是一种个体将不可接受或难以容忍的观点、冲动或感受归因于另一个人的防御性操作。投射还可能包括自体表征、超我或内部客体的各个方面的防御性归因。投射有时与更广泛的术语外化同义，即将心灵中的某件事归因于外部世界，但外化不一定是出于防御目的（例如，一个快乐的人通过"玫瑰色眼镜"看世界）。投射这个术语的前精神分析意义与外化有关。它在许多领域中的用法与它的字面意义"扔在前面"有关——就像将一个图像扔到屏幕上一样。在心理学领域，投射被用来描述在外部世界中反映内心生活的普遍倾向。拉帕波特（1944）将这一倾向称为**投射假设**。使用投射的一个例子是**投射测验**（例如，罗夏墨迹测验或思维统觉测验），这种测验通过向主体提供模糊的刺激来理解主体的解释，并将其视为主体内心生活的反映。投射也经常被（弗洛伊德等人）用来描述儿童和"原始"人的泛灵论思想——认为其他人的想法与他们的想法相同，或者自然与内在生活相似。J. 诺维克和凯利（1970）认为，这一过程应被称为"泛化"而非投射。

当投射被用作防御时，它的范围是从正常和普遍的（引发儿童对世界的信念和恐惧）到高度病理性的（引发精神病中的妄想和错觉）。病理性的投射通常与心灵的偏执状态有关。投射不同于投射性认同，但经常与后者互换使用。克莱茵（1946）将**投射性认同**定义为一种防御过程，在这一过程中，自体的部分强行进入客体，以便从内部控制客体。投射性认同的概念有着悠久而复杂的历史。

像所有外化和内化的过程一样，投射很重要，因为它反映了精神生活在与外部世界的相互作用中发展和运作的事实——外化、内化、投射和内摄等言语描述了这种互动的过程。更具体地说，投射反映了一个事实，即当儿童觉察到他人有自己的心灵时，这种对他人心灵的知识可以用于防御目的。在对投射过程的最早观察中，弗洛伊德开始不断探索防御、客体关系以及与他人互动之间的相互作用。

弗洛伊德（1894c）第一次公开使用投射这个术语是在1894年，当时他将偏执解释为出于防御目的而滥用投射。他注意到投射已经被用作一个更广泛的概念。在他看来，只要个体仍然能觉察到自己的内心状态，投射就是一种正常的机制。此后，弗洛伊德对投射的讨论有时侧重于它作为防御的作用，有时侧重于它作为一个普遍的、非防御性的外化过程的作用。弗洛伊德（1911a）认为，投射这种防御最常见于偏执型个体，他们使用投射来防御已经转化为憎恨的同性恋愿望。弗洛伊德（1915b）还断言，与内摄相反，投射可以用来消除自我中任何威胁不愉快的心理内容。在其他作品中，他提到了（防御性和非防御性的）投射在迷信（Freud，1909d）、某些类型的移情经验（Freud，1910f）、"世界末日"幻想（Freud，1911b）、未接受督导分析的分析师的过度自信（Freud，1912b）、关于来世回报的信念（Freud，1913e）、恶魔和禁忌、艺术作品（Freud，1913e）、梦（Freud，1917b）、嫉妒（Freud，1922）和恐怖症（Freud，1926a）的形成中的作用。

克莱茵将投射这个术语与她的投射性认同新概念互换使用。这些概念在克莱茵学派理论中起着重要作用。在克莱茵看来，从婴儿期的最早时刻开始，投射和内摄的交替过程就在创造内部和外部世界的过程中协同工作。最终，克莱茵（1946）开始使用投射性认同（而非投射）这个术语，并将其定义为攻击性客体关系的原型。在她看来，每个人都必须经历一种偏执（后来她称之为偏执-分裂）位置，在这种位置中，对分裂的自体和内部客体坏的方面的投射会引发迫害焦虑。未能从偏执位置发展到抑郁位置（其特征是个体对一个完整、整合、内化的好客体将面临自己的攻击感到焦虑），会引发成人的偏执精神障碍。继克莱茵的工作之后，精神分析文献一直以讨论投射性认同（而非投射）的复杂过程为主。

J. 诺维克和凯利（1970）的作品是一个例外。他们试图区分外化、泛化和投射的过程。他们提出了三种防御性外化，一是将原因或责任归因于他人（例如，一个人承认有某种感受或想法，但将其归咎于另一个人）；二是将自体不想要的或被贬低的部分归因于另一个人——通常是为了避免自恋的痛苦；三是将不可接受的愿望或驱力衍生物归因于他人，即一种对抗焦虑的防御。他们认为，只有最后一种才应被称为投射。

Projective Identification 投射性认同

投射性认同是一个使自体中多余、分裂的部分强制进入客体，以便从内部控制客体的过程。投射性认同通常指不同程度的幻想、防御和客体关系；在某些定义中，它也是一种交流方式。投射性认同的一种动机是愿望——摆脱自体不想要的经验、控制客体、避免分离、交流心灵状态。投射性认同是一个正常而普遍的过程，它有助于内部世界的发展，并且会影响每个成年人对世界的体验。然而，投射性认同的普遍使用是重性精神疾病的表现。投射性认同最初被描述为一种攻击性的行动，但它也指将自体的积极部分归因于他人。投射性认同与克莱茵的工作密切相关，也是由她在1946年创造的。然而，这个术语在克莱茵学派传统之内和之外都有自己的生命。虽然对该术语的定义存在很多争议，但投射性认同的概念反映了在正常发展、严重精神疾病和精神分析情境中，理解自体与客体、内部世界与外部世界之间的复杂相互作用。投射性认同也被用作内心领域和人际领域之间的桥梁。

许多理论家区分了投射和投射性认同，后者被定义为投射的一种原始形式，其特征是强烈的攻击、缺乏自体和客体之间的分化、与不想要的感受保持"共情"及其导致的控制客体的持续需要（Kernberg，1975）。然而，克莱茵和她的许多追随者并没有区分投射和投射性认同。他们认为，投射的每一个"潜意识幻想"中都包含自体的一部分；在投射时，自体冲动和自体部分永远不会消失，而是被感受为进入客体；个体总是与自己的投射方面保持一定的联系（Spillius，1988；Hinshelwood，1989；Spillius et al.，2011）。克莱茵和其他人也指出，想要区分投射和投射性认同，即使并非不可能，也是很困难的，因为两者各自都包含着对方的某些方面。投射性认同导致客体被感知为获得了自体被投射部分的特性，但也导致自体被认同为其自身投射的客体。虽然从理论上讲，投射性认同意味着它的反面，即**内摄性认同**，但后者并未被广泛使用。投射性认同是否最好由主体的潜意识幻想来定义？定义是否应该包括主体和客体之间真实互动的各个方面？这样的问题让人更加困惑。虽然克莱茵将投射性认同定义为主体关于他与客体关系的潜意识幻想，但有些定义中包含了主体控制客体的真实努力以及客体的真实反应，而其他定义明确排除了这一方面。

在探索达·芬奇的精神生活时，弗洛伊德（1910b）描述了投射性认同的概念。弗洛伊德描述了达·芬奇如何把他的母亲带进自己的内心，并与她产生认同；他把自己的婴儿自体投射到那些成为他爱欲兴趣客体的年轻人身上。换言之，达·芬奇将自己真正热爱的客体归因于自己的特点；通过全心全意地对待他们，他得以维持一位忠诚的母亲和儿子之间的核心关系。投射性认同的概念也被A. 弗洛伊德（1936）隐晦地描绘，她所描述的几种复杂的防御（如利他性顺应）都涉及将自体的部分投射给另一个人。

克莱茵（1946）在《对某些分裂机制的论述》中首次使用投射性认同这个术语。她描述了与投射性认同相关的几个方面：（1）投射性认同与偏执−分裂位置密切相关，因为自我（自体）的分裂、全坏部分都被强行投射到客体中。（2）投射性认同的复杂动机包括，去除自我不想要的攻击性部分以保护内心世界免受攻击，以及从内部控制客体。由于这些动机的结合，投射性认同引发了克莱茵所说的"攻击性客体关系的原型"。（3）投射性认同通常用于与攻击有关的方面，但它也可以用于自体的好的部分，例如**寻求安全保护的投射**（Heimann，1942）。克莱茵（1955）在她后来的作品中描述了抑郁位置的一种投射性认同特征，即自体好的部分的投射通过确保自我与一个被赋予善的世界之间的关系来丰富自我。（4）投射性认同发生在身体潜意识幻想的层面，因为自体的部分通常与身体的部分相关联。例如，自体憎恨的部分往往与排泄物有关，而自体所爱的部分则与乳房有关。关于自体强有力的逐出的潜意识幻想遵循的是呕吐或排便的身体模型。（5）投射性认同是发展的一个正常和普遍的部分，有助于创造内在世界以及分化自体和他人。事实上，投射和内摄代表了心灵的两种基本运动。它们发生在两个位置上，一是自我与其客体之间，二是自我与外部世界之间。自体和客体的部分被投射，随后被再内摄，然后被再投射。这是一个贯穿一生的持续运动。（6）当投射性认同被过度使用或继续支配人格功能时，投射性认同是病态的。投射性认同的病理结果包括：对客体的偏执性恐惧（认为客体具有威胁性，会侵入和控制主体）、感受到世界变得"奇怪"（通常是精神病性的）——因为客体似乎可以接触到自体的一部分、自体的贫乏感——甚至达到了空虚和虚幻的极端程度（如心灵的精神分裂状态），以及对一个被体验为包含自体有价值的方面的客体的过分纠缠。当自体好的部分被投射出来时，客体可能会被理想化，而且往往会达到极端顺从的程度。主体甚至可能会感到被完美本身的观念所迫害（Heimann，1942）。在投射性认同的最极端形式中，整个自体被投射到一个客体中，以使自己占有客体的所有品质。这种自体与客体的大规模认同是典型的精神病状态。在这种状态下，主体感受到自己成了名人（Klein，1955）。

克莱茵的许多追随者详细阐述了投射性认同的概念。例如，西格尔（1957，1978）探讨了投射性认同对形成象征能力的影响。在病理症状中，患者将自己投射到客体中的那些方面与客体本身混淆了，也就是说，他混淆了象征与所象征的事物。西格尔将这种情况描述为形成了一个"象征等式"。这与真正的象征化截然不同，因为只有在与客体分离的情况下才可能出现真正的象征化。

比昂（1959）对理解投射性认同做出了基础性贡献，详细阐述了投射性认同在心理发展和临床情境中的作用。他区分了投射性认同的病理类型和正常类型。病理投射性认同的特点是，极端的憎恨和暴力、全能控制的性质，以及摧毁现实觉察的特定目的。正常投射性认同的特点是，通过将心灵状态"放入"他者来与他人交流关于自己心灵状态的信息。比昂（1962a）引入了容器和被容纳者的隐喻，以在临床情境和正常发展中表示这一过程。当一切顺利时，客体（分析师／母亲）接收到患者／婴儿的投射，并通过"遐思"的过程将其涵容在自己的心灵中，然后以一种更易于管理的形式将其返回给患者／婴儿。在他的作品中，比昂以一种新的方式定义了投射性认同——涉及它对真实客体的实际影响和客体的反应。这一概念的扩展对发展理论和精神分析治疗理论产生了重大影响。

奥格登（1979）基于比昂的工作，重新定义了投射性认同。他在新定义中描述了个体将自己不想要的部分放在他人身上的幻想（他在现实生活中试图迫使他人按照这些幻想行事），以及个体对被他人修改的投射的再内摄。奥格登强调了投射性认同如何在内心领域和人际领域之间架起桥梁，并阐明如何能更好地理解发展和临床情境。

罗森菲尔德（1971a，1971b）和比昂进一步阐明了不同类型的投射性认同之间的区别，描述了**沟通型投射性认同**（一种良性形式，例如患者希望分析师忍受患者无法自己管理的体验）和**疏散型投射性认同**（类似于克莱茵最初的投射性认同概念）。罗森菲尔德还探讨了投射性认同、自恋和嫉羡之间的重要联系。在他看来，在客体被感受为与自体分离并拥有良好和有价值的品质时，进入客体内部的欲望变得非常强烈。此时，主体可能会将自己投射到客体中，以拥有客体的良好品质，避免觉察到分离，并消除嫉羡的痛苦感觉。罗森菲尔德描述了这种防御策略如何促成自恋型客体关系。此外，他描述了投射性认同的精神病理学意义（Bell，2001）。

克恩伯格（1975）描述了投射性认同（以及其他基于分裂的防御机制）在边缘型人格障碍和自恋型人格障碍中的主导地位，以及投射性认同对理解临床情境中的反移情的作用。

J. 桑德勒（1976b，1987b）试图将克莱茵的投射性认同概念与他自己对表征世界的观点结合起来。桑德勒认识到，投射性认同的幻想在发展、精神病理问题和临床情境中都很重要，但他拒绝接受克莱茵对死亡驱力的强调、她的发展时间表，以及她对身体潜意识幻想的强调。桑德勒还拒绝接受比昂对投射性认同概念的扩展，即在容器-被容纳者的概念中纳入婴儿和母亲（患者和分析师）之间的互动。桑德勒在认识到比昂观察的重要性的同时，认为这些观察反映了"实现"幻想的普遍倾向，而非投射性认同本身的结果。约瑟夫（1989）探索了分析师如何在临床情境中识别和管理投射性认同的影响，并指出投射性认同的幻想可以通过多种方式来"实现"。

Psychic Apparatus 心理装置

见"Ego 自我""Structural Theory 结构理论"。

Psychic Determinism 心理决定论

心理决定论是一个宽泛的理论原则，主张所有心理事件都是由先前的心理事件引起的，或者都遵循因果规律。弗洛伊德（1915/1916）根据心理决定论的原理指出，包括思想、症状、梦和口误在内的心理现象绝不应被视为偶然；所有心理现象都是有意义的，尽管这种意义可能是潜意识的。心理决定论是证明精神分析方法"基本原则"的准则，它要求患者说出心灵中的一切所想。正如弗洛伊德所说，当意识对思想流动的控制在自由联想中放松时，我们可以观察到意识体验如何"由我们目前尚不了解的心灵的重要内在态度所决定"。

心理决定论这个原则并不是出自精神分析本身，而是弗洛伊德从相关的科学主义文化中借用的。在这些科学主义文化中，人们假定，心灵作为生物有机体的产物，必须遵循自然规律。在弗洛伊德看来，决定论是"科学的整个世界观"。布洛伊尔和弗洛伊德（1893/1895）在《癔症研究》中描述了如何将心理决定论原则"严格地"应用于自由联想新技术产生的资料，从而引出了防御癔症的概念（在这一概念中，由于防御的动机，心因性观念被强迫离开觉察）。在《梦的解析》中，弗洛伊德（1900）在睡眠的混乱产物中发现了意向性。在《日常生活的精神病理学》一书中，弗洛伊德（1901）认为"心灵中没有任何东西是武断或不确定的"，这为动作倒错、迷信，以及看似偶然的行动和日常生活选择的潜在原因提供了详尽的证据。

人们相信心理决定论原则始终是精神分析的核心原则（C. Brenner，1955），尽管如此，有许多作者试图澄清弗洛伊德在使用该术语时造成的歧义。例如，一些人注意到，弗洛伊德提到的决定论一方面表明一种行为或精神生活具有意义，另一方面表明它具有因果关系（Basch，1978；M. Phillips，1981）。对后一方面的强调引发了各种各样的问题。例如：人类行为在多大程度上是由生物驱力和早期生活经验预先规定的？弗洛伊德关于因果关系的陈述是否与自由意志、心理变化和自主自我发展的可能性相冲突？（Knight，1946；Lipton，1955）巴史克（1978）认为，分析通过在移情中提供一组新的心理体验来创造变化，而移情对之后的思想和行为起决定性作用。罗森布拉特和西克斯滕（1977）认为，最好用概率而非绝对的术语来理解心理决定论。精神分析中与心理决定论相关的其他问题包括：最初从物理学借用的严格决定论崩溃了，这对精神分析是否重要？心理决定论真的应该被当作一种启发式而不是科学事实吗？（Erdelyi，1985）

Psychic Energy 心理能量

见"Energy 能量"。

Psychic Organizers 心理组织者

见"Preoedipal 前俄狄浦斯"。

Psychic Reality 心理现实

心理现实是一种主观体验，由关于某一客观的、不完全可知的外部现实或物质现实的感知觉，以及潜意识内部动机和结构性决定因素的有意识衍生物这两个方面的相互作用与整合产生。不同理论流派的分析师对这些潜在的潜意识结构决定因素可能会有不同的界定，如潜意识幻想、自体体验或内化的客体关系。将心理现实等同于潜意识经验（通常是指潜意识欲望及与之相关的幻想）更符合弗洛伊德最初的用法。在这种用法中，心理现实是主观体验的内在来源，外部世界是主观体验的外部来源。心理现实的有意识衍生物和外部现实的感知觉共同影响个体对世界的心理表征。

无论使用哪一种用法，心理现实的概念都强调了基本的精神分析发现，即对于个体来说，潜意识动机和结构就像外部世界中的所有事物一样，是"真实的"和决定性的。通过尽可能全面地理解这些潜意识决定因素，精神分析治疗试图扩展个体在经验世界中的能动性感觉。通过精神分析探索，个体能够越来越多地觉察到自己是如何被先前不知道的动机所驱使的，进而不断提高自己做出有意识的选择和决定的能力。

在《科学心理学设计》中，弗洛伊德（1895b）首次将"思想现实"与"外部现实"区分开来。在《梦的解析》中，弗洛伊德（1900）将思想现实改修为心理现实，并用它来描述潜意识的本质；他宣称，无论是潜意识还是外部世界，都不可能被完全理解。有意识主观体验的心理表征、梦和幻想是心理现实的过渡和中间衍生物，它们被继发过程所修饰。

19世纪90年代末，弗洛伊德发现幻想（而非实际）的创伤性经历在神经症的病因学中起着关键作用，继而承认心理现实比物质现实更关键。后来的理论家大多都颠倒了弗洛伊德的构想，他们使用术语心理现实来指代有意识的主观体验，并认为潜意识只有在对有意识觉察产生影响时才会进入心理现实。从这个角度来看，心理现实不能与外部现实对立，因为两者是不可分割的混合体。外部现实在某种程度上只能被主观地了解——它是心理现实的一部分（Loewald，1960；W. Meissner，2000）。在著名的双影片放映机隐喻中，阿洛（1969a）将心理现实描述为一个屏幕。在这个屏幕上，外部现实的意象与内部潜意识幻想的意象密不可分地交织在一起。心理现实是事实和幻想的心理混合物。随后，阿洛（1996）主张完全放弃心理现实这个术语；他认为，随着精神分析理论的日益多元化，人们对心理现实潜意识心理成分的性质与品质没有达成任何共识，因此心理现实的概念已经失去了用处。

主体间主义者强调了患者和分析师共同创造的主体间心理现实。迈斯纳（2000）认为，心理体验的固有主观性排除了所有形式的直接主体间沟通。

Psychoanalysis 精神分析

精神分析是由西格蒙德·弗洛伊德创立并由其他人发展起来的一门学科，其重点是研究人类精神生活的本质。精神分析包括一种心理理论、某些方面的精神病理理论、医学治疗以及探究心灵的方法（Freud，1923c）。精神分析还包括从事精神分析临床实践的所有从业者，以及对精神分析理论发展做出贡献或将精神分析理论应用于其他学科的各种学科的理论家和研究者。

心灵的精神分析理论强调精神生活几个方面的相互作用，包括（1）潜意识精神生活（尤其是潜意识冲突）的影响；（2）动机的变迁，包括愿望、道德命令、依恋需求和自恋追求；（3）心灵的许多特定组织结构和过程，包括自体表征和客体表征、幻想、冲突、性格，以及有助于自体调节和适应的许多自我功能（如防御、妥协和现实检验，以及它们之间的动态关系）；（4）发展的观点——促使人们理解精神生活的先前方面（包括对先天因素和环境因素的注意），并考虑过去的经验如何在现在继续存在的复杂性。

精神病理学的精神分析理论阐述了这些相互作用的心理因素如何在各种心理痛苦（包括神经症和性格病理症状）中发挥作用。精神分析治疗是基于对精神生活的深入探索。它特别强调探索患者如何管理心理冲突、如何避免对精神生活的完全觉察（阻抗），以及如何在治疗体验中扮演或表达精神生活本身（移情和阻抗）。精神分析治疗的目的是深化和扩大患者的心理体验，以缓解痛苦，提升适应功能。

精神分析的研究方法与精神分析的治疗情境相吻合。两者都基于分析师和患者之间的交流内省过程。传统上，精神分析的研究方法包括自由联想的技术和对治疗经验本身的探索，最重要的是对患者移情和阻抗的变迁的探索。虽然精神分析理论主要来源于临床资料，但它也受到邻近学科的影响。这些学科包括发展心理学、普通心理学（包括认知神经科学和社会心理学）、精神病学、社会科学（包括人类学和社会学），以及邻近的人文科学（包括哲学和文学）。与此同时，精神分析对这些邻近学科以及教育、法律和文化研究都产生了影响。虽然精神分析只是精神卫生界实施的多种治疗方法中的一种，但它几乎为所有形式的情绪痛苦的心理治疗做出了贡献。

在早期工作中，弗洛伊德将他对患者的治疗称为"心理分析"（Freud，1894c）或"心理学分析"（Freud，1894e）。1896年，他创造了精神分析这个术语，用它来描述他的治疗方法（Freud，1896d）。同年，弗洛伊德（1896b）写信给弗利斯，说他也正在根据以"潜意识"为特征的心理"寄存"的观点创造一种"新心理学"。在他的写作生涯中，弗洛伊德提供了对精神分析的几种定义。弗洛伊德（1923c）认为，精神分析这个名字是：（1）一种调查心理过程的程序，而这些过程几乎是其他任何方式都无法实现的；（2）一种治疗神经症障碍的方法（基于对心理过程的调查），（3）根据以上思路获得的一系列心理信息，这些信息正在逐渐积累成一门新的科学学科。在其他地方，弗洛伊德尝试用更具体的概念来定义这些成分，有时将这些更具体的成分称为"口令"（shibboleth），从而将分析师与非分析师区分开来。这些"口令"包括俄狄浦斯情结（Freud，1905b）的核心作用、梦的理论（Freud，1914d，1933a），以及"心理装置"——本我、自我和超我（Freud，1938a）。然而，弗洛伊德（1898a、1901、1923a、1925d）最常将精神分析定义为"潜意识心理过程的科学"。更具体地说，他认为压抑理论是精神分析理论大厦的"基石"，会不可避免地引发移情和阻抗现象；弗洛伊德（1914d）认为，任何从移情和阻抗现象开始的对心灵的研究都可以被称为精神分析。最后，弗洛伊德（1898a）试图用"元心理学"的概念来定义精神分析，其"超越心理学"成为潜意识的心理学。在阐述元心理学的概念时，弗洛伊德（1915g）认为，地形学、动力学和经济学的观点都是描述完整心理过程所必需的。拉帕波特和吉尔（1959）后来进一步阐述了这种取向，从元心理学的角度来定义精神分析的本质，增加了结构、发生学和适应性的观点。琼斯（1946）总结了弗洛伊德对精神分析的定义，即研究潜意识，利用自由联想的技术来分析移情和阻抗现象。

尽管琼斯的总结很有特异性，但自精神分析诞生以来，关于其理论和技术的争议就一直存在。随着时间的推移，许多不同的精神分析思想流派陆续出现，使当代精神分析图景呈现出理论多样性的特征。这些流派的区别在于心灵模型、精神病理学和发展的观点、治疗作用理论和临床实践技术。这些流派包括自我心理学、克莱茵学派精神分析、各种客体关系理论、自体心理学、人际精神分析、关系精神分析、荣格心理学和拉康精神分析，等等。

关于这些不同的思想流派是否有"共同基础"（A. M. Cooper，

1985；Wallerstein，1992；Rangell，2007），或者它们是否从根本上不可调和的问题，在这一领域内存在分歧。在临床情境中，多样性的表现尤为突出。尽管许多不同理论取向的当代精神分析师继续赋予自由联想的使用、对移情和阻抗的分析以优先地位，但这些分析师可能不同意冲突与匮乏对患者心理组织的相对作用，也可能不同意分析师的共情和反移情在其解释功能中的作用。一些分析师可能会拒绝对移情和阻抗的解释，而赞成探索分析师和患者在此时此地的关系，强调主体间性、分析情境的共同建构以及分析关系非言语方面的治疗益处。当代分析师也不主张遵守节制、中立性和匿名等临床普遍原则。一些分析师认为，分析师公正的自我暴露可能有助于分析过程；中立性是一种具有阻碍性的虚构状态，不应被视为一种典范。其他争议还涉及精神分析治疗的频率、躺椅的使用、会谈的长短、甚至是否可以通过电话进行，等等。然而，与该领域内的激烈争议不同，所有分析师之间的"关系倾向"也经常被注意到。换言之，所有精神分析理论家越来越认识到分析关系对治疗作用的贡献。

关于精神分析定义的争论与精神分析认识论面临的基本挑战有关。其中一些有重叠的争议的核心问题包括：（1）精神分析是否应该被定义为哈特曼（1939a，1939b，1964）所主张的"普通心理学"，或者是否应该被定义得更狭隘一些？例如，克里斯（1947）曾指出，精神分析是对"被视为冲突的人类行为"的研究。（2）精神分析是如拉帕波特和吉尔（1959）、哈特曼（1964），以及谢夫林（2003）所主张的那样，需要一种超越临床观察的抽象理论（元心理学），还是可以仅仅是一种临床理论（Schafer，1976；Gill，1976，G. Klein，1976）？（3）精神分析应该如弗洛伊德（1913c，1925e，1933c）经常宣称的那样，被囊括在自然科学中，还是最好被理解为一门解释性学科而被归入人文学科（Spence，1982；Schafer，1983，Edelson，1985）？其他人认为，精神分析是一门兼具科学和人文特征的混合学科（Ricoeur，1970；Gill，1976；Friedman，2000）。认知神经科学的发展（如"潜意识的重新发现"）给精神分析带来了额外的压力，要求其定义自己独特的研究潜意识过程的方法（Kihlstrom，1995）。后现代哲学的发展对精神分析资料和知识的本质提出了挑战。

最后，关于如何界定和规范精神分析师的头衔，以及如何最好地组织和规范精神分析教育，在专业领域中存在着激烈的争议。

Psychoanalytic Psychotherapy 精神分析心理治疗

精神分析心理治疗有时也指**心理动力学治疗**、**领悟取向的心理治疗**和**表达性心理治疗**，是基于精神分析理论和技术的心理治疗。精神分析心理治疗的实践极大地扩大了患者的世界，让他们可以从应用精神分析原理的治疗中受益。关于精神分析心理治疗的具体技术、适应症和治疗作用，以及它与精神分析和支持性心理治疗的差异程度，一直存在着相当大的争议。与精神分析一样，精神分析心理治疗通常使用心理功能的精神分析模型，以及防御、阻抗和移情的解释技术。它与精神分析在形式上有所不同（例如，患者通常面对治疗师坐着，每周的会谈次数更少）。此外，精神分析心理治疗可能比精神分析有更聚焦的治疗目的；在前者中，移情分析发挥的作用可能更小，而且分析师可能会更加关注患者的日常生活现实。患者可能会被推荐接受精神分析心理治疗（而非精神分析），原因在于，目前的问题并没有表现出全局、长期、适应不良的模式，不需要精神分析的大量时间投入；患者正面临特殊的危机，需要一个简短且更聚焦的治疗；患者在不出现心理恶化的情况下，无法忍受精神分析治疗设置中的亲密或人际模糊；患者目前的生活环境是动荡或不稳定的，需要更主动、面向现实的干预；考虑实际情况，无法进行每周四到五次的治疗；患者没有动力进行更高强度的工作。精神分析心理治疗不同于**支持性心理治疗**，在后者中，各种非解释性技术旨在加强防御等适应功能，而无须深入探索或促进领悟；没有解释移情关系，而是将其用于促进成长和变化。

精神分析心理治疗涉及将精神分析思想应用在正式精神分析以外的其他疗法中，从而将基于精神分析的治疗运用于更广泛的患者。它更令人感兴趣，因为它促使人们试图描述某一治疗的何种特征使其成为精神分析式的，以及各种治疗与精神分析有何实际差异。

在弗洛伊德的作品中，他交替使用精神分析和分析治疗这两个术语。然而，1919年，他将采用解释的精神分析与"心理治疗"区分开来。后者被用于治疗更广泛的患者群体，这些患者会将解释与"建议"结合起来。在整个20世纪早期的精神分析和精神病学文献中，有对各种心理治疗（包括精神分析疗法）的讨论，但没有将它们描述为精神分析心理治疗（Kitson，1925）。在精神病文献中，精神分析心理治疗这个术语的第一次使用出现于弗洛姆－赖克曼（1943）在她治疗精神病患者的描述中。奥本多夫（1946）在精神分析文献中首次使用了这一术语。同年，在《精神分析治疗：原理和应用》中，F. 亚历山大和弗伦奇（1946）描述了"矫正性情绪体验"的技术。在《强化心理治疗原则》中，弗洛姆－赖克曼（1950）将她对精神病患者的沙利文式人际治疗视为精神分析心理治疗。这些出版物促进了将精神分析与精神分析心理治疗区分开来。尽管每一位作者使用的技术与主流精神分析不同，但他们都声称自己的治疗本质上是精神分析式的。兰格尔（1954）、E. 比布林（1954）和吉尔在回应性作品中强调，精神分析的特点是建立移情神经症，专门利用解释，通过领悟来实现结构变化并解决移情。每个作者都将这些技术和目标与那些通过治疗师的主动干预、促进体验式学习的操作，以及强调人际功能（而非内心功能）以实现治疗性获益的心理治疗进行对比。然而，吉尔指出，一些强化心理治疗在技术和结果上都更接近精神分析治疗。

F. 亚历山大和弗伦奇的矫正性情绪体验从未取得突出成就；不过基于精神分析技术的精神分析心理治疗实践变得广泛起来。在接下来的30年里，关于精神分析治疗、精神分析和支持性心理治疗界限的争论热度不减，但几乎没有实证数据能够支持三者之间的定性区分。一些早期的作者（Tarachow，1962）强调精神分析和其他所有心理治疗之间的区别；另一些人（Dewald，1964）强调了精神分析和精神分析心理治疗的相似之处，将二者与支持性心理治疗区分开来。矛盾的是，沃勒斯坦（1993）发现，所谓的支持性治疗的各个方面（尤其是患者对治疗师未经分析的积极依恋的治疗益处），都是精神分析和精神分析治疗的有益组成部分。还有人对在抑郁的心理动力学治疗中结合使用支持性元素和探索性元素进行了考察（F. N. Busch，Rudden，& Shapiro，2004）。然而，克恩伯格（1999）认为，在精神分析心理治疗中，支持性元素的加入会干扰移情分析。一些当代作者（Zerbe，2007）强调了精神分析和精神分析心理治疗之间的相似性，并且在两种治疗中都纳入了先前未被认可的二元关系。

已经开发出来的几种手册化的精神分析心理治疗可以对治疗师的遵从进行评级：（1）卢博尔克西（1984）的**支持性−表达性心理治疗**（显然认可支持性元素和解释性元素的作用）实施精神分析概念，并使用核心冲突关系主题（CCRT）来实现主观体验的人际互动基本要素的可靠测量。（2）克拉金、约曼斯和克恩伯格（1999）对边缘型问题的**移情焦点心理治疗**是一种手册化治疗方法，它使用客体关系取向来解释移情。正如在此时此地的治疗关系中所经历的那样，它避免将当前和过去的体验联系起来。（3）B. 米尔罗德等人（1997）的**惊恐障碍的短程心理动力学治疗**证明，受精神分析影响的治疗对惊恐和广场恐怖症的治疗有效。（4）**基**

于心智化的心理治疗（Bateman & Fonagy，2004，2006）依据的是作者对安全型依恋的发现。安全型依恋是幼儿心智化能力（了解自体和他人的心理状态）的发展所必需的，它由情感调谐的父母促成。基于心智化的治疗包括建立一种安全的治疗师-患者关系，在这种关系中，治疗师基于相倚性和一致性对患者的情感状态做出回应，同时接受（而非解释）患者的移情体验。

Psychopathy 精神病态（变态人格）

精神病态，又译作变态人格，是一组包括缺乏共情、对自己的不端行为缺乏悔恨、剥削他人，以及违反社会、道德和法律规范的人格特质。**精神病态的**这一术语通常与反社会的、孤僻的、不合群的、社会变态的或非道德的交替使用。这几个术语的含义略有不同，其差异主要取决于它们使用背景的不同（精神病学、法学或社会学）。一般来说，"反社会的"指的是社会上的反常生活风格，如撒谎、欺骗和偷窃（如《精神障碍诊断与统计手册》中的反社会型人格障碍），而"精神病态的"指的是人格特征，尤其是道德缺陷和缺乏对他人的共情和关心（Cleckley，1941；Hare，1980）。精神分析师们早就认识到精神病态的复杂生物因素和环境因素；他们同样觉察到，精神分析并不是治疗精神病态的最好方法。然而，精神分析对道德心理学和不道德心理学做出了重要贡献。

精神病态概念的起源可以追溯到亚里士多德的学生托伊弗拉斯图斯，他对"无耻之徒"的描述包含了许多精神病态的特征。现代对不同类型的"道德卑劣者"进行分类的努力（Maudsley，1874）始于19世纪初，并一直持续至今。然而，直到20世纪中叶，精神病态和**精神病态人格**这两个术语才被用来描述道德功能受损的情况，这在克莱克利（1941）的著作中最为系统化。在精神分析领域，精神病态这个术语出现在弗洛伊德（1907a）的著作中，其非特殊意义是神经症的易感性。他倾向于用一个简单的词——恶棍，来指代他认为在道德上不合格的人，将其与他认为在道德上完好的神经症患者进行了不恰当的对比。众所周知，弗洛伊德对"恶棍"的治疗持悲观态度，他建议同事"将这些人……跨洋……运送到南美洲"。然而，弗洛伊德（1916）对这些被他称为"例外"的人（例如莎士比亚笔下的理查德三世）做了精神分析解释。他认为，他们对早期自恋伤害的修复需求使他们免受普通现实和道德的限制。他还描述了他所说的"心怀罪疚感的罪犯"，即那些为了惩罚潜意识的罪疚感而犯罪的人。

艾奇霍恩（1925）对反社会行为进行了第一次重大的精神分析探索。他认为："犯罪是发展抑制的结果……沿着从原始现实适应到社会适应的道路。"他提出了一种治疗策略，旨在通过吸收现实原则的一些影响来促进足够的积极移情，让犯罪者超越快乐原则这个唯一的依赖。在这本书的导言中，弗洛伊德（1925c）称赞艾奇霍恩的《任性的青年》对"应用精神分析"做出了重要贡献。

后来，精神分析师编纂了关于精神病态人格的文章，继续探索病理性认同的作用（R. Eissler，1949）。例如，A. 约翰逊（1949）引入了超我缺陷这个术语，指出当父母有意识或潜意识地鼓励儿童为了让自己得到满足而采取违法行为时，他们就会造成这种缺陷。其他分析师探讨了过度攻击、前生殖器欲期力比多、自我虚弱（如冲动控制能力差和焦虑耐受力差）、原始防御和原始客体关系的影响（Michaels & Stiver，1965）。对发展感兴趣的精神分析师关注创伤和虐待的童年历史，以及能够预示成人精神病态的童年行为。温尼科特（1956c）在他与青少年的工作中，描述了他所说的"反社会倾向"。后来，温尼科特（1960a）用他所说的"真实自体"和"虚假自体"来描述"反社会倾向"。

许多分析师专注于精神病态行为引发的反移情反应（Gabbard，1994b）。一些人认为，罪犯是我们的替罪羊，为我们自己的攻击寻找可接受的出路（R. Eissler，1949）。还有人探讨了作为精神病态人格变体的"冒名顶替者"（Abraham，1925b；H. Deutsch，1955；Greenacre，1958b）。格迪曼（1985）提供了重要的提醒，即围绕本真和真实的冲突是从正常到精神病态的连续统一体。克恩伯格（1984）认为，精神病最好被理解为自恋型人格障碍的一种原始变体，与他所说的"恶性自恋"最有相似，但前者更极端，表现为完全无法投入任何非剥削性的关系。

《心理动力学诊断手册》（PDM Task Force，2006）对反社会人格障碍的攻击和被动/寄生形式进行了区分——前者以暴力和掠夺性行为为特征，起源于对父母虐待的认同；后者以非暴力和操纵性为特征。福纳吉、C. 夏普等人报告了一些证据，将童年品行障碍、青少年犯罪和某些类型的暴力与心智化能力受损联系在一起。他们的团队开发并研究了基于精神分析的治疗方法，强调心智化在治疗和预防犯罪和暴力中的作用（基于心智化的心理治疗）（Sharp et al.，2009）。

Psychosexual Development 心理性欲发展

心理性欲发展是一种根据性驱力的神经生物学变化来理解人类发展的理论。弗洛伊德（1905b）概述了这一发展序列，并在随后的作品中进行了阐述。这些早期阶段是按顺序出现的，但有相当大的重叠，且与身体部位（前生殖器欲性感区——在特定的时期里，其是力比多投入最多的区域）相对应。该序列在俄狄浦斯情结达到顶峰。每一个前生殖器欲性心理阶段（口唇、肛门和阳具）都与其自身特定的欲望形式和与主导的身体部位相关的攻击形式有关；每个阶段同样会产生与父母和环境中其他重要客体相关的特定幻想和冲突。这种幻想和冲突可能会贯穿一生，并塑造性格或精神病理学的各个方面。弗洛伊德还根据性驱力的组元本能描述了他的幼儿性欲概念，这个概念来源于性感区，而性感区只能在发展的较晚阶段的生殖服务中合成。在组元本能的影响下，儿童的性构成是多元变态体，在早期阶段通过自体性欲的活动得到满足。在这个构想中，早期的前生殖器欲阶段（组元本能）会被遗弃或纳入成人前戏，除非特定的困难引发病理性固着或退行。根据弗洛伊德的原始图式，心理性欲发展的总体形态显示出一种由心理生物学决定的"双相"模式。他认为这是由于俄狄浦斯群集的压抑引发了一段潜伏期。一些研究表明，潜伏期更可能是复杂多样的发展和文化影响导致的（T. Shapiro，1976）；童年性欲的双相特性是显而易见的（Friedrich et al.，1998）。到青春期或更晚的时候，个体才达到性组织的最终成年生殖阶段。

心理性欲发展的概念或多或少地存在于大多数精神分析理论中（Michels，1999），它提出了一个重要的理论问题，即人类发展的基本性质和身体在精神生活中有什么作用。尽管在当时，弗洛伊德对婴儿性欲的发现及其在成人性格和精神病理学中的形成作用是开创性的，但他的心理性欲发展理论受到了多方面的批评。心理性欲发展意味着出现了层级有序的心理组织，即不连续的发展序列，但与之紧密相关的固着和退行概念表明，线性运动退回到以前的状态是可能的。现代精神分析发展思想家主张一种更为复杂的动力系统模型（Abrams，1983；Coates，1997；Mayes，2001；P. Tyson，2002），其不能用线性序列来描述。一些评论家质疑该理论对成人患者的精神分析中具体身体意象的解释的影响。他们（W. Grossman & Stewart，1976；Melnick，1997）同意早期经验被编码在身体经验和意象中，但他们认为，随着发展的推进，这些意象会不可避免地具有多重复杂的含义，包括防御意义。当代发展理论将焦点转移到对发展至关重要的其他具体特征上（如依恋、分离-个体化和自体），或者试图勾勒出一个更为复杂的整体人格发展的整合视角（如发展线索）。弗洛伊德的理论涉及先于经验性得出的性别发展概念和关于女性心理性欲发展的修正构想，而且它假定异性恋是性发展的正常结果。因此，当代性别理论家拒绝了这一观点。

在弗洛伊德的图式中，口欲期大致相当于生命的前8个月；在这个阶段，口腔、嘴唇、舌头和上消化道在心理组织中起着主导作用。早期口欲期主要与口腔满意度和满足感有关。后来，随着牙齿的发展，口欲更具攻击性的方面得到了发展，而快感来自咀嚼和咬等活动。

肛欲期出现在口欲期的末尾，大约从1岁开始，一直持续到3岁左右。它与括约肌控制的发展相对应，并最终与如厕训练的环境需求相对应；在这个阶段，儿童的注意和性欲投入转移到肛门区域。与口欲期的演化类似，肛欲期分为肛门性欲阶段和肛门施虐欲阶段，后者由儿童的肌肉发展促进。在此期间，主动 / 被动极性也作为驱力活动和体验的心理组织者出现，并成为矛盾和其他更复杂的极性（如男性气质和女性气质）冲突的先行者。这种极性通过与排泄物的排出和滞留相关的愉悦和不愉悦来证明。在这一阶段的后期，愉悦源于弄脏和破坏、占有或诱捕。在实现对排便和膀胱的控制后，儿童与父母的关系中的顺从或逆反的典型模式也突显出来。弗洛伊德从组元本能和掌控的本能两个方面入手，描述了肛欲期攻击的出现，这两个方面都相对立地表现在每个性感区中。

阳具欲期是3～5岁，外生殖器成为儿童兴趣和快感的主要来源。这一阶段通常与人们对裸露的身体及其活动（过程）的兴趣增强有关，并与看（窥淫癖）和展示（暴露癖）组元本能的快感有关。阳具欲期是弗洛伊德关于发展的前生殖器欲期中最具争议的阶段；出于一些原因，它得到修订，这也反映在其被重新命名为婴儿生殖器欲期上。婴儿研究者发现，有大量证据表明，从出生后5个月开始，所有儿童都会关注生殖器；他们提出，男孩和女孩的早期生殖器欲期都发生在第5～24个月（Roiphe，1968；Roiphe & Galenson，1981a，1981b）。弗洛伊德对阳具中心主义术语的使用反映了他的一个观点，即男孩和女孩早期的心理性欲发展在大多数方面是相同的；在儿童的心灵中，唯一合适的生殖器是阴茎。但这一观点遭到了拒绝，并在当代被多次修正（Parens，1980；Mayer，1985；Chodorow，1995，1996；Dorsey，1996；Olesker，1998a）。斯托勒（1976）认为，小女孩的女性气质源于她的遗传禀赋，并通过出生时的性别分配、父母的态度和处理方式来发展和表达。这一观点支持研究的以下观察结果，即女孩对自己作为女孩的感觉早在阳具欲期之前就已经建立（De Marneffe，1997）。然而，在生命的第3年里，男孩和女孩一整年都在努力建立性别和生殖器之间的等式（也就是说，儿童清楚地知道自己的性别，但不能可靠地将其与相应的生殖器等同起来）。这个等式到第36个月才完全稳固。对于小女孩是否在承认生殖器差异之前（之后）经历了独特的女性"生殖器焦虑"及与之相关的泄气和阴茎嫉羡，当代理论家持有不同意见（Olesker，1998a）。

大多数精神分析理论家都同意，男孩和女孩以不同的方式完成了俄狄浦斯情结的分水岭式构型。在弗洛伊德的构想中，阴茎嫉羡和对"阉割"状态的"承认"导致女孩进入俄狄浦斯情结期，此时她认同母亲，寻求获得父亲的阴茎，然后是寻求获得一个孩子作为安慰。对男孩来说，承认性别差异和阉割焦虑导致了俄狄浦斯情结的产生。他们放弃了与父亲的竞争性追求和补偿性认同，从而保护对阴茎的占有。男孩和女孩都必须应对额外的打击，因为他们很小，也不适合成为渴望的父母的伴侣，必须等待成年后才能得到令人羡慕的满足——这是自恋羞辱的潜在来源。超我（与父母的认同形成的心理能动性，是自尊的重要内化来源）是由儿童的俄狄浦斯期斗争形成的。现在可以理解的是，超我的前身可以在俄狄浦斯冲突得到化解之前被观察到，而超我在成年早期经历了很长时间的修正（H. Blum，1985；Chused，1987；E. Blum & H. Blum，1990）。

接下来是潜伏期。弗洛伊德为认为，与其前面的俄狄浦斯期和其后面的青春期相比，潜伏期的特点在于，它是一个性驱力强度降低的阶段。当代理论家强调，潜伏期的防御和驱力之间的更大平衡能够使儿童有更大的能力掌控心理和身体操作，在家庭系统之外的社会群体中建构自己，并持续开展升华活动，而这些都有助于提高自尊（Schecter & Combrinck-Graham，1980）。潜伏期被分为两个阶段（Bornstein，1951），第一个阶段的特点是与手淫进行非常积极的斗争；此时，超我仍然被视为一个残酷而陌生的"异物"。第二个阶段将超我更好地整合到其中，让儿童更安全地沉浸在典型的与学校相关和以同伴为导向的活动中。

随着青春期的到来，儿童的力比多经历了一次由生物学决定的高潮，并在青春晚期与成年生殖器欲的获得联系在一起。对性交的新关注将个体先前心理性欲发展的"组元本能"纳入了前奏（前戏），并实现了最终的成人组织，以及男性性高潮（女性在青春期前就获得了性高潮能力）、怀孕和生育的相应生物学能力。

亚伯拉罕（1924a）以弗洛伊德的心理性欲发展模式为基础，将力比多驱力发展与早期客体关系相结合。他还更系统地解释了攻击的影响（弗洛伊德尚未将其描述为一种驱力），并认为它与性驱力具有同等的重要性。亚伯拉罕认为，早期的口欲吮吸阶段是前矛盾的；后期的口咬阶段和随后的肛门施虐欲阶段都是矛盾性的；在生殖器欲期，婴儿学会了从心理上拯救客体，使其免受摧毁，这个阶段也是矛盾性的。这些概念对克莱茵（1948a，1948b）产生了很大影响。她最终用"位置"（偏执-分裂位置和抑郁位置）的概念取代了弗洛伊德的序列化力比多阶段。这些位置具有客体关系、焦虑和防御的特征模式，并且贯穿一生。克莱茵强调了攻击（而非力比多）在客体关系早期发展中的作用。

埃里克森（1950）是最早将弗洛伊德的心理性欲阶段框架扩展到跨越整个生命周期的人之一。埃里克森的阶段理论保留了弗洛伊德的发展视角，但将其置于家庭和心理社会-文化环境的背景下。弗洛伊德关注的是驱力，埃里克森关注的是自我和性格结构的序列重组。

Psychosis 精神病

精神病是一个用于普通精神病学的诊断术语。它指的是一种包括妄想（顽固的虚假信念）、幻觉（在没有外部刺激的情况下，产生逼真的感官知觉）的综合征。精神病的其他特征包括自我边界的丧失、现实检验损伤，以及严重的功能受损，等等。在当代精神分析中，精神病也被用于描述一种失去现实检验的心理状态，以偏执、爱欲或其他类型的强烈移情状态，以及高攻击性的、原始的有意识幻想为表征。自体-他人分化中的问题也属于精神病的范畴。在边缘这个术语于20世纪60年代被广泛使用之前，"精神病"常被用来指代严重性格精神病理症状背后的各种自我虚弱（如**精神病核心**或**精神病性格**）。精神分析文献也一直令人困惑，因为它未能明确区分精神病和偏执狂、精神病和精神分裂症。人们已经认识到大多数精神病出现于具有潜在生物决定因素的疾病中。一些精神分析师试图了解引发精神病易感性的心理因素，以及引发不同类型精神病状态的心理动力结构或特定心理结构。

在精神分析史上，精神病具有重要地位。对精神病患者的探索使弗洛伊德更深刻地理解现实在心理体验中的复杂作用。具体来说，与现实的关系受到干扰是精神病的一个基本特征，这一观察有助于"自我"（负责适应现实的心理机构）概念的发展。对精神病的研究引发了对力比多发展的前生殖器欲（口欲和肛欲）阶段的研究（Abraham，1911），并且促进了自体概念的发展。心灵的精神病状态的特征通常包括自体体验的解体、与他人明显缺乏联系、自体与他人之间的混淆。在克莱茵及其追随者的理论发展中，与精神病成人，尤其是精神病儿童的工作发挥了重要作用（Klein，1946；Bion，1967）。与精神病患者的工作在人际精神分析的发展中也很重要（Sullivan，1953a）。令人痛心的是，对精神病的研究也导致了精神分析理论中最严重的一些错误。例如，将精神病患者与他人相关的困难归因于错误的，甚至是"致精神分裂症"的母亲（Fromm-Reichmann，1950）。对其中一些错误的重新审视突显了一个问题，即精神分析理论提出者需要避免精神分析形式的"发生学谬误"。在这种谬误中，当前功能的失败被归咎于发展（通常是关于父母与儿童的互动的）的失败（Willick，1983）。

　　精神病这个术语于19世纪中叶进入医学界，最初被用作疯狂或任何严重心理疾病的同义词；但根据当时的疾病分类，它的用法逐渐变得更加具体。虽然弗洛伊德（1894c）在探索中总是更多地关注神经症的研究，但他确实将防御的新概念应用于一些精神病。他还关注了在精神病患者与现实的关系中发挥作用的极端机制（包括对观念的彻底"拒绝"和"投射"）。随着力比多理论和自恋概念的发展，弗洛伊德（1911a，1914e）将精神病（包括偏执狂）解释为力比多发展的自恋阶段的一种固着。这被描述为客体力比多（去投注）撤回到自我力比多，在二次重建的努力下，以错觉和妄想的形式再次投入客体世界。在大多数情况下，弗洛伊德（1915d）认为精神病（现在被归类为自恋性神经症）是不可分析的，因为他认为这是一种发展移情的失败。随着结构理论和自我概念的发展，弗洛伊德（1924c）再次指出，精神病的本质特征是自我"从现实中撤回"。

后弗洛伊德主义分析师对精神病的研究集中于几个方面，有时关注精神病症状，有时关注严重的性格病理症状（两者并不总是界线明确的，后者现在基本上被视为"边缘"，尤其是在美国）。许多分析师提出了人格的"精神病核心"的概念，并从不同理论观点进行了阐述，他们描述的它的特征有：前生殖器欲的冲突和焦虑、攻击的主导地位、分化的不良自体表征和客体表征、退行至原发过程思维和原始防御的倾向，以及与现实的脆弱或破坏关系（Bychowski，1953；Bion，1957；Frosch，1959a，1964）。克莱茵（1930，1946）提出了与强烈攻击和施虐的投射有关的迫害焦虑或精神病性焦虑的概念，认为精神病患者的特征是使用某些原始的防御机制，如分裂和投射性认同。她还描述了精神病中象征形成的障碍。比昂（1957，1967）详细阐述了克莱茵的工作，进一步探讨了使用原始形式的非言语交流和非符号交流的精神病患者对现实的憎恨的后果。自体心理学家将精神病概念化为对自体严重的长期损害。拉康在阐述弗洛伊德关于拒斥现实的概念时，也描述了精神病中象征形成的失败（Laplanche & Pontalis，1967/1973）。伯纳姆和他的同事（Burnham，Gladstone，& Gibson，1969）专注于他们所说的精神病障碍中的"需要－恐惧困境"——这里的恐惧与自主性受到威胁有关。贝拉克及其同事超越了自我损害的一般概念，描述了精神病中各种特殊的、复杂的自我功能紊乱（Bellak，Hurvich，& Gediman，1973）。马库斯（1992）使用类似的取向，描述了精神病和**近精神病**中错觉和妄想的具体自我结构。这种结构的组成部分包括特定的自我功能紊乱、心理动力学和客体关系——它们共同构成了一种**精神病符号表征**，即现实体验和冲突情感体验的特定方面的动力学意义的凝缩。

Psychosomatic Disorders 心身障碍

心身障碍是心理因素在其病因、发展、过程和结果中起着核心作用的一种医学疾病或医学综合征。传统上，心身障碍与转换障碍不同，后者的症状有特定的象征内容；不过转换障碍有时也包括在心身障碍中。心身障碍也与假性障碍（孟乔森综合征）或伴病症（malingering）有所不同。疑病症是一种发生在多种不同综合征中的对疾病的过度恐惧，与心身障碍有所重叠；虽然疑病症可能涉及症状，但它是通过过度恐惧而非症状来界定的。

虽然我们很难确定心身这一术语的确切起源，但从20世纪初，它就出现在精神病和医学文献中。1939年，随着《心身医学：实验和临床研究》（由弗兰德斯·邓巴编辑）这一新期刊的推出，心身一词开始流行起来（Dunbar，1938）。大约在同一时间，医学文献中开始出现与此相关的词——**躯体化**，其意味着心理痛苦表达为身体症状的过程。心身这一新术语的提出源于许多专业的临床医生试图避免在思考疾病（尤其是复杂疾病）的进程时人为地将心灵与身体分离。在《精神障碍诊断与统计手册》（American Psychiatric Association，1994）中，**躯体化障碍**包括转换障碍、身体畸形障碍、疑病症、躯体化障碍和疼痛障碍；而假性障碍是被独立列出的。

从对癔症的研究开始，精神分析学家一直对心灵生活和身体生活之间的相互作用感兴趣。弗洛伊德（1905a）创造了"躯体屈从"这一术语以描述身体各部分参与的症状形成。早期，弗洛伊德（1894d）区分了精神神经症（心理冲突的象征性表达）和他所说的"真性神经症"（未能以健康的方式管理心理兴奋）。在随后所有关于心身疾病的精神分析文献中，这两种思想（象征性表达和一般情绪失调）都得到了回应（Knapp，

1995）。在精神分析文献中，心身这个术语的使用涵盖了从高度特定的到更普遍的。其特定用法有，费尼切尔（1945）的"器官神经症"概念，指由冲突引起的躯体症状；F. 亚历山大（1950b）提出的七种心身障碍，即消化性溃疡、支气管哮喘、溃疡性结肠炎、类风湿性关节炎、高血压、神经性皮炎和甲状腺功能亢进所对应的特定的心理冲突。近年来，人们基本上放弃了将特定疾病与具体潜在冲突联系起来的尝试，转而更广泛地使用该术语，以表明心理因素对医学综合征的任何病因或表现都有显著影响。

舒尔（1955）创造了**去躯体化**这个术语来描述身体感受越来越被心理体验所取代的发展过程，并且用**再躯体化**来描述这一过程的逆转，尤其是在剥夺和创伤的情况下。随后，人们越来越关注躯体化患者中常见的述情障碍——这个术语是西弗尼奥斯（1973）创造的。述情障碍的特征是"无法用言语表达自己的心境"，无法清楚地鉴别、命名或体验自己的情绪。法国精神分析师马蒂和德·穆赞（1963）将这种特征称为操作思维。随后，西弗尼奥斯提出，躯体化患者可能因先天缺陷而无法体验情绪。麦独孤（1985）描述了心身障碍患者如何摆脱内心体验的贫乏。在对述情障碍概念的讨论中，他表示，心身障碍患者的内在死亡不是由缺陷造成的，而是由"止赎"——拉康对弗洛伊德（1894a）的"Verwerfung"的翻译——这一极端且原始的防御机制造成的（Laplanche & Pontalis，1967/1973）。在这种情况下，在实现象征性表达之前，威胁性的经历被强烈地否定。止赎的结果是，情感的情绪成分与生理成分彻底分裂，只剩下生理成分以身体症状的形式释放自身。《心理动力学诊断手册》（PDM Task Force，2006）中描述了躯体化人格障碍（特征是习惯性倾向于通过躯体化表达感受，通常伴有述情障碍）和躯体形式障碍。

Rapprochement Crisis 和解期危机

见"Separation-Individuation 分离-个体化"。

Rapprochement Subphase 和解亚阶段

见"Separation-Individuation 分离-个体化"。

Reaction Formation 反向形成

反向形成是一种防御过程，将心理内容被转化为相反的内容，从而将无法忍受的思想、感受或冲动转化为更可接受或更可取的。反向形成经常被用来掩饰攻击的不同方面。例如，轻蔑可以转化为钦佩；对某人的杀戮感可能会转化为对此人健康的过度担忧。反向形成可能是特定的和暂时的，在症状形成或性格发展中发挥作用。它在超我的发展中起着重要作用。

在探索强迫性神经症时，弗洛伊德（1896c，1907b，1908b，1913d）首次使用了与反向形成相关的概念。后来，他又使用了这个术语本身，以解释在这些障碍中观察到的特殊良心。弗洛伊德（1908b）继续探索了反向形成在肛门性格的清洁、秩序和诚实可信特征中的作用。弗洛伊德（1905b）在首次使用反向形成这一精确术语时，探讨了它（连同升华）在厌恶、羞耻和道德态度发展中的作用，这些在"文明和正常个体"中非常重要。在早期阶段，弗洛伊德（1915b）简单地将反向形成概念化为本能的变迁（反转到对立面）；后来，弗洛伊德（1926a）将其视为一种自我功能，或一种防御形式。1925年，弗洛伊德（1925a）明确了反向形成对良心（超我）发展的作用。与此同时，费伦齐（1925）描述了他所谓的"括约肌-道德"，用于描述一种儿童遵守父母命令（尤其是保持清洁的命令）的情境。A. 弗洛伊德（1936）将反向形成列入其里程碑式的防御机制清单。此后，它几乎出现在所有防御机制清单中（Vaillant，1992a；Blackman，2004）。

Real Relationship 真实关系

见"Child Analysis 儿童分析""Therapeutic Alliance 治疗联盟""Widening Scope 范围扩展"。

Reality 现实

正如精神分析中最常使用的那样，**现实**指的是在人类心灵之外，独立于人类意志的一切，或者是人们客观地感知到（一致同意"实际上在那里"）的东西。现实常常与幻想、幻觉、错觉、投射、充满渴望和梦等现象形成对照。从这个意义上来说，现实通常等同于物质现实，与弗洛伊德所说的心理现实或潜意识幻想和愿望的世界相反。目前，**心理现实**往往被被认为是**主观现实**或**内部现实**的总和，由思想、感受和幻想等内容与外部世界的知觉结合而成。**现实检验**是区分主观体验和外部现实的能力。**现实感**指感受到正在发生的事情是真实的，而非想象的；在**去现实化**的过程中，这种感受消失了（Freud，1936a）。**与现实的关系**是维持对给定现实的适当反应的程度（Frosch，1964）。

外化和内化等广义概念描述了内部现实和外部现实之间相互作用的基本方面。像否认和拒认这样的防御被认为是为了努力避开外部现实的各个方面。此外，比昂（1959）描述了防御性的"对联结的攻击"，其试图破坏对现实的觉察。一般来说，精神障碍的严重程度与现实检验的失调程度大致相关。同时，专注于外部现实、保持理性或过度合理化可能有助于防御目的（Jones，1908；Inderbitzin & Levy，1994）。虽然外化和内化的所有过程都可以用于防御目的，但弗洛伊德和后来的分析师注意到，人类心灵具有非防御性的先天倾向，以体验内在与外在的东西，反之亦然。例如，拉帕波特（1944）提出了"投射假设"，描述了在外部世界中发现内心生活的反映的普遍倾向；J. 桑德勒（1976b）提出了现实化，描述了使内心幻想看起来真实的普遍倾向。

从一开始，精神分析理论就反映了这一觉察，即精神生活在与外部世界的互动中发展和发挥作用。然而，弗洛伊德在很大程度上将物质现实视为既定的，而没有明确地进入关于认识论、形而上学或本体论的哲学辩论。尽管弗洛伊德意识到德国哲学中现实和事实之间的区别，但他似乎忽视了这一点；而且，在他的著作中，他几乎总是倾向于使用前者。弗洛伊德（1927a）曾多次指出科学是理解现实的最佳手段。他对科学、现实与宗教、幻觉进行的比较广为人知。一些精神分析师就与现实有关的哲学问题展开辩论。许多人受到后现代哲学的影响，怀疑精神分析理论或临床工作是否应该坚持客观知识、真理和符合现实等价值观。在当代精神分析中，围绕如何更好地考虑这些与精神分析问题相关的哲学问题，以及这种考虑对该领域是有益的还是有害的，存在着相当大的争议（C. Hanly，1990；C. Hanly & M. Hanly，2001；Govrin，2006）。

在导师夏科特和布洛伊尔的影响下，弗洛伊德（Breuer & Freud，1893/1895）发展出他最早的精神病理学理论。他认为，癔症是压抑真实的创伤记忆导致的。19世纪90年代中期，弗洛伊德（1896c）提出了著名的诱惑假说，认为癔症症状是童年时期的真实诱惑所致。然而，没过多久，弗洛伊德（1897e）就戏剧性地脱离了创伤理论。他宣称，他的患者并没有经历过真正的性诱惑，而是因为性幻想或性愿望而产生了冲突。他放弃了诱惑假说，转而支持另一种理论，即癔症不是对真实创伤的压抑，而是对被压抑的童年性愿望的象征性表达。这一理论上的巨大变化代表弗洛伊德思想的重大转变，即在神经症的病因学中，从关注外部现实到关注内部现实。然而，最终弗洛伊德（1916/1917）认为神经症理解是由禀赋和内在因素（如幻想）与环境因素（包括意外经历、创伤、现实）之间的复杂交互作用所导致的——这些因素在他所说的互补系列中共同作用。弗洛伊德（1924c）还认识到，有几种精神障碍（如倒错和精神病）明显表现出与现实关系的失调。

当弗洛伊德修改他的发病机制理论时，他也在发展其心理理论。弗洛伊德（1895b）在他的《科学心理学设计》中描述了区分**思维现实**和**外部现实**的能力。他将这种能力与知觉、冲动抑制、思维、语言、注意和判断的功能联系起来，这些概念都与他最早的自我概念相关联。在弗洛伊德（1900）的理论中，内部现实和外部现实之间的区别发挥着越来越重要的作用，这（在1914年的一个脚注中）被引入《梦的解析》的最后几页。在这里，他将**心理现实**与**事实现实**（后来被称为**物质现实**）进行比较。与他的癔症发病机制理论从外部现实到内部现实的转变相一致，弗洛伊德声称，"潜意识是真正的心理现实"，虽不为意识所知，但与外部世界的现实一样强大。弗洛伊德还描述了，心灵在从原发过程（根据快乐原则运作）到继发过程（以现实导向的逻辑思维运作）的发展中如何学会考察现实。在他看来，只有当婴儿知道，在面对痛苦的失望时，单纯的愿望（包括幻觉性的愿望满足）不会带来满足感，当他需要有更复杂的操作（如思考和行动）时，他才会发展出继发过程。

大约10年后，弗洛伊德（1911b）在他的论文《论心理机能的两个原则》中再次描述了如何从快乐自我（根据快乐原则运作，除了愿望之外什么都不能做）发展为**现实自我**（根据现实原则运作，能够利用注意、判断、思考、约束和行动的能力，"争取有用的东西，保护自己免受损害"）。弗洛伊德在这篇论文中首次引入的**现实原则**并没有取代快乐原则，只是根据外部世界施加的约束对其进行修改。在这篇论文中，弗洛伊德还介绍了现实检验这一术语或一种试错取向，以绘制现实的轮廓。他认为，幻想是一种思维活动，不受限于现实检验，它仍然与快乐原则有关。他断言，治疗的目的是以公正的判断取代压抑——判断一个给定的观点是真是假，或者它是否符合现实。在《自我与本我》中，弗洛伊德（1923a）提出心灵的结构（三分）模型，其中自我被正式概念化为心灵中的执行机构，在外部现实的影响下从本我发展而来。然后，自我承担起在本我、超我和外部现实之间进行调解的任务。在这项工作中，他还注意到，内化过程（例如认同），即内在世界通过吸收外部现实的各个方面而发展，比他最初想象的要普遍得多，其有助于自我和超我的发展。

弗洛伊德在考虑个体与现实之间的关系时，为这一主题所有未来的探索（包括个体与现实的互动在心灵的发展和运作中的作用，以及其在精神疾病的起源和表达中的作用）奠定了基础（Wallerstein，1983b）。然而，在大多数情况下，对弗洛伊德（1930）来说，外部现实是约束、危险和挫折的根源——现实通过其苦涩的失望或"阿南刻"（希腊语中的"必然性"）为个体和文明本身的发展提供刺激。哈特曼（1939a）认为，与个体和现实之间不易相处的严峻局面形成鲜明对比的是，婴儿在出生时就已经适应了正常预期的生存环境，包括养育、爱、情感安全和免受身体伤害。洛伊沃尔德（1951）同意哈特曼的观点，即婴儿并非出生于一个充满敌意的现实。在他看来，新生儿无法区分内部现实和外部现实，也无法区分自我和外部世界。因此，一方在认识上的创造与另一方在认识上的创造同时发生。与弗洛伊德对幻觉的轻蔑观点相反，温尼科特（1945，1953）认为，在过渡空间和过渡客体的创造以及第一个客体联结的形成中，幻觉至关重要。温尼科特并没有坚持区分现实和非现实，而是主张中间状态的重要性，认为它是婴儿承认和接受现实的成长能力的一部分。

进入世界的人类婴儿预先适应了一个合理友好的现实，这一观点为所有当代发展型精神分析铺平道路，促进探索儿童在成长中与照料环境之间相互作用的复杂性。关于真实体验或内心体验在多大程度上是心理发展和功能的主要组织者这个问题，当代精神分析师进行了辩论。一些发展型精神分析师将与"恰到好处""准确获取"相关的积极情绪描述为婴儿期动机的核心来源——这表明，符合现实的行动会带来快乐（Emde，1991）。近年来，精神分析的理论化演变遵循一个总体趋势，即在发展和临床情境中更加强调真实经验的影响。一些人背离了所谓的弗洛伊德天真的现实主义，这一点在临床情境的文献中最为明显。引发诸多争论的问题包括：是否有可能区分移情和**真实关系**（Greenson & Wexler，1969）？是否有人有权说出患者和分析师之间真实发生的事情？治疗在多大程度上力求让患者更现实？治疗的目标是否包括对叙事或历史真理的探索？是否存在有待发现的现实（心理现实或外部现实）？现实是否总是由患者和分析师共同建构？精神分析的治疗作用是否包括作为真实客体的分析师？谢弗（1970）

认为，所有对现实的看法都是部分主观的。他探讨了精神分析思想特有的
四种**现实视野**：喜剧、浪漫、悲剧和讽刺。

Reconstruction 重构

重构或**建构**通常由分析师发起，是一种关于患者早期生活的重要经历
和组织幻想（其内容和意义及相关的情感被患者压抑）的阐述。重构被概
念化为促进记忆恢复，它将重要的、被压抑的过去经验与患者的假设、幻
想、信念和当前的行为联系起来。它还试图恢复和关联这些经验的证据，
以加深对促进性格形成和精神病理化的遗传因素的理解。由于患者压抑了
经验及其意义，分析师必须依赖患者的自由联想、移情、梦、幻觉、屏蔽
记忆、活现和其他潜意识交流，进而做出推断并阐述重构。对患者来说，
移情在重构过程中起着特别有说服力的作用，因为它伴随着此时此地的情
感体验。按照传统的概念，重构在治疗作用中发挥着重要作用。

　　重构是精神分析中的一个重要概念，因为它突出了领域内存在争议的
问题：精神分析如何工作？将过去与现在的经验结合起来的尝试是否是治
疗作用的一个关键方面？当代认知科学对记忆组织的观点融入精神分析话
语中，使关注点从叙事记忆转移到内隐过程（在一些分析师看来，这些内
隐过程是不可恢复的）。重构（建构）的概念也触及精神分析研究带来的
最大的一些困难。这些困难涉及潜意识过程的本质，即潜意识永远无法被
直接了解，因而总是需要借助翻译行为才能被检验和讨论。

　　弗洛伊德（1937b）仅在一篇论文中论述了重构这一特定主题。这篇
论文，即《分析中的建构》，出现在其职业生涯晚期。然而，弗洛伊德
（1918a）很早之前就在其案例中证明了这一过程。例如，最著名的是狼
人案例，其中提到了被打幻想三个阶段的建构。弗洛伊德（1919b）认

为，这种情况通常发生在强迫性神经症患者的童年时期。弗洛伊德将这一过程称为建构，并且强调了它在自己的心灵观和治疗工作观中的基本作用。所有关于潜意识的信息都是通过推理得出的，因而都是从一些"原材料"中构建出来的。在弗洛伊德关于建构的论文中，他将这个过程与考古发掘进行比较，并描述了记忆、自由联想、动作倒错、患者的行为和移情在帮助患者记住某些童年经验中的作用。分析师从资料片段中进行推断，重构患者被遗忘的早期历史，并将其传达给患者。重构是一种推测，其理想的结果是患者恢复记忆并确认和扩展重构，从而使这一过程继续进行。弗洛伊德强调，分析师试图创造一幅被患者遗忘的岁月的画面，且这幅画面是可信的、完整的。但他承认，这一目标是不可能实现的。弗洛伊德认为，在重构不能恢复患者的记忆但能让患者确信其真实性的情况下，这一过程也能达到同样的治疗效果。在弗洛伊德看来，这证明患者在恢复记忆的压力和继续施加其压抑影响的力量下做出了妥协。

尽管弗洛伊德1923年就引入了结构理论，但他在很久之后才写了《分析中的建构》（Freud，1937b）。这篇文章强调了地形学模型，侧重于解除压抑，使潜意识意识化（但是他注重用更成熟的反应取代婴儿的冲动，这显然暗示了自我功能）。1937年后，随着自我心理学的崛起（尤其是在美国精神分析领域），重构概念的重要性下降。然而，从20世纪70年代开始，人们对这一话题的兴趣再次复兴。格里纳克（1975）强调，重构是分析师和患者的共同工作。患者贡献梦、联想和其他潜意识材料；分析师促成一种关系的形成，使揭露过去的痛苦变得可以被忍受。这是通过共情理解来促进治愈的催化剂，也是分析师在促进重构过程中的基本移情的作用。在这种安全关系的背景下，分析师和患者可以重构和理解过去的经验。正是这些经验导致了患者当前的精神疾病。

H. 布卢姆（1980b）强调重构过程的整合功能。被重构的不是童年的历史事件，而是它们的内心意义及其对成人生活的影响。在新的条件下，分析师重温过去的机会为患者建立了一套新的意义、原因、后果和关系，这些都是童年时期由于发育不成熟而无法体验到的。布卢姆（2003）与福纳吉（1999，2003）就这一观点展开了一场著名的争论。福纳吉等人（1998）得出结论，在精神分析的治疗作用中，童年记忆的恢复没有任何作用。根据将记忆分为陈述性和程序性、外显和内隐系统的认知科学研究，一些分析师提出，病理化可能与有问题的客体关系表征有关，这些客体关系表征由于过早形成而无法存储为陈述性记忆，反而被编码在程序性记忆中，不能通过精神分析的解释而被提取。通过患者在关系型二元体中的关系，分析师可以了解到一些早期经验。他们认为，在精神分析中，治疗作用不是通过恢复实际记忆，而是通过重组经验的过程产生的。

在关系精神分析中，建构这个术语有着完全不同的用法，因为它主要涉及移情-反移情矩阵中经验的共同建构。治疗的努力旨在了解此时此刻患者和分析师之间的相互影响。I. 霍夫曼（1994）建议将分析定义为患者和分析师共同检验的一系列活现。他用"社会建构主义"来描述治疗情境。

诠释学取向的分析师拒绝接受过去可以以精确的方式全部得到恢复的观点，但他们看到了构建连贯叙事的价值，即使患者能够从语境化的视角看待自己。谢弗（1982）从这个立场出发，将婴儿的过去和移情的现在之间的构造描述为时间循环，其内容主要由理论承诺所决定。在他看来，重构过去所面临的困难有：难以将想象的婴儿事件与知觉区分开来，难以及时定位记忆，以及难以将单一记忆从收缩成一体的多重记忆中分离出来。

Reflective Function 反思功能

见"Mentalization 心智化"。

Refueling 赋能

见"Separation-Individuation 分离–个体化"。

Regression 退行

退行是心理功能中早期状态的一种运动形式，可能与力比多阶段、自我功能和客体关系有关；因此，退行具有理论、发展和临床意义。发展性退行可以发生在临床设置和非临床设置中，可以是正常的或病理性的，可以起到防御作用，且可以在整个生命周期中被观察到。从一开始，退行概念就在精神分析理论和实践中占据着核心地位。退行将精神分析中的其他核心内容联系在一起，例如，对心灵发展性理解的需要、动力性潜意识的概念，以及临床精神分析中移情的核心性。关于该术语的基本前提，当前存在一些分歧。许多分析理论家认为，真正地恢复到先前的功能水平是不可能的。作为临床理论的一部分，退行在文献中仍经常出现，但通常需要注意的是，它不能被具体地理解为恢复先前的功能。也有一些分析师不赞成在分析情境中使用退行。

在与弗利斯的通信的第79封信中，弗洛伊德（1897g）首次讨论了退行。他区分了涉及生殖器的和涉及口腔或肛门的童年性经验的延迟效应。涉及生殖器的延迟效应创造了力比多，涉及口腔或肛门的延迟效应创造了内在厌恶，即一种力比多的退行。直到1914年，弗洛伊德才在《梦的解析》中增加了一段话来描绘他认为相互关联的三种退行类型：（1）**地形学退行**，指沿着一个连续统一体向后运动，"朝向感官的终点，最终到达知觉系统"；（2）**形式退行**，指回归到原始的表达或表征方式，如视觉意象；（3）**时间退行**，指回到早期记忆等更古老的心理结构，如早期记忆。随着弗洛伊德（1905a，1911b）发展出力比多理论，他开始探索与心理性欲发展相关的退行（固着）概念。他提出，退行到特定的力比多阶段可能与特定的精神疾病有关。例如，弗洛伊德（1913d）指出，肛门性欲的退行与强迫性神经症有关。弗洛伊德的理论是，退行发生在一个固着点或一个发展中的点上，未令人满意地渡过，从而在心灵中施加了一种倒退拉力。弗洛伊德引入两个如今经常被引用的隐喻来说明他的退行和固着概念。第一个隐喻（Freud，1905a）是关于一条小溪的——堵塞引发溪水倒流，可能流入先前干涸的旧河道。第二个隐喻（Freud，1916/1917）是关于移民的——他们会在沿途的定居点留下一些自己人，而那些继续前进的人在遇到困难时需要返回这些定居点。这两个隐喻中都包含着关键的思想：当前的困难引发了向后运动，而后退使重新向前运动着可能。这样的观点继续影响着现代关于退行的争论。

随着自我心理学的兴起，精神分析师开始将退行的概念应用于结构模型。退行被视为一种防御机制，出现在A. 弗洛伊德（1936）的防御机制清单中。然而，退行也被视为一个过程，可以涉及心灵的所有机构以及客体关系。其他病理性自我退行是严重精神障碍临床表现的一部分。E. 克里斯（1936）提供了一种被描述为**服务于自我的退行**或受控退行的概念，并认为它在各种创造性追求中都很重要。在这种用法中，克里斯强调了一种非病理性、非临床类型的退行。

儿童分析师和对正常发展感兴趣的其他人也注意到，儿童中普遍存在着退行现象——通常表现为暂时放弃新的发展成就。游戏涉及退行的适应性和创造性的许多方面。挫折、冲突、危险、身体疾病和新的发展挑战是退行的常见诱因。例如，同胞的出生，就像分离和丧失的经验一样，可能会引发儿童的退行。针对这些常见的观察结果，A. 弗洛伊德（1965）提出了**服务于发展的退行**，描述了退行在发展过程中的必要性和促进作用。纽鲍尔（2003）认为，除非这种退行导致了固着（有时被称为发展受阻），否则它们不太可能是病理性的，而是可以得到解决的早期冲突。因此，在儿童和青少年发展的背景下，退行被视为一种常见的、自行扭转的、可观察的现象。

许多分析师认为，临床情境中的退行是一种促进现象，在移情和移情神经症中可以被观察到。这涉及在某种程度上退行到早期的客体关系模式。它是自由联想过程中的一个重要方面，用于促进记忆、意象、前意识思想和潜意识衍生物的出现。梦的作用证明了在治疗情境中退行的心理过程具有价值。许多作家还注意到分析师受控退行的益处，即使他能够更好地调谐和接触自己的主观性。分析情境之外的一个类似情境是父母用退行来与儿童玩耍和交流——这样可以促进儿童的成长。

当代批评者关注退行概念的几个方面。例如，英德比津和利维（2000）指出，固着-退行模型假设了从早期行为到后期行为的简单连接，但现代对心灵发展的理解并不支持这种观点。道林（2004）声称，不存在退行到过去的现象。一些作者还观察到，退行有贬义的内涵，它已经被具体化，并且阻碍了分析理解。他们建议使用其他概念（例如，"转变"或"持续构建的现在"）来指代与发展性退行相关的许多现象。这些批评者借用弗洛伊德的隐喻，认为一个人永远不可能回到小溪的某一点或一个定居点而发现它是完全没变的。

在临床情境中，人际精神分析和关系精神分析学派不使用退行概念。沙利文（1940，1953a，1953b）明确拒绝了自由联想技术，而支持分析师对患者过去和现在的经验进行"详细询问"。从人际和关系的角度来看，关注当下暗示了对回到过去功能模式的观点的挑战。关系理论还强调了患者和分析师之间某种程度的对称性的重要性。其中，分析师提供了相互调节功能。I. 霍夫曼（1983）认为，患者对现实的观察不像人们通常想象的那么天真，而是更加老练。还有一些人反对将患者-分析师关系与母亲-婴儿关系进行比较（J. Benjamin，1988；S. Mitchell，1984）。

霍尔特等人（2002）试图通过实验检验弗洛伊德主义理论的各个方面。他们开发了一个名为适应性退行指数（ARI）的研究工具。该工具被用于区分适应性退行和非适应性退行（病理性退行），并将这些测量与其他可测量的临床现象联系起来。例如，精神分裂症患者的ARI得分处于极低的水平（意味着更多的非适应性退行）。在非精神病患者中，高ARI得分预示着成功的心理治疗结果。

Relational Psychoanalysis 关系精神分析

关系精神分析是一种精神分析视角，在当代精神分析话语中有广泛的代表性。关系精神分析的核心主题是在经验的内心领域和人际领域之间不能保持严格的分离，内心在很大程度上是在与他人的关系中形成的。关系视角较少关注心智和发展的模型，而更多地关注它们在临床情境中的共同主题的含义。关系精神分析强调其核心主题的术语是其作为双人心理学（与经典观点中的单人心理学相反）的描述。在关系精神分析中，分析师是参与观察者；患者和分析师一起在人际场中发挥作用，共同构建移情-反移情矩阵，或共同创造分析工作的主体间空间；治疗的许多解释性和修通方面侧重分析情境的此时此地，因为它是在分析二元体中活现和经验的。

关系理论的技术具有以下重要原则：（1）临床解释和理解通常嵌在患者和分析师之间的活现中，而不是从患者或分析师的潜意识参与之外产生（S. Mitchell，1997）。（2）分析师的参与形式具有自律性和自发性；分析师以自律的方式使用理解情感、防御、潜意识冲突和解离元素；但随着分析工作的进行，分析师也在向他的患者和他自己学习（I. Hoffman，1994）。（3）分析师作为患者的旧客体和新客体，会不可避免地参与；互动和内心现象并不是彼此对立的，而是不可避免地存在动态相互关系的（S. Cooper & Levit，1998）。（4）虽然分析师对患者的情感和潜意识冲突的涵容是分析的主流，但患者也会体验、涵容分析师并对其做出回应——包括分析师可能在意识层面不知道的方面（Aron，1991；S. Cooper，1998；Davies，2004）。（5）公开的反移情及其表达是合适的，也可能是分析资料的重要来源，其用于解释内化的客体关系、人际表达的活现要素、防御（被拒认的经验要素），以及各种自体状态和情感。（6）每个二元体都是独特的。虽然通用指南和技术规则很有用，但它们也可能干扰对每个患者独特性的理解。

在格林伯格和米切尔（1983）编纂的《精神分析之客体关系理论》一书出版后，关系这个术语于1983年进入精神分析词汇表。这项比较精神分析理论的工作构成了对一系列精神分析理论的深层追问。他们提出，在发展、动机、精神病理学和临床理论方面，这些理论有着共同、潜在的观点。格林伯格和米切尔创造了"关系结构模型"这个术语，以区别于弗洛伊德的"驱力结构模型"。关系结构模型描述并联系了那些将关系本身——意识的和潜意识的、人际的、互动的和内化的（内部客体及其关系的世界）置于其理论（如发展、动机和临床理论）中心的理论。格林伯格和米切尔提出的关系结构模型表明，心理的不同机构（驱力、自我、超我）之间的冲突与其说是构成冲突，不如说是构成不同内部表征或关系构型之间的冲突。这种关系可以是充满矛盾的，也可以是解离的。因此，与客体关系理论、人际理论、自体心理学理论和主体间主义理论相关的各种分析理论都具有这些共同特征，都处于格林伯格和米切尔的"关系"大伞之下。虽然格林伯格和米切尔令人信服地论证了他们的基本原理，但一些被他们综合在内的理论家（例如，克莱茵学派理论家和其他客体关系理论家）通常并不认同自己是关系主义者。

费伦齐（1932）首先描述了关系型临床理论和技术的定义要素，尤其是在其对临床实验进行追踪的临床日记中。通过他的写作以及他对客体关系传统和人际传统中主要贡献者（如巴林特、汤普森）的督导和分析，费伦齐的影响得到了很好的记录（Harris & Aron，1997）。费伦齐指出，反移情作为移情的一种相互塑造的补充，具有核心性。他首次强调了互惠影响在分析关系中的作用，且强调了分析师承认自己对患者的影响的重要性。他认识到，这一因素将大大有助于降低不可避免的再创伤化医源性风险。费伦齐强调了承认分析师是一个真实的人对分析治疗的意义，这一观点在英国学派（费尔贝恩、冈特里普和巴林特）和人际学派（汤普森、桑热和列文森等人）中得到发展。费伦齐对人际精神分析（关系精神分析的主要先驱）的影响是有据可查的。巴林特（1950）首次将精神分析情境描述为"双体"情境，并在描述客体关系问题时使用了术语"双人心理学"。

当代关系分析师认为，移情分析对分析工作至关重要，但移情的定义与其他一些分析取向有重叠，也有差异。关系分析师倾向于将移情视为移情-反移情场或经验矩阵的一个维度。移情-反移情被视为一种统一体、一种构成相互影响的形式的互补。患者的移情反应部分地由冲突、内化的客体关系和幻想的持久要素形成；同时，移情与当前人际关系的要素有内在联系，并通过这些要素表达出来。关系分析师总是问："为什么患者现在要将一个关于过去的非常典型的故事告诉分析师？"反移情没有被严格定义为分析师对患者冲突的回应；相反，反移情被视为涵盖了分析师所有的个人要素——患者通过分析师的言语和互动了解这些要素，并有意识和潜意识地暗示它们。

移情-反移情交会成为患者和分析师活现患者冲突和情感状态要素的

工具。拒绝将精神分析定义为患者的一系列自由联想，I. 霍夫曼（1994）建议，将精神分析重新定义为患者和分析师一起检验和体验的一系列活现。虽然就患者和分析师的不同职责而言，分析情境是高度不对称的，但相互影响和相互涵容占据了分析师的注意力。霍夫曼将治疗情境概念化，并以此替代传统的移情和反移情观点。霍夫曼最初使用"社会范式"的术语——随后在其描述中演变为"社会建构主义"，最终演变为"辩证建构主义"。在治疗情境中，霍夫曼描述的"辩证法"包括："移情−反移情活现的解释性反思与这些活现本身的事实"之间的辩证关系、"分析师的个人可见性与相对不可见性"之间的辩证关系、"非解释性人际互动与解释性人际互动"之间的辩证关系，以及"分析师在分析情境中对个人经验的揭露倾向与隐藏倾向"之间的辩证关系。

分析情境的视角主义（Aron，1996）和建构主义（I. Hoffman，1998）观点表明，二元体必须根据分析关系中当前发生的事情来探索患者的过去。这种探索不仅需要分析师的解释性推理，而且需要患者和分析师的观察性经验——作为分析性经验和解释的重要出发点。分析师的解释侧重患者的情感状态、防御和冲突，但在一定程度上，他也通过自己的经验要素了解了患者体内的这些变化。通过对患者和分析师之间如何（何时）活现冲突和解离要素的好奇，分析师的自我反思性参与得以证明（S. Mitchell，1997；Bass，2003）。奥格登（Ogden，1994）虽然没有被认同为关系精神分析师，但他通过阐述"分析第三方"对关系视角做出了重大贡献。分析第三方是一种潜意识交流的主体间性，由患者和分析师在共事中的个人主体性所创造。奥格登认为，无论是从分析师和患者的作用来看，还是从他们的经验来看，第三方都是一种不对称的创造物。他关注分析师将语言融入他们体验的能力及其对患者的治疗价值。奥格登认为，对患者和分析师来说，分析第三方有时可能是一种强大的阻抗。然而，如果分析师能够理解它并与患者进行有效的沟通，它就能为分析患者的内心体验提供最丰富、最关键的资料。

J. 本杰明（1990）是一位主体间理论家，也是女性主义精神分析批判的贡献者。她区分了人际（人与人之间）和主体间（对他者主体性的相互承认）。她认为，主体间性是一种发展成就，与内心经验领域保持着动态的张力。在所有关系中，主体对全能以及与之相关的对他者的否定的愿望和对相互性以及与他者接触的愿望之间存在着张力。在她的发展主张中，本杰明质疑了马勒的分离-个体化理论，并认为它是不完整的。她指出，马勒忽略了婴儿和母亲之间的主体间性或共享现实的重要成就，这是母亲贡献自己的主体性的过程。在她看来，病理学表现为患者对分析师主体性的激进否定，从而引发患者和分析师之间的权力斗争。分析师面临的挑战是重建主体间空间，恢复对话，这通常需要一些创造性的行动。

关系理论家从传统的自我心理学观点出发，重新阐述了防御和防御分析的概念。许多关系理论家认为，解离无处不在，是所有患者的一种防御手段，不一定为特定的诊断群体（例如，癔症患者或创伤患者）所独有（P. Bromberg，1998a）。对于关系分析师关注患者的自体整合和恢复以前被隔离或征服的自体状态而言，对解离状态的分析是至关重要的。在D. B. 斯特恩（1997）的观点中，解离阻止"未阐述成形的经验"变得有意识。这种经验不是用语言来编码的，而是用行动来编码的，因而需要不同的解释技巧。斯特恩认为，解离（而非压抑）是精神分析临床医师面临的动机性未知的最重要形式之一。布隆伯格（1998a）认为，分析师的任务是将患者从解离的位置转移到冲突的立场中。在布隆伯格看来，解离是一种防御过程，会导致自体体验的某一方面被隔离；压抑则不同，它将内容排除在意识之外。在巴林特（1968）和温尼科特（1969）阐述一些患者对客体失败（虚假自体）形成的防御方式的基础上，关系理论家们关注患者在开辟新的经验途径时体验自体连续性的需要。

关系理论强调，反移情表现的许多形式都是在分析防御的背景下形成的。当关系分析师认为患者无法感受时，他们有时会描述自己的经历，表示分析师是被调动来感受的。戴维斯（1994）在关于她决定向患者透露爱欲反移情的争议性讨论中指出，这是唯一能接触到患者自身性体验中某些被拒认的要素的途径。戴维斯从双人心理学的立场出发，将俄狄浦斯期的父亲对其自身欲望状态存在问题的否认与传统分析师对患者的爱欲欲望的不揭露及其可能对治疗产生的消极影响联系起来。相比之下，虽然许多当代克莱茵学派的分析师认为分析师经常被调动来重复和活现潜意识客体关系的要素，但他们在努力阐述患者的经验时，很少提及自己的经历（Feldman，1997）。

关系理论强调，在患者和分析师作为情感的参与者和情感的相互调节者之间，存在某种程度的对称性。患者被认为是一个不像以前那样天真的、更老练的现实观察者（I. Hoffman，1983）。许多关系理论家质疑这样一种假设，即母婴关系是后来关系的僵化原型。关系取向的作者与一些婴儿研究者（如特朗尼克）一致，也批评了各种将成人分析类比于母婴关系工作的治疗作用模式。一些人将母婴关系重新定义为分析情境模型。本杰明（1988）和S. 米切尔（1984）批判了温尼科特的"发展倾侧模型"。在他们看来，温尼科特只关注分析师的重要和必要功能，并且认为分析师与母亲一样，联合并试图理解、涵容和代谢患者（婴儿）的经验。温尼科特忽略分析师（母亲）与患者（她的婴儿）的主观参与的复杂性，包括他／她的主体性对患者（儿童）的不可避免和有助于成长的影响。

米切尔（1991）引入了一种不同的发展模型，来区分诸如需要与愿望（需求）之类的概念。他的取向是建构主义的；他将分析师的反移情经验整合到他的观察中。他认为，在分析的某一点上的患者的需要，可能会在另一点上被视为愿望或需求。对于分析参与和干预可能采取的形式而言，二者的差异有着至关重要的影响。然而，大多数关系理论家都认为，对思考和应用一系列发展模式以理解临床工作而言，增加建构主义视角是一种有益的补充。换言之，关系分析师并没有放弃思考持久的人格特征的概念，而只是认为它是不完整的。原因在于，在分析工作的互动矩阵中，作为观察者／参与者的分析师是分析这些展开模式的决定因素。

在过去的30年中，关系视角从各种方向逐渐渗透到分析师的工作和思维中。在关于分析技术理论的大多数讨论中，分析师参与分析过程的关系敏感性已经变得明显。在精神分析文献中，诸如活现、相互影响、建构主义、移情-反移情交会和主体间性等概念已十分明显。将分析关系的作用与解释在治疗作用中的角色区分开来的尝试，已经转变为更为复杂的任务，即识别它们之间的相互依存关系。

然而，关系精神分析并非没有批评者。一些人际分析师认为，将客体关系思想融入其理论是对其所批评的基于驱力理论的隐性接受。其他学派的分析师批评道，关系理论关注技术理论而忽视了心灵的连贯理论。这些批评家认为，关系理论缺乏一个关于发展、动机、情感和潜意识冲突的复杂概念，它削弱了性和攻击在精神生活中的作用。还有人认为，一种二元体主观现实的价值化以及过分强调反移情表达，可能会使焦点过分远离患者的内心体验而转移到分析师的内心体验。此类分析师警告说，关系视角最好被视为其他理论视角的重要补充，而非替代形式。

Repetition Compulsion (Compulsion to Repeat) 强迫性重复

强迫性重复是指重复过去经验（尤其是痛苦经验）或将过去经验行动化，同时觉察不到当前行为的意义、其与过去的联系、自己在重复中所扮演的角色的倾向。强迫性重复在正常行为和神经症行为中都很明显，涉及症状、性格、生活选择、儿童的游戏行为，以及治疗经验（包括移情、反移情、行动化和活现）。强迫性重复在涉及创伤的情况下尤其明显。它是弗洛伊德（1920a）称之为"命运强迫"（后来称之为"命运神经症"）的一个重要特征。在这种"命运强迫"中，某些人的生活以不可思议的方式重复着同样的不快乐场景，仿佛命运本身正在密谋使这个人不快乐。

关于强迫性重复的解释和界定在精神分析师之间有很多争议。这个术语很重要，因为它描述了人类心理和行为的一个基本特征。它涉及一些问题，如重复在精神生活中的作用、行动如何与思想联系起来、经验如何在心灵中被表征、过去如何在当下继续存在，以及精神痛苦和创伤如何在心灵中得到处理。强迫性重复也是精神分析治疗作用的基础。精神分析治疗运用了这样一个事实，即内在生活（包括过去的记忆）是在治疗环境中——尤其是在移情中——活现。

从一开始，弗洛伊德（Breuer & Freud, 1893/1895）就意识到重复在精神生活中的作用，以及重复作为一种记忆形式的作用。例如，在他最早的作品中，他将症状描述为情感和思想的"记忆符号"。后来，在朵拉案例的后记中，弗洛伊德（1905a）描述了他如何忽视朵拉的移情经历——朵拉使她的许多移情幻想"行动化"，而不是用言语表达。在论文《记忆、重复与修通》中，弗洛伊德（1914c）首次命名了这种强迫性重复，从而又一次与患者在治疗中的行动化产生关联。他明白这种行动化既是对记忆的防御，也是一种通过行动进行记忆的形式；他还把它理解为一种隐藏东西的方式和一种交流的方式。他认为，强迫性重复隐藏在阻抗和移情这一核心现象的背后。它的持久性需要用大量的时间来"修通"。然而，弗洛伊德也指出，强迫性重复是精神分析情境在此时此刻活跃的原因，因而也是其治疗手段的原因。

1920年，弗洛伊德（1920a）再次提及强迫性重复，并强调了重复过去最痛苦的经历的倾向。例如，创伤梦、儿童们在丧失情境中的游戏，以及患者在移情中的重复。在某个层面上，他解释说，重复的倾向意味着试图主动掌控痛苦或创伤事件。在元心理学的层面上，他认为，重复的作用是在过度兴奋或创伤性兴奋被释放之前将其束缚起来。他还说，强迫性重复"超越快乐原则"，代表死亡驱力（生物体内固有的一种保守倾向，即回到先前的存在状态）的表达。

虽然所有分析师都同意，重复现象是人们生活方式和治疗行为的一个重要特征，但强迫性重复的精确定义以及对该现象的正确解释引起了广泛的争议。有争议的问题包括：强迫性重复应该包括哪些类型的重复行为？这个概念应该只用于重复创伤或痛苦的经历，还是也可以用于重复愉快的经历？这个概念必须与弗洛伊德最后的驱力理论联系起来使用吗？这个术语可以用另一种方式来表示概念化的现象吗？强迫性重复与寻求掌控有什么关系？它与一些人所说的"未阐述成形的经验"的编码或与前言语经验有什么关系？人们除了重复过去，还会寻找新的东西吗？弗洛伊德本人在不止一个抽象层次上、以不止一种方式使用强迫性重复这个术语，这一事实使争议变得更加令人困惑。

Representation 表征

见"Object 客体""Self 自体""Symbolism 象征主义"。

Representational World 表征世界

见"Object 客体""Self 自体""Symbolism 象征主义"。

Repression 压抑

压抑是一种禁止心理体验进入有意识觉察的潜意识防御过程。压抑不同于有意识的判断或谴责过程，也有别于抑制或有意识、蓄意地试图避免思考某事。传统上，压抑与否认（拒认）是有区别的——否认是为了避免外部现实或自体的某些方面变得明显和接近意识，而压抑是为了阻止内部现实的某些方面变得有意识。压抑与解离也有区别——解离是人类有意识经验的连续性的中断。然而，大多数分析师都同意，防御机制相互重叠，压抑在几乎所有其他防御中都发挥着作用。

弗洛伊德（1914d）断言，压抑理论不仅是他最具原创性的思想之一，而且是"精神分析整个结构的基石"。在精神分析理论中，压抑对所有心理体验（正常的和病理性的）来说，都是一种普遍的防御机制。更重要的是，压抑在建立动力性潜意识（作为一个与意识分离的精神领域）方面发挥着重要的作用。在其著作中，弗洛伊德（1930）描述了文明本身建立在对本能生活的压抑之上。理解和抵消压抑是每一项精神分析治疗都不可缺少的一部分。

弗洛伊德（Breuer & Freud，1893/1895）在其早期作品和《癔症研究》的某些部分中认同法国精神病理学家的观点，即癔症的本质在于"心灵的分裂"。然而，弗洛伊德逐渐引入他对防御癔症的革命性概念：癔症是由观念（通常是对创伤的"回忆"）引起的。这些观念与普通意识相隔绝，不是源于恶化的精神缺陷（正如珍妮特和其他人所说的），而是"来自防御的动机"。弗洛伊德用压抑这个术语来描述不相容的观念（记忆）与意识分离的过程。在早期对压抑的讨论中，弗洛伊德整合了他关于这个概念的许多最重要的观点，包括：压抑是一个动力学或有意图的过程，其动机是避免痛苦的情感；压抑是潜意识进行的；压抑是一种稽查行为；被压抑的观念构成一个能够吸引其他观念的潜意识心理核心（压抑的拉力特征）；被压抑的观念继续在精神上活跃；压抑存在于阻抗的临床现象的背后；被压抑的观念具有潜在的致病性。弗洛伊德（1894c，1896c，1900）也将压抑的概念应用于除癔症以外的精神疾病，包括强迫性神经症。在大多数情况下，压抑可与防御交替使用；在其他时候，"被压抑的"与"潜意识"本身可以互换使用，构成心理地形学模型。

在论文《压抑》中，弗洛伊德（1915c）对压抑概念进行了详尽的讨论——晚于驱力（力比多）理论的阐述。压抑针对的是本能的心理表征。由于结构理论尚未被创造出来，压抑被概念化为本能的变迁。在这篇论文中，弗洛伊德区分了压抑的三个阶段：第一个阶段是**原始压抑**。在这个阶段，驱力衍生物被拒绝进入意识，形成潜意识的原始核心，对所有后来的驱力衍生物施加拉力。第二个阶段是**正式压抑**。在这个阶段，通过应用"后压力"，所有与被压抑的衍生物相关的观念和思路都被拒绝进入意识。第三个阶段是**被压抑之物的复现**（Freud，1896c）。在这一阶段，被压抑的本能的衍生物以"替代形式"（例如，梦、笑话、动作倒错和神经症症状）强行进入意识。各种替代形式对应于不同类型的神经症。弗洛伊德（1915）在为《性学三论》添加的脚注中指出，原始压抑和正式压抑的区别类似于婴儿失忆和癔症失忆的区别。在论文《压抑》中，弗洛伊德还阐述了他早期关于压抑的许多观点，包括：压抑的推拉方面；被压抑的思想继续活跃的程度；观念（本能的代表）在被压抑时变得更加恶性的原因；自由联想如何被用来发现被压抑之物；压抑并非一次发生，而是需要不断消耗力量（反投注）。

在发展出结构理论以及阐述自我心理学之后，弗洛伊德恢复了对防御这个术语的使用，以描述自我在冲突中使用的所有技巧。压抑只是防御中的一种，其具有癔症的特征。在弗洛伊德（1926a）的新理论中，防御被概念化为由自我在预期危险时发起；焦虑不再被概念化为压抑的结果，而被认为是它的原因。在此期间，弗洛伊德（1924c，1927b，1938b）也开始探索并非基于压抑的防御（如否认和自我的分裂）。

在大多数情况下，后弗洛伊德主义精神分析师继续将压抑视为精神生活的核心和普遍特征。A. 弗洛伊德（1936）在她著名的十种防御机制中将压抑列于首位。然而，克莱茵（1940）和费尔贝恩（1952）继续深化弗洛伊德早期的另一项探索，即基于自我内部的分裂（而非基于压抑）的防御。克恩伯格（1970a）继克莱茵和费尔贝恩的研究之后，认为只有人格组织的神经症水平是基于压抑的，而人格组织的边缘水平则是基于分裂的。自体心理学家也强调，除了压抑（水平分裂），他们所说的心理的垂直分裂是精神病化的原因。一些人际精神分析师认为，解离和"未阐述成形的经验"——而非压抑［类似于沙利文（1953a）的"选择性忽视"］——是精神分析临床医师面临的动机性未知的最重要形式之一（D. B. Stern，1997）。

在精神分析、认知心理学和社会心理学中，一系列探索压抑概念的实证研究不同程度地提及"动机性遗忘"或"避免冲突的认知内容"。在精神分析师中，谢夫林等人（1996）开发出探索压抑和动力性潜意识过程的实验范式，从心理动力学、认知和神经生理学的角度来探讨这些概念。桑热（1995）聚集了精神分析和认知心理学取向的研究者，共同检验了与压抑概念有关的历史、理论、心理生物学和方法论议题，以及研究模型和实验数据。韦斯滕（1997）试图将精神分析取向与认知心理学和社会心理学的实验数据相结合，以研究压抑。加斯纳等人（1982）研究了临床设置中隔离内容的出现。卡伦和怀德纳（2001）研究了被压抑的记忆的现象。伊格尔（2000），以及温伯格、施瓦茨和戴维森（1979）回顾了与**压抑风格**相关的实验证据，考察了成本、收益，以及生理上的相关性。

Resistance 阻抗

阻抗是患者对精神分析过程展开和深化的潜意识反对。它可以通过心理过程、幻想、记忆、性格防御和行为来表达。阻抗反映了患者对放弃熟悉的妥协和面对情绪痛苦时自我觉察的潜意识焦虑。阻抗一开始通常是潜意识的，在被有意识地识别后可能会持续很长时间。与一般的防御概念相反，阻抗是一个发生在治疗情境中的特定概念。

斯特巴（1953）通过他的断言传达了阻抗的核心地位——精神分析疗法是在考虑阻抗时诞生的。弗洛伊德写道，对阻抗和移情的分析是精神分析治疗的基本特征，只有通过它们的解释，分析过程才得以建立。这一技术将精神分析与其他基于建议或说服的促进改变的治疗方法区分开来。术语阻抗通常与一种以冲突和妥协为特征的心理组织模型联系在一起，它没有被持有其他观点的分析师明确地使用。然而，所有的精神分析观点都认识到，治疗情境中存在着某种形式的动态张力——分析师专注于促进患者对自己心灵的理解，而患者的潜意识愿望反对这一过程并保持内心的现状。

弗洛伊德在《癔症研究》（Breuer & Freud，1893/1895）中首次提及阻抗。在此书中，他介绍了在催眠暗示过程中观察到的阻抗——引发最初忘记创伤事件的力量与医生试图通过催眠解除解离的力量相对抗。他认为，阻抗是一种需要理解而非克服的东西。这为精神分析奠定了基础，并为技术转向自由联想法铺平道路。随后，阻抗被界定为中断患者自由联想流的所有行动。将对治疗的阻抗与他早期对动机防御或压抑的观点联系起来，代表了弗洛伊德理论发展中的一次概念飞跃。

弗洛伊德对阻抗的理解逐渐变得更加复杂，因为他逐渐认识到，阻抗普遍存在且具有多重决定因素。在关于精神分析技术的作品中，弗洛伊德（1914b）将阻抗广泛地视为干扰治疗的继续，进而干扰康复的一切事物；但他主要关注的是阐明移情和阻抗之间的关系。弗洛伊德发现，移情是一种阻抗，也是治疗疾病的最有力工具之一。这一发现至关重要。在论文中，弗洛伊德确定了阻抗的潜意识本质（这一批判性的承认引发了他对结构理论的阐释）、阻抗与修通过程的必要性的关系，以及分析师的潜意识阻抗对治疗过程的作用。

在《抑制、症状和焦虑》中，弗洛伊德（1926a）确定了自我、本我和超我的阻抗来源。**移情阻抗**只是三种**自我阻抗**中的一种，其涉及阻碍分析师扩展知识的情感、观念和态度。早期的分析中可能存在着对移情愿望、幻想和思想的觉察，以及对移情态度演变表现的阻抗。由于患者的体验的即时性和情感强度，对移情阻抗的解释为改变提供了最重要的一种手段。弗洛伊德描述的第二种自我阻抗是压抑，它将冲突的观念主动排除在觉察之外。第三种自我阻抗是疾病的继发性获益，其促进疾病的延续。在强迫性重复中，弗洛伊德发现了一种**本我阻抗**，其说明了修通过程的必要性。弗洛伊德将这种阻抗描述为潜意识施加的吸引力，或"力比多的黏附性"。弗洛伊德将**超我阻抗**定义为基于潜意识罪疚的惩罚需要。这种阻抗表现为，潜意识地拒绝放弃受苦或拒绝从分析中受益。最强烈的超我阻抗形式体现在消极治疗反应中，即在建设性和有效的治疗工作之后，患者的状况呈现出乎意料的恶化。这种阻抗是道德受虐狂的表现。对理解分析中的僵局而言，超我阻抗的概念具有重要的临床意义。在《可终结与不可终结的分析》中，弗洛伊德（1937a）考虑了可能存在于解释性干预领域之外的阻抗因素，如早期创伤和本能的体制因素。

随着自我心理学的兴起，W. 赖希（1933/1945）和A. 弗洛伊德（1936）提出了各自的相对立的**阻抗分析**观点。赖希针对患者的"性格盔甲"采取了一种斗争的取向，而A. 弗洛伊德采取的更平衡的治疗中立性立场则将分析师从对抗性立场中移出。对赖希极端主张的纠正主导了后来的阻抗分析的概念化。赖希的取向也可能解释了人们对阻抗概念的消极观念，即患者和分析师之间存在敌对关系。

大多数当代分析师都认为，阻抗分析是所有精神分析治疗中普遍存在且不可或缺的一个方面，而不是一种偶发性的入侵。随着治疗阶段的变化，患者阻抗的性质和质量可能会改变，但这通常是患者的特征，因为它根植于性格结构和核心神经症冲突和幻想。因此，对阻抗的解释可能会被体验为一种自恋威胁，并可能引发自恋防御。阻抗解释的时机是关键，过早或错误的解释可能会加剧阻抗。虽然解释能让人们意识到阻抗，但正是对阻抗的细致分析才构成修通过程，并引发实质性的变化（Samberg，2004）。

格雷（1996）提倡对阻抗进行单一的分析，通过密切过程监控将分析师的注意集中在自由联想过程的中断上，以作为自我防御活动的证据。这一观点主张该术语更早期和更狭义的概念化。

一些当代分析师拒绝阻抗的概念也许是因为它仍然被视为一个对抗性的概念。还有一些分析师接受了这一概念，并强调分析二元体对阻抗的作用。这些观点注重分析师的特定品质、分析师不可避免的共情失败（Kohut，1959）和反移情的影响。从自我心理学（Boesky，1990）和主体间（Ogden，1996b）视角来看，阻抗也可以被视为患者和分析师的联合创造；这些活现表达了分析师和患者之间潜意识的联结。

科胡特（1977）从与阻抗的关系出发，对防御结构和补偿结构做出了区分。补偿结构通过补偿自体其他部分的缺陷，来使自体的某一部分或某一极（镜映的志向、孪生感受或引导的理想）获得生机。这些不是患者阻抗的一部分。然而，防御结构掩盖了自体的缺陷，阻碍健康的发展并促成阻抗。

现代克莱茵学派理论家在整个移情情境的背景下看待阻抗。他们强调阻抗的内心本质，但可能会描述其在投射性认同过程中的表达。他们主要的兴趣可能是从人际（而非内心）视角来看待阻抗的共同构建（Stolorow，Brandchaft，& Atwood，1987）。福纳吉等人（2003）将阻抗的某些方面视为心智化能力（反思自己和他人情感心理状态的能力）中非动力性缺陷的表现。D. N. 斯特恩等人（1998）认为，阻抗是一个概念，只能应用于动力性潜意识的工作，但心灵的某些方面是以不同的方式组织起来的。斯特恩认为，"内隐关系知晓"和"如何与他人共在"等概念描述了与早期前言语经验相关的分析经验的各个方面。

Reverie 遐思

见"Wilfred Bion 威尔弗雷德·比昂""Empathy 共情"。

Role Responsiveness 角色响应

见"Countertransference 反移情""Empathy 共情""Enactment 扮演（活现）"。

Sadism 施虐狂

见"Aggression 攻击""Death Drive 死亡驱力""Masochism 受虐狂""Narcissistic Rage 自恋性暴怒""Attachment Theory 依恋理论"。

Schizoid 精神分裂

见"Borderline 边缘""Melanie Klein 梅兰妮·克莱茵"。

Scopophilia 窥阴癖

见"Exhibitionism 暴露癖（露阴癖）""Infantile Genital Phase 婴儿生殖器欲期""Perversion 倒错""Shame 羞耻"。

Secondary Gain 继发性获益

见"Neurosis 神经症"。

Secondary Process 继发过程

见 "Primary Process 原发过程"。

Secondary Revision 润饰

见 "Dream 梦"。

Seduction Hypothesis 诱惑假说

诱惑假说代表了弗洛伊德（1896c，1898b）早期理解一般神经症和部分癔症病因的努力。他提出，症状是一种防御，以避免对成人性诱惑引起的童年创伤的记忆爆发而进入意识的威胁。进入青春期后，由于延迟作用的过程，对童年事件的被压抑的记忆会在未来产生创伤性。弗洛伊德承认，这些所谓的事件实际上并没有被他的精神分析患者回忆起来，而是由他从零碎的联想和记忆痕迹中重构出来的。起初，他将这些诱惑归因于各种各样的人（如年长的同胞、亲戚和保姆），但后来，他越来越多地将父亲视为潜在的诱惑者。

渐渐地，弗洛伊德（1897e）开始怀疑其诱惑假说的正确性。原因在于，一方面，这些解释似乎没有解决患者的症状；另一方面，他发现对父亲（包括他自己的父亲）广泛乱伦诱惑的归因越来越不可信。他总结道，诱惑的假想记忆通常不是真实事件，而是患者的幻想，其最终源于俄狄浦斯情结和相关的手淫行为。这代表弗洛伊德思想的一个重大转变，即从关注外部现实转向关注内心冲突，并将其作为神经症病因的决定因素。他对诱惑假说的放弃引发了他对心理现实、俄狄浦斯情结和婴儿性欲概念的发展。

一些评论家（如Masson，1985a）指责道，弗洛伊德（及其由诱惑假说引申出的精神分析）最小化或否认了童年性虐待的现实。弗洛伊德和追随他的精神分析师一样，觉察到并关注性虐待的严重性。关于性虐待和过度刺激在精神病理症状形成中的具体作用，在精神分析文献中已有很多论述。在弗洛伊德放弃诱惑假说后不久，费伦齐（1913/1952，1933）针对父母非共情的性诱惑对早期性格发展的创伤性影响（"言语的混乱"）提出了一种不同的观点。更近期地，拉普朗什（1997）描述了性领域中婴儿和照顾者之间不对称的后果，认为"性信息来自其他成年他者。"一些人探讨了过度刺激和童年性虐待的后果（Shengold，1989；Davies & Frawley，1992）。

Selective Inattention 选择性忽视

见"Interpersonal Psychoanalysis 人际精神分析""Repression 压抑"。

Self 自体

在精神分析中，**自体**有多种用法，它可以指代：（1）在外部世界中的整个人，包括他的身体和心灵；（2）主观自体感或"我"；（3）自我中的一个或一组表征；（4）自体各方面的幻想；（5）一个支配经验和行动的个人心理核心（从自体心理学的角度来看）。自体与他者形成对比，后者通常被称为客体。术语自体与其他几个术语不同，包括自我（负责内稳态和适应的内心结构）、同一性（一个人作为处于周围文化之中的独特个体的稳定自体感）和性格（一个人稳定的行为、态度、认知风格、心境，以及自体调节、适应、与他人关联的典型模式）。一些精神分析师倾向于使用主体这个术语。他们认为，自体所指代的心理结构已经过于封闭、具体化，并且是一种误导性的统一（Ogden，1996b）。人这个术语在精神分析中没有找到太多的理论位置，部分原因在于它不是一个内心术语。

几乎在所有精神分析学派中，自体这个术语都很重要，因为它提供了一种谈论主观体验的核心的方式，而主观体验总是围绕着"我"的体验来组织的。自体也提醒我们，在我们试图将其分解为许多部分之后，精神生活完整和连贯的核心仍然存在。最后，大多数分析师同意，对某些类型的精神障碍，最好用自体体验、自体表征和客体表征的紊乱来描述。

大多数使用"自体"这个术语的分析师都赞同它具有一些核心特征，例如，它既是有意识的，又是潜意识的；它既是现实的，又易受防御扭曲的影响；它由多种自体体验组成，或多或少地整合成一个连贯的整体；它既稳定，又会因内外环境而变化；它有一个复杂的发展历史，包括先天特征、成熟度，以及内化的与他人的互动。然而，如何将用来描述我们对自体的直接、主观体验的词语与描述机构和动机更抽象方面的言语相结合，这一问题一直存在争议。在传统的自我心理学中，驱力是主要动力，而自我由一组用于管理驱力和在驱力与外部世界之间进行调解的功能组成。自体被概念化为自我结构中的一种表征或一组内容。相比之下，其他理论家（尤其是自体心理学家）认为，自体是一个结构，它有自己的驱动力或动机，这些都是最基本的、不可还原的。关于"自体"这一概念的争议还有：（1）"自体"的概念是私人的、独立于他者的吗？（2）有一个统一的自体体验的可能性有多大？（3）自体有普遍的属性吗？（4）自体包括未阐述成形的体验或非表征的体验吗？

在其著作中，弗洛伊德粗略地使用自体（Selbst）和自我（das Ich）这两个术语。他用自我（在英文《标准版》中译为"自我"而非"我"）来指心理机构和个人自体的主观体验。直到回应临床和理论压力时，与自我不同的自体概念才逐渐发展起来。弗洛伊德（1914e）——在很大程度上为了回应荣格对力比多理论的批评——将自恋概念化为对自我的力比多投入，并使用自恋这个新的概念来解释诸如全能、夸大性、理想化和自恋性客体选择等现象。弗洛伊德将**自尊**的根源追溯到婴儿自恋的全能感，认为自尊是通过实现自己的理想、爱与自我理想相似的人，或被爱来提升的。荣格接着阐述了一个独特的概念，即自性化。自性化是一个独立于自我的组织原型，这带来了更具完整性的体验。然而，弗洛伊德（1923a）从未真正完全将自我和自体区分开来。即使在1923年之后，他仍继续模糊地使用自我。那时，他假设自我是非个人"心理装置"中的执行机构。在对未来理论的预示中，他还强调了自体在客体关系中的发展，提醒人们注意认同的作用。他断言："自我的特征是被遗弃的客体投注的沉淀物。"这句话的意思是，随着儿童指向父母的力比多追求被放弃并被认同所取代，自我的特征会增加。

除了荣格之外，还有其他几位理论家提出了与自体相关的概念，以描述心灵的主观、创造性、体验等方面（Ticho，1982）。例如，费德恩（Federn，1952）保留了自我（ego）这个术语，用它来指代一个人对自己心灵和身体的主观体验或一个人的**自体感**。沙利文（1953a）尤其拒绝弗洛伊德的结构理论，他使用自我（self）这个概念，并将之定义为人格核心的主观的"我"。这个主观的"我"作为个人与外部世界之间互动的中心，通过照顾者"反思性评价"的内化而发展。自我由各种各样的**自我人格化**组成，其中包括"好我"（从与一个赞许和平静的母亲的互动中发展起来，最终带来自尊和自信）和"坏我"（从与一个焦虑或痛苦的母亲的互动中发展起来，并形成惩罚性的良心）。"非我"作为自我的一个组成部分，是在回应母亲的"禁止的姿态"时发展起来的，由"未阐述成形的经验"组成。它是无法通过有意识觉察来获得的。**自我系统**或自我动力**机制**包括所有的防御策略，其旨在防止出现与自体不一致的经验。拉多（1956b）更喜欢**行动自体**，而不是自我，因为它不那么机械化，而且更具描述性。

在主流精神分析中，哈特曼（1950）区分了人、自体和自我的概念。人就像外部客体一样，存在于外部世界。自体或**自体表征**是"我"的心理表征的集合，与客体表征相对应。自体表征（客体表征）是自我结构中的描述性概念。自体与自我不在同一个抽象的元心理学平面上，因为自体不是心理装置中的系统或机构。哈特曼试图纠正弗洛伊德在术语上的不精确性。他将自恋定义为自体的力比多投注，或者更准确地说，是与自我相对的自体表征。雅可布森（1964）进一步思考了自体和自我之间的区别。她描述了自体（自体表征）的发展与客体关系的发展。她认为，自尊反映出自体表征和自体渴望的概念之间的距离。埃里克森（1950，1956）提出了自我同一性的概念（后来称为同一性，以尊重哈特曼为区分自我和自体所做的努力），这是引发青春期同一性形成的发展阶段的最终成果。埃里克森的同一性概念中包含的许多观点与后来被人称为自体的观点相同。谢弗（1968b）描绘了自体体验的许多不同的叙事方面，如作为场所的自体、作为自主体的自体和作为客体的自体。他还描述了**反思性自体**表征及其缺失对精神生活的许多方面的影响。W. 格罗斯曼（1982）强调了自体体验的幻想方面。

与哈特曼和雅可布森不同，克莱茵通常交替使用自体和自我，且更喜欢使用后者。在克莱茵的理论里，在潜在湮灭攻击的危险中，自我（自体）与客体关系同步发展。她的偏执-分裂位置和抑郁位置描述了爱和恨，以及自体和客体在内部世界发展中的基本管理方式。

随着英国中间学派的出现，自体的概念发生了深刻的变化。在20世纪40年代，费尔贝恩（1941）挑战了力比多作为心理动机核心的至高无上的地位，以更接近当前自体观点的方式应用自我这个术语。不同于弗洛伊德的源于现实的不快乐体验的、产生于本我的自我，费尔贝恩的自我从出生起就有自己的客体寻求目标。在费尔贝恩看来，一个最初的"原始自我"被分成三个部分，也就是说，在每一个人的内心深处都有这三个部分：（1）"中心自我"或"我"；（2）"力比多自我"；（3）"反力比多自我"或"内部破坏者"。这些自我状态（自体）都与相应的内部客体配对。温尼科特（1958b，1960a，1960b，1963a）追随费尔贝恩，将自我重新定义为整个人或自体——寻求与他人关系中的承认和支持。温尼科特的自体是"自发性动作和个人观念"的起源。与费尔贝恩相比，他更加强调母亲作为真实的人和她的主体性。对温尼科特来说，健康和创造性的自体发展的一个必要条件是婴儿在母亲的抱持环境中对自己全能的最初体验。渐渐地，"足够好的母亲"通过镜映儿童的经验和姿态向儿童介绍世界。当儿童看的时候，他被看见了，所以他就存在了。温尼科特将**真实自体**（充满活力、创造力和本真的主观感觉）与**虚假自体**（无价值、剥削和破碎的体验）区分开来。

科胡特（1971，1977）的工作对自恋理论和自体概念而言是一个重要的里程碑，其推动了**自体心理学**的发展。科胡特认为，自体既是一个近经验的概念（主观体验的所在地），又是一个远离经验的元心理学概念（作为一个具有自己特定行动程序的统摄性结构）。对科胡特来说，自体是心理机构的来源、行动的发起者和情感调节的所在地，也是自尊和时空连续感的来源。最终，科胡特提出了一个**两极自体**——一极是对权力和承认的追求，另一极是理想化的目标。在两极之间，是一个由基本的才能和技艺组成的张力弧。这些才能和技艺促进志向和理想的实现。与温尼科特相似，科胡特认为，结构健全的自体依赖于与另一个人（**自体客体**）的共情关系，这提供了一部分不属于发展自体的基本功能。事实上，对科胡特来说，自体不可分割地嵌入**自体-自体客体矩阵**中。与温尼科特一样，他将内聚的自体体验与缺乏环境支持引发的**自体破碎**或**自体障碍**进行对比。自体障碍反映了一种解离的**自体状态**，尤其是一种未整合的、幼稚的夸大自体。在精神分析治疗中，自体障碍患者会以各种**自体客体移情**的形式重新激活自体的原始需要。

在对克莱茵、雅可布森、费尔贝恩、温尼科特和科胡特的工作进行综合的过程中，克恩伯格（1975）提出了一种整合了客体关系理论和自我心理学的观点，强调了健康的客体关系发展中两项重要的基本任务：（1）自体-客体分化；（2）将自体的"全好"和"全坏"经验融入正常、"整体的"自体表征中，并将客体的"全好"和"全坏"经验融入正常、"整体的"客体表征中。在马勒的工作之后，克恩伯格将整合自体经验中矛盾方面的能力称为**自体恒常性**。克恩伯格认为，未能完成这些发展任务与精神病和边缘型精神病理症状有关。自恋的病理症状反映了一种被称为**病理性夸大自体**的结构的形成（借用自A. Reich和Kohut），它是实际自体与**理想自体**、**实际自体**与理想客体表征的防御性融合的产物。

当代人际精神分析师和关系精神分析师强调人际矩阵中自体和自体系统的发展。他们认为，临床情境促进了以未阐述成形的潜意识自体状态而存在的解离体验的出现；治疗的相互作用降低了获得更连贯的**自体界定**的可能性（P. Bromberg，1991；D. B. Stern，1997）。福纳吉等人（2002）认为，母亲没有充分镜映的经验仍然是未整合的，此后会被体验为一个**不相容的自体**。通过治疗实现的心智化能力的提高，使更大程度的整合成为可能。在过去40年里，为了回应婴儿研究者的工作，自体的概念发生了突破性的转变。许多心理学家和精神分析师继续探索自体发展的模型，强调气质、身体的早期经验以及婴儿与照顾者的互动的作用，并整合来自邻近领域（如社会心理学、认知心理学、依恋理论和信息加工理论）的知识。例如，D. N. 斯特恩（1985）描述了在婴儿和照顾者的主体间矩阵中，婴儿期发展出来的四种自体感（后来被拓展为五种）：（1）**涌现自体**，基于感觉和情感整合；（2）**核心自体**，根植于心理机构、个人情绪和个人历史的感觉；（3）**主观自体**，通过与他人交流主观体验及其心理的觉察而建立；（4）**言语自体**，能够用符号交流经验；（5）**叙事自体**，源于自传体历史，是个体与父母和同胞共同构建的，能够进一步组织所有早期的自体感。斯特恩还描述了婴儿形成**自体对他人**的感觉以及**自体与他人**的感觉之间的关系。这些是婴儿不断增强的主体间性能力的一部分。埃姆德（1988）将**自体调节**纳入了从出生就存在的基本内在动机。与斯特恩类似，埃姆德提出了一个"具有关联属性的自主性"的概念，以表明分离性和关联性并存。

自体概念的各个方面都受到了实证研究的影响。奥尔巴赫和布拉特（1996）研究了严重精神病理症状中的自体表征。韦斯滕（1985，1990a）描述了自体的四个方面。即自我中心主义、对自体和他人的情绪投入的水平和质量、自体概念、自尊。他探讨了这四个方面之间的关系，并得出结论：它们是相互依存但又不同的发展线索。韦斯滕和霍洛维茨（1987）都试图将自体的精神分析概念与认知心理学、社会心理学及发展心理学的实验证据结合起来。伯斯等人（1993）试图研究在治疗过程中自体表征的各个方面是如何变化的。加勒斯和乌尔米特（2002）试图将两部分内容结合起来，它们分别是：（1）认知心理学和认知神经科学中与自体概念相关的概念和经验证据；（2）精神分析中的概念。

Self in Self Psychology 自体心理学中的自体

自体心理学中的自体是人格核心中一个以潜意识为主的结构，它是主动性和印象接受者的中心，也是可识别的相同感的来源。自体由个人的志向、理想和才能构成，并通过遗传因素和环境因素的相互作用而得到发展。它可以用自己的动力来实现自己的行动计划。它总是处在与**自体客体**相关联的背景下。科胡特认为，自体的志向和价值观的生动表达是人类生活的核心动力；虽然人们不可能定义或了解自体的本质，但可以通过内省和共情来了解它的表现。事实上，自体是通过内省和共情的经验发展而来的，这些经验会成为"我"的主观感觉，但自体与这个主观的"我"并不相同。一个有**内聚自体**的人会体验到持久的个人能动性和主动性、时间和空间的连续性、稳定的自尊、价值和理想、调节情感和紧张状态的能力，以及寻找其他人并与之分享**自体客体回应**的能力。在一个有**破碎自体**的个体中，上述能力是受到损害或不明显的——这会引发**自体障碍**。

根据哈特曼（1950）对自我和自体的区分，科胡特（1971）最初狭义地将自体定义为自我内部的结构。随着思想的发展，他将自体概念化为更广泛的意义，即作为人格核心的统摄性结构。科胡特的自体心理学将这种统摄性自体置于精神分析的理论和临床的中心，并将重点从性冲动和攻击冲动的变迁转移到**自体客体需要**的变迁，因为后者有助于自体内聚性、志向和理想的发展。科胡特断言，自体不能在**自体-自体客体矩阵**之外被概念化。

科胡特认为，自体起源于父母对婴儿的反应，好像后者已经有了一个自体——一个**虚拟自体**。在父母共情回应的背景下，**核心自体（中心自体）**得以发展。有两条主要的潜意识自恋发展线索，或**自体的成分**，其是在与作为自体客体的父母互动中获得的。其中一个成分或一极是**夸大自体**

（有时又称**夸大-表现癖自体**），从中发散出对权力（全能）和承认（暴露癖）的追求。夸大自体是在与**镜映自体客体**的互动中发展起来的。后者确认、认可儿童独特的自体感和成就，并为之感到快乐。另一个成分或一极是理想化父母意象，这源于儿童对父母的全能和完美的归因，即在与父母的关系中，他觉得父母强大而特殊。理想化的父母形象是在与**理想化自体客体**的互动中发展起来的，这些自体客体为儿童提供了感受安全和发展调节紧张的能力所需的力量和平静回应。两极之间的张力弧激活了儿童的基本才能和技艺。科胡特用**两极自体**这个术语来描述这种两极／发展构型，认为其可以在分析中重建。后来，他又增加了一条发展路线，提出了一种新的自体客体体验（最初将其设想为镜映自体客体的一个子类别），即他所谓的**他我自体客体**或**孪生自体客体**。

在发展过程中，自体通过**自体客体体验**的逐渐内化而变得更强。这些转换性内化发生在父母对儿童的自体客体追求的恰到好处的回应及对恰到好处的挫折的回应的背景之中。转换性内化通过推动下述发展来巩固自体：（1）通过改变儿童最初的全能完美感使夸大自体成熟，进而形成稳定的自尊、自我肯定和现实的志向；（2）通过修正儿童对父母完美的知觉使理想化父母意象成熟，进而产生热忱和持久的理想；（3）通过修正儿童与他人相似的感觉使孪生需要成熟，进而产生对共同体的归属感。

当照顾者不接受、不镜映、不参与儿童的夸大性，或不帮助儿童进行调节时，就会引发**自体障碍**（最初被称为自恋障碍）。在这种情况下，夸大自体被压抑，被拒认（经历科胡特所说的"垂直分裂"）；这种夸大自体在成人人格中的整合程度很低，保留了其古老和幼稚的品质，并且会引发与自尊的斗争。在严重的情况下或压力下，患有自体障碍的人可能会在组织现实方面存在困难，就像精神病或倒错中的情况一样。

在精神分析治疗中，自体障碍患者以各种自体客体移情（最初被称为自恋移情）的形式重新激活自体的原始需要。随着镜映移情的调动，患者古老的夸大自体得以重启；随着理想化移情的调动，患者的理想化父母意象得以重启。这些移情的调动为自体的重新发展提供了机会。相对于对移情所起的防御功能的解释来说，分析师解释的重点是共情或自体客体功能不可避免的失败（Kohut，1966，1971，1977，1984；Kohut & Wolf，1978）。

Self Psychology 自体心理学

自体心理学由海因茨·科胡特提出，是一种关于个体的发展和功能的、基于人格核心结构（自体）进行治疗的理论。自体被定义为主动性的核心、印象的接受者，以及可识别的相同感的来源。自体是在自体客体的背景下建立、保存、恢复和转化的。自体客体概念指的是被体验为自体的一部分、能为自体提供基本功能的他人。健康的自体的特点是能够感受到内聚性和连续性、能量和主动性、成熟的自我肯定和自豪感，以及对一套稳定的理想和目标的热忱。它还具有利用自体客体回应能力的特点。当一个人具有破碎自体或自体障碍时，这些感受就会受到影响或变得不明显。自体心理学的显著特征包括：（1）它使用持续的替代性内省（共情）来定义精神分析领域，并将其作为一种观察模式；（2）它在构建自体和分析情境中承认自体客体功能和自体客体移情；（3）它以理解和治疗自恋脆弱性患者为取向；（4）它关于羞耻和自恋性暴怒的看法。

自体心理学的许多发展被其他精神分析师预料到了。费伦齐（1913/1952）强调了患者的主观体验、共情的核心作用、父母非共情回应所带来的创伤性影响，以及患者对在移情中重复这种创伤的恐惧。他引入了发展线索的观点（除了力比多阶段之外），尤其是在涉及最初的全能和现实感方面。巴林特（1968）强调了父母缺乏"原始客体联结"（缺乏理解、承认和安慰）如何在儿童身上造成通常表现为自恋的"基本错误"。巴林特认为，治疗是对发展中断的恢复，是"一个新的开始"。在治疗过程中，患者被允许存在于分析情境中；而分析师就像是一种主要物质，"如氧气或水"。费尔贝恩（1952，1954）将人格的中心活动视为"寻找一个能提供所需的客体"；他认为重大挫折导致了发展受阻。在讨论女性的自恋性客体选择时，A.赖希（1953）也预见了科胡特的一些想法。尽管温尼科特（1960a，1960b，1965，1969）没有像科胡特那样建立一个系统的理论，但他们的工作有着深刻的相似之处。科胡特在自体感的发展中对自体客体概念的阐述与温尼科特的以下观点有重叠，即主观客体、母亲面孔的镜映功能、抱持环境、平凡而奉献的母亲、过渡客体、主观全能感、潜在空间、幻觉和虚假自体。此外，温尼科特强调母亲在发展真实自体过程中与婴儿全能感相遇的重要性。

自体心理学对精神分析领域产生了重要影响，影响并挑战了精神分析师对心灵的结构、功能和发展的基本方面进行概念化的方法。其贡献的核心在于提出了自体客体功能和自体客体移情的概念。此外，自体心理学有助于思考自体、自恋、动机、攻击，以及各种精神病症。自体心理学不仅影响了发展型精神分析，还影响了分析师对临床情境的看法、其倾听和解释立场、其对移情的理解和管理，以及其对治疗作用的概念化。最后，自体心理学认为内省和共情界定了精神分析的领域，从而促成了关于精神分析认识论本质的辩论。

在他的第一篇重要论文《内省、共情和精神分析》中，科胡特（1959）提出了一种基于主观性的精神分析认识论，而反对弗洛伊德、哈特曼和其他人提倡的更"客观的"模式特征。他认为，共情-内省观察模式界定了精神分析的领域，是临床情境中的核心观察工具。

在他的下一篇重要论文《自恋的形式和转变》中，科胡特（1966）仍然认为自恋是自体的力比多投入（与弗洛伊德和哈特曼一致）；它是人格的驱动力，具有自己的发展路线。自恋的发展并不是为了客体爱，而是为了能从古老的形式转变为成熟的形式（如创造力、幽默、智慧和共情）。在弗洛伊德（1914e）关于自恋的论文的基础上，科胡特提出，自恋发展是由婴儿幸福状态不可避免的中断所推动的，它朝着两个方向去建立新的完美系统。第一个方向是自恋性自体（后来改名为夸大自体）的发展。在这个方向上，一切令人快乐和完美的东西都被体验为自体的一部分，所有不完美或坏的东西都被体验为源于自体之外（类似于弗洛伊德的纯粹快乐自我）。第二个方向是理想化父母意象的发展。继弗洛伊德和费伦齐之后，科胡特指出，婴儿最初的完美和全能被投射到原始的"你"（成年照顾者）身上。在自恋的发展过程中，这两个分支遵循各自的路径。父母完美的非创伤性失望引发少量的父母全知的内化，导致自我理想的结构化。渐进的挫折导致暴露癖和自恋性自体的夸大幻想融入现实的和目标导向的自我中。

在他的第一本书《自体的分析》中，科胡特（1971）将移情神经症患者与自恋移情患者区分开来。他认为，对于前者来说，传统俄狄浦斯病理学观点和技术是令人满意的，但后者则需要有自恋的新观点。在他的定义中，自恋不是自我的力比多投入，而是被用来描述客体关系的质量或个体将客体体验为自体的一部分且具有基本的心理功能——其中的客体被科胡特界定为自体客体。自体客体经验构成了自恋移情的核心。自体客体需要的恰到好处的挫折引发了内化和结构的建立，科胡特称之为转换性内化。他描述了两种类型的自恋移情：镜映（被科胡特细分为合并、他我／孪生，以及绝对镜映）移情和理想化移情。

在1971年的书中，科胡特还区分了自恋理想化和俄狄浦斯客体理想化——在后者那里，客体作为一个独立的个体来体验。理想化父母意象中的干扰会造成紧张调节的匮乏、超我的虚弱（因为它的功能没有得到重视），或自恋需要的性欲化。夸大自体的表现癖需求可能会被压抑（水平分裂），或从整体觉察中分裂（垂直分裂）。科胡特将易受伤害的自体对自体客体回应失败的反应称为破碎，其症状表现为解体产物（偶尔被称为崩溃产物）。

在《关于自恋和自恋性暴怒的思考》一文中，科胡特（1972）提出了他对攻击的看法，并将攻击概念化为自体感知到威胁的结果，而非驱力的表达。自恋性暴怒以复仇和正义为特征，它是破坏性攻击的原型。自恋性暴怒的范围是从轻微的恼怒到强烈的狂怒，由羞耻、羞辱和失望触发并与之一同出现。坚持夸大自体的全能和理想化自体客体的完美是破坏性攻击的基础。科胡特认为，自恋性暴怒与其他形式的攻击（如竞争和自我肯定）并不是连续的，其他形式的攻击是自体的主要追求。

随着《自体的重建》的出版，科胡特（1977）解释了他为什么认为需要开创一种独特的自体精神分析心理学以补充古典精神分析理论。在将自体阐述为一种新的结构模型时，自体心理学拓宽了这一概念的理论和临床范围——超越对自恋人格的理解和治疗，将所有遭受"自体障碍"的个体都包括在内。科胡特的发展理论根植于自体客体矩阵中自体的追求，而非驱力。在最终与哈特曼决裂时，他将自体视为精神装置的上位概念，而不是自我内部的表征。他将自恋移情这个术语替换为自体客体移情。他还引入了补偿结构的概念，以区别于防御结构。补偿结构通过补偿自体其他部分的缺陷来使自体的一个部分或一极（镜映志向、孪生感受、主导理想）获得生机。补偿结构不是患者阻抗的一部分。此外，防御结构掩盖了自体的缺陷，阻碍了健康的发展，因此确实有助于阻抗。科胡特认为，新的两极自体不能与弗洛伊德的心灵三分模型完全结合，但这两种理论可以并行不悖。然而，自体心理学在很大程度上是独立发展的。

与此同时，在科胡特的新自体心理学中，俄狄浦斯情结在精神病理学发展中的作用不那么重要。他提出一个"悲剧人"的隐喻，并用其与弗洛伊德的"罪疚人"进行对比，以说明自己与弗洛伊德的不同。科胡特认为，在快乐原则的推动下，罪疚人寻求乱伦满足，但最终却被以阉割、焦虑和罪疚为特征的内心矛盾的出现所征服。悲剧人努力实现自体的行动计划，但他未实现的志向和目标与其不可避免的令人失望的才能和技艺之间的张力关系导致了幻想的破灭。悲剧人与对破碎、耗竭、缺陷、羞耻和暴怒的恐惧做斗争。

在他最后的《精神分析治愈之道》一书中，科胡特（1984）进一步思考了共情在治疗中的变化和治疗作用。他总结道，共情既不是一种治疗性技术，也不是一种主动的治疗动因，而是一种收集资料的方法。然而，向患者传达和解释这些资料意味着共情不可避免地改变了分析师和患者之间的关系。因此，对于心理变化来说，它是必要的。科胡特进一步阐述了他的"解释过程"——包括共情理解和随后的对已经理解内容的说明。分析师共情治疗的结果是减少患者对防御的需要，同时扩大其内省的能力以促进被回避的情感和记忆的浮现。分析早期阶段的特点是修通对自体客体移情的防御。治疗的核心作用是检查自体客体移情中的中断时刻。这会带来对修复所需内容的共同理解。最后，在他的这本书中，科胡特将孪生自体客体功能／移情与镜映自体客体功能／移情区分开来。由此，他将结构模型中的两极自体修改为三极自体。

自科胡特去世至今，自体心理学主要有三个发展方向：传统自体心理学、主体间自体心理学和关系自体心理学。P. 奥恩斯坦（1990，1993）和A. 奥恩斯坦（1980，1985）阐述了共情、自体客体移情和自恋性暴怒在解释过程和治疗作用中的意义。A. 奥恩斯坦（1991）探讨了患者害怕重复遭受创伤的自体客体失望，并希望治疗有一个新的开始。戈德伯格（1995，1999）将垂直分裂的概念应用于以下研究：倒错、自恋行为障碍，以及从公开的经验中秘密分裂出来的行为（如暴饮暴食、异装癖和出轨）。

斯托罗洛、阿特伍德、奥林奇（Atwood & Stolorow，1984；Stolorow & Atwood，1996；Stolorow，Atwood，& Orange，1999；Orange，Atwood，& Stolorow，1997）和其他人将自体心理学纳入更广泛的主体间性观点。他们认为，自体客体是客体经验中的一个关键维度，强调了客体的主体性如何创造一个主体间场以使互动情境化——这些互动本质上都是互惠的。他们进一步介绍了与情感分化、整合、调节和表达有关的自体客体功能。他们对自体心理学的"单人"共情沉浸概念持批评态度，更喜欢用"共情探究"（empathic inquiry）这个术语来反映分析师对精神分析过程的参与和影响。

在发展型精神分析中，利希滕贝格（1989）描述了自体发展中的五个动机系统，其中包括的需要有：（1）身体的心理调节需求；（2）依恋与亲和；（3）探索与坚持；（4）厌恶反应性；（5）感官和性的需求。

在自体心理学家和许多支持关系视角的分析师之间也存在相互影响。例如，"特异性理论"强调了他者作为自体客体的作用，指出每一个分析师为特定患者提供的东西都是独特的。该理论包括但也超越了技术和理论（Bacal & Herzog，2003）。巴卡尔（1998）和其他一些将自己定位为"关系自体心理学家"的人重点关注主观关系的背景，而不是关系本身。巴卡尔（1985）和斯托罗洛（1986）都质疑"恰到好处的挫折"在发展和治疗中的作用，认为"恰到好处的回应"是对自体需要的更好描述。

自体心理学在很多方面引来了争议和批评，例如：（1）对阻抗表达了一种合理的、发展受阻的需要的看法；（2）对病理症状是发展受阻而非冲突的结果的看法；（3）科胡特将自恋障碍的概念扩展至一般性神经症障碍；（4）与自体客体关系相比，对客体关系的理论化不足；（5）对理想化是一种发展需要而不是对嫉羡和敌意的防御的看法；（6）将攻击概念化为继发现象，从而淡化了对攻击的关注；（7）关注自体的发展，而放弃了探索潜意识和潜意识幻想；（8）更强调病态养育的影响，而不是婴儿的构成禀赋的影响。此外，自体心理学还因为其对"自体"的重新定义，以及对两极自体或三极自体（与多维自体对立）的狭隘看法而受到批评。

Selfobject 自体客体

自体客体是自体心理学中的一个概念，它描述了另一个人在关系中发挥着发展和维持自体所必需的功能。**自体客体功能**是对自体发展做出贡献的人的行动或交流。自体客体概念的基本观点是，婴儿的心理能力是在照顾者对婴儿**自体客体需要**的共情回应的背景下发展的。在发展的过程中，父母提供自体客体功能，儿童却没有觉察到这些供给来自别人，因而自体客体被体验为自体的一部分。自体客体的回应性使儿童能够内化一组有助于自体感的特定功能。其中，自体体验的特征包括：（1）尽管很复杂，但仍有内聚性的感受；（2）尽管随着时间的推移而波动，但仍有连续性的感受；（3）尽管遭遇挫折，但仍有主动性的感受；（4）尽管有失望，但对一套灵活的价值观和理想有钦佩的感受。最初的自体感是一个体验和主动性的中心，会对照顾者满足自体客体需要的重复性经验做出回应。自体客体功能的内化使成长中的自体变得相对自主。然而，在整个生命中，更成熟的**自体客体关系**和**自体客体互惠交换**是维持自体所必需的。

自体客体的概念是自体心理学的核心理论和临床概念之一。它强调，自体不能在**自体-自体客体矩阵**之外被概念化。它还强调，自恋是由关系的质量来定义的，而非取决于力比多的目标是自体还是客体。此外，**自体客体移情**（其中分析师对自体的发展和维持起着至关重要的作用）的"发现"扩大了精神分析治疗自体障碍的可能性。当科胡特（1971）首次提出自体客体这个术语时将其写为自体-客体；后来他删除了连接号，以便更好地传达其意义，即客体在主观上是重要的，不是因为它的"他性"，而是因为它支撑着自体。这个术语已经从最初的内心意义转变为一个关系性的术语，涉及如何体验另一个主体。自体客体概念不同于吞并幻想或内摄，后者是自我心理学或客体关系理论的概念。它跨越了自体和客体、内心和人际的世界，与温尼科特（1951）的过渡经验概念（在其中，关于心理属性的问题从未被问及）类似，或者与巴林特（1952）原始爱（在其中，儿童既没有主动性也没有觉察）类似。

科胡特（1971）最初确定了自体客体功能的两大类别，即镜映和理想化。镜映有三个子阶段——合并、孪生和绝对镜映。后来，他将孪生本身视为自体客体的需要（1984）。镜映是对他人的情感共鸣、确认和承认的体验；孪生是通过共同的兴趣、情感或活动而产生的与他人相似的感觉和归属感；理想化是对重要他人的钦佩和模仿。这三种自体客体功能有助于情感调节和经验组织。这些成就反过来又推动技艺的发展，以实现有意义的志向和目标。它们也有助于建立持久的关系，并促使个体根据一套内在的价值观和理想生活。每个自体客体功能都需要在特定时期被给予。例如，儿童成功度过俄狄浦斯期的关键在于俄狄浦斯自体客体的恰到好处的回应。在竞争能力、性追求和情感追求的萌芽阶段，儿童必须能够获得恰到好处的镜映，而且必须能够理想化同性家长和异性家长。儿童俄狄浦斯期追求的成功镜映，会使自体有能力热忱地追求爱情兴趣，在性欲望中体验快乐，并与他人竞争。对父母的成功理想化，可以强化价值观和理想，并推动与性别相关的健康自尊的发展。

当童年的自体客体需要得不到充分满足时，发展就会受到损害；个体会在一生中寻求早期自体客体需要的充分满足，或对匮乏和渴望的感受进行防御。在精神分析治疗中，患者希望最终能获得缺失的自体客体功能。这些希望表现为自体客体移情，在其中，患者潜意识地转向分析师，希望后者提供缺失的镜映、孪生或理想化功能。

分析师对患者自体客体移情的恰到好处的回应包括留出时间调动移情，以及注意对移情展开的防御。当自体客体移情出现时，分析师应传达出对患者**自体客体渴望**的理解和接受，并将其置于发展起源和分析师自身失败的背景下。所有重新失去**自体客体体验**的行为都会引发暴怒和绝望。即使是最具共情的解释和重构也会让患者遭受挫折，因为解释过程不能满足自体客体的所有原始需求。然而，如果患者的挫折和失望是可以控制的，它们就能引发转换性内化的过程。由此，患者能够接管分析师之前提供的自体客体功能。恰到好处的挫折（而非有害的挫折）促进这种转换性内化的发生。恰到好处的挫折发生在共情纽带的背景下，能获得持续存在的情感调节的体验（Kohut，1971，1977，1984）。

科胡特去世后，自体客体的概念继续发展。斯托罗洛、布兰德沙夫特和阿特伍德（1987）扩展了这一概念，使其不仅包括科胡特确定的三种功能，还包括有助于建立、维持或增强自体感的所有关系体验。一些自体心理学家介绍了其他类型的自体客体需要，如对抗性需要（Wolf，1980）、效能需要（Wowl，1988）、自体-界定需要（Trop & Stolorow，1992）和确认需要（Stolorow，Brandchaft，& Atwood，1987）。一些当代自体心理学家曾提出疑问，自体客体功能的"古老"和"成熟"形式是否需要不同程度的调谐。

婴儿研究、依恋理论和认知神经科学（Sander，2002；Schore，2003；Decety & Jackson，2006）的发现确证了自体客体关系在发展过程中的核心地位，支持了心灵只有成为更大系统的一部分才能实现其自组织功能的观点。这个更大的系统由两个人组成，他们通过彼此的相互作用为一个人或为两个人共同创造自体的体验。事实上，许多研究婴儿–照顾者互动的人（Lachmann & Beebe，1996a，1996b；Beebe，2005；Trevarthen，2009）、依恋理论家（D. N. Stern et al.，1998；Lyons-Ruth，1999；Fonagy et al.，2002；Sander，2002），以及斯托罗洛等人的二元主体间系统模型（Stolorow & Atwood，1992a；Orange & Stolorow，1998）和利希滕贝格等人的非线性动力系统模型（Lichtenberg，2002；Lichtenberg，Lachmann，& Fosshage，2010）都强调了婴儿–照顾者关系中影响的相互性和双向性。当代自体心理学家描述了共情和自体客体互惠交换的临床复杂性（Sucharov，1994；Bacal & Thomson，1996；Lachmann & Beebe，1996b；Mermelstein，2000；Brothers & Lewinberg，1999；Preston & Shumsky，2002）。拉赫曼和毕比（1992）试图将"由表征构型组织的移情"（伴随他者的自体）与移情的自体客体维度整合起来。他们强调，患者可能会潜意识地从关键他人那里寻求特定的自体客体回应能力。

科胡特（1984）在他生命的最后，开始探索超越自体客体经验的关联维度。与此一致，许多理论家和研究者认为，依恋的性质（Lyons- Ruth，1991；Beebe，Lachmann，& Jaffe，1997）和主体间关联的存在与否（D. N. Stern，1985）应该是指导分析师回应患者的特异性的额外经验维度（Bacal，1985，1988，1998；Lachmann & Beebe，1996b；Lichtenberg，Lachmann，& Fosshage，1996；Teicholz，2001；Bacal & Herzog，2003）。斯托罗洛、布兰德沙夫特和阿特伍德（1987）提出，根据患者的自体客体需要是处于背景还是前景中，以及俄狄浦斯期关注点的变化，精神分析可能会形成不同的临床取向。

最后，许多当代自体心理学家认为，心理结构是从持续的相互调节和自体调节经验中产生的，与"情感突出时刻"以及破裂和修复的循环交替出现。这些"显著性原则"（Lachmann & Beebe，1996a）与科胡特（1984）对恰到好处的挫折的描述相一致。还有很多自体心理学家拒绝接受"挫折是结构建立的内化的先决条件"的观点。他们认为，挫折是弗洛伊德主义驱力理论的遗产，其重点是愿望而非需要的挫折。相对地，他们提出了"恰到好处的回应"（Bacal，1985，1988，1998；Terman，1988；Wolf，1988；Brandchaft，1993；M. Shane & E. Shane，1996；Teicholz，1996）、"适配性"（A. Ornstein，1988；M. Tolpin，2002）和回应"特异性"（Bacal & Herzog，2003；Sander，2002）。

Separation Anxiety 分离焦虑

分离焦虑是：（1）当婴幼儿与主要照顾者分离时，在其身上出现的一种正常的痛苦的发展现象；这也被称为**陌生人焦虑**或**八个月焦虑**，其发生于婴儿7～9个月大时，在婴儿13～16个月大时达到顶峰，通常在三岁末消失，与之相应的可观察表现包括哭泣和抗议、依附和焦虑的面部表情。对陌生人的恐惧大约在同一时间或更早出现。（2）年龄较大的儿童的一种障碍，其特征是在与主要照顾者或家庭其他成员分离时出现异常和过度的焦虑，且晚于发展上预期的年龄。这种情况的症状表现有，担心失去依恋对象、拒绝上学、恐惧独处、害怕与依恋对象分开睡觉、分离噩梦，以及与依恋对象分开时出现的身体症状。（3）对失去爱的客体的焦虑或恐惧的内心体验，其可能发生在所有年龄段。

就焦虑在依恋行为和客体关系的发展中的功能而言，分离焦虑在精神分析对焦虑的理论化方面发挥着关键作用。反过来，焦虑在精神分析情感理论史上有着特殊的地位，从弗洛伊德开始，它就作为一种典型情感得到了阐述。分离焦虑位于元心理学和现象学的交界处，引起众多理论家、临床医生和婴儿研究者的兴趣。在精神分析领域，阐明成人精神疾病病因的尝试不可避免地引发了早期心理体验的理论。来自不同方向、不同学科的婴儿研究者审查了这些理论。婴儿与母亲分离后会变得焦虑，这一观察结果是依恋理论（Bowlby，1960b，1969/1982，1973，1980）、分离-个体化理论（Mahler，Pine，& Bergman，1975）及其他发展理论的基石。这些理论认可内部（心理）和外部（现实）经验对早期发展的作用。

弗洛伊德（1905b）在其早期作品中首次提到了分离焦虑；在描绘他的第二焦虑理论时，弗洛伊德（1926a）赋予分离焦虑一个核心角色。弗洛伊德将"对失去客体的恐惧"描述为焦虑情境发展层次中的第一个危险情境。在克莱茵看来，从出生和断奶开始，抑郁性焦虑在整个发展过程中一直与丧失和分离有关（Segal，1964，1979a）。

在随后的几年里，婴儿研究者观察到，当婴儿与母亲分离时，他们会变得焦虑。在他们对客体关系发展的概念化过程中，这表现得尤为突出。婴儿研究者对诸如客体永久性和客体恒常性等概念，以及客体的早期内部表征的性质进行了描述。斯皮茨、温尼科特、马勒、鲍尔比、弗莱伯格和罗伯森（1952）等精神分析观察者感兴趣的部分包括儿童与母亲的实际关系，以及儿童与母亲的分离如何影响儿童的发展。斯皮茨（1950）描述了八个月焦虑或陌生人焦虑的正常表现，他将其解释为对失去客体的恐惧。他认为，这种发展标志着婴儿客体恒常性和自我觉察的开始。斯皮茨（1945；Spitz & Wolf，1946a）还描述了依附性抑郁和住院致病症，指出这两种婴儿期的灾难性障碍是由于与主要照顾者过早分离所致。温尼科特（1953，1958a，1958b）提出了过渡客体的观点，即随着分离的内心觉察的发展，"我和非我"客体在婴儿和母亲之间发挥着桥梁的作用。

A. 弗洛伊德（1965）在观察二战期间与父母分离的婴儿时，将分离焦虑置于焦虑的发展连续统一体中。在这个连续统一体中，每种焦虑都代表客体关系的不同发展阶段。她认为，第一个阶段是共生和自恋的，涉及母婴双方的生物学统一体。这一阶段的中断会引发分离焦虑，而固着会引发随后更为强烈的分离焦虑。在第二个阶段，婴儿依赖母亲为其提供需要满足，挫折可能会引发依附性抑郁或早熟的自我发展。到了第三个阶段，婴儿已经实现了客体恒常性，即发展出稳定的内部意象，并且能够逐渐忍受分离。鲍尔比提出，分离焦虑是一种当依恋对象不可用且恐惧系统被激活时被触发的原始焦虑。依恋行为的功能是保持婴儿与照顾者的身体距离，从而提高存活率。马勒基于对母亲和婴儿的纵向观察，提出了她的客体关系发展理论，并将分离焦虑视为分离-个体化过程中特有的恐惧。马勒使用分离这个术语来表示对与母亲分离的内心觉察。弗莱伯格（1969）将分离焦虑视为客体内部表征发展的一个指征——它可以在客体不在场时被记起。她指出，分离焦虑的出现对内化和记忆的过程有影响。她还认为，如果涉及的是再认记忆（而不是唤起记忆），那么分离焦虑可能会出现在客体恒常性之前。更近期地，里昂-鲁斯（1999）将早期二元关系的内部表征描述为"内隐关系知晓"。奎诺多（1993）关注分离焦虑在临床情境（尤其是在移情中）中的作用——表现在会谈结束、周末、假期和分析结束时。神经科学的研究表明，八个月焦虑（包括对陌生人的恐惧和分离焦虑）的部分原因是杏仁核和前额叶皮层中记忆中心和恐惧中心的成熟（Kalin，2002）。

Separation-Individuation 分离-个体化

分离-个体化主要是指：（1）一种心理过程。其中包含人类婴儿缓慢的心理发展过程所涉及的两条交织在一起的线索；（2）生命的第6～24个月。在这个复杂的发展阶段，分离－个体化过程发生了；（3）以这一过程为特征的发展理论——由玛格丽特·马勒引入。分离包括那些引发自体心理表征与母亲心理表征分离的内心过程。这些过程包括分化、拉开距离、边界形成和脱离。个体化包括儿童获得内心自主以区分他／她自己的个人特征的那些内心过程。由此，自体不仅实现了与客体的分化，还通过一系列自体表征在心灵内显现。这些过程包括知觉、记忆、认知和现实检验的成熟与发展（Mahler，Pine，& Bergman，1975）。发展的分离－个体化阶段被分为四个亚阶段，即分化、实践、和解和"在通往力比多客体恒常性的路上"。在分离－个体化阶段发生之前，有两个重要的预示阶段——先是自闭阶段（0～2个月）——婴儿对外界刺激相对无反应；接下来是共生阶段（2～9个月）——婴儿与母亲建立了特定的情感依恋。

分离－个体化是马勒（1952）提出的一个概念，它源于一项令人印象深刻的详细的纵向母婴观察。该观察遵循精神分析－人类学取向，而非结构化的实验方法。在她的发展理论中，马勒保留了弗洛伊德关于心理性欲发展和驱力理论的概念，同时扩展了她关于自我心理学和客体关系的概念。她以斯皮茨（1946，1959）和鲍尔比（1969/1982，1973，1980）的婴儿观察研究，以及皮亚杰（1951，1953，1954）、埃里克森（1950）和温尼科特（1956a，1965）的观点为基础。马勒的发展理论可以与依恋理论形成对比，后者也关注母亲和婴儿之间的早期关系，但拒绝接受弗洛伊德的心理性欲发展和驱力理论，并用基于依恋的动机理论取代它们。马勒的贡献激发了人们对儿童发展和治疗的研究、思考和辩论的巨大兴趣，精神分析文献中的近2000篇文章，以及儿童发展文献中相当多的文章都提到了这一理论的各个方面。马勒的工作促进了对青少年和成人发展及治疗的研究，尤其是扩展了研究领域。马勒的概念受到了随后来自精神分析学界内外的实验研究的挑战——主要针对婴儿和学步儿童的发展能力。同样，她关于发展的自闭阶段和共生阶段的概念也被当代研究所动摇，这些研究表明，婴儿很早就有能力与外界接触并将其他人区分为独立的实体（D. Silverman，2005；Pine，2005a；Striano，Henning，& Stahl，2005）。

马勒的儿童发展的前两个阶段（自闭阶段和共生阶段）在很大程度上是不可靠的。她基于对婴儿精神疾病的研究对这两个阶段进行塑造，这无疑使她的构想存在弊端。马勒将自闭阶段描述为一种隔离状态，即婴儿对外界刺激相对无反应。马勒将共生阶段的主要任务描述为母亲与婴儿间纽带的形成、基本信任的发展，以及身体意象的早期划定。这一阶段的特征是对主要照顾者的特定微笑回应。

分离−个体化发展阶段始于分化亚阶段（6～9个月）。儿童在这一阶段主要完成身体上与母亲的分化。这是从"孵化"开始的；婴儿对周围环境更感兴趣，并以更有目的的方式与环境互动（3～5个月）。婴儿与母亲的关系建立起来——社会性微笑的出现表明了这一点；随后出现的是使用过渡现象和核查现象的能力（Mahler，Pine，& Bergman，1975）。其他特征还有"习俗检查""单人／双人刺激""躲猫猫""探着身子看"。这一阶段随着陌生人反应和陌生人焦虑的出现而结束（Pine，2004）。

在实践亚阶段（10～15个月），儿童检验和实践新出现的自主自我功能，并通过离开母亲、练习肌肉活动和探索离母亲更远的不断扩大的环境来进行分化的尝试。然而，婴儿仍然需要母亲的帮助来实现"情绪赋能"（尤其是在疲倦时）。这些活动引发了攻击的建设性使用、共情、健全的继发性自恋、全能感，以及"与世界的爱情"（表现为情感高涨的心境）。

上述发展都可以被纳入和解亚阶段（5～24个月）。再次向母亲寻求关爱突显出这一过程中两条交织在一起的线索。随着个体化的迅速发展和认知的成熟，儿童能够体验到自己的分离。他体验了以分离焦虑的形式增加的脆弱性，而需要母亲的关注——通常是以强制控制的方式。这种行为引发了恐惧——他害怕失去来之不易的分离和独立。马勒（1972）将这种张力描述为"矛盾意向"，它使母亲和儿童感到混乱，最终引发和解期的危机，即希望留在母亲身边和希望自主（伴随着对作为分离的个体的自我觉察）之间的内心冲突。里昂－鲁斯（1991）认为，这是不安全型依恋的结果，而不是正常的发展危机。觉察到母亲的愿望并不总是与自己的愿望一致是这一阶段的成就，表明了理解心灵状态的初步能力（Bartsch & Wellman，1995），即心智化。

当儿童能够与客体保持恒定的关系而不受需要或情感状态的影响时，他就获得了客体恒常性。马勒将这个阶段称为"在通往客体恒常性的路上"，因为它从未永久或完全实现过。马勒将客体恒常性理解为客体表征组织的一个新水平，其基于迅速发展的关联性，而非纯粹基于本能驱力。她借用了皮亚杰（1953）关于客体永久性的认知理论，后者认为客体永久性是客体恒常性发展的必要非充分条件。马勒和克莱茵一样，认为当儿童能够将母亲的全坏表征与母亲的全好表征的防御分裂结合起来并建立一个统一持续的内化客体，即使母亲做了一些让他不愉快的事也能保持其同一性时，儿童就具备了这种能力。儿童如果要做到这一点，那么他不仅必须能够形成物理客体的内部表征，还必须能够形成心理属性（如欲望、信念、意图和情感）的表征。

对马勒发展理论的挑战主要集中在自闭阶段和共生阶段的有效性上。派因（2004）指出，自闭阶段不是马勒分离和个体化理论的必要组成部分，因而不需要证明其是无效的。他进一步认为，"共生"或"合并"是婴儿期的一种强大体验，可能为深度亲密关系提供一个重要的早期模板。一些人认为，如果马勒的共生阶段是无效的，那么她关于儿童自体发展和从共生演化而来的关系的理论建构将受到严重挑战。这就产生了一个悖论：一方面，马勒的概念能够解释如此多的观测数据，并具有如此多的临床实用性；另一方面，实验数据削弱了共生概念，而分离-个体化过程却建立在共生概念的基础上。这种悖论的部分原因可能在于发展心理学家使用的实验行为数据与临床环境中分析师使用的自然观察和主观状态的解释难以协调。尽管马勒一开始就假设新生儿无法理解世界，但她的临床描述似乎预见了其中一些批评。事实上，马勒自己的作品表明她觉察到了小婴儿能够区分自体和他人，但她没有解释这一观察结果。科茨（2004）和H.布卢姆（2004）指出，马勒的概念允许婴儿具有同步操作的不同能力。

杰尔杰伊（2000）是一位婴儿神经发展研究者，他观察到，自闭和共生这两个不可信的概念在早期婴儿行为中确实有一定的基础。杰尔杰伊进一步指出，马勒的分离-个体化后期阶段的许多方面得到了实证研究的支持。儿童能够觉察到母亲的意图的发展与他自己的意图是分开的，且能够在其心理中表征这些意图，这正如人们在心智化和心理理论方面发现的那样（Fonagy et al.，2002；Mayes & Cohen，1996）。D. N. 斯特恩（1985）批评了婴儿在知觉上无法区分自体和他人的观点，并根据他自己的研究指出，婴儿出生时就具备了预先存在的初期结构，形成了自体和他人早期分离的认知图式。利希滕贝格（1982）补充道，共生理论受到了婴儿作为互动行为发起者的积极作用的质疑。然而，马勒的个体化概念与霍弗（1995）的观察结果一致。霍弗指出，父母互动的直接情绪调节的功能最终被心理表征所取代，后者作为母性环境的内化方面，使儿童能够独立调节情感状态。

人们注意到，当代实验数据并没有对人格发展过程中所需的步骤和动机力量做出任何解释。在这些方面，共生可以用于理解成年人行为，尤其是围绕着愿望和恐惧的结合，以及解释弗洛伊德（1927a）最早提出的常规性的全能感。因此，经过修正后的分离-个体化概念可以作为一个思考人格早期发展及其内在主观状态的框架，有助于其他概念的比较和其他观察的检验。

Sexual Identity 性同一性

性同一性是一个人的自体概念在他／她的性取向、男性气质或女性气质的感觉及性幻想中表达的个人爱欲等方面的固化。它是性别同一性的进一步细化，从俄狄浦斯期开始潜意识地形成，到了青春期，会在爱欲欲望变得有意识、有经验和可知时与之融合。性同一性可能主要是积极的、非冲突的，也可能存在不同程度的冲突。1970年之前，精神分析文献中使用性同一性来指代个体的男性感或女性感。由于斯托勒（1964，1968c）的影响，这一术语的早期用法逐渐被"性别同一性"所取代。在20世纪70年代，性同一性逐渐成为一个包罗万象的术语，涵盖了核心性别同一性、性别角色同一性和性取向（Frankel & Sherick，1979；Roiphe & Galenson，1981b）。

使用性同一性来指代个人自体概念中包含的性取向的表达变得越来越普遍，因为精神分析师越来越关注同性恋的发展，并且认识到与众不同的经验可能会增加性同一性形成的发展意义。虽然大多数人的性同一性终生保持不变，但有些人在其一生中会经历性同一性的变化。女性在性同一性方面的灵活性和流动性似乎比男性更为普遍（Golden，1987，2003；Notman，2002；L. Diamond，2008）。个体也有可能参与同性或异性的爱欲行为或幻想，而不将这些经验融入他／她的性同一性之中。

Sexual Inhibition 性抑制

性抑制是一种自我强加的无法让自己获得性满足的行为，其由内心冲突引起，通常是潜意识的。这种抑制可能包括难以去爱或完全没有能力去爱。严重的性抑制可能表现为从未满足过性冲动或从未有意识地感受到性欲望。在不太严重的性抑制中，性反应和性满足可能发生，但有一些限制条件。性抑制的表现可能很常见，比如无法以特定姿势发生性行为，在几乎没有兴趣和快感的情况下发生性行为和性高潮，或者就像恋物癖者需要看着女人的高跟鞋才能获得性快感一样有戏剧性。H. 多伊奇（1933a）首次提出了性抑制的正式定义。

Sexual Orientation 性取向

性取向是一个人根据其被吸引者的性别所体验的爱欲吸引力，分为异性恋、双性恋和同性恋。尽管这些取向通常被视为不同的类别，但它们都是连续的——从纯粹异性恋到不同程度的双性恋，再到纯粹同性恋。与之相似的术语包括性伙伴取向、性偏好、性的客体选择和爱的客体选择。一些分析师将性伙伴取向概念化为性同一性形成的一个方面，这是性别同一性（继核心性别同一性和性别角色同一性之后）形成发展线索中的第三个组成部分（P. Tyson，1982a，1982b；R. Fischer，2002）。在这个模型中，爱的客体选择根植于前俄狄浦斯和俄狄浦斯客体关系，建立于青春期，并在一生中保持稳定。

尽管包括手稿和艺术在内的历史记录记载了各种性行为，但根据性吸引力的性别对人进行分类是一种较新的做法，其始于19世纪末。随着医学界和社会对同性恋越来越感兴趣，这种分类出现了。近来，在理解性取向方面取得的成就挑战了不同类别或单一的表达和体验模式的概念，对性取向在异性恋、同性恋和双性恋中的多样性进行概念化成为一个主要趋势（McDougall，1986；Chodorow，1992；Schuker，1996）。这促使人们承认，每个人走向她／他的成人性取向的道路都是独特的。与早期模型相比，当代性取向的精神分析方法承认，性取向在整个生命周期中具有更大的流动性和灵活性。这一点在女性身上尤为明显（Golden，1987，2003；Notman，2002；L. Diamond，2008）。

Sexualization/Desexualization 性欲化／去性欲化

见"Erotization 爱欲化""Sublimation 升华"。

Shadow 阴影

见"Jungian Psychology 荣格心理学"。

Shame 羞耻

羞耻是一个人在被其视为自身缺陷的脆弱性、需求和行为暴露在他人真实（幻想）的批判目光之下时产生的一种复杂的情感体验。一个人的被别人贬低的感受会引起相应的自尊感下降。羞耻与焦虑和抑郁感受有关。羞耻的体验是一个从轻微的尴尬到极具破坏性的羞辱和痛苦的自我意识的谱系。羞耻与自杀有关。不同理论取向的精神分析师将羞耻视为：（1）对暴露癖和窥淫癖的反向形成；（2）由于无法达到自我理想的标准而产生的失败感；（3）暴露癖得不到承认的后果；（4）具有先天成分且对自体感发展至关重要的普遍经验。羞耻可以与罪疚区分开来——后者涉及对违背道德的焦虑。

轻微的羞耻反应，作为体验到自我意识的时刻，可以促进自我觉察的发展。这种自我觉察导致了对他人的谨慎、机智和觉察。一些精神分析师将羞耻与**羞耻感**（Broucek，1991）或**预期羞耻**（Nathanson，1987）区分开来。预期羞耻类似于信号焦虑，可用于调节人的行为。从这个意义上来说，羞耻不仅为个人，而且为文化保留了特定的理想和价值观。群体可能认为羞耻是社会认可的谦逊属性。羞耻也可能成为对自己或他人施暴的根源。

弗洛伊德（Breuer & Freud，1893/1895）最早观察到羞耻的经历可能会造成创伤，并且成为一种阻抗或防御的动机。他还注意到，患者会通过压抑记忆和性幻想来避免与之相关的痛苦的羞耻、自体责备和被伤害的感受。弗洛伊德（1899a）还指出，羞耻、恐惧和身体疼痛是童年最常见的记忆。在后来的《性学三论》中，弗洛伊德（1905b）将羞耻视为抵抗性本能的内在根源，更具体地说，是对裸露愿望和性驱力的其他衍生物的防御性反向形成。弗洛伊德（1908d，1917d）还将羞耻与肛欲期联系在一起，描述了羞耻如何促成潜伏期典型的反向形成。在《论自恋》中，弗洛伊德（1914e）引入了与自尊体验相关的自我理想的概念，并指出压抑源于自我（ego）的自尊；他在这里再次暗示，羞耻会激起防御。弗洛伊德（1923a）引入结构理论后，罪疚能力（俄狄浦斯情结消解所带来的一种心理成就）成为精神分析理论和实践的一个主要焦点，而关于羞耻的文章越来越少。

继弗洛伊德之后，费尼切尔（1945）和纳伯格（1955）等自我心理学家继续将羞耻视为对抗口欲、肛欲和阳具欲冲动的反向形成。埃里克森（1950）在描述发展阶段时强调了自主与羞耻、自我怀疑的关系。其中，羞耻、自我怀疑源于未能成功应对肛欲期的挑战。皮尔斯和辛格（1953）引入了一种理论进步。他们认为，羞耻源于自我和自我理想之间的张力，而罪疚源于自我和批判性的超我之间的冲突。罪疚发生在违反超我的禁令时，会导致悔恨和对惩罚的焦虑。当自我理想设定的目标没有实现而引发不足的感受和对被抛弃的焦虑时，个体就会产生羞耻感。一个人如果未能实现其由自我理想所确立的潜能，他就会有意识地体验到羞耻。这种羞耻感暴露了潜意识焦虑，即担心其他人会以厌恶和蔑视的态度拒绝自己。继皮尔斯和辛格之后，精神分析师继续强调罪疚（而非羞耻），认为罪疚涉及一种更复杂的发展成就，其中包含一套内化和去人格化的道德规则。相比之下，羞耻被视为对恐惧他人不赞同的一种相对肤浅的回应。

继科胡特（1971）的《自体的分析》和刘易斯（1971）的《神经症中的羞耻和罪疚》之后，精神分析师对自恋的兴趣不断增加，导致了对羞耻的兴趣爆发（Wurmser，1981，2004；Broucek，1982，1991；Nathanson，1987；A. Morrison，1989；Lansky，1994，1999）。精神分析师对在建立和维持自体感和自尊感过程中寻求客体（他人）的认可和赞同的需要的变迁有了更复杂的理解。这为深入理解羞耻打开了大门。

科胡特对自体客体功能（在自体发展过程中，客体的自体确认方面）的概念化，提供了对自体经验的中断和由此产生的羞耻的精神分析理解。科胡特（1977）的临床材料详细阐述了羞耻的概念，将羞耻描述为"无罪的绝望"。科胡特引入了一种新的精神分析概念，将羞耻视为来自夸大自体未得到满足的暴露癖。科胡特明确反对皮尔斯和辛格的观点，即羞耻源于完美主义者自我理想的要求；他还质疑了羞耻是对暴露癖追求的防御。科胡特认为，个体通过拒认其识别和确认的夸大性愿望来防止羞耻体验，这会造成一种垂直分裂。他关注被承认的心理合法性，并避免做出暗示患者的目标或理想过于崇高、不切实际，或患者的超我过于苛刻的解释。羞耻通常是自恋性暴怒的有意识或潜意识煽动者，在幻想或行为中表现为对他人的蔑视或暴力。承认羞耻是许多人（而不仅仅是那些有严重的自恋病理症状的人）的共同经历，这有助于理解羞耻阻抗和僵局在分析中的作用。

刘易斯对心理治疗过程逐字记录的研究有助于理解羞耻。她发现，在心理治疗过程中，羞耻比其他情感更普遍。她还描述了（Lewis，1987）未被认可的羞耻或潜意识羞耻及其在治疗僵局中的作用。她为羞耻提供了临床证据，证明羞耻是某一循环的一部分，这一循环包括指向他人或自己的攻击。与布卢克、莫里森等人类似，刘易斯也强调羞耻经验的社会和主体间背景，并且聚焦于羞耻如何引发隔离、疏远或维持与他人关系的更大兴趣。

科胡特关注自恋的病理症状在羞耻倾向中的作用，而布劳切克（1982）关注的是自体发展中的羞耻感。布劳切克认为，"客观的自我觉察"是羞耻的前兆。觉察他人如何看待自己有助于形成健康的自我觉察或羞耻。他认为，羞耻反映了人际矩阵（自体感在其中产生）中的一种干扰。他使用克恩伯格的病理性夸大自体概念来描述个体如何防御羞耻。兰斯基和维尔姆泽试图将科胡特的羞耻观和自我心理学整合为**羞耻冲突**和**羞耻动力学**。兰斯基强调了羞耻在阉割焦虑（涉及对性羞辱的恐惧，以及对罪疚和惩罚的恐惧）等基本概念中的重要作用。他认为，羞耻动力学涉及有缺陷的自体体验，无法与关系中不可避免的性冲突和攻击性冲突分开。维尔姆泽研究了与内在冲突相关的羞耻，以及引发内在冲突的羞耻。维尔姆泽断言，将羞耻完全与自恋联系起来排除了超我的作用。他认为，这是与羞耻动力学相关的必然性。

发展心理学家也对羞耻的研究做出了贡献。许多人认为，羞耻发生在生命的第18～24个月时，与肛欲期、和解亚阶段和早期阉割焦虑同步。俄狄浦斯期的自恋式屈辱会加剧这种情绪（Arlow，1980）。儿童可能会因为暴露了某些特定的事物或暴露的行为而感到羞耻，并且可能会害怕被拒绝或被视为渺小的、不重要的、有缺陷的、软弱的、肮脏的。儿童被暴露和被羞辱的经历往往源于父母、同胞、同龄人和老师的诱导和维持，这促进了羞辱性超我的发展（Kennedy & Yorke，1982；Yorke，1990）。阿姆斯特丹和莱维特（1980）将羞耻视为痛苦的自我意识；他们认为，父母对儿童生殖器探索或游戏的消极反应是羞耻的主要来源。此外，父母对儿童暴露癖冲动（包括儿童对自己身体或身体能力表现出骄傲或愉快）的消极回应，可能会成为儿童羞耻的来源。虽然羞耻的早期根源并未显示出明显的性别差异，但随着性别和代际差异得到觉察，羞耻可能会与更常见于女孩的器官缺失感联系在一起。羞耻的特殊倾向背后的发展因素包括：父母和社会羞耻感带来影响的性质和强度、对身体或心理残疾／缺陷的识别和觉察、让人感到恶心或被贬低的童年疾病／缺陷。一个屡次被羞辱的儿童可能会做出破坏性行为，有时会表现出防御性无耻。

马勒、派因和伯格曼（1975）详细阐述了弗洛伊德、埃里克森和其他人观察到的羞耻和肛欲期发展之间的联系，并且强调了括约肌控制阶段客体关系的发展及自体边界的建立。相应地，有人认为，羞耻主要涉及肛欲期防御性的退行性崩溃，包括自体和他人之间屏障的崩溃。这在通常伴随羞耻出现的赤裸感中很明显。

羞耻也被概念化为在生命的第一年以某种形式运作。从这个角度来看，斯皮茨在6～8个月大的儿童身上发现的"陌生人焦虑"，以害羞、垂着眼睛和隐藏面部的行为为特征，被视为"预期羞耻"的一种形式。汤姆金斯（1987）假设，羞耻情感的诱因是所有需要快速抑制兴趣、兴奋或满足的体验（例如，没能和母亲接触）；儿童希望保持先前的情感状态。一种不需要观察者的"原始羞耻"的形式，也被假设为从婴儿期就开始运作，能起到下调兴奋感的作用。

羞耻、尴尬或害羞情感的增强在青春期很普遍（Spero，1984）。高度自恋和虚弱自体边界的重现是这一阶段的特征，它们会出现在青少年对羞耻的反应去人格化的频繁经历中（Blos，1962）。衰老或身患绝症会让人感觉到自己的体弱、失控和暴露身体排泄物，从而导致羞耻感的增强。老年人的一种防御途径是从客体中撤回力比多，导致自体投入（Levin，1965）。

Sibling Rivalry 同胞竞争

同胞竞争是兄弟姐妹之间为获得父母唯一或优先的爱而进行的竞争。这一术语经常出现在流行的心理学和育儿类图书中，这些书讨论了应该如何管理和最小化同胞竞争，但通常不讨论同胞竞争的动力学基础。总体而言，在精神分析文献中，同胞竞争和同胞关系是被相对忽视的，这使得同胞关系被降低为俄狄浦斯情结的副产品。从这样的角度来看，同胞竞争被理解为父母的奖赏，而同胞的爱被视为纯粹防御性的，用于抵御攻击和愤怒的感受。然而，一些当代精神分析师（J. Mitchell，2003；Vivona，2007）试图通过提出与纵向（父母-儿童）精神生活同等重要的横向（同胞/同伴）精神生活维度，来纠正这一观点。横向维度涉及在相似的他人中建立一个人的独特性的发展挑战。在应对挑战的过程中，差异化（而非认同）的核心作用被强调，以促进形成不同于同胞的同一性。

这个术语在弗洛伊德的著作中只被使用过一次。在给亚伯拉罕的一封信中，弗洛伊德（1914e）提到了赖希的"同胞竞争情结"，通过它来体现自己先前的一个构想。尽管弗洛伊德后来确实讨论了同胞关系，但与父母关系相比，他倾向于淡化同胞关系的重要性。A. 弗洛伊德和丹恩（1951）观察到，只有当儿童意识到为了保持母亲的爱，他必须放弃最严重的攻击，并将一些力比多指向同胞时，对同胞的攻击才会引发冲突。纽鲍尔（1983）将竞争与嫉妒和嫉羡区分开来。他认为，嫉羡和嫉妒涉及儿童与心理意义上的主要父亲或母亲之间冲突和不满的感受，而竞争更能反映同胞之间的互动。

一些临床医生描述了同胞关系在更复杂的发展过程中的作用，并指出同胞不应只被视为竞争对手或侵入者。阿本德（1984）描述了成年患者表现出寻求异性关系的模式，这种模式模仿了他们与年长同胞之间爱欲化和依赖性的关系。在童年时期，这些患者的父母在情感上的不可获得引发了患者对同胞的强烈依恋。S. 夏普和罗森布拉特（1994）假设，俄狄浦斯三角关系在同胞之间以及同胞和父母中的一方之间发展，与俄狄浦斯"父母"三角关系平行，并且相对独立。这些同胞关系对个体之后的身份认同、成人爱的客体的选择，以及客体关联模式产生了重要影响。

S. 夏普和罗森布拉特（1994）还描述了同胞关系的发展线索，区分了前俄狄浦斯期的同胞竞争和俄狄浦斯期的同胞竞争。他们认为，前俄狄浦斯期的同胞竞争反映了客体关联的二元体层次，其中母亲和敌对同胞没有被作为整体客体而加以区分，同胞被视为不受欢迎的侵入者。相反，随着俄狄浦斯同胞竞争在更高层次上得到发展，竞争对手开始被矛盾性地爱与恨，这引发了内部冲突和罪疚。J. 米切尔（2003）指出，每一个儿童（无论是最大的、最小的，还是中间的）最初都会将自己作为家庭的中心，只有当他们具有对家庭组织的成熟觉察时，才会出现"非独特性危机"。结果是每个儿童都面临着分化自己的任务，并且常常依赖于人格属性的两极化来区分自己和同胞。

Slip of the Tongue 口误

见"Parapraxis 动作倒错""Primary Process 原发过程"。

Social Constructivism 社会建构主义

见"Relational Psychoanalysis 关系精神分析"。

Social Paradigm 社会范式

见"Relational Psychoanalysis 关系精神分析"。

Social Referencing 社会参照

见"Relational Psychoanalysis 关系精神分析"。

Somatic Compliance 躯体屈从

见"Psychosomatic Disorders 心身障碍"。

Somatization 躯体化

见"Psychosomatic Disorders 心身障碍"。

Soul Murder 灵魂杀手

见"Trauma 创伤"。

Splitting 分裂

分裂是心理经验的某一部分被一分为二或一分为多的一个过程。分裂这个术语在当代最常见的用法是由克恩伯格（1966，1975）提出的。他将"分裂"描述为边缘和其他严重精神病理性的防御，将其定义为"相互解离的自我状态"，其中矛盾的、有意识的经验（通常是自体经验和客体经验）平等共存，互不影响。他的分裂观点基于克莱茵的概念，即在生命早期将自我（自体）和客体防御性地分裂为全好的表征和全坏的表征，以保护好的体验免受攻击。克恩伯格将分裂与压抑进行了对比，后者是一种更健康的防御，依赖于自体表征和客体表征的更好整合，将不被接受的感受和思想排除在觉察之外。

分裂这个术语在精神分析中有着悠久的历史。其有许多不同的含义，包括：（1）**"意识的分裂"**，被法国精神病理学家描述为癔症起因。（2）心灵某一部分的正常分裂，如在内省中正常使用自我观察，或在游戏中自愿中止对儿童的怀疑。（3）发展的一个正常过程，可以引发心理结构的分化，如弗洛伊德对"批判性机构"（超我）发展中自我的分裂的描述。（4）防御过程的一部分，可以将心灵的各个部分分裂——通常分裂为对立的两部分（例如，在弗洛伊德的描述中，男人将爱的客体分裂成一个堕落的意象和理想化的意象；或者，在形成禁忌的过程中，男人对父亲的态度分裂为既害怕又尊敬）。（5）防御过程（基于拒认），被弗洛伊德称为**自我的分裂**，专门针对现实的各个方面，使得对现实的两种冲突态度可以并存（例如弗洛伊德对恋物癖和精神病的描述）。（6）克莱茵及其追随者描述的早期防御过程——将自我（自体）和客体分裂为全好和全坏的部分，从而防御与攻击相关的焦虑；这是自体表征和客体表征发展的一部分。（7）科胡特描述的**垂直分裂**，表现为夸大性和绝望并存的矛盾自体状态，是照顾者健康的自恋需要受挫的结果。

许多分析师试图区分分裂与压抑、拒认和解离，但这些尝试没有完全成功。正如弗洛伊德在其最后一篇论文中指出的那样，分裂很可能涉及所有的防御策略（Freud，1938b）。在弗洛伊德对基于拒认的自我分裂的描述中，他对更严重的精神疾病中的防御过程进行了一次重要而持续的探索。

"意识的分裂"这一概念因法国精神病理学家（尤其是珍妮特）描述癔症的"双重意识"特征而出名。在早期的工作中，弗洛伊德和布洛伊尔就是这样使用这个术语的（Breuer & Freud，1893/1895）。然而，弗洛伊德很快将自己与法国精神病理学家区分开来。他将癔症概念化为压抑和冲突的结果，而不是综合能力退化的结果。接下来，弗洛伊德继续以多种方式使用"分裂"这个术语，涉及有创造性的作家中的自体分裂（1908a）；一些客体选择，如"麦当娜-妓女情结"（1910d）；作为一种思想类型的幻想的发展，被分裂并与现实检验分开（1911b）；图腾和神的形成——它们既令人畏惧又令人崇敬（1913e）；思想分裂为"语词"和"事物"（1915d）；倒错中本能的分裂（1916/1917）；自我在超我形成中的分裂（1917c）；自我分裂为意识和潜意识部分（1923a）。

后来，弗洛伊德（1927a，1938a，1938b）引入了一个新观点，即自我的分裂，这对恋物癖和精神病都有作用。在探索这些现象时，弗洛伊德描述了自我如何通过使用分裂和拒认来表达对现实的各个方面的矛盾的态度。最著名的例子是恋物癖者——既相信女人被"阉割"（没有阴茎），又相信她拥有一个阴茎（用迷恋的客体来代表）。虽然弗洛伊德从未完全成功地区分分裂和压抑，但他努力描述那些患有更严重类型精神疾病的患者（其特征是与现实的关系出现紊乱）。他认为，这包括自我本身的"扭曲"或"分裂"，而不是自我和本我之间的冲突。

分裂的概念在克莱茵及其追随者的理论中占有重要地位。克莱茵提出了将客体分裂为全好和全坏的部分以防御与攻击相关的焦虑的观点。她最先在对儿童游戏的观察中发现了分裂的防御作用；后来，她描述了客体的分裂如何导致发展过程中的偏执位置。相比之下，抑郁位置的特点是，更好地将客体的好经验和坏经验整合成一个连贯的整体。在克莱茵看来，分裂在严重的精神疾病（包括心灵的边缘状态和偏执状态，以及对抗抑郁的"躁狂防御"）中发挥着重要作用。

费尔贝恩（1952）受克莱茵作品的影响，将分裂的概念应用于自我（自体）和客体。费尔贝恩从他对失调患者的工作中总结出，根据分裂的普遍机制，所有人的"精神分裂核心"都是在回应早期关系中的挫折时调动起来的。在费尔贝恩看来，一个原始的"原始自我"被分成了三部分：一是"中心自我"或"我"，它是自我观察和意识体验的所在地；二是"力比多自我"，它与力比多相关；三是"反力比多自我"或"内部破坏者"，它与对力比多自我的攻击有关。每个自我状态都与相应的内部客体配对。费尔贝恩将分裂的早期阶段称为"分裂位置"。

克莱茵很快采纳了费尔贝恩的观点，将她的偏执位置更名为"偏执-分裂位置"；在这个过程中，她还采纳了费尔贝恩的另一个观点，即自我和客体在日常生活中都是分裂的。克莱茵在她对精神分裂症患者的破碎的描述中继续阐述了分裂的概念，即通过将恐惧的客体分裂成多个碎片以满足消除恐惧的防御需要。比昂（1959）在其关于防御"对联结的攻击"的观点中也阐述了分裂的概念。

作为自体心理学的一个方面，科胡特（1971）引入了垂直分裂的概念。垂直分裂指的是自体结构中的发展性分裂，表现为共存的矛盾自体状态（如夸大性和羞怯），或表现为未整合的行为（如倒错和不忠）。人际理论家，如P. 布隆伯格（1998a，2006）、D. B. 斯特恩（1997）等人，有时会用分裂这个术语来描述他们偏爱的概念，即解离的作用。

Strange Situation 陌生情境

见 "Attachment Theory 依恋理论"。

Stranger Anxiety 陌生人焦虑

见 "Anxiety 焦虑" "Separation Anxiety 分离焦虑"。

Structural Theory 结构理论

结构理论也被称为三分模型，是弗洛伊德关于心灵的第二个也是最后一个模型。在这个模型中，心灵被划分为三个系统、机构或结构，即本我、自我和超我，并且根据它们相互依赖的组织和功能以及它们持久的动机配置来定义。结构理论并没有将这些不具物质形态或位置的结构具体化或人格化，却经常为此受到批评。这一模型在自我心理学和冲突理论中得到了进一步的阐述，它在很大程度上取代了弗洛伊德的第一个模型，即地形学模型（将心灵划分为根据其与意识的关系而定义的机构）。结构理论的兴起代表了精神分析治疗目标的一个重要转变，即从使潜意识意识化到关注分析冲突，后者的目的是强化自我。

许多精神分析师认为，结构理论是精神分析中用于理解心灵和行为的最有用的解释范式之一。结构理论促进了自我心理学构想的发展，例如哈特曼关于适应的观点和韦尔德关于多重功能的观点的提出，以及元心理学、临床技术和发展理论的其他观点的完善。在北美精神分析史上，结构理论和自我心理学的霸权地位多年来一直没有受到挑战，即使它开始纳入客体关系理论（雅可布森、克恩伯格）、婴儿观察（马勒），以及关系的影响（洛伊沃尔德）。结构理论经受住了一些来自内部的最重要的批评。例如，其最初的主要支持者C. 布伦纳最终拒绝了结构理论。他声称，利用妥协形成的微观结构足以全面地描述心理功能。一些人则持不同意见，他们认为结构理论在解释精神病理学和发展方面尤其有用。结构理论（自我心理学）也被一些人拒绝，理由是它太机械化，太远离临床话语。一些当代理论家（如关系理论家和人际理论家）没有使用精心制定的元心理学，因为他们聚焦于分析二元体在此时此地的内心体验和人际体验。结构理论并没有帮助他们对临床情境进行概念化。

1920—1926年，弗洛伊德阐述了结构模型，以此来解决他早期的地形学模型未能充分解释大量临床观察结果的问题，尤其是关于内心冲突的问题。弗洛伊德（1900，1915d）的地形学模型将潜意识等同于本能（本质上是性的）愿望，并将反对这些愿望的反本能压抑力量表示为心灵的意识（前意识）系统的一部分。然而，临床观察表明，反对本能愿望的力量本身往往是潜意识的。此外，他观察到，在忧郁症、受虐狂、消极治疗反应和某些性格类型（如"被成功摧毁"）等临床现象中，指向自身的攻击和自体惩罚的倾向发挥着重要作用。这使他识别出攻击在精神生活中的核心地位；他还识别出防御、道德要求和罪疚不仅仅是本能愿望，而且往往是潜意识的。在《超越快乐原则》中，弗洛伊德（1920a）不仅提出了破坏或死亡驱力的观点，而且首次提出了"自我的大部分本身就是潜意识的"的观点。在《自我与本我》中，弗洛伊德（1923a）更充分地阐述了后一种观点及其导致的许多后果。在该书中，他提出了新结构假设，以便更好地描述心灵在冲突情境中的功能。

在这个新的理论模型中，弗洛伊德提出，心理装置由三个机构或结构组成。这三个结构的功能、它们彼此之间和与外部世界之间的关系都是相对稳定且持久的。在弗洛伊德早期的作品中，这些结构中的每一个（本我、自我和超我）都有一个重要的史前史（尽管本我和超我是新的术语）。本我由性本能驱力和攻击性本能驱力的精神表征构成，具有弗洛伊德先前所说的潜意识系统的特征。它根据快乐原则，以能量释放的原发过程模式运作。弗洛伊德将本我描述为心灵最早的部分；而自我是在外部世界的感官刺激的影响下，逐渐从本我中分化出来的。自我包括知觉、运动控制、理性思维、语言、现实检验、适应、情感调节和防御驱力等功能。随着个体的发展和成熟，自我的功能逐渐变得更加连贯、综合，而自我也不断被其功能强化。自我不仅能实现本我的愿望，还越来越能在与外部世界的要求或超我的道德禁令相冲突时反对它们。自我的角色始终是本我驱力、超我和外部现实需求之间的中介。自我作为有机体的中枢操作机制，能够对本我、超我和现实的竞争性需求采取妥协的解决方案。因而，即使在面对竞争目标的时候，它也能最大限度地达成满足。自我发展出了一种能力，即预测本能愿望造成的危险情境，并以焦虑的信号对其做出反应，从而启动防御，以避免发展出更具压倒性的创伤性焦虑（Freud，1926a）。

超我是心灵中的第三个机构或结构。它是自我的进一步分化，涉及与理想抱负、道德命令和禁令有关的功能。虽然超我既有早期的前身，也有随后的发展，但其基本结构形成于对禁止与父母乱伦和禁止杀害父母的愿望的认同，这也是俄狄浦斯情结解决方案中的一部分。超我利用本我的攻击性能量，以罪疚和自体惩罚的形式将攻击转向本我愿望。

弗洛伊德的结构模型对精神分析理论和技术产生了重大影响（Fenichel，1941；Arlow & Brenner，1964）。在这个模型中，焦虑不再被概念化为防御的结果，而被定义为防御的发起者。压抑不再是防御的同义词，而是许多可能的防御机制之一。多元决定和妥协形成的概念在这个新模型中扮演着更重要、更复杂的角色。这引发了韦尔德（1936）对多重功能原则的构想，其强调了理解所有心理产物和行为中的本我、自我和超我成分的必要性，以及自我的整合、解决问题和适应作用。这个结构模型更加强调心理功能的发展和发生学方面，例如产生焦虑的危险情境的历史，以及自我和超我认同的历史。最重要的可能是它改变了分析中治疗任务的本质——从使潜意识意识化变为扩大和强化自我的功能（通过本我和超我成分的进一步优化整合）。这一改变需要从先前的对潜意识驱力愿望的关注扩展到对防御、阻抗、超我的分析，以及对自我适应角色的思考的关注。

自弗洛伊德以来，对结构理论发展做出重要贡献的人有：A. 弗洛伊德（1936）——研究自我的防御功能、哈特曼（1939a）——关注自我在适应中的作用。与弗洛伊德关于自我由本我发展而来的假设相反，哈特曼假设这两种结构都是从早期未分化的基质中发展出来的。他认为，自我功能的各个方面（如知觉和运动）都有一个独立于驱力、没有冲突的起源，并且都具有初级自主性。哈特曼提出，在发展过程中，自我功能的其他方面可以实现次级自主，或从冲突中独立出来。布伦纳（1982）也对结构理论的发展做出了重要贡献，强调了冲突和妥协形成在正常和病理情况中的普遍存在。他还指出，超我的结构本身就是一种妥协形成，而且抑郁情感和焦虑都参与了防御的启动。

结构理论遭到了许多批评，一些人认为，结构理论是一个非常有用但需要修改的模型；另一些人则以更根本的方式拒绝了该模型。许多分析师对弗洛伊德的结构模型中的能量概念持异议，或完全拒绝接受。大多数分析师都拒绝接受弗洛伊德关于死亡驱力的假设，不认同它是对攻击驱力的一种有用解释（克莱茵学派是一个明显的例外）。同样，在思考驱力、愿望或其他动机时，很少有当代分析师引用本我的概念。许多人认为，结构模型没有充分处理情感、客体关系、自恋或自体等概念。雅可布森、洛伊沃尔德、马勒、桑德勒和克恩伯格都是重要的精神分析理论家，他们试图以各种方式将这些核心概念与结构理论更好地结合起来。谢弗、G. 克莱茵、科胡特和布伦纳对结构模型提出了彻底的批评。谢弗（1976）和G. 克莱茵（1976）都认为，结构理论太抽象，太远离临床，也没有充分关注个体的意图和意义。这些理论家提出用其他取向，如行动语言或"图式"，来取代结构理论。自体心理学模型将自体作为一个组织心理的统摄性结构，并关注自体结构中的缺陷（而非冲突）。布伦纳（2002）改变了他早期的观点，主张取消结构模型，认为冲突和妥协形成的微观结构能够充分描述心理功能和经验。沙利文（1953a）的人际理论拒绝接受结构理论和任何个人心理结构的概念，而将重点放在人际领域。一些当代人际理论家和大多数关系理论家认为，结构是"由人际规律的内化所创造的"（D. B. Stern，1994）。他们使用客体关系结构，而不参考结构理论。

Structure 结构

结构或**心理结构**是一种相对持久的、有组织的心理构型或心理功能组合。心理结构是有用的理论抽象，是从对心理过程中不断变化的持续模式的观察中推断出来的，不应被视为具体化或人格化的实体。结构的发展来自成熟的生理构造天赋和环境影响的相互作用，最重要的是来自与照顾者的相互作用。在发展的过程中，通过内化和外化，心理结构变得愈发复杂和分化。心理结构并非指脑内的解剖结构或与之相关的结构，尽管它们最终可能会反映出潜在的神经生理学过程。心理结构作为一个广义的概念，应该区别于弗洛伊德结构理论中的狭义概念。后者是在解决俄狄浦斯情结的基础上，随着超我的形成而建立的。发展理论家认识到，心理结构的发展始于出生。

不同的心灵模型以不同的方式对结构进行概念化，并将不同的心理结构作为决定行为的核心。心理结构包括本我、自我和超我，以及潜意识幻想、性格、内化的客体关系、作为统摄性结构的自体，等等。心理结构在心灵的精神分析理论对身体对心灵的影响、过去对现在的影响，以及个体与外部世界的相互作用对内部世界的影响的解释中处于核心地位。

1920—1926年，弗洛伊德阐述了心灵的修正模型，其最终被称为**结构理论**。该理论将心灵分为三个机构或结构——本我、自我和超我。这些机构或结构被其相对稳定、相互作用的功能所定义。弗洛伊德（1923a）在描述连贯的自我和本我之间的对立时，谈到了"心灵的结构状况"；他也提到了"心理装置的结构划分"（Freud，1926a）；后来在描述本我、自我和超我的交互功能时，他还提到了心灵的"结构关系"（Freud，1933a）。然而，弗洛伊德本人从未使用过结构理论这个术语。

拉帕波特和吉尔（1959）试图概括出被认为是充分描述心理现象所必需的观点，进而使弗洛伊德的元心理学描述得到系统化。他们否定结构观点，认为它涉及有关"持久的心理构型"的命题，后者被描述为"缓慢变化的构型"和"过程流动中的持久模式"。他们建议，不仅要将本我、自我和超我视为心理结构成分，还应将防御和性格特质等反映过去对现在的持久影响的构型也纳入心理结构。

在之后的几十年里，结构这个术语在精神分析理论中的用法的复杂性和概念化程度存在许多差异，从而造成了一定程度的混淆。结构不仅指可以从行为中抽象出来的结构，还指行为的潜在决定因素。结构在不同程度上被定义为：（1）稳定的功能；（2）形成一个连贯单元的一组功能；（3）与功能形成对照的组织模式；（4）目标和动机的组织；（5）适应过程中刺激模式的顺序；（6）要素的相互关系（而非要素本身）；（7）行为的统摄性调节者（Levey，1984）。伯斯基（1988）认为，将所有具有稳定性和组织的心理过程都视为结构是错误的。他建议保留本我、自我和超我这三个术语，并指出它们是潜在的"起因性结构"，而不是性格特质、移情、自体表征和客体表征等实体（这些是本我、自我和超我功能相互作用的妥协形成）。普尔弗（1988）提出了结构的动态定义，即执行特定功能的一组心理内容和心理过程。与之相对，结构的更广泛的静态定义是组织化、模式化、持久的心理构型或心理事件序列。

在某种程度上，对不同的精神分析学派进行区分，可以依据其在考虑心灵如何运作时是否倾向于优先考虑心理结构。在自我心理学中存在一些争议——关于自我中的自体表征和客体表征等实体，或潜意识幻想和性格特质等妥协形式是否也应被适当地视为结构。客体关系理论将内部客体关系（由自体表征与客体表征相互作用的情感联系组成）视为心理结构的核心单元。自体心理学认为，自体是调节行为的统摄性结构（而非自我的亚结构）。人际理论通常拒绝结构性的概念。D. N. 斯特恩（1994）指出，人际理论认为结构是由人际规律的内化所创造的，"人们在与他人的互动中塑造并发现了自己的持久方面"。

Sublimation 升华

升华是一个将不可接受的冲动重新定向到被社会接受的目标之上的防御过程。升华的概念有助于解释那些似乎不由性冲动或攻击性冲动驱动，但至少可能部分地由这些冲动驱动的人类活动（例如，艺术创作或智力活动）。升华被认为是最高级别的防御之一，是适应成功的标志。

1905年，弗洛伊德（1905b）首次使用升华（连同反向形成）这个术语。他将性冲动转向更可接受的目标，进而探索其在"文明和正常个人"

发展中的作用。在弗洛伊德理论的早期阶段，升华被简单地概念化为本能的变迁（1915b）；后来它被视为自我的功能，即一种特殊的防御形式。在他的许多作品中，弗洛伊德（1908b，1927a，1930）探讨了升华对性格形成的作用，还探讨了其对艺术、科学、哲学、宗教和文明本身的创造作用。弗洛伊德（1923a）扩大了他对升华的定义，纳入了力比多驱力能量的任何去性欲化。这种升华与客体力比多转变为自恋（自我）力比多（通过认同过程）密切相关；借此，力比多可以被自我重定向到任何其他目的之上。这体现了弗洛伊德关于力比多能量是包括自我活动在内的所有心理活动的驱动力的看法。哈特曼、克里斯和洛温斯坦（1949）使用了更广义的术语中性化，将弗洛伊德关于重定向的本能能量的理论扩展到包含攻击驱力。同时，哈特曼将先天的自我功能定位为初级自主性。这暗含着一种认识，即没有必要假设所有行为最初都有性目的或攻击性目的。因此，哈特曼恢复了升华的初始用法，仅用它来描述文化上可接受的活动，这些活动被认为涉及重定向性冲动或攻击性冲动。A. 弗洛伊德（1936）将升华列入了她的防御机制清单；而且它几乎出现在所有出名的防御机制清单上。克莱茵（1940）认为，升华起源于补偿机制。虽然当代精神分析师基本上摒弃了升华的能量或驱力含义，但该术语仍被广泛使用。继弗洛伊德之后，瓦利恩特（1992b）认为，升华、利他主义、幽默和抑制是更"成熟"的防御方式。一些人批评了升华的概念，认为它需要对各种活动的可取性进行价值判断（Kaywin，1966）。

Superego 超我

超我是心灵的结构模型或三分模型的三个机构中的一个，通常被称为良心。超我的功能包括自我理想（一组去人格化的理想和道德价值观）、试图阻止不可接受的行为的限制功能，以及惩罚功能。尽管超我的形成是随着俄狄浦斯情结的消解而发生的，但其前体的建立要早得多。并且，某些分析师认为，超我随后的发展和巩固会在整个生命周期中持续下去。超我与自尊调节问题密切相关，它根据自我理想的价值观来估量自体，然后进行批评或鼓励。未能达到道德标准会引发罪疚的痛苦情感；未能达到与个人完美理想相关的非道德标准会引发羞耻的痛苦情感。超我在某种程度上源于强烈的本我追求；它很容易屈从于退行和外化到权威人物——这是一个与移情相关的具有特殊临床意义的问题。超我的衍生物可以在一些现象中被观察到，比如内在的声音、内在的权威或内在的判断。

超我的概念在精神分析理论化的历史上具有重要意义。它与弗洛伊德的一个观点密切相关，即俄狄浦斯情结是一种普遍的心理体验的组织者，而俄狄浦斯情结的消解对道德发展具有形成性影响。这个概念也与弗洛伊德关于女性发展的一些错误理论有关，尤其是他关于女性的超我不如男性的严格的想法。在当代话语中，超我的概念有助于形成关于情感发展和主体间性早期发展的观点。超我病理学引发了一系列病理状况，包括谱系中最严重的反社会、受虐狂和抑郁，也引发了涉及自尊调节的更微妙的问题。关于超我的临床问题通常涉及对攻击和与之相关的罪疚的管理。在临床情境中，超我病理症状与消极治疗反应有关，这些治疗反应通常是根据惩罚的需要来概念化的。

在《自我与本我》中，弗洛伊德（1923a）首次使用了超我这个术语。根据结构理论的原理，超我指的是由三个相互关联的功能，即良心、自我观察和（自我）理想组成的心智系统。在此之前，超我这个术语及其理论体系都经历了漫长的、有时令人困惑的发展阶段。弗洛伊德（1913e）的道德观首先被明确描述为一种由社会强加的、通过父母权威代代相传的禁令，是对基于生物学的俄狄浦斯期乱伦和杀害父母的冲动的回应。根据弗洛伊德的观点，那时的道德及其核心（禁止乱伦和杀害父母）根本不是从内部发展过程中衍生出来的（除了儿童出于对父母的爱而遵从父母）。弗洛伊德（1914e）最早在《论自恋》中提到内部道德机构。在《哀悼与忧郁》（1917c）中，对这种机构的提及被删减了。在这些论文中，弗洛伊德提出了心理机构的概念，心理机构独立于心灵的其他部分，批判性地观察心灵，并将其与父母制定的行为的理想标准进行比较。坚持这些理想的标准会带来自恋式增强，这对应于儿童在建立客体关系之前所经历的原发性自恋。这一观点后来在《群体心理学与自我的分析》中得到了扩展，弗洛伊德（1921）在书中指出了对理想化客体的态度，如将权威／魅力型领导团队的领导者视为内部机构的外化相关者。

弗洛伊德（1923a）在《自我与本我》中正式定义了超我，并阐述了这一概念。两年前被称为自我理想的东西现在被称为超我。超我被视为随着俄狄浦斯情结的消解而形成的一种权威的心理机构，它体现了一种禁令性的反向形成，反对乱伦和杀害父母的俄狄浦斯愿望。在超我形成之前，权威性基于父母的命令进行调节。随着超我的形成，权威性的调节现在通过儿童与父母的认同而内化。与这种发展变迁相关，弗洛伊德（1923b）将阳具性心理性欲阶段插入两个阶段之间——在肛门施虐欲阶段之后和潜伏期之前。阳具欲期的客体关系特征是三元的，与之相反的是前阳具心理性欲阶段的二元客体关系特征。这个阶段最主要的幻想的危险是阉割——儿童认为这是对俄狄浦斯愿望的适当惩罚。俄狄浦斯愿望和阉割的惩罚威胁之间的冲突激发了俄狄浦斯情结，后者随着超我的形成而得到解决。这个模型很好地描述了男孩的发展，但在弗洛伊德（1924b）的观点中，已经感知到自己被阉割的小女孩没有那么害怕。在弗洛伊德看来，女孩的俄狄浦斯情结并没有像男孩的那样得到彻底解决，女性的超我从来没有"像我们在男性中要求的那样无情和独立于其情绪起源"。

　　超我和自我之间的张力表现为罪疚（阉割焦虑的继承者）和自尊感降低。相反，坚持超我的道德和完美主义标准会增强自尊。确保这些道德和完美主义标准得到满足的功能被称为"自我理想"或"理想功能"或"自我理想的载体"（Freud，1933a）。超我的批判和惩罚取向表明，它主要以攻击驱力能量运作。超我的严酷不一定反映了父母的严酷，但它反映了儿童俄狄浦斯情结的竞争性攻击的严酷。源于社会一致性的普遍而持久的攻击性抑制没有变化地继续着，并在文明人类中引发日益加重的罪疚负担——这是文明的主要"不满"之一（Freud，1930）。

　　虽然弗洛伊德对超我的定义性构想说明了它的三个组成功能（良心、自我理想和自我观察），但它们并不总是稳定的。弗洛伊德（1914，1921）将现实检验归因于当时所谓的"自我理想"；但在1923年，他最终将其归因于自我。大多数追随弗洛伊德的分析师也认为自我观察是自我的一种功能，不过人们也认可它依赖于其他超我功能。因此，出现了一种趋势，要把各种超我功能吸收到自我的概念中。

　　许多争议都与超我的概念有关。与罪疚相反，人们对羞耻的理解仍然存在争议。这两种情感都源于没有达到完美标准。然而，两者之间存在着现象学上的差异。人们尝试在以下几方面的基础上寻找差异——驱力（力比多对攻击）、驱力方向（客体取向对自恋/受虐狂）和超我功能（良心对自我理想）。到目前为止，人们在这方面还没有达成共识（Piers & Singer，1953）。另一个争议涉及女性超我的发展问题。大多数当代分析师都了解，女孩的超我和男孩的一样严格。女孩对自己身体的焦虑有别于男孩，她的三角情境在关键方面与男孩不同。因此，她与父亲和母亲的关联方式以及她对自体的要求可能与男孩不同（Gilligan，1982；D. Bernstein，1983；P. Tyson，1994；P. Bernstein，2004；Kulish & Holtzman，2008）。弗洛伊德忽视了这样一个事实，即无论是男性还是女性，其超我都经常用母亲的声音说话。

关于超我是作为一种结构形成的还是缓慢发展的这个问题也存在争议。支持构成观念的分析师强调超我的前体和超我本身之间的区别（Hartmann & Loewenstein，1962；Jacobson，1964；D. Milrod，2002）。他们描述了两个关键因素，即俄狄浦斯危机的强大刺激和获得必要的自我能力（如放弃、概念化和自我观察的能力）。这两个因素促进在特定的时间形成新的心理结构。克莱茵（1927b）认为，超我功能可能会在极年幼的儿童身上被观察到。这一观点引发了激烈的争论。J. 桑德勒（1960b）假设了"前自主超我图式"，这是一种外部强加的超我命令的认知蓝图。然而，这种模式缺乏内化的父母权威——只有在解决俄狄浦斯情结时才会实现。

一些当代分析师认为，超我的发展是一个终身过程。早在俄狄浦斯期之前，超我就已经确定了父母对幼儿期望的内化，它的进一步改变持续到成年期。对婴幼儿与父母双方关系的直接观察进一步阐明了超我的生物学、心理动力学和社会基础。这些发现呼吁人们关注超我的爱和被爱的方面（Schafer，1960）。道德发展的根源可以追溯到婴儿-照顾者的情感交流，后者从婴儿出生开始就很普遍（Spitz，1965；Emde，1983；D. N. Stern，1985）。日常互惠协商的互动有助于内部自体调节、引导行为，以及促进共享的想象创造力（Emde，1991）。1岁以下的婴儿在不确定的情况下（通过情感信号）参照照顾者的引导（Klinert er al.，1982）。"做"塑造了什么是"正确的"，增强了婴儿的自尊感；而"不"则阻止了冲动的表达，还可能引发一个故意的反击婴儿的第一个语词手势，也是婴儿的第一个语词手势，"不！"（Spitz，1959；Emde，Johnson，& Easterbrooks，1988）。18～36个月大的婴儿已经内化了一些超我功能，如前俄狄浦斯期儿童对他人的共情、对错误行为的情感反应、亲社会行为和态度，甚至还有与道德困境做斗争的能力（Emde & Buchsbaum，1990）——尽管冲动控制最好在照顾者的密切关注下进行。这些观察，以及对整个脑部的模块化分布程序性记忆系统的神经科学研究（Grigsby & Stevens，2000；Westen & Gabbard，2002），都支持弗洛伊德关于大部分超我在意识觉察之外运作的见解。

在潜伏期，严厉的超我幻想会随着儿童持续的社会化和认知发展而逐渐改变（Bornstein，1951，1953；Sarnoff，1976）。这段青春期的经历涉及抛弃父母的超我，以及根据青年成人的自体界定、价值观和自主性将其重新内化（A. Freud，1936；Blos，1979b）。一般来说，超我的各种功能逐渐变得更加非个人（抽象），并从外部客体获得更大的自主性。尽管如此，在成年和老年时，道德感可能会因经验而被改进或毁坏。纳粹运动说明了成年人对权威的脆弱性，并质疑了超我完全内化和自主的程度。每一个社会中以"善"为名的暴力都提醒我们：注意超我和本我的共谋（B. Steele，1970）。

在临床上，虽然超我功能仍然是评估性格和诊断障碍的一个关键维度，但一些精神分析师认为，超我发展和三角俄狄浦斯情结的消解已经脱钩（Coen，1992；P. Tyson，1996a）。二元关系问题曾经被认为是一种更严重的病理指征（可能在一些神经症患者中盛行）。尽管如此，这些患者仍表现出对自己的行为和失败负责的能力。俄狄浦斯情结从未完全得到解决；它会在生命周期的新迭代中重新浮出水面，根据新的经验和生活挑战进行重新加工（Loewald，1979；Ogden，2006）。

Suppression 压制

压制是指蓄意、有意识地试图将特定的思想、情感和冲动驱逐到觉察之外。压制在防御机制中很独特，因为它以有意识的方式运作。它被认为是一种成熟的防御，因为它考虑到了现实的需求，同时将对特定心理内容的注意推迟到更合适的时间（Vaillant，1977）。压制本质中的意志和意识使其与压抑和否认不同。压抑和否认也会将不受欢迎的心理内容从觉察中驱逐出去，但其运作是潜意识的。

弗洛伊德（1900）在其早期的大多数作品中没有明确区分压制和压抑。然而，在早期作品的脚注中，他指出，和压制相比，压抑更多地得益于潜意识过程。A. 弗洛伊德（1936）没有将压制纳入她的防御机制清单，也大概是因为它与她的防御观（防御在本质上是潜意识的）相矛盾。C. 布伦纳（1955）反对压抑和压制之间的明确区分；他提出，在意识较强和意识较弱的过程之间，存在着一系列中间物。沃曼（1983）对压制进行了最广泛的探索。他强调，无论是在个人的日常生活中还是在精神分析治疗中，压制都以多种方式发挥作用；它可以作为患者的阻抗手段，也可以作为分析师保持最佳分析立场的手段。沃曼还指出，压制并不总是意味着"成熟"的适应。例如，它会引发鸵鸟效应——逃避采取必要的行动。然而，瓦利恩特（1992a）的实证研究支持将压制归入最成熟的一类防御，它与更大的自我力量和更高的全局功能相关。安德森等人（2004）提出，压制和压抑的假定连续统一体在神经解剖学中的相关性（在海马体、背外侧前额叶皮层被观察到）。

Symbiotic Phase 共生阶段

见"Separation-Individuation 分离-个体化"。

Symbolic Representation 符号表征

见"Memory 记忆""Symbolism 象征主义"。

Symbolism 象征主义

象征主义、**符号化**、**表征**、**符号表征**是人类心灵的普遍能力或过程，其中一个元素被用来代表另一个元素。这些过程的产物被称为**符号**、表征或符号表征。符号表征是一个广义的术语，包括无生命客体、自体表征和客体表征。符号表征出现在梦、艺术、文学和文化对象中，也出现在心理症状的形成中。

符号最简单的形式是一个信号，它以一对一的关系代表其所指。信号采取的形式可能与所指对象有关，也可能是任意的。复杂信号可能包含许多部分，表示许多独立的信号，但仍保留一对一的结构。信号通常是根据逻辑的继发过程规则有意识地选择的。

从精神分析的角度来看，符号是一种复杂的表征，指的是由情绪意义或主题选择并结合在一起的潜在无限种类的指涉物。最终的符号是由凝缩和移置的原发过程来构造的。精神分析中的一种表征通常指对自己或他人经验的内心符号化，这通常发生在互动中。这种符号表征被称为**自体表征**和**客体表征**。精神分析理论领域中的客体关系理论尤其关注自体表征、客体表征及其相互关系。自体经验和客体经验的表征通常是稳定和持久的，但随着时间的推移，其内容、主题、关系和整体复杂性也在不断发展。表征是所有心理、性别或结构概念的关键方面。精神分析表征可能是视觉的，且通常是一个复合结构。一个表征由现实经验和情绪经验按不同比例组成，其内容通常包括过去或现在经验的不同层次。它可以被有意识地、前意识地或潜意识地体验，因此可以由原发过程、继发过程和三级过程等不同形式加以组织。表征可能由自体经验的现实细节或自体与另一个体的关系组成，这些细节可能引发、指涉和象征复杂的情绪反应（H. Blum，1978）。

表征是精神分析的一个基本概念，可能也是所有心理理论中的一个基本概念。表征组织了人类的经验，因此所有理论都或明或暗地描述了内心或行为表现中的表征。虽然表征的概念在所有心智科学和心智哲学中都得到了应用，但在关注表征的潜意识、情感和发展方面这一点上，精神分析是独一无二的。弗洛伊德最早的理论涉及对内心体验的描述，也就是后来的表征。弗洛伊德探索了与梦、神经症和精神病症状学、文学以及其他艺术表达领域相关的表征过程。

弗洛伊德（1895b）在《科学心理学设计》中第一次使用了**象征**这个术语。他描述了癔症症状形成中象征移置的使用。然而，在《梦的解析》中，弗洛伊德（1900）更详细地描述了象征作为一种伪装方法的使用，原发过程使用这种伪装方法来将原始的潜意识梦思意图和愿望转变为显梦。凝缩和移置是通过原发过程模式实现象征形成的心理过程。

在斯特雷奇的翻译中，象征被用来表示"信号"，因为它指的是一个梦意象，后者总是具有相同的潜意识所指对象，而无论做梦者是谁。斯特雷奇用**可塑性表征**这个术语来形容弗洛伊德对（现在被定义为）精神分析象征的使用。

表征这一术语很少在弗洛伊德的作品中出现。在《梦的解析》中，弗洛伊德首先在**可表示性**的语境中讨论了可表示性的概念。弗洛伊德考虑了客体或事物的哪些方面"适合"用作梦-象征，哪些方面"适合"用作表征。这些在情绪上有意义的客体或事物被做梦者个人或其象征者优先选择。表征的概念不可避免地会出现在弗洛伊德对精神生活组成部分的许多讨论中。这些部分有记忆、现实和情绪体验（最为重要的是创伤体验），它们共同构成了自体与他人的关系体验。

弗洛伊德用**物体呈现**这个术语来描述潜意识的视觉和其他具体体验的象征性表达。弗洛伊德（1895b）将潜意识描述为在物体呈现中被组织起来。他解释说，无论是在外部现实中还是在想象中，客体（无论是有生命的还是无生命的）都是在可表现性的基础上被用于潜意识符号表征。弗洛伊德（1915d）用**语词呈现**来表示语言在意识心灵中的心理存储。弗洛伊德还描述了潜意识观念或物体呈现通过寄存为语词呈现而进入意识的过程。

琼斯（1912）描述了象征如何间接或隐喻地代表驱力衍生物和被禁止的愿望的冲突。在他看来，精神分析的象征代表了与情感体验有关的潜意识观念。对克莱茵来说，符号表征指的是潜意识客体关系——主要是客体与驱力（尤其是攻击驱力）联结——中的表征。克莱茵认为，象征是"潜意识幻想"的表征，其形式是潜意识的衍生物。克莱茵（1930）将对客体的潜意识恐惧、施虐攻击性感受的象征能力描述为自我发展的重要一步。克莱茵主要关注驱力衍生物的情感内容，而非象征形成所涉及的形式或过程。然而，克莱茵确实描述了象征使用的两个过程，即分裂和投射性认同。西格尔（1957，1979b）描述了在精神病患者中，象征是如何与所象征的事物等同起来的，从而形成了她所说的**象征等式**。后来的客体关系理论家将象征的形成归因于自我，但他们的主要关注点仍然是内容，而不是形式或过程。萨瑟兰和克恩伯格是例外。他们强调，自体表征和客体表征由情感联系在一起，并且由原发过程和分裂进行组织。

随着弗洛伊德（1923a）结构理论的出现和自我心理学的发展，自我的概念化从作为自身的自我转变为作为过程中介者（尤其是调节系统间冲突）的自我。A. 弗洛伊德（1936）关注自我防御；韦尔德（1936）关注多重功能，并进一步强调了冲突调解中涉及的自我过程。与克莱茵学派相比，自我心理学家通常不太关注实际妥协对象的表征（例如，潜意识客体关系），而更关注建立在压抑之上的冲突和防御过程的前意识妥协。

雅可布森（1964）综合了客体关系和自我心理学理论，详细阐述了主体结构的客体关系成分、驱力和自我功能的成熟和发展对客体关系的组织方式、自我功能和过程的分化（由于它们与精神病理症状的严重性有关），以及情感在所有过程中的作用。在雅可布森的理论中，自体表征和客体表征的概念是所有结构性考量内容的基础。

对心理表征概念化做出重大贡献的理论家还包括：谢弗（1968b）——他将自体表征和客体表征描述为妥协形式；克恩伯格（1975）——他与雅可布森和谢弗一样，通过描述客体关系和主体的发展与结构（尤其是它们与情感的关系）将自我心理学和客体关系理论结合起来；J. 桑德勒和罗森布拉特（1962）——他们从自我的角度出发，仔细描绘了自体和客体的**表征世界**。

现代自我心理学聚焦于象征，尤其是象征的动力学内容和结构、象征形成的过程，以及符号表征过程所必需的自我能力。象征和符号表征被视为人类心理体验和信息加工（尤其是与情感相关的部分）的基础（Aragno，1997）。象征形成被视为一种特别重要的能力——可以以如此复杂的方式进行思考，也可以欣赏微妙情感体验的深度和广度。这种能力既是自我成长和发展的结果，也是对自我成长和发展的进一步刺激。萨诺夫（1976）等现代自我心理学家描绘了一种基于自我图式的符号能力的发展。E. 马库斯（1999，2003）承认，虽然弗洛伊德认为事物的物体呈现只存在于潜意识思维中，但事实上，它们也存在于意识思维的方方面面。他进一步阐述了物体呈现的概念，将其描述为一种符号表征。在其中，情感以知觉方式被表征。在幻想、梦、艺术和建筑等其他形式中，物体呈现的存在显而易见。这些呈现也是精神病性和近精神病性心理表征的核心特征。事实上，物体呈现是所有人类情感体验的一部分，它是被符号表征的。

相比之下，其他精神分析学派对心理表征和象征形成的问题关注较少。C. 布伦纳（2006）的现代冲突理论消除了妥协形成微观结构之外的所有结构考量。布伦纳拒绝了这样一种观点，即区分不同的妥协形成（例如，创造性产物和非创造性产物）需要特别的考量，因为它们潜在的情绪动力学是相同的。同样，现代冲突理论也没有阐述自体表征和客体表征。

自体心理学理论、关系理论、人际理论和主体间理论倾向于关注直接的、互动的、诱发的经验，因此，它们几乎不需要表征概念或其结构。这类概念通常被视为机械性的，会分散对临床时刻的关注。相反，它们将重点放在存储为内隐记忆的心理经验方面。在这些学派的理论家看来，这种经验不能被符号化，只能通过被描述为"内隐关系知晓"和活现的过程被体验。

在普通心理学（尤其是认知心理学）中，符号最常用于表示信号。表征是指对现实进行心理建模，为适应物理环境的行为做准备。表征在普通心理学中的用法往往忽略了人际、情绪和社会环境。然而，这些环境也对生存至关重要。认知神经心理学（尤其是情感神经科学）确实致力于研究情感，尤其是情绪的神经关联。由于许多情绪体验由表征组织，情感神经科学的研究者已经开始研究表征过程，例如布奇（1997）的多重编码理论。精神分析的洞见可能有助于这项工作的进行。

符号的概念出现在研究人类符号化产物的其他相关领域，如哲学和心智哲学（Langer，1942；Cassirer，1955；Werner & Kaplan，1963）、人类学（Obeyeskere，1990）和艺术（Kuhns，1983；Waldheim，1984）。将

符号表征的精神分析概念应用于上述知识领域可能会丰富这些领域，尤其是丰富它们对符号表征的解释。在这种背景下，解释是指理解如何从显性的符号产物中衍生出潜在的情绪意义的规则。

Symbolization 符号化

见"Symbolism 象征主义"。

Symptom 症状

见"Character 性格""Defense 防御""Neurosis 神经症"。

Symptom Formation 症状形成

见"Character 性格""Defense 防御""Neurosis 神经症"。

Symptomatic Act 症状性动作

见"Parapraxis 动作倒错"。

Syntaxic Mode 综合模式

见"Interpersonal Psychoanalysis 人际精神分析"。

Talking Cure 谈话疗法

谈话疗法是精神分析的一个通俗代名词。布洛伊尔著名的患者安娜·O首先用它来描述前精神分析的宣泄治疗方法。布洛伊尔（Breuer & Freud，1893/1895）注意到，当安娜·O处于癔症的"失神"状态（伴随着困惑的人格改变）时，她经常会喃喃自语地说几句言语。布洛伊尔催眠她，向她重复这些言语，然后安娜·O会报告在"缺席"期间占据她心灵的思路。这一过程似乎使她的精神生活恢复到接近正常。安娜·O将这一过程恰当地描述为"谈话疗法"，并开玩笑地称之为"扫烟囱"。尽管精神分析本身通常被称为"谈话疗法"，但宣泄方法和催眠都不是精神分析的组成部分。

Temperament 气质

见"Mood 心境""Constitutional Factors 体质因素"。

Termination Phase 结束阶段

结束阶段是分析治疗的最终阶段，在此期间，分析工作始终具有即将失去分析师和治疗的含义；因此，结束工作被比作哀悼工作。结束阶段的体验受到被分析者生活时期的影响，而对出生、死亡、怀孕和分离的幻想很常见。结束阶段通常是一个紧张而富有成效的分析阶段，可能涉及旧症状的再次出现；它代表了对构成治疗实质的冲突和问题的最终工作。人们普遍认为完整的分析是患者和分析师都可能持有的一种幻想，因此结束阶段可能会让人有尚未实现的失望和幻灭的感受。作为"理想的"结束，其时间是由双方商定的，而且被分析者和分析师都认为他们已经达到了目标。有助于决定结束的条件包括：症状改善、结构改变、移情解决状态的评估、反移情评估、分析师的直觉，以及只能在试错的基础上对结束进行评估的信念（S. Firestein，1974）。分析师和被分析者都同意的结束与分析的中断有所不同。中断通常是由被分析者或分析师单方面决定的，如果双方均同意继续治疗但无法获得更多益处，那么他们可以协商发起中断。

结束是一个具有当代意义的精神分析概念，因为分析在其范围内变得更长、更广；它也被一些争议所围绕。用于确定患者是否准备结束的标准与分析师对治疗过程和分析关系的概念化密切相关。此外，什么目标能被恰当地认为是准备就绪的指标也是一个存在争议的问题，这个问题反映在生活目标和分析目标之间的区别上。

虽然弗洛伊德写到过结束，但直到20世纪50年代，分析的各个阶段，包括开始、中期和结束阶段，才得到明确的阐述。有趣的是，结束这个术语没有在斯特雷奇的《标准版》的通用主题索引中列出。然而，早在1900年4月16日，弗洛伊德就写信给弗利斯，告诉他由于移情的不可解决，所以他很难结束分析（Masson，1985b）。具有讽刺意味的是，弗洛伊德

（1918a）关于结束阶段最具体的讨论是对"狼人"这个他认为已经陷入僵局的案例展开的。他将强制结束作为"英勇的措施"，并将4年分析工作最后6个月的结束阶段描述为主要部分。虽然从未使用过结束阶段这个术语，但弗洛伊德（1937a）在《可终结与不可终结的分析》中讨论了结束分析的问题。正如标题所示，弗洛伊德认为分析是一个终身过程，就像他自己的自我分析一样。弗洛伊德描述了体质因素对分析的限制，以及死亡驱力的影响。他还指出，成功的治疗并不能保证未来需要的免疫作用。他承认，只有活跃的冲突才能被分析，并提出了一个闻名遐迩的建议，即分析师应该每5年左右恢复一次对自己的分析。费伦齐（1927）的观点是，当分析因耗竭而死亡时，分析就结束了。这一观点虽然形象化但未阐明结束的适当时间及结构。费伦齐和弗洛伊德都没有描述分析的结束阶段应该由什么构成。

随着1950年《国际精神分析期刊》上关于结束的专题讨论的发表，人们开始讨论结束的标准、结束阶段特征、标准技术，以及可能采用的技术变体（A. Reich，1950）。结束阶段的概念在E. 格洛弗（1955）的《精神分析的技术》中首次明确得到表述。他坚持认为，除非个人经历了结束阶段，否则他无法成功进行分析。因此，结束阶段成为完整分析的试金石。

随后，人们围绕结束标准和结束技术的理论展开了讨论（H. Blum，1989）。结束体验被认为与可分析性和结果相关（S. Weiss & Fleming，1980）。J. 诺维克（1982）在对结束的综述中得出结论：临床评估、移情状态和分析师的直觉发挥了作用。巴克斯鲍姆（1950）关注的是与结束有关的移情神经症的状态。德瓦尔德（1972）认为，只有当症状的改变与移情神经症的变化相伴随时，其才是可靠的。这种观点饱受怀疑，因为许多临床医生不再相信移情神经症在分析中的不可避免性。同样，在过去，诸如解决婴儿神经症和成功追踪、解决童年冲突的根源等概念也是考量结束的标准（S. Firestein，1974）。一些分析师强调了其他机制的治疗作用，对这种观点提出了挑战（Fonagy，2003）。

结束阶段的工作的特点是分析工作的节奏加快、移情的退行性增强，以及工作联盟的效率提高（J. Novick，1982）。许多作者将结束阶段的主要任务描述为修通和综合所获得的领悟（Ekstein，1965）、将领悟转化为有效和持久的行动（Greenson，1965b），以及为失去分析师而哀悼。洛伊沃尔德（1962a）将结束阶段视为旷日持久的告别，伴随着剥夺与自主的并列。

几十年来，分析关系被承认是治疗经验的一个重要特征，这反映在患者必须忍受失去既是移情客体又是真实客体的分析师（H. Blum，1989）。每个组分的权重反映了分析师的理论方向（Fonagy，2003），但所有人都会同意，对于患者和分析师来说，分析关系都是一种独特的亲密而有意义的关系。分析师分享了结束过程中的情绪体验，也必须接受失去；他必须放弃对患者和他们一起工作的依恋，也必须接受其局限性。对于那些具有更严重的精神疾病的患者来说，分析师作为一个支持性的真实客体，在整个分析过程中至关重要；而结束带来了额外的挑战。在一项对分析结束多年的患者进行的随访研究中，普费弗（1993）描述了移情神经症短暂但生动的复发——伴随着旧症状的复发。他总结道，在分析过程中，分析师有一种持久的既作为旧客体也作为新客体的心理表征。

Tertiary Process 三级过程

见"Primary Process 原发过程""Psychosis 精神病"。

Thanatos 桑纳托斯

见"Death Drive 死亡驱力"。

Theory of Mind 心理理论（心智理论）

见"Mentalization 心智化""Object Constancy 客体恒常性"。

Therapeutic Action 治疗作用

治疗作用是精神分析治疗影响治疗性获益的手段。精神分析的每一个学派都阐述了一个隐含的治疗作用理论；它与心灵和发病机制的模型相关。治疗作用的理论明确地与技术的临床理论以及治疗结果的概念有关。当代的治疗作用理论的中心是解释的功能、分析关系的功能，以及两个密不可分的问题：它是否解释治疗关系？它以何种方式解释治疗关系？任何关于治疗作用的理论都必须承认患者的作用，因为患者是一个积极的参与者且具备有意改变的动力。治疗作用理论和所有精神分析治疗的实际结果之间的关系仍然是推测性的，因为人们需要进行实证研究来证明特定技术与其效果之间的联系。尽管如此，不同理论取向分析师的丰富且有益的临床经验强烈支持这一论点，即存在多种治疗作用的模式。

精神分析的历史可以用治疗作用理论的更迭来描述。虽然理论多元化从一开始就是精神分析的一个特点，但对多个精神分析思想流派的广泛阐述从未像现在这样宏大。由此产生的思维交叉及融合在临床情境中可能最为明显。支持多种理论取向的分析师采用综合治疗策略来提高治疗性获益，而不依赖于对基本命题的更彻底的重构。所有关于治疗作用的精神分析理论总体上都呈现了一种趋势，即更加强调分析关系的重要性、分析师反移情的价值，更加关注此时此地对变化的促进。认知神经科学的进步有助于描述不同类型的经验和记忆是如何存储的，以及是什么引发了心-脑的可塑性。这也影响了治疗作用的理论。

虽然弗洛伊德没有明确讨论治疗作用的问题，但其理论的演化包含了越来越复杂的概念，即精神分析如何工作，以及在什么条件下会失败。在治疗癔症患者时，布洛伊尔和弗洛伊德（1893/1895）最先构想了一种前分析的治疗作用模型——宣泄。通过这种方法，患者可以恢复创伤记忆和释放与之相关的情感，从而消除癔症症状。同样值得注意的是医生通过催眠或暗示所产生的积极作用。弗洛伊德的第一个心理组织的精神分析模型（地形学模型）的特点是解除压抑，使潜意识意识化，并将其作为治疗作用的媒介。弗洛伊德用被压抑的、不可接受的童年性愿望作为神经症的诱发因素所带来的痛苦效应，取代了创伤记忆。当时，他明确表示，分析师的角色是解释患者对任何干扰治疗过程的事物的阻抗——分析师已经认识到这是一种有动机的防御。弗洛伊德（1914b）理论的一个分水岭是，他承认了移情和阻抗之间的复杂关系，以及移情作为治疗的最强工具的作用。这种认识永远改变了分析师的角色和精神分析治疗的技术，促使患者对分析师的感受的意义向前／向中心移动。弗洛伊德发现，患者此时此地的精神分析经验和他被压抑的早期爱的依恋史之间存在联系。治疗作用在于患者获得与解除压抑和抵消病理性固着相关的领悟，这由分析师的解释（而非建议）促成。对弗洛伊德和其他一些人来说，分析师的作用是解释而非建议，是精神分析和其他形式的心理治疗之间的重要区别。然而，弗洛伊德（1912a）在其提及的"难以抗拒的"移情中也认为分析关系本身是一种改变的工具——他所说的移情是指非性的积极移情。

弗洛伊德（1923a，1926a）的结构理论和第二焦虑理论将治疗目标从潜意识的意识化转变为对冲突的分析。虽然治疗作用仍被认为存在于患者获得领悟的过程中，但这是通过增强自我能力和调节驱力来实现的。后来，弗洛伊德（1937a）将阻碍治疗性获益的力量归因于自我防御的力量和僵化中的体质因素，以及驱力的过度流动和黏附。

随着自我心理学（其代表人物包括费尼切尔、哈特曼、克里斯和洛文斯坦等精神分析理论家）的进一步发展，关于治疗作用的构想并没有发生实质性变化，但精神分析的目标在结构变化方面得到了更明确的表述。在一篇经典且被引用次数较多的论文中，J. 斯特雷奇（1934）受到克莱茵的影响，将治疗作用最大的部分定位在患者的超我，因为那是患者心灵中受分析师影响最大的部分。当解释患者对分析师的敌意冲动时，斯特雷奇将解释描述为"可变的"，这使患者能够领悟他投射到分析师身上的古老幻想——客体与分析师的真实客体之间的差异。斯特雷奇的构想被用作移情解释专用的一个意想不到的原因。

F. 亚历山大（F. Alexander & French, 1946; F. Alexander, 1950a）的观点在自我心理学家中引发了相当大的争议。他认为，患者需要一种"矫正性情绪体验"，在这种体验中，治疗效果被归因于分析师对患者的态度和行为反应，而不是通过解释获得的领悟。一些主流自我心理学家（Zetzel, 1956; Stone, 1961; Greenson & Wexler, 1969）引入了"治疗联盟"和"真实关系"的概念，扩大了治疗作用的观点，包括在分析师没有采用亚历山大建议的、人为的、特定态度和角色的情况下，促进分析关系中非移情的方面。马勒（Mahler, Pine, & Bergman, 1975）等发展型理论家，以及治疗严重精神疾病患者的精神分析师，将这种病理症状定位在前俄狄浦斯期（Stone, 1961; Jacobson, 1964, 1971）。对治疗作用的关注度的提高，进一步推动了人们对治疗作用的认识。经典技术的改进源于这样一种认识，即严格的解释取向不能治疗更严重的患者。洛伊沃尔德

（1960）从弗洛伊德主义的背景和传统出发，对治疗作用进行了更深入的重新构想，强调了患者和分析师之间的关系是改变的催化剂。他将分析师描述为患者的"新客体"，并指出患者可以通过对移情扭曲的解释进行认同。洛伊沃尔德将分析关系比作父母-儿童关系，父母／分析师通过共情促进儿童／患者的自我、自体和客体关系的进一步整合和结构化。此外，分析师能够记住一些患者自身尚不能想象出的潜在的事情。

当代冲突理论家和现代自我心理学家支持一系列关于治疗作用的观点。一些学者严格坚持以下观点，即情绪上令人信服的领悟是通过对移情的解释获得的，这种移情会带来更具适应性的妥协形成和结构变化。然而，这种构想是有问题的，因为领悟和结构变化之间的关系从未被清楚地描述过。患者可能会获得其中的一个而没有获得另一个，但这两者可能都是持久的治疗性获益所必需的。大多数当代冲突理论家和现代自我心理学家已经认识到分析关系在促进治疗结果中的作用，不再从非此即彼的角度来看待问题；但这种关系本身被视为具有矫正功能的程度差异很大。此外，一些分析师将当代的重点放在了反移情、主体间性和共同建构上，而其他分析师则回避了这些概念（Abend，2007）。

一些客体关系理论家（Winnicott，1960b，1969；Modell，1976）将治疗作用归因于精神分析情境本身。在这个情境中，分析师的恒常性和可靠性、他对患者的关注、他的温和和不报复的立场，以及他理解患者情感状态的能力，唤起了早期母亲的"抱持环境"。莫德尔注意到，在对自恋患者（对父母不够好的养育敏感并做出回应）进行分析的早期阶段，患者无法满足的依赖性需求被情感孤立和自我满足的幻觉所阻挡。他坚持认为，分析师提供的"抱持环境"既不解释也不排除特殊支持，其提供的安全性有助于之后表达这些需求。这是通过患者对分析师功能的内化来实现的。

在克莱茵学派理论家——以克莱茵、海曼、拉克尔等人为代表——的观点中，患者的领悟来源于对当前活跃的"潜意识幻想"的深入解释，它代表了与客体和自体部分相关的冲动和感受的内容，并在移情中被激活。从克莱茵学派的视角来看，移情是精神分析工作中经验的背景和前景，创造了潜意识幻想的矩阵，分析师必须通过解释为患者描述这些幻想，进而在患者的当前经验中恢复过去。克莱茵学派治疗的目标包括：（1）恢复患者分裂的、投射的自体部分，从而使其产生更大的活力和整合感；（2）用领悟取代全能；（3）促使患者获得一个更整合的客体概念，进而可以更深入地与该客体联系。克莱茵学派的分析师（Heimann，1956；Money-Kyrle，1956）引入了对经典技术的根本修正，将反移情作为患者潜意识幻想的主要资料来源，强调了投射和内摄过程（二者构成了与移情-反移情平行的过程）的循环。比昂（1959）强调了分析师的"涵容"功能——分析师借此吸收并修改患者心灵中无法忍受的部分，从而促进修复的过程。欣谢尔伍德（2007）认为，克莱茵学派强调了解释人类心理中原始破坏和自体-破坏元素，并认为这是一种"往复"的动力学所必需的；这种动力学缓慢地促进了病理性自我分裂的整合——围绕"力比多自体"和"破坏性自体"进行组织。

自体心理学家从发展的视角看待精神分析，将分析师的某些功能与自体客体功能联系起来。这些自体客体功能在照顾者身上有所缺失，是患者为了促进病理性自体状态的修复所需要的。强调患者的需要，而非潜意识不可接受的愿望，使自体心理学区别于冲突理论和客体关系理论。这引发了一种使自体客体需要合法化（而非解释其不切实际或扭曲的特征）的治疗观。科胡特（1971）概述了一个两步的解释过程——首先是理解，然后是通过分析师的努力从患者的角度解释倾听到的所理解的内容。治疗作用的核心是检查自体客体移情中断的时刻，以及患者和分析师对修复它所需的理解。后来，科胡特探讨了除界定精神分析领域及作为一种观察方式之外，共情本身在治疗中带来的改变和治疗作用的程度。他总结道，共情既不是一种治疗性的技术，也不是一种有效的药剂，而是一种收集资料的方法。然而，向患者传达和解释这些资料意味着共情必然是心理变化和健康的必要因素。此外，分析师的共情观察模式减少了患者对防御的需求，扩大了内省能力，促进了被回避的情感和记忆的浮现。自体心理学家在他们的临床实践中整合了科胡特关于恰到好处的挫折和"恰到好处的回应"的构想（Bacal，1985）。一些人主张重新构建治疗作用的自体心理学观点，不仅根据自体客体干预自恋追求的经验，而且根据自体客体对情感的管理不当和未能容纳情感的经验，将有缺陷的发展概念化（D. Socarides & Stolorow，1984；Newman，2007）。分析师必须认识到他在管理重度消极情感方面的附加功能，否则可能会在临床情境中给患者带来创伤。

20世纪50年代，人际精神分析逐渐出现；20世纪80年代，关系精神分析逐渐出现。二者代表了范式的转变，将分析二元体推向了治疗作用的前景。费伦齐（1933）将治疗作为一个互动过程，并强调了分析师在其中的积极作用。他影响了沙利文（1953a）关于发展和治疗的人际理论，该理论通过自我与他人的关系来看待自我的建构，以及社会和文化因素在人类经验中的重要性。对于沙利文以及追随他的其他人际分析师和关系分析师来说，意义是在此时此地的人际矩阵中创造的（Greenberg & Mitchell，1983；Levenson，1993；D. B. Stern，1997；P. Bromberg，2006）。他们假设，变化并不是源于分析师解释患者不知道的事情的客观能力，而是源于双方共同创造的经验。这里的重点是人际体验，而不是内心体验。关系精神分析师将这些过程描述为主体间性，即患者和分析师的主观体验之间的动态互动，以及理解、感受、参与和分享他人主观体验的能力。主体间性既描述了意义发生的过程，也描述了这一过程的结果。主体间性的深化能力是治疗期望得到的结果。精神分析探索必然侧重于理解主体间场——

包括误解和修复的过程以及"相遇时刻",因为这些都是在精神分析情境的此时此地展开的(Boston Change Process Study Group,2002)。这一过程也被描述为"内隐关系知晓"的变化,其只能通过非言语表达方式发生(Lyons-Ruth,1999)。

发展帮助的技术所基于的假设是,治疗作用发生在患者和分析师之间的实际关系中,而不是发生在移情中。分析师作为"发展客体"(Tähkä,1993;Hurry,1998)或"新客体"的非解释性角色,通过新组织的成长和巩固(而非通过领悟获得的整合)促进了改变。这些概念起源于A. 弗洛伊德关于儿童发展失调的理论,以及其与发展心理学、婴儿研究和依恋理论的结合。分析师作为发展客体或新客体的概念类似于分析师作为辅助自我的功能;但作为发展客体,分析师需要努力促进发展。新客体或发展客体的概念已被纳入一些自我心理学家、克莱茵学派理论家和关系学家的临床工作中,他们的患者的发展过程具有匮乏或缺陷。针对发展失调的成年患者的技术性取向被称为心理动力学发展治疗(Fonagy & Target,1996a)或基于发展的心理治疗(Greenspan,1997)。治疗目的是让患者通过与分析师的关系了解自己心灵的工作方式。目前,人们已经构想出一些方法来促进互动,处理原始防御和破坏性行为,以及发展自我反思和心智化的能力(Fonagy & Target,1998)。

加伯德和韦斯滕(2003)指出,关系与解释的争论已经减弱,我们现在必须考虑如何整合多种治疗作用模式,包括解释的作用、分析关系的作用和各种非特定策略。以上所有内容都应协同工作。在强调任何特定的行动模式时,我们最好能考虑到患者在治疗的特定时间的所有个人需要。在他们看来,治疗作用包括改变代表问题情绪、防御和人际模式的潜意识联想神经网络,以及思维、情感和动机的有意识模式。

韦斯滕和加伯德(2002)、克恩伯格(2007)等人强调,我们有必要进行实证研究，以确定治疗策略是否有效、何时有效。能够回答这些问题的精神分析治疗研究将两个方面结合起来——一方面是分析结果的评估，另一方面是对可能导致积极结果的个案过程的密切研究。这些前瞻性研究将为评估个体病例的过程而重新设计的工具和分组汇总结果研究结合使用（Wallerstein，2005）。布奇（2005）报告称，能够识别改变的工具的研究仍处于早期阶段。在总结迄今为止的研究结果时，她指出了对改变至关重要的几个方面，包括：（1）自体叙事在与他人关系中的作用，尤其是当与治疗师和他人的关系存在平行模式时；（2）对这些自体叙事的解释的准确性；（3）对与这些叙事相关的痛苦情感。

Therapeutic Alliance 治疗联盟

治疗联盟或**工作联盟**是患者和分析师之间关系的一个方面，它取决于患者维持合作努力的能力，并独立于移情的情绪效价或阻抗状态（在面对消极移情时，治疗联盟可能会很强大；在面对积极移情时，它可能会很无力）。治疗联盟的概念随着自我心理学的发展而出现。它建立在承认患者的特定自我能力的基础上，而这些能力是维持它所必需的。这些在可分析性评估中被认为有价值的能力包括：基本信任，坦率的能力，建立、容忍和反思强烈移情体验的能力，以及有效利用分析师的解释作用的能力。这些能力背后的自我功能包括现实检验、情感和挫折耐受性，以及自我反思。治疗联盟也被描述为"真实关系"的核心。一些人认为，区分移情和治疗联盟在理论上是不合理的。这一论点的核心观点是，所有思想、感受和态度都具有意识和潜意识的动机。尽管如此，一些分析师接受了这一立场，认为治疗联盟的概念在功能上是有用的。它可以描述患者在治疗的任何关键点参与分析工作的意愿——前提是他有参与的能力。以这种方式使用的治疗联盟是一个动态概念，因为它认识到，在分析过程中，治疗联盟不是一个静态的结构。

治疗联盟和工作联盟是精神分析中的重要概念，因为它们试图解析移情和移情之外的问题对治疗过程和获益的作用。事实上，与这些术语相关的问题是复杂的，因为它们涉及技术的各个方面，以及对成功参与分析治疗的患者的必备能力的考虑。治疗联盟的概念根植于自我心理学；然而，所有流派的当代分析师在某种程度上都关注分析关系的条件，因其有助于富有成效的分析工作。

治疗联盟这个术语由泽特泽尔（1956）引入精神分析词典，首次出现于她在1956年发表的一篇论文中。弗洛伊德（1912a）在其论文《移情的动力学》中，为这一概念奠定了基础。在该论文中，他讨论了移情中"难以抗拒的"意识成分的作用，将其描述为治疗的"成功工具"。弗洛伊德将这一部分与引发阻抗的移情部分进行了对比，后者包括消极移情和被压抑的积极爱欲移情。在《可终结与不可终结的分析》一文中，弗洛伊德（1937a）讨论了分析师在"将自己与患者的自我结合起来"以"抑制他的部分本我"中发挥的作用。斯特巴（1934）进一步发展了这一观点，将患者的自我在治疗过程中的作用描述为"治疗性分裂"。患者自我的一部分涉及分析的退行性移情经验，其他部分可用于自我观察。斯特巴关注本能动机和自我动机之间的分裂，这类似于E. 比布林（1937）提出的分析师与患者自我中没有卷入内心冲突的那部分结盟。

20世纪50年代引入的"范围扩展"概念（Stone，1954，1961）开启了对更严重精神障碍患者的治疗及其所需技术改进的讨论。因此，关注点更多地集中在分析关系以及分析师对此类患者采取的必要立场上；人们的兴趣在于，为了促进治疗效果，那些被描述为有"前俄狄浦斯"或二元体冲突的患者，需要什么程度的满足感，以及可以容忍什么程度的挫折。沿着这些思路，泽特泽尔（1956，1958）提出了治疗联盟的概念，来表示患者的与分析师建立相互信任的客体关系的能力。她认为，这种能力是早期亲子二元客体关系的直接表现。泽特泽尔将治疗联盟的早期来源与患者的移情神经症区分开来——后者根植于童年后期的经历和幻想。

格林森（1965a）使用了工作联盟这个术语，并从不同的角度来处理。在回应许多分析师的过分僵化的保留分析技术的观点时，格林森指出，这种技术阻碍了患者与分析师的"非神经症的、理性的融洽关系"，致使患者无法在分析中有目的地工作。格林森还观察到，患者似乎在通过自由交谈和表达移情感受来进行分析工作，但他们的分析陷入了僵局。他将此归因于非本真的参与分析，而这被形式上的顺从掩盖了。如果能识别出移情阻抗并成功地对其进行分析，那么一个富有成效的"工作联盟"就能建立起来。在格林森写作的时期，分析师主要关注患者的语言联想，因此，格林森的观察对理解微妙地活现移情阻抗做出了宝贵贡献。

之后，格林森和韦克斯勒（1969）在精神分析中写到了患者和分析师之间的"真实关系"。基于"工作联盟"的概念，他们提出，患者和分析师都本真地在场的氛围有助于分析技术的发展。尽管如此，分析技术还是侧重于对移情的解释。格林森和韦克斯勒预见了关系精神分析的各个方面，强调患者经常会观察到很多关于分析师人格的内容，而且这些观察可以成为移情和非移情背景下治疗的一部分。患者参与的"真实"方面可能会引发分析师的自我暴露，后者是分析师与患者非解释性真实关系的一个方面。对于格林森和韦克斯勒来说，分析师的自发性和个人交会本身并不是治疗性的，但可以促进解释性分析工作。

格林森的观点是有争议的。对于他对患者经历中非移情性成分的概念化，主流自我心理学分析师（C. Brenner，1979；M. Stein，1981）持批评态度。他们指出，患者的"理性的融洽关系"有移情的作用，而格林森没有解决这一问题。他们认为，移情和分析关系的其他各个方面都没有区别。这一观点与克莱茵学派的观点类似，他们将"总体"分析情境的所有方面都解释为移情。虽然关系分析师不使用治疗联盟这个术语，但他们确实谈到，分析师与患者协商模糊性和建立安全氛围的能力有助于富有成效的分析工作。

在心理治疗的过程研究和结果研究中，治疗联盟／工作联盟的概念一直是得到最深入研究的概念之一。为了将这个概念具体化，至少有6个量表已经被开发出来，几乎所有的量表都部分基于它的精神分析概念化。治疗联盟作为预测各种心理治疗（以及药物治疗）结果的力量，是心理治疗研究中最有力的发现之一（Fenton et al., 2001）。

Thing Presentation 物体呈现

见"Symbolism 象征主义"。

Third 第三方

见"Jacques Lacan 雅克·拉康""Intersubjectivity 主体间性"。

Topographic Theory 地形学理论

地形学理论是弗洛伊德关于心理组织的第一个理论，它将心灵描述为分为三个机构或系统（潜意识、前意识和意识），这三个系统被它们与意识的关系所界定，它们的特征主要表现在以下几方面：心理功能的形式（原发过程与继发过程）、能量的类型（自由的与受约束的），以及它们运作所依据的调节原则（快乐原则与现实原则）。对许多分析师来说，地形学模型得到了第二地形学说的补充，并在很大程度上被弗洛伊德（1923a）结构理论的三分模型（本我、自我和超我）所取代。

动力性潜意识的概念一直是大多数后续精神分析思想的基础。弗洛伊德从心理组织的地形学模型转向结构模型，反映了精神分析目标的重大转变——从使潜意识意识化的目标转变为分析心理冲突和将本我置于自我的掌控之下的目标。弗洛伊德的地形学模型的丰富性反映在他对梦的本质、原发过程、愿望的动机力量，以及潜意识冲突的动力性特性的革命性见解中。

在《梦的解析》第七章中，弗洛伊德（1900）首次介绍了地形学模型；而在15年后的《论潜意识》中，他将其正式用于表达一种**地形学观点**。当时，弗洛伊德将地形学观点作为构成理解心理现象的元心理学取向的三种观点之一（其他两种是动力学观点和经济学观点）。地形学模型的词根topo来源于希腊语中的"地方"，反映了弗洛伊德对心灵的观念——它由"机构"或"系统"组成，其中每个机构都占据一个特定的"心理位置"并在特定的空间关系中相互作用。该模型的一个方面将心灵描述为一种反射弧，能够将知觉转化为越来越复杂的思想，并最终转化为运动反应。此外，弗洛伊德指定了三个系统，并根据它们与意识的关系对它们进行界定。它们"位于"从心灵的深度到表面的隐喻轴上。弗洛伊德的地形学理论体现了他在神经生理学和解剖学领域的知识基础；然而，他反复强调，模型的要素不应与大脑的特定区域相关联。

潜意识系统（Ucs.）中包含的驱力衍生物以愿望和记忆的形式呈现在原发过程模式中。该模式根据快乐原则运行，不考虑逻辑、确信的程度、否定、矛盾或时间。原发过程思维不是用言语表达的（除非是最具体的形式），而是用象征、移置和凝缩的意象表达的。弗洛伊德主要是通过对梦的研究，构想了一种过程思维模式。潜意识系统与其邻近区域——前意识系统（Pcs.）被动力学力量分开，这些力量被称为"批判机构""稽查作用""压抑的力量"，其作用是将不可接受的内容挡在有意识觉察之外。前意识系统包含的思想和记忆是描述性的，而非动力性潜意识，因为注意力一旦集中在这些思想和记忆上，它们就可以毫无障碍地成为意识系统（Cs.）的一部分。前意识系统和意识系统密切相关，并根据现实原则运作。它们具有更多有组织的、线性的、语言形式的思维——这被称为继发过程。

弗洛伊德的地形学模型最终被证明是有问题的，因为将心灵划分为意识和潜意识区域并没有充分解释有关内心冲突的临床观察结果。弗洛伊德发现，不仅本能的愿望是潜意识的，而且防御性操作、道德要求和罪疚本身往往也是潜意识的。这一观察使他在1920—1926年发展了心灵结构模型以取代地形学模型。这种新的模型随后成为大多数精神分析师研究精神生活的主导理论（Gill，1963；Arlow & C. Brenner，1964）。然而，J. 桑德勒等人（1997）认为，在精神分析话语中，地形学模型提出的许多概念仍保留着核心位置，弗洛伊德的两种理论为理解不同类型的临床情境和技术方法提供了互补的选择。

Totemism 图腾崇拜

见"Magical Thinking 神奇思维""Omnipotence 全能感"。

Transference 移情

移情是患者在精神分析情境中的有意识和潜意识经验，由患者内化的早期生活经验所塑造。移情可以被概念化为内化的自体和客体表征的固有的感知和情感组织功能，以及复现或实现内心的、多因素决定的客体关系幻想的积极愿望。虽然移情经验是一种普遍倾向，但许多分析师认为，分析设置的具体属性（包括患者-分析师互动的不对称性、患者仰卧的位置，以及患者对帮助的需要）进一步激活了**退行移情**，即表达对早期父母形象的童年感受的移情。患者的移情通常包括对多个客体关系和多个版本客体关系的重新激活。移情不仅表现在患者的联想和主观体验中，还表现在他无意识地与分析师活现冲突、期望的互动的努力中（J. Sandler，1976a）。患者有意识地体验到被内化的过去的关系的重新激活——他的感受和想法是关于现在的关系的。由于移情包括与威胁和痛苦情感相关的强烈而冲突的幻想及记忆，患者会潜意识地阻抗对它们的阐释。虽然患者的移情感受的某些方面可能会被意识所通达，并在患者-分析师的互动中表达出来，但这些移情感受也被理解为对其他移情感受做出的防御。移情感受可能会被防御性地移置到分析师以外的人身上。移情感受的觉察可能会被完全压抑，而我们只能通过潜意识决定的伪装暗示来推断它们的存在。当患者体验到关于分析师的有意识移情感受时，他们可能会抵制对某种感受的觉察——这些感受的各个方面是由他们自己的内心生活决定的（Gill，1982）。由于上述移情的互动，分析师也在患者移情的表达或对觉察的阻抗方面发挥了一定作用。患者可能会潜意识地调动分析师人格的某些方面，以防御性地强调一系列感受，从而避开更多冲突的感受。分析师对自身反移情觉察的阻抗可能会提升患者对感受觉察的阻抗；后者作为对分析师立场的回应，可能会使某些感受更不可接受或更具威胁性。

移情解释的目标在于，让患者更好地理解和接受影响其移情的所有较低防御性和伪装性的内在心理因素。移情解释的能力为患者对早期关系在内心的反复激活提供了领悟，这是精神分析的核心发现，也是精神分析治疗的一个关键特征。移情分析的治疗益处取决于患者在分析经验中的情绪投入能力、患者对这种交会在很大程度上是由他自己的心理现实塑造的加以理解的能力，以及患者将分析师体验为"新客体"——可以用新颖的方式解决老问题的人——的能力。

移情是精神分析中一个重要的概念，因为它生动地表明过去存在于现在之中，并对现在施加强大的作用。虽然移情是精神生活的一个普遍特征，但它在分析情境中的作用为患者提供了独特的体验，为治疗性获益提供了效果最大的一种手段。历史上，对移情的解释将精神分析与其他所有治疗方法区分开来。虽然当代精神分析各个学派在移情的取向上有差异，但所有学派都必须以某种方式向每个患者解释分析关系的内在重要性。

在当代精神分析话语中，围绕移情概念存在三个基本争议。它们是：移情是如何被概念化的、分析师自己的主体性如何影响患者的移情及其表达，以及移情是如何被解释的。第一个争议（移情是如何被概念化的）提出了以下问题：（1）移情作为所有人类关系中不可避免的一个方面，能通过分析设置和分析技术被提升到很高的地位吗？（2）移情是潜意识的蛮横愿望和对它们的防御的表现，还是说，它表达了患者需要重复，从而掌控其过去创伤方面的需要？（3）移情是患者为治愈并继续他中断的发展而做出的努力吗？移情是否意味着一种希望在旧体验重复的背景下获得新体验的愿望（Loewald，1960）？（4）移情幻想是否完全形成于患者的心灵中？它们只是在与特定分析师的互动中寻求特定表达（D. B. Stern，1997），甚至可能只是在对分析师行为的可靠体验中寻求表达的倾向吗？（5）患者经历的所有方面都是移情的结果吗？患者经验的各个方面是否可以被更好地描述为性格防御的表达，而不是早期关系经验的各个层面（J. Sandler，1969）？（6）潜在的"原生"移情（Stone，1967）或"基本"移情（Greenacre，1954），以及早期亲子互动唤起是否出现在较晚发展出的再激活以及离散移情之前的分析中？（7）患者是否与分析师形成了一个"治疗联盟"（E. Bibring，1937），即与分析师的分析功能相认同？（8）患者是否与分析师建立了"工作关系"（Greenson，1965a），即一种成熟的愿望，希望与分析师一起共事而不受移情的影响？移情的不同特征并不是相互矛盾的，在临床工作中，分析师可能会纳入不止一种移情概念。

第二个争议（分析师自身的主体性如何影响患者的移情及其表达）提出了以下问题：（1）鉴于患者的内心生活扭曲了其态度，分析师是否主要是患者态度的被动接受者？或者说，分析师人格的特殊性、他的反移情、他的理论是否有助于表达患者移情的一个方面，而非另一个方面？（2）虽然患者有特定的移情幻想，但分析师的主体性是否会引发共同创造的移情体验，进而需要探索双方的作用？（3）鉴于患者的移情幻想有内心的起源，它们最好在二元体中的活现中被理解，还是在分析师通过投射性认同的主观体验中被理解？

第三个争议（移情是如何被解释的）提出了以下问题：（1）移情的表现应该在治疗的早期被解释，还是说，这种早期解释抑制了移情的充分表达？（2）移情只有在它成为阻抗之时，才应该被解释吗？（3）移情解释应该集中于此时此地的移情表达，还是应该将患者的当前体验与过去联系起来作为一种发生学解释？（4）移情的解释应该从分析师询问患者对自己的反应开始吗？（5）分析师是否处于一个能够知道患者移情感受的哪些方面源自内心、哪些是对当前患者-分析师实际互动的反应的位置？（6）除了处理象征性和压抑性思想、观念的移情解释外，分析中是否存在突变的互动，即"相遇时刻"，从而引发患者程序性"内隐关系知晓"（D. N. Stern et al.，1998）的获益性转变？

弗洛伊德写了几篇关于精神分析技术的论文，尽管移情在其技术理论中起着核心作用，但他并没有通过理论上的其他变化对移情的概念做出重大修正。弗洛伊德（Breuer & Freud，1893）于1893年首次使用移情这个术语，将其描述为"虚假的联结"。1893—1917年，弗洛伊德将移情概念化为力比多从一个客体（表征）移置到另一个客体的表达。在《梦的解析》中，弗洛伊德（1900）将移情描述为潜意识精神生活的一个原则，并阐述了其概念。被压抑的潜意识冲动寻求对非禁止的前意识思想的依附点，就像力比多／被禁止的幻想通过移置到分析师身上寻求满足一样。1905年，弗洛伊德（1905a）将移情描述为分析过程中意识到的幻想的"新版本"，这些幻想可能成为治疗的障碍。在《关于技术的论文》中，弗洛伊德（1914b）描述了移情的阻抗和促进功能。**积极移情**或**爱欲移情**（对分析师的性愿望的表达）和**消极移情**（敌意或批判性感受的表达）起到了阻抗的作用，因为谈论它们让人感到不适，而且它们易于阻止患者的自由联想（Freud，1912a）。弗洛伊德将爱欲的积极移情与对分析师的非性欲积极感受进行了对比——后者可以被患者自由表达。这种积极的、**难以抗拒的移情**并没有起到阻碍作用。事实上，由于这种难以抗拒的移情中含有对权威形象的积极尊重，弗洛伊德将其视为"建议"的一部分，即分析师影响的治疗益处。由于这种影响，患者更有可能接受分析师的解释，即患者对分析师的爱欲和消极感受源于患者早期生活中的重要人物的移置。难以抗拒的移情的这种无威胁的积极态度也将患者与分析师联系在一起，并支持患者的动机，使其在面对移情渴望所带来的羞耻和挫折时仍能留在分析中。后来的一些分析师将这些观点阐述为治疗联盟的概念。弗洛伊德（1914c）将移情与强迫性重复（而非回忆过去）联系起来，阐明移情既是精神分析中的一种阻抗，也是改变的主要工具。当患者打算与分析师一起活现（重复）时，移情是一种阻抗；当患者获得对重复的领悟，从而理解（记起）其冲突的历史根源时，移情是改变的工具。弗洛伊德还解释说，对过去客体的移情重复组合成**移情神经症**，由此，对过去关系的所有力比多依附都被移置到分析中。这导致患者与分析师的关系中包含了最初引发患者症状的所有冲突。弗洛伊德写道，通过对移情的解释，对分析师的依附最终被"消解"了。

弗洛伊德的移情概念仅限于愿望的移情（移置）。A. 弗洛伊德（1936）观察到，在移情中，除了愿望之外，最初对愿望的防御也再次出现。这些**防御移情**更难解释，因为它们已融入患者的性格风格，被有意识地合理化，而患者没有将其视为动机。A. 弗洛伊德继W. 赖希（1933/1945）之后，将对防御的移情解释称为"性格分析"。A. 弗洛伊德之后的自我心理学分析师将移情视为一种妥协形成，即过去的愿望、防御、罪疚和自尊需要的防御性扭曲表达。

弗洛伊德关于移情的一些观点已经得到后来的分析师的修改或补充。一般来说，当代分析师并不认为患者在治疗过程中总是需要经历移情神经症。当代分析师也特别反对使用影响力进行治疗；他们对患者希望被影响的移情愿望保持警惕，并分析其意义。

人们已经对移情的一些种类进行命名。**性化移情**是指患者的想要分析师对他的爱欲渴望做出回应的强烈愿望；患者并不把这些愿望看作自己内心生活的复杂表达，而是将之视为对当前现实的迫切要求（H. Blum，1973）。**移情精神病**是指患者对仅限于移情的妄想观念的体验（Kernberg，1967）。

在弗洛伊德提出移情概念之后的几年里，对移情的观点不断演变。在20世纪50年代和60年代，作为对严重精神障碍患者的治疗及当时实施的不必要的剥夺分析技术的回应，一些分析师理论提出，分析师和患者之间的关系存在有益的、非移情性的方面。这些方面被概念化为分析师和患者之间的"真实关系"（Greenson & Wexler，1969）或对治愈对象的基本母性移情的表达（Greenacre，1954）。分析关系的这些方面没有被解释，而是被视为分析的必要背景。后来的分析师（Bird，1972；C. Brenner，1979；M. Stein，1981）认为，移情渗透到分析关系的各个方面，包括患者在分析过程中对相互性和合作的基本感觉。洛伊沃尔德（1960）对此观点提出了一个重要的反对意见。他设想，患者愿意经历一种强烈、退行的移情是基于他对分析师作为潜在新客体的信任。洛伊沃尔德还强调，患者整合意识和被压抑的方面的能力会在其与分析师的关系中得到提升。和患者相比，分析师可以看到患者身上"更多"的东西。

精神分析师在自己的理论传统中对移情进行概念化。克莱茵学派的分析师将移情视为患者与分析师此时此地的关系不断变化的感受；这些感受通过患者所说的每一句话来表达，并通过投射性认同汇集在分析师的非言语行为中。分析师通过调谐自己的主观体验以及注意患者如何倾听和使用分析师的言语来了解患者的焦虑和他对焦虑的防御。分析师在对当前情况有了很多了解之后，才会在分析的后期提供发生学移情解释（B. Joseph，1985）。

自体心理学家关注的是患者对自体客体需要所引发的移情，而非与内化客体关系相关的愿望和恐惧。自体客体是作为自体的一部分被体验的、为自体提供基本功能的另一个人。当自体客体功能的需要在童年没有得到满足时，个体要么在与他人的关系中寻求满足，要么防御匮乏和渴望的感觉。**自体客体移情**包括镜映、孪生和理想化。自体心理学家解释了对这些移情的出现的防御；他们认为，这些移情出现后，分析师会共情它们所表达的自体客体渴望（Kohut，1971，1977）。

关系分析师将精神分析情境描述为一种双人体验，其中患者的内心移情和分析师的主体性都有助于患者-分析师的互动。关系分析师可能会解释患者移情的表达，但对他们自己参与共同创造移情的可能性非常敏感。关系分析师还假设，他们自己内心生活的各个方面对患者来说都是显而易见的，而患者的移情是为回应他对分析师的观察和了解而产生的（S. Mitchell，1997；I. Hoffman，1994）。

对于移情在患者-分析师互动中的表达方式，所有理论视角的当代分析师都很敏感。分析师不仅倾听患者对移情的言语联想，还对移情幻想在分析设置中如何活现保持警惕。因此，分析师将自己的主观体验视为活现移情的重要信息来源。

Transmuting Internalization 转换性内化

见"Internalization 内化""Selfobject 自体客体"。

Transsexualism 易性癖

易性癖是一种成年期的性别认同，即个体对性别的主观意识与出生时的生理性别不同，且希望改认性别。易性癖者通常会非常积极地进行生物干预，如激素治疗、整形和变性手术。虽然易性癖者并不否认他们的性别结构，但他们将其体验为"不相容的"。易性癖在男性和女性中都有发生，但在男性中发生的频率明显更高。易性癖可以与跨性别区分开来，后者描述了广泛的性别差异和性别表达。

易性癖是精神分析中的一个重要概念，因为它表明了当代关于性别同一性变化的知识的局限性。虽然人们普遍认为性别同一性是生物学、心理动力学和社会因素的复杂结果，但对于任何一个独特的个体来说，如何分析这些不同的作用尚不得而知。精神分析师探索此类情况的能力有限，因为他们只能接触到一个大群体中自我选择的子集。关于易性癖是否是一种病理状态，仍然存在争议。

赫希菲尔德（1923）在其德文作品《两性的构造》中首次使用了心理易性癖这个术语。考尔德威尔（1949／2006）研究了一位从小就把自己当成男孩的女性，她在寻求手术干预以成为男性。通过对这个个案的研究，考尔德威尔将这一术语引入美国。内分泌学家H. 本杰明（1966）发表了第一篇全面描述易性癖的文本，并为性别重新分配提供了主导性治疗方法。

有多种理论解释了易性癖的发生，如生物／印刻假说、非冲突同一性假说和冲突／防御假说（Meyer，1982）。莫尼提倡的基于动物模型的生物／印刻假说，将易性癖视为一种与非冲突同一性相关的基于生物学的状态（Meyer，1982）。斯托勒对性别异常的研究是对易性癖研究最早的精神分析工作之一（Stoller，1966，1968a，1968b，1973）。斯托勒认为，易性癖是一种性别认同障碍，其源于婴儿早期与父母的特殊经历。在他的构想中，一个非冲突性的女性同一性是在男童身上形成的——没有男性认同就没有俄狄浦斯情结问题或随之而来的阉割焦虑。他将易性癖者的母亲描述为双性恋者，她潜意识地希望避免分离，并努力在儿子身上树立女性认同。易性癖者的父亲要么不在家，要么没有采取任何措施来阻止男孩的女性化。斯托勒将易性癖与女子气男性的同性恋和性倒错区分开来，后者内部存在着冲突。欧维希和珀森（1973，1976）认为，易性癖在性别认同障碍连续统一体中是一个极端——接下来是异装癖和女子气男性的同性恋。他们提出，这些障碍是婴儿发展分离-个体化阶段未解决的分离焦虑所导致的。这种差异主要表现在初级易性癖（在整个发展过程中，个体始终希望变性）和次级易性癖（仅在压力加剧时，女子气男性的同性恋或异装癖者才产生变性的愿望）之间。迈耶根据他对500多名变性者的临床经验对男性和女性易性癖者的发展做出了罕见的解释。迈耶强调了早期发展创伤对身体自我和自体感的影响。这种创伤是由母亲对性别差异的非承认幻想以及她将儿童作为自恋延伸物所造成的。这种养育方式下较健康的结局可能是倒错，这意味着象征能力仍然完好无损。然而，一旦象征能力受损，就会导致易性癖及其相关的表征具体化和近精神病性结构。

当代对易性癖的精神分析理解的贡献虽然有限，但试图扩大对跨文化性别差异的理解。尽管大多数文献继续将易性癖定义为最适合进行精神分析治疗的一种病理状态（Ambrosio，2009），但也有一些文献将之视为性别表达的差异，并且将变性手术和心理治疗视为有益的（Pfäfflin，2009）。精神分析女性主义者和性别理论家（Butler，1990，1993，2004；Goldner，1991；Harris，1991，2005a；Chodorow，1994b，1995）以及酷儿理论家（G. Grossman，2002）对性别分类的二分法模型提出了怀疑，并警告人们不要基于患者人群对变性做出病原学解释。一些理论家承认人类性别经验和表达的实际差异程度和概率，并支持性别的精神分析理论（Corbett，1996，2009b；Ehrensaft，2007）。

Transvestism 异装癖

异装癖是指通过异性装扮或穿异性的衣服来完成性唤醒和性满足的要求。异装癖者的性别同一性与其生物性别一致。异装癖在男性身上发生的频率高于女性，男性异装癖也常常与异性恋客体偏好有关。一些研究者强调了易装癖行为背后的俄狄浦斯层面的冲突，尤其是阉割焦虑；还有一些人则强调前俄狄浦斯层面的冲突，尤其是分离问题。在对男性异装癖者的分析中，异性装扮被理解为具有多重功能，如表达女性身份、作为对乱伦俄狄浦斯愿望的惩罚，以及表达阳具女性的幻想等。异装癖者与易性癖者或异性装扮者不同。易性癖者是指其性别同一性与指定的生物性别不同的人。异性装扮者是指为了性唤醒或性行为以外的原因而穿异性衣服的人。

异装癖是更普遍的性倒错概念的一个例证。弗洛伊德对倒错、正常婴儿性欲、神经症和正常成人前戏之间相似性的观察，促使他彻底颠覆了自己原来的观念，提出心理性欲是一种普遍的动力，在出生时表现为一种多形态的倒错倾向。异装癖也与恋物癖的概念有关，对它的研究使弗洛伊德（1927b）对自我分裂在其防御功能中的作用有了重要见解。

赫希菲尔德（1910/1991）创造了异装癖这个术语，指自愿和习惯性穿着异性服装的人。他通过案例研究发现，许多（但不是所有）异装癖者都经历过异性装扮的性唤醒。采用赫希菲尔德的术语，费尼切尔（1930）首次使用英语对异装癖进行全面的精神分析探索，将其归类为性倒错；并且认为其在潜在的动力学方面类似于恋物癖，不同的是，异装癖者穿着他的恋物客体，即异性的衣服。在严重的阉割焦虑下，男性异装癖者把自己想象成一个女人，将阴茎藏在女性衣服之下，并用女性衣服来代表女性的阴茎。这些结构共同维持了女人有阴茎的潜意识幻想，从而缓解了他的阉割焦虑。

斯托勒（1964，1965，1966，1968a，1968B，1973，1979a，1979b）在他的性别发展研究中对异装癖和易性癖给予了极大的关注。与费尼切尔一样，斯托勒将男性的异装癖归类为恋物性倒错。他描述了异装癖者为维持分裂的同一性所做的努力，在分裂中，他既是一个强有力的异性恋男人，又是一个有阳具的女人。根据案例和对成人异装癖早期历史的重建，斯托勒鉴别出童年时期引发异装癖发展的几个原因：母亲的潜意识需要将儿子女性化、母亲把儿子作为过渡客体、母亲自己的性别同一性混淆、父亲与母亲共谋将儿子女性化、父亲的缺席。斯托勒还描述了异装癖者的生活史——症状变得越来越复杂，从有限的私人恋物癖行为发展到需要作为女性公开亮相。

欧维希和珀森（1976；Person & Ovesey，1978）以更现代的倒错观来看待男性异装癖。在这种倒错观中，重点是自我、自体和客体关系的病理，而不是阉割焦虑本身。他们认为，异装癖的病因仍是未知的，就像其他性和性别病理一样，其中有多种决定性因素，包括冲突、学习、认知发展和生物学，以及潜在的心理动力学。他们还将异装癖视为一种发展梯度——最严重的一端是易性癖，另一端是女子气男性的同性恋。尽管拒认其病因学，但他们描述了一段易性癖发展史——分离-个体化失败引发分离焦虑，同时，他与父亲和随之而来的阉割焦虑发生激烈的俄狄浦斯冲突。他们将异装癖者描述为在少年时期并不柔弱的、事实上很看重自身的阳刚自信的男性。

Trauma 创伤

创伤是一种突然的压倒性刺激（来自外部或内部，超过个体主动同化的能力，且对心理功能产生严重和普遍的消极影响）造成的心理中断。与创伤相关的主观心理状态是一种无助感——从完全冷漠和退缩，到伴随着近乎恐慌的无组织行为的情绪风暴。创伤可能会影响人格功能的许多方面，包括自体感、客体关系的质量、象征的作用和幻想的能力、情感的耐受度、现实检验和继发过程思维。创伤发生的条件由多种因素决定，如真实事件的性质、其对个人的心理意义、发展因素、先前存在的精神疾病引发的潜在脆弱性、先前创伤的影响，等等。创伤的心理机制被假定为刺激屏障或自我保护屏障的破坏，自我被压倒并失去调节能力。在其含义的外延中，**休克创伤**（单一经历后的创伤经验）与**应激创伤**或**应变创伤**（在长期的低水平创伤经历后产生，随着时间的推移会引发心理压力）（Kris，1956b），以及**累积创伤**（源于在儿童的发展过程中母亲未能充当与创伤经历相关的外部保护屏障或刺激屏障）相区别（Khan，1963）。

　　从一开始，创伤的概念就在精神分析领域的理论化中有着重要地位。弗洛伊德早期的神经症理论强调了创伤在其病因学中的作用；在他的诱惑假说中，他将精神障碍归因于创伤性的童年性经历的影响。弗洛伊德最终否定了这个假说，因为他发现，神经症可能源于以潜意识性幻想为形式的不被接受的愿望，而与暴露于真实的创伤无关。正是这种对心理现实重要性的承认，引发了弗洛伊德关于心灵的真正精神分析模型的构想。在这个模型中，精神病理学源自内部和外部来源之间复杂的相互作用，或弗洛伊德（1916/1917）所说的"互补系列"。弗洛伊德主义精神分析一直被误解，有时也被批评为削弱或否认了外部现实（包括创伤）的影响（Masson，1985a），因为在这种理论中，真实经验总是与它对个人的有意识和潜意识的意义一起被考虑。真实经验或内心经验被视为心理结构和精神病理的组织者或驱动者的程度问题在精神分析理论中有很大差异，并且引发了大量争议。例如，克莱茵学派的理论家主要强调"潜意识幻想"和驱力的作用，而人际关系学家和自体心理学家则强调父母养育不足的创伤影响。事实上，精神分析理论化的演化遵循了一个总体趋势，即在发展和临床情境中更加强调真实经验的影响。

　　创伤是一个医学术语，源自希腊语中的"伤口"，指身体受伤及其影响。弗洛伊德对创伤最早的观点形成于他对19世纪晚期欧洲文化的了解——其中充斥着对**创伤性癔症**的起源的争议。弗洛伊德受到了法国神经学家夏科特，以及其他人工作的影响。夏科特提出了癔症理论，将癔症归因于创伤的影响（可能包括强烈情绪状态的创伤影响），他认为心灵因退行性遗传而变得脆弱，进而引发解离的观念和躯体症状。弗洛伊德也探讨了创伤、解离和潜意识观念之间的关系。他将**心理创伤**定义为一种强烈的"情感配额"，其超过了主体的释放能力（Freud，1888/1893）。弗洛伊德（Breuer & Freud，1893/1895）认为"往事回忆"创伤导致了激发防御的心理冲突，以及日常意识与想法的隔离。1896年，弗洛伊德（1896c，1898b）提出了他著名的诱惑假说，将癔症解释为童年时期创伤性性诱惑的后遗症。弗洛伊德将创伤性诱惑分为两个阶段。他指出，最初的事件发生于童年时期，儿童经历了成年人的性诱惑，但没有感受到性唤醒；青春期的经历重新唤起了对最初事件的记忆，导致创伤维度的压倒性兴奋状态。只有通过延迟作用（事后性）的过程，童年事件才变得具有创伤性。

大约从1897年开始，弗洛伊德（1905c）逐渐放弃了诱惑假说，转而支持一种革命性的内源性过度刺激理论。由此，潜意识幻想和最终的驱力成为冲突和防御的主要动力。虽然创伤在他的神经遗传学观点中的作用逐渐减弱，但它从未被消除，并在他的作品中成为一个有趣的话题。事实上，弗洛伊德（1919a）对神经症的创伤性病因学的兴趣重新获得了关注，因为第一次世界大战爆发导致战争神经症和**创伤性神经症**的发病率很高。他注意到在和平时期的移情神经症和创伤性战争神经症之间的相似性，并引用了自我对受损的恐惧这一共同因素。和平时期的移情神经症由力比多引起；而创伤性战争神经症源于外界的威胁。弗洛伊德引用了掌控创伤的倾向与企图之间的更多相似之处。在《超越快乐原则》中，弗洛伊德（1920a）进一步发展了他对刺激屏障，即在约束刺激和将兴奋维持在一个最佳水平上的防护盾的思考。弗洛伊德从体质因素及其准备状态两方面描述了刺激屏障的力量。在创伤条件下，刺激障碍被打破，个人的完整性被湮没，快乐原则不再有效；并且当个人试图掌控创伤而未能成功时，他就会出现退行。**创伤梦**和弗洛伊德称之为"强迫性重复"的其他表现都是掌控创伤的努力。

1926年，弗洛伊德（1926a）修正了他的焦虑理论，提出自我产生信号焦虑以保护其不被压倒，从而避免创伤体验。实际上，信号焦虑是一种可以用于抵御内部产生的创伤潜在刺激的保护机制，类似于刺激屏障，后者保护自我免受来自外部的创伤。在这次修订中，弗洛伊德还为他的创伤观点增加了一个发展的视角，将最初的创伤状态视为**出生创伤**（他在1924年与兰克共同提出的）或他所说的"自动焦虑"，其源于婴儿出生时突然被刺激淹没。随后，焦虑以两种形式被体验，一种是表征出生时创伤的**创伤性焦虑**形式，另一种是自我在防御服务中引发的减弱的焦虑形式（信号焦虑）。弗洛伊德发现了一系列发展上可预测的潜在创伤危险情境，其引发自我的焦虑信号，包括：（1）对被刺激压倒的恐惧，源于婴儿的完全无助；（2）对失去婴儿所依赖的客体的恐惧；（3）对失去客体的爱的恐惧，而客体的赞许已成为儿童幸福感的核心；（4）对阉割以报复俄狄浦斯欲望的恐惧；（5）随着关系的内化而产生的对超我的恐惧。没有人能够不受创伤影响。信号焦虑功能可能会失效，因为处理过多兴奋的能力总是有限的。在重述弗洛伊德的诱惑假说时，费伦齐（1933）在《成人和儿童间的言语的混乱》一文中提出，精神病理因素源于父母虐待（尤其是性虐待）的创伤以及他们对儿童的虐待经历的模糊化。

弗洛伊德为后来对创伤的许多探索奠定了基础，他关注创伤的作用机制、对脆弱性的作用，以及临床后遗症。当代文献同样关注创伤本身、创伤的前提条件，以及创伤的临床效应。创伤概念的范围也越来越广。对童年创伤的强调，在很大程度上反映了发展研究的发展。发展主义强调连续过程（而非离散事件）、回溯性区分急性和慢性疾病的困难，以及创伤与所有特殊类型的心理结果之间精确联系的缺失（Furst，1967）。

对童年创伤的研究侧重于创伤倾向的发展方面，详细阐述了事件在何种情况下可能会产生创伤性影响。这些研究主要涉及特定阶段的时间因素、焦虑倾向、挫折耐受性、自我的准备状态、下意识的能力、防御的僵化、自尊、内部冲突程度、超我的严厉性、客体关系或依恋的性质，以及实际经验与记忆、愿望和幻想的共鸣，等等。所有作者都强调了在相互作用的体质因素、经验和动力学因素的影响下，儿童自我的脆弱状态。上述所有观点都强调了早期照护人员在实施或预防创伤方面的作用。申格尔德（1989）描述了"灵魂杀手"，即由于诱惑、过度刺激、残忍、冷漠和忽视而蓄意干扰儿童的独立同一性、生活中的愉悦和爱的能力。

关于创伤后果的文献也很复杂。一些作者认为，创伤是不可避免的，但不一定会引发病理症状。例如，A. 弗洛伊德（1967a）观察了暴露在战争条件下的儿童，描述了他们在共同的社会环境中对增多的刺激的适应能力。类似地，她描述了儿童适应父母的严厉管教的能力——管教如果是意外或不熟悉的，可能就会被体验为创伤性的。还有许多人试图解释创伤修复的质量。例如，兰格尔（1967b）描述了早期发展中创伤的不可避免性，以及掌控和提高适应能力的可能性。然而，许多人也认为，创伤事件不可能是完全整合的。虽然创伤没有特定的病理结果，但其常见的后遗症包括症状、抑制、大量的压抑和解离、反复出现的退行、广泛的回避模式、心智化失败，以及其他的性格扭曲。包括弗洛伊德（1920a）在内的许多人都注意到，创伤与重复（活现）之间存在联系。在探索大屠杀心理影响的大量文献中，尼德兰（1968）描述了一种"幸存者综合征"，涉及幸存者罪疚和其他后遗症。从这一背景开始，其他人探索了**创伤的代际传递**（H. Barocas & C. Barocas，1979），或父母创伤的影响传递给儿童的潜意识过程。许多人探索了伴随着严重童年剥夺以及住院致病症和依附性抑郁相关综合征的特定精神病症（Spitz，1945；Fraiberg，1982）。一些人研究了客体丧失（Frankiel，1994）、性虐待（Davies & Frawley，1992）和移民（Akhtar，1995）的后遗症。许多人注意到，创伤史与边缘型人格障碍之间存在密切的联系（Fonagy，2000）。对这一主题的有用的回顾见弗斯特（1967）、克里斯托（1968，1988），以及帕朗斯、布卢姆和萨尔曼

（2008）的作品。

解离理论家（Van der Kolk，2000；Tutte，2004；Bromberg，2006）强调了成年患者的童年创伤与解离现象之间的关系——无论有没有发生大规模创伤。他们的理论是，创伤会引发与自体状态相关的非符号化情感，这些情感无法作为记忆重新出现，只有通过行为活现才能获得。这些理论将治疗作用归因于对临床情境中人际构造的活现的探索。这些理论还与关于程序性记忆系统和内隐记忆系统的理论联系在一起。这些记忆系统在某些条件下（如创伤）可能会被优先激活。

在精神病文献（PDM Task Force，2006）中，创伤性神经症这个术语在诊断中已被创伤后应激障碍（PTSD）所取代。创伤后应激障碍是一种具有一系列特征的综合征；在大规模的创伤条件下，有很大一部分人会出现这种障碍，其症状包括"强烈的恐惧或恐怖、对创伤性事件的强制性重复和反复再体验、避免相关刺激、内部麻木机制（如解离和酗酒）、唤醒度提高、相关记忆和感受的内部侵入、躯体状态，以及再活现"。越南战争结束后，恐怖事件的多发使人们对创伤后病理症状的兴趣得到了相当大的提升，创伤后应激障碍变得家喻户晓。这些情况在成人中更为普遍，但在儿童和青少年中也存在类似的创伤后应激障碍模式。一些理论家试图将精神分析的观点与发展心理学和认知神经科学的证据结合起来（Schore，2002）。

Trial Identification 尝试性认同

见"Empathy 共情""Identification 认同"。

Triangulation 三角关系

三角关系是儿童在生活中与现实中的人经历三元人际互动并发展相应的内心结构的过程。三角关系可以被概念化为与发展的前俄狄浦斯期和俄狄浦斯期相一致的早期和晚期发展形态。三角关系始于儿童超越对父母中一方的二元依恋而发展出与"第三方"（如父亲）的互动，并感知父母之间与自己的依恋。三角关系是个体的客体关系与其他两个重要的人（通常是父母）形成复杂、矛盾的关系（包括觉察他们之间的关系）的发展过程。

三角关系是所有强调俄狄浦斯情结重要性的精神分析理论的核心概念，但它并不要求将所有重大的发展成就都视为一个整体。作为一个过程，它标志着婴儿最早有能力从心理上超越母婴二元体，接受"他者"，感受在自己之外的两个不同的人之间的感觉。作为一种人际交往能力，它意味着儿童能够处理复杂的关系和情绪，如矛盾、嫉妒和竞争。此外，儿童被迫面对自己在家庭中的位置，并接受他所经历的自恋伤害，因为他被排斥在他所观察到的父母的亲密关系之外。

三角关系这一术语源于三角学。直到20世纪70年代阿贝林（1971，1975）赋予其精神分析意义之后，它才经常出现在精神分析文献中。他明确地将其与幼儿对与母亲、父亲的关系的掌握，以及他们彼此之间的关系的发展阶段联系起来。三角关系的概念在弗洛伊德关于俄狄浦斯情结的最早理论中存在，不过他自己并没有使用这个术语。阿贝林对术语的使用是基于马勒（1972）对分离-个体化理论的研究。他描述了当儿童体验"他者"（通常是父亲）时发生的最早的三角关系。三角关系有两个功能，一是将儿童引入更广阔的世界；二是促进儿童与母亲的二元关系的分离。在马勒的分离-个体化范式中，父亲促进了儿童的自主性，并实现了与和解亚阶段的矛盾体验的母亲的心理分离。为了实现三元关系和三元结构的内心表征，儿童需要有"第三方"的实际经验（Rupprecht-Schampera，1995）。

三角关系后期的必要条件是弗洛伊德的心理性欲发展的俄狄浦斯期。这种先进的三元关系是随着发展中的儿童性驱力和攻击驱力的调动而形成的。弗洛伊德（1900，1923a）描述了男孩对母亲的爱以及与父亲的竞争，并在描述消极或颠倒的俄狄浦斯情结时，进一步阐述了三角关系的复杂形式。虽然弗洛伊德（1925b）最初认为，男孩和女孩的三角发展不是平行的，但他（1931）之后认为女孩的发展不同于男孩。一些理论家认为，俄狄浦斯的神话更恰当地描述了男孩的三元关系，而珀耳塞福涅的神话、雅典娜神话和美杜莎的神话则是这一时期女孩的三角关系的更准确范式（Kulish & Holtzman，1998；Seelig，2002）。

不同信念的理论家认为，三角关系对于一系列心理能力的最佳发展至关重要。阿贝林指出，三角关系是一种工具，它将儿童的心理组织从感觉运动关系的层面推向表征和象征形成的层面。随着这种变化，儿童对两个他人之间的关系产生了一种感觉，从而巩固了自体意象的感觉。虽然这可能被视为类似于俄狄浦斯层面的三角关系，但这里强调的是自体感，而不是将性驱力和攻击驱力元素融入三角关系中。普鲁雷希特-尚佩拉指出，父母替代儿童提供的情绪整合和情境化的独特自我功能可以帮助儿童应对挫折和不稳定的情感。这些辅助功能起到了"三角心理功能"的作用，而儿童则与同一个人建立了二元关系。当父母不能提供这种三角功能时，儿童会寻找一个"他者"（例如，父亲），作为这些辅助自我功能的潜在资源。布里顿（1989）将三角关系定义为自我反思能力的基础，也就是说，看到自己与他人的互动并想象自己的另一个视角。

拉康（1966/2006）和A.格林（1975）认为，三元结构从出生起就存在，因为儿童认识到他／她是母亲和父亲之间关系的产物，并且母亲渴望着儿童以外的人。拉康将母亲的欲望客体称为"象征性父亲"，它代表将母亲与儿童分开的任何人或任何活动。他强调三角关系在象征功能发展中的重要作用。在他看来，象征性阳具和父亲形象促进了从"镜子阶段"的二元关系到"寄存器"的象征功能的结构层次的转变。格林将三角关系的概念应用于心灵的发展及其创造过程。

关于婴儿发展的研究侧重于考察婴儿、母亲和父亲之间的三元互动。使用洛桑三元游戏实验范式（Corboz-Warnery et al.，1993）对婴儿在三元互动中的凝视和情感表达的微观分析观察表明，婴儿在9个月前已表现出三角关系。婴儿通过情感分享、情感信号传递和社会参照等策略，在与父母的互动中表达其实现预期目标的意图。在这个模型中，三角关系被定义为一个过程，其功能是建立和维持高情感卷入的三元互动（Fivaz-Depeursinge & Corboz-Warnery，1999）。

Tripartite Model 三分模型

见"Structural Theory 结构理论"。

Turning against the Self 转向自身

转向自身是将最初针对他人的不可接受的攻击性感受或冲动重新定向到自身的防御过程。弗洛伊德（1905c）没有为这一过程命名，但他把犹太人的自嘲式民族幽默理解为转向自身的一个例子。弗洛伊德（1915b）将"转向主体自身"确定为本能的四种变迁之一（另外三种是压抑、升华和反转至对立面）。虽然弗洛伊德（1915b，1917c，1924a）没有使用这个术语本身，但他描述了转向自身在抑郁和受虐现象中的突出作用。A. 弗洛伊德（1936）创造了"转向自身"这一短语，将其描述为防御机制"从主动变为被动"的一种形式。她还探索了这一机制与她所说的"对攻击者的认同"的密切关系。

Twinship 孪生

见"Self 自体""Self in Self Psychology 自体心理学中的自体""Self Psychology 自体心理学""Selfobject 自体客体"。

Uncanny 怪怖

怪怖是一种由被压抑的东西可能会恢复觉察的经历或看似真实的原始信仰（思维方式）引起的奇怪感受，尤其是恐惧和恐怖的感受。怪怖体验总是既熟悉又陌生，还总是涉及对所经历的是真实还是虚幻的怀疑。怪怖的例子包括：似曾相识之感，看到另一个自己、鬼魂、尸体、似乎活过来的机器、被切断的身体部位，"邪恶之眼"，重复的巧合。怪怖是对艺术的一种常见的回应。

弗洛伊德谈到了与怪怖有关的各个方面，如似曾相识（1901）、儿童在父母卧室里听到噪声的体验（1905b）、看到自己的替身（1911c），以及男孩看到女孩生殖器的体验（1910b）。然而，弗洛伊德（1919d）对这一主题最广泛的探索是在他的论文《怪怖者》中。在其中，他描述了怪怖经验的两个可能来源，但并不总是能将两者区分开来。一个来源出现在被压抑的婴儿情结（尤其是阉割情结）得到恢复的情境中。另一个来源出现在幼稚地相信"思想的全能"似乎再次成为可能时。弗洛伊德还将怪怖与强迫性重复联系起来——这创造了一种离奇的巧合感。

伯格勒（1934）根据结构理论更新了怪怖的概念。他认为，怪怖的感受可能是作为焦虑-快感的受虐体验。沙利文（1953a）描写了他所说的

"怪怖情绪"，即儿童面对母亲自身的焦虑或不赞同时所体验到的恐惧、厌恶和恐怖。科胡特（1971）讨论了怪怖作为一种防御手段的作用，即减轻"对自体和身体的活力的担忧"，并且断定无生命的人也可以活着。巴赫（1975）认为，怪怖经验源于一种情境——个体在这种情境中会感到与一个内化的自恋性自体客体缺乏互惠的对话，从而产生一种自体的不连续感。特瑞（1985）探索了与实际创伤相关的怪怖；费格尔森（1993）则探索了人格变化产生奇异和扭曲效应的案例。

Unconscious 潜意识

潜意识，又译为**无意识**。潜意识是个体觉察不到有意识的体验，却对其产生积极影响的心理过程或内容。在精神分析中，潜意识描述了心灵的一个区域，这个区域的心理内容由于压抑而被拒绝进入觉察，并根据其独特的功能模式运作。精神分析最感兴趣的是那些通过动机"力量"（尤其是通过"不知道的这些想法和感受"的愿望）而积极地远离觉察的想法和感受；这些想法和感受构成了所谓的**动力性潜意识**。我们只能通过潜意识对意识体验或行为的伪装效果来了解潜意识内容。**下意识**这个术语是由19世纪的法国心理学家珍妮特创造的，常用于日常话语，但在精神分析中很少使用。

精神分析对心理学研究的最重要贡献之一在于，它对"心理=意识"（Freud，1915d）的彻底否认。虽然弗洛伊德不是第一个论证潜意识精神生活的可能性的人，但精神分析是第一个（也是多年来唯一一个）有组织地说明潜意识精神生活并描述其独特的内容和具体的功能模式的取向（Ellenberger，1970）。虽然后来的精神分析师修改了弗洛伊德关于潜意识精神生活的许多观点，但"在很大程度上，所有精神生活和行为都是由潜意识因素决定的"这一观点仍然是精神分析的心理理论、精神病理学和心理治疗最重要的一个共同特征。弗洛伊德（1914d）最知名的一个贡献是宣称基于压抑的动力性潜意识理论是他最具原创性的观点之一，"是精神分析整个体系的基石"。对潜意识精神生活的研究被称为"深蕴心理学"，这一术语出自布洛伊勒和荣格（Freud，1912e）。

在1893年写成的一份未发表的手稿《论癔症现象的心理机制》中，弗洛伊德（Breuer & Freud，1893）首次记录了潜意识作为形容词的用法。弗洛伊德（Breuer & Freud，1893/1895）在《癔症研究》中首次将该词用作名词。早在1896年给弗利斯的一封信中，弗洛伊德（1896b）就描述了以"潜意识"为特征的心理"寄存器"的观点，并指出他正在发明一种"新心理学"。弗洛伊德（1900）对潜意识的第一次有组织的阐述出现在《梦的解析》第七章中；在《论潜意识》（Freud，1915d）中，他关于潜意识的观点得到了最充分的发展。这些早期的讨论是在被称为心理地形学的模型中进行的，该模型设想心灵由三个不同的部分（系统）组成——依据是它们与意识的不同关系。这三个系统是意识系统（Cs.）、前意识系统（Pcs.）——有时也作意识-前意识系统（Cs-Pcs.）和**潜意识系统**（Ucs.）。意识包括觉察中的心理内容。前意识包括**描述性潜意识**的心理内容——它们在任何特定时刻都并非有意识的，但如果被注意到，它们则很容易被其带入意识中。不同于前意识，潜意识是**动力性潜意识**——由于压抑，其内容被主动地拒绝进入意识。

在地形学模型中，弗洛伊德从发展的视角描述了潜意识系统。最初，"原始压抑"阻碍了精神生活的某些部分获得觉察，从而形成了Ucs.；后来，通过"正式压抑"，精神生活中有可能变得有意识或已经变得有意识的部分会受制于稽查作用，因为它们是意识无法接受的。在1900年的弗洛伊德看来，Ucs.的内容由不可接受的愿望组成。在发明驱力理论（Freud，

1905b）后，Ucs.的内容由驱力的衍生物组成。这些被压抑的驱力衍生物以稽查者可以接受的伪装形式进入意识。它们可能会以神经症症状、笔误、口误，以及之后的性格和移情的形式来变得有意识。弗洛伊德认为，梦是**"通往潜意识的康庄大道"**，因为当稽查者睡着时，人们可以在梦生活中观察到从童年开始的潜意识愿望是如何激活和或组织心灵的。通过对梦的研究，弗洛伊德还观察到Ucs.的一种特殊的功能模式，并称之为"原发过程"。他认为，原发过程是最原始的心理形式，它根据快乐原则（与现实原则相反）运作，不考虑逻辑、确信的程度、否定、矛盾或时间。思想不是用言语来表达的（除非是最具体的形式），而是用象征、移置和凝缩的意象来表达的。与Ucs.相反，Cs.-Pcs.根据继发过程、逻辑或基于语言的思维来运作，并且符合现实原则。

当心理内容受制于压抑时，它们会与心灵中更合乎逻辑的部分隔离开来，继续按照原发过程运作。它们不会因为暴露在理性和现实中而"疲惫不堪"。被压抑的潜意识思想和感受对其他心理内容产生吸引力，将其拉入潜意识，形成相关的、被压抑的思想的复合体。即使受到压抑，这些想法和感觉也会对有意识的精神生活产生持续（尽管是伪装的）的影响。受制于过度压抑的心理内容会对心灵产生致病作用。这些致病作用包括抑制、症状和焦虑。弗洛伊德从邻近的医学界引入了神经症这个术语，来描述癔症、恐怖症的症状，以及以强迫和强迫行为为特征的综合征（精神神经症）。这些都建立在对不可接受的愿望和冲动的压抑之上。这些愿望和冲动伪装成症状以"回归"意识。压抑的潜意识记忆经常被重复而不是被记起，尤其是在移情中（Freud，1914c）。后来，弗洛伊德断言性格也代表了被压抑的潜意识驱力衍生物的影响。

弗洛伊德（1896c）基于这种心理地形学模型提出的最早的一些治疗模式侧重于"使迄今为止一直是潜意识的内容意识化"。在治疗过程中，压抑被有意识的评估和判断所取代（Freud，1909c）。在生活或移情中，被重复（而非有意识地记忆）的受到压抑的潜意识记忆通过重构而被意识化（Freud，1937b）。随着心灵的精神分析模型的改变，精神病理学和心理治疗的理论变得更加复杂，通过解释（关于患者潜意识精神生活的陈述）和被压抑记忆的重构实现的领悟，仅仅被视为精神分析治疗作用的一部分。然而，帮助患者更多地意识到觉察之外的精神生活方面的观点是每种治疗理论都不可缺少的一部分。

弗洛伊德（1923a）修改了心理地形学模型，以回应他的发现，即潜意识不仅包括寻求满足的驱力，还包括防御过程（包括压抑本身）和道德命令（**潜意识罪疚**）。他新的心灵结构模型由三个机构组成（本我、自我和超我），每个机构都有潜意识成分。在这个模型中，本我（现在包括力比多和攻击）假设具有先前被认为是Ucs.的特性；潜意识自我承担了先前被认为是Cs.的功能。在新的结构模型下，将潜意识用作形容词而非名词最有意义（后者意味着一个连贯的系统）。术语"潜意识"继续在精神分析话语中被使用——通常是指动力性潜意识，即被压抑但继续影响精神生活和行为的心理内容。当以这种方式被使用时，潜意识系统属性的每种含义往往都会有些模糊。

虽然所有精神分析理论都包括对潜意识精神生活的观点，但不同的思想流派可能会有所差异。部分原因在于他们对潜意识"之中的内容"有不同观点，或者他们对潜意识精神生活本质的有不同看法。例如，自我心理学基于心灵的结构模型，将所有意识的精神生活和行为理解为妥协形成的结果，认为它们反映了本我、自我和超我之间的**潜意识冲突**（Waelder，1936；C. Brenner，1982）。自我心理学还强调**潜意识幻想**或自体叙事的中介作用。这些叙事起源于童年，受本我、自我、超我以及与他人互动的影响（Arlow，1969b）。克莱茵学派分析师强调，他们自己的潜意识幻想概念是与内化的客体关系有关的驱力的心理表征，起源于最早的非言语的躯体经验——这是所有精神生活的基础（Isaacs，1948）。大多数后弗洛伊德主义分析师（包括大多数现代自我心理学家），保留了动力性潜意识、潜意识冲突和潜意识幻想的概念，但已经远离了驱力（至少是弗洛伊德概念化的驱力）的意蕴，更喜欢将精神生活概念化为被压抑的思想、感受、记忆，以及各种动机——它们由不同程度的原发过程和继发过程（此概念也经过了大量修改）来组织。所有客体关系理论都认为，经验的基本单位（无论是意识的还是潜意识的）都是内化的客体关系。自体心理学家关注自体-自体客体矩阵的潜意识方面。J. 桑德勒和A. 桑德勒（1983，1984）区分了**过去潜意识**和**当前潜意识**。来自人际、关系或主体间主义学派的精神分析师设想了非意识或非动力性潜意识的**内隐关系知晓**，它由与照顾者的互动组成。这些互动编码在程序性（而非陈述性）记忆中，因此无法通过言语来表达（D. N. Stern et al.，1998）。其他人谈论的是未阐述成形的经验，其由童年未被照顾者认可的经验组成，因而未进入意识之中（D. B. Stern，1997）。内隐关系知晓和未阐述成形的经验都可以在治疗二元体中活现。关系自体心理学家斯托罗洛和阿特伍德（1989）区分了三种潜意识：（1）动力性潜意识，其由于冲突的内容而被压抑；（2）**前反思潜意识**，其由起源于早期主体间二元体的主观体验的组织原则组成；（3）**未确认的潜意识**，其由于自体客体确认的失败而根本无法被清晰表达。分析师在分析情境的主体间性中的参与使患者能够调查、表达、确认和重组他的潜意识体验。一些当代分析师更喜欢谈论**双人潜意识**，其存在于二元体之中（Lyons-Ruth，1999）。荣格（1921/1957）将潜意识分为**个体潜意识**和**集体潜意识**；后者由所有人共同和固有的原型组成。

认知科学在当代心理学中的崛起带来了对潜意识的"重新发现"。诸如"默会知识""前注意信息加工""自动性""阈下知觉""程序性""内隐记忆"等概念都是现在所谓的**认知潜意识**的一部分（Kihlstrom，1995；Hassin，Uleman，& Bargh，2005）。在大多数情况下，认知科学家拒绝接受动力性潜意识或被压抑的潜意识的概念。然而，认知潜意识已经扩展并涵盖了"内隐情绪""内隐动机""动机性遗忘"，因此变得更接近精神分析的动力性潜意识概念（Westen，1999b）。有时，**非意识**这个术语在心理学中被用来指涉认知潜意识，或影响精神生活的（本质上不是心理活动的）脑活动。认知科学影响了精神分析研究者，如J. 温伯格和L. 西尔弗曼（1990），以及谢夫林等人（1996）。他们发展出实验范式，为压抑、原发过程和动力性潜意识提供了证据。

Undoing 抵消

抵消是指被禁止的或痛苦的思想、愿望、情感、冲动或行动被"消除"，并被相反意义的思想或行动所取代的一种防御过程。例如，在侮辱别人之后可能会说出"我只是在开玩笑"这样的免责声明。抵消与反向形成密切相关。两者的不同之处在于，在反向形成中，被禁止的思想被压抑；而在抵消中，被禁止的思想是有意识的，但其影响被"撤消"了。与修复相反，抵消是出于对自己的关心（例如，避免报复或自我谴责），而修复是出于悔恨、罪疚和对受伤害的客体的关心（Klein，1940；J. Sandler & A. Freud，1981）。此外，与修复和正常赎罪行为相反，抵消试图抹杀罪行或不可接受思想的现实。因此，它被界定为包含一种神奇思维的元素。像大多数防御一样，抵消可能被描述为正常的或病理性的，这取决于其背景。例如，正常儿童在掌控和控制环境时经常使用抵消，正如弗洛伊德（1920a）首次在描述儿童反复扔出和取回线轴以控制分离感受的游戏时指出的那样。儿童也可能会做出旨在修复损伤的姿态。例如，拔掉另一个儿童头发的儿童可能会尝试把头发放回原位。在成人精神疾病中，抵消最常见于强迫症和精神病。

　　弗洛伊德（1909d）在探索"鼠人"的强迫行为时，首次描述了抵消。"鼠人"在路上反复放置和移除一块石头，他预计他的女性朋友的马车可能会经过，因此希望第二个行为（移除）可以抵消第一个行为（放置）。弗洛伊德将这种抵消行为概念化为患者试图管理爱与恨之间等量的冲突。1926年，弗洛伊德（1926a）正式将抵消的过程定义为强迫性神经症的防御特征，并将其与隔离和反向形成一起描述。A. 弗洛伊德（1936）在她的防御机制清单中列出了抵消，声称其目的是防止攻击的爆发，同时在严格的道德监督下维持性冲动。

Unformulated Experience 未阐述成形的经验

　　见"Defense 防御""Dissociation 解离""Interpersonal Psychoanalysis 人际精神分析""Unconscious 潜意识"。

Vertical Split 垂直分裂

垂直分裂是科胡特（1970/1978，1971，1977）提出的一个发展概念，意为当照顾者忽视或挫败了健康的自恋需要时，自体表征或自体结构发生的一种结构性变化。科胡特的理论认为，存在两种类型的分裂——垂直分裂和水平分裂。在这两种分裂中，儿童发展出的适当的夸大性和对承认的需求无法再促进健康的自体发展。垂直分裂基于拒认和隔离。在垂直分裂中，儿童的夸大性被父母选中并展示出来，以强化他们自己的自体，进而引发儿童（以及后来成年）的分裂夸大性。垂直分裂解释了伟大幻想（夸大表现）与羞怯、疑病症或受虐的感受共存的原因。它促进两种不相容的自体体验——被遗忘的夸大性和痛苦的不足的共存。利用垂直分裂，个体在实现要求和满足愿望的同时，保护自己免受未满足的自恋需求所带来的不可避免的羞耻和羞辱。分裂的一面包含着羞怯、损耗和抑郁的有意识体验。水平分裂基于（以及产生于）对照顾者无法接受承认需要和镜映需要的压抑。垂直分裂和水平分裂都能保护个体免受其对承认、肯定和确认的自恋需求所困。

科胡特详细阐述了弗洛伊德（1927b，1937b，1938b）的观点，即当外部现实引起焦虑时，拒认会引发自我的分裂；因此，自我的一部分承认现实，而其他部分则拒斥其意义。科胡特认为，垂直分裂的每一面都对应着不同的自体状态，与潜意识群集有关。自体对被遗忘的夸大性的体验往往伴随着欺骗的感受；痛苦不足的自体体验与潜意识的夸大幻想有关。

垂直分裂和水平分裂的概念影响了自体心理学中的精神分析技术。最初，分析师通过理解和解释患者的分裂行为来处理垂直分裂，以满足自体客体需要。在垂直分裂的治疗中，患者的膨胀感和损耗感之间有更大的情感连接。这有助于被压抑的观念和幻想的涌现，促进解释水平分裂，从而导致健康的自尊和自我肯定。

在他后来的工作中，科胡特（1977）扩展了垂直分裂的观点，不仅解释了自恋型人格障碍中未整合的夸大性的命运，还解释了倒错和成瘾等障碍。戈德伯格（1995，1999，2000）继续对倒错进行了研究，并且扩展了垂直分裂的概念——纳入了经常秘密分裂的行为，如暴食、异性装扮和不忠。

Voyeurism 窥淫癖

见"Active/Passive 主动 / 被动""Exhibitionism 暴露癖（露阴癖）""Infantile Genital Phase 婴儿生殖器欲期""Perversion 倒错""Shame 羞耻"。

"We" Psychology "我们"心理学

见"Intersubjectivity 主体间性""Motivation 动机"。

Widening Scope 范围扩展

范围扩展是指对分析那些精神分析治疗可能带来巨大困难和潜在显著治疗益处的患者的简要参考。这一群体包括（但不限于）边缘型人格患者和自恋型人格患者。范围扩展这个术语的重要性在很大程度上是历史性的，因为它出现于人们围绕精神分析与心理治疗的区别而争论不休之时，尤其是因为它适用于治疗失调更严重的患者。

范围扩展最早出现在斯通（1954）的《精神分析适应症的范围扩展》一文的标题中。在该论文中，斯通讨论了自我功能严重受损患者的分析治疗，以及对他们有用的分析技术的改进。虽然斯通仍然致力于对这些患者的移情进行分析，但他也强调，成功的分析在很大程度上取决于一位分析师的热情和灵活性，其可以提供必要的支持来促进分析。在提出这一立场时，他强调了真实关系的重要性。与此相反，艾斯勒（1953）提出了他对使用"参数"的看法，他将其定义为一种有意识的、蓄意的治疗干预，偏离分析师通常的立场或技术。然而，艾斯勒的术语对技术和需要此类干预的患者都有负面影响，并且已经不再使用。

许多来自克莱茵学派、客体关系和自体心理学的分析师描述了对一些患者进行的精神分析治疗，这部分患者的精神病理学与斯通的"范围扩展"患者重叠。然而，这些分析师不太可能使用这一术语，他们推荐使用符合自己理论观点的技术干预措施。

Wild Analysis 野蛮分析

野蛮分析，或野蛮精神分析，最初由弗洛伊德（1910f）使用，是一种由训练不充分的从业者进行的精神分析治疗，也是一种对潜意识心理内容做出不合时宜或错误的解释的精神分析技术。野蛮分析被不准确地用作贬义词来形容特定分析师和整个学派的技术干预（Beres，1957）。由于当前精神分析理论的多元化和技术的相关变化，这个术语的指涉对象越来越模糊（Schafer，1985）。它很少（如果有的话）被用于当代精神分析话语中。

Donald Winnicott 唐纳德·温尼科特

唐纳德·温尼科特提出了一种对整个精神分析产生深远影响的客体关系理论（尤其是关于客体关系的发展）。虽然温尼科特的理论不像某些理论那样系统化，但他的创新风格及其思想的唤起性特征已经产生了持久的影响。温尼科特（1945，1949，1950，1951，1952，1953，1955，1956b，1956c，1958a，1958b，1960b，1965，1969，1971a，1971b，1975/1992，1987）构想了他自己的新概念词典，其中包括进入精神分析主流的"过渡客体"、"抱持环境"和"足够好的母亲"。其他概念，如"冲击"和"虚假自体"仍有争议，但已被广泛讨论。温尼科特从儿科实践开始，在儿童精神分析和发展型精神分析领域发挥了尤为重要的作用。与此同时，他与病情较重的患者一起工作；这使他更加觉察到照料环境对成长中的儿童的影响，以及他自己的行为在分析的治疗作用中的重要性。温尼科特对科胡特和自体心理学的发展产生了重大影响。他以宣称过"没有母亲，就没有婴儿"而闻名。这句话经常被关系精神分析和主体间性的研究引用。他的工作也对美学和创造力研究领域产生了影响。温尼科特深受他与克莱茵的学习的影响。温尼科特在英国工作期间，A. 弗洛伊德与克莱茵之间的论战开始了。他帮助建立了英国中间学派——后来被称为"独立小组"（King & Steiner，1991）。

在温尼科特所有的作品中，他都强调了自体的概念和起源、婴儿主观自体感的发展，以及婴儿的现实感。他注重婴儿在心理发展中对母亲的依赖。像巴林特和费尔贝恩等同时代的独立思想家一样，温尼科特将注意力集中在婴儿的早期发展上，拒绝接受婴儿最初与他的客体无关的概念。婴儿依赖环境的现实决定了其情绪发展。温尼科特假设了依赖的三个阶段——绝对依赖、相对依赖和朝向独立。前两个阶段的成功渡过依赖于"足够好的母亲"——她为成熟的亲密感提供了基础。

温尼科特认为，婴儿的原始经验在整合和未整合的快乐／不快乐的情感状态之间波动。"足够好的母亲"的共情在场提供了一种保护性环境，使婴儿能够体验到其需要的非创伤性满足，并逐渐将其情感状态融入稳定的自体感和稳定的现实感中。母亲以"原初母爱贯注"的正常状态接近她的婴儿，这种贯注在怀孕期间形成，并持续到婴儿生命的前几个月。这种态度加上她自然和自发的抚养行为，使她成为一个"足够好的母亲"，即一个为婴儿提供最佳安慰和挫折的母亲。"足够好的母亲"为婴儿的本能需求（"客体母亲"）提供了适当的身体"管理"。她还为他的情感需求（"抱持母亲"）提供了适当的情绪性"抱持"。"抱持环境"是婴儿发展的一个基本特征，因为它为婴儿提供了足够的安全感，使其能够忍受与不可避免的共情失败（当"抱持"丧失时）相关的狂怒；它还能促进婴儿的全能幻想，即他独自创造满足需要的现实。对于婴儿早期的自体经验发展以及后期的"过渡空间"和"过渡现象"发展而言，婴儿的全能幻想或幻觉至关重要。

事实上，温尼科特对精神分析最重要的贡献之一在于他对"过渡空间"和"过渡客体"等相关概念的阐述。这些过渡现象对儿童自体感、现实感和创造力的发展至关重要。过渡空间是温尼科特用来描述婴儿和母亲之间发生相互创造的假定区域的术语。婴儿和母亲之间的空间只是一个"潜在空间"，因为它的可用性取决于足够好的母性照料。过渡空间是一个不区分"我"和"非我"、"真实"和"不真实"、"内部"和"外部"的区域，是一个幻觉蓬勃发展的空间。在幻觉中，婴儿可以自由地体验令人满意的乳房，并将其体验为他自己创造的幻觉或是属于外部世界现实的东西。在产生这种幻觉的时刻，饥饿的婴儿和喂奶的母亲走到了一起。过渡空间一旦建立和使用，它就成为一种生成性的、主体间的成就，被婴儿内化为一种心理属性——由此，他可以在自己和其他客体之间创造这种潜在区域。最初出现的是过渡客体；随后，经过进一步发展，象征游戏和创造性审美体验的能力得以实现。

过渡客体是温尼科特用来区别婴儿对口欲和真实关系的经验的中间区域，即拇指和泰迪熊、"我"和"非我"之间的区域。过渡客体是婴儿的第一个"非我"所有物，无生命但珍贵，如毯子、布或泰迪熊。过渡客体不是婴儿身体的一部分，但它还没有被承认完全属于外部现实；它在儿童与母亲分离及有压力的时候尤为重要。过渡客体唤起了在自体表征和客体表征仅部分分化的发展时期中婴儿与母亲共生的幻觉，它可以作为分离-个体化过程的心理组织者；它描绘了自体和世界之间的边界；它有助于创造身体意象。通过与过渡客体的关系，婴儿学会了容忍对客体的矛盾感受，并培养了"关心的能力"。他最初对客体的"无情"随着发展而消退，尤其是当他确信自己的攻击并没有摧毁客体时。这样，婴儿从偏执-分裂位置发展到抑郁位置，温尼科特称之为"关心阶段"。过渡客体也有助于儿童"独处能力"的发展，这源于温尼科特所说的"母亲在场时的独处"的能力由她持续的可用性和善良提供保证。温尼科特认为，过渡现象发展的失败会引发各种各样的精神病理症状，包括自体、客体关系以及与现实的关系方面从轻微到严重的失调。

温尼科特对精神分析的主要贡献还包括他的"真实自体"和"虚假自体"概念。这些概念是本真感受和与他人的本真关系（包括治疗情境中的关系）的精神分析心理学的基础。当母亲无法以共情的方式对婴儿做出反应（无法成为"足够好的母亲"），而使婴儿的需要处于支配地位时，婴儿会体验到一种"冲击"的感觉，即一种创伤。然后，婴儿的"真实自体"和"虚假自体"会分裂，从而产生一种基本的防御性操作——"真实自体"退缩至幻想的内部世界；"虚假自体"适应令人沮丧的现实。在严重的创伤情况下，夸大的虚假自体可能会导致长期的非本真感，其由理智化和情感隔离所支撑。在更严重的情况下，它可能会引发严重的精神病理症状，包括反社会人格。

在精神分析的几个领域中，温尼科特理论的应用非常重要。具体来说，"抱持环境"的概念已经泛化，囊括了分析师和分析情境提供的非特异性的支持性连续体，如来访的规律性、来去的仪式、潜在的共情、声音的稳定性、客体的连续性，以及分析室的空间和纹理（Modell，1976）。更为一般地说，温尼科特观察到的分析师在分析中的真实行为的影响——除了其解释功能外——在所有现代治疗作用的概念化中都很重要。

发展型精神分析师对儿童对过渡客体的经验进行了大量观察。他们发现，最早的过渡客体出现在生命的第4～12个月——被婴儿用来防御焦虑，尤其是在睡觉的时候。过渡客体对婴儿的重要性可能会持续到童年，尤其是在感到孤独或有压力的时候。此时，对婴儿来说，过渡客体可能比现实中的母亲更重要。过渡客体会受到情感、爱、兴奋、恨和纯粹的攻击。最终，儿童对过渡客体失去了兴趣，后者在没有被哀悼的情况下被放弃；虽然它可能不会被遗忘，但它被置于边缘地带，逐渐失去了意义。

温尼科特的观点对自体心理学的发展很重要。他观点中的母亲脸的镜映功能、抱持环境、平凡的慈母、过渡客体、全能的体验、潜在空间、幻觉和虚假自体等概念都与科胡特发展的观点相重叠。温尼科特关于幻觉重要性的观点是主体间性能力发展理论的核心。

最后需要关注的是，过渡空间和过渡现象的概念对有关创造力的研究具有重要意义。它们与虚拟空间、戏剧幻觉、阈限、怀疑的悬置和消极能力等概念相呼应。

Wish 愿望

愿望是欲望在心灵中运作以激发人类行为的一种潜意识心理状态。在弗洛伊德的心理地形学模型中，愿望是潜意识系统（Ucs.）心理内容的基本单位。在力比多理论中，愿望被概念化为本能驱力的衍生物。在心灵的结构模型中，愿望（仍被概念化为驱力的衍生物）构成了本我的内容。愿望与防御一起，构成了动力性冲突的核心组成部分之一。自我心理学家认为，愿望通过妥协形成（在其中，愿望的表达被防御性操作所改变）过程有组织地进入幻想。与愿望相反，需要是一种内在的紧张状态，是对个体生存需求的回应。需要并不总是伴随着清晰的心理内容——其必须通过外部环境提供的东西得到满足。

愿望在精神分析中一直很重要，它从一开始就强调潜意识动机作为组织精神生活的关键因素的作用。事实上，愿望的概念是弗洛伊德（1900）关于思维和动机的观点的核心："只有愿望才能使我们的心理装置工作。"每个精神分析理论都包含愿望的概念。然而，在弗洛伊德驱力理论的众多批评者中，有一些人更喜欢愿望而非驱力的概念，他们认为前者是动机理论更好的基础（Holt，1976）。

弗洛伊德（1895b）在其过世后出版的《科学心理学设计》中首次谈到愿望和内心"充满渴望的状态"的功能。弗洛伊德（1900）发表的第一部著作概述了他的思维理论，以及愿望和**愿望满足**在其中的作用（见《梦的解析》第七章）。回顾他在《科学心理学设计》中已经开始构想的一些内容时，弗洛伊德描述了婴儿如何通过"内部产生的需要"体验到"兴奋"，其只有通过"满足的体验"才能缓和。之后，当婴儿再次体验到这种需要时，它将"试图重新投入知觉的记忆意象，重新唤起知觉本身……重新建立最初的满足情境"。这种冲动被弗洛伊德称为"愿望"以及"知觉的再现是愿望的满足"。弗洛伊德假设，心灵释放由内在需求产生的紧张的最原始方式是对满足感产生幻觉，由此愿望以幻觉结束，产生"知觉同一性"。他将这种满足称为**幻觉性愿望满足**，基于最早和最原始的一种思维，即原发过程，它根据快乐原则运作。然而，由于幻觉并不能产生持久的满足感，心灵开始将其兴奋转移到控制自主运动上，以带来外部世界的变化，从而使愿望在现实中得到满足。于是，我们进入了思维的"第二系统"，即继发过程，其根据现实原则来运作。梦反映了原发过程思维模式的退行，是幻觉性愿望满足的一个例子。精神病也反映了原发过程充满渴望的思想，它发生在头脑清醒的时候。神经症症状表现了愿望满足更具伪装的形式。现代冲突理论认为，愿望与普遍存在的正常行为妥协形式有关。

发展型精神分析师继续研究与需要概念相关的愿望。愿望虽然与内在的生物需求有关，却指向客体表征，并且需要通过建立知觉的内在同一性来得到满足。然而，需要必须通过外部环境提供的东西来得到满足。需要并不代表心理发展的水平；而愿望与先前满足的记忆密不可分，因而至少需要一定程度的心理发展。婴儿有食物、水分和免受外界影响的生理需要，还有同样迫切的心理需要，否则就无法正常发展甚至生存（Spitz，1946）。这些需要涉及一个足够好的照顾者，他能够为成长中的儿童提供心理安全、可靠性和适当的情绪回应条件（Winnicott，1960b；A. Freud，1965；Kohut，1971；Mahler，Pine，& Bergman，1975）。关于需要和愿望之间区别的讨论与长期存在的争议有关（Eagle，1990；Akhtar，1999）。这些争议的焦点是，精神分析治疗的重点是对潜意识的性欲和攻击性愿望及冲突做出解释，还是使用共情来理解引发自体结构和功能缺陷的未满足的发展需要（C. Brenner，1982；Kohut，1984）。

Womb Envy 子宫嫉羡

子宫嫉羡是男性对女性怀孕和分娩能力的嫉羡体验。子宫嫉羡在男孩身上通常表现为有意识的怀孕幻想（Freud，1909c；Kleeman，1966），但随着发展，这种幻想通常会受到防御过程的影响。反向形成可能会将嫉羡转化为对女性的贬低，强调女性不能做的事情（Horney，1933；Chasseguet-Smirgel，1993）。子宫嫉羡也可能适用于因各种医学原因而不孕的妇女。

在性别同一性的发展背景下，人们最容易理解子宫嫉羡。随着每种性别的儿童通过生物学、性、家庭和社会来增加对其性别的认识，性别同一性逐渐发展。在这种背景下，男性学会了接受自己无法生育孩子的事实，并且必须应对这种认识带来的自恋打击和嫉羡（Fast，1984）。然而，正如女孩和女性的阴茎嫉羡一样，子宫嫉羡不应被当作一种表面的评价，而应被理解为一种服务于多种功能的妥协形成。

子宫嫉羡的反响体现在神话、人类学、拟娩①等习俗和某些宗教仪式中（Lax，1997）。霍妮（1926，1933）是第一个阐述男性子宫嫉羡精神分析理论的人。她提出，男性对女性的贬低源于其对母亲身份的强烈嫉羡。在阐述男性的女性气质情结时，博姆（1930）想知道子宫嫉羡是否与自恋追求或对父亲的被动同性依附有关。弗洛伊德（1924a）将这种被动依附和想成为女性（承担女性的功能）的愿望视为对父亲的同性依附，认为其源于一种更"主动的"阳具男性气质的被动退行。一些精神分析师将子宫嫉羡归因于儿童既想成为男性又想成为女性的自恋的野心。尼尔森（1956）描述了男孩承担母亲生产能力的努力，以及他对母亲女性功能的敬畏。P. 泰森（1980）指出，子宫嫉羡在小男孩中普遍存在，但就像女孩中的阴茎嫉羡一样，这不一定是有问题或固着的。

Word Presentation　语词呈现

见"Symbolism 象征主义"。

---

① 拟娩是一种奇特的习俗：当一个婴儿诞生后，父亲需要躺在床上，而母亲必须负责所有的家务劳动。——译者注

Work Ego 工作自我

工作自我是分析师容忍他与患者（一致性认同）或患者的客体（互补性认同）认同过程中产生退行的前意识的幻想、思想和情感的能力，以及分析师随后运用这种经验以更好地理解患者的能力。工作自我概念包括分析师宽容的超我立场——有意识地沉浸在潜在的冲突心理体验中、他从更高水平的自我功能中暂时的退行，以及他的自我理想的功能——体现了他对专业角色的奉献。自我理想预示着需要结束这种体验式的沉浸并进行分析，尽管这项工作可能已经在潜意识中完成了（Olinick et al., 1973）。工作自我假定分析师在其额外的分析功能中通常无法使用这些能力。工作自我的能力与J. 桑德勒（1976a）的"角色-响应"概念重叠。工作自我这个术语由弗利斯（1942）首先使用，在当时仅指分析师通过有目的和临时的尝试性认同以及"工作良心"在稽查中作用的减弱来有同理心地理解患者的能力。其当代含义意味着一种非自愿的、更长时间的体验。

Working Through 修通

修通是分析处理中的必要过程，它需要一个解释周期，然后将其重复应用于证明这些问题的具体实例。这种重复发生在分析工作的所有领域中——也许它在当下治疗情境的移情中最为重要，但它在患者在治疗情境之外和其发展历史的心理体验中也是不可或缺的。修通的要求在于，获得智性领悟与实际变化之间差距的明显证据。换言之，患者可能能够令人信服地识别自己的冲突或问题，但可能对这些冲突和问题何时、何地，以及如何在心理、行为和人际中表达缺乏了解。修通过程的最终要求是，将一种情感信念锻造成理智的洞察力。修通过程的必要性与阻抗的概念（普遍被描述为在患者的心理体验中维持现状的一切意识和潜意识的因素和力量）有关，尽管患者具有改变的意识动机。

修通在精神分析的历史中很重要，因为这一概念的演化与治疗作用的演化轨迹相同，而后者是精神分析治疗实现获益的手段。所有精神分析理论取向的分析师都认识到修通过程的必要性——无论他们是否使用这个术语。他们对这一过程的概念化依赖于他们对阻碍和促进治疗进展的因素的看法。不同理论的侧重点存在差异，受到关注的因素包括认知、情感、内化、发展过程的恢复、建立有意义的生活叙事、改变内隐关系过程、主体间性和建立安全感，等等。

弗洛伊德（1914c）在他的开创性论文《记忆、重复与修通》中创造了修通这个术语，并为继续研究这一概念奠定了基础。修通的概念从一开始就隐含在弗洛伊德的工作中，因为他努力想要理解患者的过程以及康复所需的分析师的功能。弗洛伊德最初认为，修通是患者和分析师的共同努力、一个耗时且艰巨的过程、精神分析治疗的一个显著特点——因为其他疗法使用了建议，也是发生变化所需的工作。弗洛伊德在他的著作中很少直接提到修通，然而，在《可终结与不可终结的分析》中，他承认了分析的局限性，并研究了在什么样的条件下修通过程会被限制。这些条件涉及阻抗的影响，而这些阻抗不能仅仅在冲突和妥协的范围内理解——它们源自固有的倾向。弗洛伊德认为阻抗包括：（1）自我的阻抗，其存在于一些防御过程的特征中；（2）本我的阻抗，其存在于力比多的"黏附性"和驱力的缺乏可塑性中；（3）超我的阻抗，其存在于超越快乐原则的破坏性自我惩罚的力量中。

传统自我心理学的分析师们强调贯穿修通过程的一系列组成部分；他们普遍认为已经发现了修通过程中最具决定性的方面。费尼切尔（1938a）认为，修通基本上是分析患者防御系统的艰巨工作。格里纳克

（1956）认为，创伤事件的重构对于修通过程的圆满完成至关重要。格林森（1965a）认为，修通的关键因素是建立一个可靠的工作联盟。德瓦尔德（1976）认为分析师的宽容、分析的态度是关键要素。泽德勒（1983）强调患者在追求战胜神经障碍的目标时，将回想作为一个关键的修通过程的意愿。C. 布伦纳（1987）反驳了当时流行的将修通划分为阶段和组分的趋势。他指出，修通是一种解释分析过程中所有组成部分和方面的结构——在整个分析过程中，这些组成部分和方面必然会以不同的方式表达自己，并具有不同的侧重点。当前的一些分析师承认，修通就是分析，是一项全面系统的分析工作；在每一项分析中，它的所有组成部分都是实现患者尽可能全面的个人成长和发展所需的。

从自体心理学的角度来看，修通主要发生在建立良好的自体客体移情的中断期。患者会害怕这种移情，因为他可能会再次遭受创伤。当这些中断发生在患者无法获得改变的能力时，它们将为患者和分析师标定患者的焦虑和防御。除了分析和修复移情纽带（A. Ornstein，1990）之外，重构性解释促进了修通过程，重点关注重复防御的保护功能。一些人际精神分析师拒绝接受阻抗的概念，并强调修通是对患者在人际场中表达的性格的一连串修正，是解离的自体状态的重新整合（A. Cooper，1989；P. Bromberg，1998a）。关系分析师强调，在分析二元体的"此时此地"的经验关系背景下的修通过程引发了内心客体关系构型的转变。克莱茵学派分析师强调，修通涉及对病理性投射和内摄循环的解释。在这种循环中，分析师充当患者投射的容器，然后以更易于管理的形式将内容返回给患者。解释性努力的目的在于，将未整合偏执和抑郁的客体关系构型转换为更整合的抑郁位置的内化客体。

在阅读了约400个提交给美国精神分析学会认证的案例后，伯兰（1997）提出，尽管不同的患者和分析师存在显著差异，但在修通过程中始终存在6个要素。他将其概括为自我观察与洞见、发泄、哀悼、幻灭、脱敏、恢复心理发展。这些因素的普遍性使伯兰得出结论，无论是在分析内外，还是在整个生命周期中，它们都是心理修复过程的基本方面。

Wrecked by Success 被成功毁灭

见"Character 性格""Masochism 受虐狂""Superego 超我"。

推荐参考读物

Abram, J. (2007). *The language of Winnicott: A dictionary of Winnicott's use of words*. London: Karnac.

Akhtar, S. (2009). *Comprehensive dictionary of psychoanalysis*. London: Karnac.

Brenner, C. (1955). *An elementary textbook of psychoanalysis*. New York: International Universities Press.

Eidelberg, L., ed. (1968). *Encyclopedia of psychoanalysis*. New York: Free Press.

Elliot, A. (1994). *Psychoanalytic theory: An introduction*. Oxford: Blackwell.

English, H., and English, A. (1958). *A comprehensive dictionary of psychological and psychoanalytical terms*. New York: Longman's, Green.

Erwin, E., ed. (2002). *The Freud encyclopedia: Theory, therapy, and culture*. New York: Routledge.

Evans, D. (1996). *An introductory dictionary of Lacanian psychoanalysis*. New York: Routledge.

Fodor, N., and Gaynor, F. (1950). *Freud: Dictionary of psychoanalysis*. New York: Philosophical Library.

Frosh, S. (2003). *Key concepts in psychoanalysis*. New York: New York University Press.

Gabbard, G. (1994). *Psychodynamic psychiatry in clinical practice, DSM IV edition*. Washington, DC: American Psychiatric Press.

Gedo, J., and Goldberg, A. (1973). *Models of the mind: A psychoanalytic theory*. Chicago: University of Chicago Press.

Gilman, S., ed. (1982). *Introducing psychoanalytic theory*. New York: Brunner/Routledge.

Hall, C. (1954/1979). *A primer of Freudian psychology*. New York: HarperCollins / Mentor Books.

Hinshelwood, R. (1989). *A dictionary of Kleinian thought*. London: Free Association Books.

Kahn, S. (1942). *Psychological and neurological defi nitions and the unconscious*. Boston: Meador Publishing.

Klumpner, G. (1992). *A guide to the language of psychoanalysis: An empirical study of the relationships among psychoanalytic terms and concepts*. Madison, CT: International Universities Press.

Laplanche, J., and Pontalis, J. (1967/1973). *The language of psycho-analysis*. New York: W. W. Norton.

Lionells, M., Fiscalini, J., Mann, H., and Stern, D. B., eds. (1995). *Handbook of interpersonal psychoanalysis*. Hillsdale, NJ: Analytic Press.

Mijolla, A., ed. (2002/2005). *International dictionary of psychoanalysis*. Detroit, MI: Th omson Gale. Also available online at http:// www .enotes .com/ psychoanalysis-encyclopedia.

Moore, B., and Fine, B., eds. (1968). *A glossary of psychoanalytic terms and concepts* (2nd edition). New Haven, CT: Yale University Press.

Moore, B., and Fine, B., eds. (1990). *Psychoanalytic terms and concepts* (3rd edition). New Haven, CT: American Psychoanalytic Association.

Moore, B., and Fine, B., eds. (1995). *Psychoanalysis: The major concepts*. New Haven, CT: Yale University Press.

Nagera, H., ed. (1969/1971). *Basic psychoanalytic concepts*. New York: International Universities Press.

Nersessian, E., and Kopff, R., eds. (1996). *Textbook of psychoanalysis*. Washington, DC: American Psychiatric Press.

PDM Task Force. (2006). *Psychodynamic diagnostic manual*. Silver Spring, MD: Alliance of Psychoanalytic Organizations.

Person, E., Cooper, A. M., and Gabbard, G. (2005). *Textbook of psychoanalysis*. Washington, DC: American Psychiatric Publishing.

Rothstein, A., ed. (1987). *Models of the mind: Their relationship to clinical work*. Madison, CT: International Universities Press

Rycroft, C. (1968). *A critical dictionary of psychoanalysis*. New York: Basic Books.

Sandler, J., Dare, C., and Holder, A. (1992). *The patient and the analyst: The basis of psychoanalytic process* (2nd edition). Madison, CT: International Universities Press.

Skelton, R., ed. (2006). *The Edinburgh international encyclopedia of psychoanalysis*. Edinburgh, UK: Edinburgh University Press.

Spillius, E., Milton, J., Garvey, P., Couve, C., and Steiner, D., eds. (2011). *The new dictionary of Kleinian thought* (rev. edition of R. Hinshelwood's *A dictionary of Kleinian thought, 1991*). London: Routledge. (We are especially grateful to the editors of this book for sharing it with us prior to publication.)

Sterba, R. (1936/1937). *Handwörterbuch der psychoanalyse*. Vienna: Internationaler Psychoanalytischer Verlag.

Strachey, A. (1943). A new German-English psychoanalytical vocabulary. *International Journal of Psychoanalysis*, 1 (S): 1–84.

Tuckett, D., and Levinson, N. A. (2010). PEP Consolidated Psychoanalytic Glossary. London: Psychoanalytic Electronic Publishing. Available online at http://www.pep-web.org/document.php?id=zbk.069.0000a.

Wolman, B., ed. (1977). *International encyclopedia of psychiatry, psychology, psychoanalysis, and neurology*. New York: Aesculapius Publishing.

Wolman, B., ed. (1996). *The encyclopedia of psychiatry, psychology, and psychoanalysis*. New York: Henry Holt.

参考文献

Works of Sigmund Freud cited from the *Standard Edition* are from Strachey, J., ed. (1953–1974) *The Standard Edition of the Complete Psychological Works of Sigmund Freud,* 24 vols. London: Hogarth Press and Institute of Psycho-Analysis.

Abelin, E. (1971). The role of the father in the separation-individuation process. In *Separation-individuation: Essays in honor of Margaret S. Mahler,* ed. J. McDevitt and C. Settlage (pp. 229–52). New York: International Universities Press.

Abelin, E. (1975). Some further observations and comments on the earliest role of the father. *International Journal of Psychoanalysis,* 56, 293–302.

Abend, S. (1979). Unconscious fantasy and theories of cures. *Journal of the American Psychoanalytic Association,* 27, 579–96.

Abend, S. (1984). Sibling love and object choice. *Psychoanalytic Quarterly,* 53, 425–30.

Abend, S. (2007). Therapeutic action in modern conflict theory. *Psychoanalytic Quarterly,* 76, 1417–42.

Abraham, K. (1911). Notes on the psychoanalytical investigation and treatment of manic-depressive insanity and allied conditions. In *Selected papers of Karl Abraham M.D.,* ed. E. Jones (pp. 137–56). London: Hogarth Press, 1948.

Abraham, K. (1916). The first pregenital stage of the libido. In *Selected papers of Karl Abraham M.D.,* ed. E. Jones (pp. 248–79). London: Hogarth Press, 1948.

Abraham, K. (1919). A particular form of neurotic resistance against the psycho-analytic method. In *Selected papers of Karl Abraham M.D.,* ed. E. Jones (pp. 303–11). London: Hogarth Press, 1948.

Abraham, K. (1921). Contributions to the theory of the anal character. In *Selected papers of Karl Abraham M.D.,* ed. E. Jones (pp. 370–92). London: Hogarth Press, 1948.

Abraham, K. (1924a). The influence of oral eroticism on character-formation. In *Selected papers of Karl Abraham M.D.,* ed. E. Jones (pp. 393–406). London: Hogarth Press, 1948.

Abraham, K. (1924b). A short study of the development of the libido, viewed in the light of mental disorders. In *Selected papers of Karl Abraham M.D.,* ed. E. Jones (pp. 418–501). London: Hogarth Press, 1948.

Abraham, K. (1924c). Letter from Karl Abraham to Sigmund Freud, November 12, 1924. In *The complete correspondence of Sigmund Freud to Karl Abraham, 1907–1925,* ed. S. Freud and K. Abraham (pp. 521–22). London: Karnac Books.

Abraham, K. (1925a). Character-formation on the genital level of the libido. In *Selected papers of Karl Abraham M.D.,* ed. E. Jones (pp. 407–17). London: Hogarth Press, 1948.

Abraham, K. (1925b). The history of an impostor in the light of psychoanalytical knowledge. In *Clinical papers and essays on psycho-analysis,* ed. H. Abraham (vol. 2, pp. 291–305). New York: Basic Books, 1956.

Abram, J. (2007). *The language of Winnicott: A dictionary of Winnicott's use of words.* London: Karnac Books.

Abrams, S. (1977). The genetic point of view: Antecedents and transformations. *Journal of the American Psychoanalytic Association,* 25, 417–25.

Abrams, S. (1983). Development. *Psychoanalytic Study of the Child,* 38, 113–39.

Abrams, S. (1987). The psychoanalytic process: A schematic model. *International Journal of Psychoanalysis,* 68, 441–52.

Adler, A. (1908). Der aggressionstrieb im leben und in der neurose. *Fortschritte der Medizin,* 226, 577–84.

Adler, A. (1924). *Individual psychology.* New York: Harcourt, Brace.

Adler, A. (1925). *The practice and theory of individual psychology.* London: Kegan Paul.

Adler, A. (1927). Feelings of inferiority and the striving for recognition. *Proceedings of the Royal Society of Medicine,* 20, 1181–1886.

Adler, G. (1979). The myth of the alliance with borderline patients. *American Journal of Psychiatry,* 136, 642–45.

Adler, G., and Buie, D., Jr. (1979). Aloneness and borderline psychopathology: The possible relevance of child development issues. *International Journal of Psychoanalysis,* 60, 83–96.

Adolphs, R. (2003). Cognitive neuroscience of human social behavior. *Nature Reviews Neuroscience,* 4, 165–78.

Aichhorn, A. (1925). *Wayward youth.* New York: Viking Press, 1965.

Ainsworth, M., Blehar, M., Waters, E., and Wall, S. (1978). *Patterns of attachment: Psychological study of the strange situation.* Mahwah, NJ: Lawrence Erlbaum Associates.

Akhtar, S. (1988). Some reflections on the theory of psychopathology and personality development in Kohut's self psychology. In *New concepts in psychoanalytic psychotherapy,* ed. J. Ross and W. Myers (pp. 227–52). Washington, DC: American Psychiatric Press.

Akhtar, S. (1994). Object constancy and adult psychopathology. *International Journal of Psychoanalysis,* 75, 441–55.

Akhtar, S. (1995). A third individuation: Immigration, identity, and the psychoanalytic process. *Journal of the American Psychoanalytic Association,* 43, 1051–84.

Akhtar, S. (1996). "Someday . . ." and "if only . . ." fantasies: Pathological optimism and inordinate nostalgia as related forms of idealization. *Journal of the American Psychoanalytic Association,* 44, 723–53.

Akhtar, S. (1999). The distinction between needs and wishes: Implications for psychoanalytic theory and technique. *Journal of the American Psychoanalytic Association,* 47, 113–57.

Akhtar, S. (2009). *Comprehensive dictionary of psychoanalysis.* London: Karnac Books.

Alexander, B., Feigelson, S., and Gorman, J. (2005). Integrating the psychoanalytic and neurobiological views of panic disorder. *Neuropsychoanalysis,* 7, 129–41.

Alexander, F. (1950a). Analysis of the therapeutic factors in psychoanalytic treatment. *Psychoanalytic Quarterly,* 19, 482–500.

Alexander, F. (1950b). *Psychosomatic medicine.* New York: W. W. Norton.

Alexander, F., and French, T. (1946). *Psychoanalytic therapy: Principles and application.* New York: Ronald Press.

Allegro, L. (1990). On the formulation of interpretations. *International Journal of Psychoanalysis,* 71, 421–33.

Altman, N., Briggs, R., Frankel, J., Gensler, D., and Pantone, P. (2002). *Relational child psychotherapy.* New York: Other Press.

Ambrosio, G. (2009). *Transvestism, transsexualism in the psychoanalytic dimension.* London: Karnac Books.

American Psychiatric Association. (1981). *Diagnostic and statistical manual of mental disorders* (3rd edition, text revision). Washington, DC: APA Press.

American Psychiatric Association. (1994). *Diagnostic and statistical manual of mental disorder* (4th edition). Washington, DC: APA Press.

Amsterdam, B., and Levitt, M. (1980). Consciousness of self and painful self-consciousness. *Psychoanalytic Study of the Child,* 35, 67–83.

Anderson, M., Ochsner, K., Kuhl, B., Cooper, J., Robertson, E., Gabrieli, S., Glover, G., and Gabrieli, J. (2004). Neural systems underlying the suppression of unwanted memories. *Science,* 303, 232–35.

Andreas-Salome, L. (1916). "Anal" und "sexual." *American Imago,* 4, 249.

Angel, A. (1934). Some remarks on optimism. *Internationale Zeitschrift für Psychoanalyse,* 20 (2), 191–99.

Applegarth, A., and Wolfson, A. (1987). Panel report: Toward the further understanding of homosexual women. *Journal of the American Psychoanalytic Association,* 35, 165–73.

Apprey, M. (1988). Concluding remarks: From an inchoate sense of entitlement to a mature attitude of entitlement. In *Attitudes of entitlement,* ed. V. Volkan and T. Rodgers. Charlottesville, VA: University Press of Virginia.

Aragno, A. (1997). *Symbolization: Proposing a developmental paradigm for a new psychoanalytic theory of mind.* Madison, CT: International Universities Press.

Arieti, S. (1967). *The intrapsychic self: Feeling, cognition, and creativity in health and mental illness.* New York: Basic Books.

Arieti, S. (1976). *Creativity: The magic synthesis.* New York: Basic Books.

Arlow, J. (1953). Masturbation and symptom formation. *Journal of the American Psychoanalytic Association,* 1, 45–58.

Arlow, J. (1958). Panel: The psychoanalytic theory of thinking. *Journal of the American Psychoanalytic Association,* 6, 145–53.

Arlow, J. (1969a). Fantasy, memory, and reality testing. *Psychoanalytic Quarterly,* 38, 28–51.

Arlow, J. (1969b). Unconscious fantasy and disturbances of conscious experience. *Psychoanalytic Quarterly,* 38, 1–27.

Arlow, J. (1971). Character perversion. In *Currents in psychoanalysis,* ed. I. Marcus (pp. 317–36). New York: International Universities Press.

Arlow, J. (1980). The revenge motive in the primal scene. *Journal of the American Psychoanalytic Association,* 28, 519–41.

Arlow, J. (1986). The poet as prophet: A psychoanalytic perspective. *Psychoanalytic Quarterly,* 55, 53–68.

Arlow, J. (1995). Unconscious fantasy. In *Psychoanalysis: The major concepts,* ed. B. Moore and B. Fine (pp. 155–62). New Haven, CT: Yale University Press.

Arlow, J. (1996). The concept of psychic reality—How useful? *International Journal of Psychoanalysis,* 77, 659–66.

Arlow, J., and Brenner, C. (1960). The concept "preconscious" and the structural theory: Meetings of the New York psychoanalytic society. *Psychoanalytic Quarterly, 29*, 447–48.

Arlow, J., and Brenner, C. (1964). *Psychoanalytic concepts and the structural theory.* New York: International Universities Press.

Arlow, J., and Brenner, C. (1990). The psychoanalytic process. *Psychoanalytic Quarterly, 59*, 678–92.

Arntz, A., and Veen, G. (2001). Evaluations of others by borderline patients. *Journal of Nervous and Mental Disease, 189* (8), 513–21.

Aron, L. (1990). Free association and changing models of mind. *Journal of the American Psychoanalytic Association, 18*, 439–59.

Aron, L. (1991). The patient's experience of the analyst's subjectivity. *Psychoanalytic Dialogues,* 1, 29–51.

Aron, L. (1992). From Ferenczi to Searles and contemporary relational approaches: Commentary on Mark Blechner's "Working in the countertransference." *Psychoanalytic Dialogues,* 2, 181–90.

Aron, L. (1996). *A meeting of minds: Mutuality in psychoanalysis.* Hillsdale, NJ: Analytic Press.

Atwood, G., and Stolorow, R. (1984). *Structures of subjectivity: Explorations in psychoanalytic phenomenology.* Hillsdale, NJ: Analytic Press.

Auchincloss, E., and Vaughan, S. (2001). Psychoanalysis and homosexuality: Do we need a new theory? *Journal of the American Psychoanalytic Association,* 49, 1157–86.

Auchincloss, E., and Weiss, R. (1992). Paranoid character and the intolerance of indifference. *Journal of the American Psychoanalytic Association,* 40, 1013–37.

Auerbach, J., and Blatt, S. (1996). Self-representation in severe psychopathology: The role of reflexive self-awareness. *Psychoanalytic Psychology,* 13, 297–341.

Auerhahn, N., and Laub, D. (1998). Intergenerational memory of the holocaust. In *International handbook of multigenerational legacies of trauma,* ed. Y. Danieli (pp. 21–41). New York: Plenum Press.

Bacal, H. (1985). Optimal responsiveness and the therapeutic process. *Progress in Self Psychology,* 1, 202–27.

Bacal, H. (1988). Reflections on "Optimum frustration." *Progress in Self Psychology,* 4, 127–31.

Bacal, H. (1998). Introduction: Relational self psychology. *Progress in Self Psychology,* 14, xiii–xviii.

Bacal, H., and Herzog, B. (2003). Specificity theory and optimal responsiveness: An outline. *Psychoanalytic Psychology,* 20, 635–48.

Bacal, H., and Thomson, P. (1996). The psychoanalyst's selfobject needs and the effect of their frustration on the treatment: A new view of countertransference. *Progress in Self Psychology,* 12, 17–35.

Bach, S. (1975). Narcissism, continuity and the uncanny. *International Journal of Psychoanalysis,* 56, 77–86.

Bachrach, H. (1983). On the concept of analyzability. *Psychoanalytic Quarterly, 52,* 180–203.

Bachrach, H., Galatzer-Levy, R., Skolnikoff, A., and Waldron, S. (1991). On the efficacy of psychoanalysis. *Journal of the American Psychoanalytic Association,* 39, 871–916.

Bachrach, H., and Leaff, L. (1978). "Analyzability": A systematic review of the clinical and quantitative literature. *Journal of the American Psychoanalytic Association,* 26, 881–920.

Bak, R. (1956). Aggression and perversion. In *Psychodynamics and therapy,* ed. S. Lorand and M. Balint (pp. 231–40). New York: Gramercy Publications.

Bak, R. (1968). The phallic woman: The ubiquitous fantasy in perversions. *Psychoanalytic Study of the Child,* 23, 15–16.

Bak, R. (1973). Being in love and object loss. *International Journal of Psychoanalysis,* 54, 1–7.

Balint, A. (1949). Love for the mother and mother-love. *International Journal of Psychoanalysis,* 30, 251–59.

Balint, M. (1935). Critical notes on the pregenital organization of the libido. In *Primary love and psychoanalytic technique,* ed. M. Balint (pp. 49–72). London: Hogarth Press and Institute of Psycho-Analysis, 1952.

Balint, M. (1948) On genital love. In *Primary love and psycho-analytic technique,* ed. M. Balint (pp.128–40). London: Hogarth Press and Institute of Psycho-Analysis, 1952.

Balint, M. (1950). Changing therapeutical aims and techniques in psycho-analysis. *International Journal of Psychoanalysis,* 31, 117–24.

Balint, M. (1952). *Primary love and psycho-analytic technique.* London: Hogarth Press and Institute of Psycho-Analysis.

Balint, M. (1968). *The basic fault: Therapeutic acts of regression.* London: Tavistock Publications.

Balsam, R. (2001). Integrating male and female elements in a woman's gender identity. *Journal of the American Psychoanalytic Association,* 49, 1335–60.

Baratis, S. (1988). The personal myth as a defense against internal primitive aggression. *International Journal of Psychoanalysis,* 69, 475–82.

Barnett, J. (1966). On cognitive disorders in the obsessional. *Contemporary Psychoanalysis,* 2, 122–33.

Barnett, J. (1980a). Cognitive repair in the treatment of the neuroses. *Journal of the American Psychoanalytic Association,* 8, 39–55.

Barnett, J. (1980b). Interpersonal processes, cognition, and the analysis of character. *Contemporary Psychoanalysis,* 16, 397–416.

Barocas, H., and Barocas, C. (1979). Wounds of the fathers: The next generation of Holocaust victims. *International Review of Psycho-Analysis,* 6, 331–40.

Bartlett, F. (1932). *Remembering: A study in experimental and social psychology.* Cambridge, UK: Cambridge University Press.

Bartlett, N., Vassey, P., and Bukowski, W. (2000). Is gender identity disorder in children a mental disorder? *Sex Roles,* 33, 753–85.

Bartsch, K., and Wellman, H. (1995). *Children talk about the mind.* Oxford: Oxford University Press.

Basch, M. (1976). The concept of affect: A re-examination. *Journal of the American Psychoanalytic Association,* 24, 759–77.

Basch, M. (1978). Psychic determinism and freedom of will. *International Review of Psycho-Analysis,* 5, 257–64.

Basch, M. (1983a). Empathic understanding: A review of the concept and some theoretical considerations. *Journal of the American Psychoanalytic Association,* 31, 101–26.

Basch, M. (1983b). The perception of reality and the disavowal of meaning. *The Annual of Psychoanalysis,* 11, 125–53.

Bass, A. (2001). It takes one to know one; or, whose unconscious is it anyway? *Psychoanalytic Dialogues,* 11, 683–702.

Bass, A. (2003). "E" enactments in psychoanalysis: Another medium, another message. *Psychoanalytic Dialogues,* 13, 657–75.

Bassin, D. (1996). Beyond the he and the she: Toward the reconciliation of masculinity and femininity in the postoedipal female mind. *Journal of the American Psychoanalytic Association,* 44 (S), 157–90.

Bateman, A., and Fonagy, P. (2004). *Psychotherapy for borderline personality disorder: Mentalization-based treatment.* Oxford: Oxford University Press.

Bateman, A., and Fonagy, P. (2006). *Mentalization-based treatment for borderline personality disorder: A practical guide.* Oxford: Oxford University Press.

Baudry, F. (1984). Character: A concept in search of an identity. *Journal of the American Psychoanalytic Association,* 32, 455–77.

Bayer, R. (1981). *Homosexuality and American psychiatry: The politics of diagnosis.* New York: Basic Books.

Beebe, B. (2005). Mother-infant research informs mother-infant treatment. *Psychoanalytic Study of the Child,* 60, 7–46.

Beebe, B., Jaffe, J., Buck, K., Chen, H., Cohen, P., Feldstein, S., and Andrews, H. (2008). Six-week postpartum depressive symptoms and 4-month mother-infant self- and interactive contingency. *Infant Mental Health Journal,* 29 (5), 442–71.

Beebe, B., Jaffe, J., and Lachmann, F. (1992). A dyadic systems view of communication. In *Relational perspectives in psychoanalysis,* ed. N. Skolnick and S. Warshaw (pp. 61–81). Hillsdale, NJ: Analytic Press.

Beebe, B., and Lachmann, F. (1988). The contribution of mother-infant mutual influence to the origins of self- and object representations. *Psychoanalytic Psychology,* 5, 305–37.

Beebe, B., and Lachmann, F. (1998). Co-constructing inner and relational processes: Self- and mutual regulation in infant research and adult treatment. *Psychoanalytic Psychology,* 15, 480–516.

Beebe, B., and Lachmann, F. (2003). The relational turn in psychoanalysis: A dyadic systems view from infant research. *Contemporary Psychoanalysis,* 39, 379–409.

Beebe, B., Lachmann, F., and Jaffe, J. (1997). Mother-infant interaction structures and presymbolic self- and object representations. *Psychoanalytic Dialogues,* 7, 133–82.

Beebe, B., and Stern, D. N. (1977). Engagement-disengagement and early object experience. In *Communicative structure and psychic structures,* ed. M. Freedman and S. Grenel (pp. 33–55). New York: Plenum Press.

Behrends, R., and Blatt, S. (1985). Internalization and psychological development throughout the life cycle. *Psychoanalytic Study of the Child,* 40, 11–39.

Bell, D. (1997). *Reason and passion: A celebration of the work of Hanna Segal.* London: Duckworth.

Bell, D. (1999). *Psychoanalysis and culture: A Kleinian perspective.* London: Duckworth.

Bell, D. (2001). Projective identification. In *Kleinian theory: A contemporary perspective,* ed. C. Bronstein (pp. 125–47). London: Whurr Books.

Bell, D. (2008). La pulsion di morte: Prospettive nella teoria Kleiniana contemporanea. *Revista di Psicoanalisi,* 54, 707–26.

Bellak, L., Hurvich, M., and Gediman, H. (1973). *Ego functions in schizophrenics, neurotics, and normals: A systematic study of conceptual, diagnostic, and therapeutic aspects.* New York: John Wiley and Sons.

Benedict, T. (1976). On the psychobiology of gender identity. *Annual of Psychoanalysis,* 4, 117–62.

Benjamin, H. (1966). *The transsexual phenomenon.* New York: Julian Press.

Benjamin, J. (1988). *The bonds of love: Psychoanalysis, feminism, and the problem of domination.* New York: Pantheon.

Benjamin, J. (1990). An outline of intersubjectivity: The development of recognition. *Psychoanalytic Psychology,* 7 (S), 33–46.

Benjamin, J. (1997). *The shadow of the other.* New York: Routledge.

Beratis, S. (1988). The personal myth as a defense against internal primitive aggression. *International Journal of Psychoanalysis, 69,* 475–82.

Beres, D. (1957). New directions in psychoanalysis: The significance of infant conflict in the pattern of adult behavior. *Psychoanalytic Quarterly, 26,* 406–11.

Beres, D. and Arlow, J. (1974). Fantasy and identification in empathy. *Psychoanalytic Quarterly, 43,* 26–50.

Berg, M. (1977). The externalizing transference. *International Journal of Psychoanalysis, 58,* 235–44.

Bergler, E. (1934). The psycho-analysis of the uncanny. *International Journal of Psychoanalysis, 15,* 215–44.

Bergler, E. (1938). Preliminary phases of the masculine beating fantasy. *Psychoanalytic Quarterly, 7,* 514–36.

Bergler, E. (1948a). *The battle of the conscience: A psychiatric study of the inner-working of the conscience.* Oxford: Monumental Printing.

Bergler, E. (1948b). Further studies on beating fantasies. *Psychoanalytic Quarterly, 22,* 480–86.

Bergler, E. (1949). *The basic neurosis: Oral regression and psychic masochism.* Oxford: Grune and Stratton.

Bergler, E. (1956). On "negative" exhibitionism. *Psychoanalytic Review, 43,* 454–57.

Bergler, E. (1961). *Curable and incurable neurotics: Problems of "neurotic" versus "malignant" psychic masochism.* New York: Liveright.

Bergman, A., and Harpaz-Rotem, I. (2004). Revisiting rapprochement in the light of contemporary developmental theories. *Journal of the American Psychoanalytic Association, 52,* 555–70.

Bergmann, M. (1971). Psychoanalytic observations on the capacity to love. In *Separation-individuation: Essays in honor of Margaret S. Mahler,* ed. J. McDevitt and C. Settlage. New York: International Universities Press.

Bergmann, M. (1980). On the intrapsychic function of falling in love. *Psychoanalytic Quarterly, 49,* 56–77.

Bergmann, M. (1982). Platonic love, transference love, and love in real life. *Journal of the American Psychoanalytic Association, 30,* 87–111.

Bergmann, M. (1987). *The anatomy of loving: The story of man's quest to know what love is.* New York: Columbia University Press.

Bergmann, M. (1988). Freud's three theories of love in the light of later development. *Journal of the American Psychoanalytic Association, 36,* 653–72.

Bergmann, M. (1995). On love and its enemies. *Psychoanalytic Review, 82,* 1–19.

Bergmann, M. (1997). Termination: The Achilles heel of psychoanalytic technique. *Psychoanalytic Psychology, 14,* 163–74.

Berliner, B. (1942). The concept of masochism. *Psychoanalytic Review, 29,* 386–400.

Bernfeld, S. (1944). Freud's earliest theories and the school of Helmholtz. *Psychoanalytic Quarterly, 13,* 341–62.

Bernstein, D. (1983). The female superego: A different perspective. *International Journal of Psychoanalysis, 64,* 187–201.

Bernstein, D. (1990). Female genital anxieties, conflicts and typical mastery modes. *International Journal of Psychoanalysis, 71,* 151–65.

Bernstein, D. (1993). *Female identity conflict in clinical practice.* Northvale, NJ: Jason Aronson.

Bernstein, I. (1975). Integrative aspects of masturbation. In *Masturbation: From infancy to senescence,* ed. I. Marcus and J. Francis (pp. 53–76). New York: International Universities Press.

Bernstein, P. (2004). Mothers and daughters from today's psychoanalytic perspective. *Psychoanalytic Inquiry, 24,* 601–28.

Bers, S., Blatt, S., Sayward, H., and Johnston, R. (1993). Normal and pathological aspects of self-descriptions and their change over long-term treatment. *Psychoanalytic Psychology, 10,* 17–37.

Bettelheim, B. (1983). *Freud and man's soul.* London: Chatto and Windus.

Bibring, E. (1937). Discussion of the concept of therapeutic alliance. In Symposium on the theory of the therapeutic results of psycho-analysis. *International Journal of Psychoanalysis, 18,* 125–89.

Bibring, E. (1954). Psychoanalysis and the dynamic psychotherapies. *Journal of the American Psychoanalytic Association, 2,* 745–70.

Bibring, G., Dwyer, T., Huntington, D., and Valenstein, A. (1961). A study of the psychological processes in pregnancy and of the earliest mother-child relationship—I. Some propositions and comments. *Psychoanalytic Study of the Child, 16,* 9–24.

Bick, E. (1986). Further considerations of the function of the skin in early object relations. *British Journal of Psychotherapy, 2,* 292–99.

Billow, R. (1999). An intersubjective approach to entitlement. *Psychoanalytic Quarterly, 68,* 441–61.

Bion, W. (1956/1967). Development of schizophrenic thought. *International Journal of Psychoanalysis, 37,* 344–46.

Bion, W. (1957). Differentiation of the psychotic from the non-psychotic personalities. *International Journal of Psychoanalysis, 38,* 266–75.

Bion, W. (1959). Attacks on linking. *International Journal of Psychoanalysis, 40,* 308–15.

Bion, W. (1961). *Experience in groups.* London: Tavistock.

Bion, W. (1962a). *Learning from experience.* London: Heinemann.

Bion, W. (1962b). The psycho-analytic study of think-ing—II. A theory of thinking. *International Journal of Psychoanalysis*, 43, 306–10.

Bion, W. (1963). *Elements of psycho-analysis*. London: Heinemann.

Bion, W. (1965). *Transformations: Change from learning to growth*. London: Tavistock.

Bion, W. (1967). *Second thoughts: Selected papers on psycho-analysis*. London: Heinemann.

Bion, W. (1970). *Attention and interpretation: A scientific approach to insight in psycho-analysis and groups*. London: Tavistock.

Bion, W. (1991). *A memoir of the future*. London: Karnac Books.

Bird, B. (1972). Notes on transference: Universal phenomenon and hardest part of analysis. *Journal of the American Psychoanalytic Association*, 20, 267–301.

Birksted-Breen, D. (1996). Unconscious representation of femininity. *Journal of the American Psychoanalytic Association*, 44 (S), 119–32.

Blacker, K., and Tupin, J. (1977). Hysteria and hysterical structures: Developmental and social theories. In *Hysterical personality style and the histrionic personality disorder*, ed. M. Horowitz (pp. 17–66). Lanham, MD: Jason Aronson.

Blackman, J. (2004). *101 defenses: How the mind shields itself*. New York: Brunner/Routledge.

Blatt, S. (1974). Levels of object representation in anaclitic and introjective depression. *Psychoanalytic Study of the Child*, 24, 107–57.

Blatt, S., Auerbach, J., and Levy, K. (1997). Mental representations in personality development, psychopathology, and the therapeutic process. *Review of General Psychology*, 1, 351–74.

Blatt, S., Brenneis, L., Schimek, J., and Glick, M. (1976). Normal development and the psychopathological impairment of the concept of the object on the Rorschach. *Journal of Abnormal Psychology*, 85, 364–73.

Blatt, S., and Lerner, H. (1983). Investigations in the psychoanalytic theory of object relations and object representations. In *Empirical studies of psychoanalytic theories*, ed. F. Masling (pp. 189–249). Hillsdale, NJ: Lawrence Erlbaum Associates.

Blechner, M. (1987). Panel II. Entitlement and narcissism: Paradise sought. *Contemporary Psychoanalysis*, 23, 244–54.

Blechner, M. (2001). *The dream frontier*. Hillsdale, NJ: Analytic Press.

Blechner, M. (2005). The gay Harry Stack Sullivan: Interactions between his life, clinical work, and theory. *Contemporary Psychoanalysis*, 41, 1–20.

Bleiberg, E. (2003). Treating professionals in crisis: A framework based on promoting mentalization. *Bulletin of the Menninger Clinic*, 67, 212–26.

Bleuler, E. (1910). Vortrag über Ambivalenz. *Zentralblatt für Psychoanalyse*, 1, 266.

Blos, P. (1962). *On adolescence*. New York: Free Press.

Blos, P. (1968). Character formation in adolescence. *Psychoanalytic Study of the Child*, 23, 245–63.

Blos, P. (1972). The epigenesis of the adult neurosis. *Psychoanalytic Study of the Child*, 27, 106–35.

Blos, P. (1974). The genealogy of the ego ideal. *Psychoanalytic Study of the Child*, 29, 43–88.

Blos, P. (1979a). Prolonged male adolescence. In *The adolescent passage*. New York: International Universities Press.

Blos, P. (1979b). *The adolescent passage*. New York: International Universities Press.

Blum, E., and Blum, H. (1990). The development of autonomy and superego precursors. *International Journal of Psychoanalysis*, 71, 585–95.

Blum, H. (1973). The concept of erotized transference. *Journal of the American Psychoanalytic Association*, 21, 61–76.

Blum, H. (1976a). The changing use of dreams in psychoanalytic practice—Dreams and free association. *International Journal of Psychoanalysis*, 57, 315–24.

Blum, H. (1976b). Masochism, the ego ideal, and the psychology of women. *Journal of the American Psychoanalytic Association*, 24 (S), 157–91.

Blum, H. (1978). Symbolic processes and symbol formation. *International Journal of Psychoanalysis*, 59, 455–71.

Blum, H. (1979a). Foreword. *Journal of the American Psychoanalytic Association*, 27 (S), 5–17.

Blum, H. (1979b). On the concept and consequences of the primal scene. *Psychoanalytic Quarterly*, 48, 27–47.

Blum, H. (1980a). Paranoia and beating fantasy: An inquiry into the psychoanalytic theory of paranoia. *Journal of the American Psychoanalytic Association*, 28, 331–61.

Blum, H. (1980b). The value of reconstruction in adult psychoanalysis. *International Journal of Psychoanalysis*, 61, 39–52.

Blum, H. (1981). Object inconstancy and paranoid conspiracy. *Journal of the American Psychoanalytic Association*, 29, 789–813.

Blum, H. (1983). The position and value of extratransference interpretation. *Journal of the American Psychoanalytic Association*, 31, 587–617.

Blum, H. (1985). Superego formation, adolescent transformation, and the adult neurosis. *Journal of the American Psychoanalytic Association*, 33, 887–909.

Blum, H. (1989). The concept of the termination and the evolution of psychoanalytic thought. *Journal of the American Psychoanalytic Association*, 37, 275–95.

Blum, H. (1996). Female psychology in progress. *Journal of the American Psychoanalytic Association*, 44 (S), 3–9.

Blum, H. (2000). The writing and interpretation of dreams. *Psychoanalytic Psychology*, 17, 651–66.

Blum, H. (2001). The "exceptions" reviewed: The formation and deformation of the privileged character. *Psychoanalytic Study of the Child*, 56, 123–36.

Blum, H. (2003). Response to Peter Fonagy. *International Journal of Psychoanalysis*, 84, 509–13.

Blum, H. (2004). Separation-individuation theory and attachment theory. *Journal of the American Psychoanalytic Association*, 52, 535–53.

Boehm, F. (1930). The femininity-complex in men. *International Journal of Psychoanalysis*, 11, 444–69.

Boesky, D. (1982). Acting out: A reconsideration of the concept. *International Journal of Psychoanalysis*, 63, 39–55.

Boesky, D. (1988). The concept of psychic structure. *Journal of the American Psychoanalytic Association*, 36, 113–35.

Boesky, D. (1990). The psychoanalytic process and its components. *Psychoanalytic Quarterly*, 59, 550–84.

Bonime, W. (1962). *The clinical use of dreams*. New York: Basic Books.

Bonovitz, C. (2009). Looking back, looking forward: A reexamination of Benjamin Wolstein's interlock and the emergence of intersubjectivity. *International Journal of Psychoanalysis*, 90, 463–85.

Book Notices. (1970a). *International Journal of Psychoanalysis*, 51, 558–59.

Book Notices. (1970b). *Journal of the American Psychoanalytic Association*, 18, 736–38.

Bornstein, B. (1945). Clinical notes on child analysis. *Psychoanalytic Study of the Child*, 1, 151–66.

Bornstein, B. (1949). The analysis of a phobic child—Some problems of theory and technique in child analysis. *Psychoanalytic Study of the Child*, 3, 181–226.

Bornstein, B. (1951). On latency. *Psychoanalytic Study of the Child*, 6, 279–85.

Bornstein, B. (1953). Masturbation in the latency period. *Psychoanalytic Study of the Child*, 8, 65–78.

Boston Change Process Study Group. (2002). Explicating the implicit: The local level and the microprocess of change in the analytic situation. *International Journal of Psychoanalysis*, 83, 1051–62.

Bouchard, M., Target, M., Lecours, S., Fonagy, P., Tremblay, L., Schachter, A., and Stein, H. (2008). Mentalization in adult attachment narratives: Reflective functioning, mental states, and affect elaboration compared. *Psychoanalytic Psychology*, 25, 47–66.

Bowlby, J. (1944). Forty-four juvenile thieves: Their characters and home-life. *International Journal of Psychoanalysis*, 25, 19–53, 107–28.

Bowlby, J. (1951). *Maternal care and maternal health*. Geneva: World Health Organization.

Bowlby, J. (1958). The nature of the child's tie to his mother. *International Journal of Psychoanalysis*, 39, 350–73.

Bowlby, J. (1960a). Grief and mourning in infancy and early childhood. *Psychoanalytic Study of the Child*, 15, 9–52.

Bowlby, J. (1960b). Separation anxiety. *International Journal of Psychoanalysis*, 41, 89–113.

Bowlby, J. (1961). Processes of mourning. *International Journal of Psychoanalysis*, 42, 317–40.

Bowlby, J. (1963). Pathological mourning and childhood mourning. *Journal of the American Psychoanalytic Association*, 11, 500–41.

Bowlby, J. (1969/1982). *Attachment and loss: Attachment* (vol. 1). New York: Basic Books.

Bowlby, J. (1973). *Attachment and loss: Separation* (vol. 2). New York: Basic Books.

Bowlby, J. (1980). *Attachment and loss: Loss* (vol. 3). New York: Basic Books

Brakel, L. (1997). Commentary on Solms's What is consciousness? *Journal of the American Psychoanalytic Association*, 45, 714–20.

Brakel, L. (2004). The psychoanalytic assumption of the primary process: Extrapsychoanalytic evidence and finding. *Journal of the American Psychoanalytic Association*, 52, 1131–1161.

Brakel, L., Kleinsorge, S., Snodgrass, M., and Shevrin, H. (2000). The primary process and the unconscious: Experimental evidence supporting two psychoanalytic presuppositions. *Journal of the American Psychoanalytic Association*, 81, 553–69.

Brakel, L., Shevrin, H., and Villa, K. (2002). The priority of primary process categorizing. *Journal of the American Psychoanalytic Association*, 50, 483–505.

Brandchaft, B. (1993). To free the spirit from its cell. *Progress in Self Psychology*, 9, 209–30.

Braun, A. (1999). The new neuropsychology of sleep commentary. *Neuropsychoanalysis*, 1, 196–201.

Brenman, E. (1985). Hysteria. *International Journal of Psychoanalysis*, 66, 423–32.

Brenner, C. (1955). *An elementary textbook of psychoanalysis*. New York: International Universities Press.

Brenner, C. (1959). The masochistic character: Genesis and treatment. *Journal of the American Psychoanalytic Association*, 7, 197–226.

Brenner, C. (1968). Psychoanalysis and science. *Journal of the American Psychoanalytic Association*, 16, 675–96.

Brenner, C. (1971). The psychoanalytic concept of aggression. *International Journal of Psychoanalysis*, 52, 137–44.

Brenner, C. (1974). Depression, anxiety and affect theory. *International Journal of Psychoanalysis,* 55, 25–32.

Brenner, C. (1975). Affects and psychic conflict. *Psychoanalytic Quarterly,* 44, 5–28.

Brenner, C. (1979). Working alliance, therapeutic alliance, and transference. *Journal of the American Psychoanalytic Association,* 27 (S), 137–57.

Brenner, C. (1980). Metapsychology and psychoanalytic theory. *Psychoanalytic Quarterly,* 49, 189–214.

Brenner, C. (1982). *The mind in conflict.* Madison, CT: International Universities Press.

Brenner, C. (1987). Working through, 1914–1984. *Psychoanalytic Quarterly,* 56, 88–108.

Brenner, C. (2002). Conflict, compromise formation, and structural theory. *Psychoanalytic Quarterly,* 71, 397–417.

Brenner, C. (2003). Is the structural model still useful? *International Journal of Psychoanalysis,* 84, 1093–96.

Brenner, C. (2006). *Psychoanalysis or mind and meaning.* New York: Psychoanalytic Quarterly.

Brenner, C. (2008). Aspects of psychoanalytic theory: Drives, defense, and the pleasure-unpleasure principle. *Psychoanalytic Quarterly,* 77, 707–17.

Brenner, I. (1994). The dissociative character: A reconsideration of "multiple personality." *Journal of the American Psychoanalytic Association,* 42, 819–46.

Bretherton, I. (1992). The origins of attachment theory: John Bowlby and Mary Ainsworth. *Developmental Psychology,* 28, 759–75.

Bretherton, I., McNew, S., and Beeghly-Smith, M. (1981). Early person knowledge as expressed in gestural and verbal communication: When do infants acquire a "theory of mind"? In *Infant social cognition: Empirical and theoretical considerations,* ed. M. E. Lamb and L. R. Sherrod (pp. 333–74). Hillsdale, NJ: Lawrence Erlbaum Associates.

Breuer, J., and Freud, S. (1893). On the psychical mechanism of hysterical phenomena. *Standard Edition,* 2, 1–17.

Breuer, J., and Freud, S. (1893/1895). Studies on hysteria. *Standard Edition,* 2, 1–335.

Brierley, M. (1945). Further notes on the implications of psycho-analysis: Metapsychology and personology. *International Journal of Psychoanalysis,* 26, 89–114.

Brierley, M. (1953). Developments in psycho-analysis. *International Journal of Psychoanalysis,* 34, 158–60.

Brill, A. (1914). *Psychoanalysis: Its theories and practical application* (2nd edition). London: W. B. Saunders.

Britton, R. (1989). The missing link: Parental sexuality in the oedipus complex. In *The oedipus complex today: Clinical implications,* ed. R. Britton, M.

Feldman, and E. O'Shaughnessy (pp. 83–101). London: Karnac Books.

Brody, M. (1956). Clinical manifestations of ambivalence. *Psychoanalytic Quarterly,* 25, 505–14.

Bromberg, P. (1984). On the occurrence of the Isakower phenomenon in a schizoid disorder. *Contemporary Psychoanalysis,* 20, 600–24.

Bromberg, P. (1991). On knowing one's patient inside out: The aesthetics of unconscious communication. *Psychoanalytic Dialogues,* 1, 399–422.

Bromberg, P. (1998a). *Standing in the spaces: Essays on clinical process, trauma, and dissociation.* Hillsdale, NJ: Analytic Press.

Bromberg, P. (1998b). Staying the same while changing: Reflections on clinical judgment. *Psychoanalytic Dialogues,* 8, 225–36.

Bromberg, P. (2006). *Awakening the dreamer: Clinical journeys.* Hillsdale, NJ: Analytic Press.

Bromberg, W. (1948). Dynamic aspects of psychopathic personality. *Psychoanalytic Quarterly,* 17, 58–70.

Brothers, D., and Lewinberg, E. (1999). The therapeutic partnership: A developmental view of self-psychological treatment as bilateral healing. *Progress in Self Psychology,* 15, 259–84.

Broucek, F. (1982). Shame and its relationship to early narcissistic developments. *International Journal of Psychoanalysis,* 63, 369–78.

Broucek, F. (1991). *Shame and the self.* New York: Guilford Press.

Brunswick, R. (1940). The preoedipal phase of the libido development. *Psychoanalytic Quarterly,* 9, 239–319.

Bucci, W. (1997). *Psychoanalysis and cognitive science: Multiple code theory.* New York: Guilford Press.

Bucci, W. (2001). Pathways of emotional communication. *Psychoanalytic Inquiry,* 21, 40–70.

Bucci, W. (2005). Process research. In *Textbook of psychoanalysis,* ed. E. Person, A. Cooper, and G. Gabbard (pp. 317–34). Washington, DC: American Psychiatric Publishing.

Bucci, W. (2007). Dissociation from the perspective of multiple code theory: Part 1, Psychological roots and implications for psychoanalytic treatment. *Contemporary Psychoanalysis,* 43, 165–84.

Buechler, S. (2004). *Clinical values: Emotions that guide psychoanalytic treatment.* New York: Routledge.

Buechler, S. (2008). *Making a difference in patients' lives: Emotional experience in the therapeutic setting.* New York: Routledge.

Bullitt, C., and Farber, B. (2002). Gender differences in defensive style. *Journal of the American Psychoanalytic Association,* 30, 35–51.

Burch, B. (1993a). Heterosexuality, bisexuality, and lesbianism: Rethinking psychoanalytic views of women's object choice. *Psychoanalytic Review,* 80, 83–99.

Burch, B. (1993b). Gender identities, lesbianism, and potential space. *Psychoanalytic Psychology,* 10, 359–75.

Burgner, M., and Edgcumbe, R. (1972). Some problems in the conceptualization of early object relationships—Part 2, The concept of object constancy. *Psychoanalytic Study of the Child,* 27, 315–33.

Burland, J. (1997). The role of working through in bringing about psychoanalytic change. *International Journal of Psychoanalysis,* 78, 469–84.

Burnham, D., Gladstone, A., and Gibson, R. (1969). *Schizophrenia and the need-fear dilemma.* New York: International Universities Press.

Busch, F. (1993). "In the neighborhood": Aspects of a good interpretation and a "developmental lag" in ego psychology. *Journal of the American Psychoanalytic Association,* 41, 151–77.

Busch, F. (1996). The ego and its significance in analytic interventions. *Journal of the American Psychoanalytic Association,* 44, 1073–99.

Busch, F. N., Rudden, M., and Shapiro, T. (2004). *Psychodynamic treatment of depression.* Arlington, VA: American Psychiatric Publishing.

Butler, J. (1990). *Gender trouble: Feminism and the subversion of identity.* New York: Routledge.

Butler, J. (1993). *Bodies that matter: On the discursive limits of "sex."* New York: Routledge.

Butler, J. (2004). *Undoing gender.* New York: Routledge.

Buxbaum, E. (1950). Technique of terminating analysis. *International Journal of Psychoanalysis,* 31, 184–90.

Bychowski, G. (1953). The problem of latent psychosis. *Journal of the American Psychoanalytic Association,* 1, 484–503.

Cahn, R. (1995). Subject and agency in psychoanalysis: Which is to be master? *International Journal of Psychoanalysis,* 76, 189–91.

Calabrese, M., Farber, B., and Westen, D. (2005). The relationship of adult attachment constructs to object relational patterns of representing self and others. *Journal of the American Psychoanalytic Association,* 33, 513–30.

Caligor, E., Diamond, D., Yeomans, F., and Kernberg, O. (2009). The interpretive process in the psychoanalytic psychotherapy of borderline personality pathology. *Journal of the American Psychoanalytic Association,* 57, 271–301.

Cassidy, J. (2008). The nature of the child's ties. In *The handbook of attachment theory and research* (2nd edition), ed. J. Cassidy and P. Shaver. New York: Guilford Press.

Cassirer, E. (1955). *The philosophy of symbolic forms.* New Haven, CT: Yale University Press.

Cauldwell, D. (1949/2006). Psychopathia transexualis. In *The transgender studies reader,* ed. S. Stryker and S. Whittle (pp. 40–44). New York: Routledge.

Cavell, M. (1997). Commentaries. *Journal of the American Psychoanalytic Association,* 45, 721–26.

Cavell, M. (2003). The social character of thinking. *Journal of the American Psychoanalytic Association,* 51, 803–24.

Chapin, H. (1915). Are institutions for infants necessary? *Journal of American Medical Association,* 64, 1–3.

Chasseguet-Smirgel, J. (1964). Feminine guilt and the oedipus complex. In *Female sexuality,* ed. J. Chasseguet-Smirgel (pp. 94–134). Ann Arbor, MI: University of Michigan Press.

Chasseguet-Smirgel, J. (1974). Perversion, idealization and sublimation. *International Journal of Psychoanalysis,* 55, 349–57.

Chasseguet-Smirgel, J. (1978). Reflexions on the connexions between perversion and sadism. *International Journal of Psychoanalysis,* 59, 27–38.

Chasseguet-Smirgel, J. (1984). *Creativity and perversion.* London: Free Association Books.

Chasseguet-Smirgel, J. (1991). Sadomasochism in the perversions: Some thoughts on the destruction of reality. *Journal of the American Psychoanalytic Association,* 39, 399–415.

Chasseguet-Smirgel, J. (1993). Woman's social status as a reflection of the internal relationship to mother and father in both sexes. *International Journal of Psychoanalysis,* 2, 24–29.

Chehrazi, S. (1986). Female psychology: A review. *Journal of the American Psychoanalytic Association,* 34, 141–62.

Chess, S., and Thomas, T. (1986). *Temperament in clinical practice.* New York: Guilford Press.

Chodorow, N. (1978). *The reproduction of mothering.* Berkeley, CA: University of California Press.

Chodorow, N. (1992). Heterosexuality as a compromise formation: Reflections on the psychoanalytic theory of sexual development. *Psychoanalysis and Contemporary Thought,* 15, 267–304.

Chodorow, N. (1994a). "Freud on women" and "Heterosexuality as a compromise formation." In *Femininities, masculinities, sexualities: Freud and beyond* (pp. 1–69). Lexington, KY: University Press of Kentucky.

Chodorow, N. (1994b). *Femininities, masculinities, sexualities: Freud and beyond.* Lexington, KY: University Press of Kentucky.

Chodorow, N. (1994c). Individuality and difference in how women and men love. In *Femininities, masculinities, sexualities: Freud and beyond* (pp. 70–92). Lexington, KY: University Press of Kentucky.

Chodorow, N. (1995). Multiplicities and uncertainties of gender: Commentary on Ruth Stein's "Analysis of a case of transsexualism." *Psychoanalytic Dialogues,* 5, 291–99.

Chodorow, N. (1996). Theoretical gender and clinical gender: Epistemological reflections on the psychology of women. *Journal of the American Psychoanalytic Association,* 44, 215–38.

Chodorow, N. (1999). *The power of feelings.* New Haven, CT: Yale University Press.

Chodorow, N. (2002). Gender as a personal and cultural construction. In *Gender in psychoanalytic space,* ed. M. Dimen and V. Goldner (pp. 237–61). New York: Other Press.

Chodorow, N. (2003). The psychoanalytic vision of Hans Loewald. *International Journal of Psychoanalysis,* 84, 897–913.

Chodorow, N., and Hacker, A. (2003). Homosexualities as compromise formations: Theoretical and clinical complexity in portraying and understanding homosexualities. *Revue Française de Psychanalyse,* 67, 41–64.

Chused, J. (1987). Idealization of the analyst by the young adult. *Journal of the American Psychoanalytic Association,* 35, 839–59.

Chused, J. (1988). The transference neurosis in child analysis. *Psychoanalytic Study of the Child,* 43, 51–81.

Chused, J. (1991). The evocative power of enactments. *Journal of the American Psychoanalytic Association,* 39, 615–39.

Clarkin, J., Levy, K., Lenzenweger, M., and Kernberg, O. (2007). Evaluating three treatments for borderline personality disorder: A multiwave study. *American Journal of Psychiatry,* 164, 922–28.

Clarkin, J., Yeomans, F., and Kernberg, O. (1999). *Psychotherapy for borderline personality.* New York: John Wiley and Sons.

Clarkin, J., Yeomans, F., and Kernberg, O. (2006). *Psychotherapy for borderline personality: Focusing on object relations.* Washington, DC: American Psychiatric Press.

Cleckley, H. (1941). *The mask of sanity: An attempt to reinterpret the so-called psychopathic personality.* St. Louis, MO: Mosby.

Clower, V. (1970). Panel report: The development of the child's sense of his sexual identity. *Journal of the American Psychoanalytic Association,* 18, 165–76.

Coates, S. (1990). Ontogenesis of boyhood gender identity disorder. *Journal of the American Academy of Psychoanalysis,* 18, 414–38.

Coates, S. (1997). Is it time to jettison the concept of developmental lines? *Gender and Psychoanalysis,* 2, 35–53.

Coates, S. (1998). Having a mind of one's own and holding the other in mind: Commentary on paper by Peter Fonagy and Mary Target. *Psychoanalytic Dialogues,* 8, 115–48.

Coates, S. (2004). John Bowlby and Margaret S. Mahler: Their lives and theories. *Journal of the American Psychoanalytic Association,* 52, 571–601.

Coates, S., Friedman, R., and Wolfe, S. (1991). The etiology of boyhood gender identity disorder: A model for integrating temperament, development, and psychodynamics. *Psychoanalytic Dialogues,* 1, 481–523.

Coates, S., and Wolfe, S. (1995). The etiology of boyhood gender identity disorder in boys: The interface of constitution and early experience. *Psychoanalytic Inquiry,* 15, 6–38.

Coen, S. (1981). Sexualization as a predominant mode of defense. *Journal of the American Psychoanalytic Association,* 29, 893–920.

Coen, S. (1986). The sense of defect. *Journal of the American Psychoanalytic Association,* 34, 47–67.

Coen, S. (1988). Superego aspects of entitlement (in rigid characters). *Journal of the American Psychoanalytic Association,* 36, 409–27.

Coen, S. (1989). Intolerance of responsibility for internal conflict. *Journal of the American Psychoanalytic Association,* 37, 943–64.

Coen, S. (1992). *The misuse of persons: Analyzing pathological dependency.* Hillsdale, NJ: Analytic Press.

Coen, S. (1998). Perverse defenses in neurotic patients. *Journal of the American Psychoanalytic Association,* 46, 1169–94.

Cohler, B., and Galatzer-Levy, R. (2000). *The course of gay and lesbian lives: Social and psychoanalytic perspectives.* Chicago: University of Chicago Press.

Cohn, F. (1940). Practical approach to the problem of narcissistic neuroses. *Psychoanalytic Quarterly,* 9, 64–79.

Colarusso, C., and Nemiroff, R. (1981). *Adult development: A new dimension in psychodynamic theory and practice.* New York: Plenum Press.

Cooper, A. (1989). Working through. *Contemporary Psychoanalysis,* 25, 34–62.

Cooper, A. M. (1985). A historical review of psychoanalytic paradigms. In *Models of the mind: Their relationship to clinical work,* ed. A. Rothstein (pp. 5–20). Madison, CT: International Universities Press.

Cooper, A. M. (1987a). The transference neurosis: A concept ready for retirement. *Psychoanalytic Inquiry,* 7, 569–85.

Cooper, A. M. (1987b). Changes in psychoanalytic ideas: Transference interpretation. *Journal of the American Psychoanalytic Association,* 35, 77–98.

Cooper, A. M. (1988). The narcissistic-masochistic character. In *Masochism: Current psychoanalytic perspectives,* ed. R. Glick and D. Meyers (pp. 117–38). Hillsdale, NJ: Analytic Press.

Cooper, A. M. (1993a). Psychotherapeutic approaches to masochism. *Journal of Psychotherapy Practice and Research,* 2 (1), 51–63.

Cooper, A. M. (1993b). Paranoia: A part of most analyses. *Journal of the American Psychoanalytic Association,* 41, 423–42.

Cooper, S. (1998). Analyst subjectivity, analyst disclosure, and the aims of psychoanalysis. *Psychoanalytic Quarterly,* 67, 379–406.

Cooper, S., and Levit, D. (1998). Old and new objects in Fairbairnian and American relational theory. *Psychoanalytic Dialogues,* 8, 603–24.

Corbett, K. (1993). The mystery of homosexuality. *Psychoanalytic Psychology,* 10, 345–57.

Corbett, K. (1996). Homosexual boyhoods: Notes on girlyboys. *Gender and Psychoanalysis,* 1, 429–61.

Corbett, K. (2008). Gender now. *Psychoanalytic Dialogues,* 18, 838–56.

Corbett, K. (2009a). Boyhood femininity, gender identity disorder, masculine presuppositions, and the anxiety of regulation. *Psychoanalytic Dialogues,* 19, 353–70.

Corbett, K. (2009b). *Boyhoods: Rethinking masculinities.* New Haven, CT: Yale University Press.

Corboz-Warnery, A., Fivaz-Depeursinge, E., Gertsch-Betterns, C., and Favez, N. (1993). Systemic analysis of father-mother-baby interactions: The Lausanne triadic play. *Infant Mental Health Journal,* 14, 298–316.

Cramer, P. (2006). *Protecting the self: Defense mechanisms in action.* New York: Guilford Press.

Damasio, A. (1994). *Descartes' error: Emotion, reason, and the human brain.* New York: Putnam.

Damasio, A. (1999). *The feeling of what happens.* New York: Harcourt, Brace.

Dann, O. (1992). The Isakower phenomenon revisited: A case study. *International Journal of Psychoanalysis,* 73, 481–91.

Davies, J. (1994). Love in the afternoon: A relational reconsideration of desire and dread in the countertransference. *Psychoanalytic Dialogues,* 4, 153–70.

Davies, J. (2004). Whose bad objects are we anyway?: Repetition and our elusive love affair with evil. *Psychoanalytic Dialogues,* 14, 711–32.

Davies, J., and Frawley, M. (1992). Dissociative processes and transference-countertransference paradigms in the psychoanalytically oriented treatment of adult survivors of childhood sexual abuse. *Psychoanalytic Dialogues,* 2, 5–36.

Davison, W., Bristol, C., and Pray, M. (1986). Turning aggression on the self: Study of psychoanalytic process. *Psychoanalytic Quarterly,* 55, 273–95.

De Folch, T. (1984). The hysteric's use and misuse of observation. *International Journal of Psychoanalysis,* 65 (4), 399–410.

Decety, J., and Jackson, P. (2006). A social-neuroscience perspective on empathy. *Current Directions in Psychological Science,* 15, 54–58.

Defries, Z. (1978). Political lesbianism and sexual politics. *Journal of the American Psychoanalytic Association,* 6, 71–78.

Defries, Z. (1979). A comparison of political and apolitical lesbians. *Journal of the American Psychoanalytic Association,* 7, 57–66.

Deklyen, M., and Greenberg, M. (2008). Attachment and psychopathology in childhood. In *Handbook of attachment: Theory, research, and clinical applications* (2nd edition), ed. J. Cassidy and P. Shaver (pp. 637–65). New York: Guilford Press.

DeMarneffe, D. (1997). Bodies and words: A study of young children's genital and gender knowledge. *Gender and Psychoanalysis,* 2, 3–33.

Demos, E. (1996). Expanding the interpersonal perspective. *Contemporary Psychoanalysis,* 32, 649–63.

Depue, R., and Lenzenweger, M. (2001/2005). A neurobehavioral dimensional model of personality disturbance. In *Handbook of personality disorders,* ed. W. Livesley (pp. 136–76). New York: Guilford Press.

Deutsch, F. (1939). The choice of organ in organ neuroses. *International Journal of Psychoanalysis,* 20, 252–62.

Deutsch, H. (1926). Occult processes occurring during psychoanalysis. In *Psychoanalysis and the occult,* ed. G. Devereux (pp. 133–46). New York: International Universities Press, 1970.

Deutsch, H. (1929). The genesis of agoraphobia. *International Journal of Psychoanalysis,* 10, 51–69.

Deutsch, H. (1933a). Motherhood and sexuality. *Psychoanalytic Quarterly,* 2, 476–88.

Deutsch, H. (1933b). The psychology of manic depressive states with particular reference to hypomania. In *Neuroses and character types: Clinical psychoanalytic studies* (pp. 203–17). New York: International Universities Press, 1965.

Deutsch, H. (1934). Some forms of emotional disturbances and their relationship to schizophrenia. In *Neuroses and character types: Clinical psychoanalytic studies* (pp. 262–81). New York: International Universities Press, 1965.

Deutsch, H. (1942). Some forms of emotional disturbance and their relationships to schizophrenia. *Psychoanalytic Quarterly,* 11, 301–21.

Deutsch, H. (1944). *The psychology of women.* New York: Grune and Stratton.

Deutsch, H. (1955). The impostor: Contribution to ego psychology of a type of psychopath. In *Neuroses and character types: Clinical psychoanalytic studies* (pp. 319–38). New York: International Universities Press, 1965.

Deutsch, H. (1965). *Neurosis and character types: Clinical psychoanalytic studies.* New York: International Universities Press.

Deutsch, H. (1982). George Sand: A woman's destiny. *International Review of Psycho-Analysis, 9,* 445–46.

Devereux, G. (1951). Some criteria for the timing of confrontations and interpretations. *International Journal of Psychoanalysis, 32,* 19–24.

Dewald, P. (1964). *Psychotherapy: A dynamic approach.* New York: Basic Books.

Dewald, P. (1972). The clinical assessment of structural change. *Journal of the American Psychoanalytic Association, 20,* 302–24.

Dewald, P. (1976). Transference regression and real experience in the psychoanalytic process. *Psychoanalytic Quarterly, 45,* 213–30.

Dewald, P. (1978). The psychoanalytic process in adult patients. *Psychoanalytic Study of the Child, 33,* 323–32.

Diamond, D., Stovall-McClough, C., Clarkin J., and Levy, K. (2003). Patient-therapist attachment in the treatment of borderline personality disorder. *Bulletin of the Menninger Clinic, 67* (3), 224–57.

Diamond, L. (2008). *Sexual fluidity: Understanding women's love and desire.* Cambridge, MA: Harvard University Press.

Diamond, M. (2006). Masculinity unraveled: The roots of male gender identity and shifting of male ego ideals throughout life. *Journal of the American Psychoanalytic Association, 54,* 1099–1130.

Dimen, M. (1991). Deconstructing difference: Gender, splitting, and transitional space. *Psychoanalytic Dialogues, 1,* 335–52.

Doi, T. (1973). *The anatomy of dependence.* New York: Kodansha International.

Donegan, N., Sanislow, C., Blumberg, H., Fulbright, R., Lacadie, C., Skudlarski, P., Gore, J., Olston, I., McGlashan, T., and Wexler, B. (2003). Amygdala hyperreactivity in borderline personality disorder: Implications for emotional dysregulation. *Biological Psychiatry, 54* (11), 1284–93.

Dorpat, T. (2001). Primary process communication. *Psychoanalytic Inquiry, 21,* 448–63.

Dorsey, D. (1996). Castration anxiety or genital anxiety? The psychology of women: Psychoanalytic perspectives. *Journal of the American Psychoanalytic Association, 44* (S), 283–302.

Dowling, A. (2004). A reconsideration of the concept of regression. *Psychoanalytic Study of the Child, 59,* 191–210.

Downey, J., and Friedman, R. (1998). Female homosexuality reconsidered. *Journal of the American Psychoanalytic Association, 46,* 471–506.

Drescher, J. (2009). Queer diagnoses: Parallels and contrasts in the history of homosexuality, gender variance, and the *Diagnostic and Statistical Manual. Archives of Sexual Behavior, 39,* 427–60.

Dunbar, H. (1938). *Emotions and bodily changes.* New York: Columbia University Press.

Dunn, J. (1995). Intersubjectivity in psychoanalysis: A critical review. *International Journal of Psychoanalysis, 76,* 723–38.

Dupont, J., ed. (1988). *The Clinical Diary of Sándor Ferenczi.* Cambridge, MA: Belknap Press.

Eagle, M. (1984). *Recent developments in psychoanalysis: A critical evaluation.* New York: McGraw-Hill.

Eagle, M. (1990). Concepts of need and wish in self psychology. *Psychoanalytic Psychology, 7,* 71–88.

Eagle, M. (2000). Repression, part 2 of 2. *Psychoanalytic Review, 87,* 161–87.

Eagle, M., Migone, P., and Gallese, V. (2007). Intentional attunement: Mirror neurons and the neural underpinnings of interpersonal relations. *Journal of the American Psychoanalytic Association, 55,* 131–76.

Eagle, M., Wolitzky D., and Wakefield, J. (2001). The analyst's knowledge and authority: A critique of the "new view" in psychoanalysis. *Journal of the American Psychoanalytic Association, 49,* 457–89.

Easser, B., and Lesser, S. R. (1965). Hysterical personality: A re-evaluation. *Psychoanalytic Quarterly 34,* 390–405.

Edelman, G., and Tononi, G. (2000). *A universe of consciousness.* New York: Basic Books.

Edelson, M. (1985). The hermeneutic turn and the single case study in psychoanalysis. *Psychoanalysis and Contemporary Thought, 8,* 567–614.

Edelstein, D. (1990). The dream screen transference. *Annual of Psychoanalysis, 18,* 89–98.

Edgcumbe, R. (1995). The history of Anna Freud's thinking on developmental disturbances. *Bulletin of the Anna Freud Centre, 18,* 21–34.

Edgcumbe, R. (2000). *Anna Freud: A view of development.* London: Routledge.

Edgcumbe, R., and Burgner, M. (1975). The phallic-narcissistic phase—A differentiation between preoedipal and oedipal aspects of phallic development. *Psychoanalytic Study of the Child, 30,* 161–80.

Ehrenberg, D. (1992). *The intimate edge: Extending the reach of psychoanalytic interaction.* New York: W. W. Norton.

Ehrensaft, D. (2007). Raising girlyboys: A parent's perspective. *Studies in Gender and Sexuality, 8,* 269–302.

Eidelberg, L. (1959). Humiliation in masochism. *Journal of the American Psychoanalytic Association, 7,* 274–83.

Eidelberg, L., ed. (1968). *Encyclopedia of psychoanalysis.* New York: Free Press.

Eigen, M. (1974). On pre-oedipal castration anxiety. *International Review of Psycho-Analysis*, 1, 489–98.

Eissler, K. (1953). The effect of the structure of the ego on psychoanalytic technique. *Journal of the American Psychoanalytic Association*, 1, 104–43.

Eissler, R. (1949). Scapegoats of society. In *Searchlights on delinquency*, ed. K. Eissler (pp. 288–305). Madison, CT: International Universities Press.

Ekman, P. (1983). Autonomic nervous system activity distinguishes among emotions. *Science*, 221, 1208–10.

Ekstein, R. (1965). Working through and termination of analysis. *Journal of the American Psychoanalytic Association*, 13, 57–78.

Elise, D. (1997). Primary femininity, bisexuality, and the female ego ideal: A re-examination of female developmental theory. *Psychoanalytic Quarterly*, 66, 489–517.

Elise, D. (1998). Gender repertoire: Body, mind, and bisexuality. *Psychoanalytic Dialogues*, 8, 353–71.

Elise, D. (2000). Generating gender: Response to Harris. *Studies in Gender and Sexuality*, 1, 157–65.

Elise, D. (2002). The primary maternal oedipal situation and female homoerotic desire. *Psychoanalytic Inquiry*, 22, 209–28.

Ellenberger, H. (1970). *The discovery of the unconscious: The history and evolution of dynamic psychiatry.* New York: Basic Books.

Elliot, A. (1994). *Psychoanalytic theory: An introduction.* Oxford: Blackwell.

Ellis, H., and Symonds, J. (1897). *Sexual Inversion.* London: Wilson and Macmillan.

Emde, R. (1983). The prerepresentational self and its affective core. *Psychoanalytic Study of the Child*, 38, 165–92.

Emde, R. (1985). From adolescence to midlife: Remodeling the structure of adult development. *Journal of the American Psychoanalytic Association*, 33 (S), 59–112.

Emde, R. (1988). Development terminable and interminable—I. Innate and motivational factors from infancy. *International Journal of Psychoanalysis*, 69, 23–42.

Emde, R. (1990). Mobilizing fundamental modes of development: Empathic availability and therapeutic action. *Journal of the American Psychoanalytic Association*, 28, 881–913.

Emde, R. (1991). Positive emotions for psychoanalytic theory: Surprises from infancy research and new directions. *Journal of the American Psychoanalytic Association*, 39 (S), 5–44.

Emde, R. (1992). Social referencing research: Uncertainty, self, and the search for meaning. In *Social referencing and the social construction of reality in infancy*, ed. S. Feinman (pp. 79–94). New York: Plenum Press.

Emde, R. (1999). Moving ahead: Integrating influences of affective processes for development and for psychoanalysis. *International Journal of Psychoanalysis*, 80, 317–39.

Emde, R., Biringen, Z., Clyman, R., and Oppenheim, D. (1991). The moral self of infancy: Affective core and procedural knowledge. *Developmental Review*, 11, 251–70.

Emde, R., and Buchsbaum, H. (1990). "Didn't you hear my mommy?" Autonomy with connectedness in moral self-emergence. In *The self in transition: Infancy to childhood*, ed. D. Ciccheti and M. Beeghly (pp. 35–60). Chicago: University of Chicago Press, 1990.

Emde, R., Johnson, W., and Easterbrooks, M. (1988). The do's and don'ts of early moral development: Psychoanalytic tradition and current research. In *The emergence of morality*, ed. E. Kagan and S. Lamb (pp. 245–76). Chicago: University of Chicago Press.

Engel, R. (1961). Is grief a disease? *Psychosomatic Medicine*, 23, 18–22.

English, H., and English, A. (1958). *A comprehensive dictionary of psychological and psychoanalytical terms.* New York: Longman's, Green.

Erdelyi, M. (1985). *Psychoanalysis: Freud's cognitive psychology.* New York: W. H. Freeman.

Erikson, E. (1945). Childhood and tradition in two American Indian tribes—A comparative abstract, with conclusions. *Psychoanalytic Study of the Child*, 1, 319–50.

Erikson, E. (1946). Ego development and historical change—Clinical notes. *Psychoanalytic Study of the Child*, 2, 359–96.

Erikson, E. (1950). *Childhood and society.* New York: W. W. Norton.

Erikson, E. (1956). The problem of ego identity. *Journal of the American Psychoanalytic Association*, 4, 56–121.

Erikson, E. (1959). *Identity and the life cycle: Selected papers.* New York: International Universities Press.

Erreich, A. (2003). A modest proposal: (Re)defining unconscious fantasy. *Psychoanalytic Quarterly*, 72, 541–74.

Erwin, E., ed. (2002). *The Freud encyclopedia: Theory, therapy, and culture.* New York: Routledge.

Escalona, S. (1963). Patterns of infantile experience and the developmental process. *Psychoanalytic Study of the Child*, 18, 197–243.

Esman, A. (1973). The primal scene—A review and reconsideration. *Psychoanalytic Study of the Child*, 28, 49–81.

Evans, D. (1996). *An introductory dictionary of Lacanian psychoanalysis.* New York: Routledge.

Fajardo, B. (1993). Conditions for the relevance of infant research to clinical psychoanalysis. *International Journal of Psychoanalysis*, 74, 975–91.

Fajardo, B. (1998). A new view of developmental research for psychoanalysts. *Journal of the American Psychoanalytic Association,* 46, 185–207.

Fairbairn, W. (1941). A revised psychopathology of the psychoses and the psychoneuroses. In *An object relations theory of the personality* (pp. 28–58). New York: Basic Books, 1954.

Fairbairn, W. (1952). *Psychoanalytic studies of the personality.* London: Tavistock Publications.

Fairbairn, W. (1954). *An object-relations theory of the personality.* New York: Basic Books.

Fast, I. (1978). Developments in gender identity: The original matrix. *International Review of Psycho-Analysis,* 5, 265–73.

Fast, I. (1984). *Gender identity: A differentiation model.* Hillsdale, NJ: Analytic Press.

Fast, I. (1990). Aspects of early gender development: Toward a reformulation. *Psychoanalytic Psychology,* 7, 105–17.

Fast, I. (1999). Aspects of core gender identity. *Psychoanalytic Dialogues,* 9, 633–62.

Federn, P. (1926). Some variations in ego-feeling. *International Journal of Psychoanalysis,* 7, 434–44.

Federn, P. (1952). *Ego psychology and the psychoses,* ed. E. Weiss. New York: Basic Books.

Feigelson, C. (1993). Personality death, object loss, and the uncanny. *International Journal of Psychoanalysis,* 74, 331–45.

Feiner, A. (2000). *Interpersonal psychoanalytic perspectives on relevance, dismissal and self-definition.* New York: Jessica Kingsley Publishers.

Feldman, M. (1997). Projective identification: The analyst's involvement. *International Journal of Psychoanalysis,* 78, 227–41.

Felman, S. (1987). *Jacques Lacan and the adventure of insight: Psychoanalysis in contemporary culture.* Cambridge, MA: Harvard University Press.

Fenichel, O. (1930). The psychology of transvestism. *International Journal of Psychoanalysis,* 11, 211–26.

Fenichel, O. (1932). Outline of clinical psychoanalysis. *Psychoanalytic Quarterly,* 1, 121–65, 292–342, 545–652.

Fenichel, O. (1938a). Ego disturbances and their treatment. *International Journal of Psychoanalysis,* 19, 416–38.

Fenichel, O. (1938b). Problems of psychoanalytic technique. *Psychoanalytic Quarterly,* 7, 421–42.

Fenichel, O. (1939a). The counter-phobic attitude. *International Journal of Psychoanalysis,* 20, 263–74.

Fenichel, O. (1939b). Problems of psychoanalytic technique. *Psychoanalytic Quarterly,* 8, 438–70.

Fenichel, O. (1941). The ego and the affects. *Psychoanalytic Review,* 28, 47–60.

Fenichel, O. (1945). *The psychoanalytic theory of neurosis.* New York: W. W. Norton.

Fenichel, O. (1954). Psychoanalysis of character. In *The collected papers of Otto Fenichel,* 2nd series, ed. H. Fenichel and D. Rapaport (pp. 198–214). New York: W. W. Norton.

Fenton, L., Cecero, J., Nich, C., Frankforter, T., and Carroll, K. (2001). Perspective is everything: The predictive validity of six working alliance instruments. *Journal of Psychotherapy Practice and Research,* 10, 4.

Ferenczi, S. (1909). Introjection and transference. In *First contributions to psycho-analysis* (pp. 35–93). New York: Brunner/Mazel, 1952.

Ferenczi, S. (1913/1952). Stages in the development of a sense of reality. In *First contributions to psycho-analysis* (pp. 213–39). New York: Brunner/Mazel.

Ferenczi, S. (1919). Technical difficulties in the analysis of a case of hysteria. In *Further contributions to the theory and technique of psychoanalysis,* ed. J. Rickman (pp. 189–97). New York: Brunner/Mazel, 1980 (reprint of 1926 edition).

Ferenczi, S. (1920). The further development of an active therapy in psycho-analysis. In *Further contributions to the theory and technique of psychoanalysis,* ed. J. Rickman (pp. 198–216). New York, Brunner/Mazel, 1980 (original published in 1926).

Ferenczi, S. (1925). Psycho-analysis of sexual habits. *International Journal of Psychoanalysis,* 6, 372–404.

Ferenczi, S. (1927). The problems of termination of the analysis. In *Final contributions to the problems and methods of psychoanalysis,* ed. M. Balint (pp. 77–86). New York: Brunner/Mazel, 1955.

Ferenczi, S. (1928). The elasticity of psychoanalytic technique. In *Final contributions to the problems and methods of psychoanalysis,* ed. M. Balint (pp. 87–101). New York: Brunner/Mazel, 1955.

Ferenczi, S. (1929). The unwelcome child and his death instinct. In *Final contributions to the problems and methods of psychoanalysis,* ed. M. Balint (pp. 102–7). New York: Brunner/Mazel, 1955.

Ferenczi, S. (1930). The principle of relaxation and neocatharsis. *International Journal of Psychoanalysis,* 11, 428–43.

Ferenczi, S. (1931). Child-analysis in the analysis of adults. *International Journal of Psychoanalysis,* 12, 468–82.

Ferenczi, S. (1932). *The clinical diary of Sándor Ferenczi,* ed. E. Dupont. Cambridge, MA: Harvard University Press, 1988.

Ferenczi, S. (1933). Confusion of tongues between adults and the child. In *Final contributions to the problems and methods of psychoanalysis,* ed. M. Balint (pp. 156–67). New York: Brunner/Mazel, 1955.

Ferenczi, S. (1938). *Thalassa: A theory of genitality.* London: Karnac Books, 1989.

Ferenczi, S., and Rank, O. (1925). *The development of psychoanalysis. Nervous and mental disease*. New York: Nervous and Mental Disease Publishing.

Fertuck, E., Jekal, A., Song, I., Wyman, B., Morris, M., Wilson, S., Brodsky, B., and Stanley, B. (2009). Enhanced "reading the mind in the eyes" in borderline personality disorder compared to healthy controls. *Psychological Medicine*, 39 (12), 1979–88.

Fertuck, E., Lenzenweger, M., Clarkin, J., Hoermann, S., and Stanley, B. (2006). Executive neurocognition, memory systems, and borderline personality disorder. *Clinical Psychology Review*, 26 (3), 346–75.

Fertuck, E., Target, M., Mergenthaler, E., and Clarkin, J. (2004). The development of a computerized linguistic analysis instrument of the reflective functioning measure. *Journal of the American Psychoanalytic Association*, 52, 473–75.

Firestein, B. (1996). *Bisexuality: The psychology and politics of an invisible minority*. Thousand Oaks, CA: Sage Publications.

Firestein, B. (1974). Termination of psychoanalysis of adults: A review of the literature. *Journal of the American Psychoanalytic Association*, 22, 873–94.

Fiscalini, J. (2004). *Coparticipant psychoanalysis: Toward a new theory of clinical inquiry*. New York: Columbia University Press.

Fischer, R. (2002). Lesbianism: Some developmental and psychodynamic considerations. *Psychoanalytic Inquiry*, 22, 278–95.

Fisher, C. (1954). Dreams and perception—The role of preconscious and primary modes of perception in dream formation. *Journal of the American Psychoanalytic Association*, 2, 389–445.

Fisher, C. (1965). Psychoanalytic implications of recent research on sleep and dreaming—Part 1, Empirical findings; and Part 2, Implications for psychoanalytic theory. *Journal of the American Psychoanalytic Association*, 13, 197–303.

Fisher, C., and Paul, I. (1959). The effect of subliminal visual stimulation on images and dreams: A validation study. *Journal of the American Psychoanalytic Association*, 7, 35–83.

Fivaz-Depeursinge, E., and Corboz-Warnery, A. (1999). *The primary triangle: A developmental systems view of mothers, fathers, and infants*. New York: Basic Books.

Flax, J. (1990). *Thinking fragments: Psychoanalysis, feminism, and postmodernism in the contemporary west*. Berkeley, CA: University of California Press.

Fleming, J. (1975). Some observations on object constancy in the psychoanalysis of adults. *Journal of the American Psychoanalytic Association*, 23, 743–59.

Fliess, R. (1942). The metapsychology of the analyst. *Psychoanalytic Quarterly*, 11, 211–27.

Fodor, N., and Gaynor, F. (1950). *Freud: Dictionary of psychoanalysis*. New York: Philosophical Library.

Fogel, G. (1998). Interiority and inner genital space in men: What else can be lost in castration. *Psychoanalytic Quarterly*, 67, 662–97.

Fonagy, P. (1995). Playing with reality: The development of psychic reality and its malfunction in borderline personalities. *International Journal of Psychoanalysis*, 76, 39–44.

Fonagy, P. (1996). The future of an empirical psychoanalysis. *British Journal of Psychotherapy*, 13, 106–18.

Fonagy, P. (1999). Memory and therapeutic action. *International Journal of Psychoanalysis*, 80, 215–23.

Fonagy, P. (2000). Attachment and borderline personality disorder. *Journal of the American Psychoanalytic Association*, 48, 1129–46.

Fonagy, P. (2001). *Attachment theory and psychoanalysis*. New York: Other Press.

Fonagy, P. (2003). Rejoinder to Harold Blum. *International Journal of Psychoanalysis*, 84, 503–9.

Fonagy, P. (2008). A genuinely developmental theory of sexual enjoyment and its implications for psychoanalytic technique. *Journal of the American Psychoanalytic Association*, 56, 11–36.

Fonagy, P., Gergely, G., Jurist, E., and Target, M. (2002). *Affect regulation, mentalization, and the development of the self*. New York: Other Press.

Fonagy, P., Leigh, T., Steele, M., Steele, H., Kennedy, R., Mattoon, G., Target, M., and Gerber, A. (1996). The relation of attachment status, psychiatric classification, and response to psychotherapy. *Journal of Consulting and Clinical Psychology*, 64, 22–31.

Fonagy, P., and Moran, G. (1991). Understanding psychic change in child psychoanalysis. *International Journal of Psychoanalysis*, 72, 15–22.

Fonagy, P., Moran, G., Edgcumbe, R., Kennedy, H., and Target, M. (1993). The roles of mental representations and mental processes in therapeutic action. *Psychoanalytic Study of the Child*, 48, 9–48.

Fonagy, P., Steele, M., Moran, G., Steele, H., and Higgitt, A. (1993). Measuring the ghost in the nursery: An empirical study of the relation between parents' mental representations of childhood experiences and their infants' security of attachment. *Journal of the American Psychoanalytic Association*, 41, 929–89.

Fonagy, P., and Target, M. (1996a). A contemporary psychoanalytical perspective: Psychodynamic developmental therapy. In *Psychosocial treatment for child and adolescent disorders*, ed. E. Hibbs and P. Jensen (pp. 619–38). Washington, DC: American Psychological Association.

Fonagy, P., and Target, M. (1996b). Playing with reality: I. Theory of mind and the normal development of psychic reality. *International Journal of Psychoanalysis*, 77, 217–33.

Fonagy, P., and Target, M. (1998). Mentalization and the changing aims of child psychoanalysis. *Psychoanalytic Dialogues*, 8, 87–114.

Fonagy, P., Target, M., Gergely, G., Allen, J., and Bateman, A. (2003). The developmental roots of borderline personality disorder in early attachment relationships: A theory and some evidence. *Psychoanalytic Inquiry*, 23, 412–59.

Fox, R. (1984). The principle of abstinence reconsidered. *International Review of Psycho-Analysis*, 11, 227–36.

Fraiberg, S. (1966). Further considerations of the role of transference in latency. *Psychoanalytic Study of the Child*, 21, 213–36.

Fraiberg, S. (1969). Libidinal object constancy and mental representation. *Psychoanalytic Study of the Child*, 24, 9–47.

Fraiberg, S. (1972). Some characteristics of genital arousal and discharge in latency girls. *Psychoanalytic Study of the Child*, 27, 439–75.

Fraiberg, S. (1982). Pathological defenses in infancy. *Psychoanalytic Quarterly*, 51, 612–35.

Fraiberg, S., Adelson, E., and Shapiro, V. (1975). Ghosts in the nursery: A psychoanalytic approach to the problems of impaired infant-mother relationships. *Journal of the American Academy of Child and Adolescent Psychiatry*, 15, 387–421.

Frankel, J. (1998). Are interpersonal and relational psychoanalysis the same? *Contemporary Psychoanalysis*, 34, 485–500.

Frankel, S., and Sherick, I. (1979). Observations of the emerging sexual identity of three- and four-year-old children: With emphasis on female sexual identity. *International Review of Psycho-Analysis*, 6, 297–309.

Frankiel, R., ed. (1994). *Essential papers on object loss*. New York: New York University Press.

Frenkel, R. (1996). A reconsideration of object choice in women: Phallus or fallacy. *Journal of the American Psychoanalytic Association*, 44 (S), 133–56.

Freud, A. (1927). Four lectures on child analysis. In *The writings of Anna Freud* (vol. 1, pp. 3–69). New York: International Universities Press, 1974.

Freud, A. (1936). *The ego and the mechanisms of defence*. In *The writings of Anna Freud* (vol. 2, pp. 3–176). New York: International Universities Press, 1974.

Freud, A. (1945). Indications for child analysis. *Psychoanalytic Study of the Child*, 1, 127–49.

Freud, A. (1948). *Psycho-analytical treatment of children*. London: Imago Publishing.

Freud, A. (1952). The mutual influences in the development of ego and id. In *The writings of Anna Freud* (vol. 4, pp. 230–44). New York: International Universities Press, 1968.

Freud, A. (1954). Psychoanalysis and education. *Psychoanalytic Study of the Child*, 9, 9–15.

Freud, A. (1958). Adolescence. *Psychoanalytic Study of the Child*, 13, 255–78.

Freud, A. (1963). The concept of developmental lines. *Psychoanalytic Study of the Child*, 18, 245–65.

Freud, A. (1965). *Normality and pathology in childhood*. In *The writings of Anna Freud*. (vol. 6, pp. 3–235). New York: International Universities Press.

Freud, A. (1966). Obsessional neurosis: A summary of psycho-analytic views as presented at the congress. *International Journal of Psychoanalysis*, 47, 116–22.

Freud, A. (1967a). Comments on trauma. In *Psychic trauma*, ed. S. Furst (pp. 235–47). New York: Basic Books.

Freud, A. (1967b). About losing and being lost. *Psychoanalytic Study of the Child*, 22, 9–19.

Freud, A. (1970). The symptomatology of childhood—A preliminary attempt at classification. *Psychoanalytic Study of the Child*, 25, 19–41.

Freud, A. (1971). The infantile neurosis—Genetic and dynamic considerations. *Psychoanalytic Study of the Child*, 26, 79–90.

Freud, A. (1974). A psychoanalytic view of developmental psychopathology. In *The writings of Anna Freud* (vol. 8, pp. 57–74). New York: International Universities Press, 1981.

Freud, A. (1977). Fears, anxieties, and phobic phenomena. *Psychoanalytic Study of the Child*, 32, 85–90.

Freud, A. (1978). The principle task of child analysis. In *The writings of Anna Freud* (vol. 8, pp. 201–5). New York: International Universities Press, 1981.

Freud, A. (1979). Child analysis as the study of mental growth, normal and abnormal. In *The writings of Anna Freud* (vol. 8, pp. 119–36). New York: International Universities Press, 1981.

Freud, A. (1981). The concept of developmental lines—Their diagnostic significance. *Psychoanalytic Study of the Child*, 36, 129–36.

Freud, A., and Dann, S. (1951). An experiment in group upbringing. *Psychoanalytic Study of the Child*, 6, 127–66.

Freud, S. (1882). Sketches for the "preliminary communication" of 1893. [A] letter to Josef Breuer. *Standard Edition*, 1, 147–48.

Freud, S. (1886). Observation of a severe case of hemianaesthesia in a hysterical male. *Standard Edition*, 1, 23–31.

Freud, S. (1888a). Hysteria. *Standard Edition*, 1, 37–59.

Freud, S. (1888b). Preface to the translation of Bernheim's suggestion. *Standard Edition*, 1, 73–87.

Freud, S. (1888/1893). Some points for a comparative study of organic and hysterical motor paralyses. *Standard Edition*, 1, 157–72.

Freud, S. (1892/1899). Extracts from the Fliess papers. *Standard Edition*, 1, 175–280.

Freud, S. (1893/1895). The psychotherapy of hysteria. In Studies on Hysteria, ed. J. Breuer and S. Freud. *Standard Edition*, 2, 253–305.

Freud, S. (1894a). Letter 18 (Extracts from the Fliess papers). *Standard Edition*, 1, 188–89.

Freud, S. (1894b). Draft E: How anxiety originates (Extracts from the Fliess papers). *Standard Edition*, 1, 189–95.

Freud, S. (1894c). The neuro-psychoses of defence. *Standard Edition*, 3, 41–61.

Freud, S. (1894d). On the grounds for detaching a particular syndrome from neurasthenia under the description "anxiety neurosis." *Standard Edition*, 3, 85–115.

Freud, S. (1894e). Obsessions and phobias. *Standard Edition*, 3, 69–82.

Freud, S. (1895a). Draft H: Paranoia (Extracts from the Fliess papers). *Standard Edition*, 1, 206–12.

Freud, S. (1895b). Project for a scientific psychology. *Standard Edition*, 1, 295–343.

Freud, S. (1895c). A reply to criticisms of my paper on anxiety neurosis. *Standard Edition*, 3, 119–39.

Freud, S. (1896a). Draft K: The neuroses of defence (Extracts from the Fliess papers). *Standard Edition*, 1, 220–29.

Freud, S. (1896b). Letter 52 (Extracts from the Fliess papers). *Standard Edition*, 1, 233.

Freud, S. (1896c). Further remarks on the neuro-psychoses of defence. *Standard Edition*, 3, 157–85.

Freud, S. (1896d). Heredity and the aetiology of the neuroses. *Standard Edition*, 3, 141–56.

Freud, S. (1897a). Draft M [Notes II] (Extracts from the Fliess papers). *Standard Edition*, 1, 250–53.

Freud, S. (1897b). Letter 55 (Extracts from the Fliess papers). *Standard Edition*, 1, 240–41.

Freud, S. (1897c). Letters 56 and 57 (Extracts from the Fliess papers). *Standard Edition*, 1, 242–43.

Freud, S. (1897d). Letter 66 (Extracts from the Fliess papers). *Standard Edition*, 1, 257–58.

Freud, S. (1897e). Letter 69 (Extracts from the Fliess papers). *Standard Edition*, 1, 259–60.

Freud, S. (1897f). Letters 70 and 71 (Extracts from the Fliess papers). *Standard Edition*, 1, 261–65.

Freud, S. (1897g). Letter 79 (Extracts from the Fliess papers). *Standard Edition*, 1, 272–73.

Freud, S. (1898a). Letter 84 (Extracts from the Fliess papers). *Standard Edition*, 1, 274.

Freud, S. (1898b). Sexuality in the aetiology of the neuroses. *Standard Edition*, 3, 259–85.

Freud, S. (1899a). Screen memories. *Standard Edition*, 3, 301–22.

Freud, S. (1899b). Letter 125 (Extracts from the Fliess papers). *Standard Edition*, 1, 279–80.

Freud, S. (1900). The interpretation of dreams. *Standard Edition*, 4–5, 1–626.

Freud, S. (1901). The psychopathology of everyday life. *Standard Edition*, 6, 1–310.

Freud, S. (1904) On psychotherapy. *Standard Edition*, 7, 257–68.

Freud, S. (1905a). Fragment of an analysis of a case of hysteria. *Standard Edition*, 7, 1–122.

Freud, S. (1905b). Three essays on the theory of sexuality. *Standard Edition*, 7, 123–246.

Freud, S. (1905c). My views on the part played by sexuality in the aetiology of the neuroses. *Standard Edition*, 7, 271–82.

Freud, S. (1905d). Jokes and their relation to the unconscious. *Standard Edition*, 8, 1–247.

Freud, S. (1906). Psycho-analysis and the establishment of the facts in legal proceedings. *Standard Edition*, 9, 97–114.

Freud, S. (1907a). Letter from Sigmund Freud to Karl Abraham, November 26, 1907. In *The complete correspondence of Sigmund Freud and Karl Abraham, 1907–1925*, ed. E. Falzeder (p. 13). London: Karnac Books, 2002.

Freud, S. (1907b). Obsessive actions and religious practices. *Standard Edition*, 9, 115–28.

Freud, S. (1907c). The sexual enlightenment of children. *Standard Edition*, 9, 129–40.

Freud, S. (1907d). Delusions and dreams in Jensen's *Gradiva. Standard Edition*, 9, 1–93.

Freud, S. (1908a). Creative writers and day-dreaming. *Standard Edition*, 9, 141–54.

Freud, S. (1908b). Character and anal erotism. *Standard Edition*, 9, 167–76.

Freud, S. (1908c). On the sexual theories of children. *Standard Edition*, 9, 207–26.

Freud, S. (1908d). Preface to Wilhelm Stekel's nervous anxiety-states and their treatment. *Standard Edition*, 9, 250–51.

Freud, S. (1908e). Hysterical phantasies and their relation to bisexuality. *Standard Edition*, 9, 155–66.

Freud, S. (1908f). "Civilized" sexual morality and modern nervous illness. *Standard Edition*, 9, 177–204.

Freud, S. (1909a). Family romances. *Standard Edition*, 9, 235–42.

Freud, S. (1909b). Some general remarks on hysterical attacks. *Standard Edition*, 9, 227–34.

Freud, S. (1909c). Analysis of a phobia in a five-year-old boy. *Standard Edition*, 10, 1–150.

Freud, S. (1909d). Notes upon a case of obsessional neurosis. *Standard Edition*, 10, 151–318.

Freud, S. (1910a). Five lectures on psycho-analysis. *Standard Edition*, 11, 1–56.

Freud, S. (1910b). Leonardo da Vinci and a memory of his childhood. *Standard Edition*, 11, 59–138.

Freud, S. (1910c). The future prospects of psycho-analytic therapy. *Standard Edition*, 11, 139–52.

Freud, S. (1910d). A special type of choice of object made by men. *Standard Edition*, 11, 163–76.

Freud, S. (1910e). The psycho-analytic view of psychogenic disturbance of vision. *Standard Edition*, 11, 209–18.

Freud, S. (1910f). "Wild" psycho-analysis. *Standard Edition*, 11, 219–30.

Freud, S. (1911a). Psycho-analytic notes on an autobiographical account of a case of paranoia (dementia paranoides). *Standard Edition*, 12, 1–82.

Freud, S. (1911b). Formulations on the two principles of mental functioning. *Standard Edition*, 12, 213–26.

Freud, S. (1911c). Dreams in folklore. *Standard Edition*, 12, 175–204.

Freud, S. (1912a). The dynamics of transference. *Standard Edition*, 12, 97–108.

Freud, S. (1912b). Recommendations to physicians practicing psychoanalysis. *Standard Edition*, 12, 109–20.

Freud, S. (1912c). Contributions to a discussion on masturbation. *Standard Edition*, 12, 239–54.

Freud, S. (1912d). On the universal tendency to debasement in the sphere of love. *Standard Edition*, 11, 178–90.

Freud, S. (1912e). Letter from Sigmund Freud to C. G. Jung, February 29, 1912. In *The Freud/Jung Letters: The correspondence between Sigmund Freud and C. G. Jung* (W. McGuire, Ed.) (pp. 488–89). Princeton, NJ: Princeton University Press, 1974, 1979.

Freud, S. (1912f). Letter from Sigmund Freud to Ernest Jones, August 1, 1912. In *The complete correspondence of Sigmund Freud and Ernest Jones, 1908–1939* (R. Paskauskas, Ed.) (pp. 147–48). Cambridge, MA: Harvard University Press, 1993.

Freud, S. (1913a). On beginning the treatment. *Standard Edition*, 12, 121–44.

Freud, S. (1913b). On psycho-analysis. *Standard Edition*, 12, 205–12.

Freud, S. (1913c). The claims of psycho-analysis to scientific interest. *Standard Edition*, 12, 163–90.

Freud, S. (1913d). The disposition to obsessional neurosis. *Standard Edition*, 12, 311–26.

Freud, S. (1913e). Totem and taboo. *Standard Edition*, 12, 1–161.

Freud, S. (1913f). Observations and examples from analytic practice. *Standard Edition*, 13, 192–98.

Freud, S. (1914a). Letter from Sigmund Freud to Karl Abraham, July 15, 1914. In *The complete correspondence of Sigmund Freud and Karl Abraham, 1907–1925* (E. Falzeder, Ed.) (pp. 256–57). London: Karnac Books, 2002.

Freud, S. (1914b). Papers on technique. *Standard Edition*, 12, 85–174.

Freud, S. (1914c). Remembering, repeating and working-through (further recommendations on the technique of psycho-analysis II). *Standard Edition*, 12, 145–56.

Freud, S. (1914d). On the history of the psycho-analytic movement. *Standard Edition*, 14, 1–66.

Freud, S. (1914e). On narcissism. *Standard Edition*, 14, 67–102.

Freud, S. (1915a). Observations on transference-love (further recommendations on the technique of psycho-analysis III). *Standard Edition*, 12, 157–71.

Freud, S. (1915b). Instincts and their vicissitudes. *Standard Edition*, 14, 109–40.

Freud, S. (1915c). Repression. *Standard Edition*, 14, 141–58.

Freud, S. (1915d). The unconscious. *Standard Edition*, 14, 159–215.

Freud, S. (1915e). A case of paranoia running counter to the psycho-analytic theory of the disease. *Standard Edition*, 14, 263–72.

Freud, S. (1915f). On transience. *Standard Edition*, 14, 303–8.

Freud, S. (1915g). Papers on metapsychology. *Standard Edition*, 14, 103–236.

Freud, S. (1915/1916). Introductory lectures on psycho-analysis (parts I and II). *Standard Edition*, 15, 1–240.

Freud, S. (1916). Some character-types met with in psycho-analytic work. *Standard Edition*, 14, 309–33.

Freud, S. (1916/1917). Introductory lectures (part 3). *Standard Edition*, 16, 241–463.

Freud, S. (1917a). A difficulty in the path of psychoanalysis. *Standard Edition*, 17, 135–44.

Freud, S. (1917b). A metapsychological supplement to the theory of dreams. *Standard Edition*, 14, 217–35.

Freud, S. (1917c). Mourning and melancholia. *Standard Edition*, 14, 237–58.

Freud, S. (1917d). On transformations of instincts as exemplified in anal erotism. *Standard Edition*, 17, 125–33.

Freud, S. (1918a). From the history of an infantile neurosis. *Standard Edition*, 17, 1–124.

Freud, S. (1918b). The taboo of virginity. *Standard Edition*, 11, 191–208.

Freud, S. (1919a). Lines of advance in psychoanalytic therapy. *Standard Edition*, 17, 157–68.

Freud, S. (1919b). A child is being beaten. *Standard Edition*, 17, 175–204.

Freud, S. (1919c). Introduction to psycho-analysis and the war neuroses. *Standard Edition*, 17, 205–16.

Freud, S. (1919d). The "uncanny." *Standard Edition*, 17, 217–56.

Freud, S. (1919e). Preface to Reik's ritual: Psycho-analytic studies. *Standard Edition*, 17, 257–64.

Freud, S. (1920a). Beyond the pleasure principle. *Standard Edition*, 18, 1–64.

Freud, S. (1920b). The psychogenesis of a case of homosexuality in a woman. *Standard Edition*, 18, 145–72.

Freud, S. (1921). Group psychology and the analysis of the ego. *Standard Edition*, 18, 65–144.

Freud, S. (1922). Some neurotic mechanisms in jealousy, paranoia and homosexuality. *Standard Edition*, 18, 221–32.

Freud, S. (1923a). The ego and the id. *Standard Edition*, 19, 1–66.

Freud, S. (1923b). The infantile genital organization (an interpolation into the theory of sexuality). *Standard Edition*, 19, 139–46.

Freud, S. (1923c). Two encyclopaedia articles. *Standard Edition*, 19, 233–60.

Freud, S. (1924a). The economic problem of masochism. *Standard Edition*, 19, 155–70.

Freud, S. (1924b). The dissolution of the oedipus complex. *Standard Edition*, 19, 171–80.

Freud, S. (1924c). The loss of reality in neurosis and psychosis. *Standard Edition*, 19, 181–88.

Freud, S. (1925a). Negation. *Standard Edition*, 19, 233–40.

Freud, S. (1925b). Some psychical consequences of the anatomical distinction between the sexes. *Standard Edition*, 19, 241–58.

Freud, S. (1925c). Preface to Aichhorn's *Wayward Youth*. *Standard Edition*, 19, 271–76.

Freud, S. (1925d). Some additional notes on dream-interpretation as a whole. *Standard Edition*, 19, 123–38.

Freud, S. (1925e). An autobiographical study. *Standard Edition*, 20, 1–74.

Freud, S. (1926a). Inhibitions, symptoms and anxiety. *Standard Edition*, 20, 77–175.

Freud, S. (1926b). The question of lay analysis. *Standard Edition*, 20, 177–258.

Freud, S. (1927a). The future of an illusion. *Standard Edition*, 21, 1–56.

Freud, S. (1927b). Fetishism. *Standard Edition*, 21, 147–58.

Freud, S (1928). Dostoevsky and parricide. *Standard Edition*, 21, 173–94.

Freud, S. (1930). Civilization and its discontents. *Standard Edition*, 21, 57–146.

Freud, S. (1931a). Female sexuality. *Standard Edition*, 21, 221–44.

Freud, S. (1931b). Libidinal types. *Standard Edition*, 21, 215–20.

Freud, S. (1933a). New introductory lectures on psycho-analysis. *Standard Edition*, 22, 1–182.

Freud, S. (1933b). Why war? *Standard Edition*, 22, 195–218.

Freud, S. (1933c). Revision of the theory of dreams. *Standard Edition*, 22, 7–30.

Freud, S. (1936a). A disturbance of memory on the acropolis. *Standard Edition*, 22, 237–48.

Freud, S. (1936b). Preface to Richard Sterba's dictionary of psycho-analysis. *Standard Edition*, 22, 253.

Freud, S. (1937a). Analysis terminable and interminable. *Standard Edition*, 23, 209–53.

Freud, S. (1937b). Constructions in analysis. *Standard Edition*, 23, 255–69.

Freud, S. (1938a). An outline of psycho-analysis. *Standard Edition*, 23, 139–208.

Freud, S. (1938b). Splitting of the ego in the process of defence. *Standard Edition*, 23, 271–78.

Freud, S. (1939). Moses and monotheism. *Standard Edition*, 23, 1–138.

Freudental, G. (1996). Pluralism or relativism? *Science in Contest*, 9, 151–63.

Friedman, L. (1982). The humanistic trend in recent psychoanalytic theory. *Psychoanalytic Quarterly*, 51, 353–71.

Friedman, L. (2000). Modern hermeneutics and psychoanalysis. *Psychoanalytic Quarterly*, 69, 225–64.

Friedman, L. (2005). Is there a special psychoanalytic love? *Journal of the American Psychoanalytic Association*, 53, 349–75.

Friedman, R. (1988). *Male homosexuality: A contemporary psychoanalytic perspective*. New Haven, CT: Yale University Press.

Friedman, R. (2001). Psychoanalysis and human sexuality. *Journal of the American Psychoanalytic Association*, 49, 1115–32.

Friedman, R., and Downey, J. (1993). Neurobiology and sexual orientation: Current relationships. *Journal of Neuropsychiatry and Clinical Neurosciences*, 5, 131–53.

Friedman, R., and Downey, J. (2002a). *Sexual orientation and psychoanalysis: Sexual science and clinical practice*. New York: Columbia University Press.

Friedman. R., and Downey, J. (2002b). *Late childhood: The significance of postoedipal development. Sexual orientation and psychoanalysis*. New York: Columbia University Press.

Friedman, R., and Downey, J. (2004). On: Homosexuality: Coming out of the confusion. *International Journal of Psychoanalysis*, 85, 521–22.

Friedrich, W., Fisher, C., Broughton, D., Houston, M., and Shafran, C. (1998). Normative sexual behavior in children: A contemporary sample. *Pediatrics*, 101 (4), 9–18.

Friend, M., Schiddel, L., Klein, B., and Dunaeff, D. (1954). Observations on the development of transvestism in boys. *American Journal of Orthopsychiatry*, 24, 563–74.

Fromm, E. (1941). *Escape from freedom.* New York: Rinehart.

Fromm, E. (1947). *Man for himself: An inquiry into the psychology of ethics.* New York: Rinehart.

Fromm, E. (1951). *The forgotten language: An introduction to the understanding of dreams, fairy tales, and myths.* New York: Rinehart.

Fromm, E. (1955a). *The sane society.* New York: Holt, Rinehart and Winston.

Fromm, E. (1955b). Remarks on the problem of free association. In *Pioneers of interpersonal psychoanalysis,* ed. D. B. Stern, C. Mann, S. Kantor, and G. Schlesinger. Hillsdale, NJ: Analytic Press, 1995.

Fromm, E. (1957). *The art of loving: An inquiry into the nature of love.* New York: Harper and Row.

Fromm-Reichmann, F. (1943). Psychoanalytic psychotherapy with psychotics. *Psychiatry,* 6, 277–79.

Fromm-Reichmann, F. (1950). *Principles of intensive psychotherapy.* Chicago: University of Chicago Press.

Frosch, J. (1959a). The psychotic character: Psychoanalytic considerations presented at the American Psychoanalytic Association. *Journal of the American Psychoanalytic Association,* 8, 544–48.

Frosch, J. (1959b). Transference derivatives of the family romance. *Journal of the American Psychoanalytic Association,* 7, 503–22.

Frosch, J. (1964). The psychotic character: Clinical psychiatric considerations. *Psychiatric Quarterly,* 38, 91–96.

Frosch, J. (1981). The role of unconscious homosexuality in the paranoid constellation. *Psychoanalytic Quarterly,* 50, 587–613.

Frosh, S. (2003). *Key concepts in psychoanalysis.* New York: New York University Press.

Furst, S. (1967). Psychic trauma: A survey. In *Psychic trauma,* ed. S. Furst (pp. 3–50). New York: Basic Books.

Furst, S. (1998). A psychoanalytic study of aggression. *Psychoanalytic Study of the Child,* 53, 159–78.

Gabbard, G. (1994a). *Psychodynamic psychiatry in clinical practice, DSM IV edition.* Washington, DC: American Psychiatric Press.

Gabbard, G. (1994b). Psychotherapists who transgress sexual boundaries with patients. *Bulletin of the Menninger Clinic,* 58, 124–35.

Gabbard, G. (1996). Nominal gender and gender fluidity in the psychoanalytic situation. *Gender and Psychoanalysis,* 1, 463–81.

Gabbard, G. (2006a). *Psychodynamic psychiatry in clinical practice* (4th edition). Washington, DC: American Psychiatric Press.

Gabbard, G. (2006b). When is transference work useful in dynamic psychotherapy? *American Journal of Psychiatry,* 163 (10), 1667–69.

Gabbard, G., and Westen, D. (2003). Rethinking therapeutic action. *International Journal of Psychoanalysis,* 84, 823–41.

Galatzer-Levy, R. (1995). Psychoanalysis and dynamical systems theory: Prediction and self similarity. *Journal of the American Psychoanalytic Association,* 43, 1085–1113.

Galatzer-Levy, R. (1997a). Book review of *Understanding nonlinear dynamics,* by D. Kaplan and L. Glass. *Psychoanalytic Quarterly,* 66, 737.

Galatzer-Levy, R. (1997b). The witch and her children: Metapsychology's fate. *Annual of Psychoanalysis,* 25, 27–48.

Galatzer-Levy, R. (2002). Emergence. *Psychoanalytic Inquiry,* 22, 708–27.

Galatzer-Levy, R. (2004). Chaotic possibilities: Toward a new model of development. *International Journal of Psychoanalysis,* 85, 419–41.

Galatzer-Levy, R., and Cohler, B. (2002). Making a gay identity: Coming out, social context, and psychodynamics. *Annual of Psychoanalysis,* 30, 255–87.

Galenson, E. (1986). Some thoughts about infant psychopathology and aggressive development. *International Review of Psycho-Analysis,* 13, 349–54.

Galenson, E., and Roiphe, H. (1976). Some suggested revisions concerning early female development. *Journal of the American Psychoanalytic Association,* 24 (S), 29–57.

Gallese, V. (2006). Mirror neurons and intentional attunement: Commentary on Olds. *Journal of the American Psychoanalytic Association,* 54, 47–57.

Gallese, V., and Umiltà, M. (2002). From self-modeling to the self model: Agency and the representation of the self. *Neuropsychoanalysis,* 4 (2), 35–40.

Gassner, S., Sampson, H., Weiss, J., and Brumer, S. (1982). The emergence of warded-off contents. *Psychoanalysis and Contemporary Thought,* 5, 55–75.

Gediman, H. (1985). Imposture, inauthenticity, and feeling fraudulent. *Journal of the American Psychoanalytic Association,* 33 (4), 911–35.

Gedo, J. (2005). *Psychoanalysis as biological science: A comprehensive theory.* Baltimore, MD: Johns Hopkins University Press.

Gedo, J., and Goldberg, A. (1973). *Models of the mind: A psychoanalytic theory.* Chicago: University of Chicago Press.

Gedo, P., and Schaffer, N. (1989). An empirical approach to studying psychoanalytic process. *Psychoanalytical Psychology,* 6, 277–91.

Geissmann, C., and Geissmann, P. (1998). *A history of child psychoanalysis.* London: Routledge.

Gelman, S. (2003). *The essential child: Origins of essentialism in everyday thought.* New York: Oxford University Press.

George, C., Kaplan, N., and Main, M. (1985). The Berkeley adult attachment interview. Unpublished manuscript, Department of Psychology, University of California, Berkeley.

Gergely, G. (1992). Developmental reconstructions: Infancy from the point of view of psychoanalysis and developmental psychology. *Psychoanalysis and Contemporary Thought*, 15, 3–55.

Gergely, G. (2000). Reapproaching Mahler: New perspectives on normal autism, symbiosis, splitting and libidinal object constancy from cognitive developmental theory. *Journal of the American Psychoanalytic Association*, 48, 1197–1226.

Gergely, G., and Watson, J. (1996). The social biofeedback theory of parental affect-mirroring: The development of emotional self-awareness and self-control in infancy. *International Journal of Psychoanalysis*, 77, 1181–1212.

Gill, M. (1954). Psychoanalysis and exploratory psychotherapy. *Journal of the American Psychoanalytic Association*, 2, 771–97.

Gill, M. (1963). *Topography and systems in psychoanalytic theory*. Psychological Issues (Monograph 10). New York: International Universities Press.

Gill, M. (1976). Metapsychology is not psychology. In *Psychology versus metapsychology*, ed. M. Gill and P. Holzman. Psychological Issues (Monograph 36, pp. 71–105). New York: International Universities Press.

Gill, M. (1977). Psychic energy reconsidered—Discussion. *Journal of the American Psychoanalytic Association*, 25, 581–97.

Gill, M. (1982). *Analysis of transference: Theory and technique*. Psychological Issues (Monograph 53). New York: International Universities Press.

Gill, M. (1988). Metapsychology revisited. *Annual of Psychoanalysis*, 16, 35–48.

Gill, M., and Hoffmann, I. (1982). A method for studying the analysis of aspects of the patient's experience of the relationship in psychoanalysis and psychotherapy. *Journal of the American Psychoanalytic Association*, 30, 137–67.

Gilligan, C. (1982). *In a different voice: Psychological theory and women's development*. Cambridge, MA: Harvard University Press.

Gilligan, C. (2002). *The birth of pleasure*. New York: Alfred A. Knopf.

Gilman, S., ed. (1982). *Introducing psychoanalytic theory*. New York: Brunner/Routledge.

Gilmore, K. (1995). Gender identity disorder in a girl: Insights from adoption. *Journal of the American Psychoanalytic Association*, 43, 39–59.

Gilmore, K. (2000). A psychoanalytic perspective on attention-deficit/hyperactivity disorder. *Journal of the American Psychoanalytic Association*, 48, 1259–93.

Gilmore, K. (2002). Diagnosis, dynamics, and development: Considerations in the psychoanalytic assessment of children with AD/HD. *Psychoanalytic Inquiry*, 22, 372–90.

Gilmore, K. (2005). Play in the psychoanalytic setting: Ego capacity, ego state, and vehicle for intersubjective exchange. *Psychoanalytic Study of the Child*, 60, 213–38.

Gilmore, K. (2008). Psychoanalytic developmental theory: A contemporary reconsideration. *Journal of the American Psychoanalytic Association*, 56, 885–907.

Gitelson, M. (1952). The emotional position of the psychoanalyst in the psychoanalytic situation. *International Journal of Psychoanalysis*, 33, 1–10.

Gitelson, M. (1962). The curative factors in psychoanalysis. *International Journal of Psychoanalysis*, 43, 194–205.

Gitelson, M. (1964). On the identity crisis in American psychoanalysis. *Journal of the American Psychoanalytic Association*, 12, 451–76.

Glover, E. (1943). The concept of dissociation. *International Journal of Psychoanalysis*, 24, 7–13.

Glover, E. (1955). *The technique of psychoanalysis*. New York: International Universities Press.

Glover, E. (1958). Ego-distortion. *International Journal of Psychoanalysis*, 39, 260–64.

Glover, E. (1964). Freudian or neofreudian. *Psychoanalytic Quarterly*, 33, 97–109.

Glover, J. (1926). Divergent tendencies in psychotherapy. *British Journal of Medical Psychology*, 6 (2), 93–109.

Glover, L., and Mendell, D. (1982). A suggested developmental sequence for a preoedipal genital phase. In *Early female development*, ed. D. Mendell (pp. 127–74). New York: S P Medical and Scientific Books.

Goldberg, A. (1983). Sexualization and desexualization. *Psychoanalytic Quarterly*, 62, 383–99.

Goldberg, A. (1995). *The problem of perversion: The view from self psychology*. New Haven, CT: Yale University Press.

Goldberg, A. (1999). *Being of two minds: The vertical split in psychoanalysis and psychotherapy*. Hillsdale, NJ: Analytic Press.

Goldberg, A. (2000). *Errant selves*. Hillsdale, NJ: Analytic Press.

Goldberg, A. (2001). Depathologizing homosexuality. *Journal of the American Psychoanalytic Association*, 49 (4), 1109–14.

Goldberger, M. (1996). *Danger and defense: The technique of close process attention*. Northvale, NJ: Jason Aronson.

Golden, C. (1987). Diversity and variability in women's sexual identities. In *Lesbian psychologies*, ed. Boston

Lesbian Psychologies Collective (pp. 18–34). Urbana, IL: University of Illinois Press.

Golden, C. (2003). Improbable possibilities. *Psychoanalytic Inquiry*, 23, 624–41.

Goldings, H. (1974). Jump-rope rhymes and the rhythm of latency development in girls. *Psychoanalytic Study of the Child*, 29, 431–50.

Goldner, V. (1991). Toward a critical relational theory of gender. *Psychoanalytic Dialogues*, 1, 249–72.

Goldner, V. (2004). Review essay: Attachment and Eros: Opposed or synergistic? *Psychoanalytic Dialogues*, 14, 381–96.

Goldner, V. (2005). Ironic gender, authentic sex. In *Psychoanalytic reflections on a gender-free case: Into the void*, ed. E. Toronto (pp. 243–255). London: Routledge.

Goldstein, E., and Horowitz, L. (2003). *Lesbian identity and contemporary psychotherapy: A framework for clinical practice*. Hillsdale, NJ: Analytic Press.

Govrin, A. (2006). The dilemma of contemporary psychoanalysis: Toward a "knowing" post-postmodernism. *Journal of the American Psychoanalytic Association*, 54, 507–35.

Graham, S., and Clark, M. (2006). Self-esteem and organization of valenced information about others: The "Jekyll and Hyde"-ing of relationship partners. *Journal of Personality and Social Psychology*, 90 (4), 652–65.

Gray, P. (1973). Psychoanalytic technique and the ego's capacity for viewing intrapsychic activity. *Journal of the American Psychoanalytic Association*, 21, 474–94.

Gray, P. (1982). "Developmental lag" in the evolution of technique for psychoanalysis of neurotic conflict. *Journal of the American Psychoanalytic Association*, 30, 621–55.

Gray, P. (1994). *The ego and the analysis of defense*. Northvale, NJ: Jason Aronson.

Gray, P. (1996). Undoing the lag in the technique of conflict and defense analysis. *Psychoanalytic Study of the Child*, 51, 87–101.

Green, A. (1974). Surface analysis, deep analysis (the role of the preconscious in psychoanalytic technique). *International Review of Psycho-Analysis*, 1, 415–23.

Green, A. (1975). The analyst, symbolization and absence in the analytic setting (On changes in analytic practice and analytic experience)—In memory of D. W. Winnicott. *International Journal of Psychoanalysis*, 56, 1–22.

Green, J. (1996). *Chasing the sun: Dictionary-makers and the dictionaries they made* (1st American edition). New York: Henry Holt.

Green, R. (1975). The significance of feminine behavior in boys. *Journal of Child Psychology and Psychiatry*, 16, 341–44.

Greenacre, P. (1950a). Special problems of early female sexual development. *Psychoanalytic Study of the Child*, 5, 122–38.

Greenacre, P. (1950b). General problems of acting out. *Psychoanalytic Quarterly*, 19, 455–67.

Greenacre, P. (1954). The role of transference— Practical considerations in relation to psychoanalytic therapy. *Journal of the American Psychoanalytic Association*, 2, 671–84.

Greenacre, P. (1955). Further considerations regarding fetishism. *Psychoanalytic Study of the Child*, 10, 187–94.

Greenacre, P. (1956). Re-evaluation of the process of working through. *International Journal of Psychoanalysis*, 37, 439–44.

Greenacre, P. (1957). The childhood of the artist— Libidinal phase development and giftedness. *Psychoanalytic Study of the Child*, 12, 47–72.

Greenacre, P. (1958a). Early physical determinants in the development of the sense of identity. *Journal of the American Psychoanalytic Association*, 6, 612–27.

Greenacre, P. (1958b). The impostor. In *Emotional growth: Psychoanalytic studies of the gifted and a great variety of other individuals* (vol. 1, pp. 93–112). New York: International Universities Press, 1971.

Greenacre, P. (1968). Perversions: General consideration regarding their genetic and dynamic background. In *Emotional growth: Psychoanalytic studies of the gifted and a great variety of other individuals* (vol. 1, pp. 300–14). New York: International Universities Press, 1971.

Greenacre, P. (1975). On reconstruction. *Journal of the American Psychoanalytic Association*, 23, 693–712.

Greenberg, J. (1986). Theoretical models and the analyst's neutrality. *Contemporary Psychoanalysis*, 22 (1), 87–106.

Greenberg, J. (1991). *Oedipus and beyond: A clinical theory*. Cambridge, MA: Harvard University Press.

Greenberg, J., and Mitchell, S. (1983). *Object relations in psychoanalytic theory*. Boston: Harvard University Press.

Greenson, R. (1954). The struggle against identification. *Journal of the American Psychoanalytic Association*, 2, 200–17.

Greenson, R. (1960). Empathy and its vicissitudes. *International Journal of Psychoanalysis*, 41, 418–24.

Greenson, R. (1965a). The working alliance and the transference neurosis. *Psychoanalytic Quarterly*, 34, 155–81.

Greenson, R. (1965b). The problems of working through. In *Drives, affects, behavior,* ed. M. Schur (vol. 2, pp. 277–314). New York: International Universities Press.

Greenson, R. (1966). A transvestite boy and a hypothesis. *International Journal of Psychoanalysis,* 47, 396–403.

Greenson, R. (1967). *The technique and practice of psychoanalysis* (vol. 1). New York: International Universities Press.

Greenson, R. (1968). Disidentifying from mother: Its special importance for the boy. *International Journal of Psychoanalysis,* 49, 370–76.

Greenson, R., and Wexler, M. (1969). The nontransference relationship in the psychoanalytic situation. *International Journal of Psychoanalysis,* 50, 27–39.

Greenspan, S. (1997). *Developmentally based psychotherapy.* Madison, CT: International Universities Press.

Grigsby, J., and Stevens, D. (2000). *The neurodynamics of personality.* New York: Guilford Press.

Grinker, R., Werble, B., and Drye, R. (1968). *The borderline syndrome.* New York: Basic Books.

Grossman, G. (2001). Contemporary views of bisexuality in clinical work. *Journal of the American Psychoanalytic Association,* 49, 1361–1377.

Grossman, G. (2002). Queering psychoanalysis. *Annual of Psychoanalysis,* 30, 287–99.

Grossman, L. (1996). "Psychic reality" and reality testing in the analysis of perverse defences. *International Journal of Psychoanalysis,* 77, 509–17.

Grossman, W. (1982). The self as fantasy: Fantasy as theory. *Journal of the American Psychoanalytic Association,* 30, 919–37.

Grossman, W. (1998). Freud's presentation of "the psychoanalytic mode of thought" in *Totem and Taboo* and his technical papers. *International Journal of Psychoanalysis,* 79, 469–86.

Grossman, W., and Simon, B. (1969). Anthropomorphism—Motive, meaning, and causality in psychoanalytic theory. *Psychoanalytic Study of the Child,* 24, 78–111.

Grossman, W., and Stewart, W. (1976). Penis envy: From childhood wish to developmental metaphor. *Journal of the American Psychoanalytic Association,* 24 (S), 193–212.

Grubrich-Simitis, I. (1986). Six letters of Sigmund Freud and Sándor Ferenczi on the interrelationship of psychoanalytic theory and technique. *International Journal of Psychoanalysis,* 13, 259–77.

Grünbaum, A. (1979). Epistemological liabilities of the clinical appraisal of psychoanalytic theory. *Psychoanalysis and Contemporary Thought,* 2, 451–526.

Grünbaum, A. (1982). Can psychoanalytic theory be cogently tested "on the couch"? *Psychoanalysis and Contemporary Thought,* 5, 311–436.

Grünbaum, A. (2006). Is Sigmund Freud's psychoanalytic edifice relevant to the 21st century? *Psychoanalytic Psychology,* 23, 257–84.

Gunderson, J. (2009). Borderline personality disorder: Ontogeny of a diagnosis. *American Journal of Psychiatry,* 166, 530–39.

Gunderson, J., and Kolb, J. (1978). Discriminating features of borderline patients. *American Journal of Psychiatry,* 135, 792–96.

Gunderson, J., and Singer, M. (1975). Defining borderline patients: An overview. *American Journal of Psychiatry,* 132, 1–10.

Guntrip, H. (1961). *Personality structure and human interaction.* London: Hogarth Press.

Guntrip, H. (1969). *Schizoid phenomena, object-relations and the self.* New York: International Universities Press.

Halberstadt-Freud, H. (1998). Electra versus Oedipus: Femininity reconsidered. *International Journal of Psychoanalysis,* 79, 41–56.

Hall, C. (1954/1979). *A primer of Freudian psychology.* New York: HarperCollins / Mentor Books.

Hanly, C. (1990). The concept of truth in psychoanalysis. *International Journal of Psychoanalysis,* 71, 375–83.

Hanly, C., and Hanly, M. (2001). Critical realism: Distinguishing the psychological subjectivity of the analyst from epistemological subjectivism. *Journal of the American Psychoanalytic Association,* 49, 515–32.

Hare, R. (1980). A research scale for the assessment of psychopathy in criminal populations. *Personality and Individual Differences,* 1, 111–20.

Hargreaves, E., and Varchevker, A. (2004). *In pursuit of psychic change.* London: Routledge.

Harley, M. (1967). Fragments from the analysis of a dog phobia in a latency child. *Bulletin of the Philadelphia Association for Child Psychoanalysis,* 17, 127–29.

Harris, A. (1991). Gender as contradiction. *Psychoanalytic Dialogues,* 1, 197–294.

Harris, A. (2005a). *Gender as soft assembly.* Hillsdale, NJ: Analytic Press.

Harris, A. (2005b). Gender as a strange attractor: Gender's multidimensionality. *Relational Perspectives Book Series,* 25, 155–73.

Harris, A. (2005c). Laws, desires, and contaminations—Mutuality with a price: Commentary on paper by Taras Babiak. *Studies in Gender and Sexuality,* 6, 145–53.

Harris, A., and Aron, L. (1997). Ferenczi's semiotic theory: Previews of postmodernism. *Psychoanalytic Inquiry,* 17, 522–34.

Harrison, A., and Tronick, E. (2007). Contributions to understanding therapeutic change: Now we have a playground. *Journal of the American Psychoanalytic Association, 55,* 853–74.

Hartmann, H. (1927). Understanding and explanation. In *Essays on ego psychology* (pp. 369–403). New York: International Universities Press, 1964.

Hartmann, H. (1939a). *Ego psychology and the problem of adaptation.* New York: International Universities Press, 1958.

Hartmann, H. (1939b). Psycho-analysis and the concept of health. *International Journal of Psychoanalysis, 20,* 308–21.

Hartmann, H. (1950). Comments on the psychoanalytic theory of the ego. *Psychoanalytic Study of the Child, 5,* 74–96.

Hartmann, H. (1952). The mutual influences in the development of ego and id. *Psychoanalytic Study of the Child, 7,* 9–30.

Hartmann, H. (1953). Contribution to the metapsychology of schizophrenia. *Psychoanalytic Study of the Child, 8,* 177–98.

Hartmann, H. (1964). *Essays on ego psychology.* New York: International Universities Press.

Hartmann, H., Kris, E., and Loewenstein, R. (1949). Notes on the theory of aggression. *Psychoanalytic Study of the Child, 3,* 9–36.

Hartmann, H., and Loewenstein, R. (1962). Notes on the superego. *Psychoanalytic Study of the Child, 17,* 42–81.

Hartocollis, P., and Graham, I. (1991). *The personal myth in psychoanalytic theory.* Madison, CT: International Universities Press.

Hassin, R., Uleman, J., and Bargh, J., eds. (2005). *The new unconscious.* New York: Oxford University Press.

Hayman, A. (1994). Some remarks about the "controversial discussions." *International Journal of Psychoanalysis, 75,* 343–58.

Heilbrunn, G. (1953). Fusion of the Isakower phenomena with the dream screen. *Psychoanalytic Quarterly, 22,* 200–204.

Heimann, P. (1942). A contribution to the problem of sublimation and its relation to processes of internalization. *International Journal of Psychoanalysis, 23,* 8–17.

Heimann, P. (1950). On counter-transference. *International Journal of Psychoanalysis, 31,* 81–84.

Heimann, P. (1956). Dynamics of transference interpretations. *International Journal of Psychoanalysis, 37,* 303–10.

Hendrick, I. (1943a). The discussion of the "instinct to master"—A letter to the editors. *Psychoanalytic Quarterly, 12,* 561–65.

Hendrick, I. (1943b). Work and the pleasure principle. *International Journal of Psychoanalysis, 26,* 181.

Herman, J. (1992). Trauma and recovery. *Psychiatric Quarterly, 23,* 248–76.

Herzog, J. (1980). Sleep disturbance and father hunger in 18-to-28-month-old boys—The Erlkonig syndrome. *Psychoanalytic Study of the Child, 35,* 219–33.

Herzog, J. (1984). Fathers and young children: Fathering daughters and fathering sons. In *Frontiers of infant psychiatry,* ed. J. Call, E. Galenson, and R. Tyson (vol. II, pp. 335–43). New York: Basic Books.

Herzog, J. (2001). *Father hunger: Explorations with adults and children.* Hillsdale, NJ: Analytic Press.

Hesse, E., and Main, M. (2000). Disorganized infant, child, and adult attachment: Collapse in behavioral and attentional strategies. *American Psychoanalytic Association, 48,* 1097–1127.

Hinshelwood, R. (1989). *A dictionary of Kleinian thought.* London: Free Association Books.

Hinshelwood, R. (2007). The Kleinian theory of therapeutic action. *Psychoanalytic Study of the Child, 76,* 1479–98.

Hirsch, I. (1985). The rediscovery of the advantages of the participant-observation model. *Psychoanalysis and Contemporary Thought, 8,* 441–59.

Hirsch, I. (1996). Observing-participation, mutual enactment, and the new classical models ART. *Contemporary Psychoanalysis, 32,* 359–83.

Hirsch, I. (2000). Interview with Benjamin Wolstein. *Contemporary Psychoanalysis, 36,* 187–232.

Hirsch, I. (2002). Beyond interpretation: Analytic interaction in the interpersonal tradition. *Contemporary Psychoanalysis, 38,* 573–588.

Hirsch, I. (2008). *Coasting in the countertransference: Conflicts of self interest between analyst and patient.* New York: Routledge.

Hirschfeld, M. (1910/1991). *Transvestites: The erotic drive to cross-dress.* New York: Prometheus Books.

Hirschfeld, M. (1923). The intersexual constitution. *Yearbook of Sexual Intermediates, 23,* 3–27.

Hirst, W. (1995). Cognitive aspects of consciousness. In *The cognitive neurosciences,* ed. M. Gazzaniga (pp. 1307–19). Cambridge, MA: MIT Press.

Hobson, J. (1988). *The dreaming brain.* New York: Basic Books.

Hobson, J. (1994). *The chemistry of conscious states.* Boston: Little Brown.

Hoch, P., and Polatin, P. (1949). Pseudoneurotic forms of schizophrenia. *Psychiatric Quarterly, 23,* 248–76.

Hofer, M. (1995). Hidden regulators: Implications for a new understanding of attachment, separation, and loss. In *Attachment theory: Social, developmental, and clinical perspectives,* ed. S. Goldberg, R. Muir, and J. Kerr (pp. 203–30). Hillsdale, NJ: Analytic Press.

Hoffer, A. (1985). Toward a definition of psychoanalytic neutrality. *Journal of the American Psychoanalytic Association, 33,* 771–95.

Hoffman, I. (1983). The patient as interpreter of the analyst's experience. *Contemporary Psychoanalysis, 19,* 389–422.

Hoffman, I. (1994). Dialectical thinking and therapeutic action in the psychoanalytic process. *Psychoanalytic Quarterly, 63,* 187–218.

Hoffman, I. (1996). The intimate and ironic authority of the psychoanalyst's presence. *Psychoanalytic Quarterly, 65,* 102–36.

Hoffman, I. (1998). *Ritual and spontaneity in the psychoanalytic process.* Hillsdale, NJ: Analytic Press.

Hoffman, L. (2007). Do children get better when we interpret their defenses against painful feelings? *Psychoanalytic Study of the Child, 62,* 291–313.

Holder, A. (1975). Theoretical and clinical aspects of ambivalence. *Psychoanalytic Study of the Child, 30,* 197–220.

Holder, A. (1982). Preoedipal contributions to the formation of the superego. *Psychoanalytic Study of the Child, 37,* 245–72.

Holmes, J. (1993) Attachment theory: A biological basis for psychotherapy. *British Journal of Psychiatry, 163,* 430–38.

Holt, R. (1962). A critical examination of Freud's concept of bound vs. free cathexis. *Journal of the American Psychoanalytic Association, 10,* 475–525.

Holt, R. (1967). The development of the primary process; A structural view. In *Motives and thought: Essays in honor of David Rapaport,* ed. R. Holt. Psychological Issues (Monographs 18/19, pp. 344–84). New York: International Universities Press.

Holt, R. (1976). Drive or wish? A reconsideration of the psychoanalytic theory of motivation. In *Psychology vs. metapsychology: Psychoanalytic essays in memory of George S. Klein,* ed. M. Gill and P. Holzman (pp. 158–97). New York: International Universities Press.

Holt, R. (2002). Quantitative research on the primary process: Method and findings. *Journal of the American Psychoanalytic Association, 50,* 457–82.

Holtzman, D., and Kulish, N. (2000). The feminization of the female oedipal complex: Part 1, A reconsideration of the significance of separation issues. *Journal of the American Psychoanalytic Association, 48,* 1413–37.

Horney, K. (1924). On the genesis on the castration complex in women. *International Journal of Psychoanalysis, 5,* 50–65.

Horney, K. (1926). The flight from womanhood: The masculinity-complex in women, as viewed by men and by women. *International Journal of Psychoanalysis, 7,* 324–39.

Horney, K. (1933). The denial of the vagina—A contribution to the genital anxieties specific to women. *International Journal of Psychoanalysis, 14,* 57–70.

Horney, K. (1936). The problem of the negative therapeutic reaction. *Psychoanalytic Quarterly, 5,* 29–44.

Horney, K. (1945). *Our inner conflicts.* New York: W. W. Norton.

Horowitz, M. (1977). Hysterical personality: Cognitive structure and the processes of change. *International Review of Psycho-Analysis, 4,* 23–49.

Horowitz, M. (1987). *States of mind: Configurational analysis of individual psychology.* Critical Issues in Psychiatry. New York: Springer.

Horowitz, M. (1991). *Role-relationship modes: Person schemas and maladaptive interpersonal patterns.* Chicago: University of Chicago Press.

Horowitz, M. (1998). *Cognitive psychodynamics: From conflict to character.* New York: John Wiley and Sons.

Hurry, A. (1998). Psychoanalysis and developmental therapy. In *Psychoanalysis and developmental therapy,* ed. A. Hurry (pp. 32–73). London: Karnac Books.

Hyman, M. (1975). In defense of libido theory. *Annual of Psychoanalysis, 3,* 21–36.

Inderbitzin, L., and Levy, S. (1994). On grist for the mill: External reality as defense. *Journal of the American Psychoanalytic Association, 42,* 763–88.

Inderbitzin, L., and Levy, S. (2000). Regression and psychoanalytic technique: The concretization of a concept. *Psychoanalytic Quarterly, 69,* 195–223.

Irigaray, L. (1991). *Marine lover of Friedrich Nietzsche.* New York: Columbia University Press.

Isaacs, S. (1933). *The social development of young children: A study of beginnings.* London: Routledge.

Isaacs, S. (1948). The nature and function of phantasy. *International Journal of Psychoanalysis, 29,* 73–97.

Isakower, O. (1938). A contribution to the pathopsychology of phenomena associated with falling asleep. *International Journal of Psychoanalysis, 19,* 331–45.

Isay, R. (1986). The development of sexual identity in homosexual men. *Psychoanalytic Study of the Child, 41,* 467–89.

Isay, R. (1987). Fathers and their homosexually inclined sons in childhood. *Psychoanalytic Study of the Child, 42,* 275–94.

Isay, R. (1989). *Being homosexual: Gay men and their development.* New York: Farrar, Strauss and Giroux.

Isay, R. (1996). *Becoming gay: The journey to self-acceptance.* New York: Pantheon Books.

Isay, R., and Friedman, R. (1986). Toward a further understanding of homosexual men. *Journal of the American Psychoanalytic Association,* 34, 193–208.

Jacobs, T. (1986). On countertransference enactments. *Journal of the American Psychoanalytic Association,* 34, 289–307.

Jacobs, T. (1999). Countertransference past and present: A review of the concept. *International Journal of Psychoanalysis,* 80, 575–94.

Jacobson, E. (1953). Contribution to the metapsychology of cyclothymic depression. In *Affective disorders: Psychoanalytic contributions to their study,* ed. P. Greenacre. Oxford, England: International Universities Press.

Jacobson, E. (1957). Normal and pathological moods: Their nature and functions. *Psychoanalytic Study of the Child,* 12, 73–113.

Jacobson, E. (1959). The "exceptions"—An elaboration of Freud's character study. *Psychoanalytic Study of the Child,* 14, 135–53.

Jacobson, E. (1961). Adolescent moods and the remodeling of psychic structures in adolescence. *Psychoanalytic Study of the Child,* 16, 164–83.

Jacobson, E. (1964). *The self and the object world.* New York: International Universities Press.

Jacobson, E. (1971). *Depression: Comparative studies of normal, neurotic, and psychotic conditions.* New York: International Universities Press.

Jacques, E. (1965). Death and the mid-life crises. *International Journal of Psychoanalysis,* 46, 502–14.

Janet, P. (1889). *Psychological healing: A historical and clinical study.* London: G. Allen and Unwin.

Jeffrey, W. (1992). The psychoanalytic review. LXXVII, 1990: The preconscious and potential space. *Psychoanalytic Quarterly,* 61, 685.

Johnson, A. (1949). Sanctions for superego lacunae of adolescents. In *The mark of Cain: Psychoanalytic insight and the psychopath,* ed. J. Meloy (pp. 91–113). Hillsdale, NJ: Analytic Press/Taylor and Francis Group, 2001.

Johnson, S. (1755/2002). *Samuel Johnson's dictionary: Selections from the 1755 work that defined the English language,* ed. J. Lynch. New York: Levenger Press / Walker and Company, 2002.

Jones, E. (1908). Rationalization in everyday life. *Journal of Abnormal Psychology,* 3, 161–69.

Jones, E. (1912). The theory of symbolism. In *Papers on Psychoanalysis,* ed. H. Loewald (pp. 87–144). Baltimore, MD: William and Wilkins, 1948.

Jones, E. (1913a). *Papers on psycho-analysis.* London: Baillière, Tindall and Cox.

Jones, E. (1913b) The God complex: The belief that one is God and the resulting character traits. In *Essays in applied psychoanalysis,* ed. G. Butler (vol. 2, pp. 244–65). London: Hogarth Press, 1951.

Jones, E. (1918a). Hate and anal erotism in the obsessional neurosis. In *Essential papers on obsessive-compulsive disorder,* ed. D. J. Stern and M. Stern (pp. 65–72). New York: NYU Press, 1997.

Jones, E. (1918b). Anal erotic character traits. *Journal of Abnormal Psychology,* 13 (5), 261–84.

Jones, E. (1918c). *Papers on psychoanalysis* (2nd edition). London: Baillière, Tindall and Cox.

Jones, E., ed. (1924). *Glossary for the use of translators of psychoanalytical works.* London: International Psychoanalytic Press.

Jones, E. (1927). The early development of female sexuality. *International Journal of Psychoanalysis,* 8, 459–72.

Jones, E. (1933). The phallic phase. *International Journal of Psychoanalysis,* 14, 1–13.

Jones, E. (1946). A valedictory address. *International Journal of Psychoanalysis,* 27, 7–12.

Jones, E. (1981). *The life and work of Sigmund Freud* (vols. 1–3). New York: Basic Books.

Jones, E., and Maeder, A. (1913). Besetzungsvorschläge der gebräuchlichsten psychoanalytischen. *Internationale Zeitschrift für Ärztliche Psychoanalyse,* 1–415.

Joseph, B. (1975). The patient who is difficult to reach. In *Tactics and techniques in psychoanalytic therapy,* ed. P. Giovacchini (vol. 2, pp. 205–16). New York: Jason Aronson.

Joseph, B. (1985). Transference: The total situation. *International Journal of Psychoanalysis,* 66, 447–54.

Joseph, B. (1989). *Psychic equilibrium and psychic change.* London: Routledge.

Joseph, B. (2000). Agreeableness as obstacle. *International Journal of Psychoanalysis,* 81, 641–49.

Joseph, E. (1965). *Beating fantasies: Regressive ego phenomena in psychoanalysis.* New York: International Universities Press.

Josselson, R. (1996). *Revising herself: The story of women's identity from college to midlife.* New York: Oxford University Press.

Jung, C. (1906). *Studies in word-association.* New York: Moffat, Yard, 1919.

Jung, C. (1921/1957). *Collected works of C. G. Jung.* Princeton, NJ . Princeton University Press.

Jung, C. (1934). *A review of the complex theory: Collected works of C. G. Jung* (vol. 8). New York: Pantheon Books, 1960.

Jung, C. (1963). *Memories, dreams, reflections.* New York: Pantheon.

Kahn, S. (1942). *Psychological and neurological definitions and the unconscious.* Boston: Meador Publishing.

Kalin, N. (2002). The neurobiology of fear. *Scientific American,* 268, 94–103.

Kantrowitz, J. (1986). The role of the patient-analyst "match" in the outcome of psychoanalysis. *Annual of Psychoanalysis*, 14, 273–97.

Kantrowitz, J. (1999). The role of the preconscious in psychoanalysis. *Journal of the American Psychoanalytic Association*, 47, 65–89.

Kanzer, M. (1957). Panel reports—Acting out and its relation to impulse disorders. *Journal of the American Psychoanalytic Association*, 5, 136–45.

Kaplan, L. (1991). *Female perversions: The temptations of Emma Bovary*. New York: Doubleday.

Kardiner, A., Karush, A., and Ovesey, L. (1959). A methodological study of Freudian theory. *Journal of Nervous and Mental Disorders*, 129, 341–56.

Karon, B., and Widener, A. (2001). Repressed memories. *Psychoanalytic Psychology*, 18, 161–64.

Karpman, B. (1950). A case of paedophilea (legally rape) cured by psychoanalysis. *Psychoanalytic Review*, 37, 235–76.

Katz, J. (1995). *The invention of heterosexuality*. New York: Dutton.

Katz, W. (2009). Payment as perverse defense. *Psychoanalytic Quarterly*, 78, 843–69.

Kay, P. (1971). A survey of recent contributions on transference and transference neurosis in child analysis. In *The unconscious today*, ed. M. Kanzer (pp. 386–99). New York: International Universities Press.

Kaywin, L. (1966). Problems of sublimation. *Journal of the American Psychoanalytic Association*, 14, 313–34.

Kennedy, H., and Yorke, C. (1982). Steps from outer to inner conflict viewed as superego precursors. *Psychoanalytic Study of the Child*, 37, 221–22.

Kernberg, O. (1966). Structural derivatives of object relationships. *International Journal of Psychoanalysis*, 47 (2–3), 236–53.

Kernberg, O. (1967). Borderline personality organization. *Journal of the American Psychoanalytic Association*, 15, 641–85.

Kernberg, O. (1970a). A psychoanalytic classification of character pathology. *Journal of the American Psychoanalytic Association*, 18, 800–22.

Kernberg, O. (1970b). Factors in the psychoanalytic treatment of narcissistic personalities. *Journal of the American Psychoanalytic Association*, 18, 51–85.

Kernberg, O. (1971). Prognostic considerations regarding borderline personality organization. *Journal of the American Psychoanalytic Association*, 19, 595–635.

Kernberg, O. (1974a). Mature love: Prerequisites and characteristics. *Journal of the American Psychoanalytic Association*, 22, 743–68.

Kernberg, O. (1974b). Barriers to falling and remaining in love. *Journal of the American Psychoanalytic Association*, 22, 486–511.

Kernberg, O. (1975). *Borderline conditions and pathological narcissism*. New York: Jason Aronson.

Kernberg, O. (1976a). *Object relations theory and clinical psychoanalysis*. New York: Jason Aronson.

Kernberg, O. (1976b). Technical considerations in the treatment of borderline personality organization. *Journal of the American Psychoanalytic Association*, 24, 795–829.

Kernberg, O. (1977). Boundaries and structure in love relations. *Journal of the American Psychoanalytic Association*, 25, 81–114.

Kernberg, O. (1980). *Internal world and external reality: Object relations theory applied*. New York: Jason Aronson.

Kernberg, O. (1982). Self, ego, affects, and drives. *Journal of the American Psychoanalytic Association*, 30, 893–917.

Kernberg, O. (1984). *Severe personality disorders: Psychotherapeutic strategies*. New Haven, CT: Yale University Press.

Kernberg, O. (1985). *Internal world and external reality: Object relations theory applied*. Northvale, NJ: Jason Aronson.

Kernberg, O. (1988). Between conventionality and aggression: The boundaries of passion. In *Passionate attachments: Thinking about love*, ed. W. Gaylin and E. Person (pp. 63–84), New York: Free Press.

Kernberg, O. (1995). Omnipotence in the transference and in the countertransference. *The Scandinavian Psychoanalytic Review*, 18, 2–21.

Kernberg, O. (1998). Aggression, hatred, and social violence. *Canadian Journal of Psychoanalysis*, 6, 191–206.

Kernberg, O. (1999). Psychoanalysis, psychoanalytic psychotherapy and supportive psychotherapy. *International Journal of Psychoanalysis*, 80, 1075–91.

Kernberg, O. (2000). The influence of the gender of patient and analyst in the psychoanalytic relationship. *Journal of the American Psychoanalytic Association*, 48, 859–83.

Kernberg, O. (2007). The therapeutic action of psychoanalysis: Controversies and challenges. *Psychoanalytic Quarterly*, 76, 1689–1723.

Kernberg, O. (2010). Some observations on the process of mourning. *International Journal of Psychoanalysis*, 91, 601–19.

Kernberg, O. (2011). Limitations to the capacity of love. *International Journal of Psychoanalysis*, 92, 1501–15. doi: 10.1111/j.1745–8315. 2001.00456.x.

Kessler, R. (1996). Panic disorder and the retreat from meaning. *Journal of Clinical Psychoanalysis*, 5, 505–28.

Kestenberg, J. (1968). Outside and inside, male and female. *Journal of the American Psychoanalytic Association*, 16, 457–520.

Kestenberg, J. (1982). The inner genital phase: Prephallic and preoedipal. In *Early female development*, ed. D. Mendell (pp. 71–126). New York: S P Medical and Scientific Books.

Khan, M. (1963). The concept of cumulative trauma. *Psychoanalytic Study of the Child*, 18, 286–306.

Khan, M. (1969). Role of the "collated internal object" in perversion-formations. *International Journal of Psychoanalysis*, 50, 555–65.

Kihlstrom, J. (1995). The rediscovery of the unconscious. In *The mind, the brain, and complex adaptive systems*, ed. H. Morowitz and J. Singer (vol. 22, pp. 123–43). Reading, MA: Addison-Wesley.

King, P., and Steiner, R., eds. (1991). *The Freud-Klein controversies 1941–45*. London: Tavistock/Routledge.

King-Casas, B., Sharp, C., Lomax-Bream, L., Lohrenz, T., Fonagy, P., and Montague, P. (2008). The rupture and repair of cooperation in borderline personality disorder. *Science*, 321 (5890), 806–10.

Kinsey, A. (1941). Homosexuality: Criteria for a hormonal explanation of the homosexual. *Journal of Clinical Endocrinology*, 1 (5), 424–28.

Kinsey, A., Pomeroy, W., and Martin, C. (1948). *Sexual behavior in the human male*. Bloomington, IN: Indiana University Press.

Kirkpatrick, M. (2002). Clinical notes on the diversity in lesbian lives. *Psychoanalytic Inquiry*, 22 (2), 196–208.

Kirkpatrick, M. (2003). The nature and nurture of gender. *Psychoanalytic Inquiry*, 23, 558–71.

Kitson, H. (1925). Review of "Dynamic psychology: An introduction to modern theory and Practice," by T. Moore (1924). *Journal of Applied Psychology*, 9 (1), 101–4.

Klaus, M., and Kennell, J. (1976/1982). *Parent-infant bonding*. St. Louis, MO: C. V. Mosby.

Kleeman, J. (1966). Genital self-discovery during a boy's second year—A follow-up. *Psychoanalytic Study of the Child*, 21, 358–92.

Kleeman, J. (1976). Freud's views on early female sexuality in the light of direct child observation. *Journal of the American Psychoanalytic Association*, 24 (S), 3–26.

Klein, G. (1959). Consciousness in psychoanalytic theory: Some implications for current research in perception. *Journal of the American Psychoanalytic Association*, 7, 5–34.

Klein, G. (1970). *Perception, motives, and personality*. New York: Knopf.

Klein, G. (1976). *Psychoanalytic theory: An exploration of essentials*. New York: International Universities Press.

Klein, M. (1927a). Criminal tendencies in normal children. In *Love, guilt and reparation: And other works 1921–1945* (pp. 170–85). London: Hogarth Press, 1975.

Klein, M. (1927b). Symposium on child analysis. In *Contributions to psycho-analysis, 1921–1945* (pp. 152–84). London: Hogarth Press, 1948.

Klein, M. (1927c). The psychological principles of infant analysis. *International Journal of Psychoanalysis*, 8, 25–37.

Klein, M. (1928). Early stages of the oedipus conflict. *International Journal of Psychoanalysis*, 9, 167–80.

Klein, M. (1929). Personification in the play of children. *International Journal of Psychoanalysis*, 10, 193–204.

Klein, M. (1930). The importance of symbol-formation in the development of the ego. *International Journal of Psychoanalysis*, 11, 24–39.

Klein, M. (1932). *The psycho-analysis of children*. London: Hogarth Press.

Klein, M. (1935). A contribution to the psychogenesis of manic-depressive states. *International Journal of Psychoanalysis*, 16, 145–74.

Klein, M. (1937). Love guilt and reparation. In *Love, guilt and reparation: And other works 1921–1945* (pp. 306–42). London: Hogarth Press, 1975.

Klein, M. (1940). Mourning and its relation to manic-depressive states. *International Journal of Psychoanalysis*, 21, 125–53.

Klein, M. (1945). The oedipus complex in the light of early anxieties. *International Journal of Psychoanalysis*, 26, 11–33.

Klein, M. (1946). Notes on some schizoid mechanisms. *International Journal of Psychoanalysis*, 27, 99–110.

Klein, M. (1948a). *Contributions to psycho-analysis, 1921–1945*. London: Hogarth Press.

Klein, M. (1948b). A contribution to the theory of anxiety and guilt. *International Journal of Psychoanalysis*, 29, 114–23.

Klein, M. (1952). Some theoretical conclusions regarding the emotional life of the infant. In *Envy and gratitude: And other works 1946–1963* (pp. 61–93). London: Hogarth Press, 1975.

Klein, M. (1955). On identification. In *The writings of Melanie Klein*, ed. R. Money-Kyrle, B. Joseph, E. O'Shaughnessy, and H. Segal (vol. 3, pp. 141–75). London: Hogarth Press, 1975.

Klein, M. (1957). Envy and gratitude. In *Envy and gratitude: And other works 1946–1963* (pp. 176–235). London: Hogarth Press, 1975.

Klein, M. (1958). On the development of mental functioning. *International Journal of Psychoanalysis*, 39, 84–90.

Klein, M. (1975). *Envy and gratitude: And other works 1946–1963*. London: Hogarth Press.

Klinnert, M., Campos, J., Sorce, J., Emde, R., and Svedja, M. (1982). Social referencing: Emotional expressions as behavior regulators. In *Emotion: Theory, research, and experience,* vol. 2: *Emotions in early development,* ed. R. Plutchik and H. Kellerman (pp. 57–86). Orlando, FL: Academic Press.

Klumpner, G. (1992). *A guide to the language of psychoanalysis: An empirical study of the relationships among psychoanalytic terms and concepts.* Madison, CT: International Universities Press.

Knapp, P. (1995). Somatization. In *Psychoanalysis: The major concepts,* ed. B. Moore and B. Fine (pp. 221–493). New Haven, CT: Yale University Press.

Knight, R. (1940). The relationship of latent homosexuality to the mechanisms of paranoid delusions. *Bulletin of the Menninger Clinic,* 4, 149–59.

Knight, R. (1946). Determinism, "freedom," and psychotherapy. *Psychiatry,* 9, 251–62.

Knight, R. (1953). Borderline states. *Bulletin of the Menninger Clinic,* 17, 1–12.

Koch, E. (1991). Nature-nurture issues in Freud's writings: "The complemental series." *International Review of Psycho-Analysis,* 18, 473–87.

Kogan, I. (1992). From acting out to words and meaning. *International Journal of Psychoanalysis,* 73, 455–65.

Kohlberg, L. (1963). Moral development and identification. In *Child Psychology,* ed. H. Stevenson et al. Sixty-second Yearbook of the National Society for the Study of Education (part 1, pp. 277–332). Chicago: University of Chicago Press.

Kohut, H. (1959). Introspection, empathy, and psychoanalysis. *Journal of the American Psychoanalytic Association,* 7, 459–83.

Kohut, H. (1966). Forms and transformations of narcissism. *Journal of the American Psychoanalytic Association,* 14, 243–72.

Kohut, H. (1970/1978). Narcissism as a resistance and as a driving force in psychoanalysis. In *The search for the self: Selected writings of Heinz Kohut, 1950–1978,* ed. P. Ornstein (pp. 547–62). New York: International Universities Press.

Kohut, H. (1971). *The analysis of the self: A systematic approach to the psychoanalytic treatment of narcissistic personality disorders.* London: Hogarth Press.

Kohut, H. (1972). Thoughts on narcissism and narcissistic rage. *Psychoanalytic Study of the Child,* 27, 360–400.

Kohut, H. (1973). Psychoanalysis in a troubled world. *Annual of Psychoanalysis,* 1, 3–25.

Kohut, H. (1977). *The restoration of the self.* New York: International Universities Press.

Kohut, H. (1982). Introspection, empathy, and the semi-circle of mental health. *International Journal of Psychoanalysis,* 63, 395–407.

Kohut, H. (1984). *How does analysis cure?* Chicago: University of Chicago Press.

Kohut, H., and Wolf, E. (1978). The disorders of the self and their treatment: An outline. *International Journal of Psychoanalysis,* 59, 413–25.

Krausz, R. (1994). The invisible woman. *International Journal of Psychoanalysis,* 75, 59–72.

Kreisler, L. (1984). Fundamentals for a psychosomatic pathology of infants. In *Frontiers of infant psychiatry,* ed. J. Call, E. Galenson, and R. Tyson (vol. 2, pp. 447–54). New York: Basic Books.

Kris, A. (1976). On wanting too much: The "exceptions" revisited. *International Journal of Psychoanalysis,* 57, 85–95.

Kris, A. (1984). The conflicts of ambivalence. *Psychoanalytic Study of the Child,* 39, 213–34.

Kris, A. (1990). The analyst's stance and the method of free association. *Psychoanalytic Study of the Child,* 45, 25–41.

Kris, E. (1936). The psychology of caricature. *International Journal of Psychoanalysis,* 17, 285–303.

Kris, E. (1947). The nature of psychoanalytic propositions and their validation. In *Selected papers of Ernst Kris.* New Haven, CT: Yale University Press, 1975.

Kris, E. (1950a). Notes on the development and on some current problems of psychoanalytic child psychology. *Psychoanalytic Study of the Child,* 5, 24–46.

Kris, E. (1950b). On preconscious mental processes. *Psychoanalytic Quarterly,* 19, 540–60.

Kris, E. (1951). Some comments and observations on early autoerotic activities. *Psychoanalytic Study of the Child,* 6, 95–116.

Kris, E. (1956a). The personal myth—A problem in psychoanalytic technique. *Journal of the American Psychoanalytic Association,* 4, 653–81.

Kris, E. (1956b). The recovery of childhood memories in psychoanalysis. *Psychoanalytic Study of the Child,* 11, 54–88.

Krystal, H. (1968). *Massive psychic trauma.* New York: International Universities Press.

Krystal, H. (1975). Affect tolerance. *Annual of Psychoanalysis,* 3, 179–219.

Krystal, H. (1988). *Integration and self-healing: Affect, trauma, alexithymia.* Hillsdale, NJ: Analytic Press.

Krystal, H. (1997). Desomatization and the consequences of infantile psychic trauma. *Psychoanalytic Inquiry,* 17, 126–50.

Kubie, L. (1947). The fallacious use of quantitative concepts in dynamic psychology. *Psychoanalytic Quarterly,* 16, 507–18.

Kubie, L. (1968). Unsolved problems in the resolution of the transference. *Psychoanalytic Quarterly,* 37, 331–52.

Kubie, L. (1974). The drive to become both sexes. *Psychoanalytic Quarterly*, 43, 349–426.

Kubie, L. (1975). The language tools of psychoanalysis. *International Review of Psycho-Analysis*, 2, 11–24.

Kuhns, R. (1983). *Psychoanalytic theory of art: A philosophy of art on developmental principles*. New York: Columbia University Press.

Kulish, N. (1998). Book review: *Femininities, masculinities, sexualities: Freud and beyond*, by N. Chodorow. *Psychoanalytic Quarterly*, 67, 174–77.

Kulish, N. (2000). Primary femininity: Clinical advances and theoretical ambiguities. *Journal of the American Psychoanalytic Association*, 48, 1355–79.

Kulish, N. (2003). Countertransference and the female triangular situation. *International Journal of Psychoanalysis*, 84, 563–77.

Kulish, N., and Holtzman, D. (1998). Persephone, the loss of virginity and the female oedipal complex. *International Journal of Psychoanalysis*, 79, 57–71.

Kulish, N., and Holtzman, D. (2008). *A story of her own: The female oedipus complex reexamined and renamed*. New York: Jason Aronson.

Lacan, J. (1956a). The function of language in psychoanalysis. In *The language of the self*, ed. A. Wilden (pp. 28–54). Baltimore, MD: Johns Hopkins Press, 1968.

Lacan, J. (1956b). Seminar on "The Purloined Letter." In *The purloined Poe: Lacan, Derrida, and psychoanalytic reading*, ed. J. Muller and W. Richardson (pp. 28–54). Baltimore, MD: Johns Hopkins Press, 1988.

Lacan, J. (1959). On a question preliminary to any possible treatment of psychosis. In *Écrits: A selection* (pp. 179–225). New York: W. W. Norton, 1966, 2006.

Lacan, J. (1966/2006). *Écrits: The first complete edition in English*. New York: W. W. Norton.

Lachmann, F. (2000). *Transforming aggression*. New York: Jason Aronson.

Lachmann, F., and Beebe, B. (1992). Representational and selfobject transferences: A developmental perspective. *Progress in Self Psychology*, 8, 3–15.

Lachmann, F., and Beebe, B. (1996a). Three principles of salience in the organization of the patient-analyst interaction. *Psychoanalytic Psychology*, 13, 1–22.

Lachmann, F., and Beebe, B. (1996b). The contribution of self- and mutual regulation to therapeutic action: A case illustration. *Progress in Self Psychology*, 12, 123–40.

Laing, R. (1965). Mystification, confusion and conflict. In *Intensive family therapy*, ed. I. Boszormenyi-Nagy, and J. Framo (pp. 343–64). New York: Harper and Row.

Lamb, M. (2004). How do fathers influence children's development? Let me count the ways. In *The role of the father in child development* (4th edition), ed. M. Lamb (pp. 1–26). Hoboken, NJ: Wiley.

Lampl-De Groot, J. (1927). The evolution of the oedipus complex in women. In *The development of the mind: Psychoanalytic papers on clinical and theoretical problems* (pp. 3–18). New York: International Universities Press, 1965.

Lampl-De Groot, J. (1950). On masturbation and its influence on general development. *Psychoanalytic Study of the Child*, 5, 153–74.

Langer, S. (1942). *Philosophy in a new key*. Cambridge, MA: Harvard University Press.

Langer, S. J., and Martin, J. (2004). How dresses can make you mentally ill: Examining gender identity disorder in children. *Child and Adolescent Social Work Journal*, 22, 5–23.

Lansky, M. (1994). Shame: Contemporary psychoanalytic perspectives. *Journal of the American Academy of Psychoanalysis*, 22, 433–41.

Lansky, M. (1999) Shame and the idea of a central affect. *Psychoanalytic Inquiry*, 19, 347–61.

Laplanche, J. (1976). *Life and death in psychoanalysis*. Baltimore, MD: Johns Hopkins University Press.

Laplanche, J. (1991). Notes on afterwardsness. In *Jean Laplanche: Seduction, translation, and the drives*, ed. J. Laplanche, J. Fletcher, and M. Stanton. London: Institute of Contemporary Arts, 1992.

Laplanche, J. (1997). The theory of seduction and the problem of the other. *International Journal of Psychoanalysis*, 78, 653–66.

Laplanche, J., and Pontalis, J. (1967/1973). *The language of psycho-analysis*. New York: W. W. Norton.

Laufer, M. (1976). The central masturbation fantasy, the final sexual organization and adolescence. *Psychoanalytic Study of the Child*, 31, 297–316.

Laufer, M., and Laufer, M. E. (1984). *Adolescence and developmental breakdown: A psychoanalytic view*. New Haven, CT: Yale University Press.

Laughlin, H. (1956). *The neuroses in clinical practice*. Oxford: W. B. Saunders.

Lax, R. (1994). Aspects of primary and secondary genital feelings and anxieties in girls during the pre-oedipal and early oedipal phases. *Psychoanalytic Quarterly*, 63, 271–96.

Lax, R. (1997). Boys' envy of mother and the consequences of the narcissistic mortification. *Psychoanalytic Study of the Child*, 52, 118–39.

Layton, L. (2000). The psychopolitics of bisexuality. *Studies in Gender and Sexuality*, 1, 41–60.

Layton, L. (2002). Cultural hierarchies, splitting, and the heterosexist unconscious. In *Bringing the plague: Toward a postmodern psychoanalysis*, ed. S. Fairfield, L. Layton, and C. Stack (pp. 195–223). New York: Other Press.

Lear, J. (1990). *Love and its place in nature: A philosophical interpretation of Freudian psychoanalysis.* New Haven, CT: Yale University Press.

Leavy, S. (1977). The significance of Jacques Lacan. *Psychoanalytic Quarterly,* 46, 201–19.

Lecours, S., and Bouchard, M. (1997). Dimensions of mentalisation: Outlining levels of psychic transformation. *International Journal of Psychoanalysis,* 78, 855–75.

LeDoux, J. (1996). *The emotional brain.* New York: Simon and Schuster.

Lenzenweger, M., Clarkin, J., Fertuck, E., and Kernberg, O. (2004). Executive neurocognitive functioning and neurobehavioral systems indicators in borderline personality disorder: A preliminary study. *Journal of Personality Disorders,* 18 (5), 421–38.

Lenzenweger, M., Clarkin, J., Kernberg, O., and Foelsch, P. (2001). The inventory of personality organization: Psychometric properties, factorial composition, and criterion relations with affect, aggressive dyscontrol, psychosis proneness, and self-domains in a nonclinical sample. *Psychological Assessment,* 13 (4), 577–91.

Lepore, J. (2006). Noah's mark: Webster and the original dictionary wars. *New Yorker,* November 6, 78–87.

Leslie, A. (1987). Pretense and representation. *Psychological Review,* 94, 412–26.

Lester, E. (1986). Narcissism and the personal myth. *Psychoanalytic Quarterly,* 55, 452–73.

Lester, E. (2002). Sappho of lesbos: The complexity of female sexuality. *Psychoanalytic Inquiry,* 22, 10–181.

Levenson, E. (1972). *The fallacy of understanding.* New York: Basic Books.

Levenson, E. (1983). *The ambiguity of change.* New York: Basic Books.

Levenson, E. (1987). The purloined self. *Journal of the American Academy of Psychoanalysis,* 15, 481–90

Levenson, E. (1993). Shoot the messenger—Interpersonal aspects of the analyst's interpretations. *Contemporary Psychoanalysis,* 29, 383–96.

Levenson, E., Hirsch, I., and Iannuzzi, V. (2005). Interview with Edgar A. Levenson, January 24, 2004. *Contemporary Psychoanalysis,* 41, 593–644.

Levey, M. (1984). The concept of structure in psychoanalysis. *Annual of Psychoanalysis,* 12, 137–53.

Levin, F. (1997). Commentary on Solms's "What is consciousness?" *Journal of the American Psychoanalytic Association,* 45, 732–39.

Levin, S. (1965). Some comments on the distribution of narcissistic and object libido in the aged. *International Journal of Psychoanalysis,* 46, 200–208.

Levinson, D., Darrow, C., Klein, E., Levinson, M., and McKee, B. (1978). *The seasons in a man's life.* New York: Knopf.

Levy, D. (1943). *Maternal overprotection.* New York: W. W. Norton.

Levy, D. (1956). Developmental and psychodynamic aspects of oppositional behavior. In *Changing concepts of psychoanalytic medicine,* ed. S. Rado and G. Daniels (pp. 114–34). New York: Grune and Stratton.

Levy, K., Meehan, K., Kelly, K., Reynoso, J., Weber, M., Clarkin, J., and Kernberg, O. (2006). Change in attachment patterns and reflective function in a randomized control trial of transference focused psychotherapy for borderline personality disorder. *Journal of Consulting and Clinical Psychology,* 74 (6), 1027–40.

Levy, K., Wasserman, R., Scott, L., Zach, S., White, C., Cain, N., Fischer, C., Carter, C., Clarkin, J., and Kernberg, O. (2006). The development of a measure to assess putative mechanisms of change in the treatment of borderline personality disorder. *Journal of the American Psychoanalytic Association,* 54, 1325–30.

Levy, S., and Inderbitzin, L. (1992). Neutrality, interpretation, and therapeutic intent. *Journal of the American Psychoanalytic Association,* 40, 989–1011.

Levy-Warren, M. (2000). *The adolescent journey.* New York: Jason Aronson.

Lewes, K. (1988). *The psychoanalytic theory of male homosexuality.* New York: Simon and Schuster.

Lewin, B. (1932). Analysis and structure of a transient hypomania. *Psychoanalytic Quarterly,* 1, 43–58.

Lewin, B. (1933). The body as phallus. *Psychoanalytic Quarterly,* 2, 24–47.

Lewin, B. (1946). Sleep, the mouth, and the dream screen. *Psychoanalytic Quarterly,* 15, 419–34.

Lewin, B. (1950). *The psychoanalysis of elation.* New York: W. W. Norton.

Lewin, B. (1952). Phobic symptoms and dream interpretation. In *Selected writings of Bertram D. Lewin,* ed. J. Arlow (pp. 187–213). New York: The Psychoanalytic Quarterly, 1973.

Lewin, B. (1953). Reconsideration of the dream screen. *Psychoanalytic Quarterly,* 22, 174–99.

Lewin, B., and Ross, H. (1960). *Psychoanalytic education in the United States.* New York: W. W. Norton.

Lewin, R., and Schultz, C. (1992). *Losing and fusing: Borderline transitional object and self relations.* Northvale, NJ: Jason Aronson.

Lewis, H. (1971). *Shame and guilt in neurosis.* New York: International Universities Press.

Lewis, H. (1987). *The role of shame in symptom formation.* Hillsdale, NJ: Lawrence Erlbaum Associates.

Libet, B., Gleason, C., Wright, E., and Pearl, D. (1983). Time of conscious intention to act in relation to onset of cerebral activity (readiness potential): The unconscious initiation of a freely voluntary act. *Brain,* 106, 623–42.

Lichtenberg, J. (1981). Implications of psychoanalytic theory of research on the neonate. *International Review of Psycho-Analysis,* 8, 35–52.

Lichtenberg, J. (1982). Reflections on the first year of life. *Psychoanalytic Inquiry,* 1, 695–729.

Lichtenberg, J. (1983). *Psychoanalysis and infant research.* Hillsdale, NJ: Analytic Press.

Lichtenberg, J. (1989). *Psychoanalysis and motivation.* Hillsdale, NJ: Analytic Press.

Lichtenberg, J. (2002). Values, consciousness, and language. *Psychoanalytic Inquiry,* 22, 841–56.

Lichtenberg, J., Bornstein, M., and Silver, D. (1984). *Empathy I and II.* Hillsdale, NJ: Analytic Press.

Lichtenberg, J., Lachmann, F., and Fosshage, J. (1996). *The clinical exchange: Techniques derived from self and motivational systems.* Hillsdale, NJ: Analytic Press.

Lichtenberg, J., Lachmann, F., and Fosshage, J.(2010) *Psychoanalysis and motivational systems: A new look.* Psychoanalytic Inquiry Book Series. New York and London: Routledge.

Lichtenstein, H. (1961). Identity and sexuality—A study of their interrelationship in man. *Journal of the American Psychoanalytic Association,* 9, 179–260.

Likierman, M. (1990). "Translation in transition": Some issues surrounding the Strachey translation of Freud's works. *International Review of Psycho-Analysis,* 17, 115–20.

Lillard, A. (1993). Pretend play skills and the child's theory of mind. *Child Development,* 64, 348–71.

Lindemann, E. (1944). Symptomatology and management of acute grief. *American Journal of Psychiatry,* 101, 141–48.

Lionells, M., Fiscalini, J., Mann, H., and Stern, D. B., eds. (1995). *Handbook of interpersonal psychoanalysis.* Hillsdale, NJ: Analytic Press.

Lippmann, P. (2002). *Nocturnes: On listening to dreams.* New York: Routledge.

Lipton, S. (1955). A note on the compatibility of psychic determinism and freedom of will. *International Journal of Psychoanalysis,* 36, 355–56.

Lipton, S. (1977). The advantages of Freud's technique as shown in his analysis of the Rat Man. *International Journal of Psychoanalysis,* 58, 255–73.

Litowitz, B. (1998). An expanded developmental line for negation: Rejection, refusal, denial. *Journal of the American Psychoanalytic Association,* 46 (1), 121–48.

Litowitz, B. (2007). Unconscious fantasy: A once and future concept. *Journal of the American Psychoanalytic Association,* 55, 199–228.

Loewald, H. (1951). Ego and reality. *International Journal of Psychoanalysis,* 32, 10–18.

Loewald, H. (1960). On the therapeutic action of psychoanalysis. *International Journal of Psychoanalysis,* 41, 16–33.

Loewald, H. (1962a). Internalization, separation, mourning, and the superego. *Psychoanalytic Quarterly,* 31, 483–504.

Loewald, H. (1962b). The superego and the ego-ideal. *International Journal of Psychoanalysis,* 43, 264–68.

Loewald, H. (1970). Psychoanalytic theory and the psychoanalytic process. *Psychoanalytic Study of the Child,* 25, 45–68.

Loewald, H. (1971). On motivation and instinct theory. *Psychoanalytic Study of the Child,* 26, 91–128.

Loewald, H. (1972). Freud's conception of the negative therapeutic reaction, with comments on instinct theory. *Journal of the American Psychoanalytic Association,* 20, 235–45.

Loewald, H. (1973a). *Papers on psychoanalysis.* New Haven, CT: Yale University Press, 1980.

Loewald, H. (1973b). On internalization. In *Papers on psychoanalysis* (pp. 69–86). New Haven, CT: Yale University Press, 1980.

Loewald, H. (1974). Current status of the concept of infantile neurosis—Discussion. *Psychoanalytic Study of the Child,* 29, 183–88.

Loewald, H. (1978). Primary process, secondary process, and language. In *Papers on psychoanalysis* (pp. 178–206). New Haven, CT: Yale University Press, 1980.

Loewald, H. (1979). The waning of the oedipus complex. In *Papers on psychoanalysis* (pp. 384–404). New Haven, CT: Yale University Press, 1980.

Loewenstein, R. (1957). A contribution to the psychoanalytic theory of masochism. *Journal of the American Psychoanalytic Association,* 5, 197–234.

Long, K. (2005). The changing language of female development. *Journal of the American Psychoanalytic Association,* 53, 1161–74.

Low, B. (1920). *Psycho-analysis: A brief account of the Freudian theory.* London: Allen and Unwin.

Luborsky, L. (1984). *Principles of psychoanalytic psychotherapy: A manual for supportive-expressive treatment.* New York: Basic Books.

Lynch, P. (2002). Yearning for love and cruising for sex: Returning to Freud to understand some gay men. *Annual of Psychoanalysis,* 30, 175–90.

Lyons-Ruth, K. (1991). Rapprochement or approchement: Mahler's theory reconsidered from the vantage point of recent research on early attachment relationships. *Psychoanalytic Psychology,* 8, 1–23.

Lyons-Ruth, K. (1999). The two-person unconscious: Intersubjective dialogue, enactive relational representation, and the emergence of new forms of relational organization. *Psychoanalytic Inquiry,* 19, 576–617.

Lyons-Ruth, K., and Jacobvitz, D. (2008). Attachment disorganization: Genetic factors, parenting contexts, and developmental transformation from infancy to adulthood. In *The handbook of attachment theory and research* (2nd edition), ed. J. Cassidy and P. Shaver (pp. 666–97). New York: Guilford Press.

MacKinnon, R., and Michels, R. (1971). *The psychiatric interview in clinical practice.* Philadelphia: W. B. Saunders.

Maddox, B. (2006). *Freud's wizard: Ernest Jones and the transformation of psychoanalysis.* London: John Murray.

Magee, M., and Miller, D. (1997). *Lesbian lives: Psychoanalytic narratives old and new.* Hillsdale, NJ: Analytic Press.

Mahler, M. (1952). On child psychosis and schizophrenia—Autistic and symbiotic infantile psychoses. *Psychoanalytic Study of the Child,* 7, 286–305.

Mahler, M. (1966). Notes on the development of basic mood: The depressive mood. In *Psychoanalysis—A general psychology: Essays in honor of Heinz Hartmann,* ed. R. Loewenstein, L. Newman, M. Schur, and A. Solnit (pp. 152–68). New York: International Universities Press.

Mahler, M. (1967). On human symbiosis and the vicissitudes of individuation. *Journal of the American Psychoanalytic Association,* 15, 740–63.

Mahler, M. (1968). *On human symbiosis and the vicissitudes of individuation: Infantile psychosis* (vol. 1). New York: International Universities Press.

Mahler, M. (1972). On the first three subphases of the separation-individuation process. *International Journal of Psychoanalysis,* 53, 333–38.

Mahler, M. (1975). On the current status of the infantile neurosis. *Journal of the American Psychoanalytic Association,* 23, 327–33.

Mahler, M., and McDevitt, J. (1982). Thoughts on the emergence of the sense of self, with particular emphasis on the body self. *Journal of the American Psychoanalytic Association,* 30, 827–48.

Mahler, M., Pine, F., and Bergman, A. (1975). *The psychological birth of the human infant.* New York: Basic Books.

Mahony, P. (1979). The boundaries of free association. *Psychoanalysis and Contemporary Thought,* 2, 151–98.

Mahony, P. (1993). Some transatlantic reflections on language in psychoanalysis. *Journal of the American Psychoanalytic Association,* 21, 433–40.

Main, M. (1993). Discourse, prediction, and recent studies in attachment: Implications for psychoanalysis. *Journal of the American Psychoanalytic Association,* 41 (S), 209–44.

Main, M. (1999). Epilogue: Attachment theory: Eighteen points with suggestions for future studies. In *Handbook of attachment: Theory, research, and clinical applications,* ed. J. Cassidy and P. Shaver (pp. 845–87). New York: Guilford Press.

Main, M., Kaplan, N., and Cassidy, J. (1985). Security in infancy, childhood and adulthood: A move to the level of representation. In *Growing points of attachment theory and research,* ed. I. Bretherton and E. Waters. Monographs of the Society for Research in Child Development (pp. 61–104). Chicago: University of Chicago Press.

Main, T. (1946). The hospital as a therapeutic institution. *Bulletin of the Menninger Clinic,* 10, 66–70.

Main, T. (1989). *The ailment and other psychoanalytic essays.* London: Free Association Books.

Makari, G. (1997). Current conceptions of neutrality and abstinence. *Journal of the American Psychoanalytic Association,* 45, 1231–39.

Malyon, A. (1982). Psychotherapeutic implications of internalized homophobia in gay men. *Journal of Homosexuality,* 7, 59–69.

Marcovitz, E. (1963). The concept of the id (panel report). *Journal of the American Psychoanalytic Association,* 11, 151–60.

Marcus, E. (1992). *Psychosis and near psychosis: Ego function, symbol structure, treatment.* New York: Springer-Verlag.

Marcus, E. (1999). Modern ego psychology. *Journal of the American Psychoanalytic Association,* 48, 843–71.

Marcus, E. (2003). Medical student dreams about medical school: The unconscious developmental process of becoming a physician. *International Journal of Psychoanalysis,* 84, 367–86.

Margolis, G. (1966). Secrecy and identity. *International Journal of Psychoanalysis,* 47, 517–22.

Marmor, J. (1953). Orality in the hysterical personality. *Journal of the American Psychoanalytic Association,* 1, 656–70.

Marmor, J. (1972). Homosexuality: Mental illness or moral dilemma? *International Journal of Psychoanalysis,* 10, 114–17.

Marshall, B. (2000). *Configuring gender: Explorations in theory and practice.* Peterborough, ON: Broadview Press.

Marty, P., and de M'Uzan, M. (1963). La pensée opératoire. *Psychoanalytic Review,* 27, 1345–56.

Masson, J. (1985a). *The assault on truth: Freud's suppression of the seduction theory.* New York: Penguin Press.

Masson, J. (1985b). *The complete letters of Sigmund Freud to Wilhelm Fliess, 1887–1904.* Cambridge, MA: Belknap Press / Harvard University Press.

Masterson, J. (1981). *The narcissistic and borderline disorders.* New York: Brunner/Mazel.

Maudsley, H. (1874). *Responsibility in mental disease.* London: Henry S. King.

Mayer, E. (1985). Everybody must be just like me: Observations on female castration anxiety. *International Journal of Psychoanalysis,* 66, 331–48.

Mayer, E. (1991). Towers and enclosed spaces. *Psychoanalytic Inquiry,* 11, 480–510.

Mayer, E. (1995). The phallic castration complex and primary femininity: Paired developmental lines toward female gender identity. *Journal of the American Psychoanalytic Association,* 43, 17–38.

Mayes, L. (1994). Understanding adaptive processes in a developmental context: A reappraisal of Hartmann's problem of adaptation. *Psychoanalytic Study of the Child,* 49, 12–35.

Mayes, L. (1999). Clocks, engines, and quarks—Love, dreams, and genes: What makes development happen? *Psychoanalytic Study of the Child,* 54, 169–92.

Mayes, L. (2001). The twin poles of order and chaos: Development as a dynamic, self-ordering system. *Psychoanalytic Study of the Child,* 56, 137–70.

Mayes, L., and Cohen, D. (1992). The development of a capacity for imagination in early childhood. *Psychoanalytic Study of the Child,* 47, 23–47.

Mayes, L., and Cohen, D. (1996). Children's developing theory of mind. *Journal of the American Psychoanalytic Association,* 44, 117–42.

McDevitt, J. (1975). Separation-individuation and object constancy. *Journal of the American Psychoanalytic Association,* 23, 713–42.

McDougall, J. (1972). Primal scene and sexual perversion. *International Journal of Psychoanalysis,* 53, 371–84.

McDougall, J. (1980). *Plea for a measure of abnormality.* New York: International Universities Press.

McDougall, J. (1985). *Theaters of the mind: Illusion and truth on the psychoanalytic stage.* Philadelphia: Brunner/Mazel.

McDougall, J. (1986). Identifications, neoneeds, and neosexualities. *International Journal of Psychoanalysis,* 67, 19–30.

McDougall, J. (1995). *The many faces of Eros: A psychoanalytic exploration of human sexuality.* New York: W. W. Norton.

McLaughlin, J. (1981). Transference, psychic reality, and countertransference. *Psychoanalytic Quarterly,* 50, 639–64.

McLaughlin, J. (1987). The play of transference: Some reflections on enactment in the psychoanalytic situation. *Journal of the American Psychoanalytic Association,* 35, 557–82.

McLaughlin, J. (1991). Clinical and theoretical aspects of enactment. *Journal of the American Psychoanalytic Association,* 39, 595–614.

Meissner, M. (2001). Becoming 100 percent straight. In *Men's lives,* ed. M. Kimmel (pp. 401–6). Boston: Allyn and Bacon Press.

Meissner, W. (1983). Book review: *Preconscious processing,* by N. Dixon. *Psychoanalytic Quarterly,* 52, 107–11.

Meissner, W. (1993). Self-as-agent in psychoanalysis. *Psychoanalysis and Contemporary Thought,* 16, 459–95.

Meissner, W. (2000). Reflection on psychic reality. *International Journal of Psychoanalysis,* 81, 1117–38.

Melnick, B. (1997). Metaphor and the theory of libidinal development. *International Journal of Psychoanalysis,* 78, 997–1015.

Meltzer, D. (1975). Adhesive identification. *Contemporary Psychoanalysis,* 11, 289–310.

Mermelstein, J. (2000). Easy listening, prolonged empathic immersion, and the selfobject needs of the analyst. *Progress in Self Psychology,* 16, 175–98.

Meyer, J. (1982). The theory of gender identity disorders. *Journal of the American Psychoanalytic Association,* 30, 381–418.

Meyer-Bahlburg, H. (2010). From mental disorder to iatrogenic hypogonadism: Dilemmas in conceptualizing gender identity variants as psychiatric conditions. *Archives of Sexual Behavior,* 39, 461–76.

Michaels, J., and Stiver, I. (1965). The impulsive psychopathic character according to the diagnostic profile. *Psychoanalytic Study of the Child,* 20, 124–41.

Michels, R. (1985). Introduction to panel: Perspectives on the nature of psychic reality. *Journal of the American Psychoanalytic Association,* 33, 515–19.

Michels, R. (1999). Psychoanalysts' theories. In *Psychoanalysis on the move: The work of Joseph Sandler,* ed. P. Fonagy, A. Cooper, and R. Wallerstein (pp. 187–200). London: Hogarth Press.

Mijolla, A., ed. (2002/2005). *International dictionary of psychoanalysis.* Detroit, MI: Thomson Gale. Also available online at http://www.enotes.com/psychoanalysis-encyclopedia.

Milrod, B. (2007). Emptiness in agoraphobia patients. *Journal of the American Psychoanalytic Association,* 55, 1007–26.

Milrod, B., Busch, F., Cooper, A., and Shapiro, T. (1997). *Manual of panic—focused psychodynamic psychotherapy.* Washington, DC: American Psychological Association Press.

Milrod, D. (1988). A current view of the psychoanalytic theory of depression—with notes on the roles of identification, orality, and anxiety. *Psychoanalytic Study of the Child,* 43, 83–99.

Milrod, D. (1990). The ego ideal. *Psychoanalytic Study of the Child,* 45, 43–60.

Milrod, D. (2002). The superego: Its formation, structure, and functioning. *Psychoanalytic Study of the Child,* 57, 131–47.

Minter, S. (1999). Diagnosis and treatment of gender identity disorder in children. In *Sissies and tomboys: Gender nonconformity and homosexual childhood,* ed. M. Rottnek (pp. 9–33). New York: New York University Press.

Minzenberg, M., Poole, J., and Vinogradov, S. (2006). Adult social attachment disturbance is related to childhood maltreatment and current symptoms in borderline personality disorder. *Journal of Nervous and Mental Disease,* 194 (5), 341–48.

Mitchell, J. (2003). *Siblings: Sex and violence.* Oxford: Polity Press.

Mitchell, S. (1978). Psychodynamics, homosexuality, and the question of pathology. *Psychiatry,* 41, 254–63.

Mitchell, S. (1984). Object relations theories and the developmental tilt. *Contemporary Psychoanalysis,* 20, 473–99.

Mitchell, S. (1988). *Relational concepts in psychoanalysis: An integration.* Cambridge, MA: Harvard University Press.

Mitchell, S. (1991). Wishes, needs, and interpersonal negotiations. *Psychoanalytic Inquiry,* 11, 147–70.

Mitchell, S. (1993). *Hope and dread in psychoanalysis.* New York: Basic Books.

Mitchell, S. (1997). *Influence and autonomy in psychoanalysis.* Hillsdale, NJ: Analytic Press.

Mitchell, S. (2000). *Relationality: From attachment to intersubjectivity.* Hillsdale, NJ: Analytic Press.

Mitchell, S. (2002). *Can love last?: The fate of romance over time.* New York: W. W. Norton.

Modell, A. (1976). "The holding environment" and the therapeutic action of psychoanalysis. *Journal of the American Psychoanalytic Association,* 24, 285–307.

Modell, A. (1984). *Psychoanalysis in a new context.* New York: International Universities Press.

Money, J. (1965). *Sex research: New developments.* New York: Holt, Reinhart and Winston.

Money, J. (1973). Gender role, gender identity, core gender identity: Usage and definition of terms. *Journal of the American Psychoanalytic Association,* 1, 397–402.

Money, J., and Ehrhardt, A. (1972). *Man and woman, boy and girl: Differentiation and dimorphism of gender identity from conception to maturity.* Baltimore, MD: Johns Hopkins University Press.

Money, J., and Hampson, J. (1955). An examination of some basic sex concepts: The evidence of human hermaphroditism. *Bulletin of Johns Hopkins Hospital,* 97, 301–19.

Money-Kyrle, R. (1956). Normal counter-transference and some of its deviations. *International Universities Press,* 37, 360–66.

Moore, B. (1990). The problem of definition in psychoanalysis. In *Psychoanalytic terms and concepts,* ed. B. Moore and B. Fine (pp. xix–xxv). New Haven, CT: Yale University Press.

Moore, B., and Fine, B., eds. (1968). *A glossary of psychoanalytic terms and concepts* (2nd edition). New Haven, CT: Yale University Press.

Moore, B., and Fine, B., eds. (1990). *Psychoanalytic terms and concepts* (3rd edition). New Haven, CT: American Psychoanalytic Association.

Moore, B., and Fine, B., eds. (1995). *Psychoanalysis: The major concepts.* New Haven, CT: Yale University Press.

Morrison, A. (1989). *Shame: The underside of narcissism.* Hillsdale, NJ: Analytic Press.

Morrison, A. (1997). Ten years of doing psychotherapy while living with a life-threatening illness: Self-disclosure and other ramifications. *Psychoanalytic Dialogues,* 7, 225–41.

Moss, D. (2003). *Hating in the first person plural: Psychoanalytic essays on racism, homophobia, misogyny, and terror.* New York: Other Press.

Motley, M. (2002). Slips, theory of. In *The Freud encyclopedia,* ed. E. Erwin (pp. 530–33). New York: Routledge.

Muller, J. (2007). A view from Riggs: Treatment resistance and patient authority—IV: Why the pair needs the third. *Journal of the American Academy of Psychoanalysis and Dynamic Psychiatry,* 35 (2), 221–24.

Nagera, H. (1966). *Early childhood disturbances, the infantile neurosis, and the adulthood disturbances.* New York: International Universities Press.

Nagera, H., ed. (1969/1971). *Basic psychoanalytic concepts.* New York: International Universities Press.

Nathanson, D. (1987). "A timetable for shame" in *The many faces of shame.* New York: Guilford Press.

Nelson, J. (1956). Anlage of productiveness in boys: Womb envy. In *Childhood psychopathology,* ed. S. Harrison and J. McDermott (p. 360). New York: International Universities Press, 1972.

Nersessian, E., and Kopff, R., eds. (1996). *Textbook of psychoanalysis.* Washington, DC: American Psychiatric Press.

Neubauer, P. (1982). Rivalry, envy, and jealousy. *Psychoanalytic Study of the Child,* 37, 121–42.

Neubauer, P. (1983). The importance of the sibling experience. *Psychoanalytic Study of the Child,* 38, 325–36.

Neubauer, P. (1984). Anna Freud's concept of developmental lines. *Psychoanalytic Study of the Child, 39,* 15–27.

Neubauer, P. (1994). The role of displacement in psychoanalysis. *Psychoanalytic Study of the Child, 49,* 107–19.

Neubauer, P. (2003). Some notes on the role of development in psychoanalytic assistance, differentiation, and regression. *Psychoanalytic Study of the Child, 58,* 165–71.

Newmann, K. (2007). Therapeutic action in self psychology. *Psychoanalytic Quarterly, 76,* 1513–46.

New York Psychoanalytic Institute. (1956). Problems of infantile neurosis: A discussion. *The Psychoanalytic Study of the Child, 9,* 16–71.

Niederland, W. (1951). Three notes on the Schreber case. *Psychoanalytic Quarterly, 20,* 579–59.

Niederland, W. (1968). Clinical observations on the "survivor syndrome." *International Journal of Psychoanalysis, 49,* 313–15.

Nigg, J., Lohr, N., Westen, D., Gold, L., and Silk, K. (1992). Malevolent object representation in borderline personality disorder and major depression. *Journal of Abnormal Psychology, 101,* 61–67.

Northoff, G., and Boeker, H. (2006). Principles of neuronal integration and defense mechanisms: Neuropsychoanalytic hypothesis. *Neuropsychoanalysis, 8,* 69–84.

Notman, M. (2002). Changes in sexual orientation and object choice in midlife women. *Psychoanalytic Inquiry, 22* (2), 182–95.

Novick, J. (1982). Termination: Themes and issues. *Psychoanalytic Inquiry, 2,* 329–65.

Novick, J., and Kelly, K. (1970). Projection and externalization. *Psychoanalytic Study of the Child, 25,* 69–95.

Novick, J., and Novick, K. (1972). Beating fantasies in children. *International Journal of Psychoanalysis, 53,* 237–52.

Novick, J., and Novick, K. (2001). Two systems of self-regulation. *Journal of Psychoanalytic Social Work, 8,* 95–122.

Novick, K. (2001). Book review: *The sadomasochism of everyday life: Why we hurt ourselves—and others—and how to stop,* by J. Ross. *Journal of American Psychoanalytic Association, 49,* 1459–62.

Novick, K., and Novick, J. (1987). The essence of masochism. *Psychoanalytic Study of the Child, 42,* 353–84.

Novick, K., and Novick, J. (1991). Some comments on masochism and the illusion of omnipotence from a developmental perspective. *Journal of the American Psychoanalytic Association, 39,* 307–31.

Novick, K., and Novick, J. (1998). An application of the concept of the therapeutic alliance to sado-masochistic pathology. *Journal of the American Psychoanalytic Association, 46,* 813–46.

Novick, K., and Novick, J. (2005). *Working with parents makes therapy work.* New York: Jason Aronson.

Nunberg, H. (1926). The sense of guilt and the need for punishment. *International Journal of Psychoanalysis, 7,* 420–32.

Nunberg, H. (1931). The synthetic function of the ego. *International Journal of Psychoanalysis, 12,* 123–40.

Nunberg, H. (1934). The feeling of guilt. *Psychoanalytic Quarterly, 3,* 589–604.

Nunberg, H. (1942). Ego strength and ego weakness. *American Imago, 3,* 25–40.

Nunberg, H. (1955). *Principles of psychoanalysis.* New York: International Universities Press.

Oates, J., and Grayson, A. (2004). *Cognitive and language development in children.* Hoboken, NJ: Wiley-Blackwell.

Oberndorf, C. (1946). Constant elements in psychotherapy. *Psychoanalytic Quarterly, 15,* 435–49.

Obeyeskere, G. (1990). *The work of culture: Symbolic transformations in psychoanalysis and culture.* Chicago: University of Chicago Press.

O'Connor, N., and Ryan, J. (1993). *Wild desires and mistaken identities: Lesbianism and psychoanalysis.* New York: Columbia University Press.

Offer, D., Offer, J., Ostrov, E. (1975). *From teenage to young manhood.* New York: Basic Books.

Ogden, T. (1979). On projective identification. *International Journal of Psychoanalysis, 60,* 357–73.

Ogden, T. (1994). The analytic third: Working with intersubjective clinical facts. *International Journal of Psychoanalysis, 75,* 3–19.

Ogden, T. (1996a). The perverse subject of analysis. *Journal of the American Psychoanalytic Association, 44,* 1121–46.

Ogden, T. (1996b). *Subjects of analysis.* Northvale, NJ, and London: Jason Aronson.

Ogden, T. (2006). Reading Loewald: Oedipus reconceived. *International Journal of Psychoanalysis, 87,* 651–66.

Olden, C. (1958). Notes on the development of empathy. *Psychoanalytic Quarterly, 13,* 505–18.

Olds, D. (1992). Consciousness: A brain-centered informational approach. *Psychoanalytic Inquiry, 12,* 419–44.

Olds, D. (1994). Connectionism and psychoanalysis. *Journal of the American Psychoanalytic Association, 42,* 581–611.

Olds, D. (2003). Affect as a sign system. *Neuropsychoanalysis, 5,* 81–95.

Olds, D. (2006). Identification: Psychoanalytic and biological perspectives. *Journal of the American Psychoanalytic Association, 54,* 17–46.

Olesker, W. (1998a). Conflict and compromise in gender identity formation: A longitudinal study. *Psychoanalytic Study of the Child, 53,* 212–30.

Olesker, W. (1998b). Female genital anxieties: Views from the nursery and the couch. *Psychoanalytic Quarterly, 67,* 276–94.

Oliner, M. (1998). Jacques Lacan: The language of alienation. In *Psychoanalytic versions of the human condition,* ed. P. Marvus and A. Rosenberg (pp. 362–91). New York: NYU Press.

Olinick, S. (1964). The negative therapeutic reaction. *International Journal of Psychoanalysis, 45,* 540–48.

Olinick, S., Poland, W., Grigg, K., Granatir, W. (1973). The psychoanalytic work ego: Process and interpretation. *International Journal of Psychoanalysis, 54,* 143–51.

Orange, D. (2003). Why language matters to psychoanalysis. *Psychoanalytic Dialogues, 13,* 77–103.

Orange, D., Atwood, G., and Stolorow, R. (1997). *Working intersubjectively: Contextualism in psychoanalytic practice.* Hillsdale, NJ: Analytic Press.

Orange, D., and Stolorow, R. (1998). Self-disclosure from the perspective of intersubjectivity theory. *Psychoanalytic Inquiry, 18,* 530–37.

Ornstein, A. (1983). Idealizing transference from the oedipal phase. In *Reflections on self psychology,* ed. J. Lichtenberg and S. Kaplan (pp. 135–48). Hillsdale, NJ: Analytic Press.

Ornstein, A. (1985). Survival and recovery. *Psychoanalytic Inquiry, 5,* 99–130.

Ornstein, A. (1988). Optimal responsiveness and the theory of cure. *Progress in Self Psychology, 4,* 155–60.

Ornstein, A. (1990). Selfobject transferences and the process of working through. *Progress in Self Psychology, 6,* 41–58.

Ornstein, A. (1991). The dread to repeat: Comments on the working-through process in psychoanalysis. *Journal of the American Psychoanalytical Association, 39,* 377–98.

Ornstein, A. (1998). The fate of narcissistic rage in the treatment process. *Psychoanalytic Inquiry, 18,* 55–70.

Ornstein, P. (1990). How to "enter" a psychoanalytic process conducted by another analyst: A self psychology view. *Psychoanalytic Inquiry, 10,* 478–97.

Ornstein, P. (1993). Chapter 12: Chronic rage from underground: Reflections on its structure and treatment. *Progression in Self Psychology, 9,* 143–57.

Ornstein, P., and Ornstein, A. (1980). Formulating interpretations in clinical psychoanalysis. *International Journal of Psychoanalysis, 61,* 203–11.

Ornstein, P., and Ornstein, A. (1985). Clinical understanding and explaining. *Progress in Self Psychology, 1,* 43–61.

Ornstein, P., and Ornstein, A. (1993). Assertiveness, anger, rage, and destructive aggression: A perspective from the treatment process. In *Rage, power, and aggression,* ed. R. Glick and S. Roose (pp. 102–17). New Haven, CT: Yale University Press.

Ornston, D. (1982). Strachey's influence. *International Journal of Psychoanalysis, 63,* 409–26.

Ornston, D. (1985). Freud's conception is different from Strachey's. *Journal of the American Psychoanalytic Association, 33,* 379–412.

Ornston, D. (1988). How standard is the "standard edition"? In *Freud in exile: Psychoanalysis and its vicissitudes,* ed. E. Timms and N. Segal (pp. 196–209). New Haven, CT, and London: Yale University Press.

Osofsky, J. (1993). Applied psychoanalysis: How research with infants and adolescents at high psychosocial risk informs psychoanalysis. *Journal of the American Psychoanalytic Association, 41* (S), 193–207.

Ostow, M., and Turnbull, O. (2004). Founders of neuropsychoanalysis. *Neuropsychoanalysis, 6,* 209–16.

Ovesey, L., and Person, E. (1973). Gender identity and sexual psychopathology in men: A psychodynamic analysis of homosexuality, transsexualism, and transvestitism. *Journal of the American Psychoanalytic Association, 1,* 3–72.

Ovesey, L., and Person, E. (1976). Transvestism: A disorder of the sense of self. *International Journal of Psychoanalytic Psychotherapy, 5,* 219–35.

Pally, R., and Olds, D. (1998). Consciousness: A neuroscience perspective. *International Journal of Psychoanalysis, 79,* 971–989.

Panksepp, J. (1999). Emotions as viewed by psychoanalysis and neuroscience: An exercise in consilience. *Neuropsychoanalysis, 1,* 15–38.

Pantone, P. (1995). Preadolescence and adolescence. In *Handbook of interpersonal psychoanalysis,* ed. M. Lionells, J. Fiscalini, C. Mann, and D. B. Stern (pp. 277–92). Hillsdale, NJ: Analytic Press.

Parens, H. (1973). Aggression. *Journal of the American Psychoanalytic Association, 21,* 34–60.

Parens, H. (1979). *The development of aggression in early childhood.* New York: Jason Aronson.

Parens, H. (1980). An exploration of the relations of instinctual drives and the symbiosis / separation-individuation process. *Journal of the American Psychoanalytic Association, 28,* 89–113.

Parens, H. (1990). On the girl's psychosexual development: Reconsiderations suggested from direct observation. *Journal of the American Psychoanalytic Association, 38,* 743–72.

Parens, H., Blum, H., and Salman, A. (2008). *The unbroken soul: Tragedy, trauma, and resilience.* Lanham, MD: Jason Aronson.

Parens, H., Pollock, L., Stern, J., and Kramer, S. (1976). On the girl's entry into the oedipus complex. *Journal of the American Psychoanalytic Association, 24* (S), 79–107.

Paris, J. (2008). *Treatment of borderline personality disorder*. New York: Guilford Press.

Parsons, M. (2000). Sexuality and perversion a hundred years on. *International Journal of Psychoanalysis, 81*, 37–49.

PDM Task Force. (2006). *Psychodynamic diagnostic manual*. Silver Spring, MD: Alliance of Psychoanalytic Organizations.

Perry, J., and Lanni, F. (2008). Observer-rated measures of defense mechanisms. *Journal of Personality, 66*, 993–1024.

Person, E. (1988). *Dreams of love and fateful encounters: The power of romantic passion*. New York: Penguin.

Person, E. (1991). Romantic love: At the intersection of the psyche and the cultural unconscious. *Journal of the American Psychoanalytic Association, 39* (S), 383–411.

Person, E. (1995). *By force of fantasy: How we make our lives*. New York: Basic Books.

Person, E. (1999). *The sexual century*. New Haven, CT: Yale University Press.

Person, E. (2006). Masculinities, plural. *Journal of the American Psychoanalytic Association, 54*, 1165–86.

Person, E., Cooper, A. M., and Gabbard, G. (2005). *Textbook of psychoanalysis*. Washington, DC: American Psychiatric Publishing.

Person, E., and Ovesey, L. (1974). The transsexual syndrome in males. Part 1: Primary transsexualism. *American Journal of Psychotherapy, 8*, 4–20.

Person, E., and Ovesey, L. (1978). Transvestism: New perspectives. *Journal of the American Academy of Psychoanalysis and Dynamic Psychiatry, 6*, 301–23.

Person, E., and Ovesey, L. (1983). Psychoanalytic theories of gender identity. *Journal of the American Academy of Psychoanalysis and Dynamic Psychiatry, 11*, 203–26.

Peskin, M. (1997). Drive theory revisited. *Psychoanalytic Quarterly, 66*, 377–402.

Pfäfflin, F. (2009). Research, research politics, and clinical experience with transsexual patients. In *Identity, gender, and sexuality: 150 years after Freud,* ed. P. Fonagy, R. Krause, and M. Leuzinger-Bohleber (pp. 139–56). London: Karnac Books.

Pfeffer, A. (1993). After the analysis: Analyst as both old and new object. *Journal of the American Academy of Psychoanalysis and Dynamic Psychiatry, 41*, 323–37.

Phillips, M. (1981). Freud, psychic determinism and freedom. *International Review of Psycho-Analysis, 8*, 449–55.

Phillips, S. (2001). The overstimulation of everyday life. 1: New aspects of male homosexuality. *Journal of the American Psychoanalytic Association, 49*, 1235–68.

Phillips, S. (2006). Paul Gray's narrowing scope: A "developmental lag" in his theory and technique. *Journal of the American Psychoanalytic Association, 54*, 137–70.

Piaget, J. (1932). *The moral judgment of the child*. New York: Free Press.

Piaget, J. (1937). *The construction of reality in the child*. New York: Basic Books.

Piaget, J. (1951). *Play, dreams and imitation in childhood*. London: Heinemann.

Piaget, J. (1953). *Origins of intelligence in the child*. London: Routledge and Kegan Paul.

Piaget, J. (1954). *Construction of reality in the child*. London: Routledge and Kegan Paul.

Piaget, J. (1969). *The psychology of the child*. New York: Basic Books.

Pick, I. (1985). Working through in the countertransference. *International Journal of Psychoanalysis, 66*, 157–66.

Piers, G., and Singer, M. (1953). *Shame and guilt: A psychoanalytic and a cultural study*. Springfield, IL: Charles C. Thomas.

Pigman, G. (1995). Freud and the history of empathy. *International Journal of Psychoanalysis, 76*, 237–56.

Pine, F. (1974). On the concept "borderline" in children—a clinical essay. *Psychoanalytic Study of the Child, 29*, 341–68.

Pine, F. (1994). Some impressions regarding conflict, defect, and deficit. *Psychoanalytic Study of the Child, 49*, 222–40.

Pine, F. (2004). Mahler's concepts of "symbiosis" and separation-individuation: revisited, reevaluated, refined. *Journal of the American Psychoanalytic Association, 52*, 511–33.

Pine, F. (2005a). Theories of motivation in psychoanalysis. In *Textbook of psychoanalysis*, ed. E. Person, A. M. Cooper, and G. Gabbard (pp. 3–20). Washington, DC: APA Publishing.

Pine, F. (2005b). Response to Doris Silverman. *Journal of the American Psychoanalytic Association, 53*, 253–55.

Pine, F. (2006). The psychoanalytic dictionary: A position paper on diversity and its unifiers. *Journal of the American Psychoanalytic Association, 54*, 463–91.

Pines, M. (1988). The question of revising the *Standard Edition*. In *Freud in exile: Psychoanalysis and its vicissitudes,* ed. E. Timms and N. Segal (pp. 177–80). New Haven, CT: Yale University Press.

Poland, W. (1984). On the analyst's neutrality. *Journal of the American Psychoanalytic Association, 32*, 283–99.

Poland, W. (2006). The analyst's fears. *American Imago, 63*, 201–17.

Pollock, G. (1961). Mourning and adaptation. *International Journal of Psychoanalysis, 42*, 341–61.

Pontalis, J. (1980). The negative therapeutic reaction: An attempt at definition. *European Psycho-Analytical Federation, 15*, 19–30.

Porcerelli, J., Shahar, G., Blatt, S., Ford, R., Mezza, J., and Greenlee, L. (2005). Abstracts of the 2005 poster session of the American Psychoanalytic Association winter meeting. *Journal of the American Psychoanalytic Association, 53*, 1323–25.

Posner, M., Rothbart, M., Vizueta, N., Levy, K., Evans, D., Thomas, K., and Clarkin, J. (2002). Attentional mechanisms of borderline personality disorder. *Procedures of the National Academy of Science, 99*, 16366–370.

Potamianou, A. (1985). The personal myth—Points and counterpoints. *Psychoanalytic Study of the Child, 40*, 285–96.

Powell, S. (1993). Electra: The dark side of the moon. *Journal of the American Psychoanalytic Association, 38*, 155–74.

Premack, D., and Woodruff, G. (1978). Does the chimpanzee have a theory of mind? *Behavioral and Brain Sciences, 1*, 515–26.

Preston, L., and Shumsky, E. (2002). From an empathic stance to an empathic dance: Empathy as a bidirectional negotiation. *Progress in Self Psychology, 18*, 47–61.

Provence, S., and Lipton, R. (1962). *Infants in institutions. A comparison of their development with family-reared infants during the first year.* New York: International Universities Press.

Pruett, K., and Dahl, E. (1982) Psychotherapy of gender identity conflict in young boys. *Journal of the American Academy of Child Psychiatry, 21*, 65–70.

Pulver, S. (1988). Psychic structure, function, process, and content: Toward a definition. *Journal of the American Psychoanalytic Association, 36*, 165–88.

Purcell, S. (2006). The analyst's excitement in the analysis of perversion. *International Journal of Psychoanalysis, 87*, 105–23.

Quinodoz, J. (1993). *The taming of solitude: Separation anxiety in psychoanalysis.* New York: Routledge.

Racker, H. (1957). The meanings and uses of countertransference. *Psychoanalytic Quarterly, 26*, 303–57.

Rado, S. (1928). The problem of melancholia. *International Journal of Psychoanalysis, 9*, 420–438.

Rado, S. (1956a). Adaptational psychodynamics: A basic science. In *Changing concepts of psychoanalytic medicine,* ed. S. Rado and G. Daniels (pp. 332–46). New York: Grune and Stratton, 1956.

Rado, S. (1956b). *Psychoanalysis of behavior: Collected papers.* New York: Grune and Stratton.

Rangell, L. (1954). Similarities and differences between psychoanalysis and the dynamic psychotherapy. *Journal of the American Psychoanalytic Association, 2*, 734–44.

Rangell, L. (1963). Structural problems in intrapsychic conflict. *Psychoanalytic Study of the Child, 18*, 103–38.

Rangell, L. (1967a). Psychoanalysis, affects, and the "human core"—On the relationship of psychoanalysis to the behavioral sciences. *Psychoanalytic Quarterly, 36*, 172–202.

Rangell, L. (1967b). The metapsychology of psychic trauma. In *Psychic trauma,* ed. S. Furst (pp. 51–84). New York: Basic Books.

Rangell, L. (1992). The psychoanalytic theory of change. *International Journal of Psychoanalysis, 73*, 415–28.

Rangell, L. (2007). *The road to unity in psychoanalytic theory.* Northvale, NJ: Jason Aronson.

Rank, O. (1909). *The myth of the birth of the hero: A psychological exploration of myth.* Baltimore, MD: Johns Hopkins Press, 2004.

Rank, O. (1924). The trauma of birth in its importance for psychoanalytic therapy. *Psychoanalytic Review, 11*, 241–45.

Rapaport, D. (1944). The scientific methodology of psychoanalysis In *The collected papers of David Rapaport,* ed. M. Gill (pp. 165–220). New York: Basic Books, 1967.

Rapaport, D. (1951). *Organization and pathology of thought.* New York: Columbia University Press.

Rapaport, D. (1953). On the psychoanalytic theory of affects. *International Journal of Psychoanalysis, 34*, 177–98.

Rapaport, D., and Gill, M. (1959). The points of view and assumptions of metapsychology. *International Journal of Psychoanalysis, 40*, 153–62.

Reed, G. (1997). The analyst's interpretation as fetish. *Journal of the American Psychoanalytic Association, 45*, 1153–81.

Reed, K. (2002). Listening to themes in a review of psychoanalytic literature about lesbianism. *Psychoanalytic Inquiry, 22* (2), 229–58.

Reich, A. (1950). On the termination of analysis. *International Journal of Psychoanalysis, 31*, 179–83.

Reich, A. (1951). On counter-transference. *International Journal of Psychoanalysis, 32*, 25–31.

Reich, A. (1953). Narcissistic object choice in women. *Journal of the American Psychoanalytic Association, 1*, 22–44.

Reich, A. (1954). Early identifications as archaic elements in the superego. *Journal of the American Psychoanalytic Association, 2*, 218–38.

Reich, A. (1960). Pathological forms of self-esteem regulation. *Psychoanalytic Study of the Child, 15*, 215–32.

Reich, W. (1931). The characterological mastery of the oedipus complex. *International Journal of Psychoanalysis*, 12, 452–67.

Reich, W. (1933/1945). *Character analysis*. New York: Simon and Schuster.

Reichbart, R. (2006). On men crying. *Journal of the American Psychoanalytic Association*, 54, 1067–98.

Reik, T. (1924). Some remarks on the study of resistances. *International Journal of Psychoanalysis*, 5, 141–54.

Reik, T. (1939). The characteristics of masochism. *American Imago*, 1A, 26–59.

Renik, O. (1993). Analytic interaction: Conceptualizing technique in light of the analyst's irreducible subjectivity. *Psychoanalytic Quarterly*, 62, 553–51.

Renik, O. (1995). The ideal of the anonymous analyst and the problem of self-disclosure. *Psychoanalytic Quarterly*, 64, 466–95.

Reports of discussions of acting out. (1968). *International Journal of Psychoanalysis*, 49, 224–30.

Ribble, M. (1943). *The rights of infants: Early psychological needs and their satisfactions*. New York: Columbia University Press.

Rice, A. (1963). *The enterprise and its environment*. London: Tavistock.

Richards, A. (1992). The influence of sphincter control and genital sensation on body image and gender identity in women. *Psychoanalytic Quarterly*, 61, 331–51.

Richards, A. (1996). Primary femininity and female genital anxiety. The psychology of women: Psychoanalytic perspectives. *Journal of the American Psychoanalytic Association*, 44 (S), 261–81.

Ricoeur, P. (1970). *Freud and philosophy*. New Haven, CT: Yale University Press.

Ritvo, S. (1971). Late adolescence—Developmental and clinical considerations. *Psychoanalytic Study of the Child*, 26, 241–63.

Ritvo, S. (1974). Current status of the concept of infantile neurosis—Implications for diagnosis and technique. *Psychoanalytic Study of the Child*, 29, 159–80.

Ritvo, S. (2003). Conflicts of aggression in coming of age: Developmental and analytic considerations; observations on reanalysis. *Journal of Clinical Psychoanalysis*, 12, 31–54.

Riviere, J. (1936). A contribution to the analysis of the negative therapeutic reaction. *International Journal of Psychoanalysis*, 17, 304–20.

Robbins, M. (1996). Nature, nurture, and core gender identity. *Journal of the American Psychoanalytic Association*, 44, 93–117.

Robertson, J. (1952). *A two-year-old goes to hospital*. Tavistock Child Development Research Unit. London: NYU Film Library. Robertson Films.

Rockland, L. (1992). *Supportive therapy for borderline patients*. New York: Guilford Press.

Roiphe, H. (1968). On an early genital phase—With an addendum on genesis. *Psychoanalytic Study of the Child*, 23, 348–65.

Roiphe, H., and Galenson, E. (1981a). Genital-drive development in the second year. In *Infantile origins of sexual identity* (pp. 243–66). New York: International Universities Press.

Roiphe, H., and Galenson, E. (1981b). *Infantile origins of sexual identity*. New York: International Universities Press.

Rosenblatt, A., and Thickstun, J. (1970). A study of the concept of psychic energy. *International Journal of Psychoanalysis*, 51, 265–78.

Rosenblatt, A., and Thickstun, J. (1977). *Modern psychoanalytic concepts in a general psychology: Psychological Issues* (Monograph 11). New York: International Universities Press.

Rosenfeld, H. (1947). Analysis of a schizophrenic state with depersonalization. *International Journal of Psychoanalysis*, 28, 130–39.

Rosenfeld, H. (1950). Notes on the psychopathology of confusional states in chronic schizophrenias. *International Journal of Psychoanalysis*, 31, 132–37.

Rosenfeld, H. (1952). Notes on the psycho-analysis of the super-ego conflict of an acute schizophrenic patient. *International Journal of Psychoanalysis*, 33, 111–31.

Rosenfeld, H. (1954). Considerations regarding the psycho-analytic approach to acute and chronic schizophrenia. *International Journal of Psychoanalysis*, 35, 135–40.

Rosenfeld, H. (1964). On the psychopathology of narcissism: A clinical approach. *International Journal of Psychoanalysis*, 45, 332–37.

Rosenfeld, H. (1971a). A clinical approach to the psychoanalytic theory of the life and death instincts: An investigation into the aggressive aspects of narcissism. *International Journal of Psychoanalysis*, 52, 169–78.

Rosenfeld, H. (1971b). Contribution to the psychopathology of psychotic states: The importance of projective identification in the ego structure and the object relations of the psychotic patient. In *Problems of psychosis*, ed. P. Doucet and C. Laurin (pp. 103–18). The Hague: Excerpt Medica, 1988.

Rosenfeld, H. (1983). Primitive object relations and mechanisms. *International Journal of Psychoanalysis*, 64, 261–67.

Rosenfeld, H. (1987). *Impasse and interpretation*. London: Tavistock Press.

Ross, J. (2003). Preconscious defence analysis, memory and structural change. *International Journal of Psychoanalysis*, 84, 59–76.

Ross, N. (1970). The primacy of genitality in the light of ego psychology—Introductory remarks. *Journal of the American Psychoanalytic Association,* 18, 267–84.

Rothstein, A., ed. (1987). *Models of the mind: Their relationship to clinical work.* Madison, CT: International Universities Press.

Rothstein, A. (1998). Neuropsychological dysfunction and psychological conflict. *Psychoanalytic Quarterly,* 67, 218–39.

Rothstein, A. (2006). Reflections on the concept "analyzability." *Psychoanalytic Review,* 93, 827–33.

Roy, C., Perry, J., Luborsky, L., Banon, E. (2009). Changes in defensive functioning in completed psychoanalyses: The Penn psychoanalytic treatment collection. *Journal of the American Psychoanalytic Association,* 57, 399–415.

Rubin, L. (1973/1971). Shame and guilt: A psychoanalytic and a cultural study by G. Piers and M. Singer. *Psychoanalytic Quarterly,* 42, 301–3.

Rubinfine, D. (1958). Problems of identity. *Journal of the American Psychoanalytic Association,* 6, 131–42.

Rubovits-Seitz, P. (1992). Interpretive methodology: Some problems, limitations, and remedial strategies. *Journal of the American Psychoanalytic Association,* 40, 139–68.

Rupprecht-Schampera, U. (1995). The concept of "early triangulation" as a key to a unified model of hysteria. *International Journal of Psychoanalysis,* 76, 457–73.

Rycroft, C. (1951). A contribution to the study of the dream screen. *International Journal of Psychoanalysis,* 32, 178–84.

Rycroft, C. (1968). *A critical dictionary of psychoanalysis.* New York: Basic Books.

Ryle, G. (1971). *Collected papers.* London: Hutchinson.

Sachs, L. (1962). A case of castration anxiety beginning at eighteen months. *Journal of the American Psychoanalytic Association,* 10, 329–37.

Saft, D. (2007). Raising girlyboys: A parent's perspective. *Studies in Gender and Sexuality,* 8, 269–302.

Samberg, E. (2004). Resistance: How do we think of it in the twenty-first century? *Journal of the American Psychoanalytic Association,* 52, 243–53.

Samberg, E., and Marcus, E. (2005). Process, resistance, and interpretation. In *Textbook of psychoanalysis,* ed. E. Person, A. Cooper, and G. Gabbard (pp. 229–240). Washington, DC: American Psychiatric Publishing.

Sameroff, A., and Fiese, B. (2000). Models of development and developmental risk. In *Handbook of mental health,* ed. C. Zeanah (pp. 3–19). New York: Guilford Press.

Sander, L. (1997). Paradox and resolution. In *Handbook of child and adolescent psychiatry,* ed. J. Osofsky (pp. 153–60). New York: John Wiley and Sons.

Sander, L. (2002). Thinking differently: Principles of process in living and the specificity of being known. *Psychoanalytic Dialogues,* 12, 11–42.

Sandler, A. (1977). Beyond eight-month anxiety. *International Journal of Psychoanalysis,* 58, 195–207.

Sandler, J. (1960a). The background of safety. *International Journal of Psychoanalysis,* 41, 352–56.

Sandler, J. (1960b). On the concept of the superego. *Psychoanalytic Study of the Child,* 15, 128–62.

Sandler, J. (1969). Notes on some theoretical and clinical aspects of transference. *International Journal of Psychoanalysis,* 50, 633–45.

Sandler, J. (1976a), Countertransference and role-responsiveness. *International Review of Psycho-Analysis,* 3, 43–47.

Sandler, J. (1976b). Actualization and object relationships. *Philadelphia Association for Psychoanalysis,* 3, 59–70.

Sandler, J. (1980). The negative therapeutic reaction: An introduction. *European Psycho-Analytical Federation,* 15, 13–18.

Sandler, J. (1987a). *From safety to superego.* New York and London: Guilford Press.

Sandler, J. (1987b). The concept of projective identification. *Bulletin for Anna Freud Centre,* 10, 33–49.

Sandler, J., Dare, C., and Holder, A. (1973). *The patient and the analyst.* New York: International Universities Press.

Sandler, J., Dare, C., and Holder, A. (1992). *The patient and the analyst: The basis of psychoanalytic process* (2nd edition). Madison, CT: International Universities Press.

Sandler, J., and Freud, A. (1981). Discussions in Hampstead index on "The ego and the mechanisms of defence": The mechanisms of defence, part 1. *Bulletin for the Hampstead Clinic,* 4, 151.

Sandler, J., Holder, A., Dare, C., and Dreher, A. (1997). *Freud's models of the mind.* Madison, CT: International Universities Press.

Sandler, J., Holder, A., and Meers, D. (1963). The ego ideal and the ideal self. *Psychoanalytic Study of the Child,* 18, 139–58.

Sandler, J., and Joffe, W. (1965). Notes on childhood depression. *International Journal of Psychoanalysis,* 46, 88–96.

Sandler, J., Kennedy, H., and Tyson, R. (1980). Interpretations and other interventions. In *The technique of child psychoanalysis: Discussions with Anna Freud,* ed. J. Sandler, H. Kennedy, and R. Tyson (pp. 78–104). Cambridge, MA: Harvard University Press.

Sandler, J., and Rosenblatt, B. (1962). The concept of the representational world. *Psychoanalytic Study of the Child*, 17, 128–45.

Sandler, J., and Sandler, A. (1983). The "second censorship," the "three box model" and some technical implications. *International Journal of Psychoanalysis*, 64, 413–25.

Sandler, J., and Sandler, A. (1984). The past unconscious, the present unconscious, and interpretation of the transference. *Psychoanalytic Inquiry*, 4, 367–99.

Sandler, J., Sandler, A., and Davies, R. (2000). *Clinical and observational psychoanalytic research: Roots of a controversy.* London: Karnac Books.

Sarnoff, C. (1976). *On latency.* New York: Jason Aronson.

Scarlett, W. (1994). Play, cure, and development: A developmental perspective on the psychoanalytic treatment of young children. In *Children at play: Clinical and developmental approaches to meaning and representation,* ed. A. Slade and D. Wolf (pp. 48–61). New York: Oxford University Press.

Schachtel, E. (1959/2001). *Metamorphosis: On the conflict of human development and the development of creativity.* New York: Basic Books.

Schachtel, E. (1966/2001). *Experiential foundations of Rorschach's test.* New York: Basic Books.

Schafer, R. (1959). Generative empathy in the treatment situation. *Psychoanalytic Quarterly*, 28, 342–73.

Schafer, R. (1960). The loving and beloved superego in Freud's structural theory. *Psychoanalytic Study of the Child*, 15, 163–88.

Schafer, R. (1968a). The mechanisms of defense. *International Journal of Psychoanalysis*, 49, 49–62.

Schafer, R. (1968b). *Aspects of internalization.* New York: International Universities Press.

Schafer, R. (1970). The psychoanalytic vision of reality. *International Journal of Psychoanalysis*, 51, 279–97.

Schafer, R. (1974). Problems in Freud's psychology of women. *Journal of the American Psychoanalytic Association*, 22, 459–85.

Schafer, R. (1976). *A new language for psychoanalysis.* New Haven, CT: Yale University Press.

Schafer, R. (1982). The relevance of the "here and now" transference interpretation to the reconstruction of early development. *International Journal of Psychoanalysis*, 63, 77–82.

Schafer, R. (1983). *The analytic attitude.* New York: Basic Books.

Schafer, R. (1985). Wild analysis. *Journal of the American Psychoanalytic Association*, 33, 275–99.

Schafer, R. (1997). *The contemporary Kleinians of London.* Madison, CT: International Universities Press.

Schechter, D., Zygmunt, A., Coates, S., Davies, M., Trabka, K., McCaw, J., Kolodji, A., and Robinson, J. (2007). Caregiver traumatization adversely impacts young children's mental representations

of self and others. *Attachment and Human Development*, 9 (3), 187–205.

Schecter, M., and Combrinck-Graham, L. (1980). The normal development of the seven- to ten-year-old child. In *The course of life*, ed. S. Greenspan and G. Pollock, vol. 2: *Latency, adolescence and youth*, (pp. 93–108). Madison, CT: International Universities Press.

Scheeringa, M., and Zeanah, C. (2001). A relational perspective on PTSD in early childhood. *Journal of Traumatic Stress*, 14, 799–815.

Schmideberg, M. (1948). On fantasies of being beaten. *Psychoanalytic Review*, 35, 303–8.

Schore, A. (1994). *Affect regulation and the origin of the self: The neurobiology of emotional development.* Hillsdale, NJ: Lawrence Erlbaum Associates.

Schore, A. (2002). Advances in neuropsychoanalysis, attachment theory, and trauma research. *Psychoanalytic Inquiry*, 22, 433–84.

Schore, A. (2003). *Affect dysregulation and disorders of the self;* and *Affect regulation and the repair of the self* (2-vol. set). New York: W. W. Norton.

Schuker, E. (1996). Toward a further understanding of lesbian patients. *Journal of the American Psychoanalytic Association*, 44, 484–508.

Schur, M. (1955). Comments on the metapsychology of somatization. *Psychoanalytic Study of the Child*, 10, 119–64.

Schur, M. (1966). *The id and the regulatory principles of mental functioning.* New York: International Universities Press.

Schwaber, E. (1981). Empathy: A mode of analytic listening. *Psychoanalytic Inquiry*, 1, 357–92.

Schwaber, E. (2010). Reflections on Heinz Kohut's last presentation. *International Journal of Psychoanalytic Self Psychology*, 5, 160–76.

Searles, H. (1965). *Collected papers on schizophrenia and related subjects.* Madison, CT: International Universities Press.

Sedler, M. (1983). Freud's concept of the working through. *Psychoanalytic Quarterly*, 52, 73–98.

Seelig, B. (2002). The rape of Medusa in the temple of Athena: Aspects of triangulation in the girl. *International Journal of Psychoanalysis*, 83, 895–911.

Seelig, B., and Rosof, L. (2001). Normal and pathological altruism. *Journal of the American Psychoanalytic Association*, 49, 933–59.

Segal, H. (1952). A psycho-analytic approach to aesthetics. *International Journal of Psychoanalysis*, 33, 196–207.

Segal, H. (1957). Notes on symbol formation. *International Journal of Psychoanalysis*, 38, 391–97.

Segal, H. (1964). *An introduction to the work of Melanie Klein.* London: Karnac Books.

Segal, H. (1974). Delusion and artistic creativity: Some reflexions on reading *The Spire* by William Golding. *International Review of Psycho-Analysis*, 1, 135–41.

Segal, H. (1978). On symbolism. *International Journal of Psychoanalysis*, 59, 315–19.

Segal, H. (1979a). *Melanie Klein*. London: Karnac Books.

Segal, H. (1979b). Postscript to "Notes on symbol formation." In *The work of Hanna Segal* (pp. 60–65). London: Jason Aronson, 1981.

Segal, H. (1981). *The work of Hanna Segal*. New York: Jason Aronson.

Segal, H. (1987). Silence is the real crime. *International Review of Psycho-Analysis*, 14, 3–12.

Segal, H. (1991). On symbolism. In *Psychoanalysis, literature and war: Papers 1972–1995*, ed. J. Steiner (pp. 33–38). London: Routledge, 1997.

Segal, H. (1993). The clinical usefulness of the concept of the death instinct. In *Psychoanalysis, literature and war: Papers 1972–1995*, ed. J. Steiner (pp. 14–21). London: Routledge, 1997.

Segal, H. (1997). From Hiroshima to the Gulf War and after: Socio-political expressions of ambivalence. In *Psychoanalysis, literature and war: Papers 1972–1995, ed.* J. Steiner (pp. 129–138). London: Routledge, 1997.

Segal, H. (2001) *An interview with Hanna Segal*. Retrieved from http://www.melanie-klein-trust.org.uk/segalinterview2001.htm.

Segal, H. (2007). *Yesterday, today and tomorrow*. London: Routledge.

Settlage, C. (1993). Therapeutic process and developmental process in the restructuring of object and self constancy. *Journal of the American Psychoanalytic Association*, 41, 473–92.

Settlage, C., Curtis, J., Lozoff, M., Silberschatz, G., and Simburg, E. (1988). Conceptualizing adult development. *Journal of the American Psychoanalytic Association*, 36, 347–69.

Shane, M., and Shane, E. (1994). Discussion of "The myth of the isolated mind." *Progress in Self Psychology*, 10, 257–62.

Shane, M., and Shane, E. (1996). Self psychology in search of the optimal: A consideration of optimal responsiveness, optimal provision, optimal gratification, and optimal restraint in the clinical situation. *Progress in Self Psychology*, 12, 37–54.

Shank, R., and Abelson, R. (1977). *Scripts, plans, goals, and understanding*. Hillsdale, NJ: Lawrence Erlbaum Associates.

Shapiro, D. (1965). *Neurotic styles*. Oxford: Basic Books.

Shapiro, T. (1974). The development and distortions of empathy. *Psychoanalytic Quarterly*, 43, 4–25.

Shapiro, T. (1976). Latency revisited—The age 7 plus or minus 1. *Psychoanalytic Study of the Child*, 31, 79–105.

Shapiro, T. (1977). Oedipal distortions in severe character pathologies: Developmental and theoretical considerations. *Psychoanalytic Quarterly*, 46, 559–79.

Sharp, C., Williams, L., Ha, C., Baumgardner, J., Michonski, J., Seals, R., Patel, A., Bleiberg, E., and Fonagy, P. (2009). The development of a mentalization-based outcomes and research protocol for an adolescent inpatient unit. *Bulletin of the Menninger Clinic*, 73 (4), 311–38.

Sharpe, S., and Rosenblatt, A. (1994). Oedipal sibling triangles. *Journal of the American Psychoanalytic Association*, 42, 491–523.

Shear, K. (2005). Commentary on "Integrating the psychoanalytic and neurobiological views of panic disorder." *Neuropsychoanalysis*, 7, 162–63.

Shedler, J. (2002). A new language for psychoanalytic diagnosis. *Journal of the American Psychoanalytic Association*, 50, 429–56.

Shedler, J., and Westen, D. (1998). Refining the measurement of axis II: A Q-sort procedure for assessing personality pathology. *Assessment*, 5, 335–353.

Shedler, J., and Westen, D. (2004). Refining personality disorder diagnosis: Integrating science and practice. *American Journal of Psychiatry*, 161, 1350–65.

Shengold, L. (1979). Child abuse and deprivation soul murder. *Journal of the American Psychoanalytic Association*, 27, 533–59.

Shengold, L. (1985). Anality and anal narcissism. *International Journal of Psychoanalysis*, 66, 47–73.

Shengold, L. (1989). *Soul murder: The effects of childhood abuse and deprivation*. New Haven, CT: Yale University Press.

Shevrin, H. (1978). Semblance of feeling: The imagery of affect in empathy, dreams, and unconscious processes—a revision of Freud's several affect theories. In *The human mind revisited*, ed. S. Smith (pp. 263–94). New York: International Universities Press.

Shevrin, H. (1997). Commentaries. *Journal of the American Psychoanalytic Association* 45, 746–53.

Shevrin, H. (2003). The consequences of abandoning a comprehensive psychoanalytic theory: Revisiting Rapaport's systematizing attempt. *Journal of the American Psychoanalytic Association*, 51, 1005–20.

Shevrin, H., Bond, J., Brakel, L., Hertel, R., and Williams, W. (1996). *Conscious and unconscious processes: Psychodynamic, cognitive, and neurophysiological convergences*. New York: Guilford Press.

Shulman, M. (1987). On the problem of the id in psychoanalytic theory. *International Journal of Psychoanalysis*, 68, 161–73.

Siegler, R. (1996). *Emerging minds: The process of change in children's thinking*. New York: Oxford University Press.

Sifneos, P. (1973). The prevalence of "alexithymia" characteristics in psychosomatic patients. *Psychotherapy and Psychosomatics*, 22, 255–62.

Silbersweig, D., Clarkin, J., Goldstein, M., Kernberg, O., Tuescher, O., Levy, K., Brendel, G., Pan, H., Beutel, M., Pavony, M., Epstein, J., Lenzenweger, M., Thomas, K., Posner, M., and Stern, E. (2007). Failure of frontolimbic inhibitory function in the context of negative emotion in borderline personality disorder. *The American Journal of Psychiatry*, 164 (12), 1832–41.

Silverman, D. (2005). Early developmental issues reconsidered. Commentary on Pine's ideas on symbiosis. *Journal of the American Psychoanalytic Association*, 53, 239–51.

Silverman, M. (1981). Cognitive development and female psychology. *Journal of the American Psychoanalytic Association*, 29, 581–605.

Silverman, M., and Bernstein, P. (1993). Gender identity disorder in boys. *Journal of the American Psychoanalytic Association*, 41, 729–42.

Simmel, E. (1929). Psycho-analytic treatment in a sanatorium. *International Journal of Psychoanalysis*, 10, 70–89.

Simon, B. (1991). Is the oedipus complex still the cornerstone of psychoanalysis? Three obstacles to answering the question. *Journal of the American Psychoanalytic Association*, 39, 641–68.

Singer, K. (1995). *Repression and dissociation: Implications for personality theory, psychopathology, and health.* Chicago: University of Chicago Press.

Skelton, R., ed. (2006). *The Edinburgh international encyclopedia of psychoanalysis.* Edinburgh, UK: Edinburgh University Press.

Slade, A. (1994). Making meaning and making believe. In *Children at play: Clinical and developmental approaches to meaning and representation*, ed. A. Slade and D. Wolf (pp. 81–107). New York: Oxford University Press.

Slade, A. (2000). The development and organization of attachment: Implications for Psychoanalysis. *Journal of the American Psychoanalytic Association*, 48, 1147–74.

Slade, A. (2008). The implications of attachment theory and research for adult psychotherapy: Research and clinical perspectives. In *The handbook of attachment: Theory, research, and clinical applications*, ed. J. Cassidy and P. Shaver (2nd edition, pp. 575–94). New York: Guilford Press.

Smith, H. (2002a). Creating the psychoanalytic process incorporating three panel reports: Opening the process, being in the process and closing the process. *International Journal of Psychoanalysis*, 83, 211–27.

Smith, H. (2002b). On psychic bisexuality. *Psychoanalytic Quarterly*, 71, 549–58.

Smith, H. (2006). Analyzing disavowed action: The fundamental resistance of analysis. *Journal of the American Psychoanalytic Association*, 54, 713–37.

Socarides, C. (1960). Theoretical and clinical aspects of overt male homosexuality. *Journal of the American Psychoanalytic Association*, 8, 552–66.

Socarides, D., and Stolorow, R. (1984). Affects and selfobjects. *Annual of Psychoanalysis*, 12, 105–19.

Sohn, L. (1985). Narcissistic organization, projective identification, and the formation of the identificate. *International Journal of Psychoanalysis*, 66, 201–13.

Solms, M. (1997a). *The neuropsychology of dreams: A clinico-anatomical study.* Mahwah, NJ: Lawrence Erlbaum Associates.

Solms, M. (1997b). What is consciousness? *Journal of the American Psychoanalytic Association*, 45, 681–703.

Solms, M. (1999). Controversies in Freud translation. *Psychoanalysis and History*, 1, 28–43.

Solms, M. (2000a). Dreaming and REM sleep are controlled by different brain mechanism. *Behavioral Brain Science*, 23, 843–50.

Solms, M. (2000b). Preliminaries for an integration of psychoanalysis and neuroscience. *Annual of Psychoanalysis*, 28, 179–200.

Solms, M., and Saling, M. (1990). *A moment of transition.* London: Karnac Books and the Institute of Psycho-Analysis.

Solnit, A. (1982). Developmental perspectives on self and object constancy. *Psychoanalytic Study of the Child*, 37, 201–18.

Solnit, A., Cohen, D., and Neubauer, P. (1993). *The many meanings of play.* New Haven, CT: Yale University Press.

Spence, D. (1982). *Narrative truth and historical truth: Meaning and interpretation in psychoanalysis.* New York: W. W. Norton.

Spero, M. (1984). Shame—An object-relational formulation. *Psychoanalytic Study of the Child*, 39, 259–82.

Spezzano, C. (1995). "Classical" versus "contemporary" theory—The differences that matter clinically. *Contemporary Psychoanalysis*, 31, 20.

Spillius, E. (1988). *Melanie Klein today: Mainly theory* (vol. 1). London: Routledge.

Spillius, E. (1993). Varieties of envious experience. *International Journal of Psychoanalysis*, 74, 199–212.

Spillius, E. (2001). Freud and Klein on the concept of phantasy. *International Journal of Psychoanalysis*, 82, 361–73.

Spillius, E., Milton, J., Garvey, P., Couve, C., and Steiner, D., eds. (2011). *The new dictionary of Kleinian thought* (rev. edition of R. Hinshelwood's *A dictionary of Kleinian thought*, 1989). London: Routledge.

Spitz, R. (1945). Hospitalism—An inquiry into the genesis of psychiatric conditions in early childhood. *Psychoanalytic Study of the Child*, 1, 53–74.

Spitz, R. (1946). Hospitalism—A follow-up report on investigation described in volume I, 1945. *Psychoanalytic Study of the Child*, 2, 113–17.

Spitz, R. (1950). Anxiety in infancy: A study of its manifestations in the first year of life. *International Journal of Psychoanalysis*, 31, 138–43.

Spitz, R. (1959). *A genetic theory of ego formation*. New York: International Universities Press.

Spitz, R. (1961). Some early prototypes of ego defenses. *Journal of the American Psychoanalytic Association*, 9, 626–51.

Spitz, R. (1965). *The first year of life*. New York: International Universities Press.

Spitz, R. (1969). *A genetic field theory of ego formation*. New York: International Universities Press.

Spitz, R., and Wolf, K. (1946a). Anaclitic depression—An inquiry into the genesis of psychiatric conditions in early childhood. *Psychoanalytic Study of the Child*, 2, 313–42.

Spitz, R., and Wolf, K. (1946b). The smiling response: A contribution to the ontogenesis of social relations. *Genetic Psychology Monographs*, 34, 57–125.

Spruiell, V. (1995). Self. In *Psychoanalysis: The major concepts*, ed. B. Moore and B. Fine (pp. 421–32). New Haven, CT: Yale University Press.

Stechler, G. (1982). The dawn of awareness. *Psychoanalytic Inquiry*, 1, 503–32.

Stechler, G. (1987). Clinical applications of a psychoanalytic system model of assertion and aggression. *Psychoanalytic Inquiry*, 1, 348–363.

Stechler, G., and Kaplan, S. (1980). The development of the self. *Psychoanalytic Study of the Child*, 35, 85–106. New Haven, CT: Yale University Press.

Steele, B. (1970). Violence in our society. *The Pharos of Alpha Omega Alpha*, 33, 41–48.

Steele, M. (2003). Attachment, actual experience and mental representation. In *Emotional development in psychoanalysis, attachment theory and neuroscience: Creating connections*, ed. V. Green (pp. 86–106). New York: Brunner/Routledge.

Stein, D., and Hollander, E. (2001). *Textbook of anxiety disorders*. Washington, DC: American Psychiatric Press.

Stein, E. (1999). *The mismeasure of desire: The science, theory, and ethics of sexual orientation*. New York: Oxford University Press.

Stein, M. (1981). The unobjectionable part of the transference. *Journal of the American Psychiatric Association*, 29, 869–92.

Stein, R. (2006). Unforgetting and excess, the re-creation and re-finding of suppressed sexuality. *Psychoanalytic Dialogues*, 16, 763–78.

Steiner, J. (1993). *Psychic retreats. Pathological organizations in psychotic, neurotic, and borderline patients*. London and New York: Routledge and the Institute of Psycho-Analysis.

Steiner, R. (1987). A world wide international trade mark of genuineness? *International Journal of Psychoanalysis*, 14, 33–102.

Steiner, R. (1991). To explain our point of view to English readers in English words. *International Review of Psycho-Analysis*, 18, 351–92.

Steiner, R. (1994). "The Tower of Babel" or "After Babel in contemporary psychoanalysis"?—Some historical and theoretical notes on the linguistic and cultural strategies implied by the foundation of the *International Journal of Psycho-Analysis*, and on its relevance today. *International Journal of Psychoanalysis*, 75, 883–901.

Sterba, R. (1934). The fate of the ego in analytic therapy. *International Journal of Psychoanalysis*, 15, 117–26.

Sterba, R. (1936/1937). *Handwörterbuch der psychoanalyse*. Vienna: Internationaler Psychoanalytischer Verlag.

Sterba, R. (1953). Clinical and therapeutic aspects of character resistance. *Psychoanalytic Quarterly*, 22, 1–20.

Stern, A. (1938). Psychoanalytic investigation of and therapy in the borderline group of neuroses. *Psychoanalytic Quarterly*, 7, 467–68.

Stern, B., Caligor, E., Clarkin, J., Critchfield, K., Horz, S., MacCornack, V., Lenzenweger, M., and Kernberg, O. (2010). Structured interview of personality organization (STIPO): Preliminary psychometrics in a clinical sample. *Journal of Personality Assessment*, 92 (1), 35–44.

Stern, D. B. (1994). Conceptions of structure in interpersonal psychoanalysis—A reading of the literature. *Contemporary Psychoanalysis*, 30, 255–300.

Stern, D. B. (1995). Cognition and language. In *The handbook of interpersonal psychoanalysis*, ed. M. Lionells, J. Fiscalini, C. Mann, and D. B. Stern (pp. 79–138). Hillsdale, NJ: Analytic Press.

Stern, D. B. (1997). *Unformulated experience: From dissociation to imagination in psychoanalysis*. Hillsdale, NJ: Analytic Press.

Stern, D. B. (2010). *Partners in thought: Working with unformulated experience, dissociation, and enactment*. New York: Routledge.

Stern, D. N. (1977). *The first relationship: Mother and infant*. Cambridge, MA: Harvard University Press.

Stern, D. N. (1985). *The interpersonal world of the infant*. New York: Basic Books.

Stern, D. N. (1992). The "pre-narrative envelope": An alternative view of "unconscious phantasy" in infancy. *Bulletin of the Anna Freud Centre*, 15, 291–318.

Stern, D. N. (1994). One way to build a clinically relevant baby. *Infant Mental Health Journal*, 15, 36–54.

Stern, D. N. (2003). *The present moment in psychotherapy and everyday life*. New York: W. W. Norton.

Stern, D. N. (2005). Intersubjectivity. In *The American Psychiatric Publishing Textbook of Psychoanalysis*, ed. E. Person, A. M. Cooper, and G. Gabbard (pp. 77–92). Washington, DC: American Psychiatric Publishers.

Stern, D. N., Sander, L., Nahum, J., Harrison, A., Lyons-Ruth, K., Morgan, A., Bruschweilerstern, N., and Tronick, E. (1998). Non-interpretive mechanisms in psychoanalytic therapy: The "something more" than interpretation. *International Journal of Psychoanalysis*, 79, 903–21.

Stoller, R. (1964). A contribution to the study of gender identity. *International Journal of Psychoanalysis*, 45, 220–26.

Stoller, R. (1965). The sense of maleness. *Psychoanalytic Quarterly*, 35, 207–18.

Stoller, R. (1966). The mother's contribution to infantile transvestic behaviour. *International Journal of Psychoanalysis*, 47, 384–95.

Stoller, R. (1967). It's only a phase: Femininity in boys. *Journal of the American Psychoanalytic Association*, 201 (5), 314–15.

Stoller, R. (1968a). A further contribution to the study of gender identity. *International Journal of Psychotherapy*, 49, 364–68.

Stoller, R. (1968b). *Sex and gender: On the development of masculinity and femininity*. New York: Science House.

Stoller, R. (1968c). The sense of femaleness. *Psychoanalytic Quarterly*, 37, 42–55.

Stoller, R. (1973). The male transsexual as "experiment." *International Journal of Psychoanalysis*, 54, 215–25.

Stoller, R. (1975a). *Perversion: The erotic form of hatred*. New York: Pantheon Books.

Stoller, R. (1975b). *Sex and gender: The transsexual experiment* (vol. 2). New York: Aronson.

Stoller, R. (1975c). The language of psycho-analysis. *International Journal of Psychoanalysis*, 56, 103–4.

Stoller, R. (1976). Primary femininity. *Journal of the American Psychoanalytic Association*, 24 (S), 59–78.

Stoller, R. (1979a). A contribution to the study of gender identity: Follow-up. *International Journal of Psychoanalysis*, 60, 433–41.

Stoller, R. (1979b). Fathers of transsexual children. *Journal of the American Psychoanalytic Association*, 27, 837–66.

Stoller, R. (1985). *One homosexual woman: Observing the erotic imagination*. New Haven, CT: Yale University Press.

Stoller, R. (1991). *Pain and passion: A psychoanalyst explores the world of S and M*. New York: Plenum.

Stolorow, R. (1984). Varieties of selfobject experience. In *Kohut's legacy: Contributions to self psychology*, ed. P. Stepansky and A. Goldberg (pp. 43–50). Hillsdale, NJ: Analytic Press.

Stolorow, R. (1986). On experiencing an object: A multidimensional perspective. *Progress in Self Psychology*, 2, 273–79.

Stolorow, R., and Atwood, G. (1979). *Faces in a cloud: Subjectivity in personality theory*. New York: Jason Aronson.

Stolorow, R., and Atwood, G. (1989). The unconscious and unconscious fantasy: An intersubjective-developmental perspective. *Psychoanalytic Inquiry*, 9, 364–74.

Stolorow, R., and Atwood, G. (1992a). *Contexts of being: The intersubjective foundations of psychological life*. Hillsdale, NJ: Analytic Press.

Stolorow, R., and Atwood, G. (1992b). Three realms of the unconscious. In *Contexts of being: The intersubjective foundations of psychological life* (pp. 29–40). Hillsdale, NJ: Analytic Press.

Stolorow, R., and Atwood, G. (1996). The intersubjective perspective. *Psychoanalytic Review*, 83, 181–94.

Stolorow, R., Atwood, G., and Orange, D. (1999). Kohut and contextualism: Toward a post-Cartesian psychoanalytic theory. *Psychoanalytic Psychology*, 16, 380–88.

Stolorow, R., Brandchaft, G., and Atwood, G. (1987). *Psychoanalytic treatment: An intersubjective approach*. Hillsdale, NJ: Analytic Press.

Stone, L. (1954). The widening scope of indications for psychoanalysis. *Journal of the American Psychoanalytic Association*, 2, 567–94.

Stone, L. (1961). *The psychoanalytic situation*. New York: International Universities Press.

Stone, L. (1967). The psychoanalytic situation and transference—Postscript to an earlier communication. *Journal of the American Psychoanalytic Association*, 15, 3–58.

Stone, L. (1981). Notes on the non-interpretative elements in the psychoanalytic situation and process. *Journal of the American Psychoanalytic Association*, 29, 10–118.

Strachey, A. (1941). A note on the use of the word "internal." *International Journal of Psychoanalysis*, 22, 37–43.

Strachey, A. (1943). A new German-English psychoanalytical vocabulary. *International Journal of Psychoanalysis*, 1 (S), 1–84.

Strachey, J. (1934). The nature of the therapeutic action of psycho-analysis. *International Journal of Psychoanalysis*, 15, 127–59.

Strachey, J. (1966). *General preface: The standard edition of the complete psychological works of Sigmund Freud, 1886–1899: Pre-psycho-analytic publications and unpublished drafts* (vol. 1, pp. xiii–xxvi). London: Hogarth Press.

Striano, T., Henning, A., and Stahl, D. (2005). Sensitivity to social contingencies between 1 and 3 months of age. *Developmental Science*, 8, 509–18.

Sucharov, M. (1994). Psychoanalysis, self psychology, and intersubjectivity. In *The intersubjective perspective,* ed. R. Stolorow, G. Atwood, and B. Brandchaft (pp. 187–202). Northvale, NJ: Jason Aronson.

Sugarman, A. (1997). Dynamic underpinnings of father hunger as illuminated in the analysis of an adolescent boy. *Psychoanalytic Study of the Child,* 52, 227–43.

Sugarman, A. (2003). A new model for conceptualizing insightfulness in the psychoanalysis of young children. *Psychoanalytic Quarterly,* 72, 325–55.

Sugarman, A. (2006). Mentalization, insightfulness, and therapeutic action: The importance of mental organization. *International Journal of Psychoanalysis,* 87, 965–87.

Sullivan, H. (1940). *Conceptions of modern psychiatry.* New York: W. W. Norton.

Sullivan, H. (1947). *Conceptions of modern psychiatry* (2nd edition). Washington, DC: The William Alanson White Psychiatric Foundation.

Sullivan, H. (1953a). *The interpersonal theory of psychiatry.* New York: W. W. Norton.

Sullivan, H. (1953b). *The psychiatric interview.* New York: W. W. Norton.

Sullivan, H. (1956a). *Clinical studies in psychiatry.* New York: W. W. Norton.

Sullivan, H. (1956b). Selective inattention. In *Clinical studies in psychiatry,* ed. H. Perry, M. Gawel, and M. Gibbon (pp. 38–76). New York: W. W. Norton.

Sutherland, J. (1963). Object-relations theory and the conceptual model of psychoanalysis. *British Journal of Medical Psychology,* 36, 109–25.

Tähkä, V. (1988). On the early formation of the mind—II. From differentiation to self and object constancy. *Psychoanalytic Study of the Child,* 43, 101–134.

Tähkä, V. (1993). *Mind and its treatment.* Madison, CT: International Universities Press.

Tarachow, S. (1962). Interpretation and reality in psychotherapy. *International Journal of Psychoanalysis,* 43, 377–87.

Target, M., and Fonagy, P. (1996). Playing with reality: II. The development of psychic reality from a theoretical perspective. *International Journal of Psychoanalysis,* 77, 459–79.

Tauber, E., and Green, M. (1959/2008). *Prelogical experience.* New York: Basic Books.

Teicholz, J. (1996). Optimal responsiveness: Its role in psychic growth and change. In *Understanding therapeutic action,* ed. L. Lifson (pp. 139–64). Hillsdale, NJ: Analytic Press.

Teicholz, J. (2001). The many meanings of intersubjectivity and their implications for analyst self-expression and self-disclosure. *Progress in Self Psychology,* 17, 9–42.

Teller, V., and Dahl, H. (1981). The framework for a model of psychoanalytic inference. *Proceedings of the 7th International Joint Conference on Artificial Intelligence,* 1, 394–400.

Terman, D. (1988). Optimum frustration: Structuralization and the therapeutic process. *Progress in Self Psychology,* 4, 113–25.

Terr, L. C. (1985). Remembered images and trauma—A psychology of the supernatural. *Psychoanalytic Study of the Child,* 40, 493–533.

Thomas, A., and Chess, S. (1977). *Temperament and development.* New York: Brunner/Mazel.

Ticho, E. (1982). The alternate schools and the self. *Journal of the American Psychoanalytic Association,* 30, 840–62.

Timms, E., and Segal, N. (1988). *Freud in exile: Psychoanalysis and its vicissitudes.* New Haven, CT, and London: Yale University Press.

Tolpin, M. (1970). The infantile neurosis—A metapsychological concept and a paradigmatic case history. *Psychoanalytic Study of the Child,* 25, 273–305.

Tolpin, M. (1997). Compensatory structures: Paths to the restoration of the self. *Progress in Self Psychology,* 13, 3–19.

Tolpin, M. (2002). Doing psychoanalysis of normal development: Forward edge transferences. *Progress in Self Psychology,* 18, 167–90.

Tolpin, P. (1988). Optimal affective engagement: The analyst's role in therapy. *Progress in Self Psychology,* 4, 160–68.

Tomkins, S. (1979). Script theory: Differential magnification of affects. In *Nebraska symposium on motivation,* ed. H. Howe Jr., and R. Dienstbier (vol. 26, pp. 201–36). Lincoln, NE: University of Nebraska Press.

Tomkins, S. (1987). Shame. In *The many faces of shame,* ed. D. Nathanson (pp. 131–61). New York: Guilford Press.

Tori, C., and Bilmes, M. (2002). Multiculturalism and psychoanalytic psychology: The validation of a defense mechanisms measure in an Asian population. *Psychoanalytic Psychology,* 19, 701–721.

Toronto, E. (2005). Introduction to *Psychoanalytic reflections on a gender-free case: Into the void,* ed. E. Toronto, G. Ainslie, M. Donovan, M. Kelly, C. Kieffer, and N. McWilliams (pp. 1–7). London and New York: Routledge.

Torsti, M. (1998). Femininity and Masculinity in postmodernism. *International Journal of Psychoanalysis,* 79, 140–43.

Trevarthen, C. (1980). The foundations of intersubjectivity: Development of interpersonal and cooperative understanding in infants. In *The social foundations of language and thought,* ed. D. Olson (pp. 216–242). New York: W. W. Norton.

Trevarthen, C. (1993). Brain, science and the human spirit. In *Brain, culture, and the human spirit*, ed. J. Ashbrook (pp. 129–181). Lanham, MD: University Press of America.

Trevarthen, C. (2009). The intersubjective psychobiology of human meaning: Learning of culture depends on interest for co-operative practical work—and affection for the joyful art of good company. *Psychoanalytic Dialogues*, 19, 507–18.

Tronick, E. (1989). Emotions and emotional communication in infants. *American Psychology*, 44, 112–19.

Tronick, E. (2001). Emotional connection and dyadic consciousness in infant-mother and patient-therapist interactions: Commentary of paper by Frank M. Lachman. *Psychoanalytic Dialogues*, 11, 187–95.

Tronick, E. (2003). "Of course all relationships are unique": How co-creative processes generate unique mother-infant and patient-therapist relationships and change other relationships. *Psychoanalytic Inquiries*, 23, 473–91.

Tronick, E. (2007). *The neurobehavioral and social-emotional development of infants and children*. New York: W. W. Norton.

Trop, J., and Stolorow, R. (1992). Defense analysis in self psychology: A developmental view. *Psychoanalytic Dialogues*, 2, 427–42.

Tuckett, D., and Levinson, N. A. (2010). PEP Consolidated Psychoanalytic Glossary. London: Psychoanalytic Electronic Publishing. Available online at http://www.pep-web.org/document.php?id=zbk .069.0000a.

Tulving, E. (1972). Episodic and semantic memory. In *Organization of memory*, ed. E. Tulving and W. Donaldson (pp. 381–403). New York: Academic Press.

Tutte, J. (2004). The concept of psychical trauma: A bridge in interdisciplinary space. *International Journal of Psychoanalysis*, 85, 897–921.

Tyson, P. (1980). The gender of the analyst—In relation to transference and countertransference manifestations in prelatency children. *Psychoanalytic Study of the Child*, 35, 321–38.

Tyson, P. (1982a). A developmental line of gender identity, gender role, and choice of love object. *Journal of the American Psychoanalytic Association*, 30, 61–86.

Tyson, P. (1982b). On sexuality: Psychoanalytic observations. *Psychoanalytic Quarterly*, 51, 303–8.

Tyson, P. (1994). Bedrock and beyond: An examination of the clinical utility of contemporary theories of female psychology. *Journal of the American Psychoanalytic Association*, 42, 447–68.

Tyson, P. (1996a). Neurosis in childhood and in psychoanalysis: A developmental reformulation. *Journal of the American Psychoanalytic Association*, 44, 143–65.

Tyson, P. (1996b). Object relations, affect management, and psychic structure formation: The concept of object constancy. *Psychoanalytic Study of the Child*, 51, 172–89.

Tyson, P. (2002). The challenges of psychoanalytic developmental theory. *Journal of the American Psychoanalytic Association*, 50, 19–52.

Tyson, P., and Tyson, R. (1990). *Psychoanalytic theories of development: An integration*. New Haven, CT: Yale University Press.

Tyson, P., and Tyson, R. (1995). Development. In *Psychoanalysis: The major concepts*, ed. B. Moore and B. Fine (pp. 411–12). New Haven, CT: Yale University Press.

Ullman, M. (1996). *Appreciating dreams: A group approach*. Thousand Oaks, CA: Sage Publications.

Vaillant, G. (1977). *Adaptation to life*. Boston: Little, Brown.

Vaillant, G. (1992a). *Ego mechanisms of defense: A guide for clinicians and researchers*. Washington, DC: American Psychology Press.

Vaillant, G. (1992b). The historical origins and future potential of Sigmund Freud's concept of the mechanisms of defence. *International Review of Psycho-Analysis*, 19, 35–50.

Vaillant, G. (1993). *The wisdom of the ego*. Cambridge, MA: Harvard University Press.

Van der Kolk, B. (2000). Trauma, neuroscience, and the etiology of hysteria. *Journal of the American Academy of Psychoanalysis*, 28, 237–62.

Van Der Waals, H. (1965). Problems of narcissism. *Bulletin of the Menninger Clinic*, 29, 293–311.

Veen, G., and Arntz, A. (2000). Multidimensional dichotomous thinking characterizes borderline personality disorder. *Cognitive Therapy and Research*, 24, 23–45.

Vivona, J. (2007). Sibling differentiation, identity development, and the lateral dimension of psychic life. *Journal of the American Psychoanalytic Association*, 55, 1191–1215.

Von Krafft-Ebing, R. (1886/1999). *Psychopathia sexualis*. Burbank, CA: Bloat Publishing.

Waelder, R. (1936). The principle of multiple function: Observations on over-determination. *Psychoanalytic Quarterly*, 5, 45–62.

Waelder, R. (1962). Psychoanalysis, scientific method, and philosophy. *Journal of the American Psychoanalytic Association*, 10, 610–37.

Wagonfeld, S., and Emde, R. (1982). Anaclitic depression—A follow-up from infancy to puberty. *Psychoanalytic Study of the Child*, 37, 67–94.

Waldheim, R. (1984). *The thread of life*. Cambridge, MA: Harvard University Press.

Waldinger, R. (1987). Intensive psychodynamic psychotherapy with borderline patients: An overview. *American Journal of Psychiatry*, 144, 267–74.

Wallerstein, R. (1983a). Defenses, defense mechanisms, and the structure of the mind. *Journal of the American Psychoanalytic Association*, 31 (S), 201–25.

Wallerstein, R. (1983b). Reality and its attributes as psychoanalytic concepts: An historical overview. *International Review of Psycho-Analysis*, 10, 125–44.

Wallerstein, R. (1992). *The common ground of psychoanalysis*. Northvale, NJ: Jason Aronson.

Wallerstein, R. (1993). The effectiveness of psychotherapy and psychoanalysis: Conceptual issues and empirical work. *Journal of the American Psychoanalytic Association*, 41 (S), 299–312.

Wallerstein, R. (1998). Erikson's concept of ego identity reconsidered. *Journal of the American Psychoanalytic Association*, 46, 229–47.

Wallerstein, R. (2002). The growth and transformation of American ego psychology. *Journal of the American Psychoanalytic Association*, 50, 135–69.

Wallerstein, R. (2005). Outcome research. In *Textbook of psychoanalysis*, ed. E. Person, A. Cooper, and G. Gabbard (pp. 301–33). Washington, DC: American Psychiatric Publishing.

Wallerstein, R. (2009). What kind of research in psychoanalytic science? *International Journal of Psycho-Analysis*, 90, 109–13.

Warme, G. (1982). The methodology of psychoanalytic theorizing: A natural science or personal agency model? *International Review of Psycho-Analysis*, 9, 343–54.

Weil, A. (1970). The basic core. *Psychoanalytic Study of the Child*, 25, 442–460.

Weil, A. (1978). Maturational variations and genetic-dynamic issues. *Journal of the American Psychoanalytic Association*, 26, 461–91.

Weinberger, D., Schwartz, G., and Davidson, R. (1979). Low-anxious, high-anxious, and repressive coping styles: Psychometric patterns and behavioral and physiological responses to stress. *Journal of the American Psychoanalytic Association*, 88, 369–80.

Weinberger, J., and Silverman, L. (1990). Testability and empirical verification of psychoanalytic dynamic propositions through subliminal psychodynamic activation. *Psychoanalytic Psychology*, 7, 299–339.

Weinshel, E. (1984). Some observations on the psychoanalytic process. *Psychoanalytic Quarterly*, 53, 63–92.

Weiss, E. (1932). Regression and projection in the super-ego. *International Journal of Psychoanalysis*, 13, 449–78.

Weiss, E. (1935). Todestrieb und masochismus. *American Imago*, 21, 393.

Weiss, J. (1990). Unconscious mental functioning. *Scientific American*, 262 (3), 103–9.

Weiss, J. (1998). Bondage fantasies and beating fantasies. *Psychoanalytic Quarterly*, 67, 626–44.

Weiss, J., and Sampson, H. (1986). *The psychoanalytic process: Theory, clinical observation and empirical research*. New York: Guilford Press.

Weiss, J., Sampson, H., and Caston, J. (1976). *Research on the psychoanalytic process: An overview*. Psychotherapy Research Group, Department of Psychiatry, Mt. Zion Hospital and Medical Center, San Francisco, CA.

Weiss, S., and Fleming, J. (1980). On the teaching and learning of termination in psychoanalysis. *Annual of Psychoanalysis*, 8, 37–55.

Werman, D. (1983). Suppression as a defense. *Journal of the American Psychoanalytic Association*, 31 (S), 405–15.

Werner, H., and Kaplan, B. (1963). *Symbol formation*. New York: John Wiley and Sons.

Westen, D. (1985). *Self and society: Narcissism, collectivism, and the development of morals*. New York: Cambridge University Press.

Westen, D. (1990a). The relations among narcissism, egocentrism, self-concept, and self-esteem. *Psychoanalysis and Contemporary Thought*, 13, 183–239.

Westen, D. (1990b). Towards a revised theory of borderline object relations: Contributions of empirical research. *International Journal of Psychoanalysis*, 71, 661–93.

Westen, D. (1991a). Clinical assessment of object relations using the TAT. *Journal of Personality Assessment*, 56, 56–74.

Westen, D. (1991b). Social cognition and object relations. *Psychological Bulletin*, 109, 429–55.

Westen, D. (1995). *Social cognition and object relations scale: Q-sort for projective stories (SCORS-Q)*. Unpublished Manuscript, Department of Psychiatry, Cambridge Hospital and Harvard Medical School, Cambridge, MA.

Westen, D. (1997). Towards a clinically and empirically sound theory of motivation. *International Journal of Psychoanalysis*, 78, 521–48.

Westen, D. (1999a). Psychodynamic theory and technique in relation to research on cognition and emotion: Mutual implications. In *Handbook of cognition and emotion*, ed. T. Dalgleish and M. Power (pp. 727–46). Chichester, UK: John Wiley and Sons.

Westen, D. (1999b). The scientific status of unconscious processes: Is Freud really dead? *Journal of the American Psychoanalytic Association*, 47, 1061–1106.

Westen, D. (2002). The language of psychoanalytic discourse. *Psychoanalytic Dialogues*, 12, 857–98.

Westen, D., and Gabbard, G. (2002). Developments in cognitive neuroscience: 1. Conflict, compromise, and connectionism. *Journal of the American Psychoanalytic Association,* 50, 53–98.

Westerman, M., and Steen, E. (2009). Revisiting conflict and defense from an interpersonal perspective: Using structured role plays to investigate the effects of conflict on defensive interpersonal behavior. *Psychoanalytic Psychology,* 26, 379–401.

White, R. (1963). *Ego and reality in psychoanalytic theory: Psychological Issues (*Monograph 11). New York: International Universities Press.

Widzer, M. (1977). The comic-book superhero—A study of the family romance fantasy. *Psychoanalytic Study of the Child,* 32, 565–603.

Wieder, H. (1977). The family romance fantasies of adopted children. *Psychoanalytic Quarterly,* 46, 185–200.

Wilkinson-Ryan, T., and Westen, D. (2000). Identity disturbance in borderline personality disorder: An empirical investigation. *American Journal of Psychiatry,* 157, 528–41.

Will, O.(1965). The schizophrenic patient, the psychotherapist and the consultant. *Contemporary Psychoanalysis,* 1, 110–35.

Willick, M. (1983). On the concept of primitive defenses. *Journal of the American Psychoanalytic Association,* 31 (S), 175–200.

Willick, M. (2001). Psychoanalysis and schizophrenia: A cautionary tale. *Journal of the American Psychoanalytic Association,* 49, 27–56.

Wilson, E. (1987). Did Strachey invent Freud? *International Journal of Psychoanalysis,* 14, 299–315.

Winnicott, D. (1945). Primitive emotional development. *International Journal of Psychoanalysis,* 26, 137–45.

Winnicott, D. (1949). Hate in the counter-transference. *International Journal of Psychoanalysis,* 30, 69–74.

Winnicott, D. (1950). Aggression in relation to emotional development. In *Through paediatrics to psycho-analysis: Collected papers* (pp. 204–218). New York: Brunner/Mazel, 1975, 1992.

Winnicott, D. (1951). Transitional objects and transitional phenomena. In *Through paediatrics to psychoanalysis: Collected papers* (pp. 229–242). New York: Brunner/Mazel, 1975, 1992.

Winnicott, D. (1952). Anxiety associated with insecurity. In *Through paediatrics to psycho-analysis: Collected papers* (pp. 97–100). New York: Brunner/Mazel, 1975, 1992.

Winnicott, D. (1953). Transitional Objects and Transitional Phenomena. *International Journal of Psychoanalysis,* 34, 89–97.

Winnicott, D. (1955). Metapsychological and clinical aspects of regression within the psycho-analytical set-up. *International Journal of Psychoanalysis,* 36, 16–26.

Winnicott, D. (1956a). Primary maternal preoccupation. In *Through paediatrics to psycho-analysis: Collected papers* (pp. 300–305). New York: Brunner/Mazel, 1975, 1992.

Winnicott, D. (1956b). On transference. *International Journal of Psychoanalysis,* 37, 386–88.

Winnicott, D. (1956c). The anti-social tendency. In *Through paediatrics to psycho-analysis: Collected papers.* (pp. 305–315). New York: Brunner/Mazel, 1975, 1992.

Winnicott, D. (1958a). Psycho-analysis and the sense of guilt. In *Psycho-analysis and contemporary thought,* ed. J. Sutherland (pp. 15–28). London: Hogarth Press.

Winnicott, D. (1958b). The capacity to be alone. *International Journal of Psychoanalysis,* 39, 416–20.

Winnicott, D. (1960a). Ego distortion in terms of true and false self. In *The maturational processes and the facilitating environment* (pp. 140–152). New York: International Universities Press, 1965.

Winnicott, D. (1960b). The theory of the parent-infant relationship. *International Journal of Psychoanalysis,* 41, 585–95.

Winnicott, D. (1962). Ego integration in child development. In *The maturational processes and the facilitating environment* (pp. 56–63). New York: International Universities Press, 1965.

Winnicott, D. (1963a). Dependence in infant care, in child care, and in the psycho-analytic setting. *International Journal of Psychoanalysis,* 44, 339–44.

Winnicott, D. (1963b). From dependence towards independence in the development of the individual. In *The maturational processes and the facilitating environment* (pp. 83–92). New York: International Universities Press, 1965.

Winnicott, D. (1965). *The maturational processes and the facilitating environment.* New York: International Universities Press.

Winnicott, D. (1967). The mirror role of the mother and family in child development. In *Playing and reality* (pp. 111–18) New York: Basic Books, 1971.

Winnicott, D. (1969). The use of an object and relating through identification. In *Playing and reality* (pp. 86–94). New York: Basic Books, 1971.

Winnicott, D. (1971a). *Therapeutic consultations in child psychiatry.* New York: Basic Books.

Winnicott, D. (1971b). *Playing and reality.* New York: Basic Books.

Winnicott, D. (1974). Fear of breakdown. *International Review of Psycho-Analysis,* 1, 103–7.

Winnicott, D. (1975/1992). *Through paediatrics to psycho-analysis: Collected papers.* New York: Brunner/Mazel

Winnicott, D. (1987). *The spontaneous gesture: Selected letters of D. W. Winnicott,* ed. F. Rodman. Cambridge, MA: Harvard University Press.

Wittels, F. (1930). The hysterical character. *Medical Review of Reviews,* 36, 186.

Wittels, F. (1934a). Mona Lisa and feminine beauty: A study in bisexuality. *International Journal of Psychoanalysis,* 15, 25–40.

Wittels, F. (1934b). Motherhood and bisexuality. *Psychoanalytic Review,* 21, 180–93.

Wittels, F. (1935). A type of woman with a three-fold love life. *International Journal of Psychoanalysis,* 16, 462–73.

Wittgenstein, L. (1953/2001). *Philosophical investigations.* Oxford: Blackwell Publishing.

Wolf, E. (1980). On the developmental line of selfobject relations. In *Advances in self psychology,* ed. A. Goldberg (pp. 117–32). New York: International Universities Press.

Wolf, E. (1988). Problems of therapeutic orientation. *Progress in Self Psychology,* 4, 168–74.

Wolff, P. (1996). The irrelevance of infant observations for psychoanalysis. *Journal of the American Psychoanalytic Association,* 44, 369–92.

Wollheim, R. (1984). *The thread of life* (William James lectures). Cambridge, MA: Harvard University Press.

Wolman, B., ed. (1977). *International encyclopedia of psychiatry, psychology, psychoanalysis, and neurology.* New York: Aesculapius Publishing.

Wolman, B., ed. (1996). *The encyclopedia of psychiatry, psychology, and psychoanalysis.* New York: Henry Holt.

Wolstein, B. (1959). *Countertransference.* New York: Grune and Stratton.

Wolstein, B. (1981). The psychic realism of psychoanalytic inquiry. *Contemporary Psychoanalysis,* 17, 399–412, 595–606.

Wolstein, B. (1983). The first person in interpersonal relations. *Contemporary Psychoanalysis,* 19, 522–35.

Wolstein, B. (1987). Experience, interpretation, self-knowledge: The lost uniqueness of Kohut's self psychology. *Contemporary Psychoanalysis,* 23, 329–49.

Woods, M. (2003). Developmental considerations in an adult analysis. In *Emotional development in psychoanalysis, attachment theory and neuroscience: Creating connections ,* ed. V. Green (pp. 206–25). New York: Brunner/Routledge.

Wurmser, L. (1981). *The mask of shame.* Baltimore, MD: Johns Hopkins University Press.

Wurmser, L. (2000). *The power of the inner judge.* New York: Jason Aronson.

Wurmser, L. (2004). Superego revisited. *Psychoanalytic Inquiry,* 24, 183–205.

Wurmser, L. (2007). *Torment me, but don't abandon me: Psychoanalysis of the severe neurosis in a new key.* New York: Jason Aronson / Rowman and Littlefield.

Yanof, J. (1996). Language, communication, and transference in child analysis. I: Selective mutism: The medium is the message; II: Is child analysis really analysis? *Journal of the American Psychoanalytic Association,* 44, 79–116.

Yanof, J. (2005). Technique in child analysis. In *Textbook of psychoanalysis,* ed. E. Person, A. M. Cooper, and G. Gabbard (pp. 267–80). Washington DC: American Psychiatric Publishing.

Yorke, C. (1990). The development and functioning of the sense of shame. *Psychoanalytic Study of the Child,* 45, 377–409.

Young-Bruehl, E. (2003). *Where do we fall when we fall in love?* New York: Other Press.

Young-Bruehl, E., and Bethelard, F. (2000). *Cherishment: A psychology of the heart.* New York: Free Press.

Zajonc, R. (1984). On the primacy of affect. *American Psychology,* 39, 117–23.

Zeligs, M. (1957). Acting in—A contribution to the meaning of some postural attitudes during analysis. *Journal of the American Psychoanalytic Association,* 5, 685–706.

Zerbe, K. (2007). Psychotherapy and psychoanalysis: Fifty years later. *Journal of the American Psychoanalytic Association,* 55, 229–38.

Zetzel, E. (1949). Anxiety and the capacity to bear it. *International Journal of Psychoanalysis,* 30, 1–12.

Zetzel, E. (1956). Current concepts of transference. *International Journal of Psychoanalysis,* 37, 369–75.

Zetzel, E. (1958). Technical aspects of transference. *Journal of the American Psychoanalytic Association,* 6, 560–66.

Zetzel, E. (1968). The so-called good hysteric. *International Journal of Psychoanalysis,* 49 (2–3), 256–60.

Zetzel, E. (1970). *The capacity for emotional growth.* New York: International Universities Press.

Zimmer, R. (2003). Perverse modes of thought. *Psychoanalytic Quarterly,* 72, 905–38.

Zucker, K. (2010). The DSM diagnostic criteria for gender identity disorder in children. *Archives of Sexual Behavior,* 39, 477–98.

中文条目索引

译后记

书稿提交给出版社的那一刻，我长长地舒了一口气，既有对这段时间以来辛苦付出的感慨与解脱，又有完成这一目标的巨大喜悦。

目前，国内已出版的精神分析工具书主要有：《拉康精神分析介绍性辞典》（原书1996年，中文版2021年）、《精神分析私人词典》（原书2007年，中文版2020年）、《精神分析词汇》（原书1967年，中文版2001年）、《汉、德、英、法精神分析词典》（原书1997年，中文版2006年）和《精神分析学与微精神分析学实用词典》（原书1981年，中文版1998年）。与上述几本工具书相比，本书的特点如下：（1）囊括更新的参考文献，内容更前沿；（2）跨学科对话的性质更强；（3）词条的覆盖范围更全面、平衡；（4）编委会更强大，内容更权威；（5）可读性更强。此外，上述重要工具书也是本书的参考文献。毫无疑问，这是我读过的最好的精神分析工具书。

最初接触到本书是在读博期间，当时为了完成博士论文，我重点查看了词条"主体间性"。不过在那时候，由于主体间精神分析的文献太多，且其中的内容与丁飞师兄的博士论文有不少重叠之处（如对本杰明、奥格登等人的主要观点的介绍），而后者的写作更为详细，所以我对这本"大部头"没有过多关注。

后来在写论文的过程中，为了回应审稿人的意见、补充一些精神分析领域的新进展（尤其是关于"分离-个体化"的部分），我又一次"收集"到这本工具书。这一次阅读给我带来了更多的惊喜与震撼。在进一步了解此书的过程中，我发现，它自2012年出版以来，在谷歌学术被引1400余次（目前被引次数已接近1600），且受到了广大读者的好评。虽然当时国内已经出版了一些精神分析工具书，但对我来说，它们各有"缺憾"，并不是我心中的"白月光"。我深知，一本好的精神分析工具书无比重要：对于精神分析初学者而言，它能让你在纷繁复杂的术语中看到一丝曙光，并且通过将抽象的概念与"不在场的"历史根源结合，加深对术语的理解——对于心理动力学取向的咨询师来说，它能让你感受到不同流派的分析师在概念使用上的微妙差别，减少直接使用某些术语造成的"水土不服"问题；对于想要走上精神分析"进阶之路"的研究者而言，它能通过呈现此领域的最新进展，为促进不同精神分析取向之间的交流、精神分析与其他学科的对话构建一座桥梁，同时促进问题意识的产生。于是，我逐渐坚定了翻译此书的想法。

　　对我来说，这是一个不小挑战。虽然我接触精神分析已经有一些时日，发表了一些精神分析主题的论文，博士论文也是关于该领域的，但这本书中的很多术语我之前并未接触（如"密切过程注意""体质因素""父亲饥渴"），还有一些术语并不熟悉（如"后遗性""延迟作用""珀耳塞福涅情结"），所以需要查阅大量资料。期间，我主要参考了《弗洛伊德主义新论》和《拉康精神分析介绍性辞典》中的译法，也结合了《世界人名翻译大辞典》中的人名翻译。幸运的是，此工具书的可读性很强，翻译的总体过程比较顺利。回过头来看，它的确如编者所言，既适合新手，也适合专家，甚至能不断带给我"拨云见日"的喜悦。

　　此外，翻译本书的过程也是我"重新"学习精神分析的过程。一方面，它帮我纠正了之前的一些偏见和错误。例如，对"否认""拒认"和"否定"缺少区分；对"缺陷"和"匮乏"的使用存在混淆。另一方面，它让我对精神分析的历史和现状有更深的了解。例如，我了解到，弗洛伊德给弗利斯写过很多信；许多概念都能在弗洛伊德那里找到根源；很多术语的内涵发生了重要的演变；"反移情""神经症""客体""自体"等概念存在一些不为我熟悉的用法；当代精神分析领域在实证研究方面取得了很多进展，等等。自博士毕业后，随着越发深入地探索这一领域，我更能理解中国精神分析学界与国际精神分析学界之间的差距。在很大程度上，这种差距不仅仅源于语言方面的隔阂，还因为精神分析本身的特点（如术语庞杂、观点多元、写作风格迥异、贴近经验的程度不一，以及"硬证据"呈现不够）。要缩小这个差距，除了正视"现实"之外，还必须深入其底层逻辑，看到概念诞生的"不可见"背景。如此，中国学者才能在和国际同行的交流与对话中促进中国精神分析的进一步发展。这有赖于广大同人的继续努力。

本书的完成离不开许多人的辛勤付出。我与王礼军师兄曾就翻译展开过多次讨论。陈劲骁师兄、谢伟师弟为其中的部分译法给出了中肯的建议，于巧芳师妹、郝美萍师妹帮我做了一些重要的校对工作。我的硕士生徐琳、李梦楠和朴彦熹也为此书处理了一些烦琐的问题。当然，这一切更离不开原书众多作者的一番心血，尤其是两位主编的辛勤工作（当我联系到埃斯莉·萨姆伯格教授为本书编纂中文版前言时，得知伊丽莎白·奥金克洛斯教授已于2023年10月逝世，一时语塞，不禁感叹生命之易朽）。谨在此一并表示感谢。

写下这篇后记之时，我已在哈佛访学半年有余，参加了美国心理学会、美国精神分析学会等组织的一些学术活动，对精神分析的理解也加深了几分。也许是源于经验的"深度"，我在琢磨一些概念之时，越发感受到其散发出的不一样的韵味。这不禁让我想到维特根斯坦的话——"精神分析理念对人们产生过惊天的伟力"。也许正是这种伟力的存在，才能让本书的诸多概念跨越时空，在不同的读者心中产生或激烈或温婉的回响。也许这种伟力还会不断地延续下去，还会在思想的碰撞中擦出绚丽的火花，还会在新经验的发掘中间续地更新自身。这需要静待历史给出答案。最后，希望本书的出版能给国内学界和心理咨询界增添一些助力。如果能触发一些更为独到而深刻的思考，那译者将无比欣慰。

　　由于译者水平有限，书中难免存在一些翻译不准确之处，还请广大同行与读者批评指正。

张巍

2024年8月于哈佛园

编著者简介

伊丽莎白·L. 奥金克洛斯

医学博士，康奈尔大学医学院精神病学临床教授，哥伦比亚大学精神分析培训与研究中心副主任、培训和督导分析师，著有《精神分析心理模型》一书。

埃斯莉·萨姆伯格

康奈尔大学医学院精神病学临床教授，纽约精神分析研究所培训和督导分析师。曾获康奈尔大学医学院的志愿教师教学奖及纽约精神分析研究所的查尔斯·布伦纳教学奖。

译者简介

张巍

心理学博士，中国地质大学（武汉）副教授，硕士生导师，哈佛大学访问学者，主要研究兴趣为理论与哲学心理学、精神分析，在A&HCI/SSCI/CSSCI期刊上发表论文多篇。

王礼军

南京师范大学心理学博士，安徽师范大学教育科学学院副教授、硕士生导师，心理学系主任兼专业负责人，安徽省心理学会副秘书长。主要从事精神分析理论、心理咨询与治疗等研究，在*Protein & Cell*、《心理科学》《中国社会科学报》等刊物上发表论文近40篇。